기아 EV6 정비지침서 III 권

목차

스티어링 시스템

서비스 데이터

항목	사양
형식	전동 파워 스티어링 시스템

스티어링 기어

항목	사양
형식	랙 & 피니언
랙 행정(mm)	160 ± 1
스티어링 휠 회전수 *LOCK TO LOCK 조건 시	2.66

최대 조향 각(공차 시)

항목	사양
내륜(°)	37.7 + 0.5 / - 1.5
외륜(°)	32.6

히티드 스티어링 휠

항목	제원
사용전압 범위(V)	DC 9 ~ 16
정격 전압(V)	DC 12
히팅 매트 전압(Ω)	1.62 ± 10%
NTC 저항(kΩ)	1.451 ± 5% (85 °C 에서)
	10.0 ± 5% (25 °C 에서)
	70.34 ± 5% (-20 °C 에서)
	204.55 ± 5% (-40 °C 에서)

체결토크

스티어링 휠

항목	체결토크(kgf·m)
스티어링 휠 볼트	4.0 ~ 5.0

MDPS 컬럼 & 하우징

항목	체결토크(kgf·m)
스티어링 컬럼 어셈블리와 유니버설 조인트 볼트	5.0 ~ 6.0
유니버설 조인트와 스티어링 기어박스 볼트	5.0 ~ 6.0
스티어링 컬럼 어셈블리 상부 너트	2.5 ~ 3.0
스티어링 컬럼 어셈블리 하부 볼트	5.5 ~ 6.0
스티어링 컬럼 어셈블리 더스트 커버 너트	1.3 ~ 1.8

유니버설 조인트 어셈블리

항목	체결토크(kgf·m)
스티어링 컬럼 어셈블리와 유니버설 조인트 볼트	5.0 ~ 6.0
유니버설 조인트와 스티어링 기어박스 볼트	5.0 ~ 6.0
스티어링 컬럼 어셈블리 더스트 커버 너트	1.3 ~ 1.8

스티어링 기어박스

항목	체결토크(kgf·m)
스티어링 기어박스와 서브 프레임 볼트	11.0 ~ 13.0
스티어링 기어박스와 유니버설 조인트 볼트	5.0 ~ 6.0

타이로드 엔드

항목	체결토크(kgf·m)
타이로드 엔드와 프런트 액슬 너트	10.0 ~ 12.0
타이로드 엔드 너트	5.0 ~ 5.5

특수공구

공구 명칭 / 번호	형상	용도
볼 조인트 풀러 09568 - 2J100	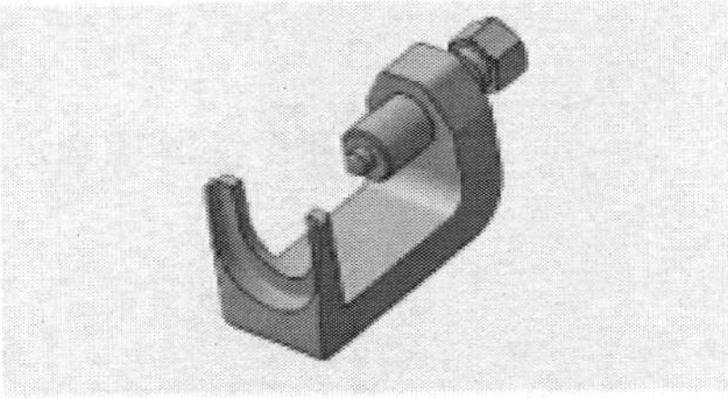	타이로드 엔드 볼 조인트 탈거
로어 암 볼 조인트 리무버 0K545 - A9100	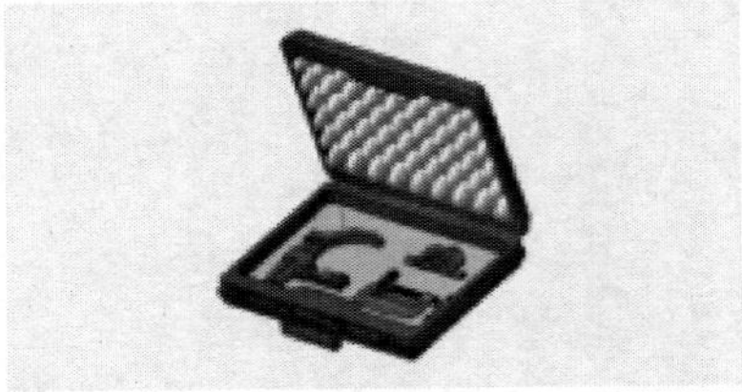	프런트 로어 암 볼 조인트 탈거

고장진단

스티어링 휠의 유격이 과하다.

예상 원인	정비
유니버설 조인트 볼트 풀림	재조임 혹은 필요 시 교환
요크 플러그 풀림	재조임
스티어링 기어박스 볼트 풀림	재조임
타이로드 엔드의 스터드 마모, 풀림	재조임 혹은 필요 시 교환

스티어링 휠이 적절히 복원되지 않는다.

고장 원인	정비
타이로드 볼 조인트의 회전 저항이 과도함	교환
요크 플러그의 과도한 조임	조정
내측 타이로드 및 볼 조인트 불량	교환
스티어링 기어박스와 크로스 멤버의 체결이 풀림	재조임
스티어링 컬럼 샤프트 및 바디 그로메트의 마모	수리 혹은 교환
랙이 휨	교환

랙과 피니언에서 덜거덕거리거나 삐거덕거리는 소음이 난다.

예상 원인	정비
스티어링 기어 장착 볼트의 풀림	재조임
타이로드 엔드 볼 조인트의 풀림	재조임
타이로드 및 타이로드 엔드 볼 조인트의 마모	교환
요크 플러그가 풀림	재조임

정비 조정 절차

스티어링 휠 유격 점검

1. 스티어링 휠을 일직선으로 정렬한다.
2. 마스킹 테이프 등을 이용해 스티어링 휠 중앙(A)을 표시한다.

3. MDPS 파워 'ON' 상태에서 스티어링 휠을 좌우로 가볍게 돌려 바퀴가 움직이기 전까지 스티어링 휠이 회전한 거리를 측정한다.

스티어링 휠 유격 범위 : 0 ~ 30 mm

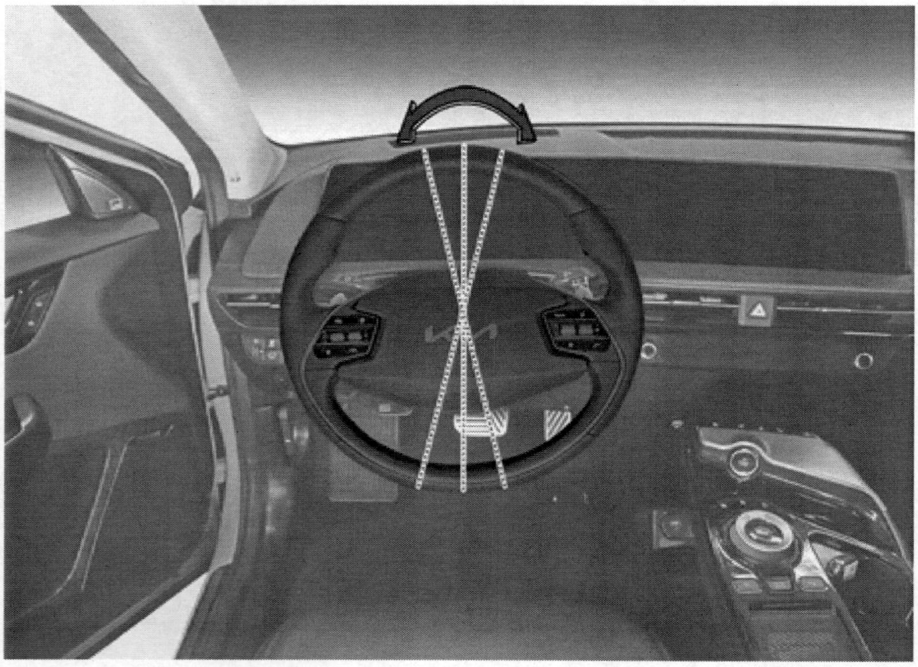

4. 유격이 규정 범위를 초과하는 경우 스티어링 컬럼, 기어 기타 링키지 및 체결 부의 유격을 점검한다.

정지 시 보조 조타력 점검

1. 바닥 면이 깨끗하고 평탄한 장소에 차량을 위치시킨다.

2. MDPS 파워 'ON' 상태에서 스프링 저울을 스티어링 휠 끝부분에 걸고 저울을 당겨 스티어링 휠이 움직이기 시작할 때의 힘을 측정한다.

조타력 : 최대 3.0 kgf

3. 측정값이 규정 값 이상인 경우 스티어링 기어박스 및 MDPS 시스템을 점검한다.

구성부품

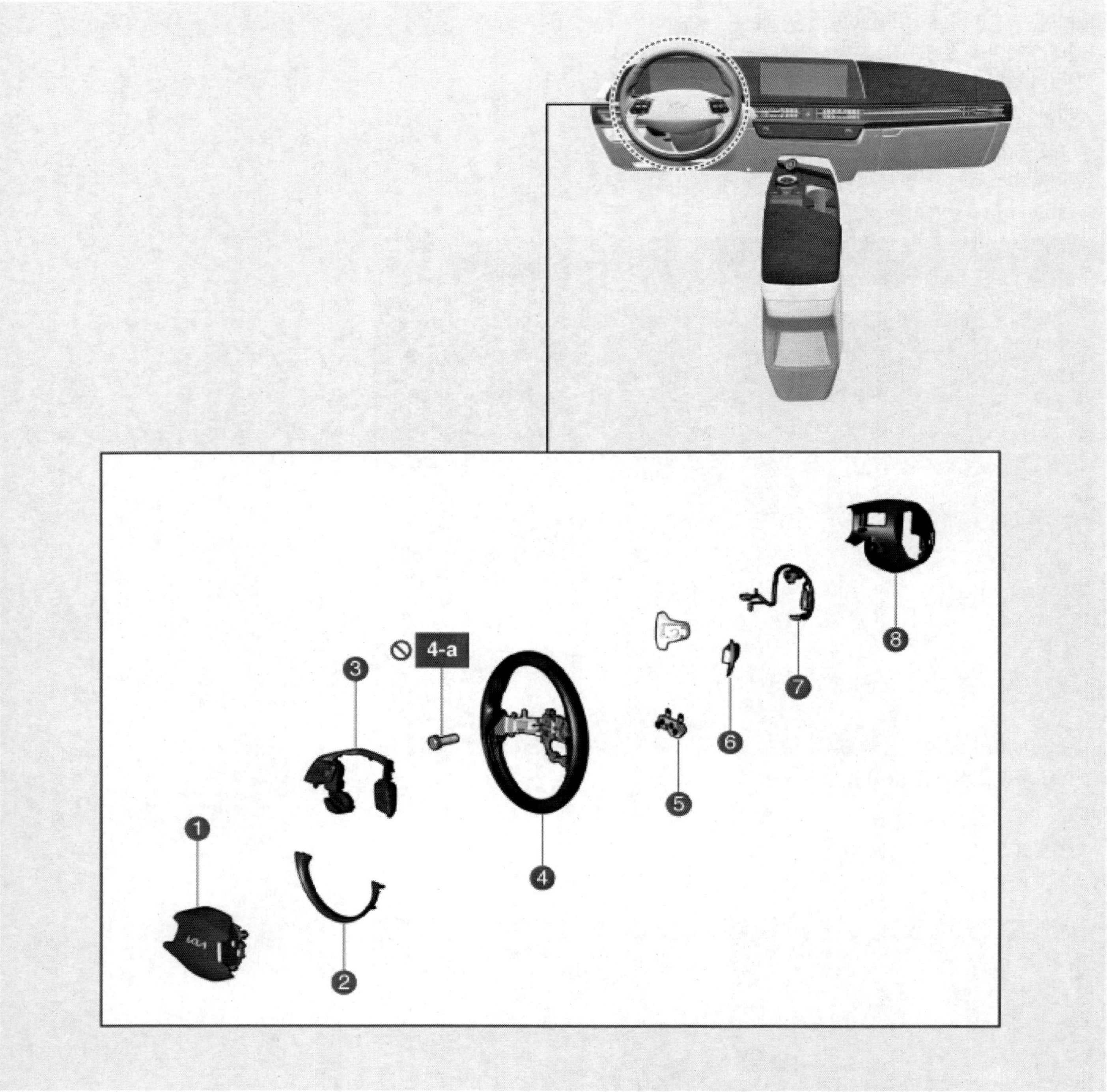

1. 운전석 에어백 모듈 (DAB)	5. 다이내믹 댐퍼
2. 스티어링 휠 이너 베젤	6. 패들 시프트 스위치
3. 스티어링 휠 리모콘 스위치 어셈블리	7. 스티어링 휠 익스텐션 와이어
4. 스티어링 휠 바디 어셈블리	8. 로어 커버
4-a. 4.0 ~ 5.0 kgf·m	

탈거

1. 스티어링 휠을 일직선으로 정렬한다.
2. 배터리 (-) 단자와 서비스 인터록 커넥터를 분리한다.
   (배터리 제어 시스템 - "보조 배터리 (12V) - 2WD" 참조)
   (배터리 제어 시스템 - "보조 배터리 (12V) - 4WD" 참조)
3. 스티어링 휠이 움직이지 않게 고정한다.
4. 운전석 에어백 모듈을 탈거한다.
   (에어백 시스템 - "운전석 에어백(DAB) 및 클록 스프링" 참조)
5. 스티어링 휠 커넥터(A)를 분리한다.

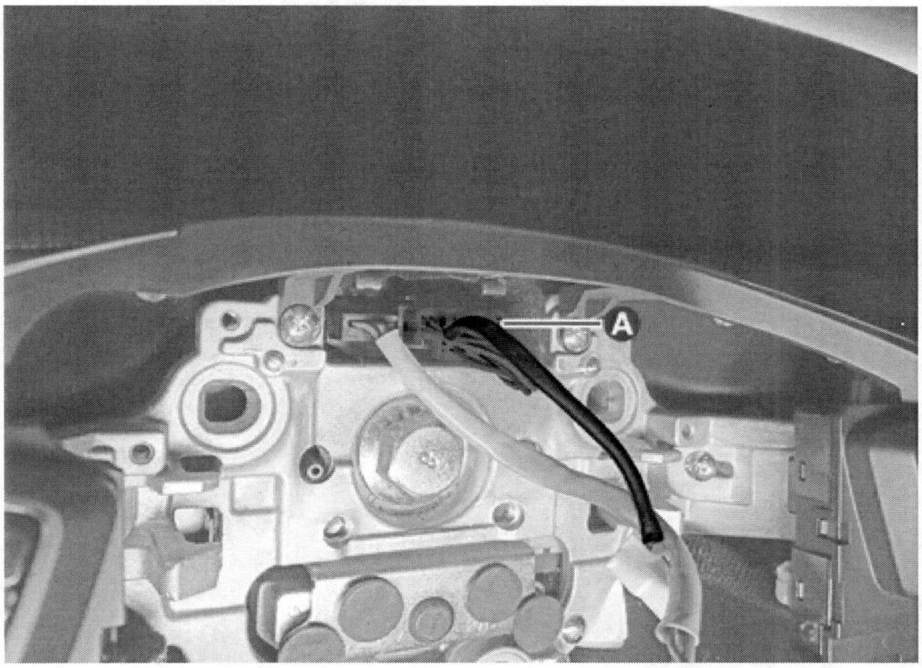

6. 볼트를 풀어 스티어링 휠(A)을 탈거한다.

체결토크 : 4.0 ~ 5.0 kgf·m

유 의

- 탈거 시 망치 등의 공구로 타격하지 않는다. 충격으로 스티어링 컬럼 및 스티어링 휠이 손상될 수 있다.
- 스티어링 휠 볼트는 재사용하지 않는다.

장착

1. 장착은 탈거의 역순으로 한다.

분해

1. 패들 시프트 스위치 장착 스크루(A)를 탈거한다.

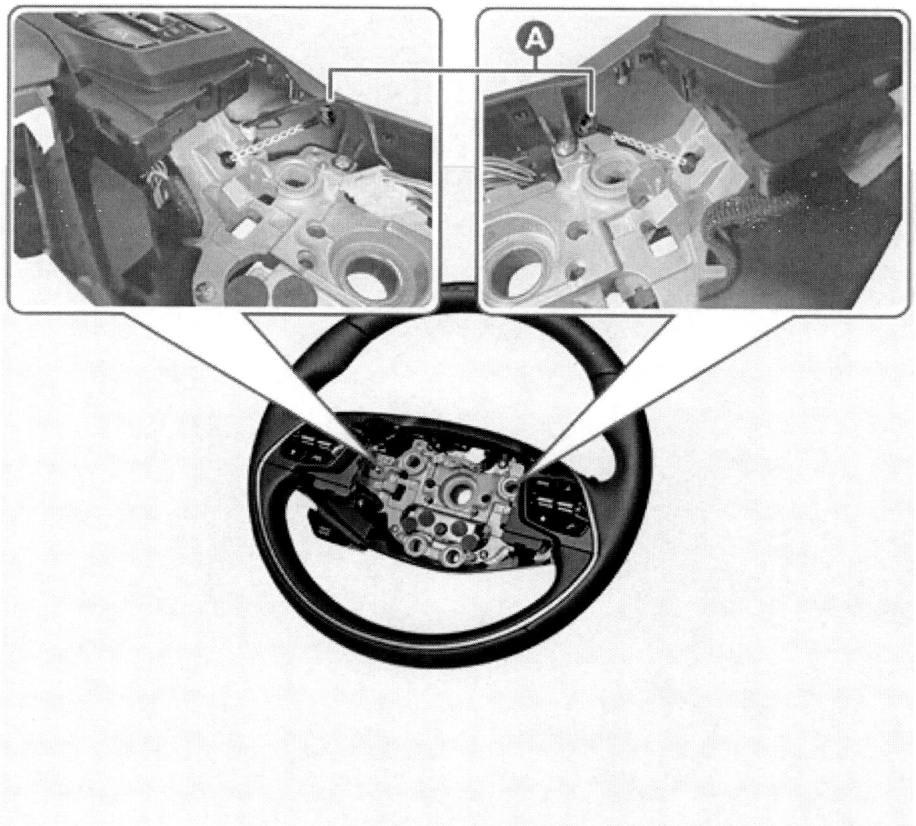

2. 패들 시프트 스위치 커넥터(B)를 분리하여 패들 시프트 스위치(A)를 탈거한다.

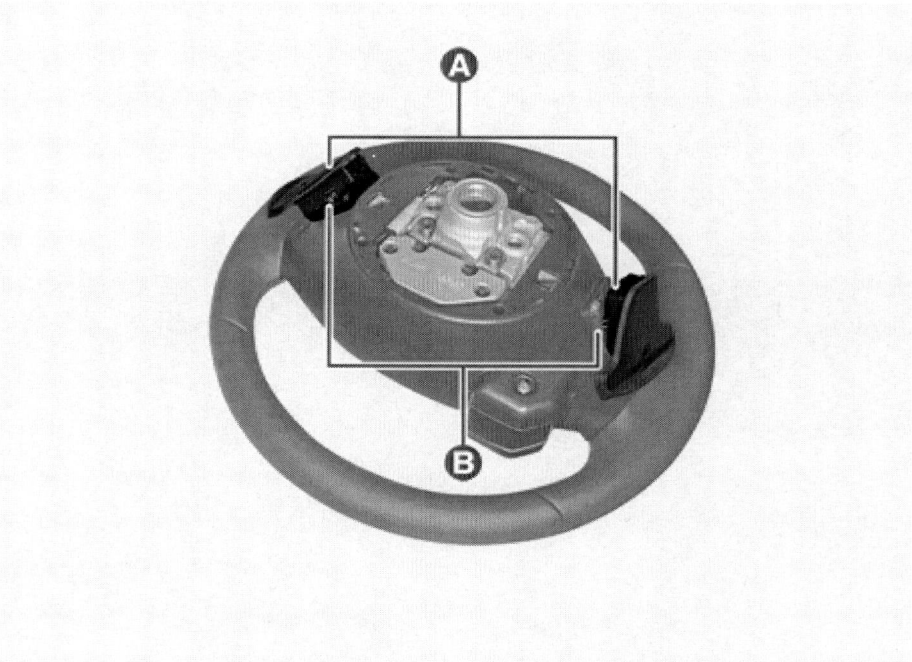

3. 스티어링 휠 로어 커버 스크루(A)를 탈거한다.

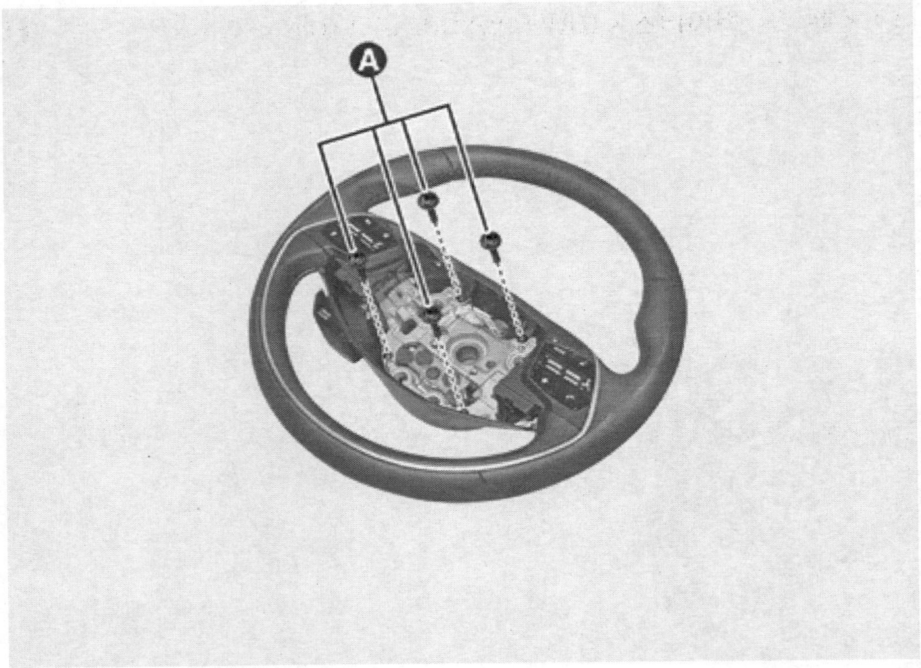

4. 스크루를 풀어 스티어링 휠 로어 커버(A)를 이격한다.

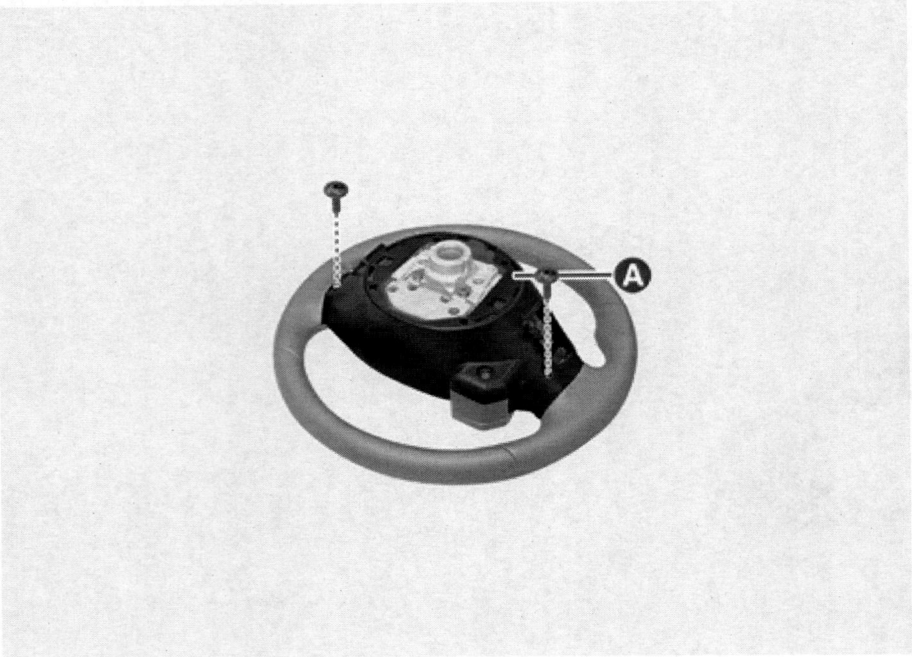

5. 리모트 컨트롤 스위치 커넥터(A)를 분리한다.

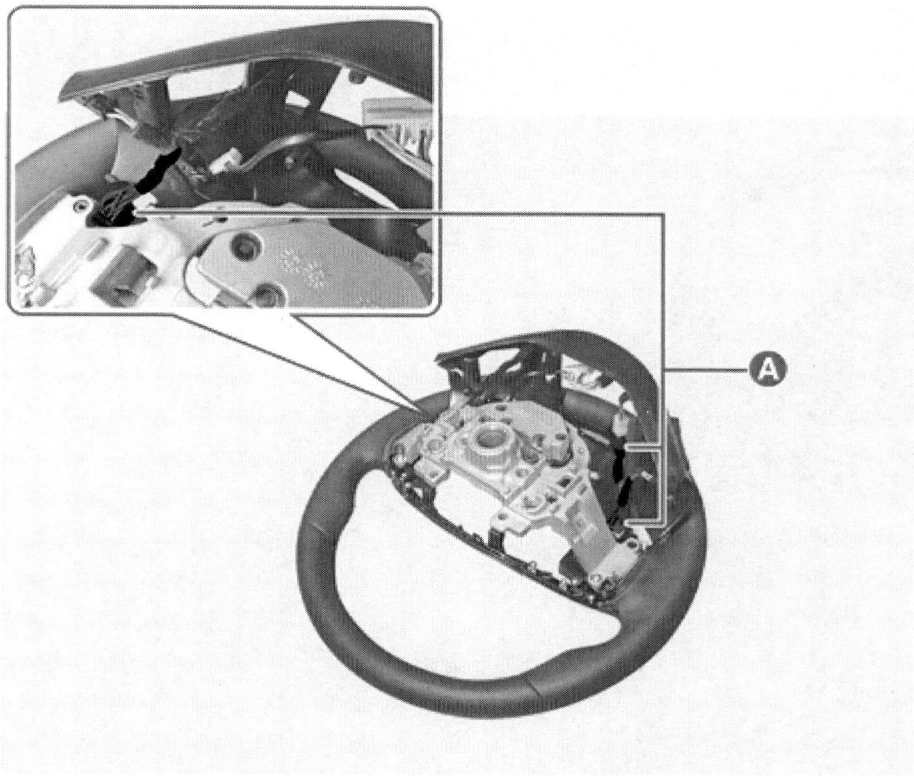

6. 와이어링(A)을 탈거한다.

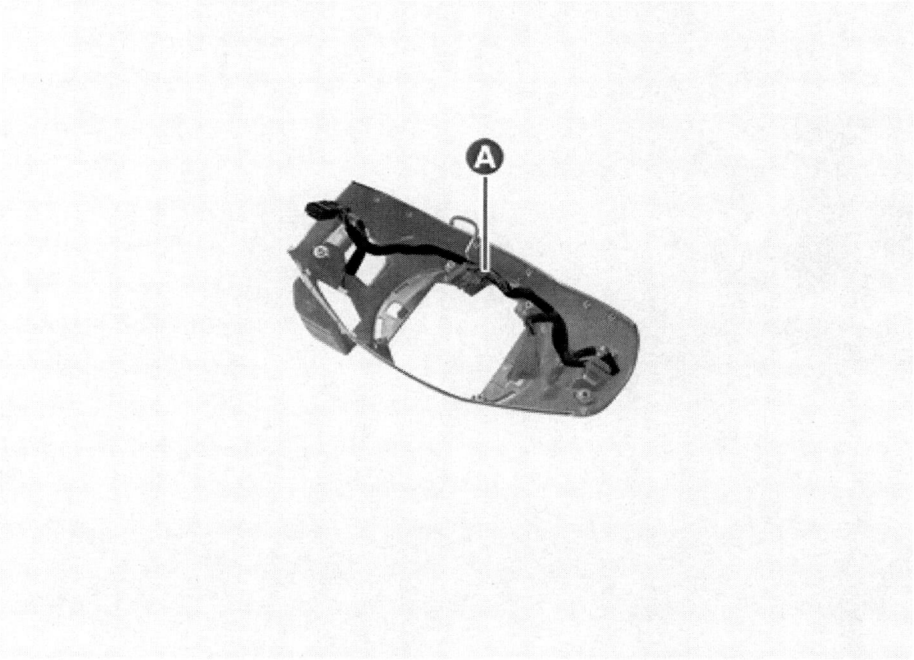

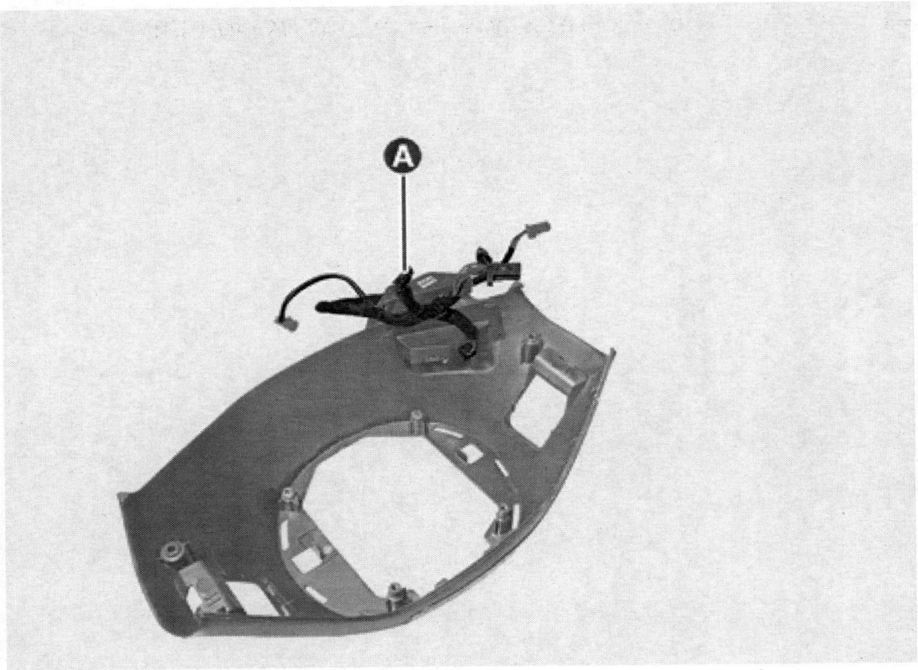

7. 스크루(A)를 풀어 스티어링 휠 베젤(B)을 탈거한다.

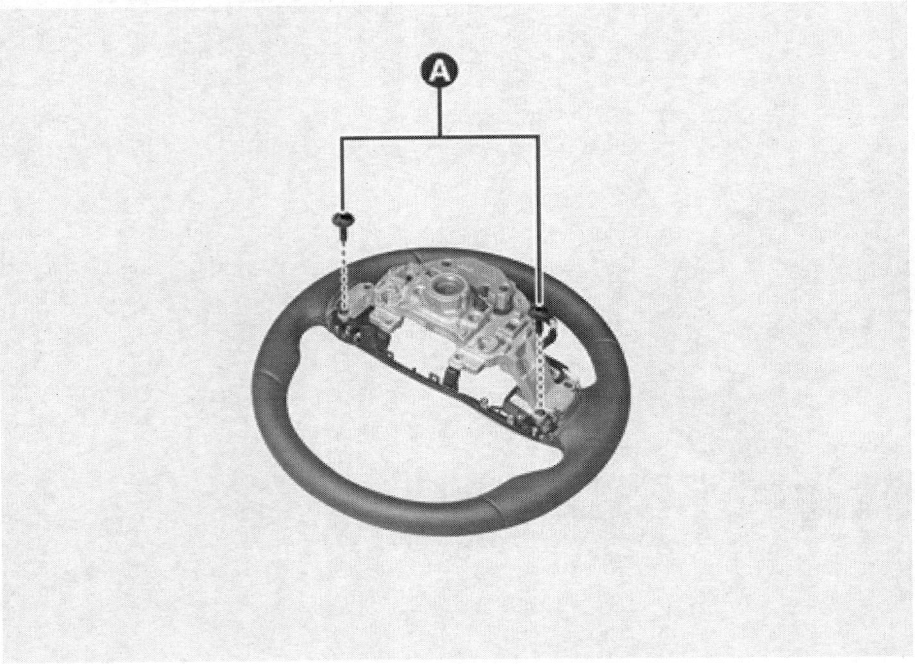

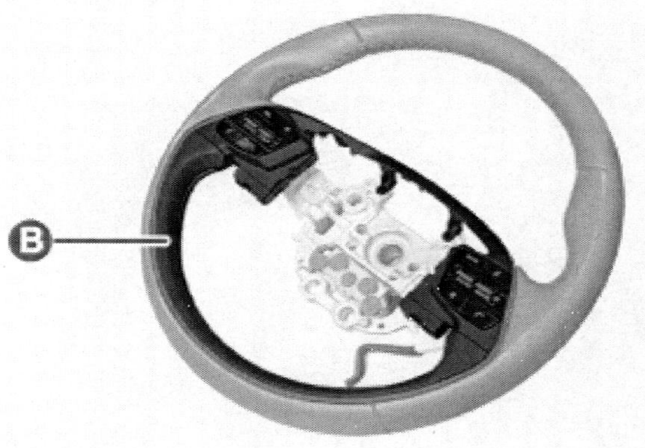

8. 스크루를 풀어 스티어링 휠 다이나믹 댐퍼(A)를 탈거한다.

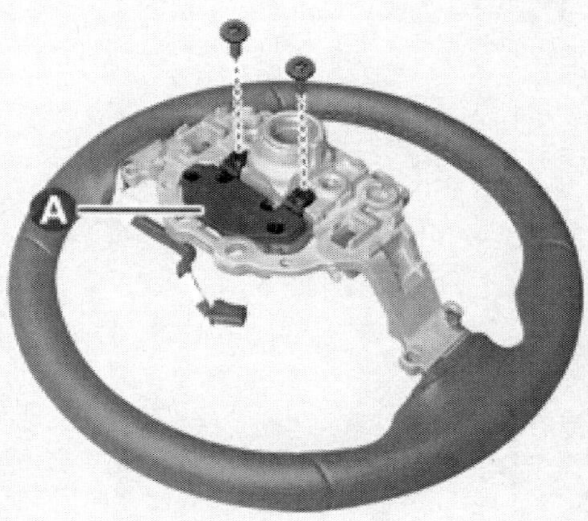

조립

1. 조립은 분해의 역순으로 한다.

> **유 의**
>
> - 스티어링 휠 조립 시 과도한 토크로 조이면 부품의 손상이 유발될 수 있다.
> - 스티어링 휠 익스텐션 와이어를 정위치로 고정하지 않고 스티어링 휠 로어 커버를 장착할 경우 단선, 단락이 발생할 수 있다.

구성부품

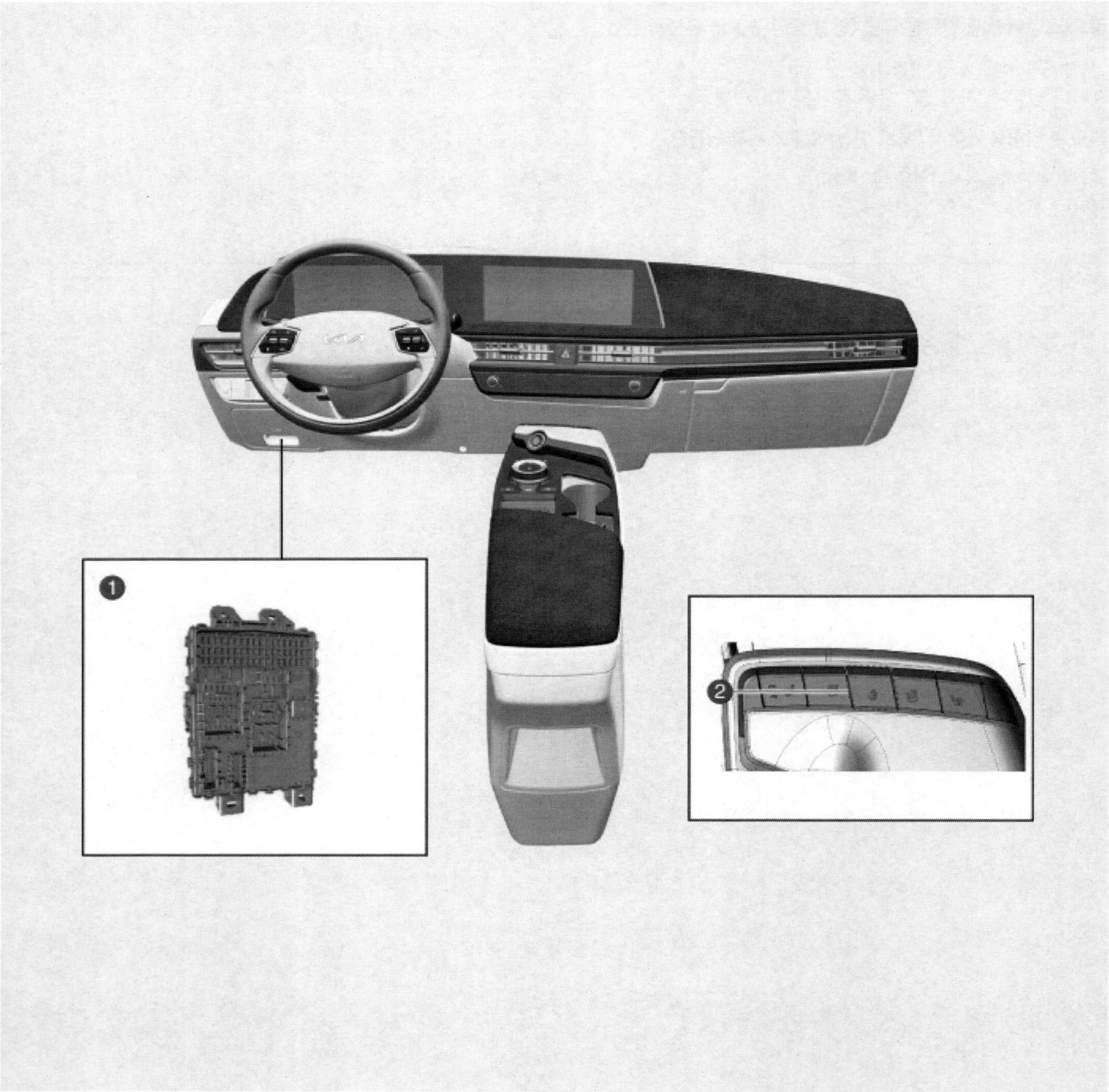

1. 히티드 스티어링 휠 컨트롤 유닛 (통합 중앙 컨트롤 유닛, ICU와 통합)
2. 히티드 스티어링 휠 컨트롤 스위치 (콘솔 어퍼 커버 스위치 컴플리트와 통합)

탈거

히티드 스티어링 휠 컨트롤 유닛 (통합 중앙 컨트롤 유닛과 통합)

1. 통합 중앙 컨트롤 유닛(ICU)을 탈거한다.
   (바디 전장 - "통합 중앙 컨트롤 유닛(ICU)" 참조)

히티드 스티어링 스위치 (시트 열선/통풍 스위치와 통합)

1. 시트 열선/통풍 스위치를 탈거한다.
   (바디 전장 - "시트 열선/통풍 스위치" 참조)

장착

2. 장착은 탈거의 역순으로 한다.

구성부품

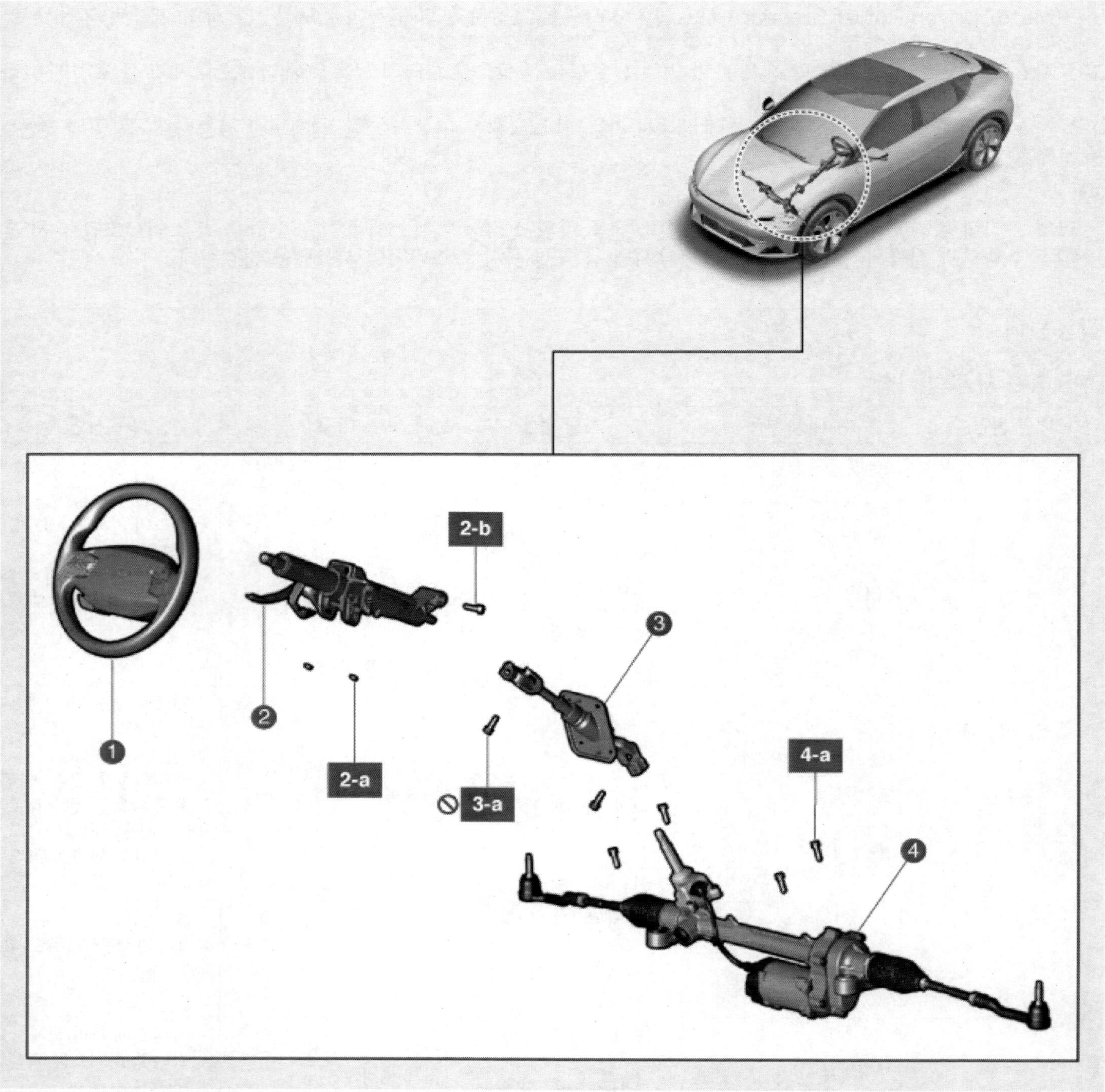

1. 스티어링 휠 2. 스티어링 컬럼 어셈블리 2-a. 2.5 ~ 3.0 kgf·m 2-b. 5.5 ~ 6.0 kgf·m	3. 유니버설 조인트 3-a. 5.0 ~ 6.0 kgf·m 4. 스티어링 기어박스 4-a. 11.0 ~ 13.0 kgf·m

개요

MDPS(Motor Driven Power Steering) 시스템은 조타력을 보조하기 위한 전기 모터를 사용하며 기존의 유압식 파워 스티어링과 달리 엔진 출력의 소모 없이 독립적으로 기능을 수행한다.
MDPS 시스템은 토크 센서, 조향각 센서 등의 입력 신호들을 바탕으로 모터의 작동을 제어함으로써 운전 조건에 따라 보조 조타력을 가변적으로 발생 시킨다.
MDPS 시스템에 대한 점검은 각 구성부품에 대해서 가능하나, 교환은 파셜화 부품 단위로만 가능하며, 그 이외 부품들은 분해해서는 안 된다.

경고등

전동 파워 스티어링 경고등은 시동 'ON' 시 켜지며, 전동 파워 스티어링 시스템에 결함이 없을 경우 약 3초간 유지 후 소등된다. 주행 중에 점등되거나 3초 이후에도 유지될 경우 전동 파워 스티어링 시스템을 점검한다.

작동원리

MDPS 취급 시 주의 사항

예상 원인	대상 부품	차량 현상	이 유	요구 사항
낙하, 충격, 과다 하중	모터	소음 증가	• 외형상 변형이 없더라도 내부 손상 발생 가능하며 낙하품 사용 시 부하 편중 현상 발생 • 파워팩의 정밀 부품은 진동과 충격에 민감하며 오작동 발생 • 과다한 부하 하중은 예상치 못한 고장 발생	• 충격이 가해진 MDPS 사용하지 말 것 • 각 부품에 제품 자체 중량 이상의 하중 부하 금지
	ECU	회로 손상에 의한 오작동 - 용접점 이탈 - PCB 파손 - 정밀 부품 파손		
	토크 센서	토크 센서 작동 불량으로 조타감/조타력 저해	입력축 샤프트에 과다 하중 부하 시 토크 센서 작동 불량	• 연결부 작업 시(삽입&토크) 충격을 가하지 말 것 • 스티어링 휠 탈거 시 정규 공구 사용할 것(해머로 가격하지 말 것) • 충격이 가해진 MDPS 사용하지 말 것
	샤프트DPS	• 조타감 저하 (좌우 상이) • 샤프트 변형으로 장착성 나빠짐		충격이 가해진 MDPS 사용하지 말 것
찍힘	하니스	• 오작동 - 파워 작동 불가 • MDPS 성능 불안정	하니스 연결부 및 하니스 자체 분리 발생	• 하니스에 부하 금지 • 과다한 하니스에 가해진 MDPS 사용
비정상적인 저장 온도 / 습도	파워팩	파워팩 오작동으로 조타 불안정	• 일반적인 사용 조건에서는 방수가 가능하나, 수분 침투로 인한 고장 발생 우려 • 수분 침투는 소량일지라도 파워팩의 정밀부품 오작동 유발	• 저장 시 상온 및 적정 습도 유지 • 비 등으로 인한 침수 주의

1. MDPS 시스템은 충격에 민감하므로 낙하 등 큰 충격이 발생한 경우 신품으로 교체해야 한다.
2. 고온 다습한 환경에서 MDPS 시스템을 보관하지 않는다.
3. 변형 및 정전기에 의해 문제가 발생할 우려가 있으므로 커넥트 단자를 맨손으로 작업하지 않는다.

4. 모터 및 토크 센서 부에 낙하 등 큰 충격이 발생한 경우 신품으로 교체해야 한다.
5. 커넥터의 분리 및 접속은 반드시 차량 IG OFF 상태에서만 수행한다.

고장진단 절차

경고등 진단 가이드

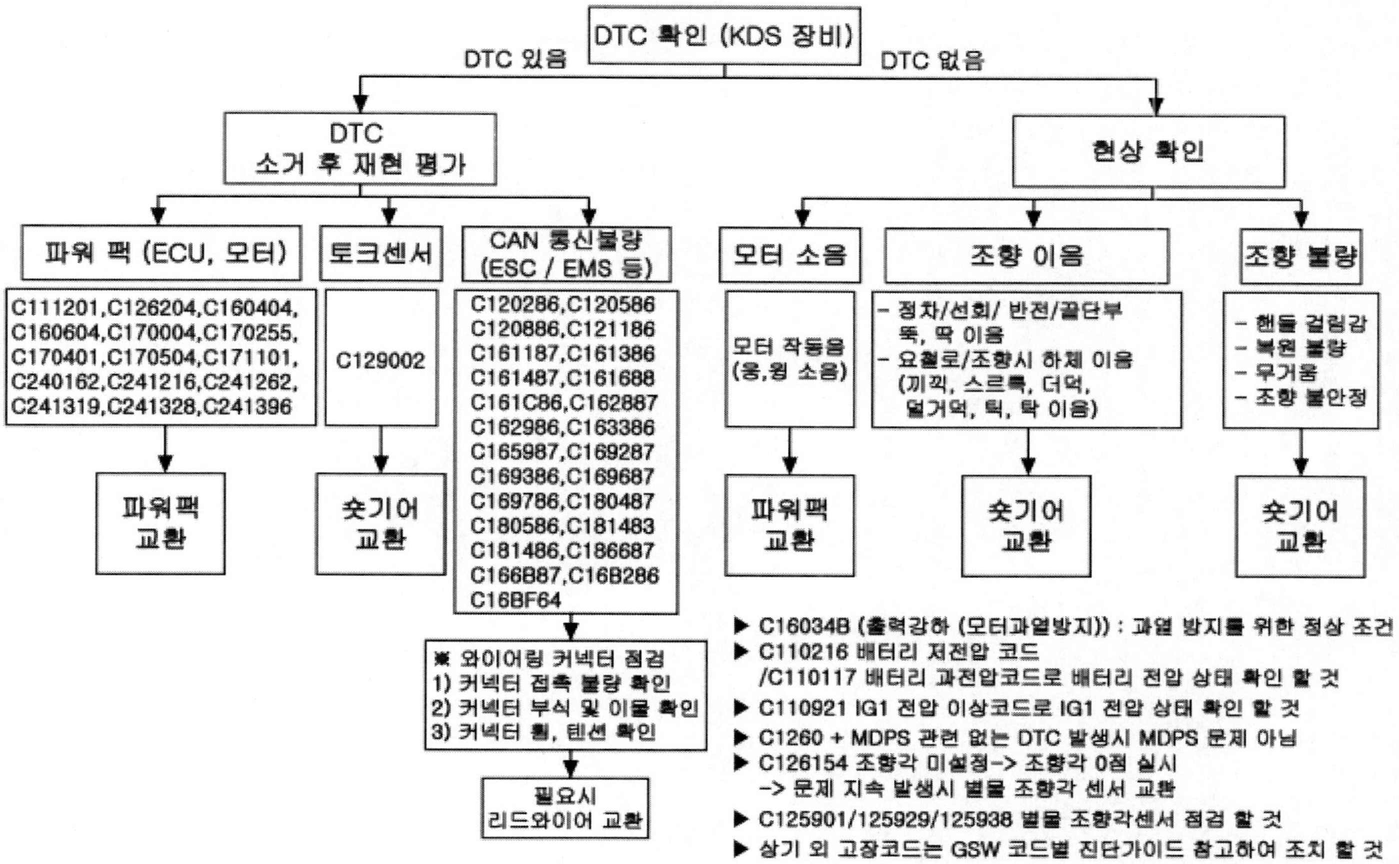

DTC 코드별 점검 항목

NO	고장코드	고장코드 점등 원인	점검해야 될 항목
1	C110117	배터리 전압 높음	1. 발전기
			2. 배터리
			3. MDPS ECU
2	C110216	배터리 전압 낮음	1. 발전기
			2. 배터리
			3. MDPS ECU
3	C110921	IG1 전압 이상	1. 발전기
			2. IGN 라인
			3.MDPS ECU
4	C111201	토크 센서 공급전압 이상	1. MDPS ECU
5	C120286	휠 속도 센서 신호 이상	1. CAN 라인
	C120586		2. MDPS ECU
	C120886		3. 휠 센서 라인
	C121186		
6	C125901	조향각 센서 회로 이상	1. MDPS ECU

	C125929		
	C125938		
7	C126154	조향각 센서 영점 조정 안됨	1. 조향각 초기화 여부
			2. 배터리
8	C126204	온도센서 고장	1. 온도센서
			(MDPS ECU)
9	C129002	토크 센서 메인 신호 고장	1. 메인토크센서
			2. 토크센서커넥터
10	C16034B	출력 강하(과열방지)	1. MDPS ECU
11	C160404	ECU 하드웨어 이상	1. MDPS ECU
12	C160604	MDPS ECU 소프트웨어 이상	1. MDPS ECU
13	C161187	ECU CAN 통신 응답 지연	1. 엔진 ECU CAN 라인 점검
			2. CAN 라인 점검
14	C161386	ECU CAN 통신 신호 이상	1. 엔진 ECU CAN 라인 점검
			2. CAN 라인 점검
15	C161487	HCU CAN 통신 응답 지연	1. 엔진 ECU CAN 라인 점검
			2. CAN 라인 점검
16	C161688	CAN BUS 이상	1. CAN 라인 점검
17	C161C86	HCU CAN 통신 신호 이상	1. 엔진 ECU CAN 라인 점검
			2. CAN 라인 점검
18	C161F86	차속 신호 이상	1. CAN 라인
			2. MDPS ECU
			3. 휠센서
19	C162887	CLU CAN 통신 응답 지연	1. CAN 라인
			2. MDPS ECU
			3. 클러스터
20	C162986	CLU CAN 통신 신호 이상	1. CAN 라인
			2. MDPS ECU
			3. 클러스터
21	C163386	CLU CAN 통신 신호 이상	1. CAN 라인
			2. MDPS ECU
			3. 클러스터
22	C165987	CAN SAS 신호 미입력	1. SAS 송출 UNIT
			2. CAN 라인
23	C169287	VSM CAN 신호 미입력	1. CAN 라인
			2. MDPS ECU
			3. BCM (IPM)
24	C169386	VSM CAN 신호 이상	1. CAN 라인
			2. MDPS ECU
			3. BCM (IPM)
25	C169687	PA CAN 신호 미입력	1. CAN 라인

			2. MDPS ECU
			3. SPAS ECU
26	C169786	PA CAN 신호 이상	1. CAN 라인
			2. MDPS ECU
			3. SPAS ECU
27	C170004	사양인식 미적용(BYTE)	1. MDPS ECU
28	C170255	사양인식 미적용(Variant)	1. 지역별 사양 선택
29	C170401	ECU 안전 릴레이 이상	1. MDPS ECU
30	C170504	ECU 예비 충전 회로 이상	1. 모터릴레이
			2. MDPS ECU
31	C171101	비정상 파워OFF 누적	1. 발전기
			2. 배터리
			3. MDPS ECU
32	C180487	LKAS CAN 신호 미입력	1. CAN 라인
			2. MDPS ECU
			3. LKAS ECU
33	C180586	LKAS CAN 신호 이상	1. CAN 라인
			2. MDPS ECU
			3. LKAS ECU
34	C181483	CAN SAS 신호 이상	1. SAS 송출 UNIT
	C181486		2. CAN 라인
35	C240162	모터 회로 이상	1. 모터 위치 센서
			2. 모터 커넥터
36	C241216	모터 단락/단선	1. 모터
	C241262		2. 모터 센서 커넥터
37	C186687	ICSC CAN 미수신	1. ICSC(통합제어기)
38	C166B87	휠 속도 센서 신호 미수신	1. 휠 속도 센서
			2. CAN 라인
39	C16B286	휠 속도 센서 신호 이상	1. 휠 속도 센서
			2. CAN 라인
40	C16BF64	휠 속도 차속 모니터링 이상	1. 휠 속도 센서
			2. CAN 라인
41	C241319	모터 전류 이상	1. 모터 전류 센서
	C241328		
	C241396		

⚠ 주 의

MDPS 경고등이 점등되지 않은 상태에서 아래 현상들은 고장이 아니다.

- 엔진 시동 직후 MDPS 시스템 자기진단 시간(약 2초) 동안 일시적으로 보조 조타력이 발생되지 않을 수 있다.
- 엔진 On 또는 OFF 시 릴레이 접속으로 인한 소음이 있을 수 있다.
- 정차 또는 저속 주행 상태에서 스티어링 휠 조작 시 모터 회전에 의한 소음이 있을 수 있다.

MDPS(Motor Driven Power Steering) 취급 시 주의사항

1. 신규 파셜 부품의 낙하, 충격, 외부 과다 하중 발생 시 내부 손상으로 고장 발생됨.
   → 파셜 부품 충격 주의 및 낙하 등으로 인해 충격을 받았을 경우 신품으로 교환할 것.
2. 스티어링 휠 체결 시 과도한 토크로 체결할 경우 토크 센서 중심이 틀어질 수 있음.
   → 과도한 힘(임팩트 렌치 등) 체결 주의.
3. 커넥터 탈장착 시 과도한 외력을 가할 시 변형 등 배선 손상이 발생할 수 있음
   → 커넥터 장착 / 탈거 시 과도한 외력 사용 금지.
4. 비정상적인 온도, 습도 조건에서 파셜 부품 보관 및 교체 작업 주의 필요.

KDS 부가기능

EPS 사양 인식

전동 파워 스티어링(EPS)은 조타감이 다른 여러 가지 설정(튜닝맵)을 ECU 내에 저장할 수 있으며, 적용 지역 및 차량 엔진 타입에 따라 다른 조타감을 저장하고 있기 때문에 적용 지역과 차량에 알맞은 코드를 설정해야 한다.

유 의

EPS 사양 인식 절차 누락 시 전동 파워 스티어링 성능에 문제가 발생할 수 있다.

EPS 사양 인식 절차

유 의

- 진단 기기를 이용하여 EPS 사양 인식 전 배터리 전압이 정상인지 확인한다.
- EPS 사양 인식 중 차량 또는 진단기기와 연결된 어떠한 커넥터도 분리되지 않도록 주의한다.
- EPS 사양 인식 작업이 완료되면, IG OFF하고 20초 이상 대기한 후 엔진을 시동하여 정상 작동 여부를 확인한다.

1. KDS 진단 장비를 차량의 자가 진단 커넥터와 연결한다.
2. IG ON한다.
3. 스티어링 휠을 직진 상태로 정렬한다.

   유 의

   클록 스프링을 중립 상태로 세팅한다.
   (중립 기준 ±90˚ 이상이면 영점 설정 안 됨)

4. KDS 초기 화면에서 "차종"과 "Motor Driven Power Steering"을 선택한 후 확인을 선택한다.
5. 'EPS 사양 인식'을 선택한다.

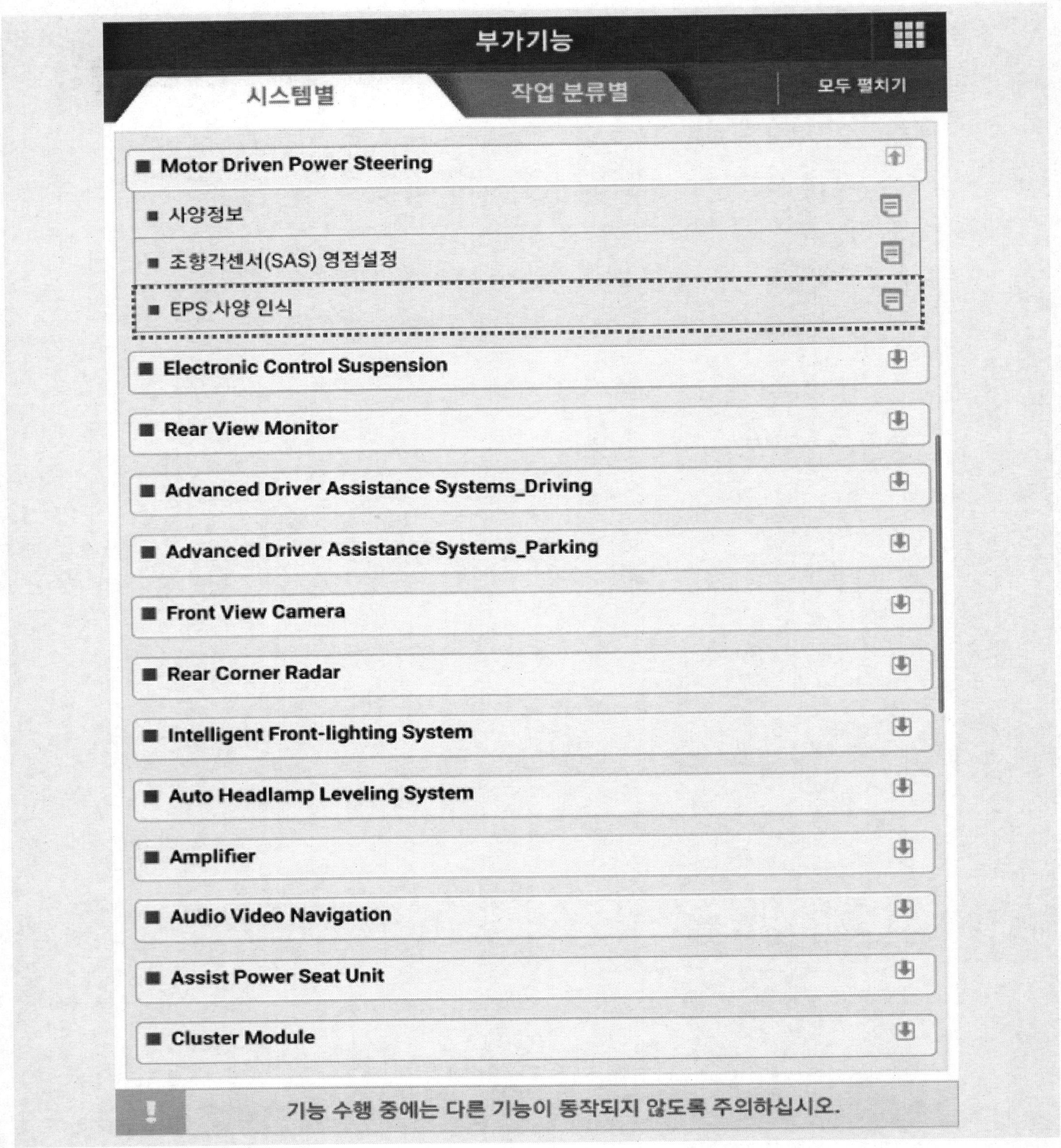

부가기능
시스템별
작업 분류별
모두 펼치기
Motor Driven Power Steering
사양정보
조향각센서(SAS) 영점설정
EPS 사양 인식
Electronic Control Suspension
Rear View Monitor
Advanced Driver Assistance Systems_Driving
Advanced Driver Assistance Systems_Parking
Front View Camera
Rear Corner Radar
Intelligent Front-lighting System
Auto Headlamp Leveling System
Amplifier
Audio Video Navigation
Assist Power Seat Unit
Cluster Module
기능 수행 중에는 다른 기능이 동작되지 않도록 주의하십시오.

부가기능

• **EPS 사양 인식**

검사목적	Electric Power Steering(EPS) Type을 해당지역 또는 사양별로 정확히 인식 시키기 위한 기능.
검사조건	1. 엔진 정지 2. 점화스위치 On
연계단품	Electric Power Steering(EPS) ECU
연계DTC	C1702
불량현상	경고등 점등
기 타	-

확인

! 기능 수행 중에는 다른 기능이 동작되지 않도록 주의하십시오.

6. 지역별 사양을 선택하고 '확인' 버튼을 누른다.

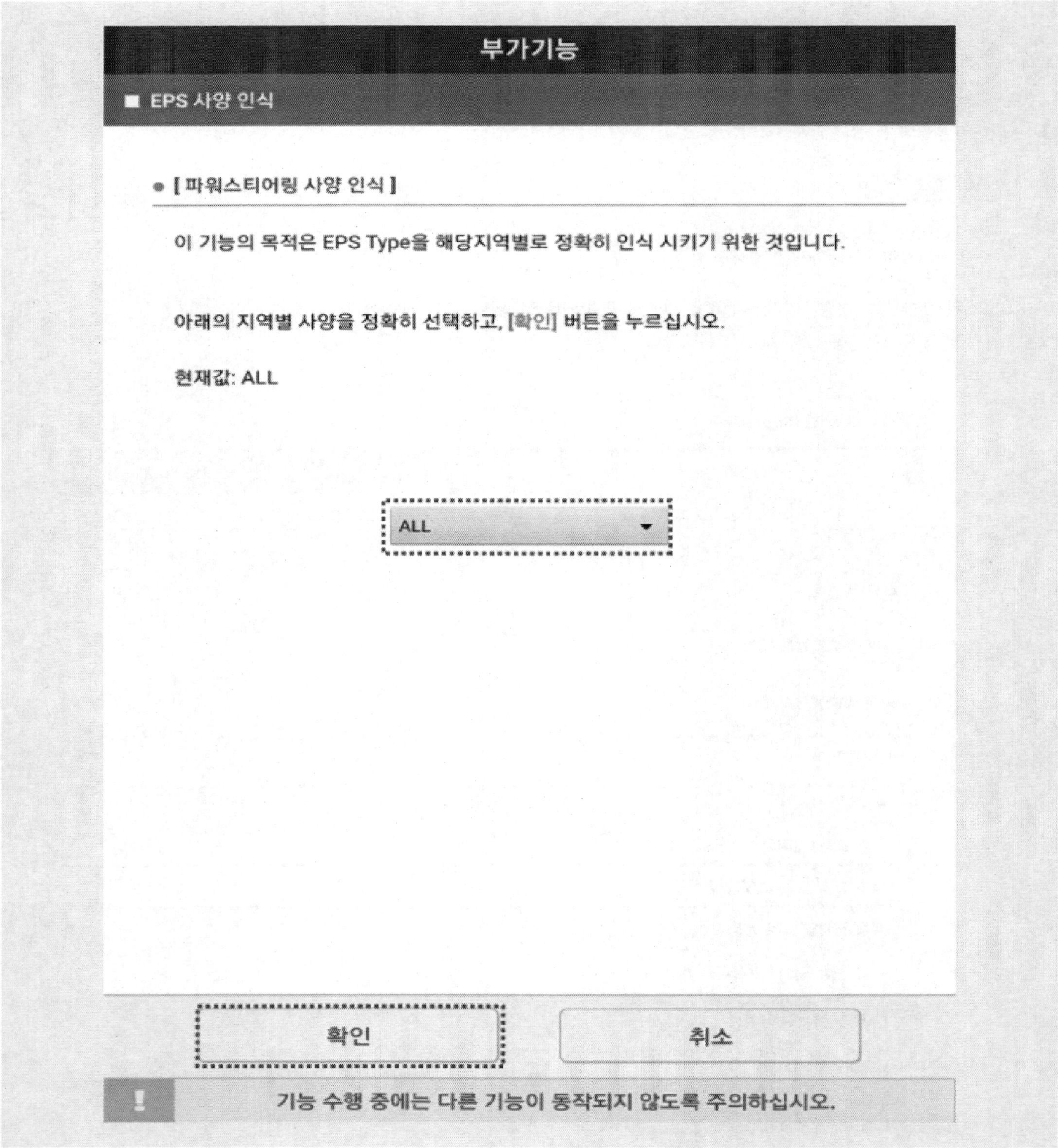
부가기능
■ EPS 사양 인식
● [파워스티어링 사양 인식]
이 기능의 목적은 EPS Type을 해당지역별로 정확히 인식 시키기 위한 것입니다.
아래의 지역별 사양을 정확히 선택하고, [확인] 버튼을 누르십시오.
현재값: ALL
ALL
확인
취소
기능 수행 중에는 다른 기능이 동작되지 않도록 주의하십시오.

7. DTC를 소거한다.
8. IG OFF하고 20초 이상 대기한 후 엔진을 시동하여 정상 작동 여부를 확인한다.

조향각 센서(SAS) 영점 설정

– 조향각 센서는 운전자의 조향각 및 조향각 속도를 감지하는 역할을 한다. 조향각 및 조향각 속도는 기본 조타력 외에 댐핑 제어 및 복원 제어 시 사용된다.

조향각 센서(SAS) 영점 설정 절차

유 의

- 진단기기를 이용하여 조향각 센서(SAS) 영점 설정 작업 전 배터리 전압이 정상인지 확인한다.
- 조향각 초기화 작업 중 차량 또는 진단기기와 연결된 어떠한 커넥터도 분리되지 않도록 주의한다.

- 조향각 초기화 작업이 완료되면, IG OFF하고 20초 이상 대기한 후 엔진을 시동하여 정상 작동 여부를 확인한다.

1. KDS 진단 장비를 차량의 자가진단 커넥터와 연결한다.
2. IG ON한다.
3. 스티어링 휠을 직진 상태로 정렬한다.

유 의

클록 스프링을 중립 상태로 세팅한다.
(중립 기준 ±90˚ 이상이면 영점 설정 안 됨)

4. KDS 초기 화면에서 "차종"과 "제동제어"를 선택한 후 확인을 선택한다.
5. "조향각 센서(SAS) 영점 설정" 메뉴를 선택한다.

부가기능

• 조향각센서(SAS) 영점설정

검사목적	EPS ECU에 입력된 조향각 값과 실제 차량의 조향각 값을 일치시켜 영점으로 맞추는 기능.
검사조건	1. 엔진 정지 2. 점화스위치 On
연계단품	Electric Power Steering(EPS) ECU, Steering Angle Sensor(SAS)
연계DTC	C1261
불량현상	경고등 점등
기 타	EPS나 ECU 교체 및 EPS 관련 작업 시 반드시 실시.

확인

! 기능 수행 중에는 다른 기능이 동작되지 않도록 주의하십시오.

부가기능

■ 조향각센서(SAS) 영점설정

● [조향각센서(SAS) 영점설정]

이 기능은 EPS ECU에 입력된 조향각값과 실제 차량의 조향각 값을 일치시켜 영점으로 맞추는 기능입니다. EPS ECU 교체 및 EPS 관련작업시 반드시 실시해야 합니다.

1. 시동키 On

2. 엔진 정지

스티어링휠을 직진방향으로 돌리고 [확인] 버튼을 누르십시오.

종료하려면 [취소] 버튼을 누르십시오.

확인 | 취소

! 기능 수행 중에는 다른 기능이 동작되지 않도록 주의하십시오.

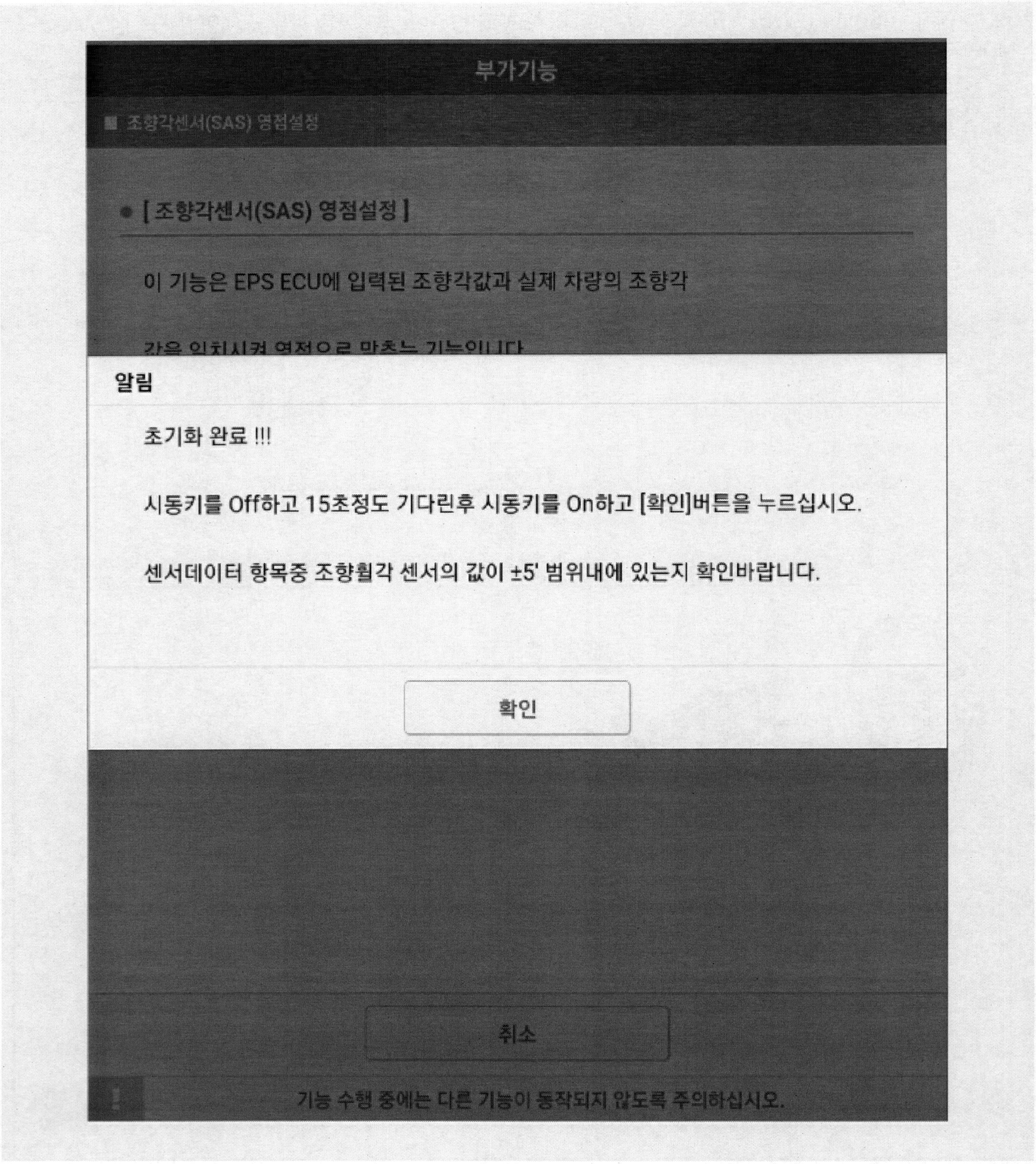
부가기능
■ 조향각센서(SAS) 영점설정
● [조향각센서(SAS) 영점설정]
이 기능은 EPS ECU에 입력된 조향각값과 실제 차량의 조향각
알림
초기화 완료 !!!
시동키를 Off하고 15초정도 기다린후 시동키를 On하고 [확인]버튼을 누르십시오.
센서데이터 항목중 조향휠각 센서의 값이 ±5' 범위내에 있는지 확인바랍니다.
확인
취소
기능 수행 중에는 다른 기능이 동작되지 않도록 주의하십시오.

구성부품

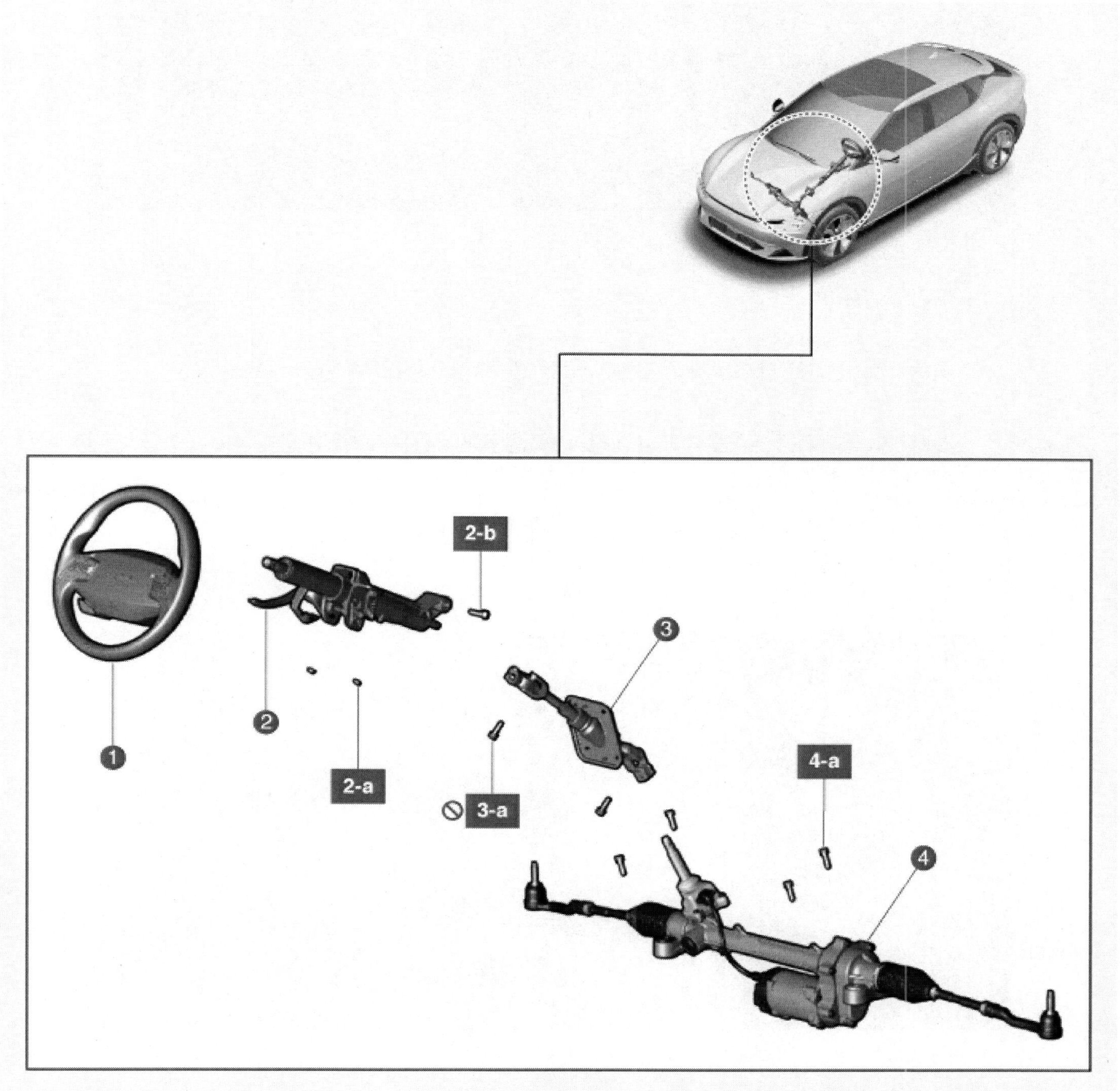

1. 스티어링 휠 2. 스티어링 컬럼 어셈블리 2-a. 2.5 ~ 3.0 kgf·m 2-b. 5.5 ~ 6.0 kgf·m	3. 유니버설 조인트 3-a. 5.0 ~ 6.0 kgf·m 4. 스티어링 기어박스 4-a. 11.0 ~ 13.0 kgf·m

차상 점검

1. 스티어링 컬럼의 손상 및 변형을 점검한다.
2. 조인트 베어링의 손상 및 마모를 점검한다.
3. 틸트 브래킷의 손상 및 균열을 점검한다.

탈거

컬럼 및 샤프트 어셈블리

1. 스티어링 휠을 일직선으로 정렬한다.
2. 스티어링 휠이 움직이지 않게 고정한다.

> **유 의**
>
> 스티어링 컬럼 유니버설 조인트가 탈거된 상태에서 스티어링 휠을 회전 시켜 클록 스프링 중립 위치가 변경되면 장착 후 클록 스프링 내부 케이블 단선 및 접힘 불량이 발생할 수 있다.

3. 배터리 (-) 단자와 서비스 인터록 커넥터를 분리한다.
   (배터리 제어 시스템 - "보조 배터리 (12V) - 2WD" 참조)
   (배터리 제어 시스템 - "보조 배터리 (12V) - 4WD" 참조)
4. 프런트 트렁크를 탈거한다.
   (바디 (내장 및 외장) - "프런트 트렁크" 참조)
5. 스티어링 유니버설 조인트를 스티어링 기어박스로부터 분리한다.
   (1) 스티어링 유니버설 조인트 볼트(A)를 탈거한다.

체결토크 : 5.0 ~ 6.0 kgf·m

> **유 의**
>
> 스티어링 유니버설 조인트 볼트는 재사용하지 않는다.

   (2) 스티어링 유니버설 조인트(A)를 화살표 방향으로 분리한다.

6. 멀티펑션 스위치를 탈거한다.
   (바디 전장 - "멀티펑션 스위치" 참조)
7. 운전석 무릎 에어백을 탈거한다.
   (에어백 시스템 - "무릎 에어백(KAB)" 참조)

> **▲ 주 의**
>
> 에어백이 전개될 경우 부상의 위험이 있을 수 있으므로 분리한 에어백 모듈은 항상 커버 측이 위를 향하도록 보관한다.

8. 와이어링 고정 파스너(A)를 분리한다.

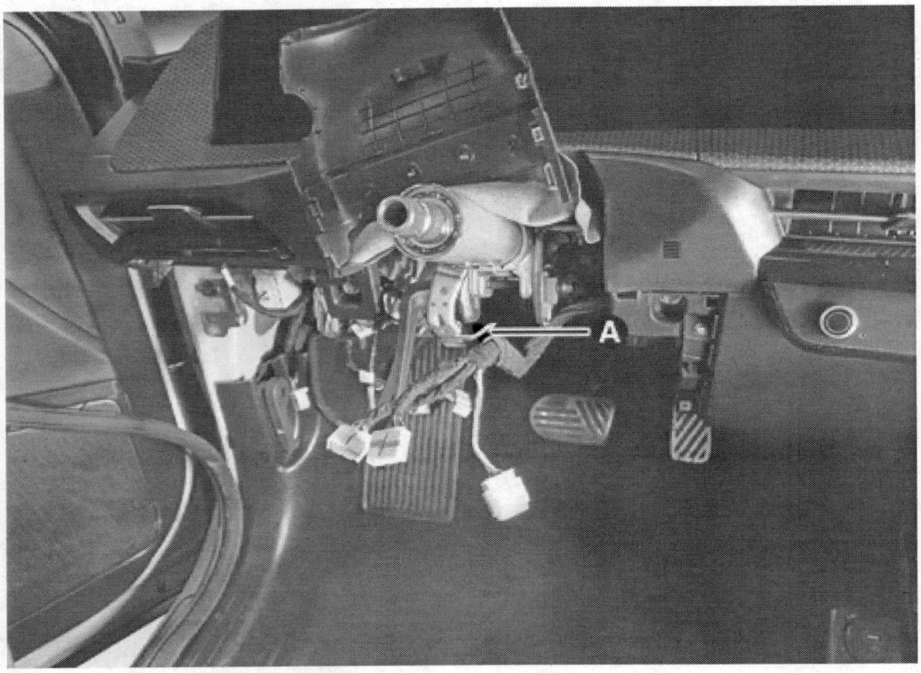

9. 스티어링 컬럼 어셈블리 더스트 커버 너트(A)를 탈거한다.

체결토크 : 1.3 ~ 1.8 kgf·m

10. 볼트와 너트를 풀어 컬럼 및 샤프트 어셈블리(A)을 탈거한다.

체결토크 :
너트 : 2.5 ~ 3.0 kgf·m
볼트 : 5.5 ~ 6.0 kgf·m

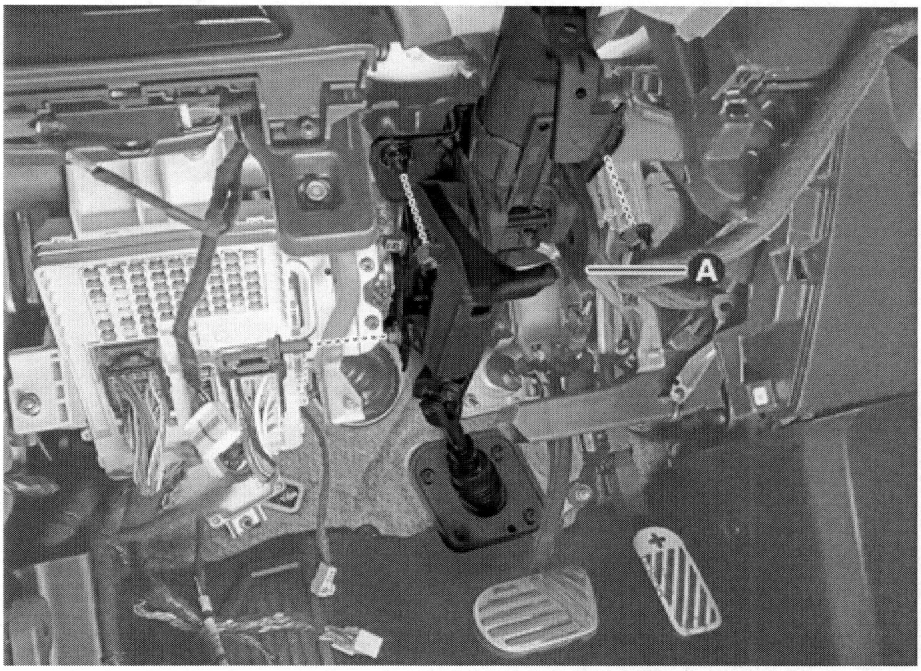

장착

1. 장착은 탈거의 역순으로 한다.

유 의

- 단품 장착 시 규정 토크를 준수하여 장착한다.
- 장착 시 브래킷 홈(B)에 다월 핀(A)을 확실히 삽입한다.

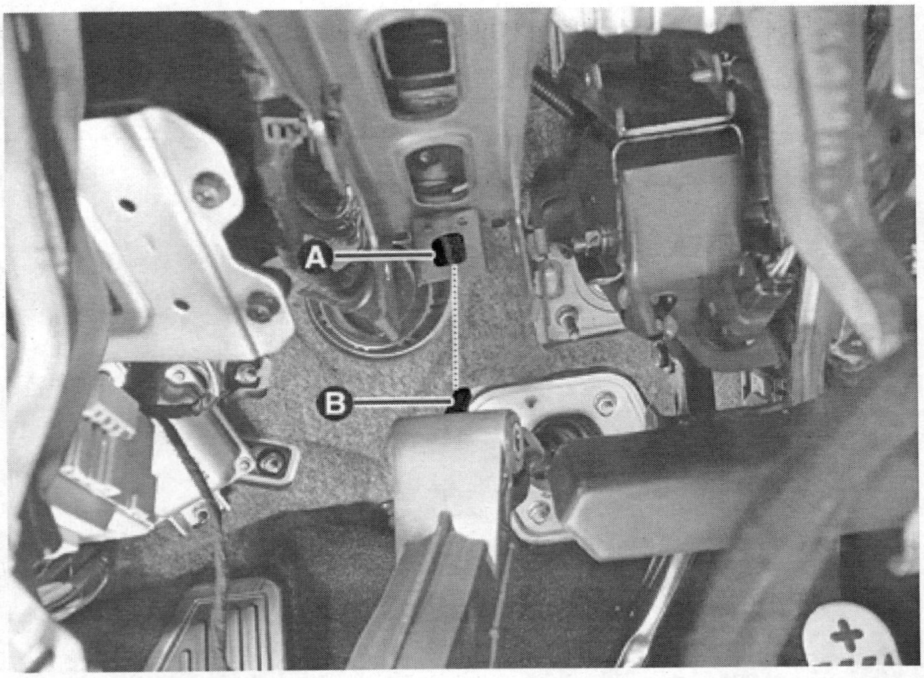

- 장착 시 스티어링 기어 조인트를 스티어링 기어박스 피니언 샤프트에 확실히 삽입하여 체결한다.
- 장착 시 유니버설 조인트 볼트의 머리 부분이 운전자를 향하게 장착한다.

2. 조향각 센서(SAS) 영점 설정을 실시한다.
   (전동 파워 스티어링 시스템(MDPS) - "조정" 참조)

분해

1. 볼트를 풀어 유니버설 조인트 어셈블리(A)를 분리한다.

체결토크 : 5.0 ~ 6.0 kgf·m

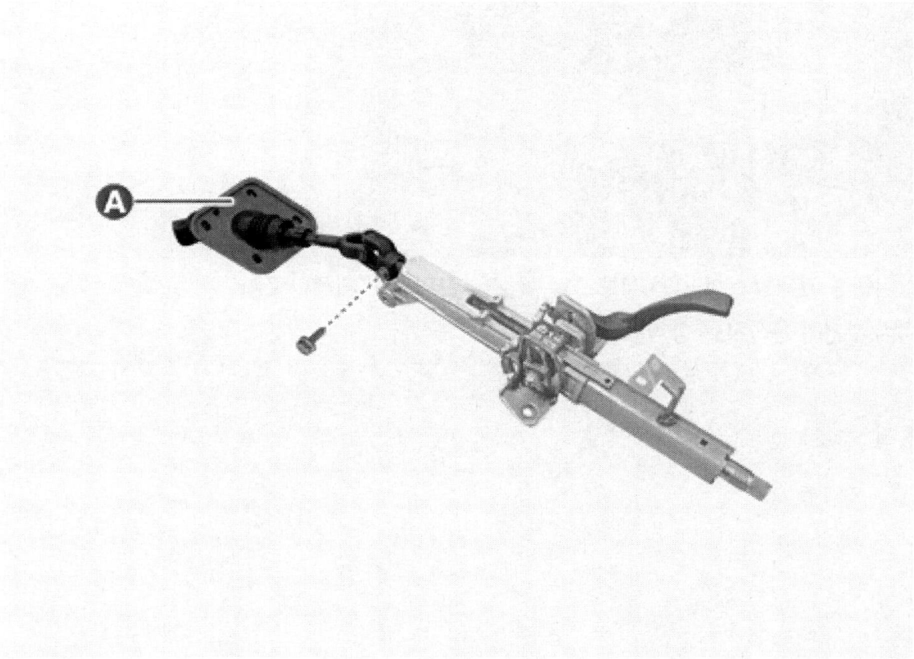

유 의

스티어링 유니버설 조인트 볼트는 재사용하지 않는다.

조립

2. 조립은 분해의 역순으로 한다.

유 의

- 단품 장착 시 규정 토크를 준수하여 장착한다.
- 조립 시 볼트 체결을 위한 홈(A)의 위치에 유의하며 장착한다.

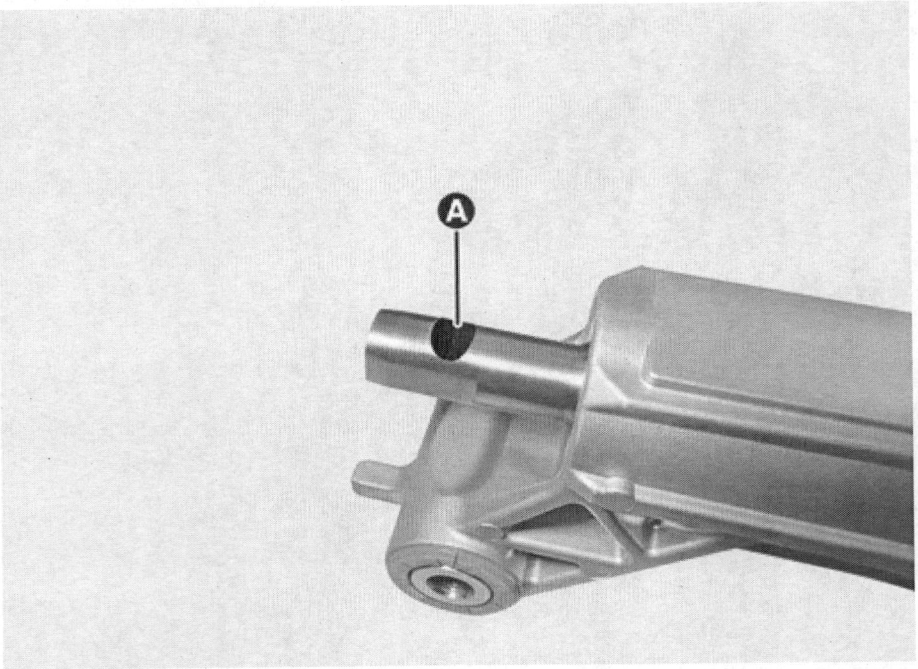

- 조립 시 컬럼 어셈블리 가공면(A)과 조인트 어셈블리 가공면(B)을 일치시킨다.

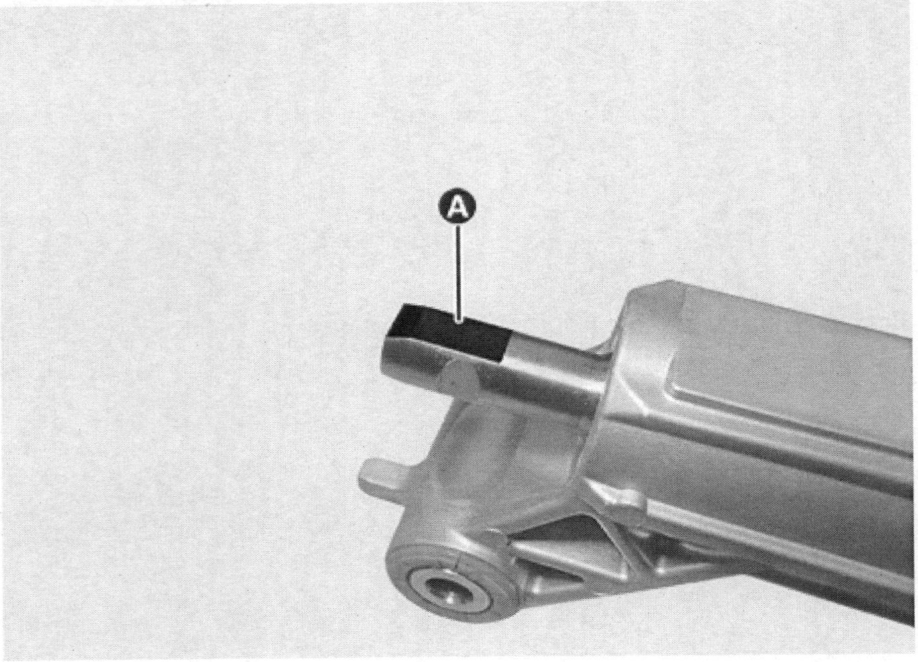

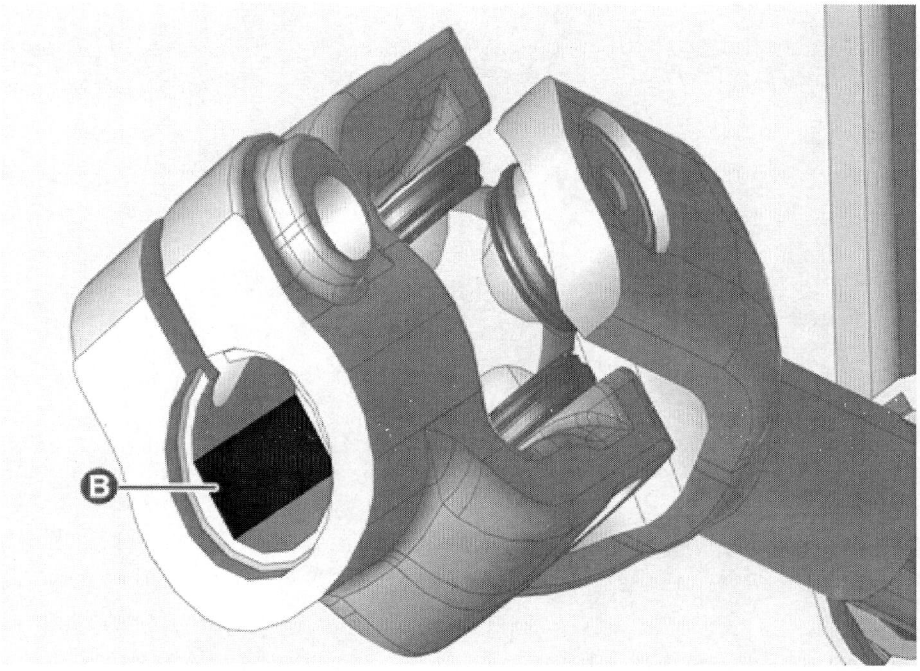
B

구성부품

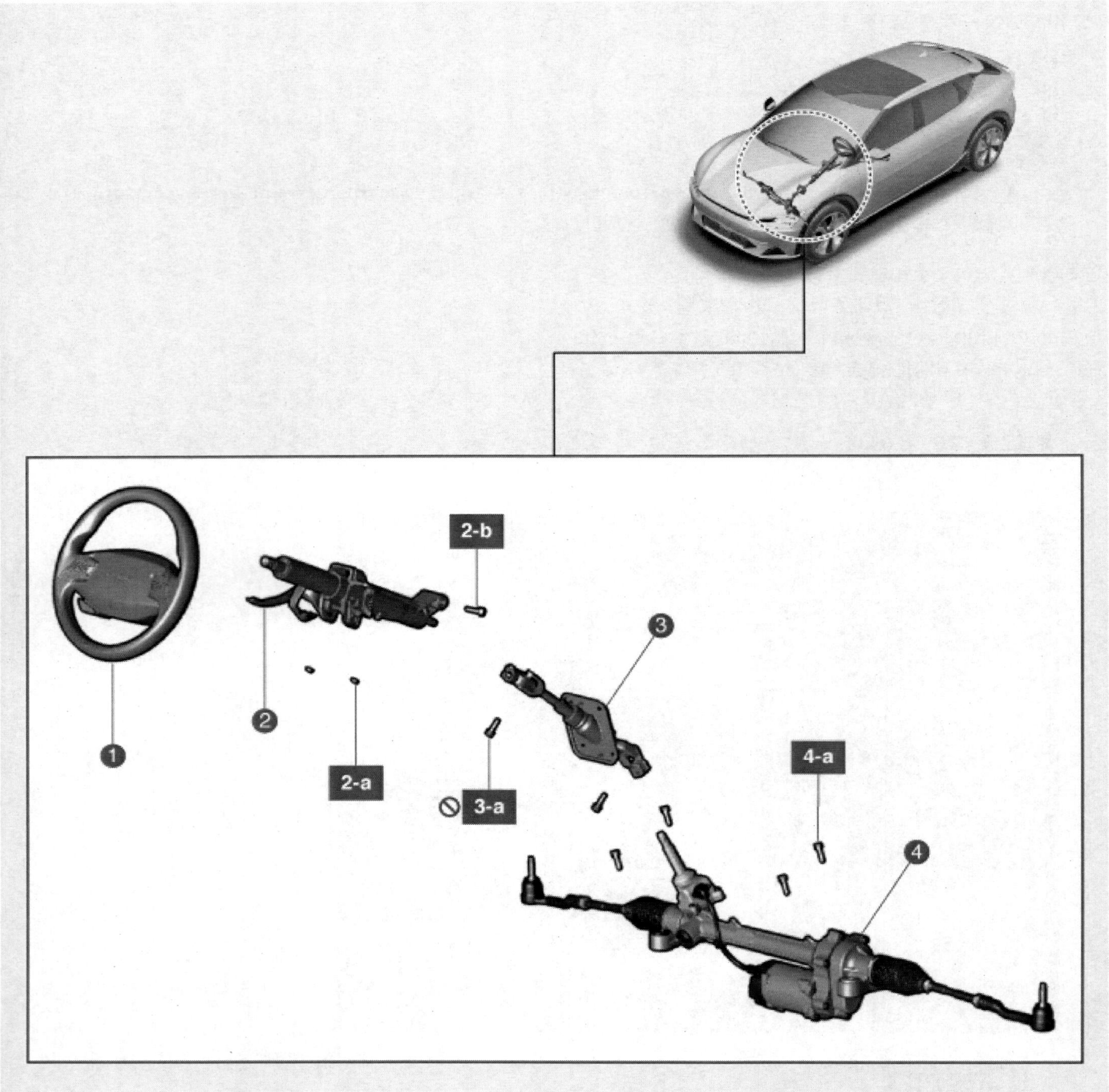

1. 스티어링 휠 2. 스티어링 컬럼 어셈블리 2-a. 2.5 ~ 3.0 kgf·m 2-b. 5.5 ~ 6.0 kgf·m 3. 유니버셜 조인트 3-a. 5.0 ~ 6.0 kgf·m	4. 스티어링 기어박스 4-a. 11.0 ~ 13.0 kgf·m

탈거

1. 스티어링 휠을 일직선으로 정렬한다.
2. 시동을 OFF 한다.
3. 스티어링 휠이 움직이지 않게 고정한다.

> **유 의**
>
> 유니버설 조인트 어셈블리를 스티어링 기어박스에서 분리한 상태에서 스티어링 휠이 계속 회전하면 클락 스프링 중립 위치가 변경되어 클락 스프링 내부 케이블 단선등이 발생할 수 있다.

4. 크래쉬 패드 로어 패널를 탈거한다.
   (바디 (내장 및 외장) - "크래쉬 패드 로어 패널" 참조)
5. 스티어링 유니버설 조인트를 스티어링 기어박스로부터 분리한다.
   (1) 스티어링 유니버설 조인트 볼트(A)를 탈거한다.

체결토크 : 5.0 ~ 6.0 kgf·m

> **유 의**
>
> 스티어링 유니버설 조인트 볼트는 재사용하지 않는다.

   (2) 스티어링 유니버설 조인트(A)를 화살표 방향으로 분리한다.

6. 스티어링 컬럼 어셈블리 더스트 커버 너트(A)를 탈거한다.

체결토크 : 1.3 ~ 1.8 kgf·m

7. 볼트를 풀어 유니버설 조인트(A)를 탈거한다.

체결토크 : 5.0 ~ 6.0 kgf·m

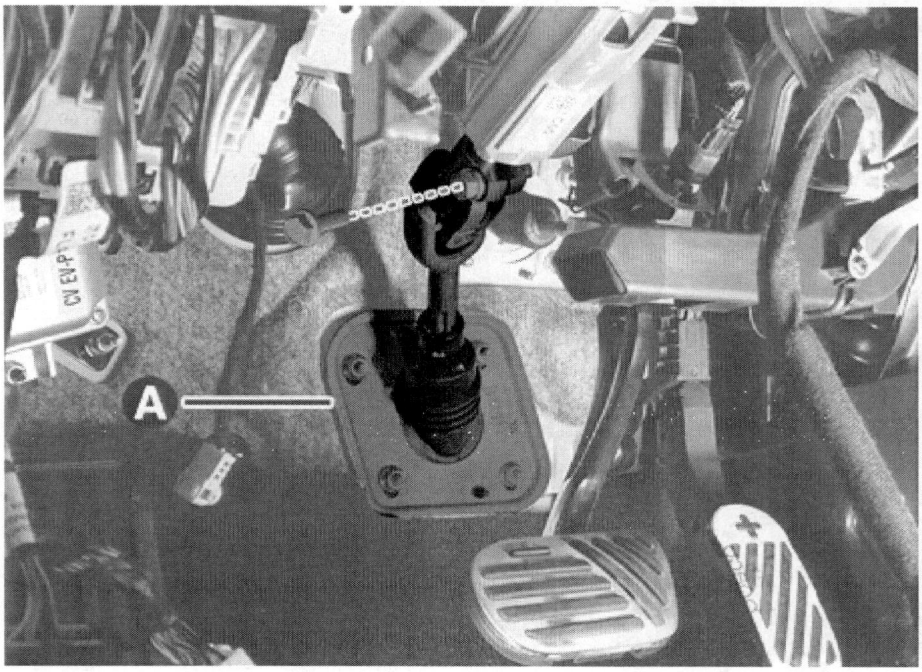

장착

1. 장착은 탈거의 역순으로 한다.

> **유 의**
>
> - 장착 시 유니버설 조인트 어셈블리를 스티어링 기어박스 피니언 샤프트에 확실히 삽입하여 체결한다.
> - 장착 시 유니버설 조인트 어셈블리 하부 장착 볼트의 머리 부분이 운전자를 향하게 장착한다.

2. 조향각 센서(SAS) 영점 설정을 실시한다.
   (전동 파워 스티어링 시스템(MDPS) - "조정" 참조)

구성부품

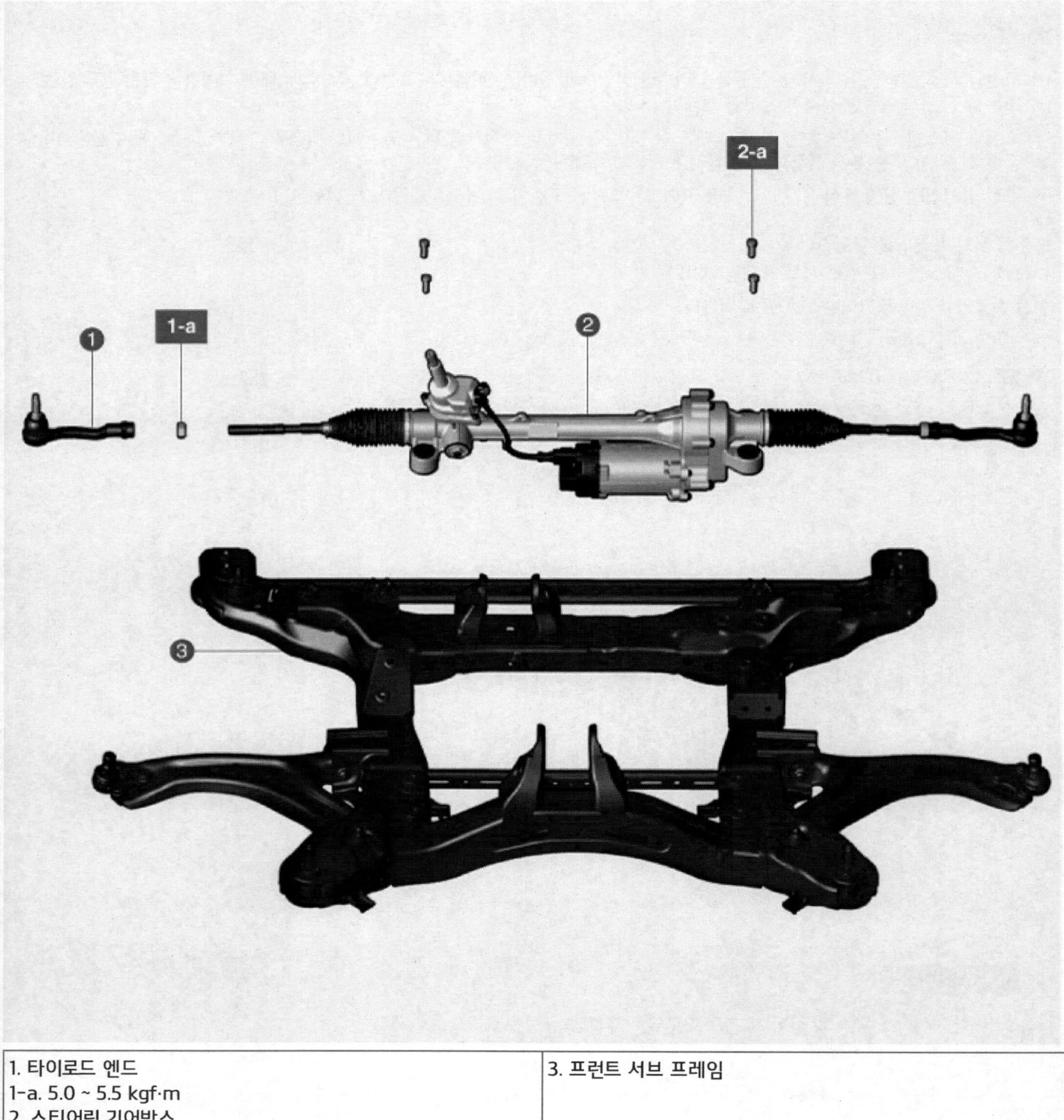

1. 타이로드 엔드 1-a. 5.0 ~ 5.5 kgf·m 2. 스티어링 기어박스 2-a. 11.0 ~ 13.0 kgf·m	3. 프런트 서브 프레임

탈거

⚠ 경 고

- 고전압 시스템 관련 작업 시, 관련 교육을 이수한 작업자가 정비를 진행한다. 고전압 시스템에 대한 이해가 부족한 경우 감전 또는 누전 등으로 인한 심각한 사고를 초래할 수 있다.
- 고전압 시스템 또는 주변 부품 작업 시, 반드시 "고전압 시스템 안전사항 및 주의, 경고" 내용을 숙지하고 준수해야 한다. 미준수 시, 감전 또는 누전 등으로 인한 심각한 사고를 초래할 수 있다.
- 고전압 시스템 작업 특성 상, 개인보호장구(PPE) 및 사전 고전압 차단 절차를 반드시 확인한다.

1. 프런트 서브 프레임을 탈거한다.
   (서스펜션 시스템 - "프런트 서브 프레임" 참조)
2. 볼트를 풀어 스티어링 기어박스(A)를 탈거한다.

체결토크 : 11.0 ~ 13.0 kgf·m

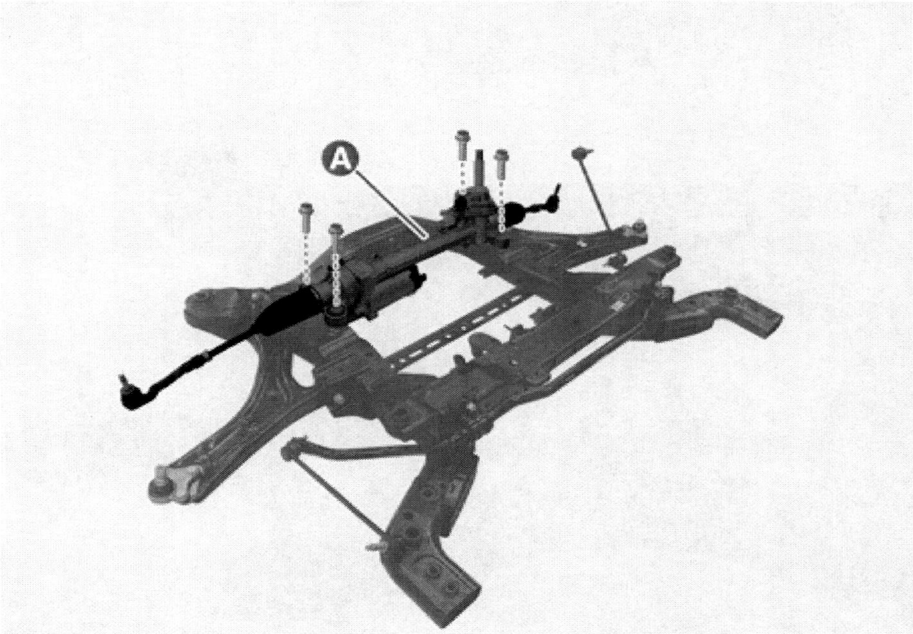

유 의

스티어링 기어박스 탈거 및 장착 시 볼트를 모두 가체결 후 규정 토크값으로 완체결 한다.

장착

1. 장착은 탈거의 역순으로 한다.

유 의

장착 시 부싱 측 체결 볼트부터 장착 후 나머지 너트를 장착한다.

2. EPS 사양 인식 및 조향각 센서(SAS) 영점 설정을 실시한다.
   (전동 파워 스티어링 시스템(MDPS) - "조정" 참조)
3. 얼라이먼트를 점검한다.

3. [illegible]
(서스펜션 시스템 - "얼라인먼트" 참조)

2023 > 엔진 > 160kW (2WD) / 70 160kW (4WD) > 스티어링 시스템 > 전동 파워 스티어링 시스템(MDPS) > 스티어링 기어박스 > 탈거 및 장착 - 4WD

탈거

⚠ 경 고

- 고전압 시스템 관련 작업 시, 관련 교육을 이수한 작업자가 정비를 진행한다. 고전압 시스템에 대한 이해가 부족한 경우 감전 또는 누전 등으로 인한 심각한 사고를 초래할 수 있다.
- 고전압 시스템 또는 주변 부품 작업 시, 반드시 "고전압 시스템 안전사항 및 주의, 경고" 내용을 숙지하고 준수해야 한다. 미준수 시, 감전 또는 누전 등으로 인한 심각한 사고를 초래할 수 있다.
- 고전압 시스템 작업 특성 상, 개인보호장구(PPE) 및 사전 고전압 차단 절차를 반드시 확인한다.

1. 전륜 모터 및 감속기 어셈블리를 탈거한다
   (모터 및 감속기 시스템 - "전륜 모터 및 감속기 어셈블리")
2. 볼트를 풀어 스티어링 기어박스(A)를 탈거한다.

체결토크 : 11.0 ~ 13.0 kgf·m

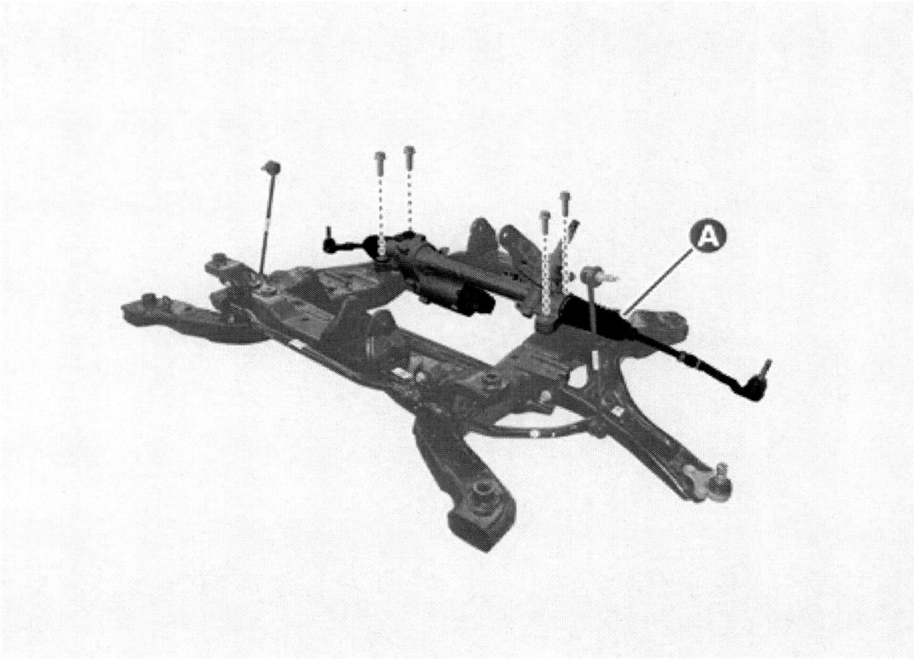

유 의

스티어링 기어박스 탈거 및 장착 시 볼트를 모두 가체결 후 규정 토크값으로 완체결 한다.

장착

1. 장착은 탈거의 역순으로 한다.

유 의

장착 시 부싱 측 체결 볼트부터 장착 후 나머지 너트를 장착한다.

2. EPS 사양 인식 및 조향각 센서(SAS) 영점 설정을 실시한다.
   (전동 파워 스티어링 시스템(MDPS) - "조정" 참조)
3. 얼라인먼트를 점검한다.

5. [illegible]
(얼라인먼트 - "정비절차" 참조)

특수공구

공구 명칭 / 번호	형상	용 도
볼 조인트 리무버 09568 - 2J100	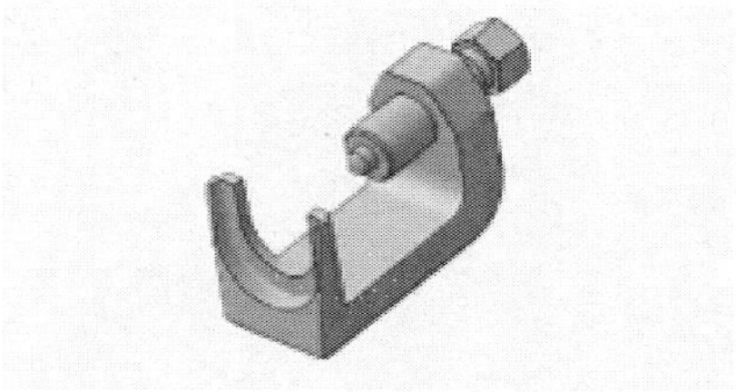	타이로드 엔드 볼 조인트 탈거

탈거

타이로드 엔드

1. 프런트 휠 및 타이어를 탈거한다.
   (서스펜션 시스템 - "휠 및 타이어" 참조)
2. 특수공구를 사용하여 타이로드 엔드 볼 조인트를 분리한다.
   (1) 분할 핀(A)을 탈거한다.
   (2) 록 너트(B)와 와셔(C)를 탈거한다.

체결토크 : 10.0 ~ 12.0 kgf·m

유 의

- 분할 핀은 재사용하지 않는다.
- 록 너트는 재사용하지 않는다.
- 링크의 고무 부트가 손상되지 않도록 유의한다.
- 록 너트 탈거 및 장착 시 반드시 수공구를 이용한다.

(3)

3. 타이로드 엔드의 회전이 가능해질 만큼 타이로드 엔드 록 너트(A)를 푼다.

가체결토크 : 0.3 ~ 1.0 kgf·m
완체결토크 : 5.0 ~ 5.5 kgf·m

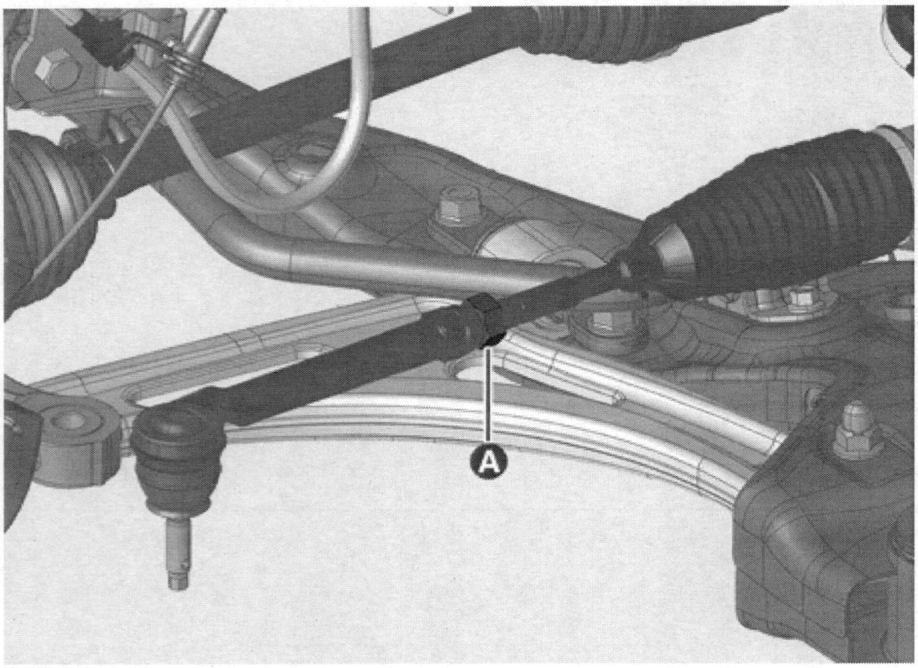

유 의

타이로드 엔드를 탈거하기 전 나사산의 길이를 측정(A)하거나 타이로드 엔드 록 너트의 장착 위치를 표시(B)한다.

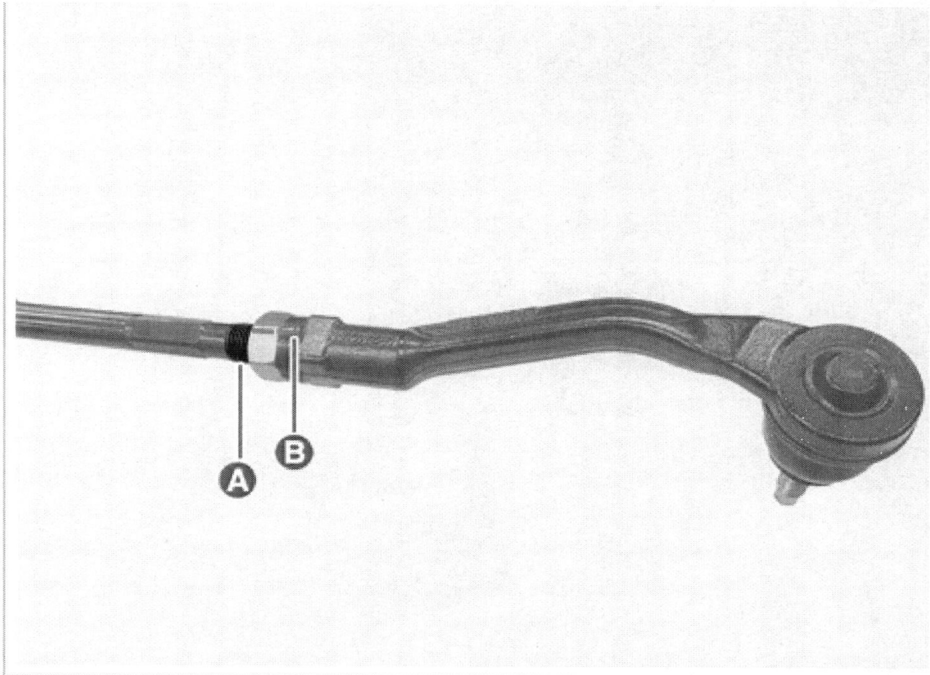

4. 타이로드 엔드(A)를 반 시계 방향으로 풀어 탈거한다.

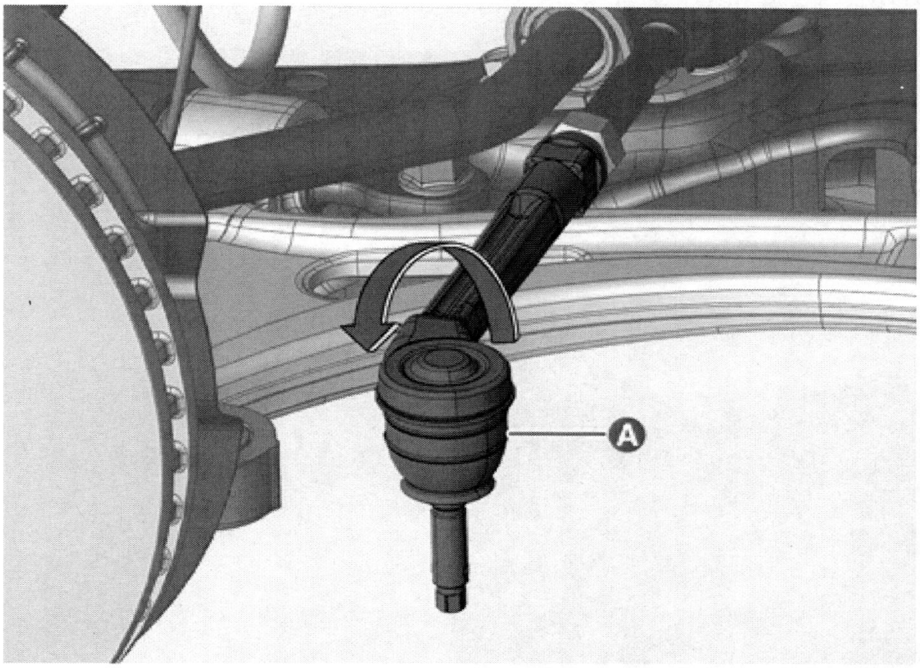

장착

1. 장착은 탈거의 역순으로 한다.

> **유 의**
>
> 단품 장착 시 규정 토크를 준수하여 장착한다.

2. 얼라인먼트를 점검한다.
   (서스펜션 시스템 - "얼라인먼트" 참조)

브레이크 시스템

서비스 데이터

제원

항 목		제 원
프런트 브레이크(17인치 디스크)	형식	벤틸레이티드 디스크
	디스크 외경(mm)	Ø325
	디스크 두께(mm)	30
	실린더 형식	싱글 피스톤
	실린더 직경(mm)	Ø60.6
프런트 브레이크(20인치 디스크)	형식	벤틸레이티드 디스크
	디스크 외경(mm)	Ø380
	디스크 두께(mm)	34
	실린더 형식	더블 피스톤
	실린더 직경(mm)	Ø44
리어 브레이크(17인치 디스크 / EPB)	형식	솔리드 디스크
	디스크 외경(mm)	Ø325
	디스크 두께(mm)	12
	실린더 형식	싱글 피스톤
	실린더 직경(mm)	Ø45
리어 브레이크(19인치 디스크 / EPB)	형식	벤틸레이티드 디스크
	디스크 외경(mm)	Ø360
	디스크 두께(mm)	20
	실린더 형식	싱글 피스톤
	실린더 직경(mm)	Ø45.1

제원(전자)

품 목	항목	기준치	비 고
통합형 전동 부스터 (IEB) [Integrated Electronic Brake]	형식	BLAC (Brushless AC Motor)	
	배터리 전압(V)	DC 13	
	스트로크(mm)	마스터 실린더 : 32 ~ 34	
		파워 실린더 : 33 ~ 35	
	최대 토크(N·m)	3.2 (20°C, 2000 RPM 에서) 2.8 (120°C, 2000 RPM 에서)	
	최대 출력(W)	670 (20°C 에서) 586 (120°C 에서)	
액티브 휠 속도 센서	공급 전원(V)	4.25 ~ 20	
	작동 온도(°C)	-40 ~ 120 (최대 : 150)	
	출력 전류(Low)(mA)	7 ± 1.05	Typ .7
	출력 전류(High)(mA)	14 ± 2.1	Typ .14
	출력 범위(Hz)	0.03 ~ 3000	
	치형수	프런트 : 52개, 리어 : 46개	

전자식 주차 브레이크(EPB) 스위치	에어 갭(mm)	0.4 ~ 1.5	
	보존 온도(°C)	-40 ~ 85	
	작동 온도(°C)	-30 ~ 75	
	정격 전압(V)	DC 12.6 ± 0.2	
	작동 전압(V)	9 ~ 16	
스톱램프 스위치	정격 전압(V)	DC 12.6 ± 0.2	
	동작 전압(V)	DC 6 ~ 18	
	작동 및 보관 온도(°C)	-40 ~ 90	

정비 기준

브레이크 페달 행정(mm)		136
스톱 램프 스위치 간극(mm)		1 ~ 2
프런트 브레이크 디스크 패드	두께(mm)	11
	사용한계(mm)	3
프런트 브레이크 디스크(17인치 디스크)	두께(mm)	30
	사용한계(mm)	28
프런트 브레이크 디스크(20인치 디스크)	두께(mm)	34
	사용한계(mm)	31.6
리어 브레이크 디스크 패드	두께(mm)	10
	사용한계(mm)	2
리어 브레이크 디스크(17인치 디스크)	두께(mm)	12
	사용한계(mm)	10
리어 브레이크 디스크(19인치 디스크)	두께(mm)	20
	사용한계(mm)	18

체결토크

브레이크 블리딩

항 목	체결토크(kgf·m)
에어 블리더 스크루	0.7 ~ 1.3

브레이크 라인

항 목	체결토크(kgf·m)
프런트/리어 캘리퍼와 브레이크 호스 볼트	2.5 ~ 3.0
PE룸 브레이크 튜브와 통합형 전동 부스터 플레어 너트	1.3 ~ 1.7
PE룸 브레이크 튜브 브래킷과 차체 볼트	0.8 ~ 1.2
프런트 스트럿과 프런트 브레이크 라인 브래킷 볼트	1.3 ~ 1.7
프런트 브레이크 호스 플레어 너트	1.4 ~ 1.7
리어 브레이크 호스 플레어 너트	1.4 ~ 1.7

브레이크 페달

항 목	체결토크(kgf·m)
브레이크 멤버와 차체 너트	1.7 ~ 2.6
브레이크 페달과 멤버 어셈블리 볼트	2.5 ~ 3.5

프런트 브레이크(캘리퍼, 디스크, 패드)

항 목	체결토크(kgf·m)
프런트 캘리퍼 가이드 로드 볼트	2.2 ~ 3.2
프런트 캘리퍼 볼트	10.0 ~ 12.0
프런트 캘리퍼와 브레이크 호스 볼트	2.5 ~ 3.0
프런트 디스크 스크루	0.5 ~ 0.6

리어 브레이크(캘리퍼, 디스크, 패드)

항 목	체결토크(kgf·m)
리어 캘리퍼 가이드 로드 볼트	2.2 ~ 3.2
리어 캘리퍼 볼트	8.0 ~ 10.0
리어 캘리퍼와 브레이크 호스 볼트	2.5 ~ 3.0
리어 디스크 스크루	0.5 ~ 0.6

통합형 전동 부스터(IEB)

항 목	체결토크(kgf·m)
브레이크 튜브와 통합형 전동 부스터 플레어 너트	1.3 ~ 1.7
통합형 전동 부스터(IEB) 어셈블리 너트	1.3 ~ 1.8

리저버 탱크

항 목	체결토크(kgf·m)
리모트 리저버 탱크 어셈블리 너트	0.7 ~ 1.1
리저버 탱크 스크루	0.10 ~ 0.15

프런트 휠 속도 센서

항 목	체결토크(kgf·m)
프런트 휠 속도 센서 볼트 **[4WD 사양]**	0.9 ~ 1.4
프런트 휠 속도 센서 브래킷 볼트	2.0 ~ 3.0

리어 휠 속도 센서

항 목	체결토크(kgf·m)
리어 휠 속도 센서	0.9 ~ 1.4
리어 휠 속도 센서 브래킷과 리어 어퍼암 - 리어 볼트	2.0 ~ 3.0
리어 휠 속도 센서 브래킷과 차체	2.0 ~ 3.0

윤활유

항 목	추 천 품	용 량
브레이크 액(cc)	DOT 4	필요량 (500 ± 20 cc) *리저버탱크 MAX - MIN 라인 확인
브레이크 페달 부싱 및 브레이크 페달 볼트	장수명 일반 그리스 - 섀시용 (GREASE PDLV-1)	필요량

유 의

차량의 제동 성능 및 ABS/ESC 성능을 최상으로 유지하기 위하여 규격에 맞는 브레이크 액을 사용한다. 규격에 맞는 순정 브레이크 액은 품질과 성능을 당사가 보증하는 브레이크 액이다.
(**규격** : SAE J1704 DOT-4 LV, ISO4925 CLASS-6, FMVSS 116 DOT-4)

특수공구

공구(품번 및 품명)	형상	용도
피스톤 익스팬더 09581 - 11000		프런트 캘리퍼 피스톤 압축
리어 브레이크 피스톤 어저스터 09580 - 0U000		리어 캘리퍼 피스톤 압축
센서 캡 탈거 공구 0K583 - R0400		휠 센서 캡 탈거
센서 캡 장착 공구 09527 - AL500	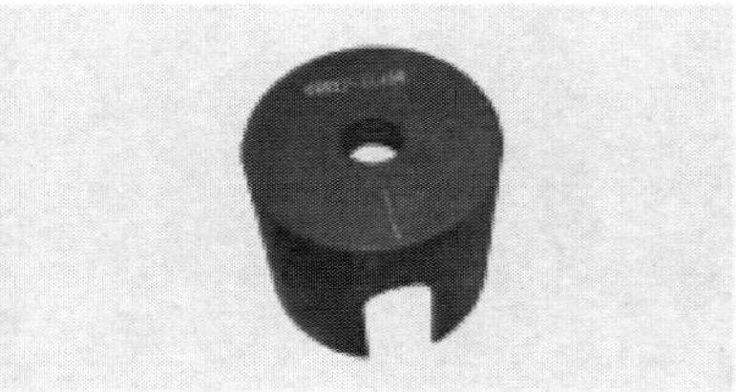	센서 캡(외경 : Φ86.6)용 장착 공구 (09231 - 93100 공구와 함께 사용)
핸들 09231 - 93100	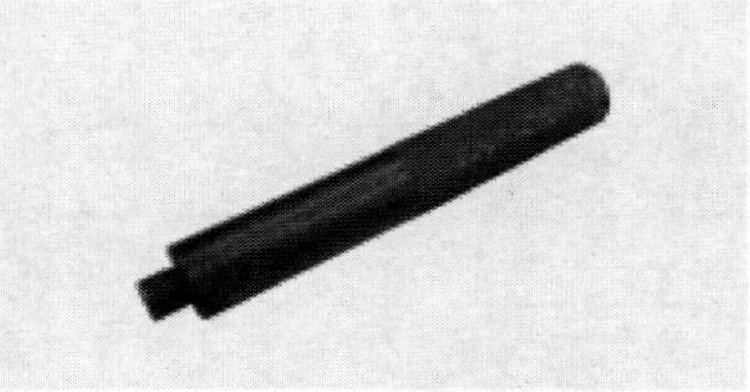	핸들 (09527 - AL500 공구와 함께 사용)
압력 조절기 09580 - 3D100	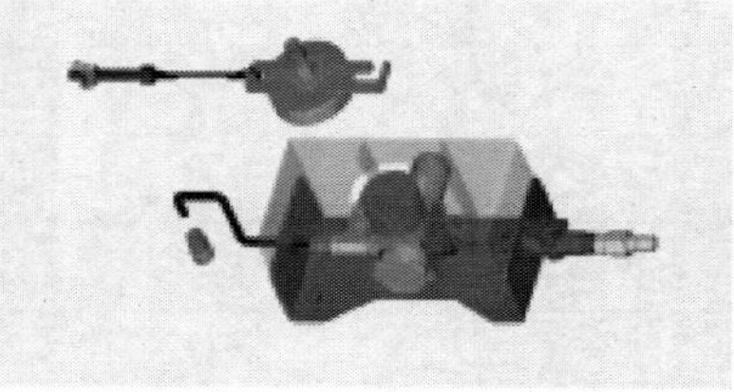	브레이크 블리딩 공구 (압력 조절) (0K585-E8100 공구와 함께 사용)
브레이크 블리딩 어댑터 0K585 - E8100		브레이크 블리딩 공구 (리저버 캡 어댑터) (09580 - 3D100 공구와 함께 사용)

고장진단

1. 브레이크 시스템은 차량용 KDS를 이용해서 신속하게 고장 부위를 진단할 수 있다. ("DTC 진단 가이드" 참조)
   (1) 자기 진단 : 고장코드(DTC) 점검 및 표출
   (2) 센서 데이터 : 시스템 입출력값 상태 확인
   (3) 강제 구동 : 시스템 작동 상태 확인
   (4) 부가 기능 : 시스템 옵션, 영점 조절 등의 기타 기능 제어

아래는 브레이크 시스템에서 나타날 수 있는 가장 흔한 결함과 정비 방법을 제시한다. 각 예상 원인의 숫자는 해당 결함이 발생하는 원인의 우선 순위를 나타낸다.

브레이크 경고등 점등

예상 원인	정비
1. 브레이크 액 레벨 센서 커넥터 체결 상태 미흡	커넥터 재체결 및 손상 확인
2. 브레이크 액 부족	보충 및 누유 확인
3. 주차 브레이크 체결	해제
4. 통합형 전동부스터	고장코드 (DTC) 점검

로어 페달 또는 스펀지 페달

예상 원인	정비
1. 브레이크 시스템(오일 누유)	수리
2. 브레이크 시스템(공기 유입)	공기 빼기 작업
3. 피스톤 실(마모 또는 파손)	교환
4. 통합형 전동부스터	고장코드 (DTC) 점검

브레이크 끌림

예상 원인	정비
1. 브레이크 페달 자유 유격(최소)	조정
2. 패드 (균열 또는 비틀어짐)	교환
3. 피스톤(걸림)	교환
4. 피스톤(얼어 있음)	교환
5. 앵커 또는 리턴 스프링(고장)	교환
6. 통합형 전동부스터	고장코드 (DTC) 점검

브레이크 편제동

예상 원인	정비
1. 피스톤(걸림)	교환
2. 패드 (오일 묻음)	교환
3. 피스톤(얼어 있음)	교환
4. 디스크(긁힘)	교환
5. 패드 (균열 또는 비틀어짐)	교환

페달이 무겁고 비효율적인 브레이크

예상 원인	정비
1. 브레이크 시스템(오일 누유)	수리
2. 브레이크 시스템(공기 유입)	공기 빼기 작업
3. 패드 (마모)	교환
4. 패드 (균열 또는 비틀어짐)	교환
5. 패드 (오일 묻음)	교환
6. 패드 (미끄러움)	교환
7. 디스크(긁힘)	교환
8. 통합형 전동부스터	고장코드 (DTC) 점검

브레이크 소음

예상 원인	정비
1. 패드 (균열 또는 비틀어짐)	교환
2. 장착 볼트(느슨함)	재조임
3. 디스크(긁힘)	교환
4. 슬라이딩 핀(마모)	교환
5. 패드 (오염)	청소
6. 패드 (미끄러움)	교환
7. 앵커 또는 리턴 스프링(고장)	교환
8. 브레이크 패드 심(손상)	교환

브레이크 제동이 잘 안 됨(빠른 속도로 주행 시)

예상 원인	정비
1. 패드 (마모)	교환
2. 통합형 전동부스터	고장코드 (DTC) 점검

브레이크 진동

예상 원인	정비
1. 페달 자유 유격	조정
2. 통합형 전동부스터	고장코드 (DTC) 점검
3. 캘리퍼	교환
4. 마스터 실린더 캡 실	교환
5. 손상된 브레이크 라인	교환
6. 디스크 떨림	브레이크 저더 점검 및 연마 또는 교환

특수공구

공구(품번 및 품명)	형상	용도
압력 조절기 09580 - 3D100	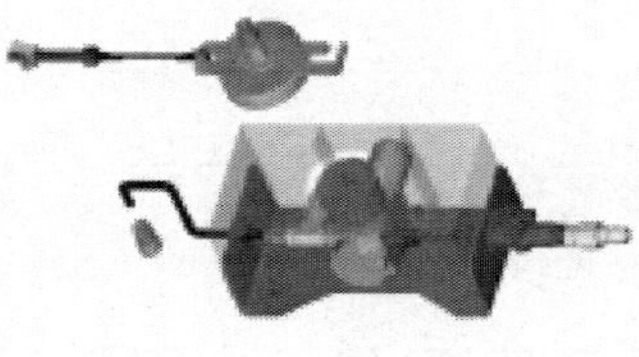	브레이크 블리딩 공구 (압력 조절) (0K585 - E8100 공구와 함께 사용)
브레이크 블리딩 어댑터 0K585 - E8100		브레이크 블리딩 공구 (리저버 캡 어댑터) (09580 - 3D100 공구와 함께 사용)

통합 전동 부스터(IEB) 시스템 공기 빼기

유 의

- 배출된 브레이크 액은 재사용하지 않는다.
- 브레이크 액은 항상 정품 DOT4를 사용한다.
- 리저버 캡을 열기 전에 반드시 리저버 및 리저버 캡 주위의 이물질을 제거한다.
- 브레이크 액이 먼지 또는 기타 이물질로 오염되지 않도록 주의한다.
- 브레이크 액이 차량 또는 신체에 접촉되지 않도록 주의하고, 접촉된 경우 즉시 닦아낸다.
- 공기빼기 작업을 할 때 브레이크 액이 리저버의 "MIN"이하로 떨어지지 않도록 브레이크 액을 보충한다.
- 브레이크 액 보충을 위해 리저버 캡을 탈거할 때는 반드시 특수공구의 에어 차단 밸브를 닫고 리저버 캡을 탈거한다.

1. 배터리 (-) 단자와 서비스 인터록 커넥터를 분리한다.
   (배터리 제어 시스템 - "보조 배터리 (12V) - 2WD" 참조)
   (배터리 제어 시스템 - "보조 배터리 (12V) - 4WD" 참조)
2. 특수공구 (09580 - 3D100)를 차량에 장착하기 전 에어 차단 밸브(A)를 닫고 플러그(B)를 장착한다.

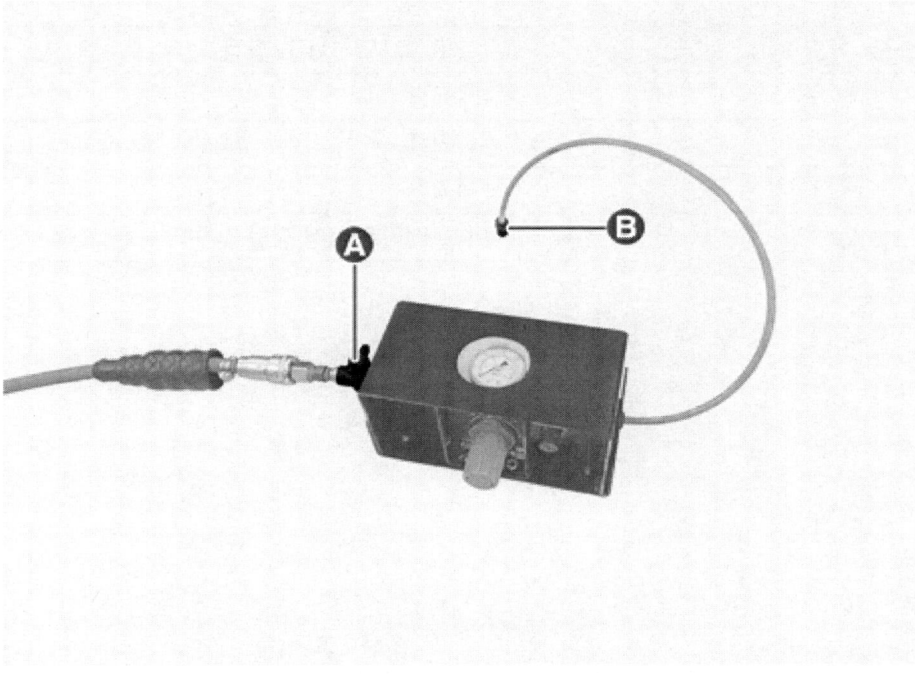

유 의

- 작업자의 안전과 정확한 압력 조절기 세팅을 위하여 에어 주입 전 플러그(B)가 정확히 장착되었는지 확인한다.
- 브레이크 리저버의 파손 방지와 작업자의 안전을 위해 특수공구를 장착하기 전에 압력 게이지 압력을 규정 값 3 bar로 설정하여야 한다.

3. 에어 호스(A) 연결 후, 에어 차단 밸브를 천천히 열어 압력 조절기로 압력 게이지(B)를 규정 값으로 설정한다.

압력 규정값 : 3 bar

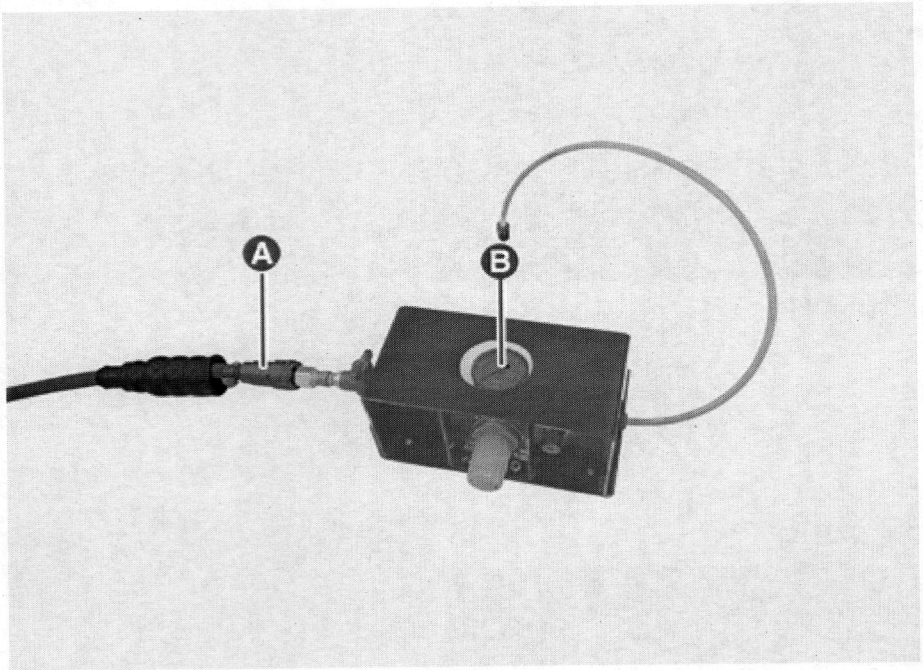

4. 에어 차단 밸브(A)를 먼저 닫고 플러그(B)를 제거한다.

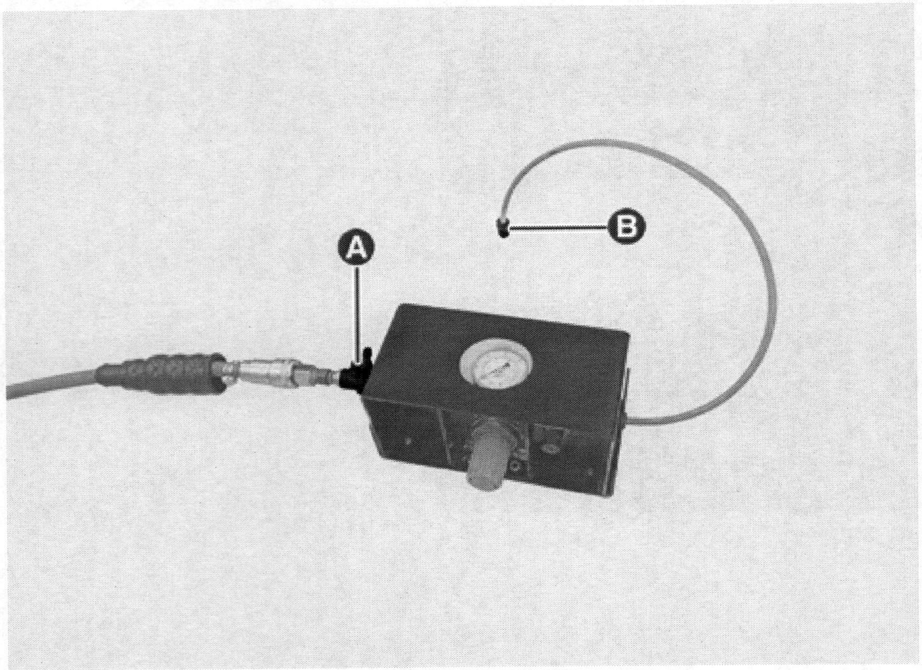

▲ 주 의

에어 차단 밸브(A)가 열려있는 상태로 플러그(B)를 제거할 경우 호스에 의한 부상의 위험이 있으므로 반드시 플러그(B) 제거 전 차단 밸브(A)가 닫혀있는지 확인한다.

5. 브레이크 리저버 캡(A)을 탈거한다.

6. 리저버 액량을 확인하여 'MAX' 라인까지 브레이크 액을 채운다.

사양 : DOT 4
용량 : 필요량 [약 (500 ± 20 cc)]

---

7. 특수공구(0K585 - E8100)를 리저버 탱크에 장착한다.

8. 특수공구(09580 - 3D100)를 어댑터에 연결한다.

9. 특수공구(09580 - 3D100)에 에어호스(A)를 연결하고 규정값으로 가압한다.

규정값 : 3 bar

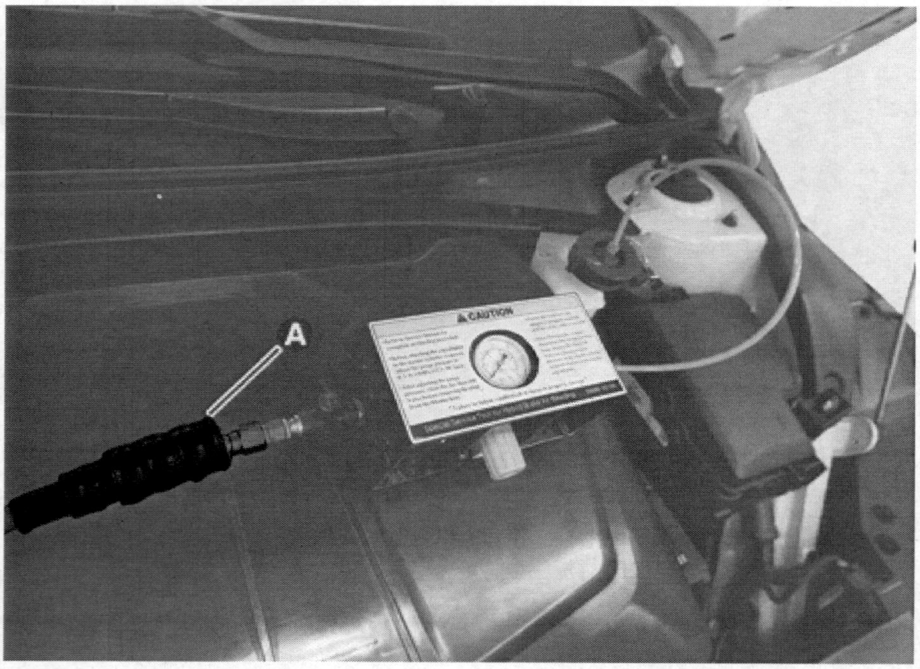

10. 각 블리드 스크류(A)를 열고 약 20초간 브레이크액을 배출 후 블리드 스크류를 잠근다.

체결토크 : 1.4 ~ 2.0 kgf · m

유 의

- 작업 순서 : RR → RL → FL → FR
- 작업 중 브레이크액이 'MIN' 라인 이하로 떨어지면, 가압 주입 장비를 탈거하여 리저버에 브레이크 액을 보충 후 가압 주입 장비 장착 작업을 수행한다.
- 브레이크 액에 공기가 섞여 나오지 않을 때까지 반복한다.

- 블리드 스크루를 너무 많이 열면 공기가 배관으로 들어 갈 수 있으므로 주의한다.
- 페달 작동 금지 (페달 작동 시 충격에 의한 IEB 파손 위험)

[프런트]

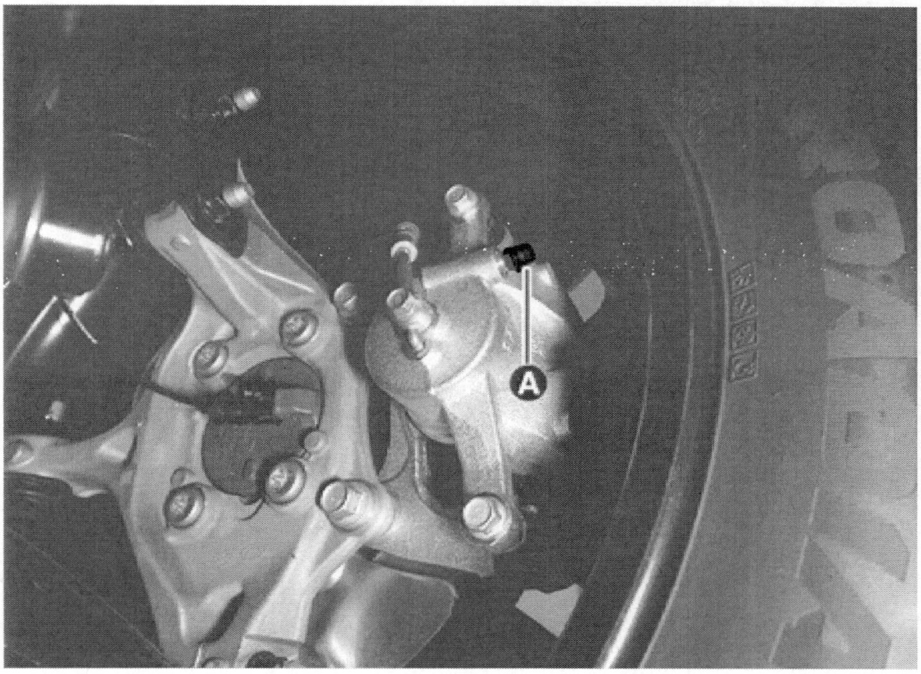

[리어]

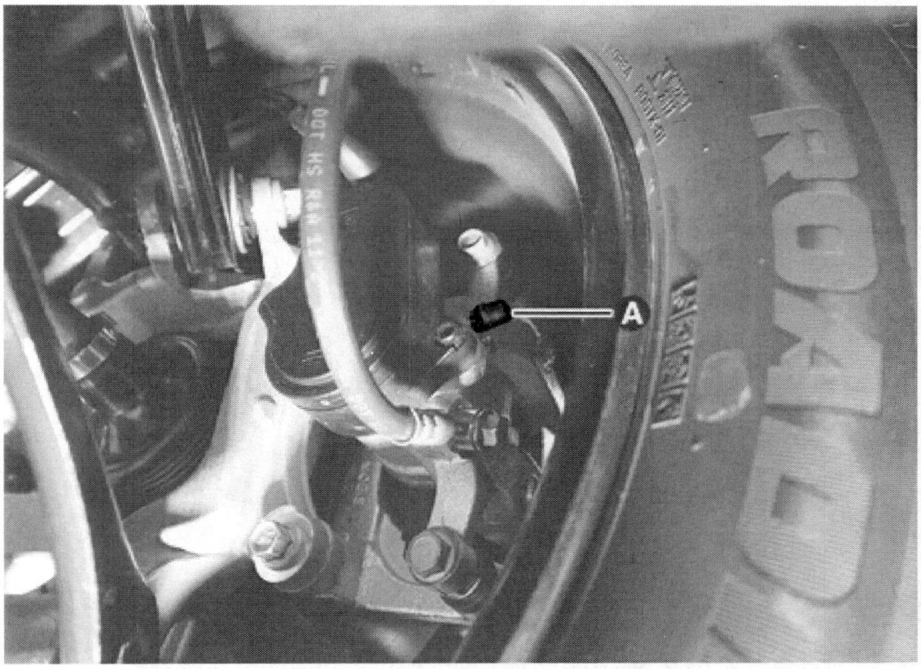

11. 차단 밸브(A)를 닫고 에어 호스(B)를 제거한뒤 밸브를 천천히 열어 에어를 배출한다.

12. 특수공구(09580 - 3D100)에서 에어호스(A)를 탈거한다.

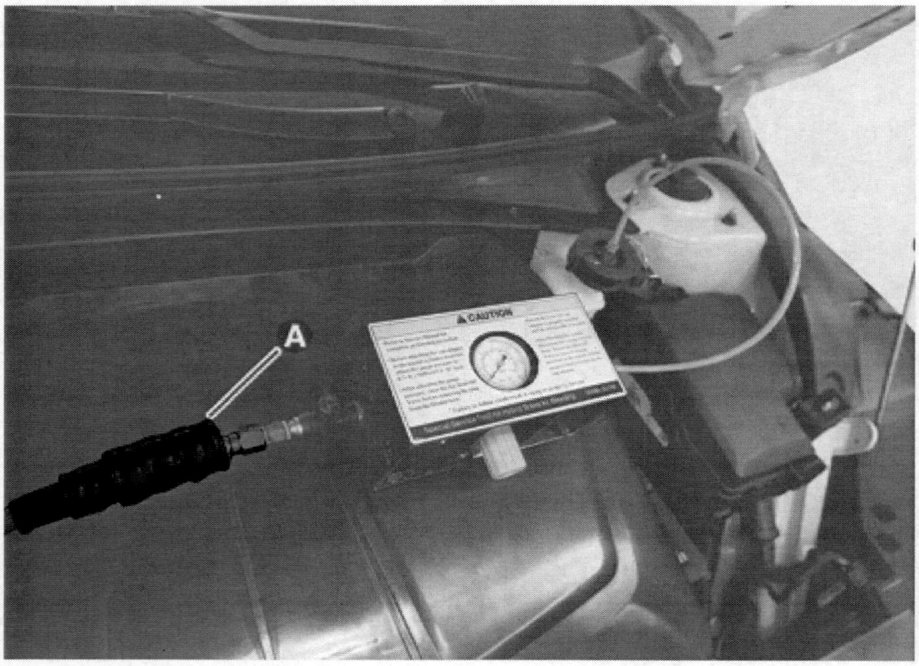

13. 특수공구(09580 - 3D100)를 탈거한다.

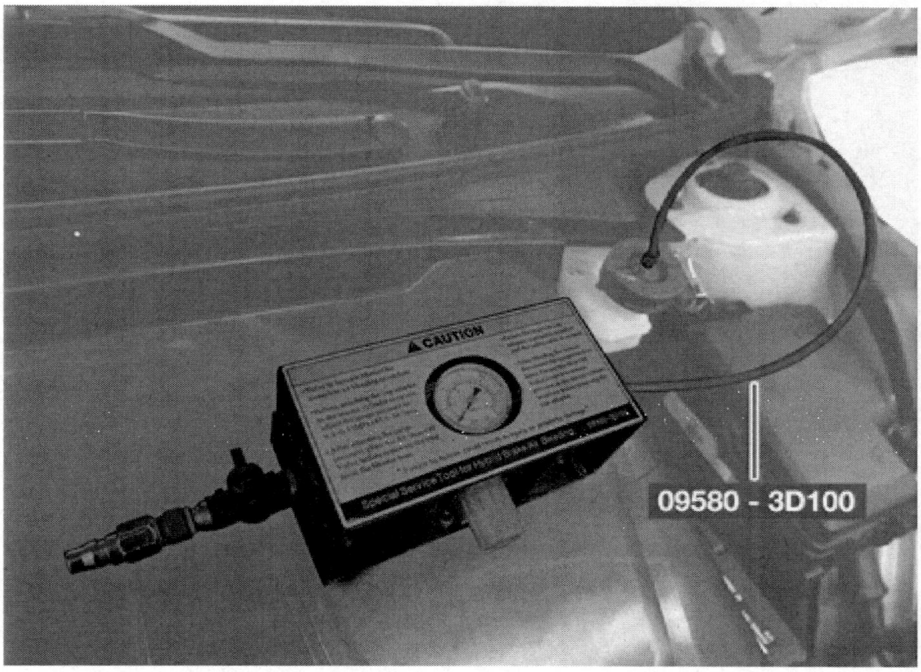

14. 특수공구(0K585-E8100)를 탈거한다.

15. 리저버 액량을 확인하여 'MAX' 라인까지 브레이크 액을 채운다.

사양 : DOT 4
용량 : 필요량 [약 (500 ± 20 cc)]

16. 배터리 (-) 단자와 서비스 인터록 커넥터를 연결한다.
    (배터리 제어 시스템 - "보조 배터리 (12V) - 2WD" 참조)
    (배터리 제어 시스템 - "보조 배터리 (12V) - 4WD" 참조)
17. 통합형 전동 부스터(IEB) 공기빼기 모드로 진입한다.
    (1) KDS를 연결하여 ABS/ESC관련 DTC가 검출되는지 확인한다.

유 의
DTC가 검출될 경우 IEB모드에 진입할 수 없다.

(2) 차량 시동을 켜고 스티어링 휠을 정렬한 후 기어를 'P'단으로 설정한다.

> **유 의**
>
> 시동을 켤 때 시동이 켜지는 조건에서 브레이크 페달을 최소로 밟는다.

(3) ESC OFF 스위치(A)를 누른 상태에서 브레이크 페달을 풀 스트로크로 10회 작동한다.

> **유 의**
>
> - 밟을 때는 페달 스트로크를 40mm 이상, 해제할 때는 10mm 이하로 밟는다.
> - 모드 진입 시 IEB 작동 소리가 발생할 수 있다.

(4) 시동을 껐다가 켠 다음 ESC OFF 스위치(A)를 1회 누른다.

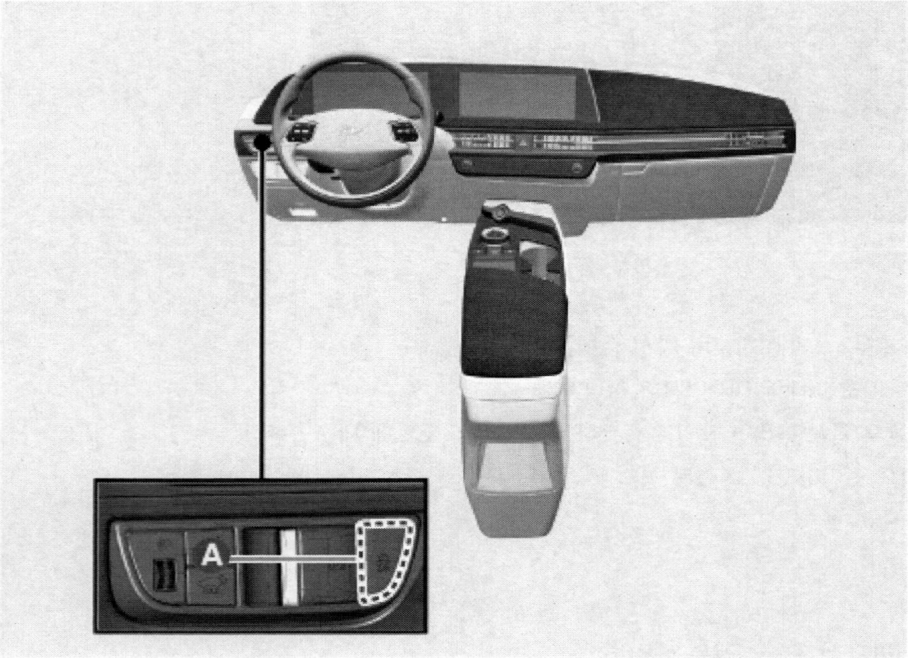

> **유 의**
>
> 시동을 껐다 켤 때 시동을 켤 수 있는 조건에서 브레이크 페달을 최소로 밟는다.

(5) 아래 3개의 경고등 점등 여부로 공기빼기 모드 정상 진입 상태를 확인한다.

점등 : ABS 경고등(A), 주차 브레이크/브레이크 경고등(B), ESC OFF 경고등(C)

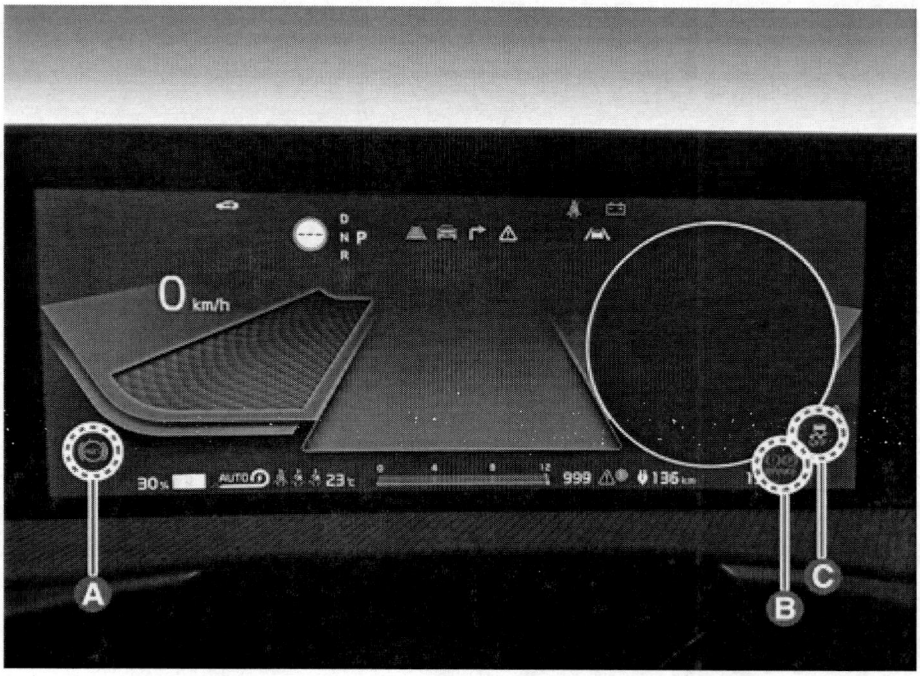

유 의

- 경고등이 점등되지 않을경우 (1)의 절차부터 다시 수행한다.
- 공기빼기모드의 진입은 30초 이내에 이루어져야 한다.
- 작업 중 경고등이 꺼질 경우 즉시 블리딩 작업을 종료하고 공기빼기 모드에 재진입한다.
- 아래 사항 중 한개 이상의 조건이라도 충족될 경우 공기빼기 모드가 해제된다.
  1. IGN OFF 및 D/R/N 단 진입 시
  2. 고장 검출 시
  3. ESC OFF 모드 해제 시

18. 리저버 액량을 확인하여 'MAX' 라인까지 브레이크 액을 채운다.

사양 : DOT 4
용량 : 필요량 [약 (500 ± 20 cc)]

19. 브레이크 페달을 강하게 2회 밟은 상태를 유지하면서 블리드 스크루(A)를 열어 브레이크 액을 배출한다. 각 캘리퍼별로 10회 실시한다.

체결토크 : 1.4 ~ 2.0 kgf · m

유 의

- 작업 순서 : RR → RL → FL → FR
- 작업 중 브레이크액이 'MIN' 라인 이하로 떨어지면, 리저버에 브레이크 액을 보충한다.
- 브레이크 액에 공기가 섞여 나오지 않을 때까지 반복한다.
- 블리드 스크루를 너무 많이 열면 공기가 배관으로 들어 갈 수 있으므로 주의한다.

[프런트]

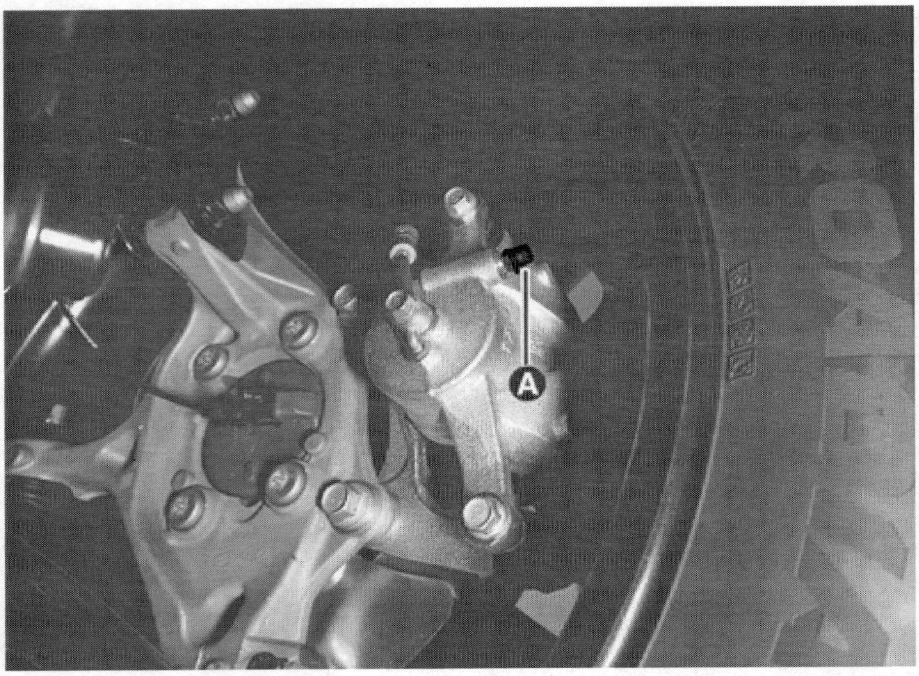

[리어]

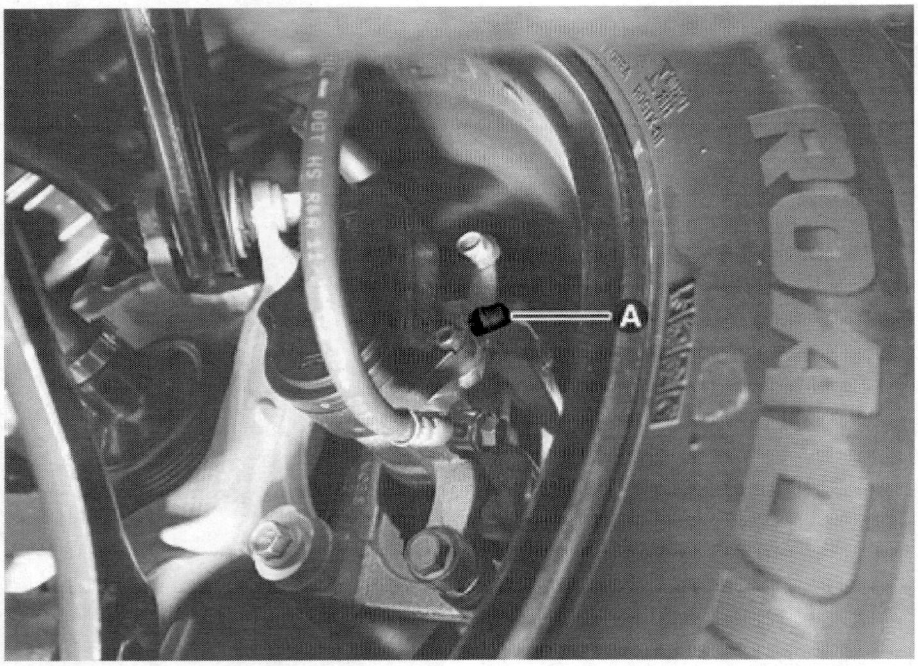

20. 차량 시동을 꺼 IEB 공기빼기 모드를 종료하고, 차량을 다시 켜 경고등 점등 여부를 확인한다.

> **유 의**
>
> 경고등이 점등될 경우 점등된 경고등 관련 시스템을 점검한다.

21. 리저버 액량을 확인하여 'MAX' 라인까지 브레이크 액을 채운다.

사양 : DOT 4
용량 : 필요량 [약 (500 ± 20 cc)]

---

22. 브레이크 리저버 캡(A)을 장착한다.

23. 작업 완료 후에도 공기 빼기가 제대로 되지 않은 경우 위 절차를 다시 수행한다.

브레이크 시스템 작동 및 누유 점검

구성부품	절차
통합형 전동 부스터 [IEB](A)	시험 운행 동안 브레이크를 가하여 브레이크 작동을 점검한다. 만약 브레이크가 적절히 작동하지 않는다면 통합형 전동 부스터(IEB)를 점검한다.만약 적절히 작동하지 않거나 누유가 있으면 통합형 전동 부스터를 교환한다.
브레이크 호스(B)	손상 또는 누유를 관찰한다. 만약 손상 또는 누유가 있으면 브레이크 호스를 신품으로 교환한다.
캘리퍼 피스톤 실 및 피스톤 부트(C)	브레이크 페달을 밟아 브레이크 작동을 점검하며 손상 또는 누유가 있는지 확인한다. 만약 페달이 적절히 작동하지 않는다면 브레이크가 끌리거나 손상 또는 누유가 발생한 것이므로 브레이크 캘리퍼를 신품으로 교환한다.

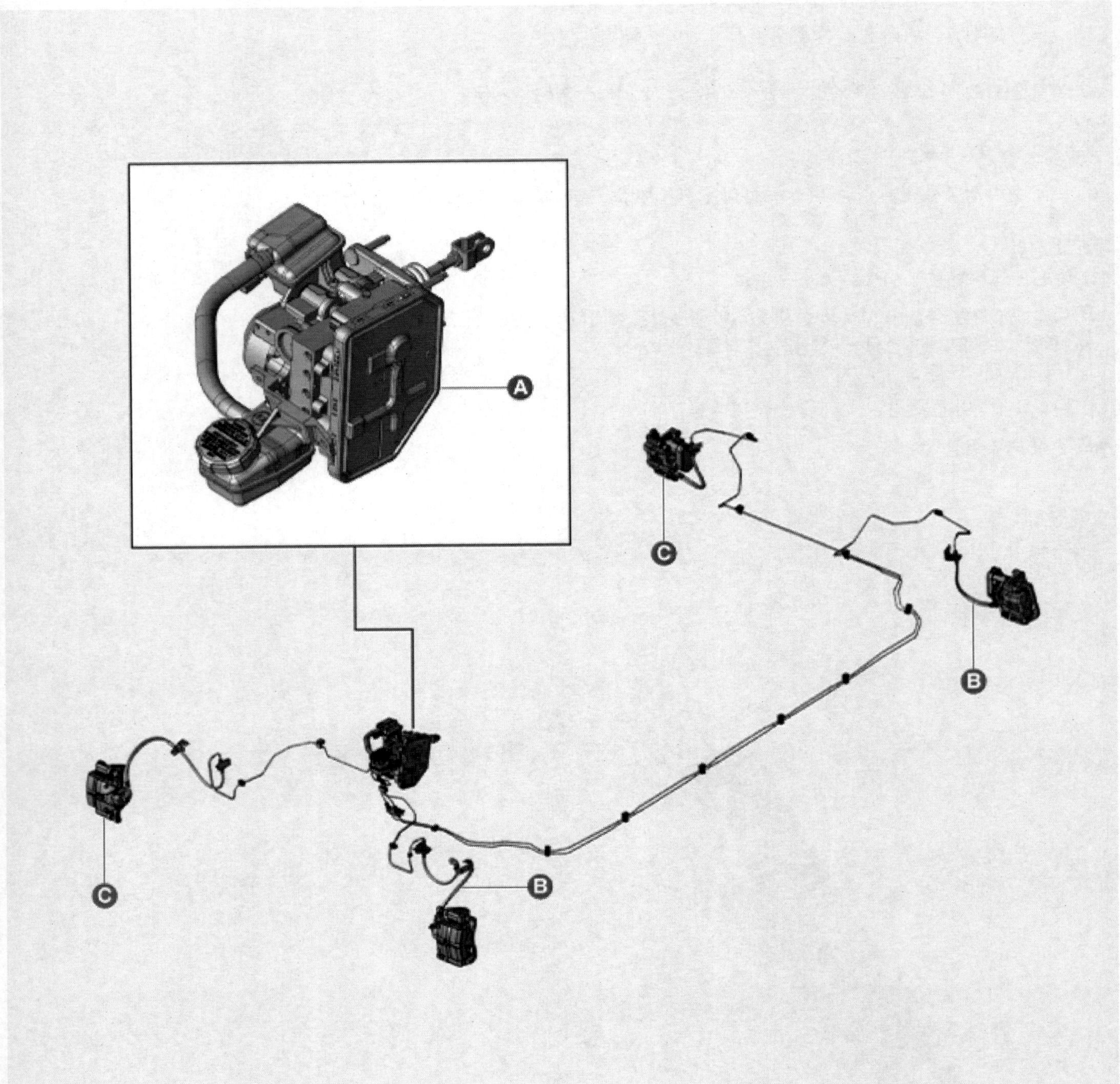

브레이크 디스크 떨림(저더) 점검

현상	상세내용	점검
차체 진동	브레이크 작동 시 크래쉬 패드, 스티어링 컬럼, 스티어링 휠, 차체의 진동	디스크 런 아웃 점검
페달 떨림	브레이크 작동 시 브레이크 페달 떨림 또는 스티어링 휠 떨림	

1. **차량 운행 점검**
   차량을 50 km/h 로 주행 중, 변속 기어를 중립으로 바꿈과 동시에 가속 페달에서 발을 뗀다. 이 상태로 차량을 약 500m 진행하며 진동을 점검한다. 이 때 진동과 소음이 가장 심한 부분을 체크한다.
   (1) 고속 주행/제동 시 발생 (운행 점검 불가) → 디스크 변형 점검

> **참 고**
>
> – 디스크 과열 후 세차 또는 빗물로 인한 급속 냉각 → 디스크 열 변형
> – 마찰계수가 높은 비순정 브레이크 패드 사용 → 디스크 과열 → 디스크 열 변형
> – 휠 밸런스 미 조정 → 고속주행 시 스티어링 휠 떨림 발생

   (2) 고속/저속 상시 발생 (운행 점검 가능) → 디스크 및 패드 변형/손상 점검

> **참 고**
>
> 증상이 심하지 않을 경우, 디스크 런 아웃 한계치 값을 측정 후 디스크 교환 여부를 판단한다.

2. **디스크 점검**
   (1) 디스크 열 변형 또는 열흔 → 디스크 교환
   (2) 디스크 변형량 점검 → 디스크 런 아웃 값이 한곗값을 초과하는 경우, 디스크 교환
   (프런트 브레이크 디스크 - "차상점검" 참조)
   (리어 브레이크 디스크 - "차상점검" 참조)
   (3) 디스크 변형이 없을 경우 → 패드 손상 여부 점검
3. **패드 손상 여부 점검**

정비 한계 :
프런트 : 3.0 mm
리어 : 2.0 mm

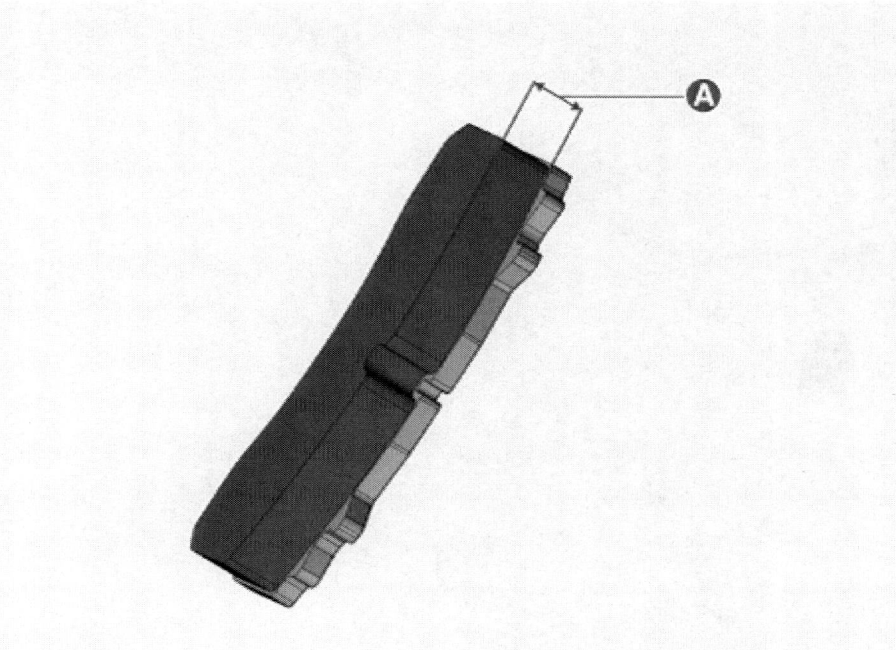

(1) 브레이크 패드 사용 한계를 초과했거나, 백화/균열 등이 발견된 경우 브레이크 패드를 교체한다.

4. 저더 판단 로직을 실행한다.

※저더 판단 로직 : ESC, MDPS 센서 신호를 분석하여 제동 시 저더를 실시간 판단, 기록하여 정비 기준으로 활용(정비 기준 명확, 과정비 방지)

브레이크 디스크 떨림(저더) 점검 절차

1. 진단 기기(KDS)단 기기 진단 장비를 차량의 자가 진단 커넥터와 연결한다.
2. IG 스위치 On 한다.
3. 진단 기기 초기 화면에서 "차종"과 "Brake"를 선택한 후 확인을 선택한다.
4. "제동시 저더 판정 결과" 메뉴를 선택 후 판정 결과를 확인한다.

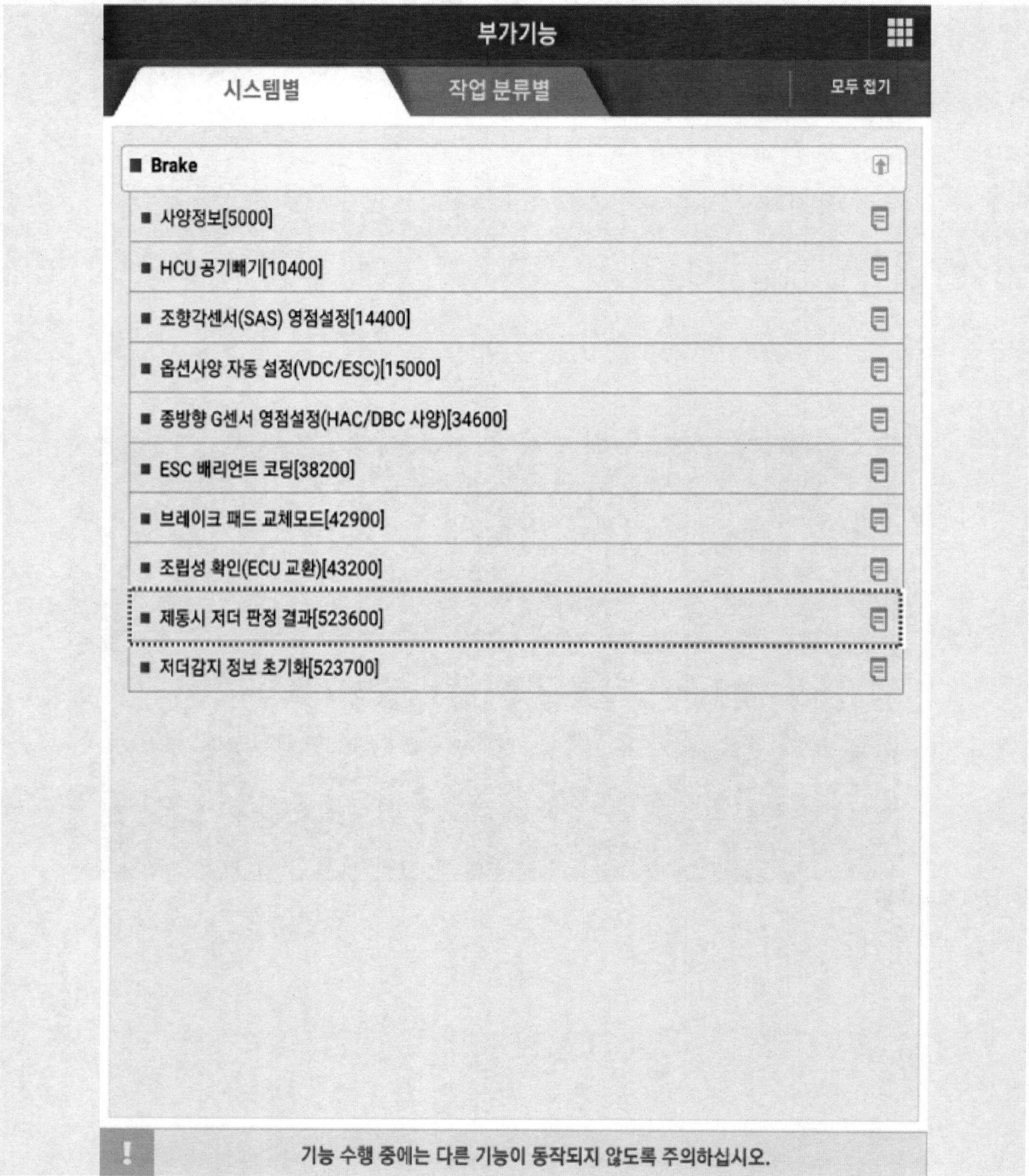

[정상 판정]

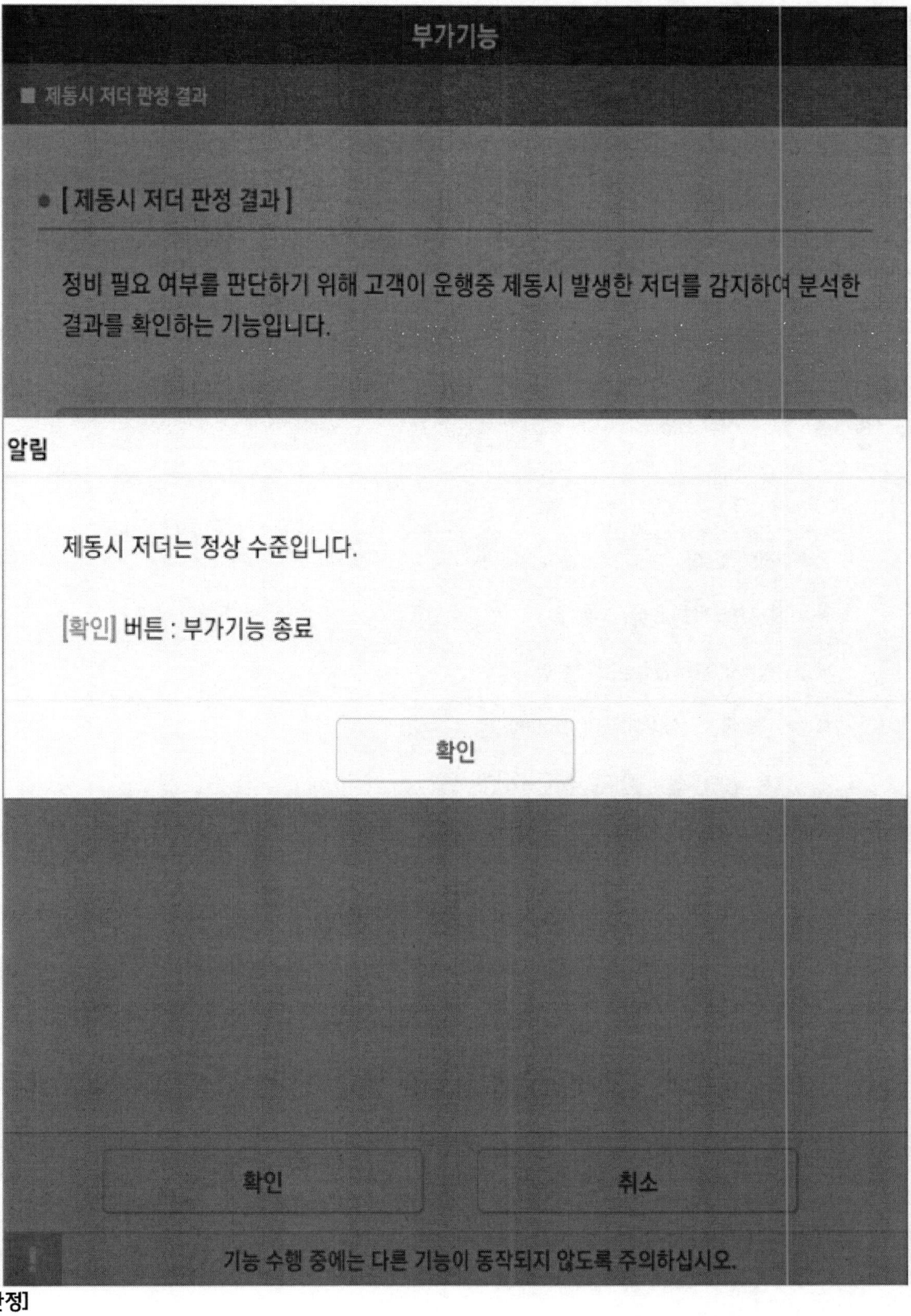
부가기능
■ 제동시 저더 판정 결과
● [제동시 저더 판정 결과]
정비 필요 여부를 판단하기 위해 고객이 운행중 제동시 발생한 저더를 감지하여 분석한 결과를 확인하는 기능입니다.
알림
제동시 저더는 정상 수준입니다.
[확인] 버튼 : 부가기능 종료
확인
확인
취소
기능 수행 중에는 다른 기능이 동작되지 않도록 주의하십시오.

[정비 필요 판정]

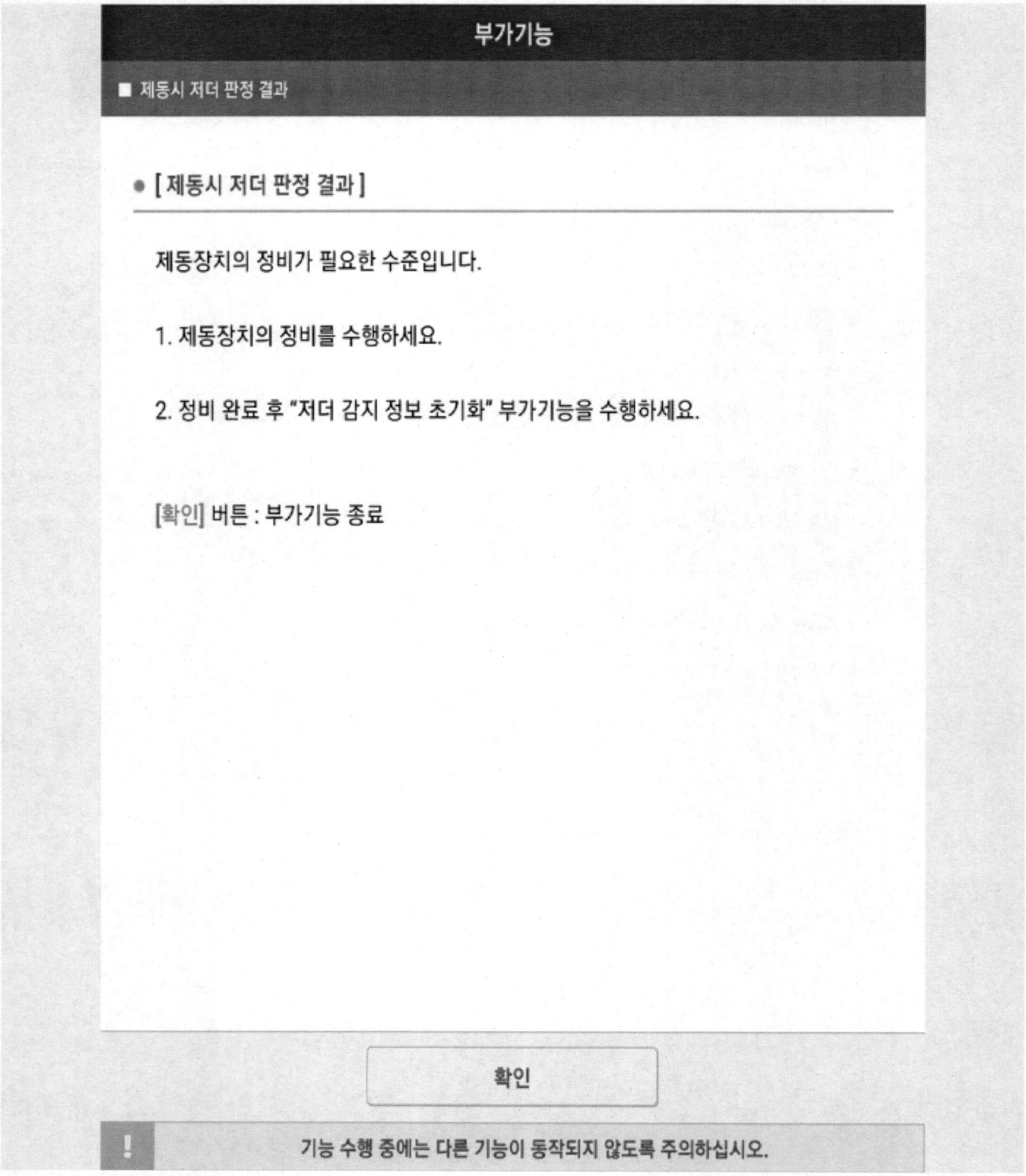
부가기능
■ 제동시 저더 판정 결과
● [제동시 저더 판정 결과]
제동장치의 정비가 필요한 수준입니다.
1. 제동장치의 정비를 수행하세요.
2. 정비 완료 후 "저더 감지 정보 초기화" 부가기능을 수행하세요.
[확인] 버튼 : 부가기능 종료
확인
!
기능 수행 중에는 다른 기능이 동작되지 않도록 주의하십시오.

5. 정비 필요 판정 시 브레이크 디스크를 교체한다.
   (브레이크 시스템 - "프런트 브레이크 디스크" 참조)
   (브레이크 시스템 - "리어 브레이크 디스크" 참조)

> **유 의**
>
> 정상 판정 시 브레이크 디스크 미교체

6. 브레이크 디스크를 교체 후 "저더감지 정보 초기화" 메뉴를 선택하여 과거에 발생한 저더 정보를 초기화한다.

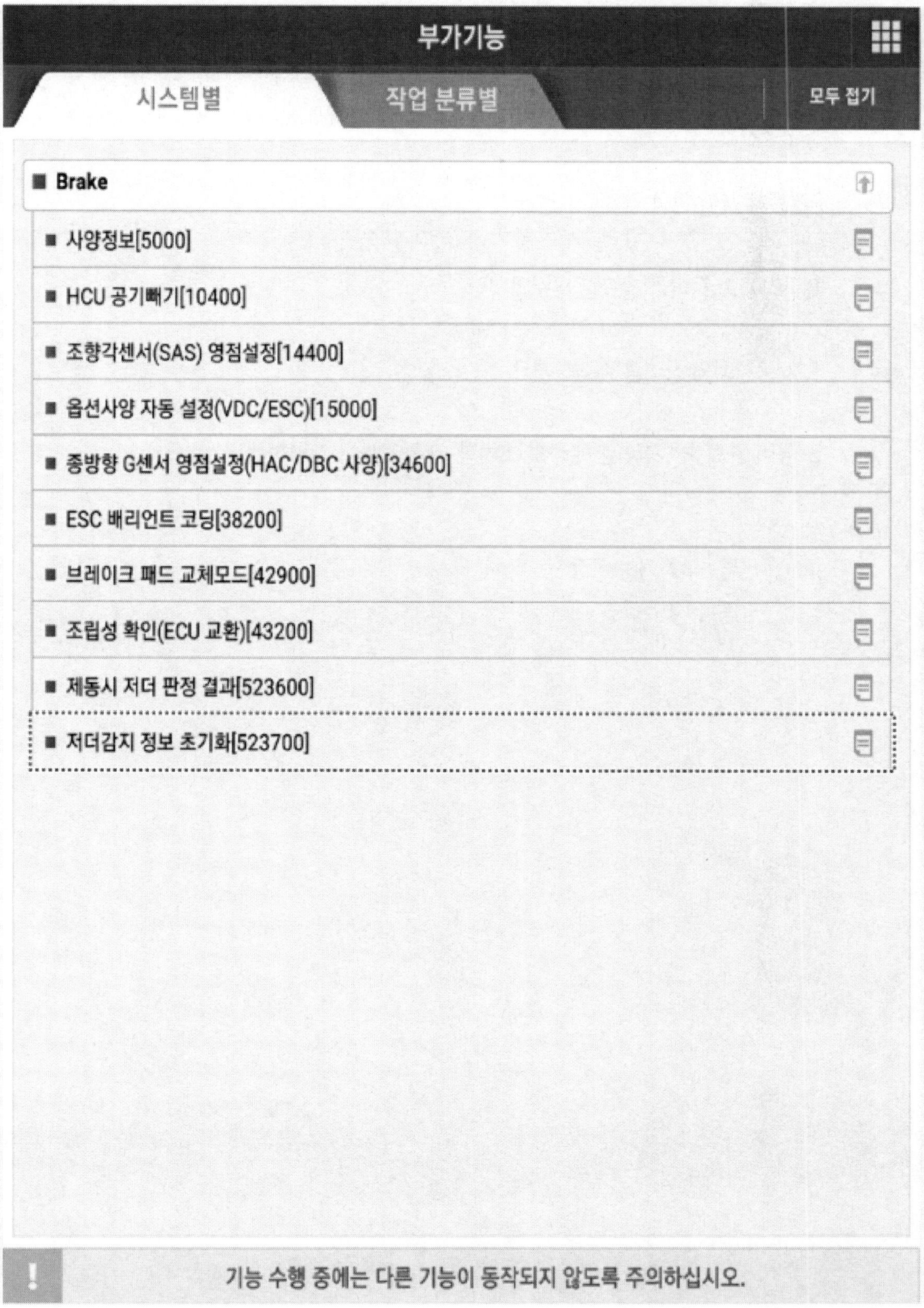
부가기능
시스템별
작업 분류별
모두 접기
Brake
사양정보[5000]
HCU 공기빼기[10400]
조향각센서(SAS) 영점설정[14400]
옵션사양 자동 설정(VDC/ESC)[15000]
종방향 G센서 영점설정(HAC/DBC 사양)[34600]
ESC 배리언트 코딩[38200]
브레이크 패드 교체모드[42900]
조립성 확인(ECU 교환)[43200]
제동시 저더 판정 결과[523600]
저더감지 정보 초기화[523700]
기능 수행 중에는 다른 기능이 동작되지 않도록 주의하십시오.

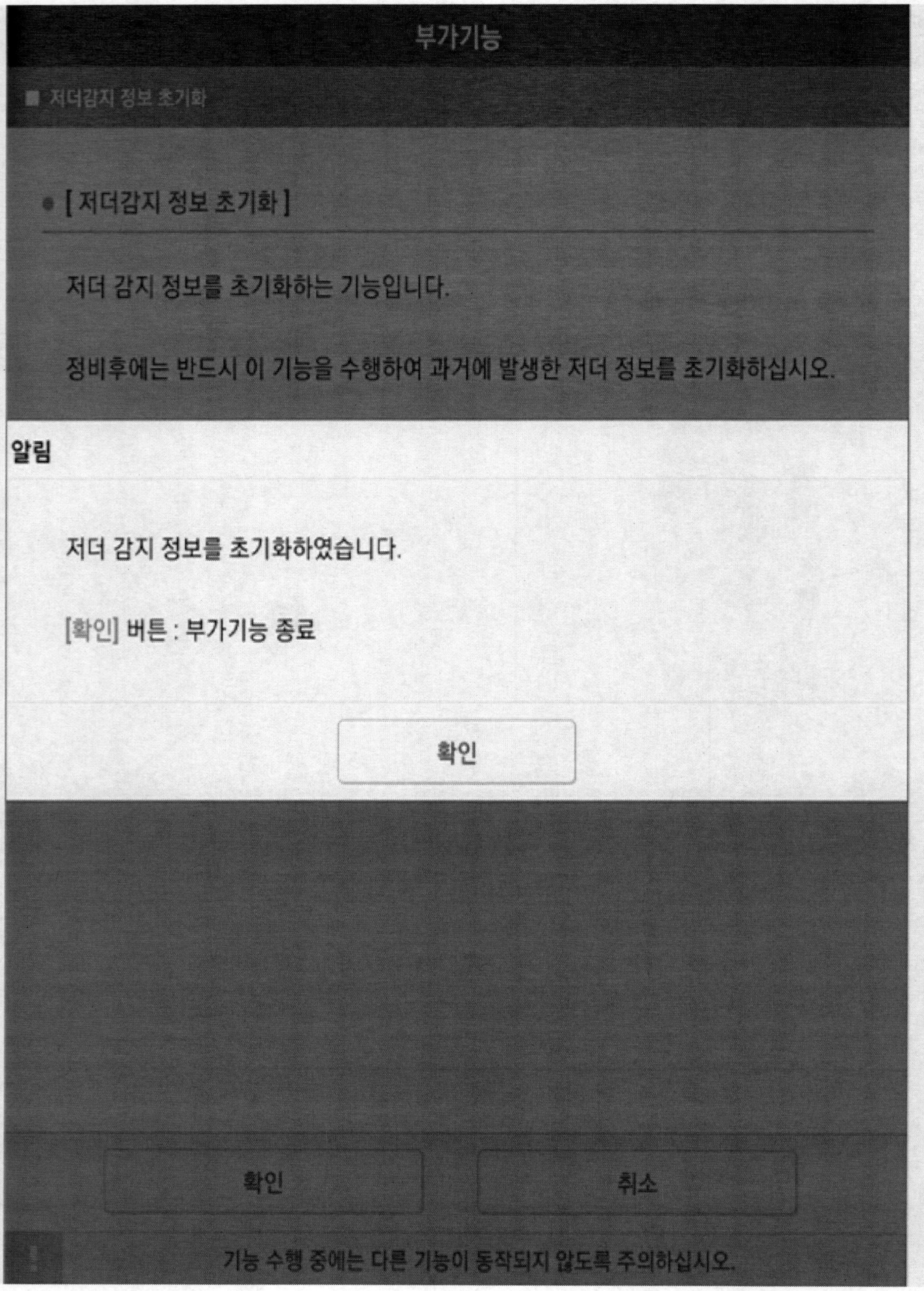
부가기능
■ 저더감지 정보 초기화
● [저더감지 정보 초기화]
저더 감지 정보를 초기화하는 기능입니다.
정비후에는 반드시 이 기능을 수행하여 과거에 발생한 저더 정보를 초기화하십시오.
알림
저더 감지 정보를 초기화하였습니다.
[확인] 버튼 : 부가기능 종료
확인
확인
취소
기능 수행 중에는 다른 기능이 동작되지 않도록 주의하십시오.

구성부품

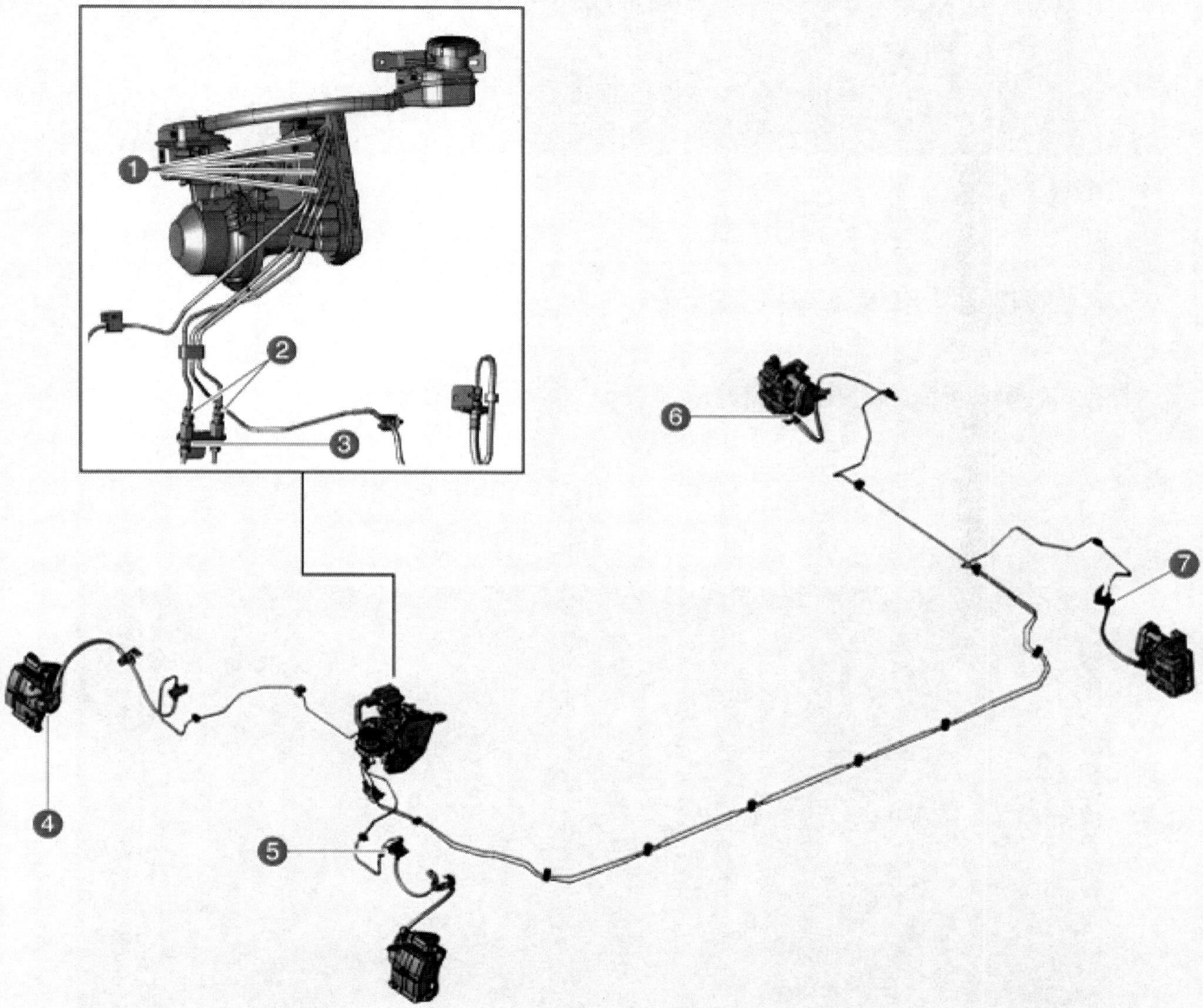

1. 통합형 전동 부스터(IEB) 플레어 너트 1.3 ~ 1.7 kgf·m 2. PE 룸 브레이크 튜브 플레어 너트 1.3 ~ 1.7 kgf·m 3. PE 룸 브레이크 튜브 브래킷 볼트 0.8 ~ 1.2 kgf·m 4. 프런트 브레이크 호스 볼트 2.5 ~ 3.0 kgf·m	5. 프런트 브레이크 튜브 플레어 너트 1.4 ~ 1.7 kgf·m 6. 리어 브레이크 호스 볼트 2.5 ~ 3.0 kgf·m 7. 리어 브레이크 튜브 플레어 너트 1.4 ~ 1.7 kgf·m

탈거

프런트 브레이크 라인

1. 배터리 (-) 단자와 서비스 인터록 커넥터를 분리한다.
   (배터리 제어 시스템 - "보조 배터리 (12V) - 2WD" 참조)
   (배터리 제어 시스템 - "보조 배터리 (12V) - 4WD" 참조)
2. 리저버 캡(A)을 탈거하고 세척기를 사용하여 리저버 탱크에서 브레이크 액을 제거한다.

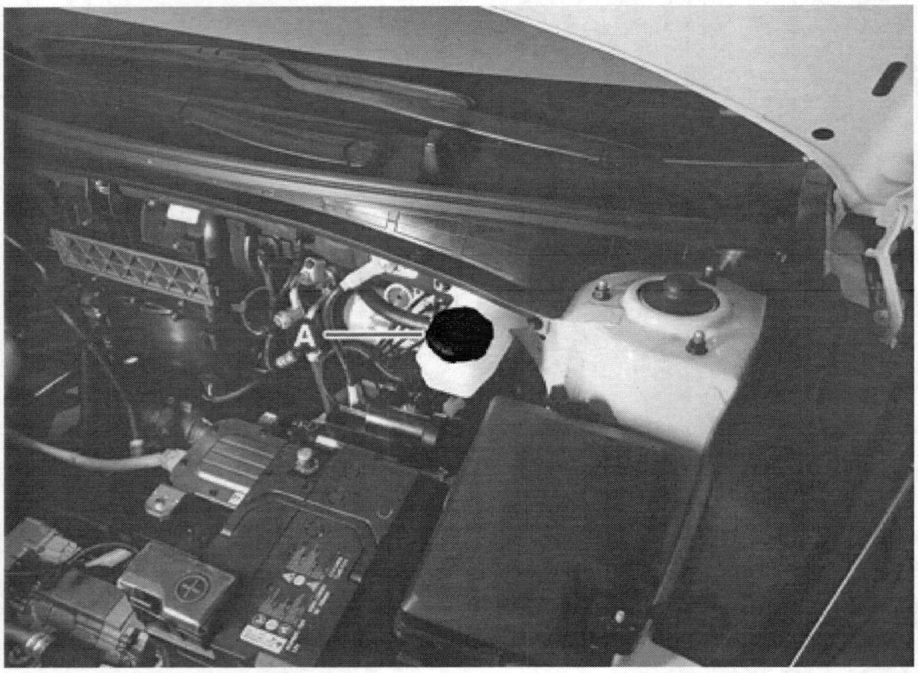

유 의

리저버 탱크 내로 이물질이 유입되는 것을 방지하기 위해 캡을 열기 전 주변의 이물질을 제거한다. 리저버 캡 내부로 이물질이 유입될 경우 제동 성능이 떨어질 수 있다.

▲ 주 의

브레이크 액이 차체 또는 신체에 접촉됐을 경우 깨끗한 천 등을 이용해 즉시 닦아낸다. 차체 도장을 부식시킬 수 있으며 신체 손상을 유발할 수 있다.

3. 프런트 휠 및 타이어를 탈거한다.
   (서스펜션 시스템 - "휠" 참조)
4. 프런트 휠 속도 센서라인(A)을 브레이크 라인 브래킷으로부터 분리한다.

5. 볼트를 풀어 브레이크 라인 브래킷(A)을 탈거한다.

체결토크 : 0.9 ~ 1.4 kgf·m

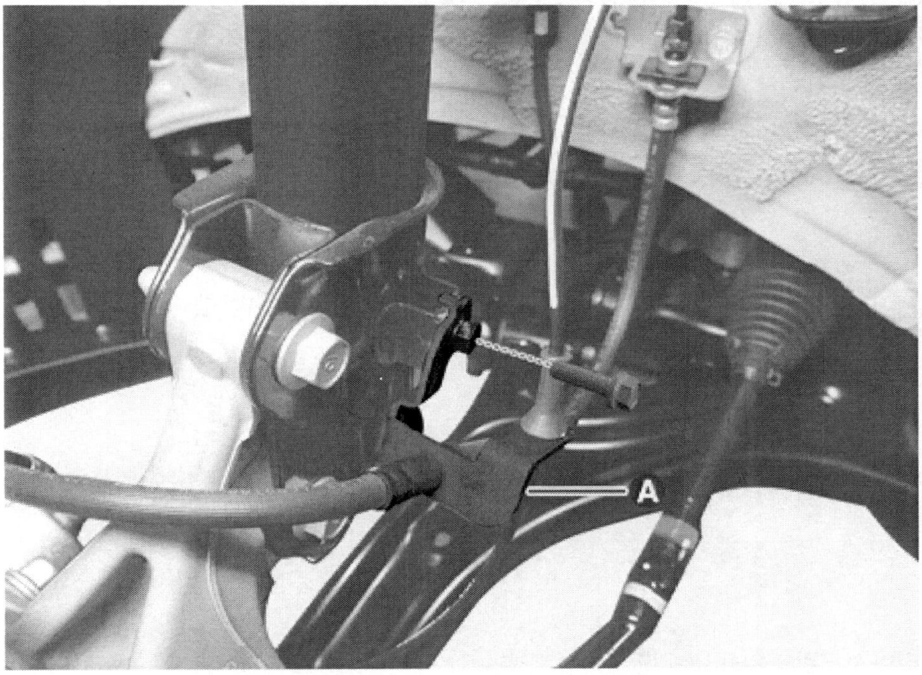

6. 브레이크 호스 클립(A)을 제거하고 튜브 플레어 너트(B)를 풀어 튜브를 분리한다.

체결토크 : 1.4 ~ 1.7 kgf·m

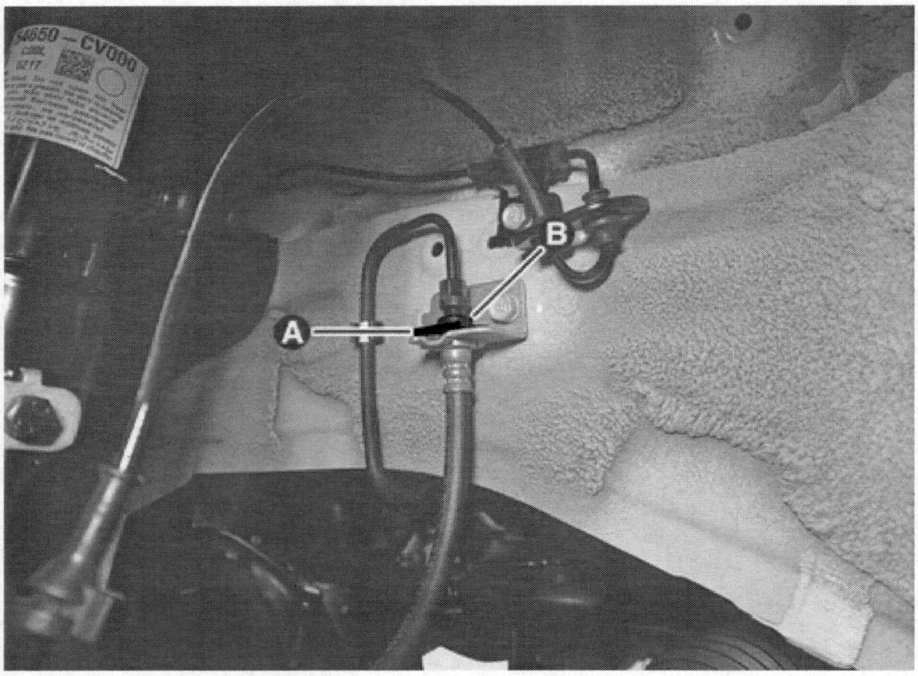

참 고

- 브레이크 튜브 플레어 너트 체결에 토크렌치와 크로우 풋 렌치(A)를 사용할 경우 아래를 참고하여 토크값을 계산한다.

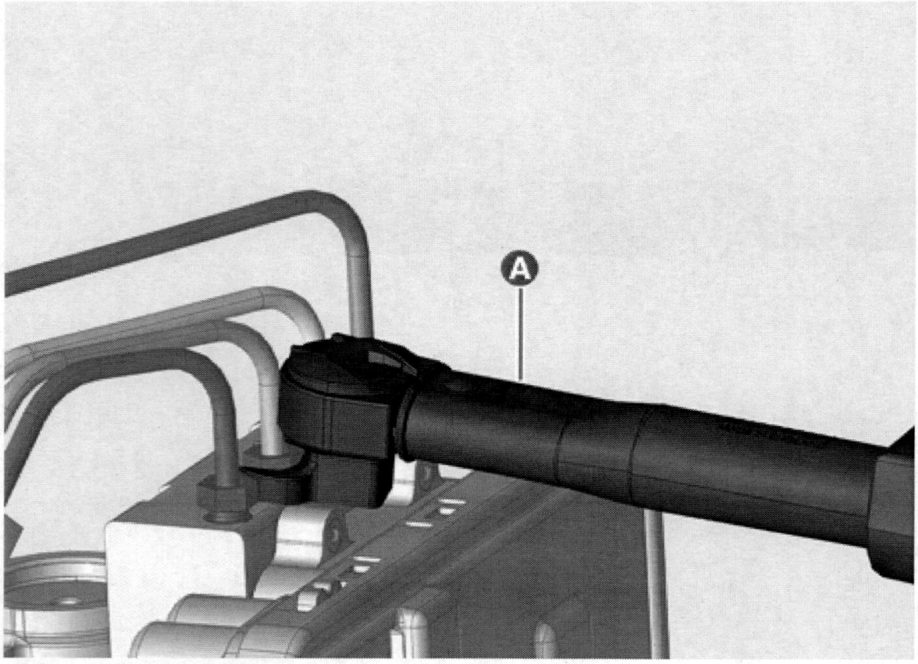

- 실제 토크 값 = 토크 렌치 표시 값

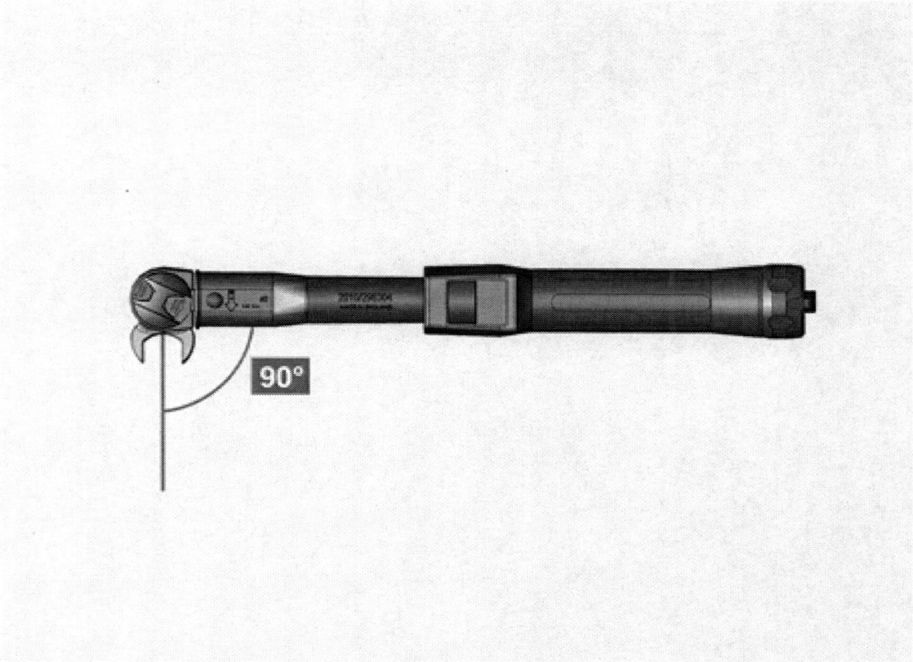

- 실제 토크 값 = [토크 렌치 표시 값 / (A + B)] × 토크 렌치 표시 값

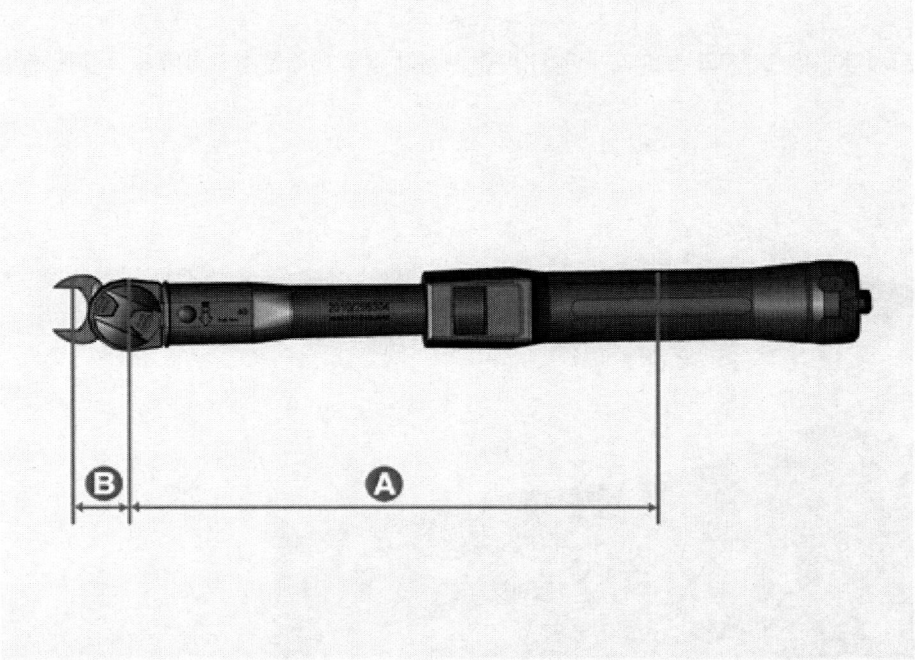

7. 볼트를 풀어 브레이크 호스(A)를 탈거한다.

체결토크 : 2.5 ~ 3.0 kgf·m

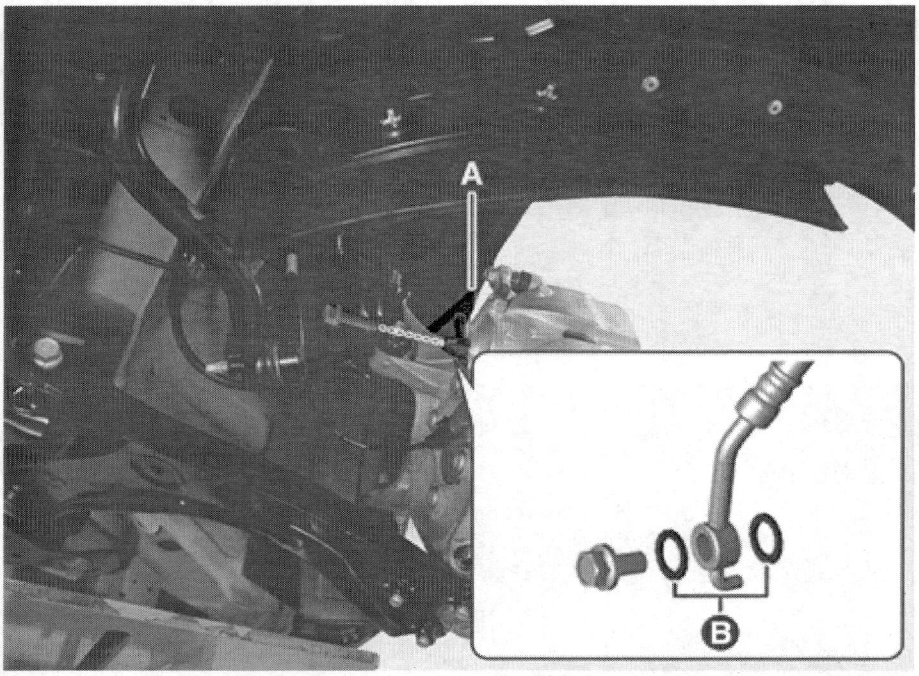

유 의

브레이크 호스 장착 시 와셔(B)는 재사용하지 않는다.

리어 브레이크 라인

1. 배터리 (-) 단자와 서비스 인터록 커넥터를 분리한다.
   (배터리 제어 시스템 - "보조 배터리 (12V) - 2WD" 참조)
   (배터리 제어 시스템 - "보조 배터리 (12V) - 4WD" 참조)
2. 리저버 캡(A)을 탈거하고 세척기를 사용하여 리저버 탱크에서 브레이크 액을 제거한다.

유 의

리저버 탱크 내로 이물질이 유입되는 것을 방지하기 위해 캡을 열기 전 주변의 이물질을 제거한다. 리저버 캡 내부로 이물질이 유입될 경우 제동 성능이 떨어질 수 있다.

▲ 주 의

브레이크 액이 차체 또는 신체에 접촉됐을 경우 깨끗한 천 등을 이용해 즉시 닦아낸다. 차체 도장을 부식시킬 수 있으며 신체 손상을 유발할 수 있다.

3. 리어 휠 및 타이어를 탈거한다.
   (서스펜션 시스템 - "휠" 참조)
4. 브레이크 호스 클립(A)을 제거하고 튜브 플레어 너트(B)를 풀어 튜브를 분리한다.

체결토크 : 1.4 ~ 1.7 kgf·m

참 고

- 브레이크 튜브 플레어 너트 체결에 토크렌치와 크로우 풋 렌치(A)를 사용할 경우 아래를 참고하여 토크값을 계산한다.

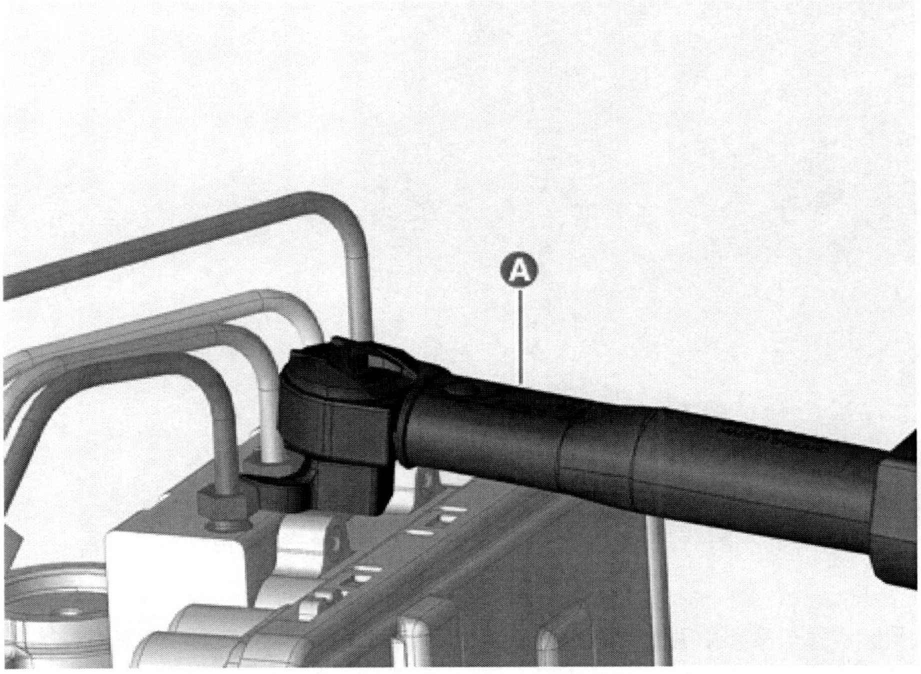

- 실제 토크 값 = 토크 렌치 표시 값

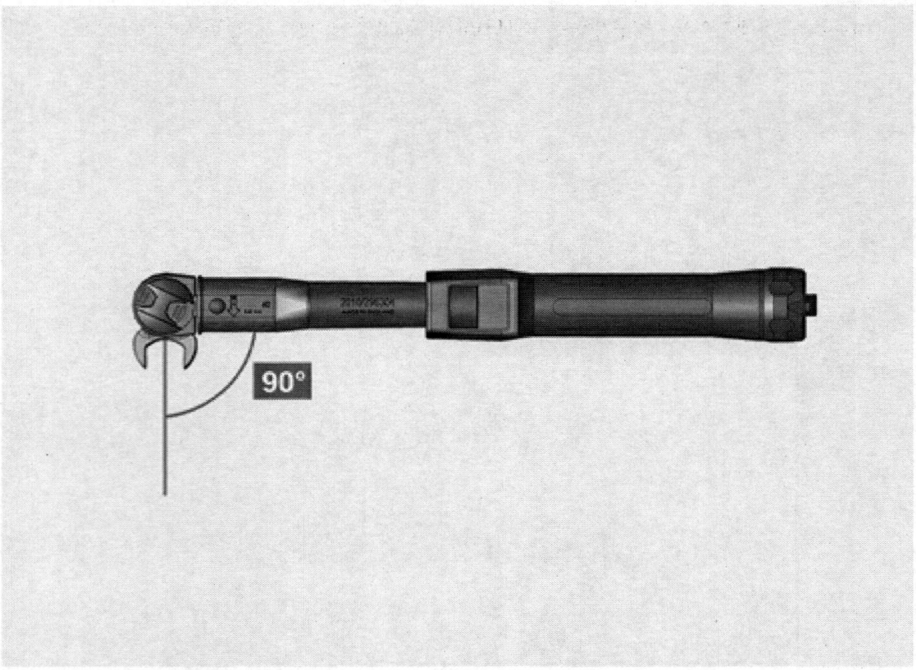

- 실제 토크 값 = [토크 렌치 표시 값 / (A + B)] × 토크 렌치 표시 값

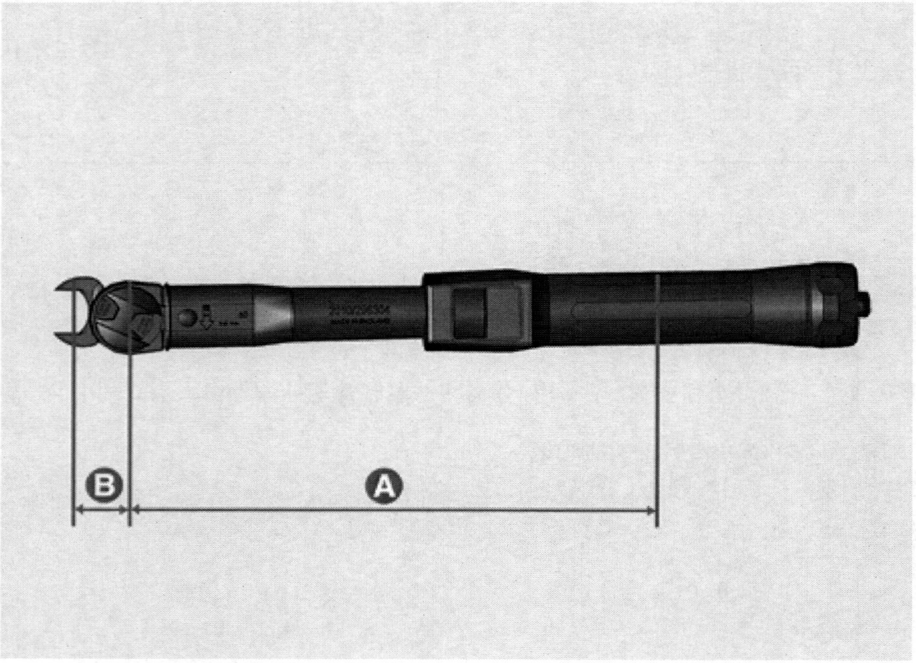

5. 볼트를 풀어 브레이크 호스(A)를 탈거한다.

체결토크 : 2.5 ~ 3.0 kgf·m

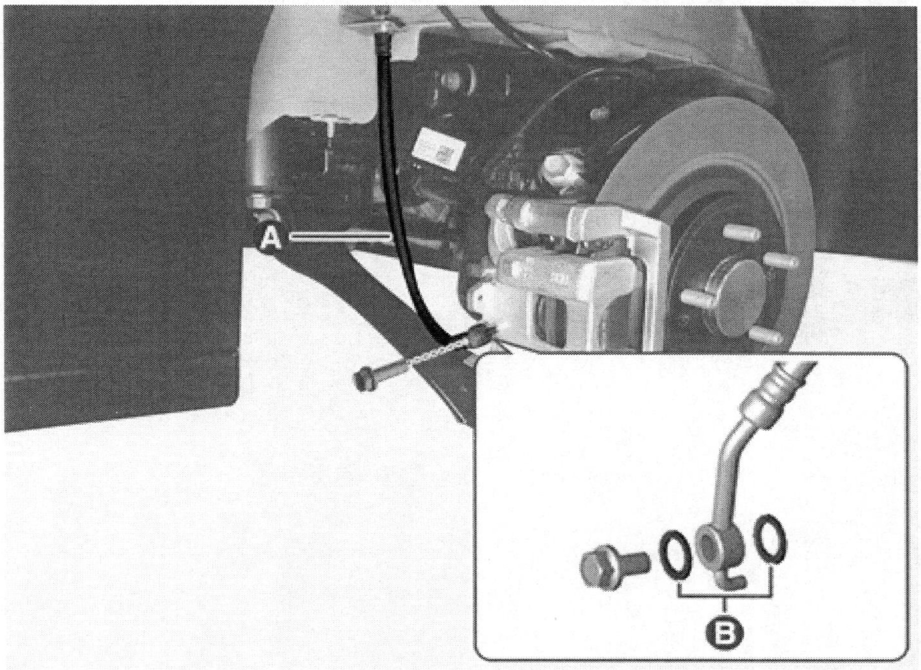

유 의

브레이크 호스 장착 시 와셔(B)는 재사용하지 않는다.

장착

1. 장착은 탈거의 역순으로 한다.

유 의

브레이크 액 레벨 센서 커넥터(A) 장착 시 체결 상태를 확인한다. 체결 상태가 불량할 경우 브레이크 경고등이 점등될 수 있다.

2. 브레이크 리저버에 브레이크 액을 채운 후 공기 빼기 작업을 시행한다.
   (브레이크 시스템- "브레이크 블리딩" 참조)

점검

1. 브레이크 튜브 및 호스의 균열, 부식 등을 점검한다.
2. 튜브 플레어 너트의 손상을 점검한다.

구성부품

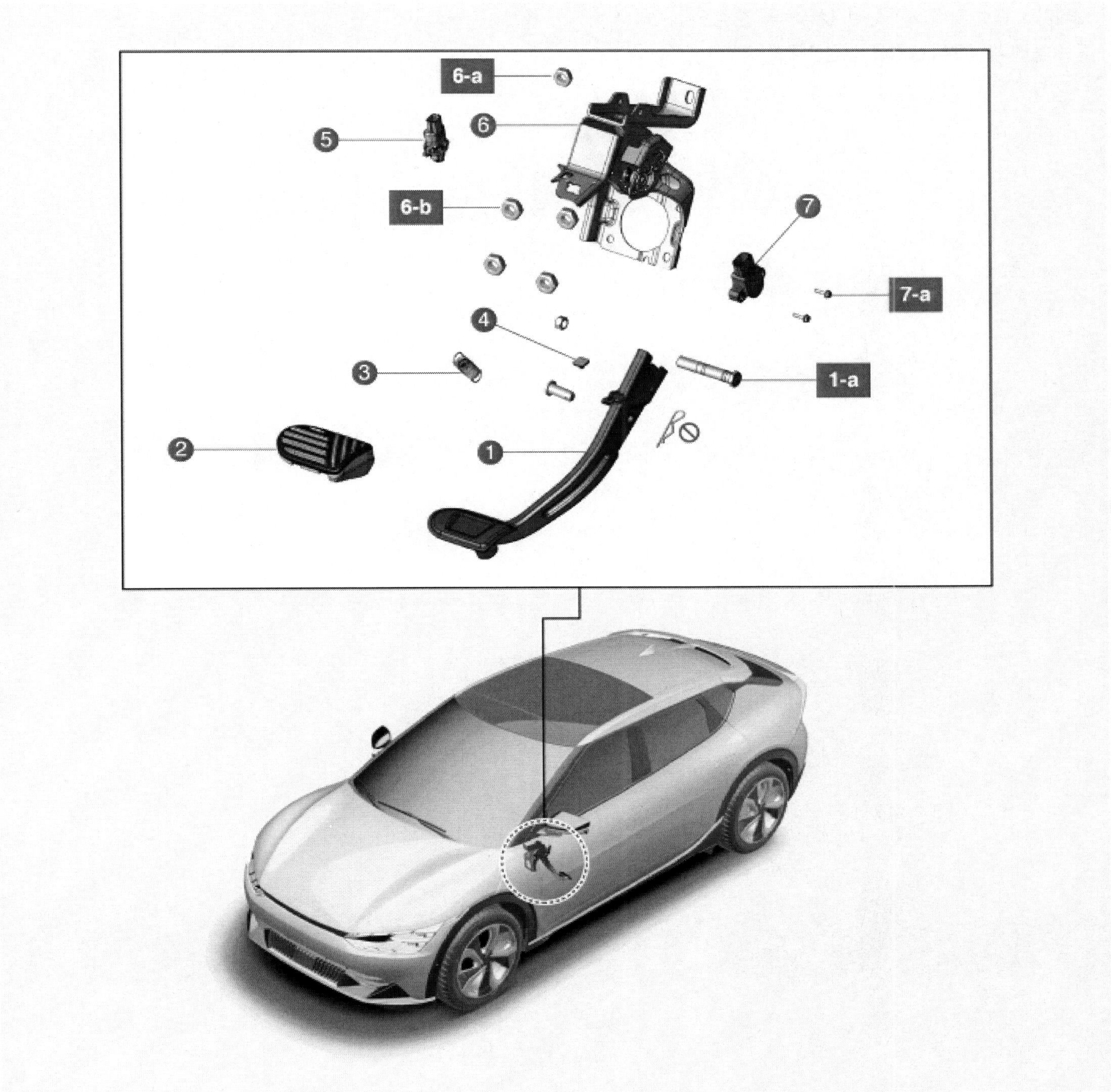

1. 브레이크 페달 암 1-a. 2.5 ~ 3.5 kgf·m 2. 브레이크 페달 패드 3. 리턴 스프링 4. 스토퍼	5. 스톱 램프 스위치 6. 브레이크 페달 멤버 어셈블리 6-a. 1.7 ~ 2.6 kgf·m 6-b. 1.3 ~ 1.8 kgf·m 7. 페달 스트로크 센서 7-a. 0.2 ~ 0.4 kgf·m

탈거

1. 배터리 (-) 단자와 서비스 인터록 커넥터를 분리한다.
   (배터리 제어 시스템 - "보조 배터리 (12V) - 2WD" 참조)
   (배터리 제어 시스템 - "보조 배터리 (12V) - 4WD" 참조)
2. 운전석 무릎 에어백을 탈거한다.
   (에어백 시스템 - "무릎 에어백(KAB)" 참조)
3. 스톱 램프 스위치 커넥터(A)를 분리한다.

4. 브레이크 페달 스트로크 센서 커넥터(A)를 분리한다.

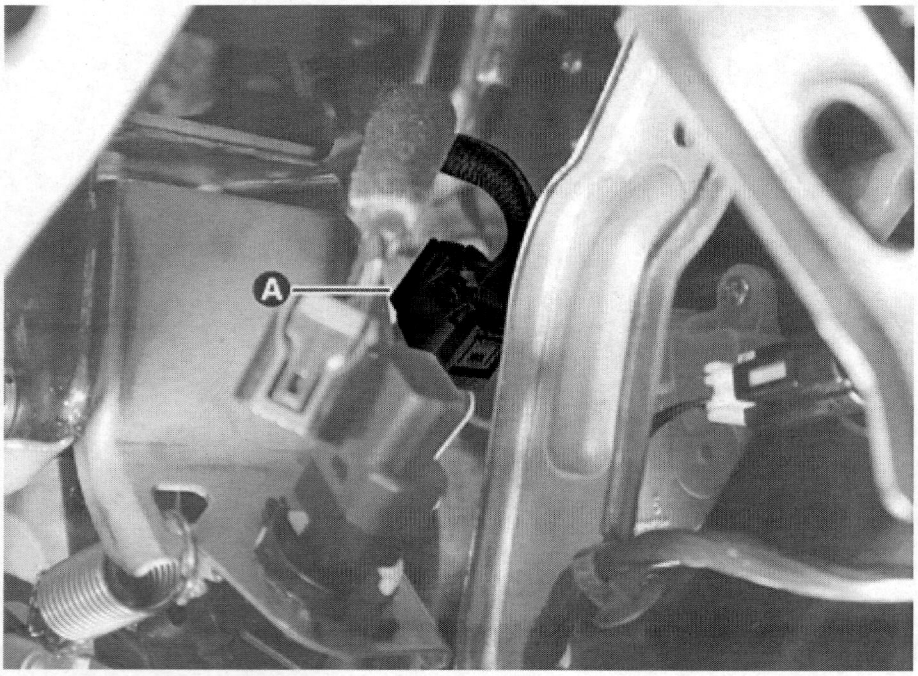

5. 브레이크 페달 암 장착 클레비스 핀(A)과 분할 핀(B)을 분리한다.

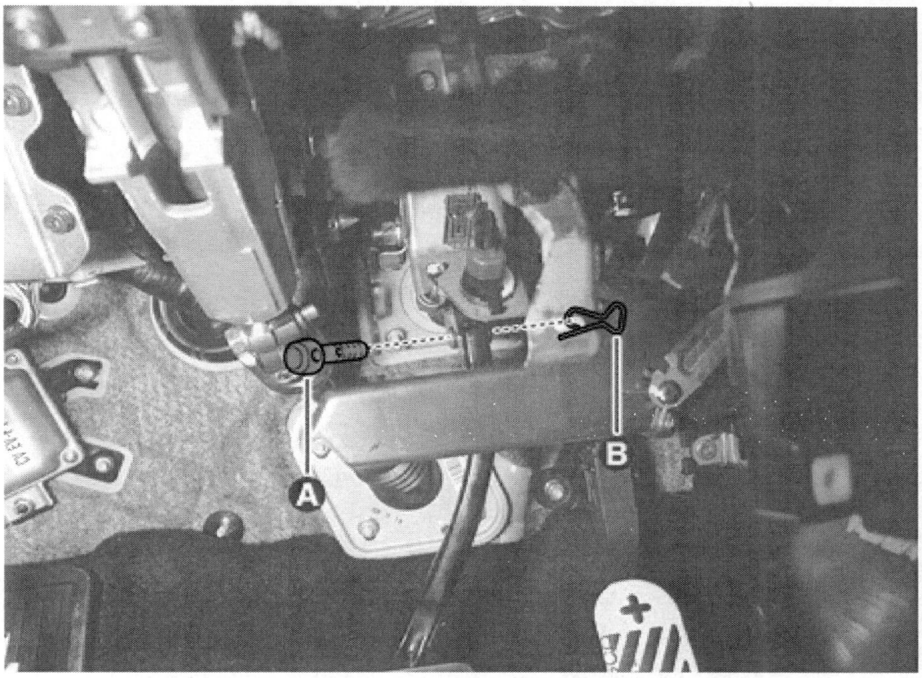

유 의

분할 핀(B)은 재사용하지 않는다.

6. 통합형 전동 부스터(IEB) 어셈블리 너트(A)를 탈거한다.

체결토크 : 1.3 ~ 1.8 kgf·m

7. 프런트 트렁크를 탈거한다.
   (바디 (내장 및 외장) - "프런트 트렁크" 참조)
8. 통합형 전동 부스터(IEB)를 앞으로 이격해 작업 공간을 확보한다.

9. 브레이크 페달 어셈블리 너트(A)를 풀어 브레이크 페달 어셈블리를 탈거한다.

체결토크 : 1.7 ~ 2.6 kgf·m

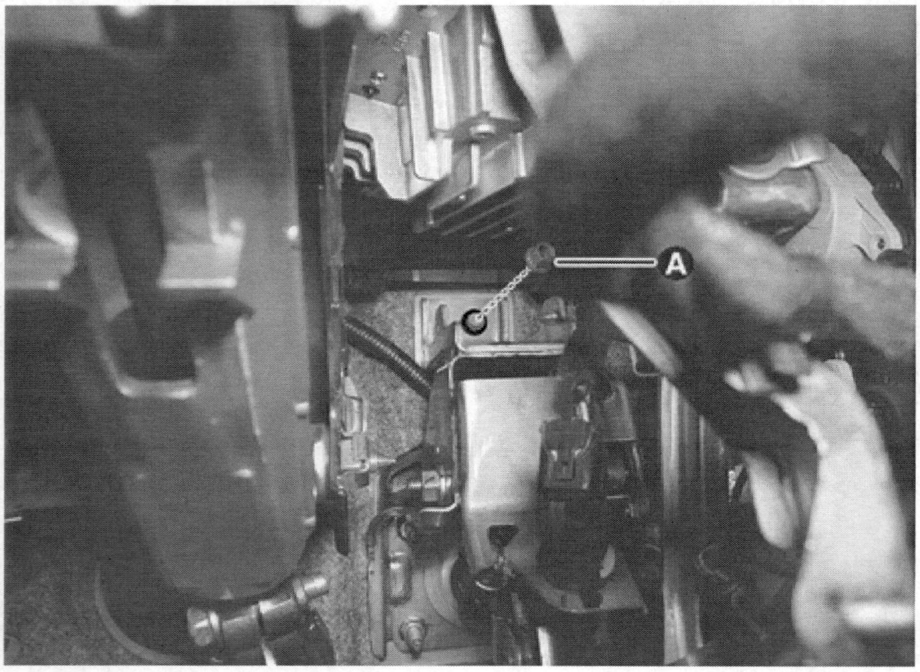

장착

1. 장착은 탈거의 역순으로 한다.

유 의

- 브레이크 페달 암 클레비스 핀 장착 시 그리스를 도포한다. (그리스 타입 : GREASE PDLV-1)
- 클레비스 핀과 분할 핀 장착 시 위치가 바뀌지 않도록 주의한다.

참 고

장착 시 나사산 및 브레이크 멤버 어셈블리의 손상을 최소화하기 위해 모든 장착 너트를 가체결 한 뒤 아래와 같은 순서로 체결 토크 값으로 완체결한다.

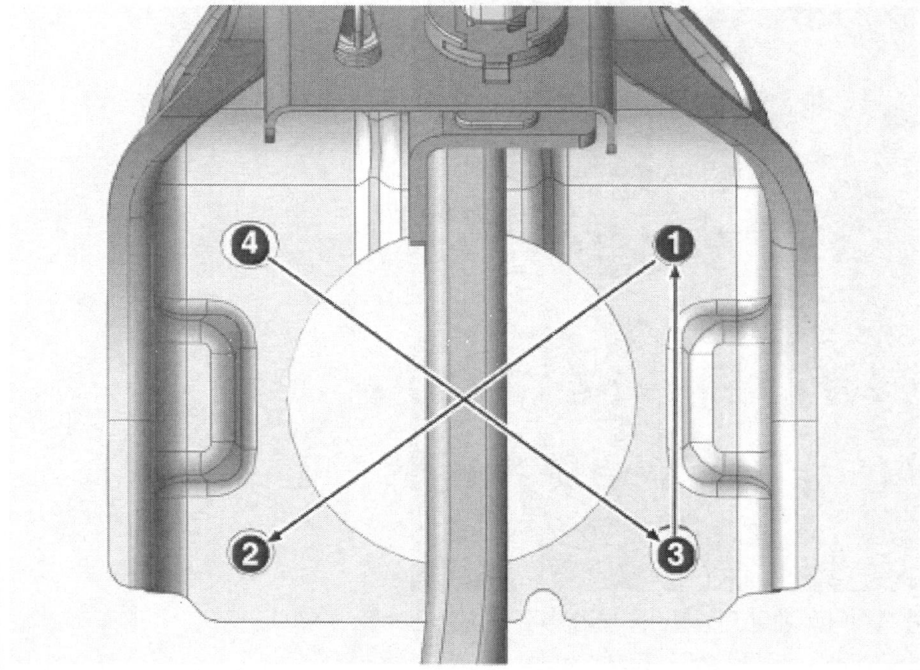

2. 장착 후 페달의 작동 상태를 점검한다.
3. 브레이크 페달 어셈블리 교체 후 반드시 브레이크 페달 센서 영점 설정(PTS 영점 설정)을 시행한다.
   (브레이크 시스템 - "브레이크 페달 센서 영점 설정" 참조)
4. 브레이크 액의 누유 및 페달의 작동 상태를 점검한다.
5. 브레이크 리저버에 브레이크 액을 가득 채운 후 공기 빼기 작업을 시행한다.
   (브레이크 시스템 - "브레이크 블리딩" 참조)

분해

1. 브레이크 페달 리턴 스프링(A)을 탈거한다.

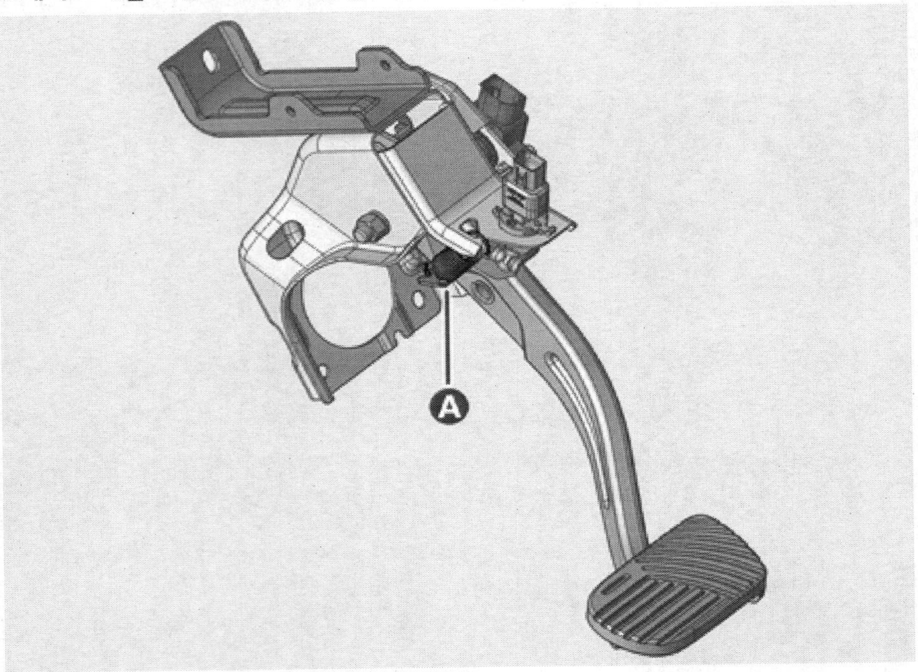

2. 록킹 플레이트(A)를 화살표 방향으로 당긴다.

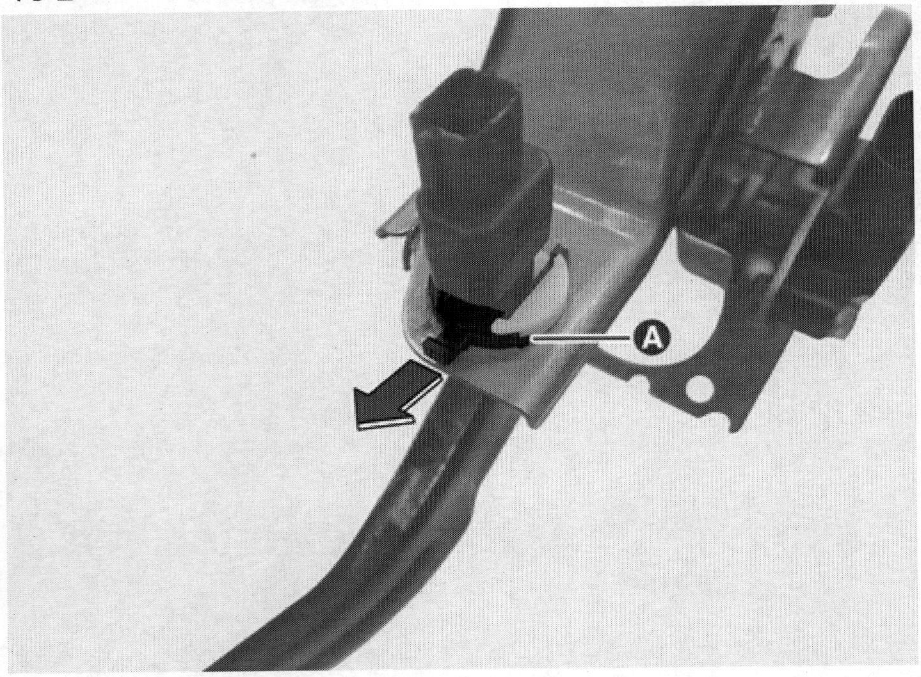

3. 스톱 램프 스위치(A)를 반시계 방향으로 돌려 탈거한다.

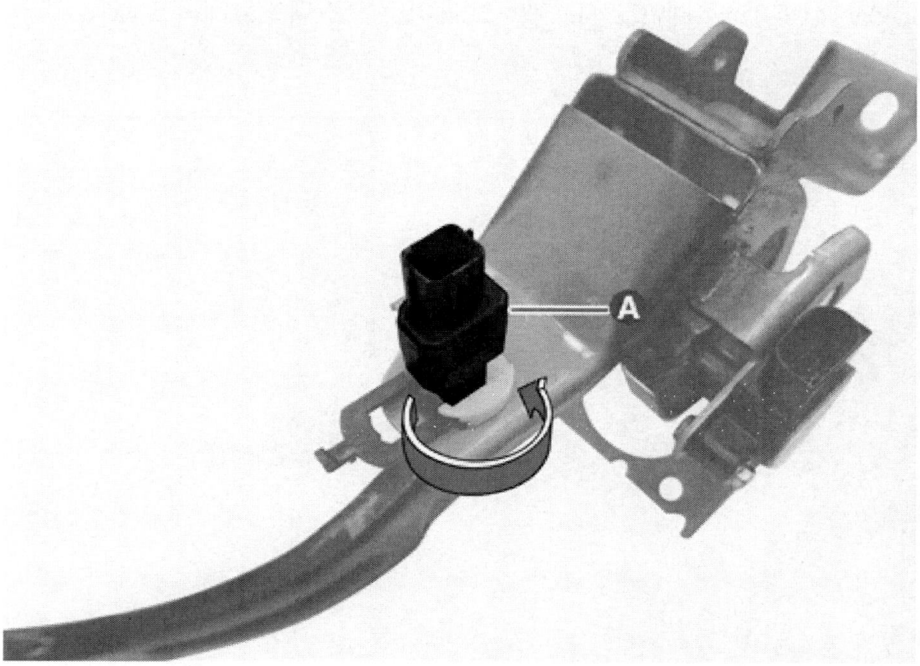

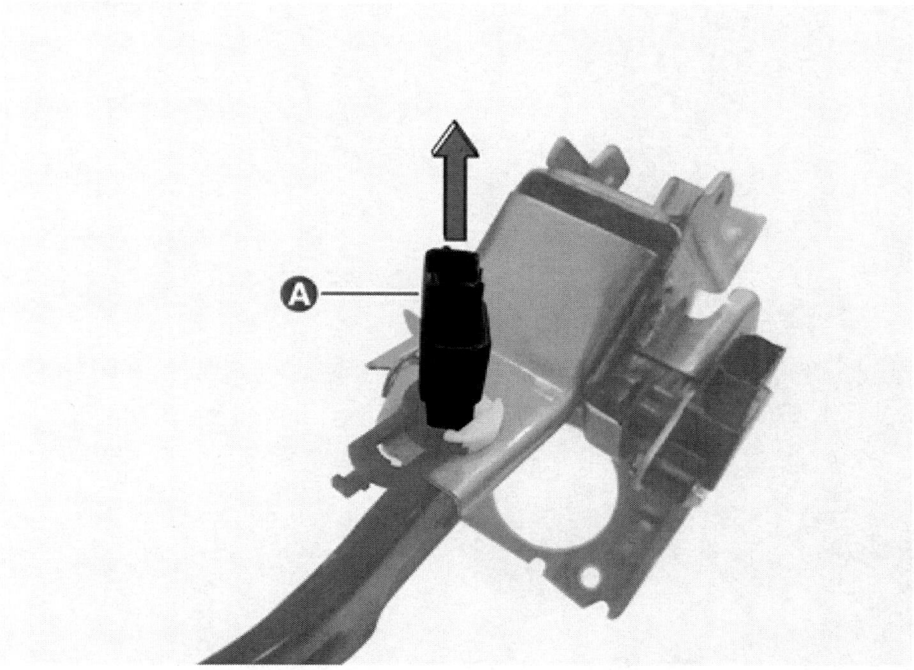

4. 볼트를 풀어 브레이크 페달 스트로크 센서(A)를 탈거한다.

체결토크 : 0.2 ~ 0.4 kgf·m

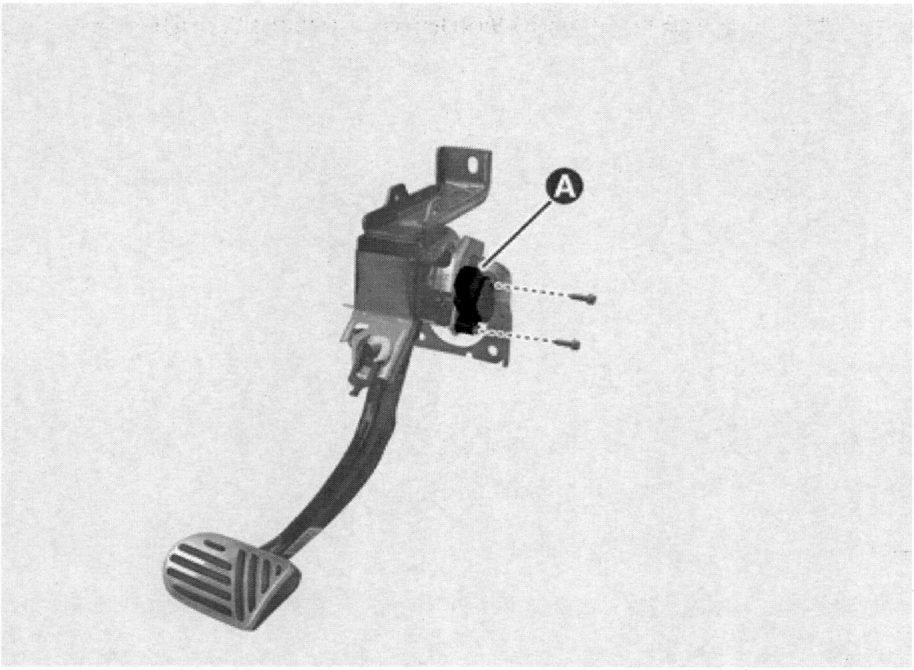

유 의

브레이크 페달 스트로크 센서(A)는 충격에 민감하므로 취급에 유의한다.

5. 볼트와 너트를 풀어 브레이크 페달 암(A)을 분리한다.

체결토크 : 2.5 ~ 3.5 kgf·m

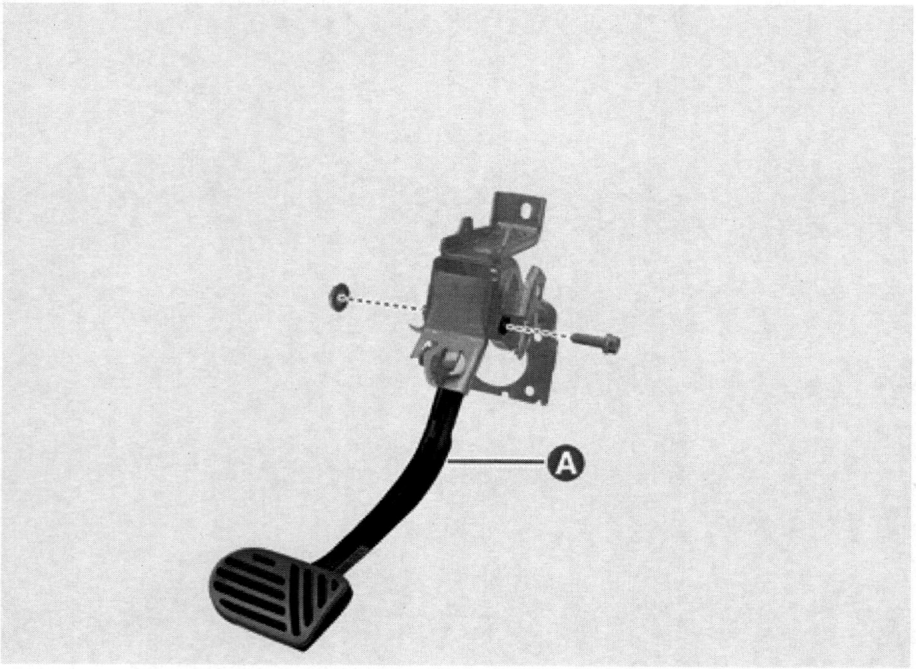

조립

1. 조립은 분해의 역순으로 한다.

유 의

브레이크 리턴 스프링 조립 시 그리스를 도포한다. (그리스 타입 : GREASE PDLV-1)

2. 스톱 램프 스위치 간극을 확인한다.
(스톱 램프 스위치 - "점검" 참조)

페달 트래블 센서 (PTS) 영점 설정

페달 트래블 센서는 설정된 영점을 기준으로 브레이크 페달 스트로크를 계산하므로 신품을 최초 장착할 때 영점 설정이 필요하다.
아래의 경우 영점 설정을 시행한다.

- 브레이크 페달 어셈블리를 교체한 경우
- 브레이크 액추에이션 유닛(BAU)을 교체한 경우
- C138004(영점 설정) 또는 C137902(신호 이상)이 검출되었을 경우

> **유 의**
>
> 페달 트래블 센서 단독 교환 또는 재장착 시, 제동 신호를 사용하는 시스템에 악영향을 미칠 수 있으므로 반드시 영점 설정을 시행한다.

영점 설정 방법

차량의 진동으로 떨림이 없는 정지 상태, 브레이크 페달은 밟지 않은 상태에서 영점 설정 작업을 시행하여야 한다.

1. KDS를 연결한다.
2. 점화 스위치를 ON 한다.
3. KDS 메뉴의 '제동제어' 에서 'PTS 영점 설정'을 클릭한다.

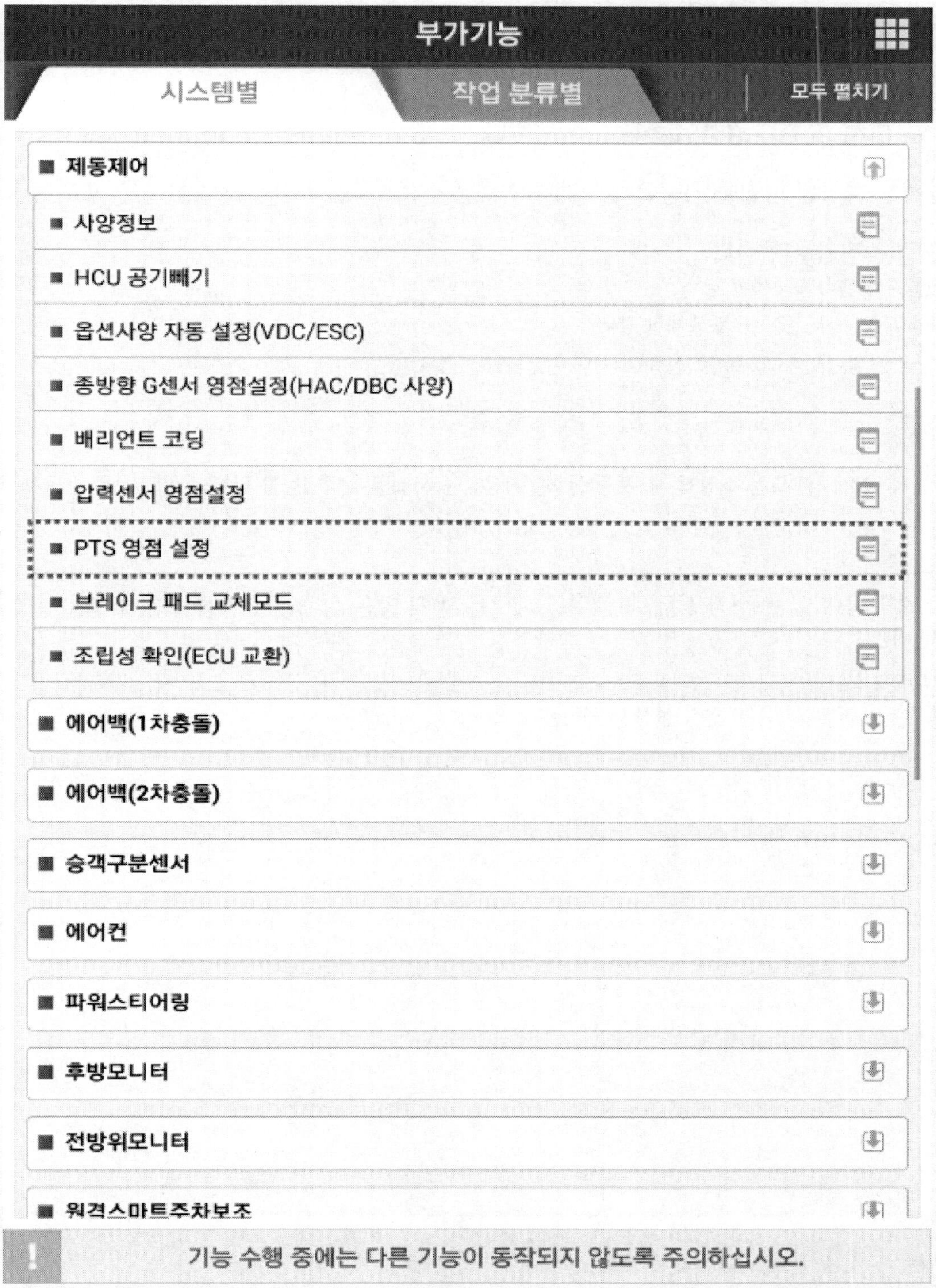

4. 화면 안내에 따라 PTS 영점 설정을 진행한다.
5. 점화 스위치를 OFF 후 다시 ON으로 하고, 영점 설정이 완료되었는지 확인한다.

구성부품

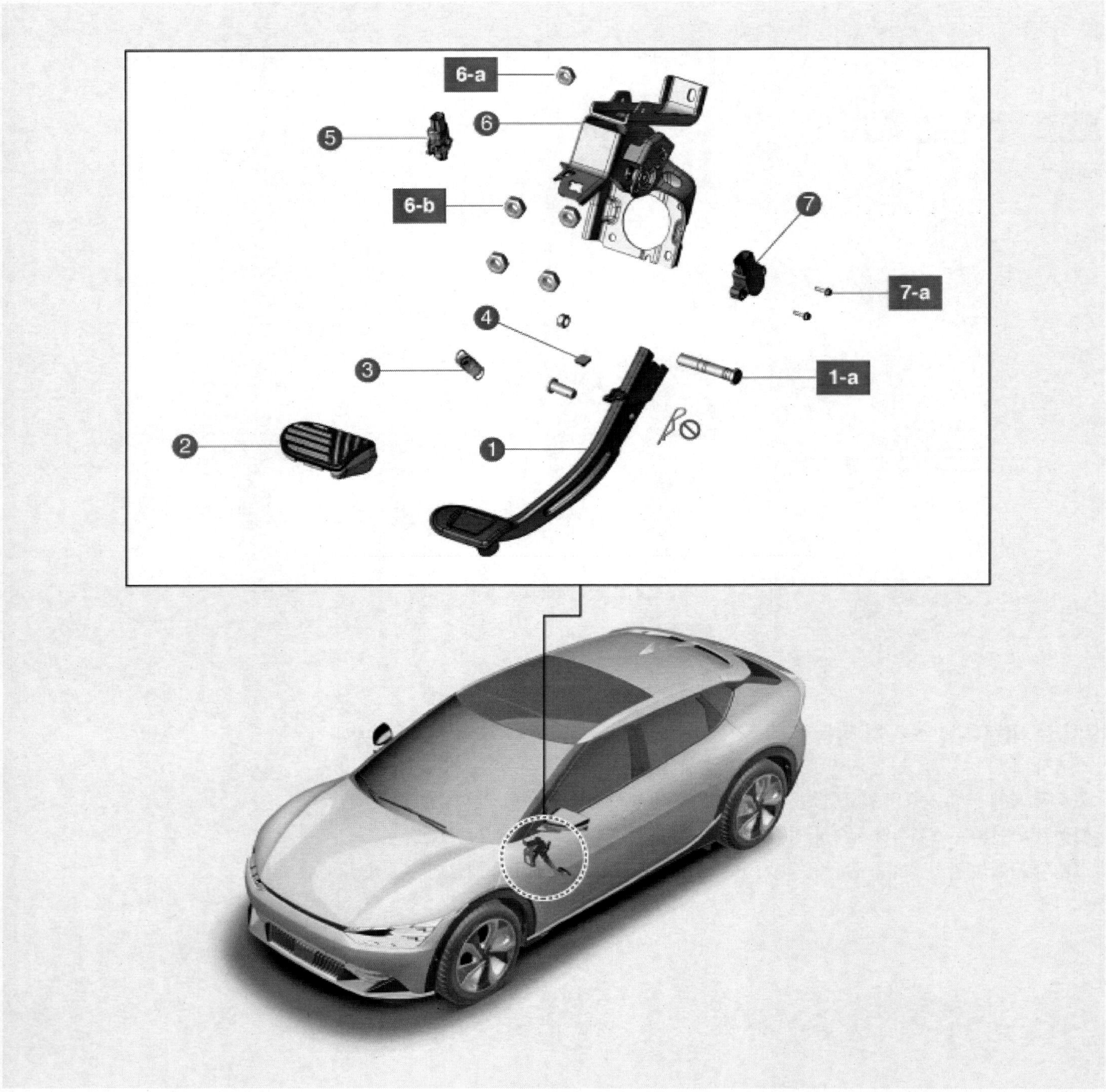

1. 브레이크 페달 암 1-a. 2.5 ~ 3.5 kgf·m 2. 브레이크 페달 패드 3. 리턴 스프링 4. 스토퍼	5. 스톱 램프 스위치 6. 브레이크 페달 멤버 어셈블리 6-a. 1.7 ~ 2.6 kgf·m 6-b. 1.3 ~ 1.8 kgf·m 7. 페달 스트로크 센서 7-a. 0.2 ~ 0.4 kgf·m

개요 및 작동원리

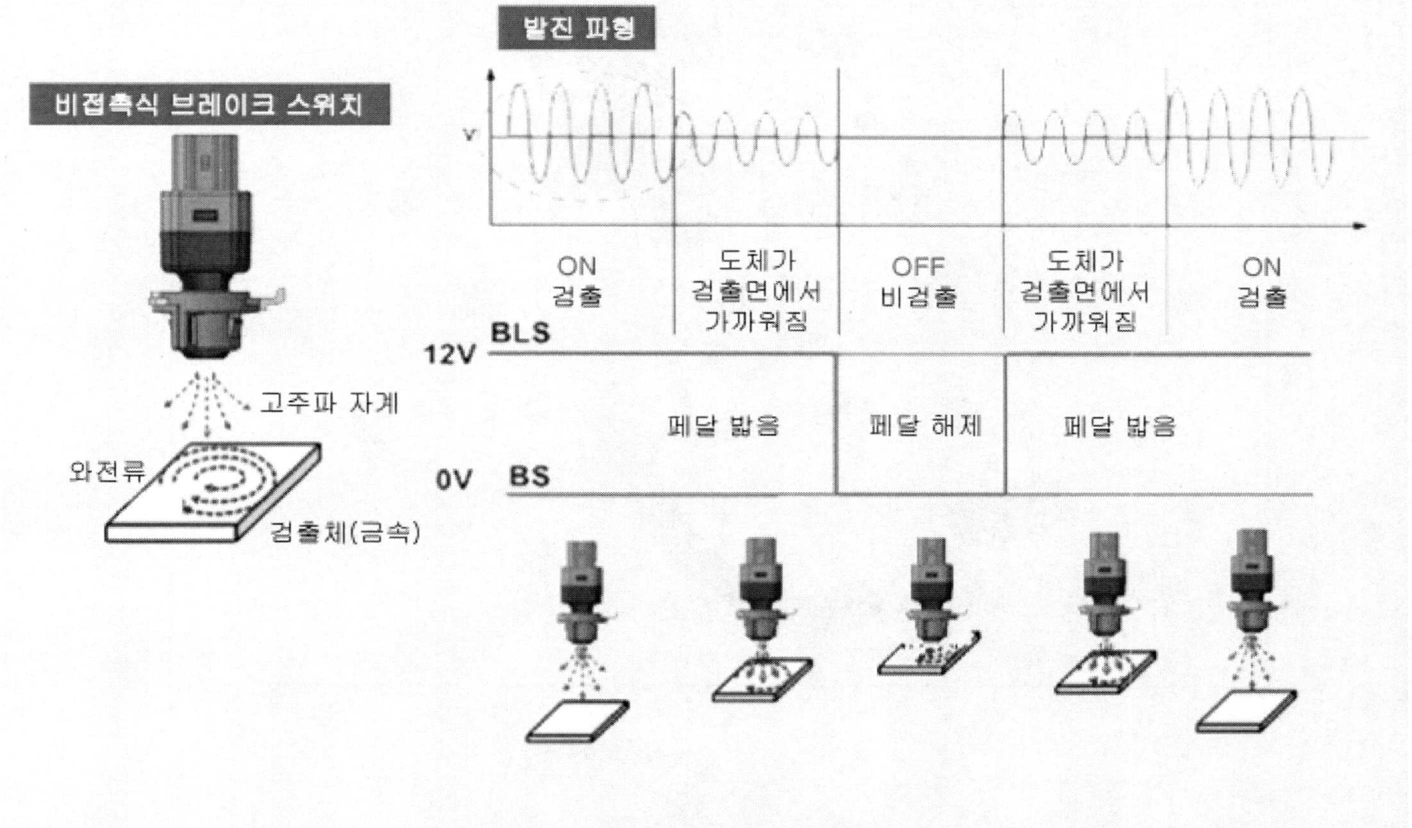

인덕티브 비접촉식 스위치 작동원리

1. 스위치 내부의 코일을 발진 시켜(전압 인가) 발생하는 고주파 자계와 유도 전류를 이용한다.
2. 고주파 자계 내에 금속이 있으면 전자 유도 현상에 의해 금속 표면에 와전류가 발생한다.
3. 발생된 와전류는 스위치의 자속을 방해하여 발생된 만큼 고주파 자계를 감쇠시킨다.
4. 고주파 자계의 감쇠 여부를 판단(전압 차이를 금속체와 코일 간의 거리로 계산)하여 ON-OFF 출력한다.

시스템 구성도

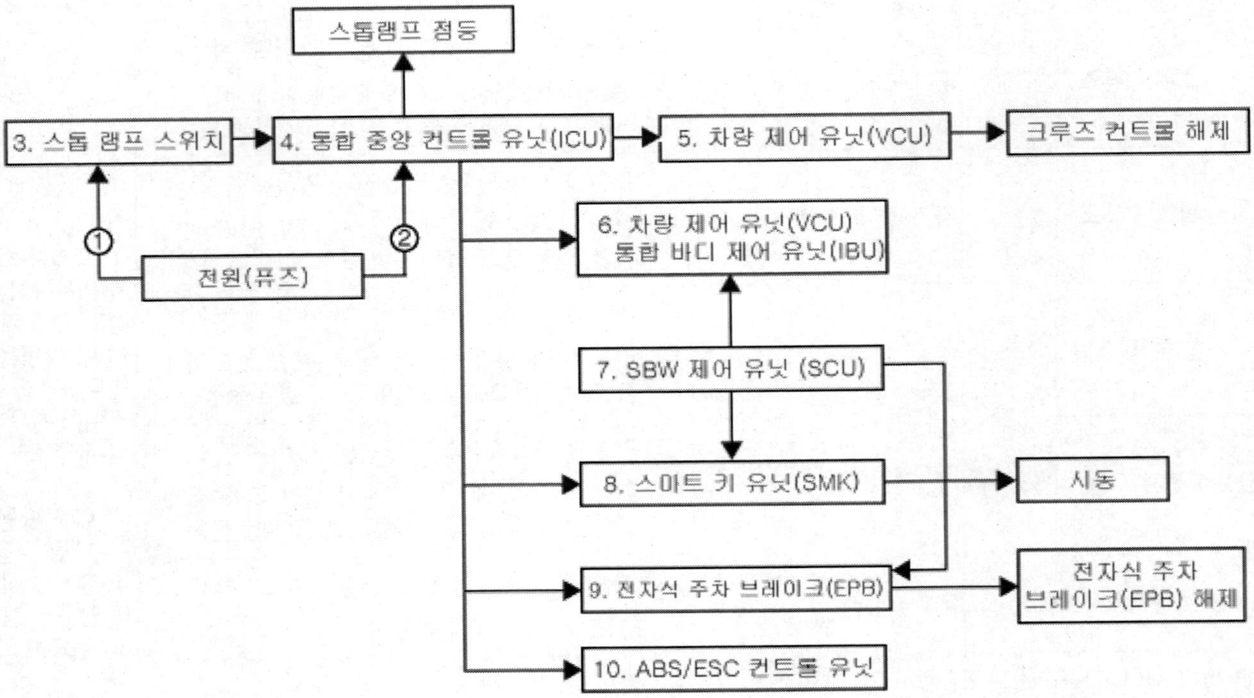

시스템 회로도

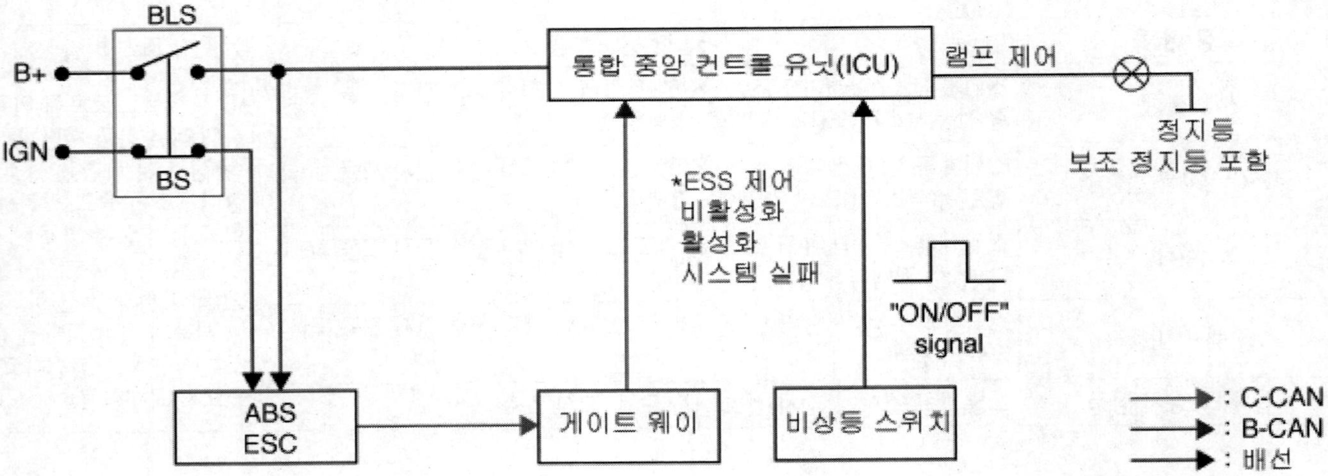

고장진단

1. 부품별 진단

명칭	원인	고장 현상	조치 방법
스위치 퓨즈	퓨즈 접촉 불량, 소손	– 관련 DTC 코드 : ("DTC 진단 가이드" 참조) – 현상 : 시동 불량, 크루즈 해제 불량, EPB 해제 불량, 스톱 램프 점등 불량, ESC 경고등 점등	① 오실로 스코프를 이용하여 각 부품의 차량 가속/정시 시 파형을 점검한다. (스톱 램프 스위치 회로 점검 절차 참조) ② 이상 파형 발견 시, 해당 부품의 정비 절차를 참조하여 단품을 점검하고, 필요시 교체한다.
릴레이 퓨즈	퓨즈 접촉 불량, 소손	– 관련 DTC 코드 : ("DTC 진단 가이드" 참조) – 현상 : 시동 불량, 크루즈 해제 불량, EPB 해제 불량, 스톱 램프 점등 불량, ESC 경고등 점등	
스톱 램프 스위치	• 각 부품의 배선 손상 • 커넥터 접속 불량 • 각 단품 불량	– 관련 DTC 코드 : ("DTC 진단 가이드" 참조) – 현상 : 시동 불량, 크루즈 해제 불량, EPB 해제 불량, 스톱 램프 점등 불량, ESC 경고등 점등	
정지 신호 전자 모듈(적용 시)		– 관련 DTC 코드 : ("DTC 진단 가이드" 참조) – 현상 : 시동 불량, 크루즈 해제 불량, EPB 해제 불량, 스톱 램프 점등 불량,ESC 경고등 점등	
차량 제어 유닛(VCU)		– 관련 DTC 코드 : ("DTC 진단 가이드" 참조) – 현상 : 크루즈 해제 불량	
통합 바디 제어 유닛(IBU)		– 가속 불량	
스마트 키 유닛(SMK)		– 시동 불량	
전자식 주차 브레이크(EPB)		– 현상 : EPB 해제 불량, ESC 경고등 점등	
통합형 전동 부스터(IEB) (압력 센서)		– 현상 : ESC 경고등 점등	

2. 현상별 진단

고장 현상	가능한 원인 부품	조치 방법
시동 불량	스위치 퓨즈, 릴레이 퓨즈, 스톱 램프 스위치, 정지 신호 전자 모듈, 통합형 전동 부스터(IEB), 각 배선, 커넥터	① 오실로 스코프를 이용하여 각 부품의 차량 가속/정시 시 파형을 점검한다. (스톱 램프 스위치 회로 점검 절차 참조) ② 이상 파형 발견 시, 해당 부품의 정비 절차를 참조하여 단품을 점검하고, 필요시 교체한다.
ESC 경고등 점등	스위치 퓨즈, 릴레이 퓨즈, 스톱 램프 스위치, 정지 신호 전자 모듈, 통합형 전동 부스터(IEB), 각 배선, 커넥터	
P0504	스위치 퓨즈, 릴레이 퓨즈, 스톱 램프 스위치, 정지 신호 전자 모듈, VCU, 각 배선, 커넥터	
스톱 램프 미동작	스위치 퓨즈, 릴레이 퓨즈, 스톱 램프 스위치, 정지 신호 전자 모듈, 배선/커넥터 단선	
스톱 램프 상시 점등	스톱 램프 스위치, 정지 신호 전자 모듈, 배선 쇼트	

3. 스톱 램프 스위치 시스템 진단

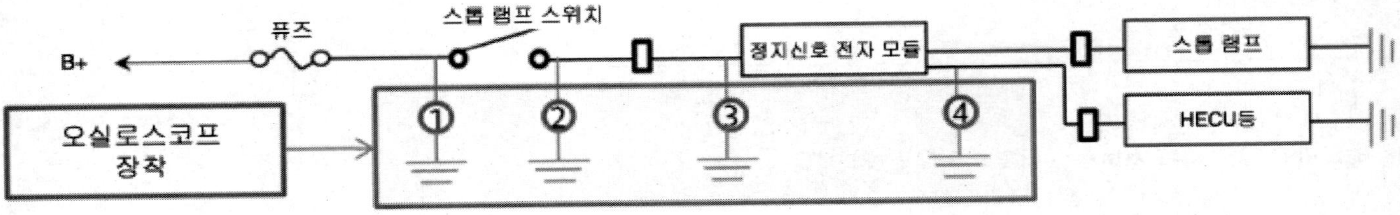

●: 상시 ON ○: ON-OFF동작 X: 상시 OFF

현상 (ESC 경고등 점등 시)	시스템 ① 스위치 전원단(B+)	② 스위치 후단	③ 정지 신호 전자 모듈 입력단	④ 정지 신호 전자 모듈 출력단	조치 방법
스위치 내부 단선	●	X	X	X	스톱램프 스위치 신품 교환 후 재 점검한다.
스위치 내부 단락	●	●	●	●	스톱 램프 스위치 탈거 후 이상 여부를 점검한다. ① 스위치 이상시 : 신품으로 교환 한다. ② 배선이상시 : 단락부위 점검이 필요하다
정지 신호 전자 모듈 내부 단락	●	○	○	●또는X	정지 신호 전자 모듈 탈거 후 이상 여부를 점검 한다. ① 정지 신호 전자 모듈 이상시 : 신품으로 교환 한다. ② 배선이상시 : 단락부위 점검 필요
정지 신호 전자 모듈 내부 단선	●	○	○	X	정지 신호 전자 모듈 교환 후 재 점검한다.
전원단 단선 시	X	X	X	X	전원단 커넥터 및 퓨즈등을 점검 한다.
전원단 단락 시 (전류량 감소)	●	○	○	●또는X	전원단 단락시는 전류량 감소로 정지 신호 전자 모듈의 ON-OFF동작이 잘되지 않을수 있다. 퓨즈 소손여부를 확인한다.
출력-정지 신호 전자 모듈간 불량	●	○	X	X	커넥터 점검 및 와이어링을 점검 한다.
정지 신호 전자 모듈- 램프간 불량	●	○	○	○	커넥터, 와이어링 및 각 부품을 점검한다.

유 의

브레이크 페달 밟기, 정차 시 가속 등으로 실시간으로 확인해야 정확히 측정할 수 있다.

4. DTC 표출 시, DTC 진단 가이드를 참조하여 조치한다.

탈거

1. 배터리 (-) 단자와 서비스 인터록 커넥터를 분리한다.
   (배터리 제어 시스템 - "보조 배터리 (12V) - 2WD" 참조)
   (배터리 제어 시스템 - "보조 배터리 (12V) - 4WD" 참조)
2. 운전석 무릎 에어백을 탈거한다.
   (에어백 시스템 - "무릎 에어백(KAB)" 참조)
3. 스톱 램프 스위치 커넥터(A)를 분리한다.

4. 록킹 플레이트(A)를 화살표 방향으로 당긴다.

5. 스톱 램프 스위치(A)를 반시계 방향으로 45° 돌려 탈거한다.

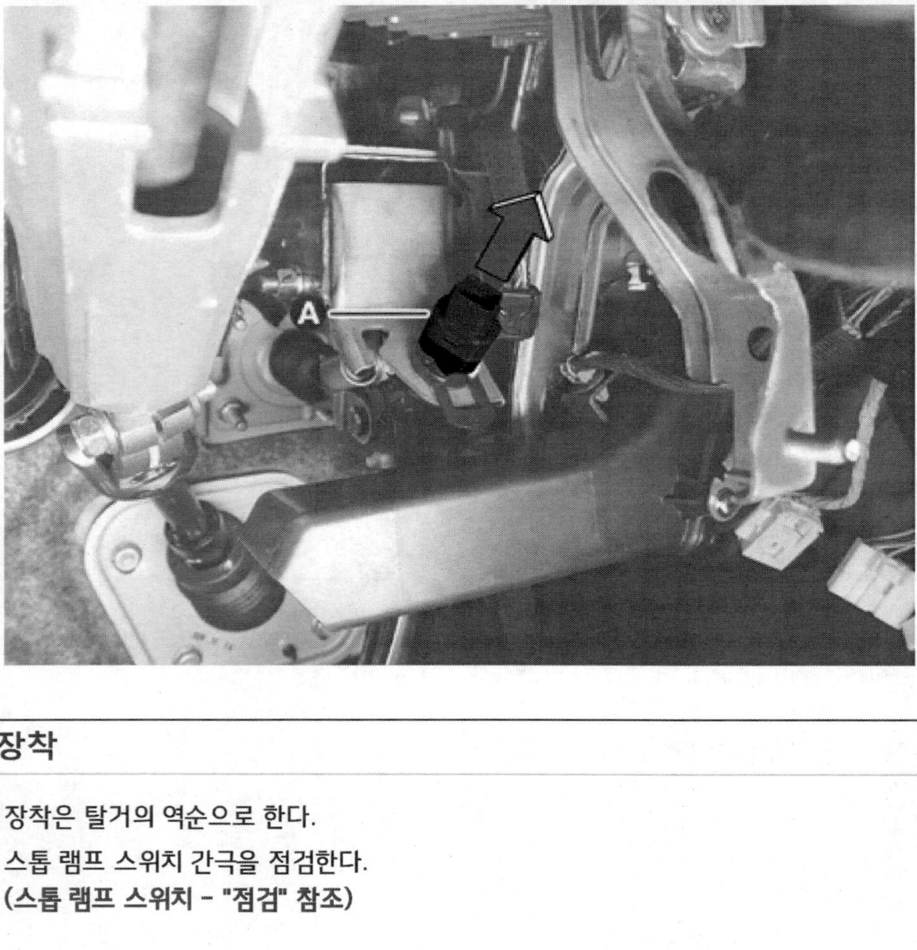

장착

1. 장착은 탈거의 역순으로 한다.
2. 스톱 램프 스위치 간극을 점검한다.
   (스톱 램프 스위치 - "점검" 참조)

간극 점검

1. 스톱 램프 스위치의 간극(A)을 확인한다.

스톱 램프 스위치 간극(A) : 1 ~ 2 mm

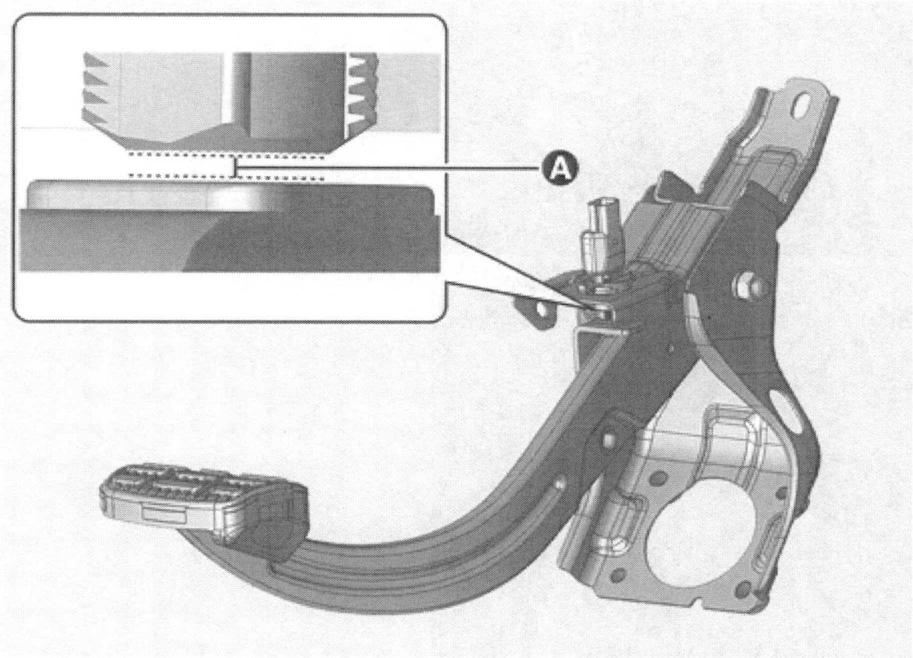

2. 스위치 간극이 규정 값을 만족하지 않으면, 스톱 램프 스위치를 탈거하고 장착부의 클립 등 주변 부품의 손상 여부를 확인한다.
   (브레이크 시스템 - "스톱 램프 스위치" 참조)
3. 이상이 없으면 스톱 램프 스위치를 재장착한 후 간극을 재확인한다.

단품 점검

1. 탈거한 스톱 램프 스위치를 점검한다.
   (1) 단자부 정상 체결 상태를 확인한다.
      – 커넥터 체결부의 체결흔을 통해 정상 체결 상태를 확인한다.

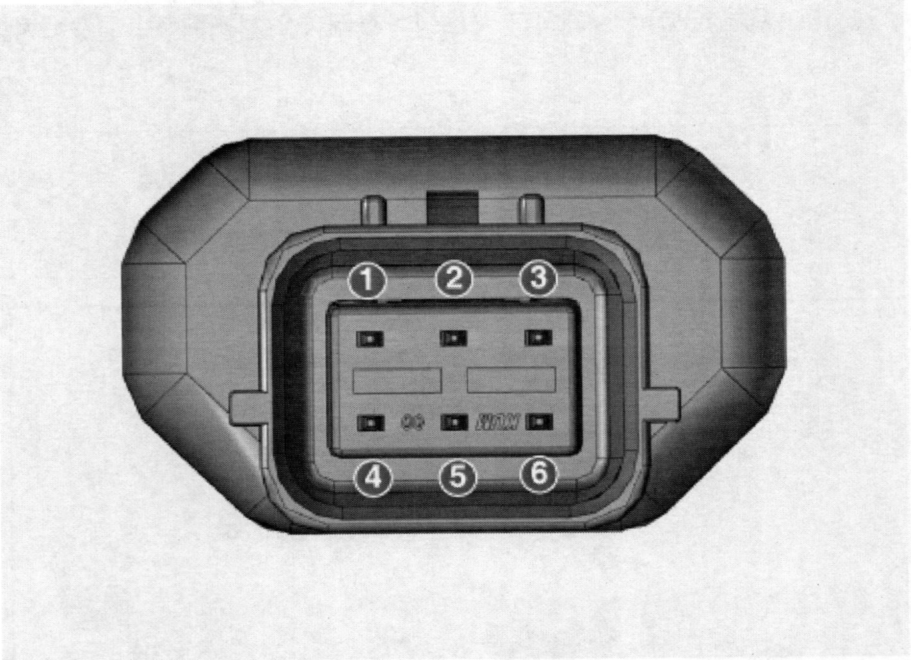

1. IGN / ICU 정션 블록 2. BS / 브레이크 테스트 스위치 3. -	4. B+ / ICU 정션 블록 5. BLS / 브레이크 램프 스위치 6. GND / 접지

(2) 기본 점검 및 배선 점검을 실시한다.
("DTC 진단가이드" 참조)

(3) 교환 또는 재장착 후 KDS를 사용하여 진단한다.
("DTC 진단가이드" 참조)

구성부품

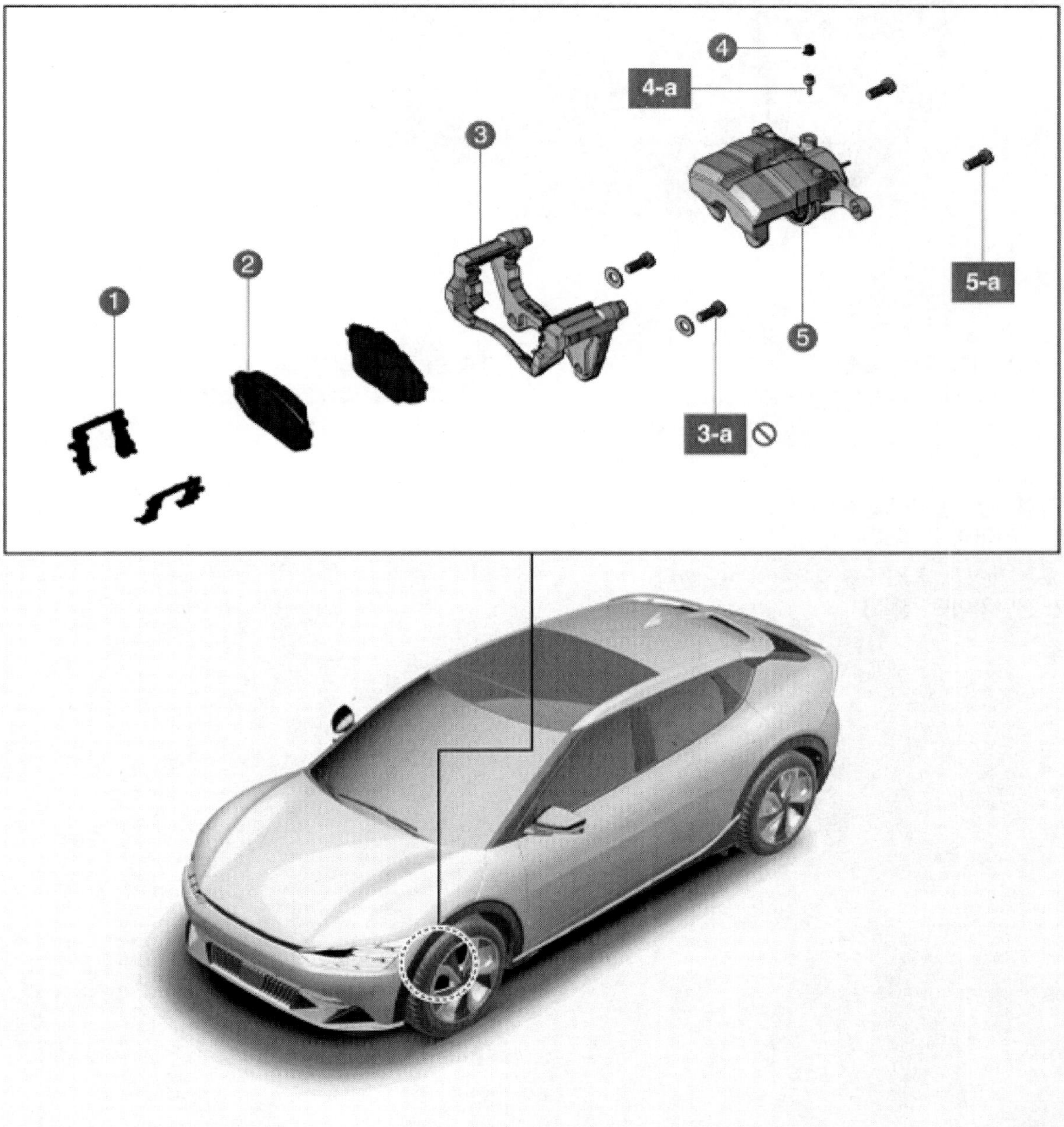

1. 브레이크 패드 라이너 2. 브레이크 패드 3. 토크 멤버 3-a. 10.0 ~ 12.0 kgf·m	4. 에어 블리더 스크루 캡 4-a. 1.4 ~ 2.0 kgf · m 5. 캘리퍼 바디 5-a. 2.2 ~ 3.2 kgf·m

2023 > 엔진 > 160kW (2WD) / 70 160kW (4WD) > 브레이크 시스템 > 브레이크 시스템 > 프런트 브레이크 캘리퍼 > 탈거 및 장착

특수공구

공구 (품번 및 품명)	형상	용도
피스톤 익스팬더 09581 - 11000		프런트 캘리퍼 피스톤 압축

탈거

1. 프런트 휠 및 타이어를 탈거한다.
   (서스펜션 시스템 - "휠" 참조)
2. 볼트를 풀어 프런트 브레이크 호스(A)를 분리한다.

체결토크 : 2.5 ~ 3.0 kgf·m

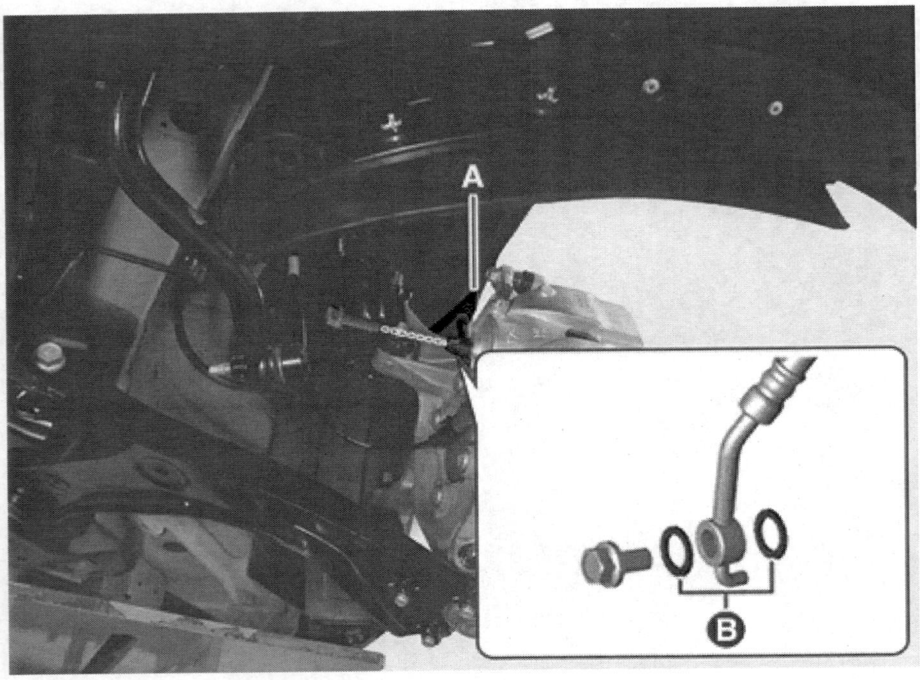

유 의

브레이크 호스 장착 시 와셔(B)는 재사용하지 않는다.

3. 볼트를 풀어 프런트 브레이크 캘리퍼 바디(A)를 위로 젖힌다.

체결토크 : 2.2 ~ 3.2 kgf·m

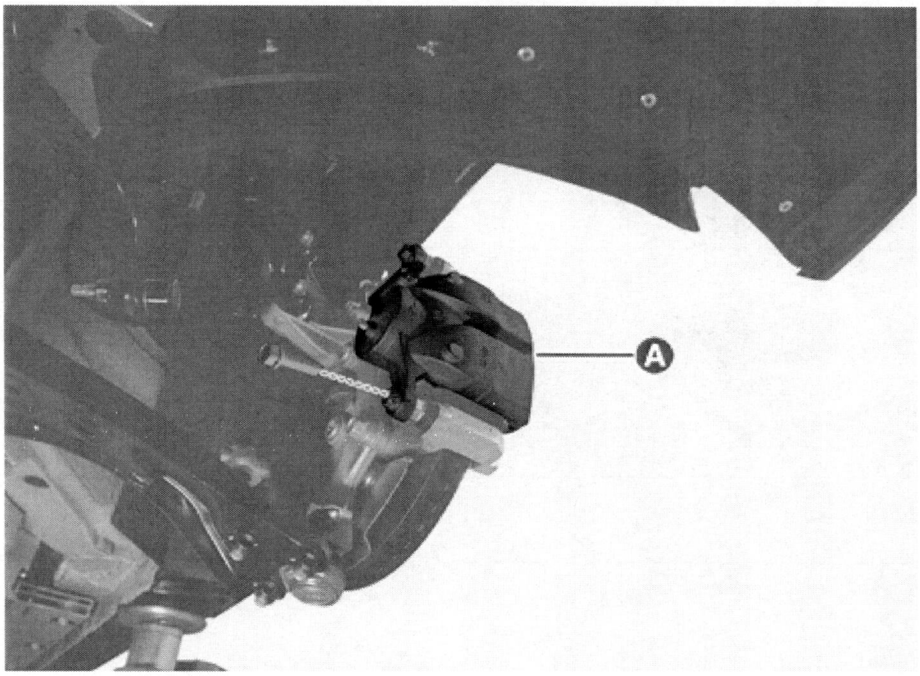

4. 브레이크 패드(A)를 탈거한다.

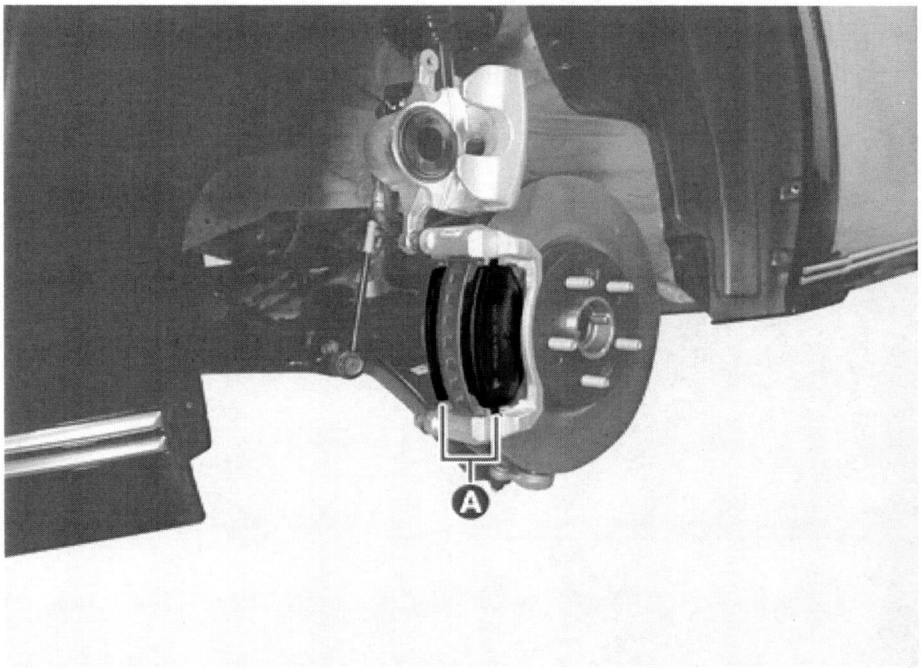

5. 브레이크 패드 라이너(A)를 탈거한다.

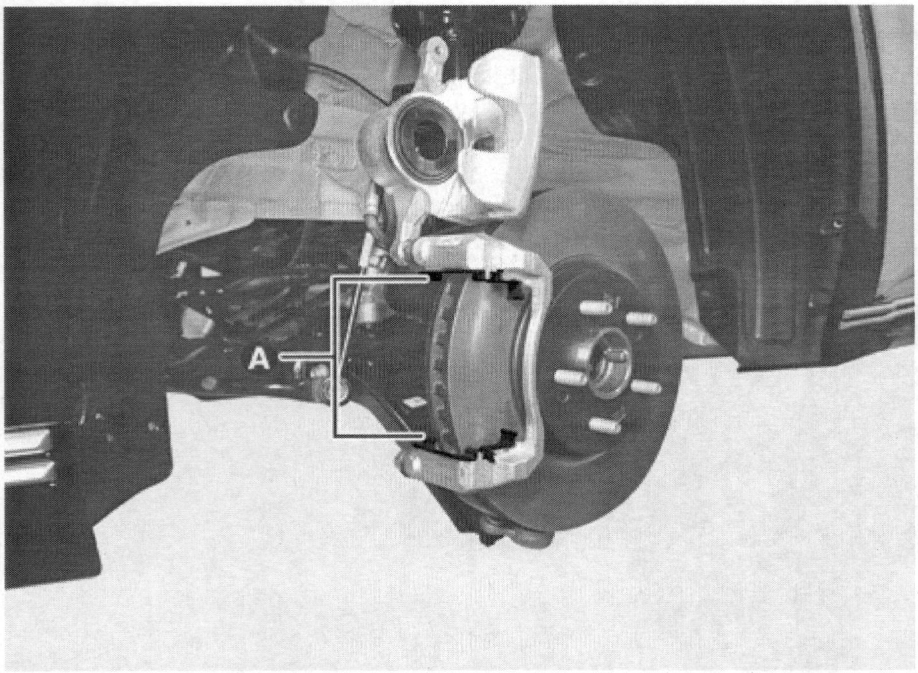

6. 볼트와 와셔를 풀어 프런트 캘리퍼 어셈블리(A)를 탈거한다.

체결토크 : 10.0 ~ 12.0 kgf·m

유 의

토크 멤버 장착 볼트는 재사용하지 않는다.

장착

1. 장착은 탈거의 역순으로 한다.

유 의

- 피스톤 입구부가 파손되지 않도록 유의하여 압입한다.

- 토크멤버에 캘리퍼 바디 조립 시 피스톤이 간섭되지 않도록 유의한다.
- 캘리퍼 바디 장착 시 특수공구(09581 - 11000)를 사용하여 브레이크 피스톤을 압입한다.

2. 브레이크 리저버에 브레이크 액을 채운 후 공기 빼기 작업을 시행한다.
   (브레이크 시스템 - "브레이크 블리딩" 참조)
3. 브레이크 액의 누유 및 페달 작동 상태를 점검한다.
4. 브레이크 패드가 정상 작동 위치에 오도록 수차례 브레이크 페달을 밟고 정상 작동 유무를 확인한다.

구성부품

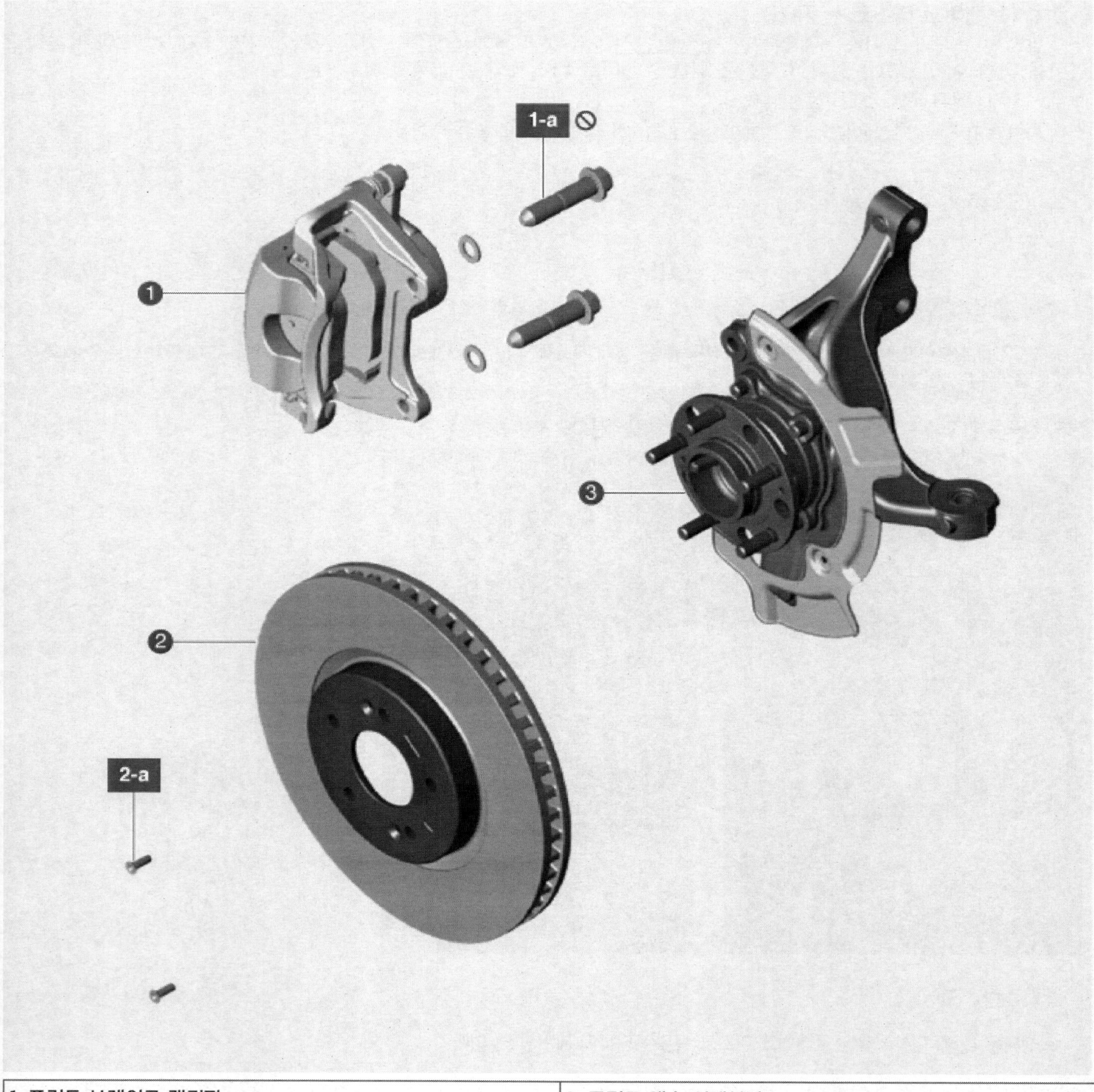

1. 프런트 브레이크 캘리퍼 1-a. 10.0 ~ 12.0 kgf·m 2. 프런트 브레이크 디스크 2-a. 0.5 ~ 0.6 kgf·m	3. 프런트 액슬 어셈블리

차상 점검

사전 절차 (브레이크 디스크 녹 제거)

장기간 방치된 브레이크 디스크에 발생한 녹은 일반적인 주행 조건에서 자연스럽게 사라지지만 두께 및 런 아웃 측정값에 영향을 미칠 수 있으므로 정확한 측정을 위해 브레이크 디스크의 녹을 제거한다.

1. 브레이크 디스크의 오염 상태를 점검한다.
2. 녹이 확인될 경우 녹슨 브레이크 디스크 표면에 스프레이를 사용하여 비누물을 도포한다.

비누물 : 물 (300 ml) + 세제 (15 ml)

⚠ 경 고

윤활, 기름 성분이 있는 세척제(광택제, 방청제 등)는 절대 사용하지 않는다. 제동 성능이 떨어지며 제동 시 패드 마찰로 인한 화재 발생의 위험이 있다.

3. 차량 시동을 켜고 우측 패들 시프터(A)를 한번 당겨 회생제동 0단계로 진입한다.

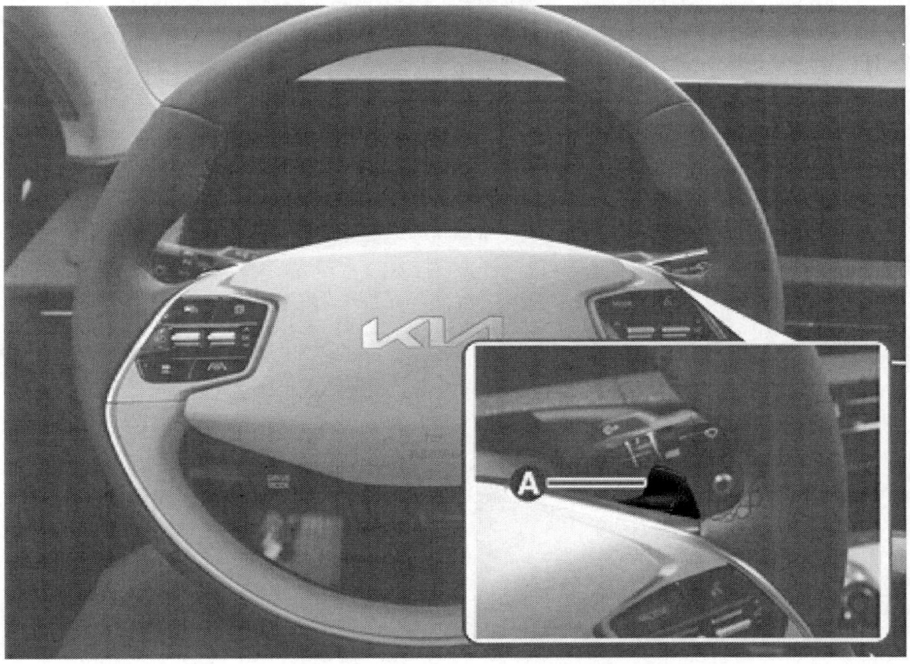

ℹ 참 고

회생제동 1단계 이상에서는 브레이크 디스크 녹을 용이하게 제거할 수 없다.

4. 차량을 50 km/h 까지 가속했다가 차량을 완전히 정지시킨다. 이 과정을 최소 5번 이상 반복한다.
5. 브레이크 디스크를 깨끗한 물로 세척한다.
6. 브레이크 디스크의 녹이 제거되었는지 확인한다.
7. 녹이 제거되지 않았을 경우 위 절차를 다시 반복한다.

프런트 브레이크 디스크 두께 점검

1. 프런트 휠 및 타이어를 탈거한다.
   (서스펜션 시스템 - "휠" 참조)
2. 브레이크 디스크의 손상을 점검한다.
3. 마이크로 미터와 다이얼 게이지를 사용하여 브레이크 디스크의 두께(A)와 런 아웃을 점검한다. 아래 그림에 표시된 선을 따라 동일 원주상의 24개소 이상에서 디스크 두께를 측정한다.

프런트 브레이크 디스크 두께(A)
17인치 디스크 규정치 : 30 mm
17인치 디스크 한계치 : 28 mm
20인치 디스크 규정치 : 34 mm
20인치 디스크 한계치 : 31.6 mm
각 측정부의 두께 차이 :
0.015 mm 미만 (원주 및 반경 방향)

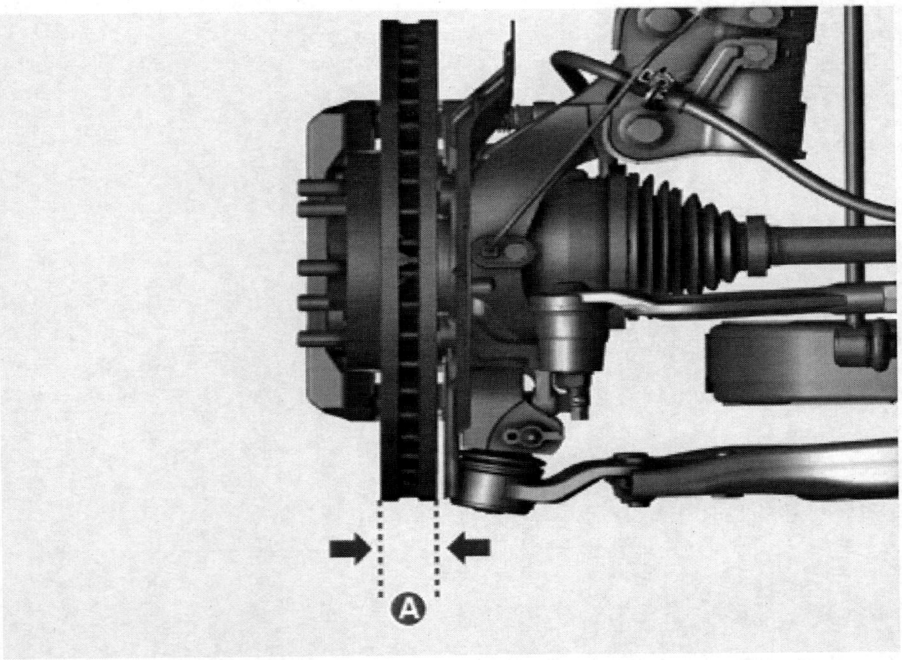

4. 각 측정부의 두께차이가 기준치 이상일 경우 브레이크 디스크를 연마 또는 교환한다.

유 의

- 보유중인 연마장비 사용법에 따라 브레이크 디스크를 연마한다.
- 브레이크 디스크 두께 한계치 이하일 경우 반드시 브레이크 디스크를 신품으로 교환한다.

5. 프런트 휠 및 타이어를 장착한다.
   (서스펜션 시스템 - "휠" 참조)

프런트 브레이크 디스크 런 아웃 점검

1. 프런트 휠 및 타이어를 탈거한다.
   (서스펜션 시스템 - "휠" 참조)
2. 브레이크 디스크 외경 10 mm 위치에 다이얼 게이지를 수직이 되도록 설치하고 디스크를 1회전시켜 런 아웃을 측정한다

브레이크 디스크 런 아웃
정비 한계 : 0.050 mm이하

3. 브레이크 디스크 런 아웃이 한계치를 초과하면 브레이크 디스크를 연마 또는 교환한다.

유 의

- 보유중인 연마장비 사용법에 따라 브레이크 디스크를 연마한다.
- 브레이크 디스크 두께 한계치 이하일 경우 반드시 브레이크 디스크를 신품으로 교환한다.

4. 프런트 휠 및 타이어를 장착한다.
   (서스펜션 시스템 - "휠" 참조)

브레이크 디스크 떨림(저더) 점검

저더 판단 로직을 실행하여 차량 제동 시 디스크 떨림(저더) 현상을 점검 후 정비 필요 시 디스크를 교체한다.
※저더 판단 로직 : ESC, MDPS 센서 신호를 분석하여 제동 시 저더를 실시간 판단, 기록하여 정비 기준으로 활용(정비 기준 명확, 과정비 방지)

브레이크 디스크 떨림(저더) 점검 절차

1. 진단 기기(KDS)단 기기 진단 장비를 차량의 자가 진단 커넥터와 연결한다.
2. IG 스위치 On 한다.
3. 진단 기기 초기 화면에서 "차종"과 "Brake"를 선택한 후 확인을 선택한다.
4. "제동시 저더 판정 결과" 메뉴를 선택 후 판정 결과를 확인한다.

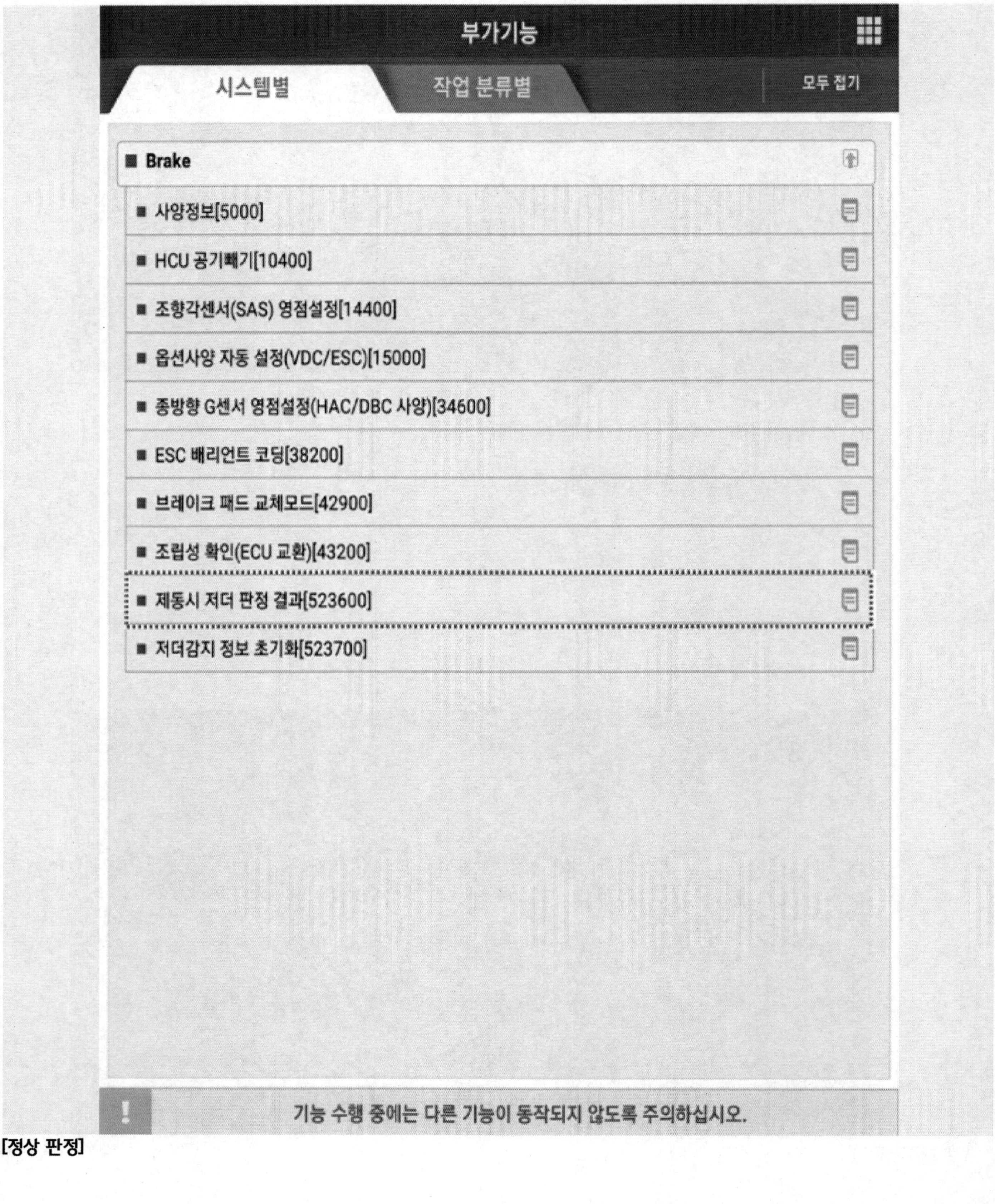
부가기능
시스템별
작업 분류별
모두 접기
Brake
사양정보[5000]
HCU 공기빼기[10400]
조향각센서(SAS) 영점설정[14400]
옵션사양 자동 설정(VDC/ESC)[15000]
종방향 G센서 영점설정(HAC/DBC 사양)[34600]
ESC 배리언트 코딩[38200]
브레이크 패드 교체모드[42900]
조립성 확인(ECU 교환)[43200]
제동시 저더 판정 결과[523600]
저더감지 정보 초기화[523700]
기능 수행 중에는 다른 기능이 동작되지 않도록 주의하십시오.

[정상 판정]

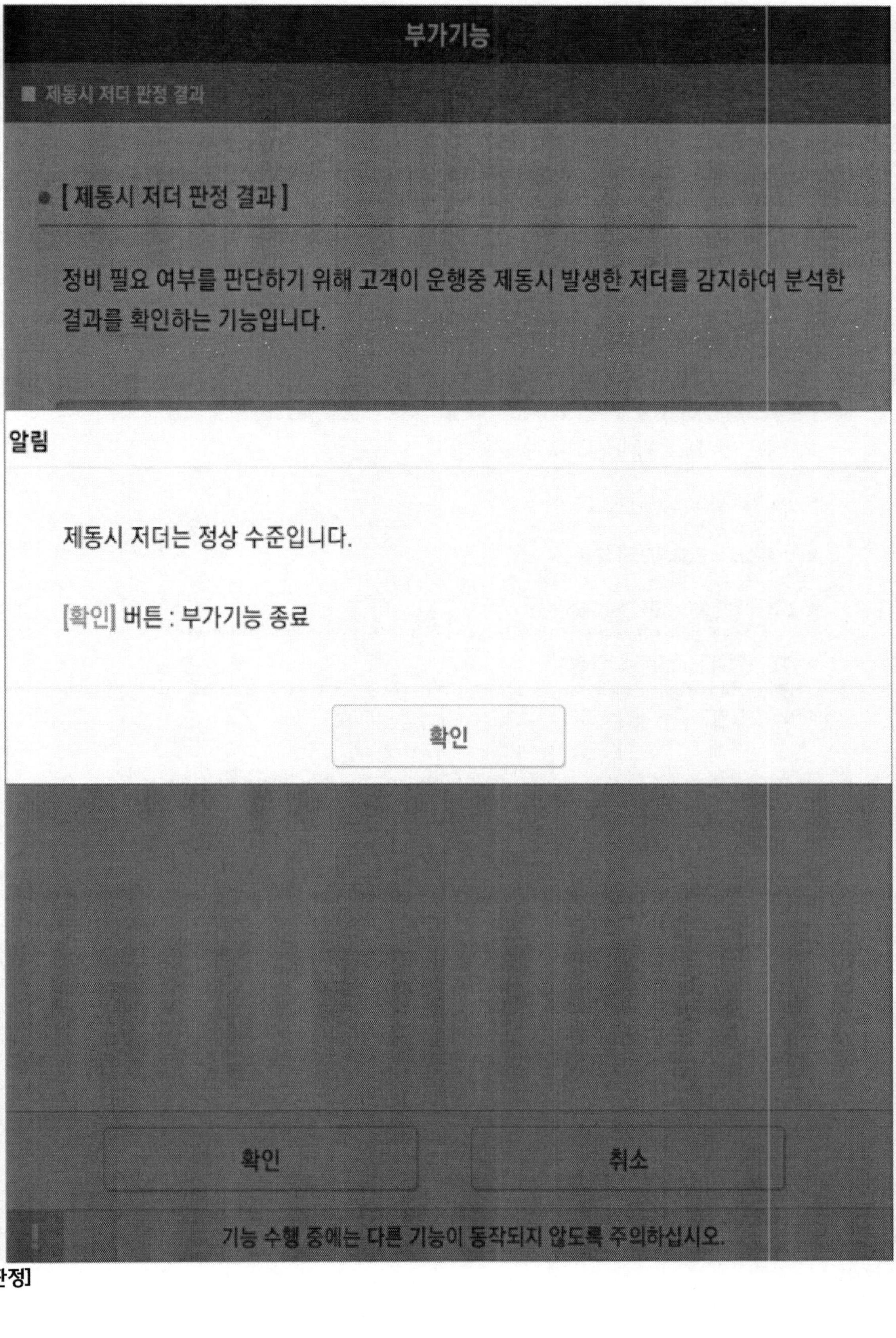
부가기능
■ 제동시 저더 판정 결과
● [제동시 저더 판정 결과]
정비 필요 여부를 판단하기 위해 고객이 운행중 제동시 발생한 저더를 감지하여 분석한 결과를 확인하는 기능입니다.
알림
제동시 저더는 정상 수준입니다.
[확인] 버튼 : 부가기능 종료
확인
확인
취소
기능 수행 중에는 다른 기능이 동작되지 않도록 주의하십시오.
[정비 필요 판정]

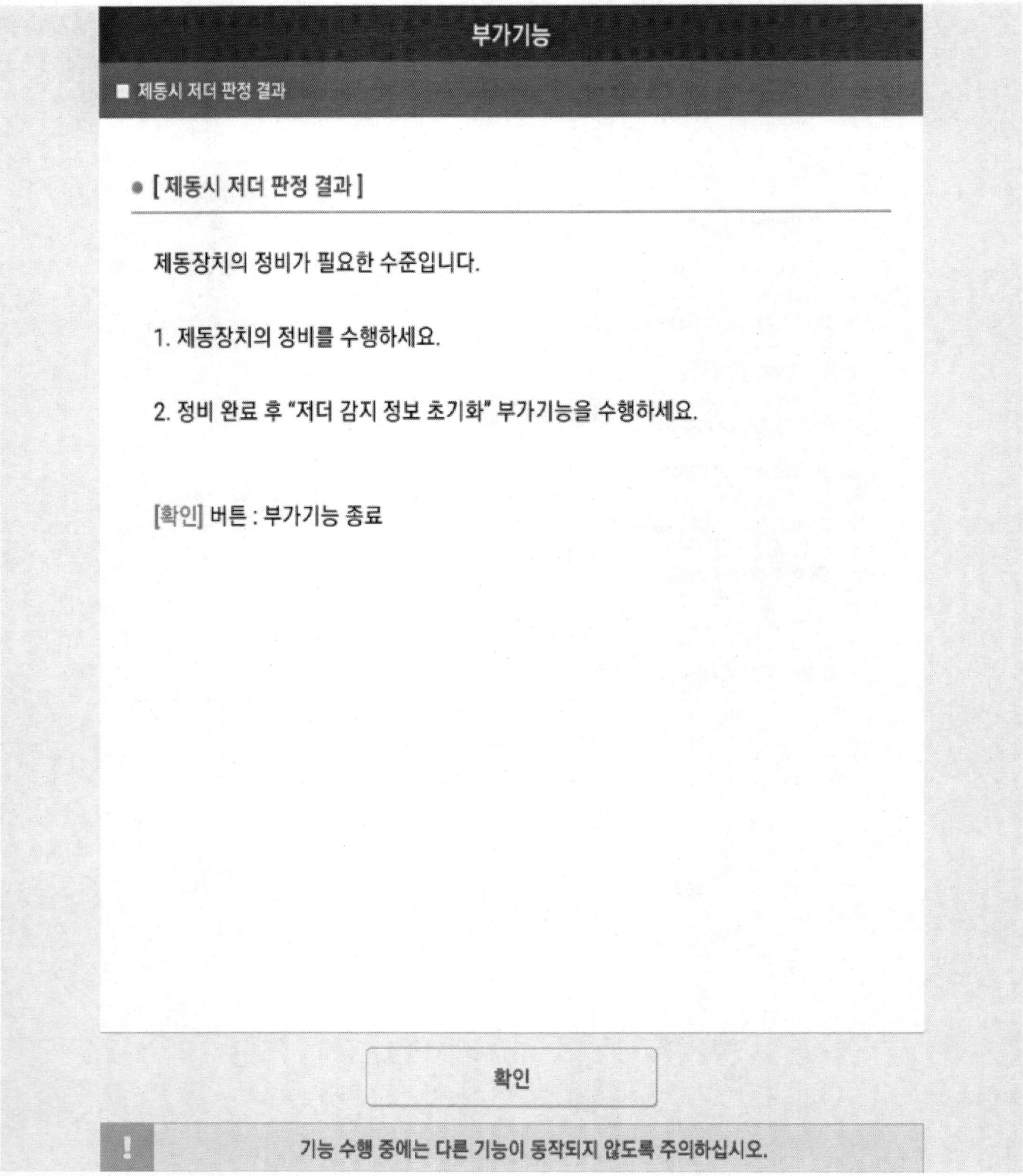
부가기능
■ 제동시 저더 판정 결과
● [제동시 저더 판정 결과]
제동장치의 정비가 필요한 수준입니다.
1. 제동장치의 정비를 수행하세요.
2. 정비 완료 후 "저더 감지 정보 초기화" 부가기능을 수행하세요.
[확인] 버튼 : 부가기능 종료
확인
!
기능 수행 중에는 다른 기능이 동작되지 않도록 주의하십시오.

5. 정비 필요 판정 시 브레이크 디스크를 교체한다.
(브레이크 시스템 - "프런트 브레이크 디스크" 참조)

> **유 의**
>
> 정상 판정 시 브레이크 디스크 미교체

6. 브레이크 디스크를 교체 후 "저더감지 정보 초기화" 메뉴를 선택하여 과거에 발생한 저더 정보를 초기화한다.

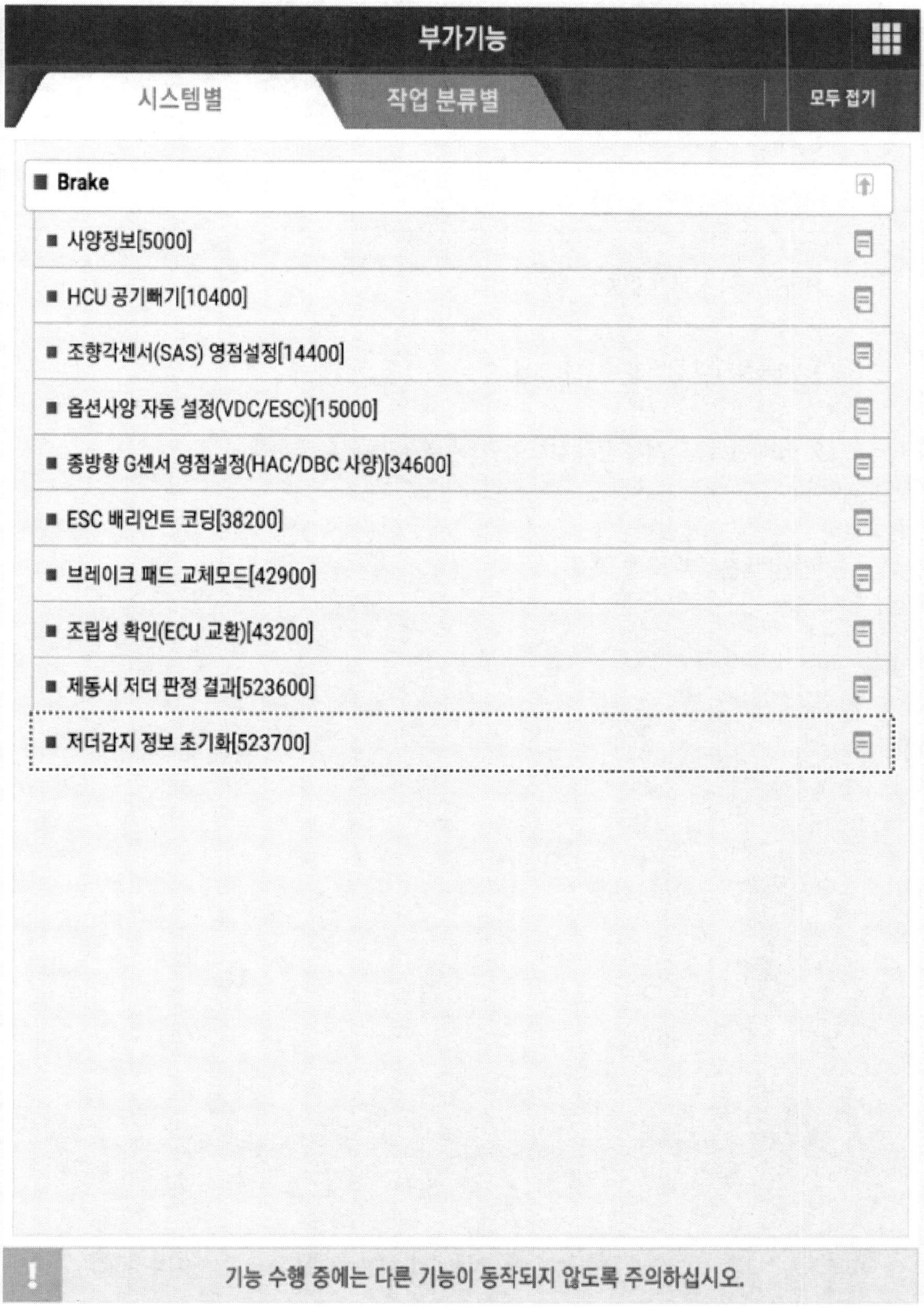
부가기능
시스템별
작업 분류별
모두 접기
Brake
사양정보[5000]
HCU 공기빼기[10400]
조향각센서(SAS) 영점설정[14400]
옵션사양 자동 설정(VDC/ESC)[15000]
종방향 G센서 영점설정(HAC/DBC 사양)[34600]
ESC 배리언트 코딩[38200]
브레이크 패드 교체모드[42900]
조립성 확인(ECU 교환)[43200]
제동시 저더 판정 결과[523600]
저더감지 정보 초기화[523700]
기능 수행 중에는 다른 기능이 동작되지 않도록 주의하십시오.

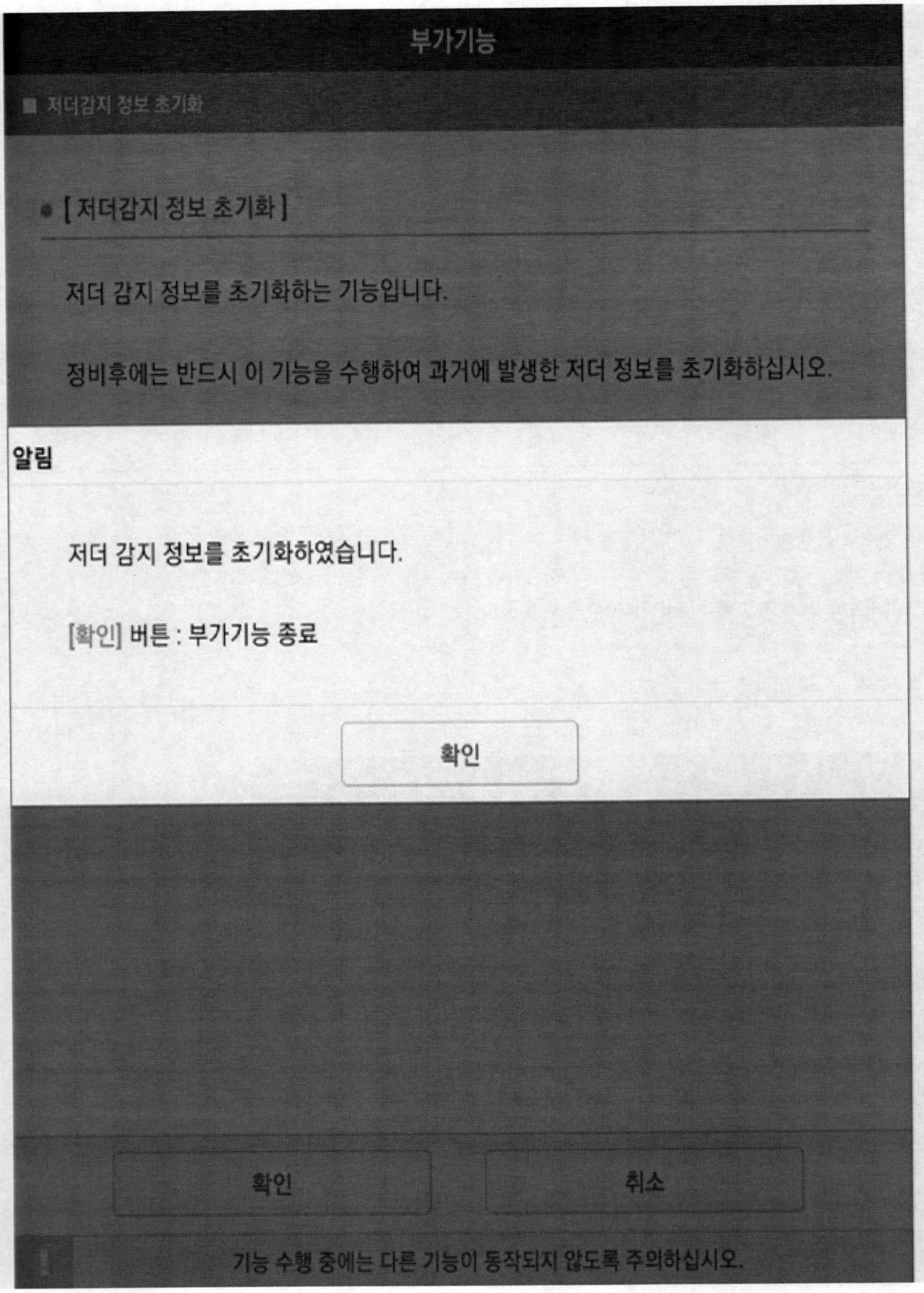
부가기능
■ 저더감지 정보 초기화
● [저더감지 정보 초기화]
저더 감지 정보를 초기화하는 기능입니다.
정비후에는 반드시 이 기능을 수행하여 과거에 발생한 저더 정보를 초기화하십시오.
알림
저더 감지 정보를 초기화하였습니다.
[확인] 버튼 : 부가기능 종료
확인
확인
취소
기능 수행 중에는 다른 기능이 동작되지 않도록 주의하십시오.

특수공구

공구 (품번 및 품명)	형상	용도
피스톤 익스팬더 09581 - 11000		프런트 캘리퍼 피스톤 압축

탈거

1. 프런트 휠 및 타이어를 탈거한다.
   (서스펜션 시스템 - "휠" 참조)
2. 볼트를 풀어 프런트 브레이크 캘리퍼 바디(A)를 위로 젖힌다.

체결토크 : 2.2 ~ 3.2 kgf·m

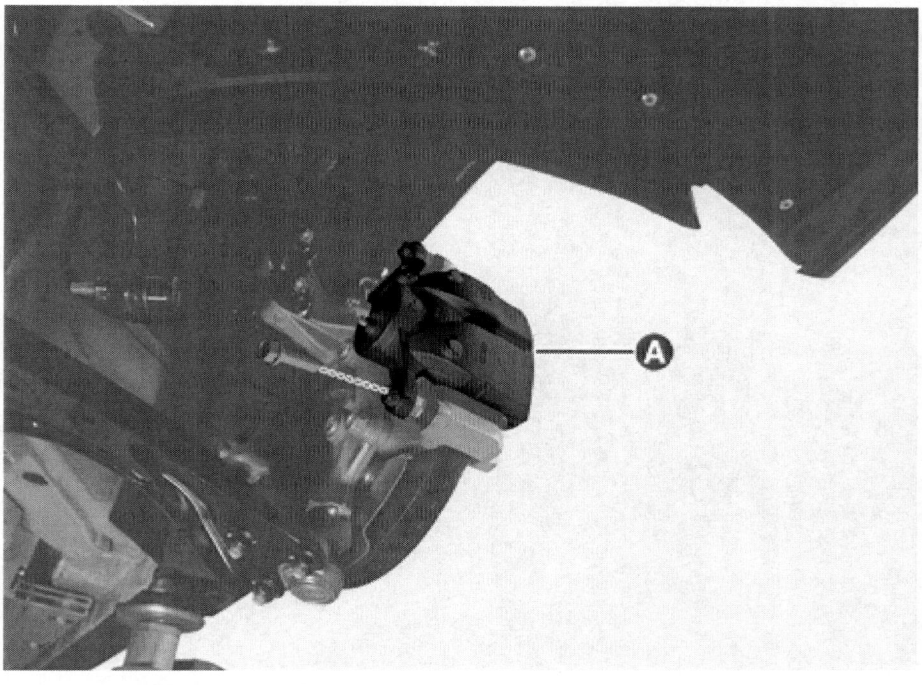

3. 브레이크 패드(A)를 탈거한다.

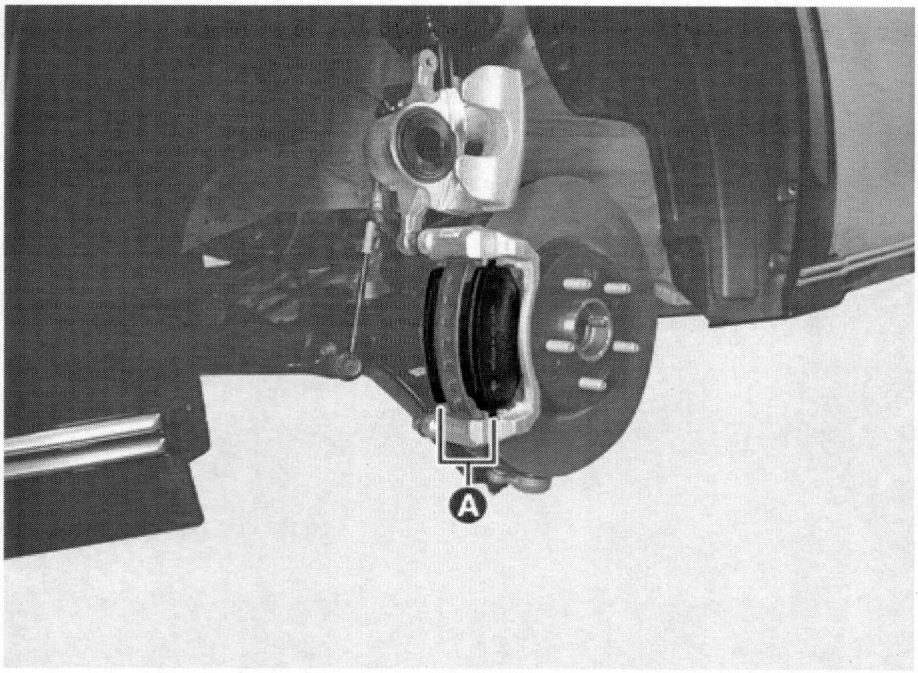

4. 브레이크 패드 라이너(A)를 탈거한다.

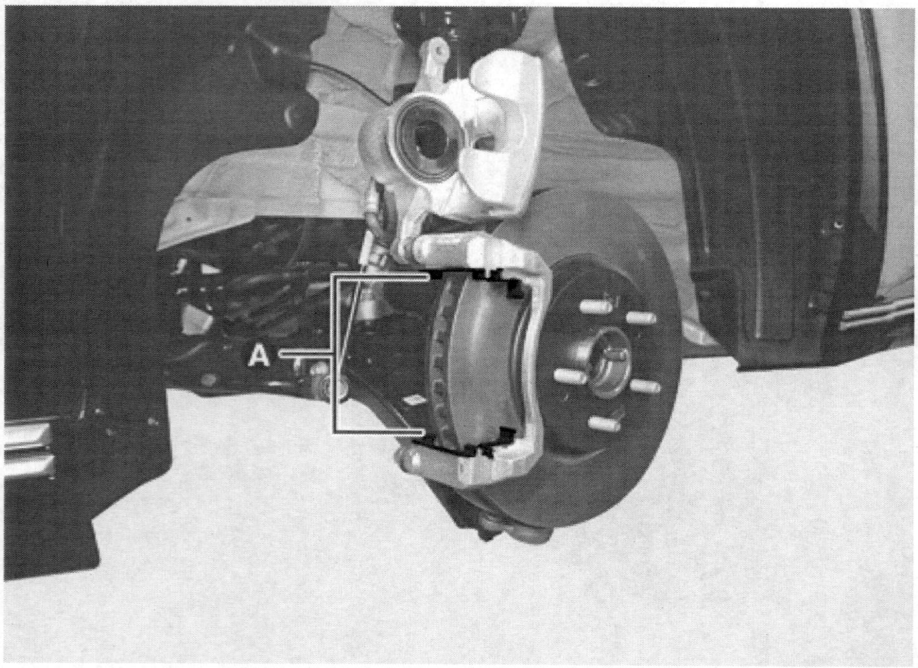

5. 볼트와 와셔를 풀어 프런트 브레이크 캘리퍼(A)를 탈거한다.

체결토크 : 10.0 ~ 12.0 kgf·m

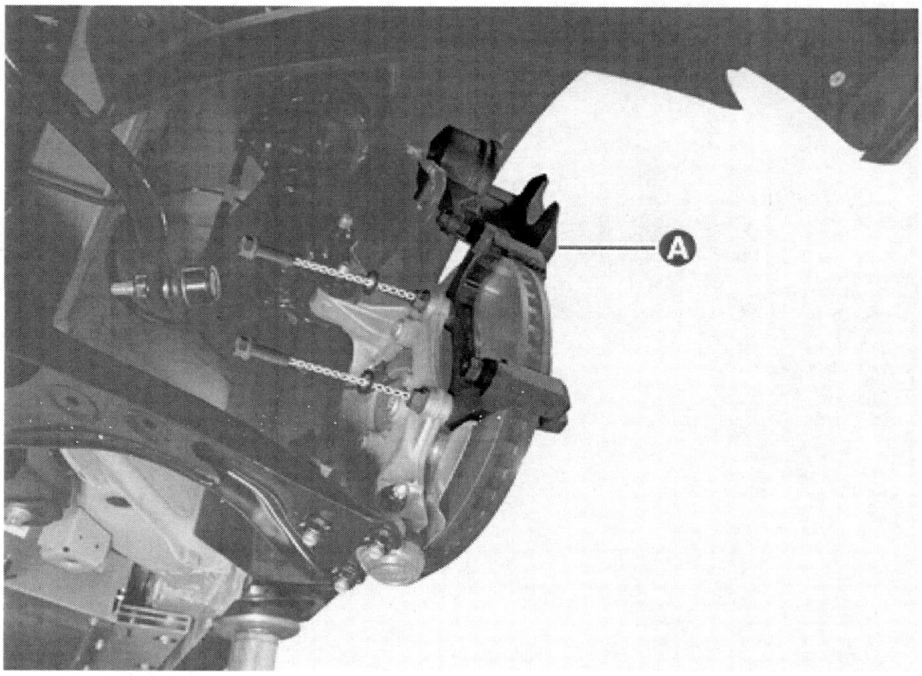

유 의

- 탈거한 브레이크 캘리퍼(A)는 케이블 타이 등을 이용하여 고정한다.

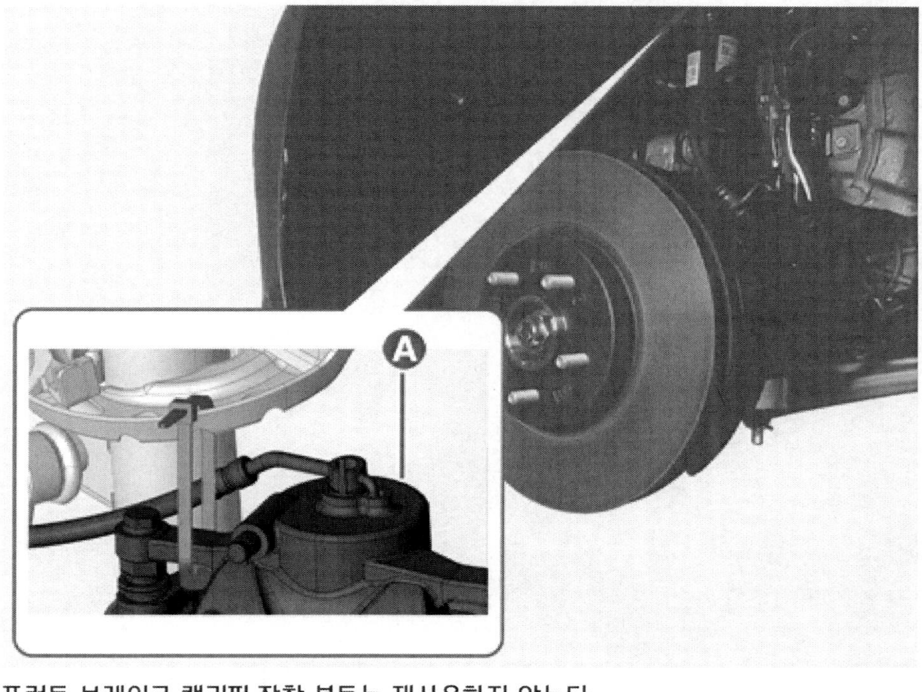

- 프런트 브레이크 캘리퍼 장착 볼트는 재사용하지 않는다.

6. 스크루를 풀어 프런트 브레이크 디스크(A)를 탈거한다.

체결토크 : 0.5 ~ 0.6 kgf·m

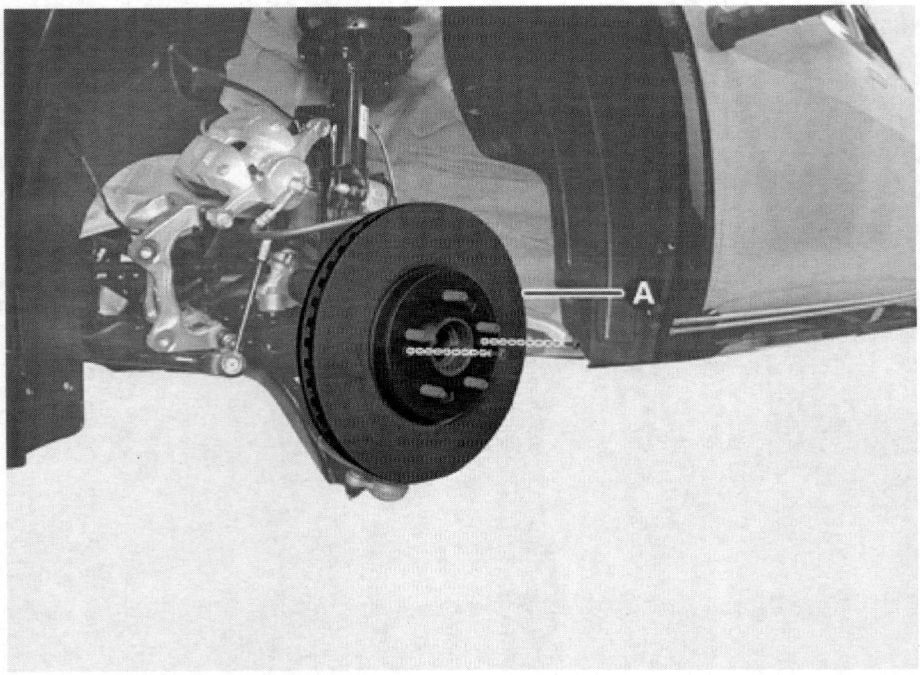

유 의

브레이크 디스크 탈거 및 장착 시 허브 볼트(A)가 손상되지 않도록 유의한다.

참 고

브레이크 디스크 스크루가 고착되어 있을 경우 드라이버(A)를 대고 망치(B)로 타격한다.

장착

7. 장착은 탈거의 역순으로 한다.

유 의

- 피스톤 입구부가 파손되지 않도록 유의하여 압입한다.
- 토크멤버에 캘리퍼 바디 조립 시 피스톤이 간섭되지 않도록 유의한다.
- 캘리퍼 바디 장착 시 특수공구(09581 - 11000)를 사용하여 브레이크 피스톤을 압입한다.

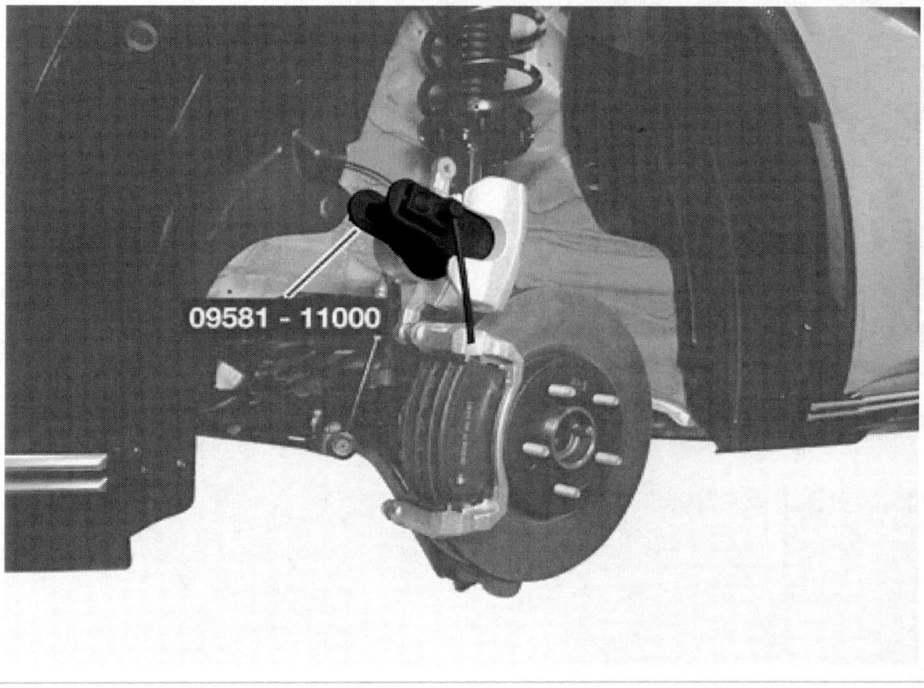

8. 브레이크 패드가 정상 작동 위치에 오도록 수차례 브레이크 페달을 밟고 정상 작동 유무를 확인한다.

구성부품

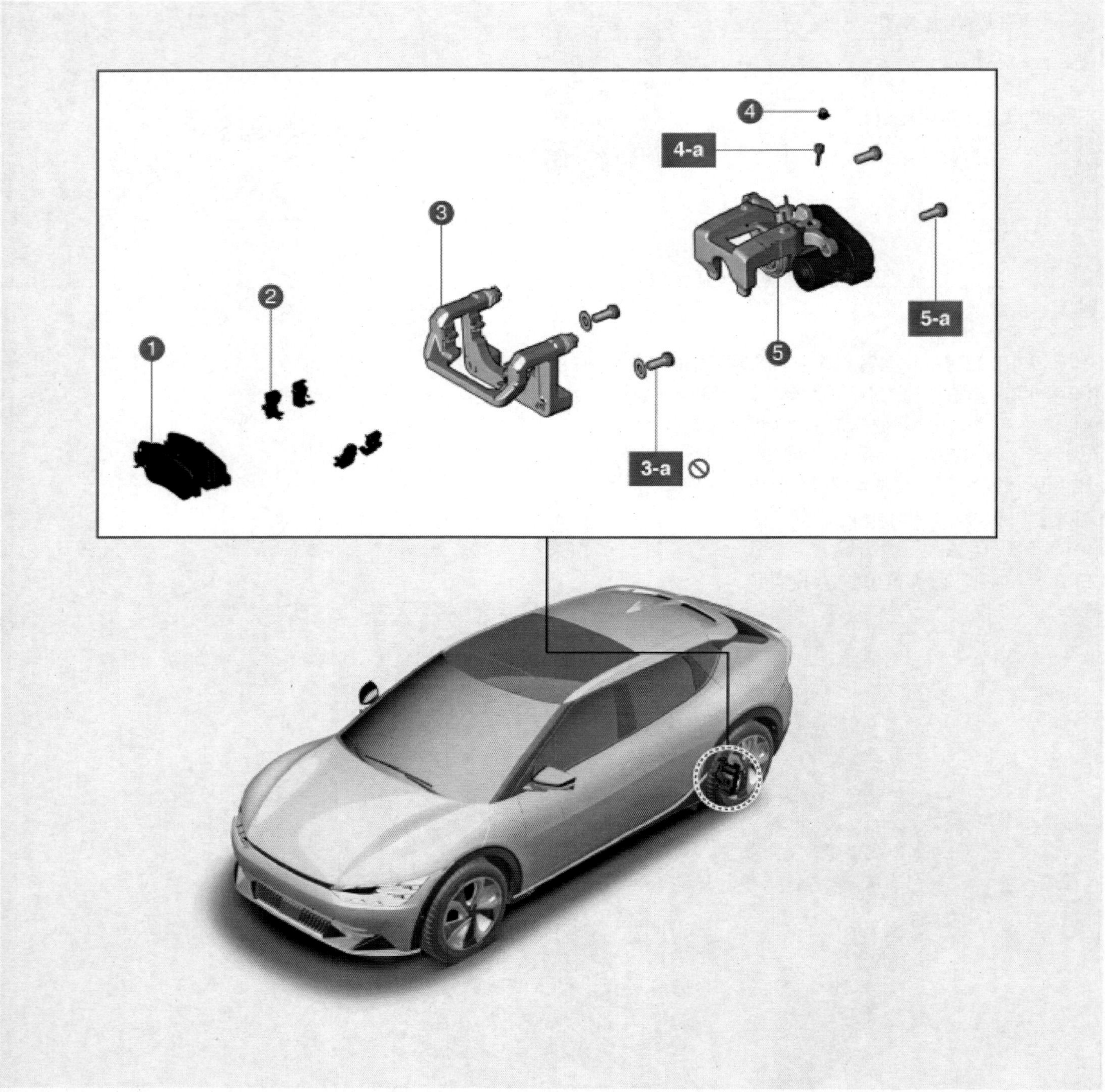

1. 브레이크 패드 2. 브레이크 패드 라이너 3. 토크 멤버 3-a. 10.0 ~ 12.0 kgf·m	4. 에어 블리더 스크루 캡 4-a. 1.4 ~ 2.0 kgf · m 5. 캘리퍼 바디 5-a. 2.2 ~ 3.2 kgf·m

특수공구

공구 (품번 및 품명)	형상	용도
리어 브레이크 피스톤 어저스터 09580 - 0U000		리어 캘리퍼 피스톤 압축

탈거

1. 진단 기기(KDS)를 이용하여 주차 브레이크를 해제한다.
   (브레이크 시스템 - "전자식 주차 브레이크 (EPB)" 참조)
2. 배터리 (-) 단자와 서비스 인터록 커넥터를 분리한다.
   (배터리 제어 시스템 - "보조 배터리 (12V) - 2WD" 참조)
   (배터리 제어 시스템 - "보조 배터리 (12V) - 4WD" 참조)
3. 리어 휠 및 타이어를 탈거한다.
   (서스펜션 시스템 - "휠" 참조)
4. EPB 액추에이터 커넥터(A)를 분리한다.

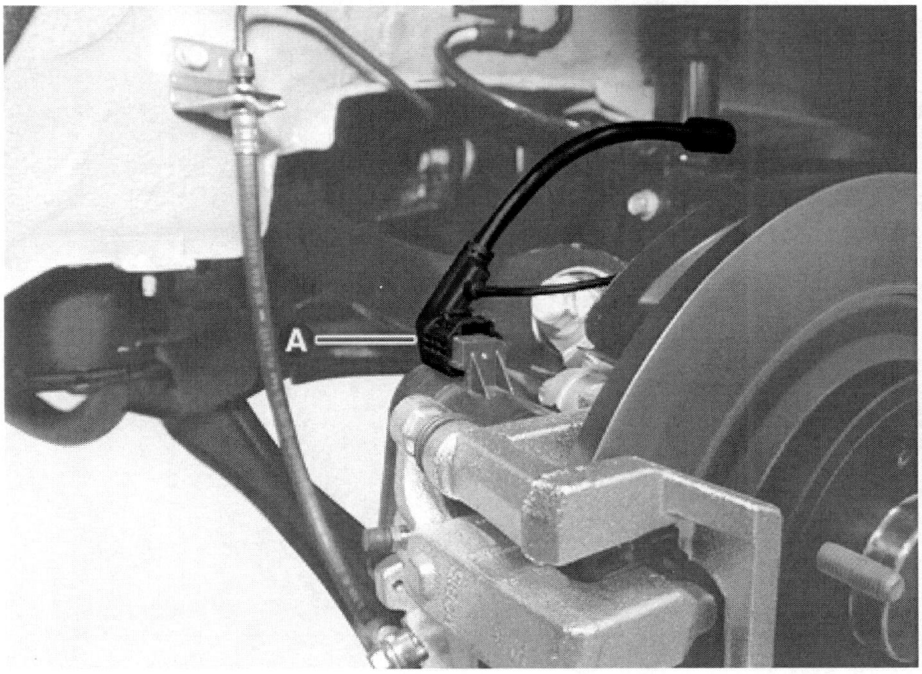

5. 볼트를 풀어 리어 브레이크 호스(A)를 분리한다.

체결토크 : 2.5 ~ 3.0 kgf·m

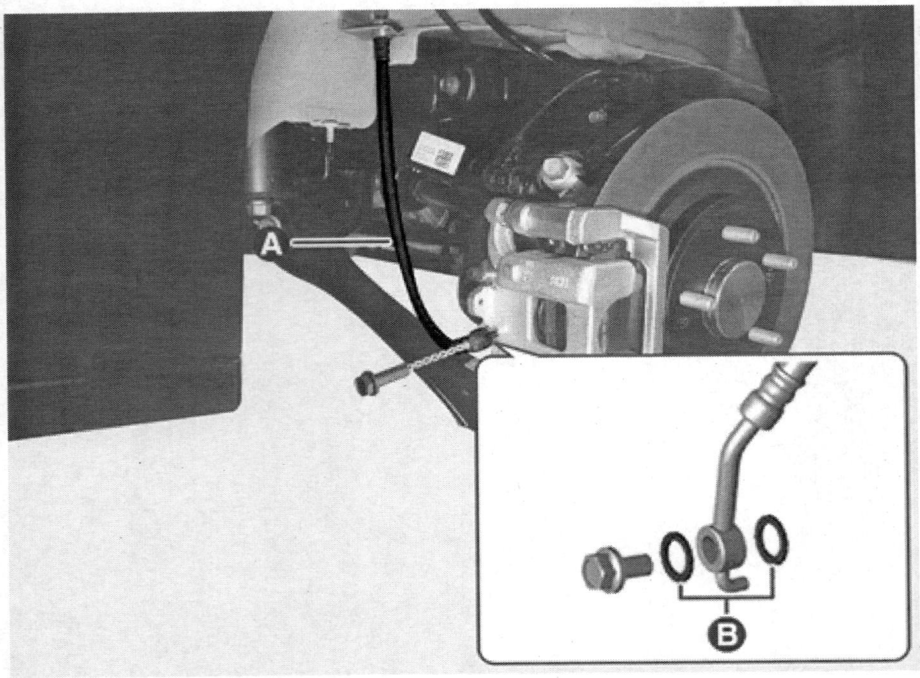

유 의

브레이크 호스 장착 시 와셔(B)는 재사용하지 않는다.

6. 볼트를 풀어 리어 브레이크 캘리퍼 바디(A)를 위로 젖힌다.

체결토크 : 2.2 ~ 3.2 kgf·m

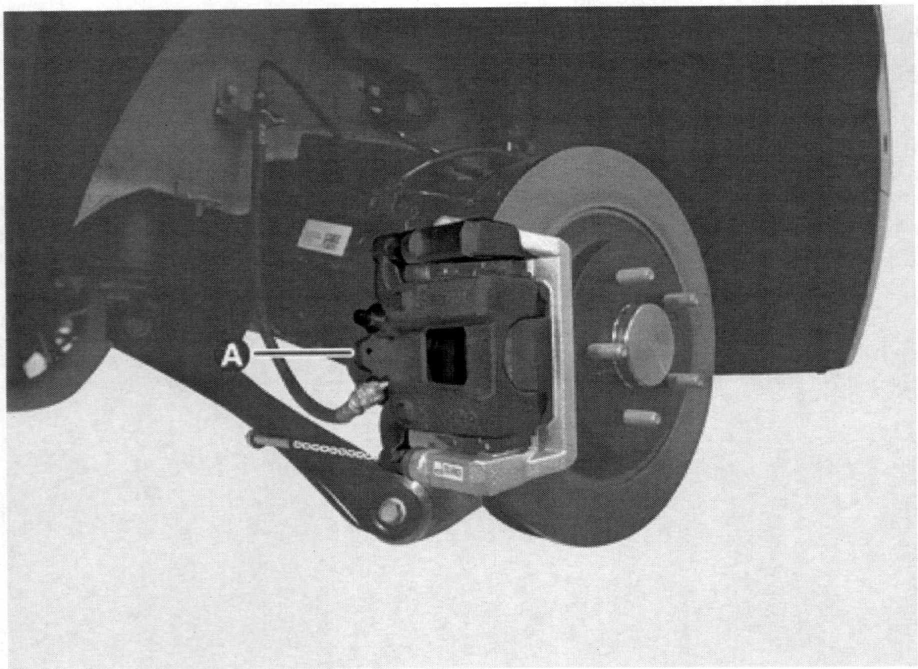

7. 브레이크 패드(A)를 탈거한다.

8. 브레이크 패드 라이너(A)를 탈거한다.

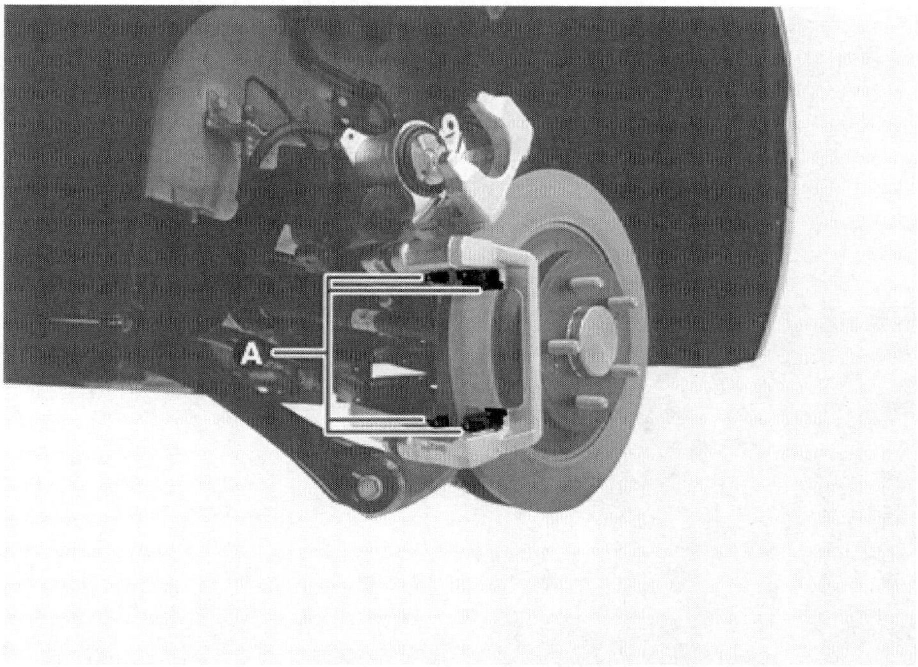

9. 볼트와 와셔를 풀어 리어 토크 멤버(A)를 탈거한다.

체결토크 : 8.0 ~ 10.0 kgf·m

유 의

토크 멤버 장착 볼트는 재사용하지 않는다.

장착

10. 장착은 탈거의 역순으로 한다.

유 의

- 토크 멤버에 캘리퍼 바디 조립 시 피스톤이 간섭되지 않도록 유의한다.
- 캘리퍼 바디 장착 시 특수공구(09580 - 0U000)를 사용하여 브레이크 피스톤을 시계 방향으로 회전하여 압입한다.

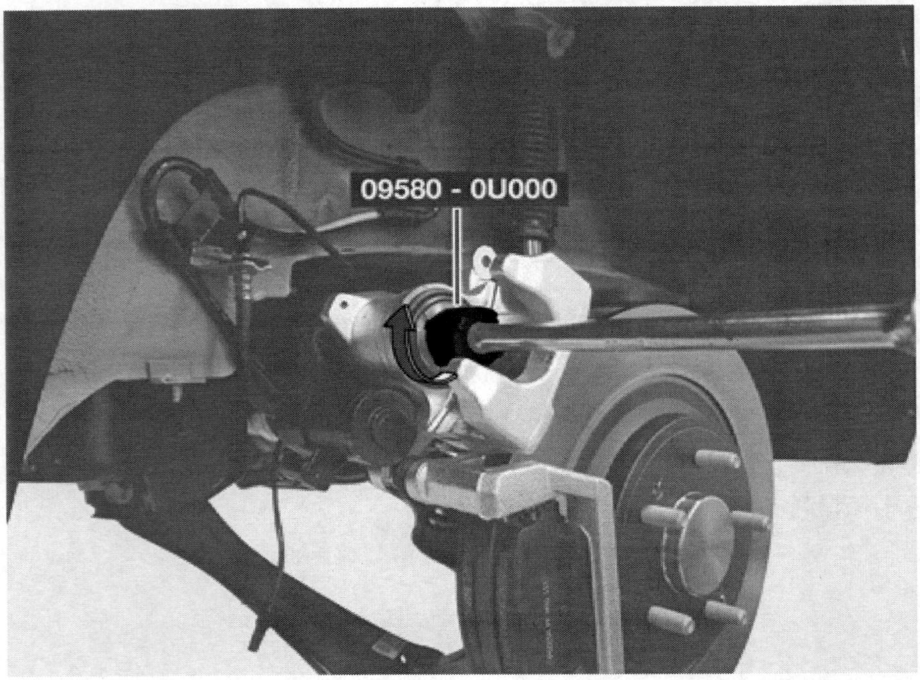

- 캘리퍼 바디 장착 전, 피스톤 홈의 위치를 확인한다. 피스톤 홈의 위치가 불량일 경우 특수공구를 사용하여 압입한다.
  [정상]

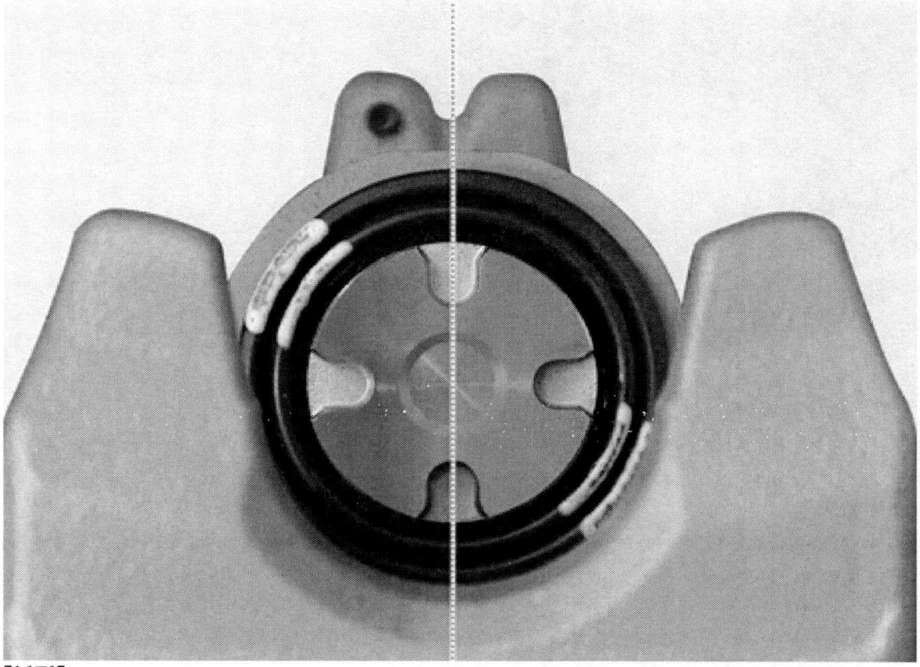

[불량]

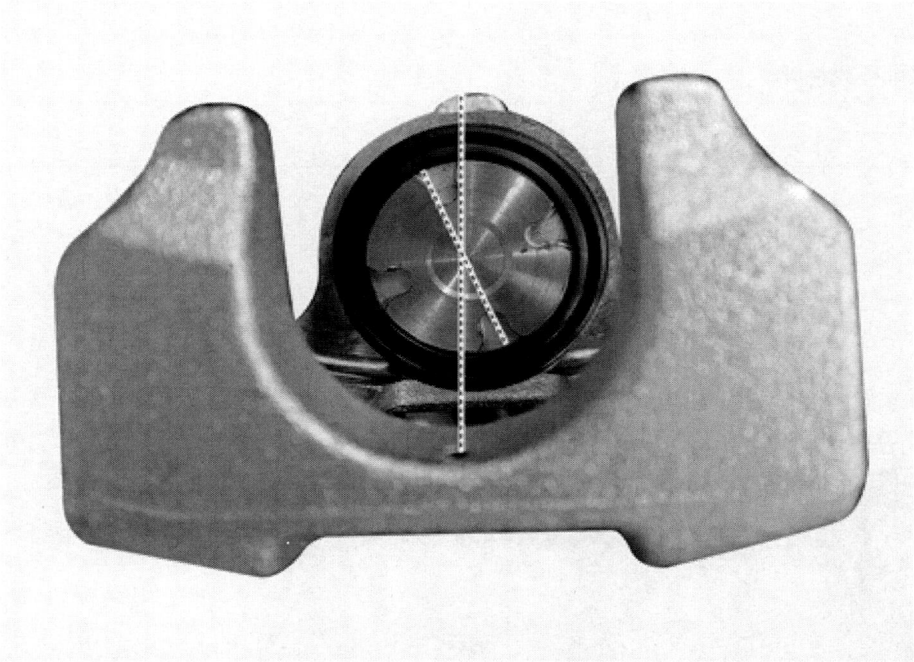

11. 브레이크 리저버에 브레이크 액을 채운 후 공기 빼기 작업을 시행한다.
    (브레이크 시스템 - "브레이크 블리딩" 참조)
12. 리어 캘리퍼 장착 후, 진단 기기(KDS)를 이용하여, "브레이크 패드 교체모드"를 수행한다.
    (브레이크 시스템 - "전자식 주차 브레이크 (EPB)" 참조)
13. 브레이크 패드가 정상 작동 위치에 오도록 수차례 브레이크 페달을 밟고 정상 작동 유무를 확인한다.
14. 브레이크 액의 누유 및 페달 작동 상태를 점검한다.
15. 주차 브레이크가 정상적으로 작동하는지 확인한다.

구성부품

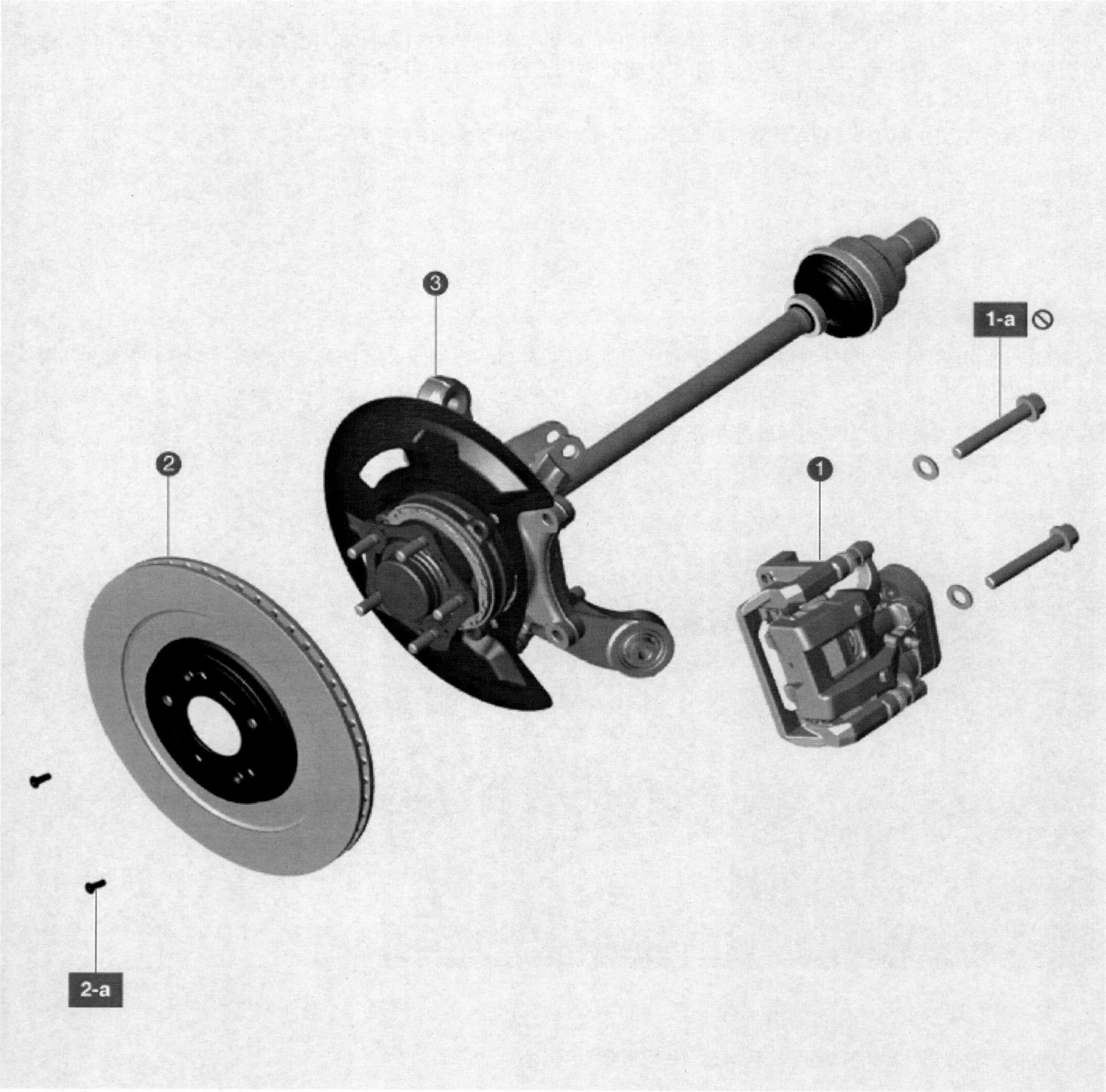

1. 리어 브레이크 캘리퍼 1-a. 10.0 ~ 12.0 kgf·m 2. 리어 브레이크 디스크 5-a. 0.5 ~ 0.6 kgf·m	3. 기능통합형 드라이브 액슬 (IDA)

차상 점검

사전 절차 (브레이크 디스크 녹 제거)

장기간 방치된 브레이크 디스크에 발생한 녹은 일반적인 주행 조건에서 자연스럽게 사라지지만 두께 및 런 아웃 측정값에 영향을 미칠 수 있으므로 정확한 측정을 위해 브레이크 디스크의 녹을 제거한다.

1. 브레이크 디스크의 오염 상태를 점검한다.
2. 녹이 확인될 경우 녹슨 브레이크 디스크 표면에 스프레이를 사용하여 비누물을 도포한다.

비누물 : 물 (300 ml) + 세제 (15 ml)

⚠ 경 고

윤활, 기름 성분이 있는 세척제(광택제, 방청제 등)는 절대 사용하지 않는다. 제동 성능이 떨어지며 제동 시 패드 마찰로 인한 화재 발생의 위험이 있다.

3. 차량 시동을 켜고 우측 패들 시프터(A)를 한번 당겨 회생제동 0단계로 진입한다.

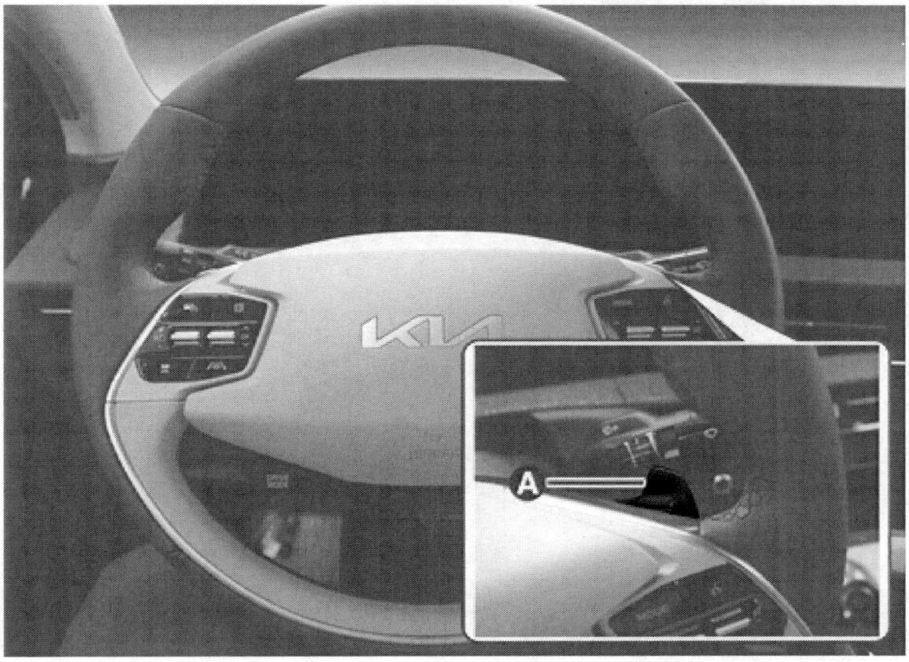

ℹ 참 고

회생제동 1단계 이상에서는 브레이크 디스크 녹을 용이하게 제거할 수 없다.

4. 차량을 50 km/h 까지 가속한 뒤 완전히 정지 시킨다. 이 과정을 최소 5번 이상 반복한다
5. 브레이크 디스크를 깨끗한 물로 세척한다.
6. 브레이크 디스크의 녹이 제거되었는지 확인한다.
7. 녹이 제거되지 않았을 경우 위 절차를 다시 반복한다.

리어 브레이크 디스크 두께 점검

1. 리어 휠 및 타이어를 탈거한다.
   (서스펜션 시스템 - "휠" 참조)
2. 브레이크 디스크의 손상을 점검한다.
3. 마이크로 미터와 다이얼 게이지를 사용하여 브레이크 디스크의 두께(A)와 런 아웃을 점검한다. 아래 그림에 표시된 선을 따라 동일 원주상의 24개소 이상에서 디스크 두께(A)를 측정한다.

리어 브레이크 디스크 두께(A)
17인치 디스크 규정치 : 12 mm
17인치 디스크 한계치 : 10 mm
19인치 디스크 규정치 : 20 mm
19인치 디스크 한계치 : 18 mm
각 측정부의 두께 차이 :
0.015 mm 미만 (원주 및 반경 방향)

4. 각 측정부의 두께차이가 기준치 이상일 경우 브레이크 디스크를 연마 또는 교환한다.

유 의

- 보유중인 연마장비 사용법에 따라 브레이크 디스크를 연마한다.
- 브레이크 디스크 두께 한계치 이하일 경우 반드시 브레이크 디스크를 신품으로 교환한다.

5. 리어 휠 및 타이어를 장착한다.
   (서스펜션 시스템 - "휠" 참조)

리어 브레이크 디스크 런 아웃 점검

1. 리어 휠 및 타이어를 탈거한다.
   (서스펜션 시스템 - "휠" 참조)
2. 브레이크 디스크 외경 10 mm 위치에 다이얼 게이지를 수직이 되도록 설치하고 디스크를 1회전시켜 런 아웃을 측정한다.

브레이크 디스크 런 아웃
정비 한계 : 0.055 mm 이하

3. 브레이크 디스크 런 아웃이 한계치를 초과하면 브레이크 디스크를 연마 또는 교환한다.

유 의

- 보유중인 연마장비 사용법에 따라 브레이크 디스크를 연마한다.
- 브레이크 디스크 두께 한계치 이하일 경우 반드시 브레이크 디스크를 신품으로 교환한다.

4. 리어 휠 및 타이어를 장착한다.
   (서스펜션 시스템 - "휠" 참조)

브레이크 디스크 떨림(저더) 점검

저더 판단 로직을 실행하여 차량 제동 시 디스크 떨림(저더) 현상을 점검 후 정비 필요 시 디스크를 교체한다.
※저더 판단 로직 : ESC, MDPS 센서 신호를 분석하여 제동 시 저더를 실시간 판단, 기록하여 정비 기준으로 활용(정비 기준 명확, 과정비 방지)

브레이크 디스크 떨림(저더) 점검 절차

1. 진단 기기(KDS) 진단 장비를 차량의 자가 진단 커넥터와 연결한다.
2. IG 스위치 On 한다.
3. 진단 기기(KDS) 초기 화면에서 "차종"과 "Brake"를 선택한 후 확인을 선택한다.
4. "제동시 저더 판정 결과" 메뉴를 선택 후 판정 결과를 확인한다.

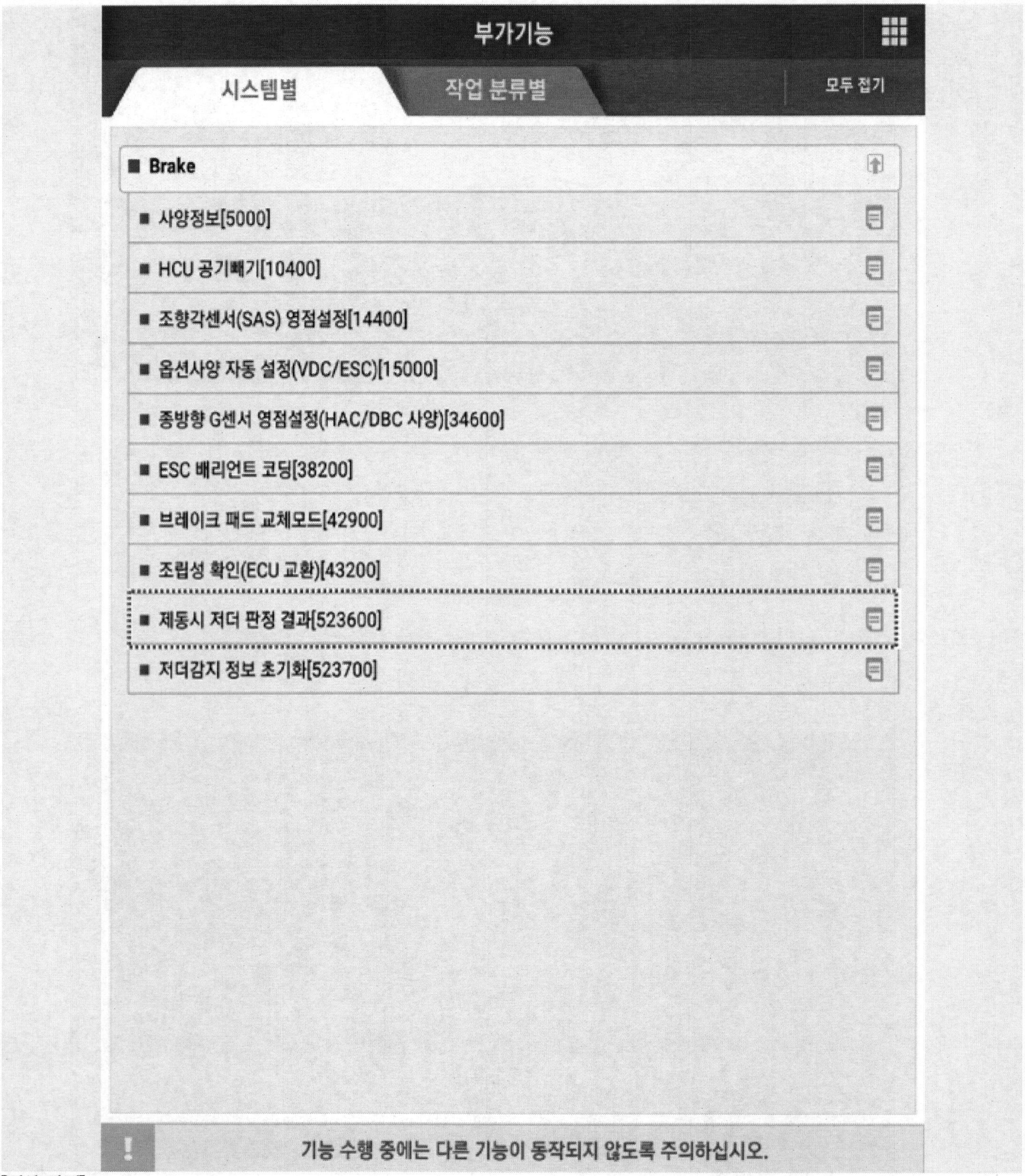
부가기능
시스템별
작업 분류별
모두 접기
Brake
사양정보[5000]
HCU 공기빼기[10400]
조향각센서(SAS) 영점설정[14400]
옵션사양 자동 설정(VDC/ESC)[15000]
종방향 G센서 영점설정(HAC/DBC 사양)[34600]
ESC 배리언트 코딩[38200]
브레이크 패드 교체모드[42900]
조립성 확인(ECU 교환)[43200]
제동시 저더 판정 결과[523600]
저더감지 정보 초기화[523700]
기능 수행 중에는 다른 기능이 동작되지 않도록 주의하십시오.

[정상 판정]

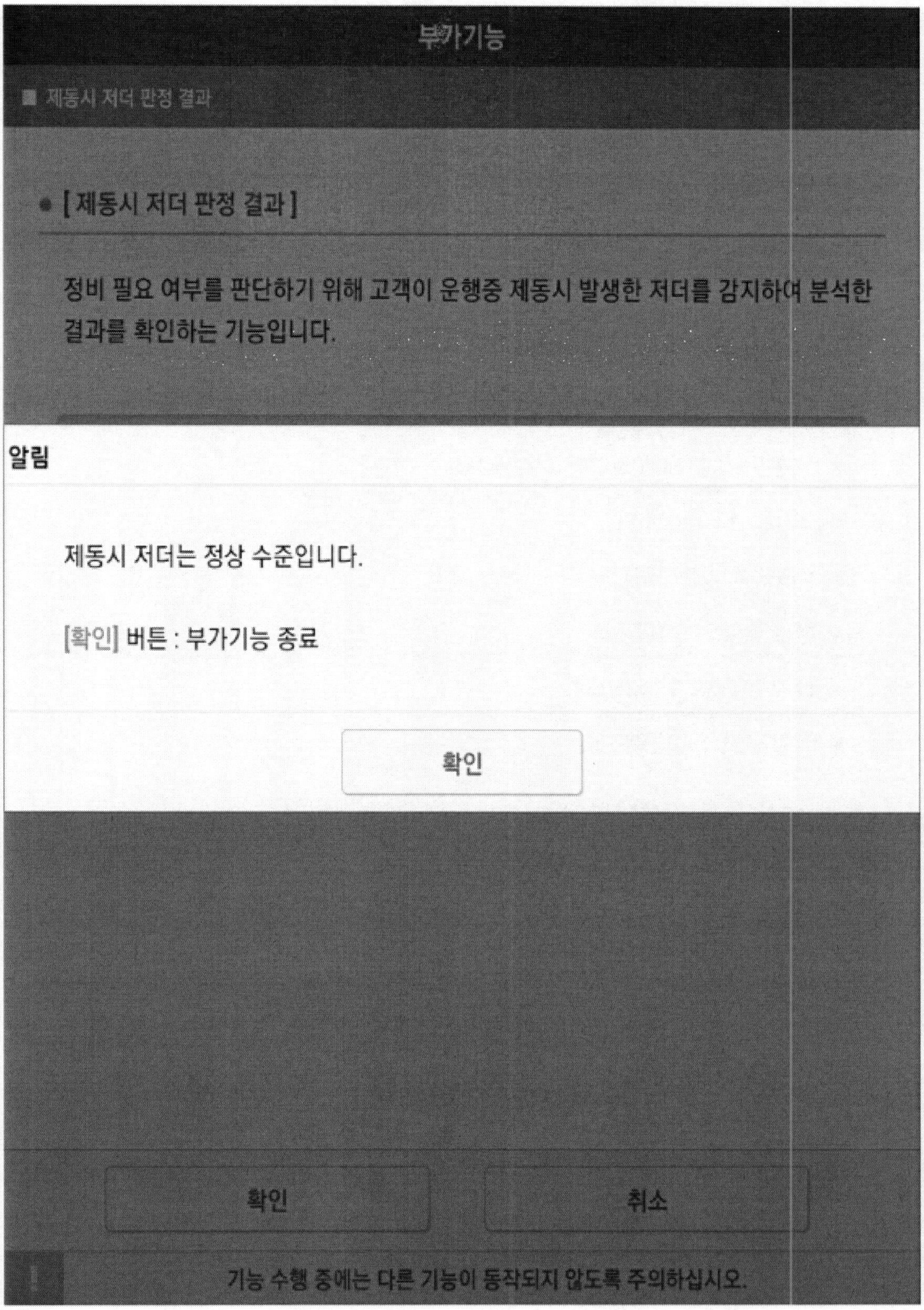
부가기능
■ 제동시 저더 판정 결과
● [제동시 저더 판정 결과]
정비 필요 여부를 판단하기 위해 고객이 운행중 제동시 발생한 저더를 감지하여 분석한 결과를 확인하는 기능입니다.
알림
제동시 저더는 정상 수준입니다.
[확인] 버튼 : 부가기능 종료
확인
확인
취소
기능 수행 중에는 다른 기능이 동작되지 않도록 주의하십시오.

[정비 필요 판정]

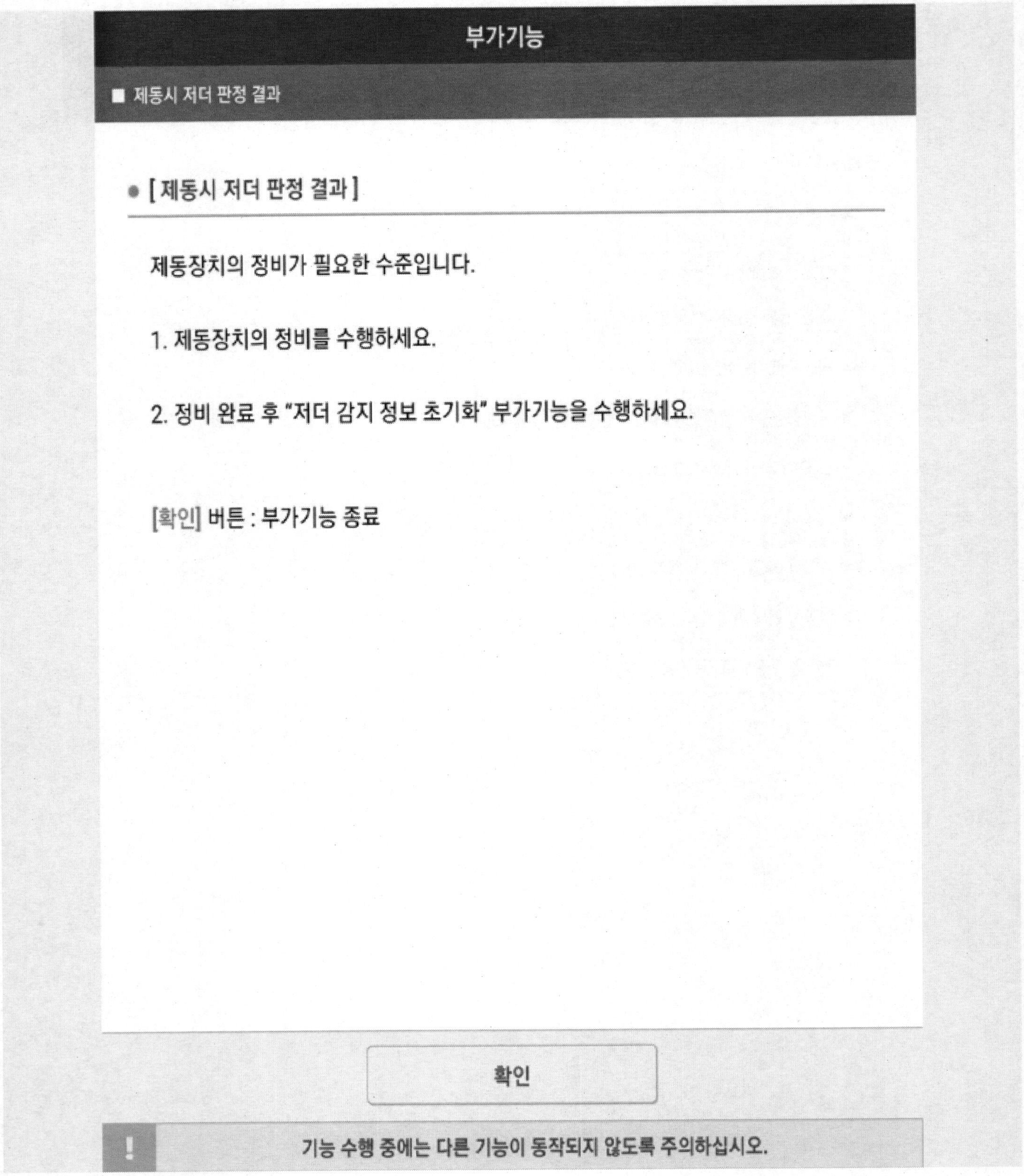
부가기능
■ 제동시 저더 판정 결과
● [제동시 저더 판정 결과]
제동장치의 정비가 필요한 수준입니다.
1. 제동장치의 정비를 수행하세요.
2. 정비 완료 후 "저더 감지 정보 초기화" 부가기능을 수행하세요.
[확인] 버튼 : 부가기능 종료
확인
!
기능 수행 중에는 다른 기능이 동작되지 않도록 주의하십시오.

5. 정비 필요 판정 시 브레이크 디스크를 교체한다.
(브레이크 시스템 - "리어 브레이크 디스크" 참조)

> **유 의**
>
> 정상 판정 시 브레이크 디스크 미교체

6. 브레이크 디스크를 교체 후 "저더감지 정보 초기화" 메뉴를 선택하여 과거에 발생한 저더 정보를 초기화한다.

부가기능

시스템별 | 작업 분류별 | 모두 접기

■ Brake

- 사양정보[5000]
- HCU 공기빼기[10400]
- 조향각센서(SAS) 영점설정[14400]
- 옵션사양 자동 설정(VDC/ESC)[15000]
- 종방향 G센서 영점설정(HAC/DBC 사양)[34600]
- ESC 배리언트 코딩[38200]
- 브레이크 패드 교체모드[42900]
- 조립성 확인(ECU 교환)[43200]
- 제동시 저더 판정 결과[523600]
- 저더감지 정보 초기화[523700]

! 기능 수행 중에는 다른 기능이 동작되지 않도록 주의하십시오.

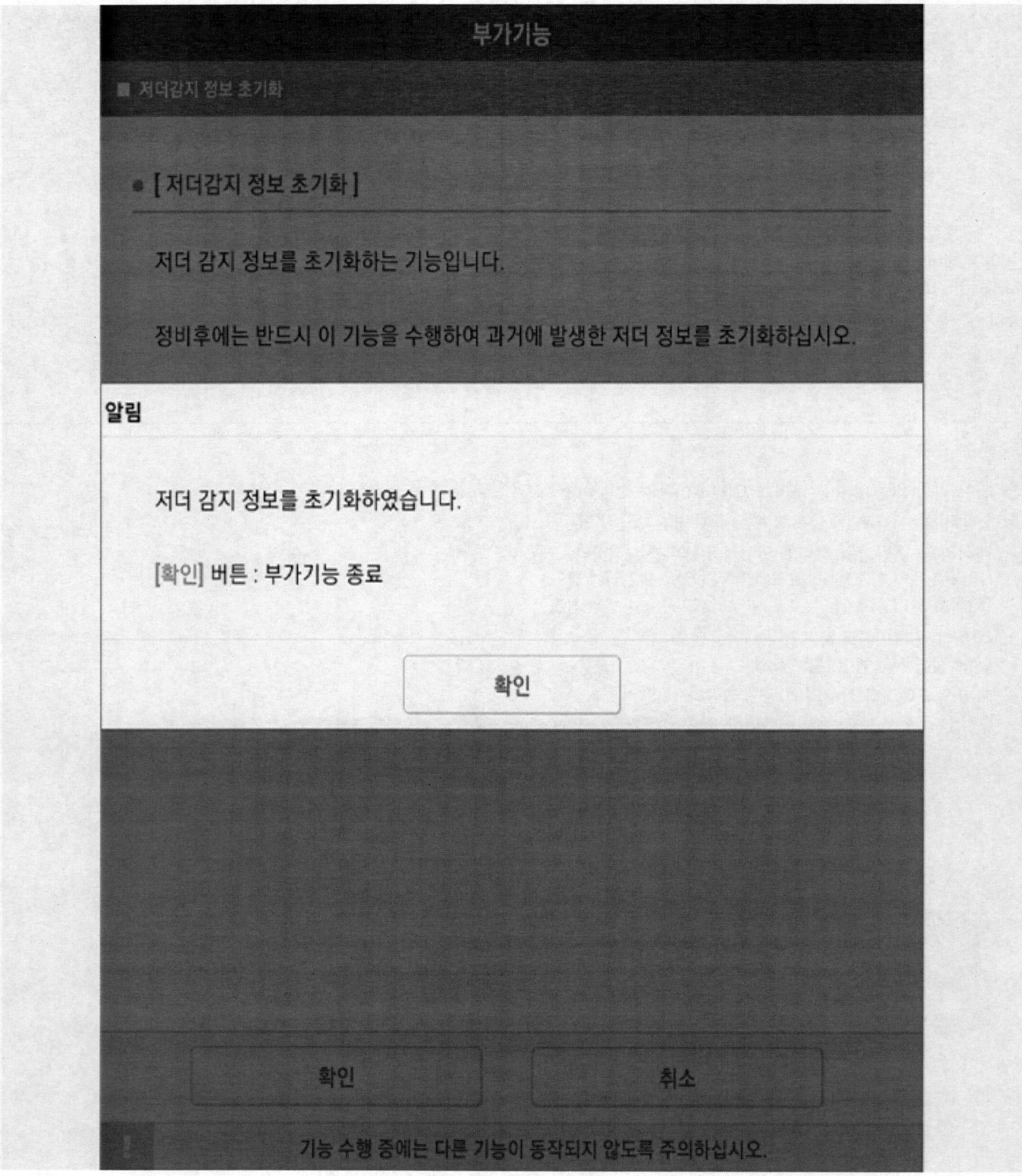
부가기능
■ 저더감지 정보 초기화
● [저더감지 정보 초기화]
저더 감지 정보를 초기화하는 기능입니다.
정비후에는 반드시 이 기능을 수행하여 과거에 발생한 저더 정보를 초기화하십시오.
알림
저더 감지 정보를 초기화하였습니다.
[확인] 버튼 : 부가기능 종료
확인
확인
취소
!
기능 수행 중에는 다른 기능이 동작되지 않도록 주의하십시오.

특수공구

공구 (품번 및 품명)	형상	용도
리어 브레이크 피스톤 어저스터 09580 - 0U000		리어 캘리퍼 피스톤 압축

탈거

1. 진단 기기(KDS)를 이용하여 주차 브레이크를 해제한다.
   (브레이크 시스템 - "전자식 주차 브레이크 (EPB)" 참조)
2. 배터리 (-) 단자와 서비스 인터록 커넥터를 분리한다.
   (배터리 제어 시스템 - "보조 배터리 (12V) - 2WD" 참조)
   (배터리 제어 시스템 - "보조 배터리 (12V) - 4WD" 참조)
3. 리어 휠 및 타이어를 탈거한다.
   (서스펜션 시스템 - "휠" 참조)
4. EPB 액추에이터 커넥터(A)를 분리한다.

5. 볼트를 풀어 브레이크 캘리퍼 바디(A)를 위로 젖힌다.

체결토크 : 2.2 ~ 3.2 kgf·m

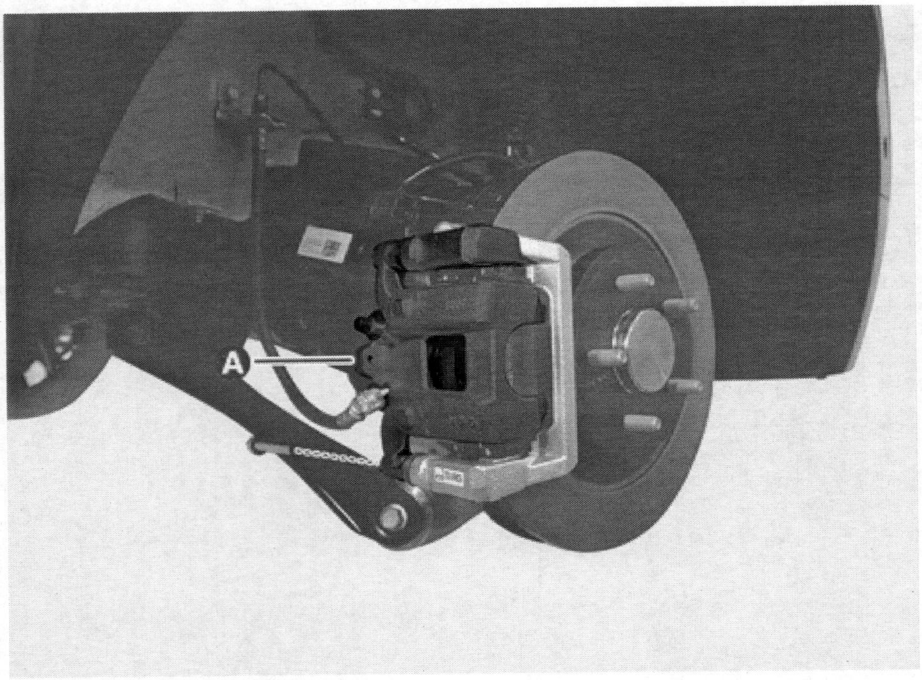

6. 브레이크 패드(A)를 탈거한다.

7. 브레이크 패드 라이너(A)를 탈거한다.

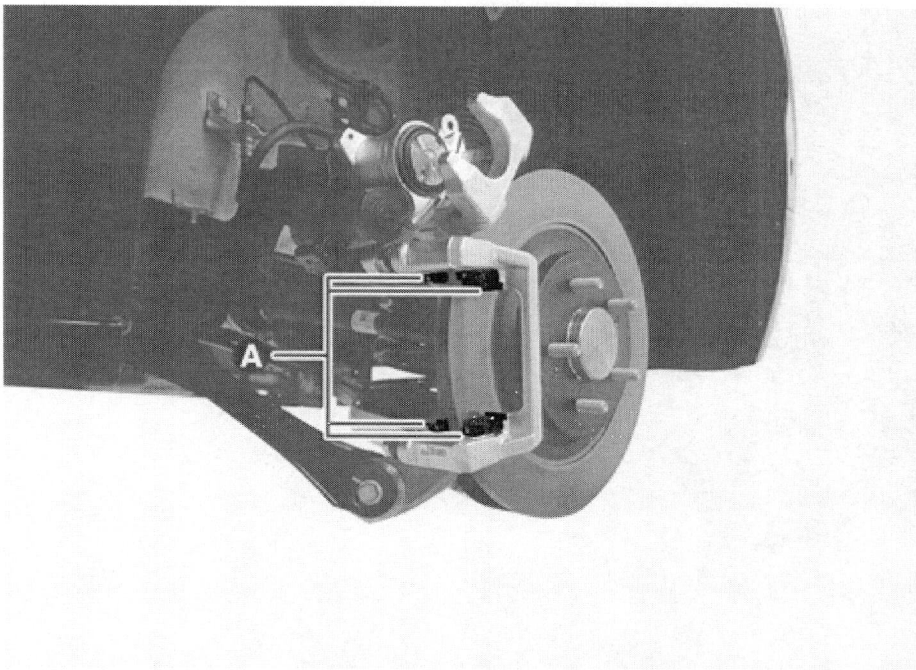

8. 볼트와 와셔를 풀어 리어 브레이크 캘리퍼(A)를 탈거한다.

체결토크 : 10.0 ~ 12.0 kgf·m

유 의

- 탈거한 리어 브레이크 캘리퍼(A)는 케이블 타이 등을 이용하여 고정한다.

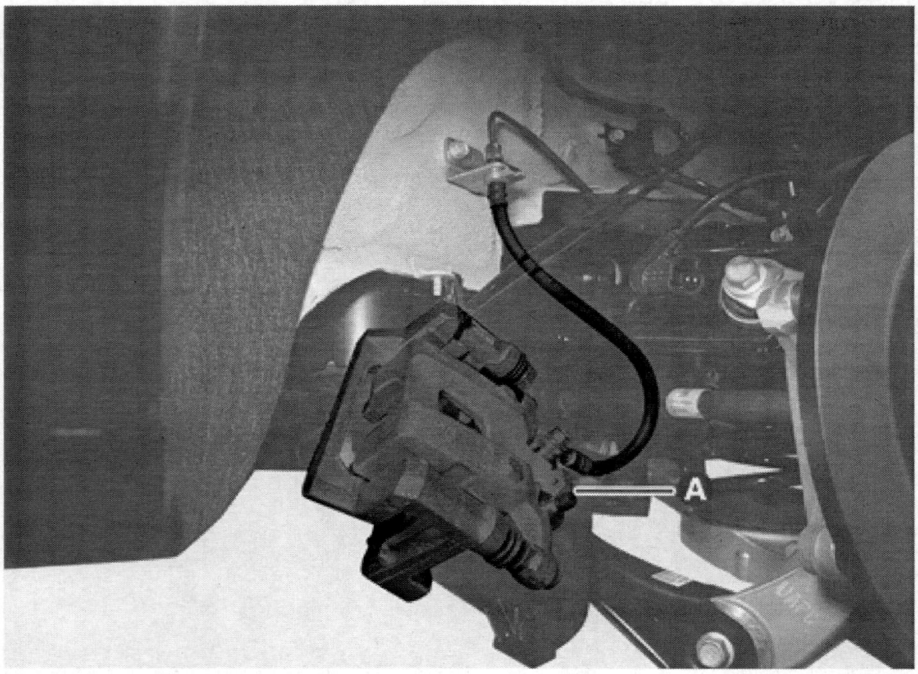

- 리어 브레이크 캘리퍼 장착 볼트는 재사용하지 않는다.

9. 스크루를 풀어 리어 브레이크 디스크(A)를 탈거한다.

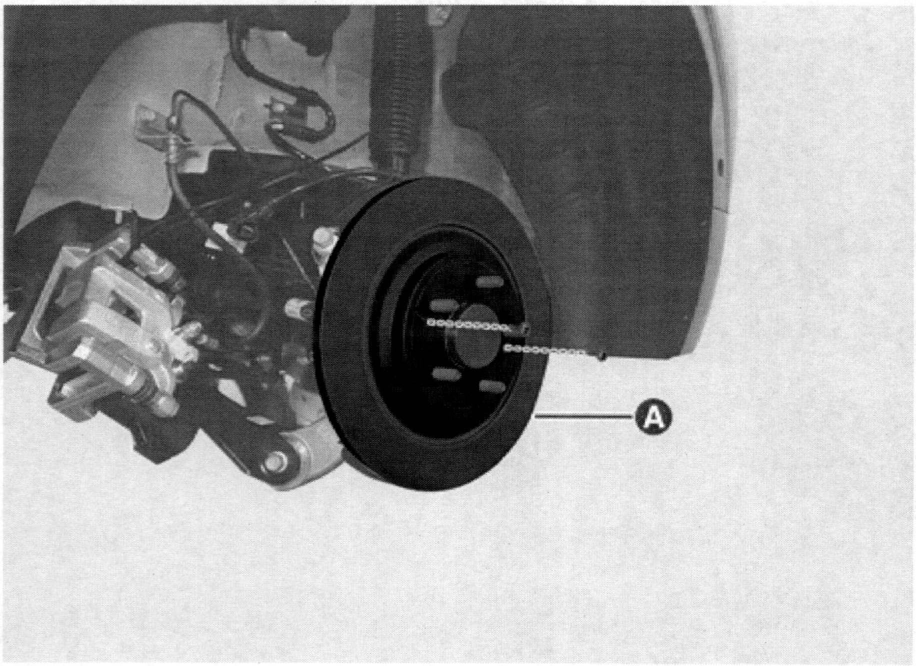

유 의

브레이크 디스크 탈거 및 장착 시 허브 볼트(A)가 손상되지 않도록 유의한다.

참 고

브레이크 디스크 스크루가 고착되어 있을 경우 드라이버(A)를 대고 망치(B)로 타격한다.

장착

10. 장착은 탈거의 역순으로 한다.

유 의

- 토크 멤버에 캘리퍼 바디 조립 시 피스톤이 간섭되지 않도록 유의한다.
- 캘리퍼 바디 장착 시 특수공구(09580 - 0U000)를 사용하여 브레이크 피스톤을 시계 방향으로 회전하여 압입한다.

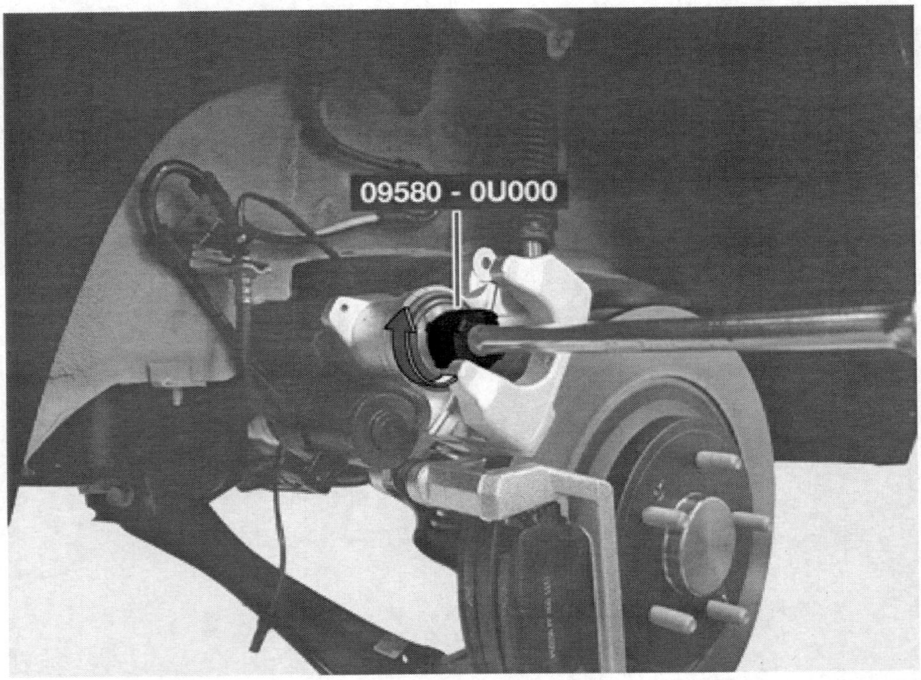

- 캘리퍼 바디 장착 전, 피스톤 홈의 위치를 확인한다. 피스톤 홈의 위치가 불량일 경우 특수공구를 사용하여 압입한다.

[정상]

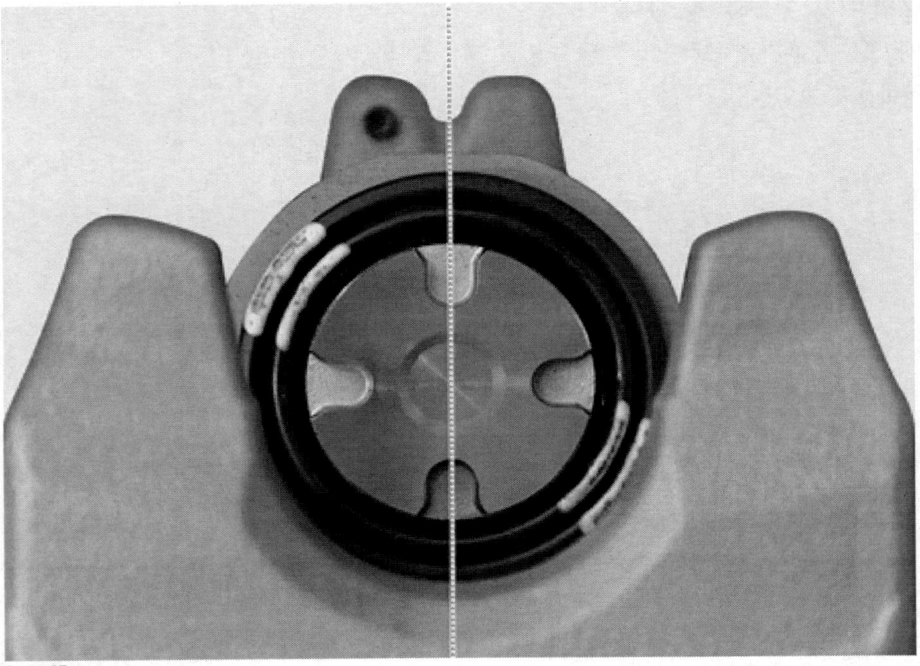

[불량]

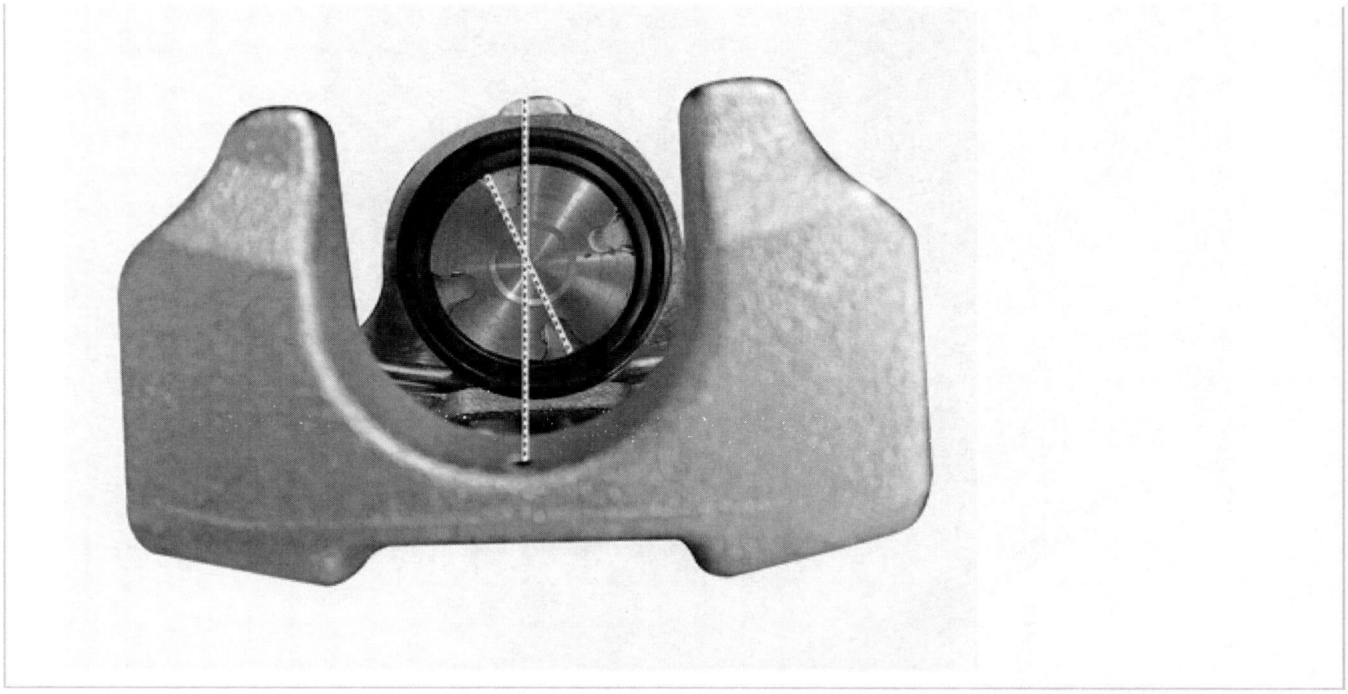

11. 리어 캘리퍼 장착 후, 진단 기기(KDS)를 이용하여 "브레이크 패드 교체모드"를 수행한다.
    (브레이크 시스템 - "전자식 주차 브레이크 (EPB)" 참조)
12. 브레이크 패드가 정상 작동 위치에 오도록 수차례 브레이크 페달을 밟고 정상 작동 유무를 확인한다.
13. 주차 브레이크가 정상적으로 작동하는지 확인한다.

교환

프런트 브레이크 패드

1. 프런트 휠 및 타이어를 탈거한다.
   (서스펜션 시스템 - "휠" 참조)
2. 볼트를 풀어 프런트 브레이크 캘리퍼 바디(A)를 위로 젖힌다.

체결토크 : 2.2 ~ 3.2 kgf·m

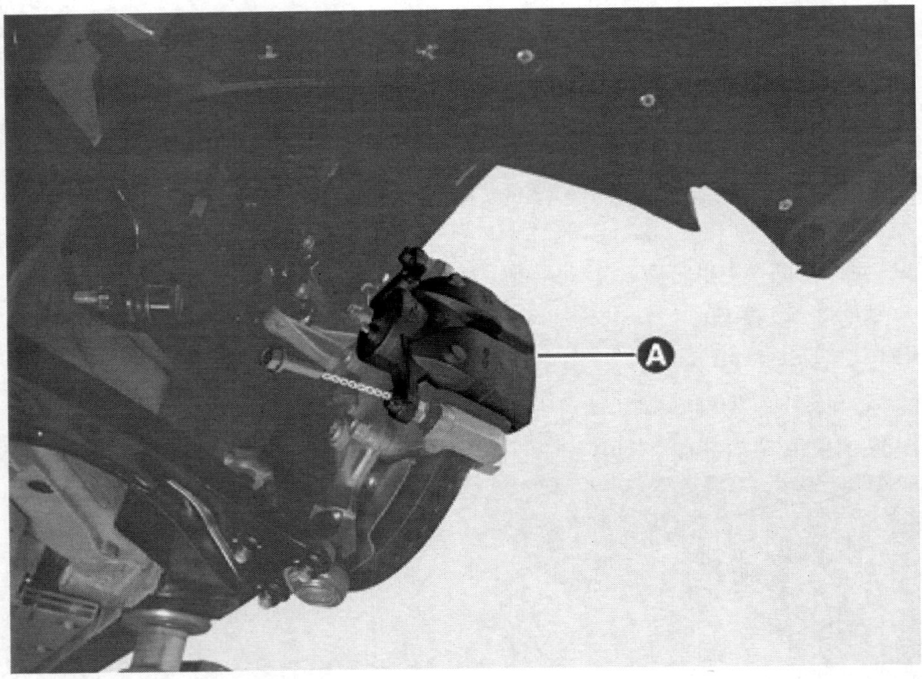

3. 브레이크 패드(A)를 탈거한다.

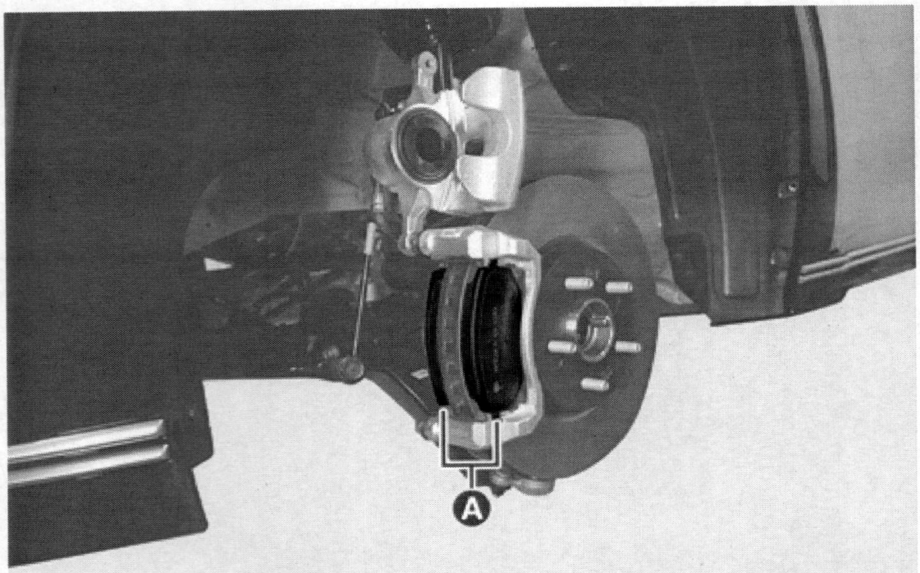

4. 브레이크 패드 라이너(A)를 탈거한다.

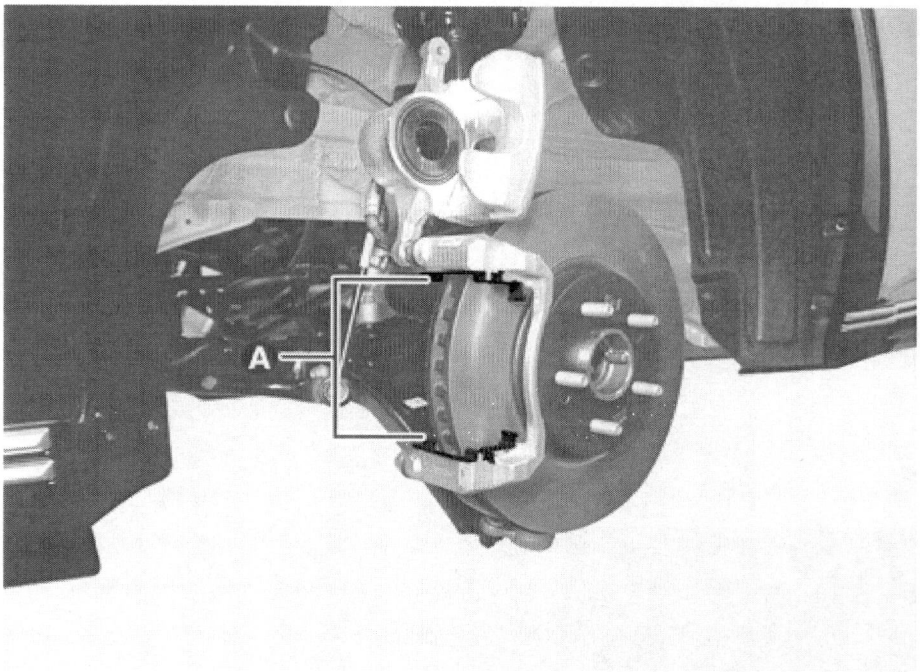

유 의

- 브레이크 패드를 교체할 때, 브레이크 패드, 패드 라이너, 패드 심 모두를 교체한다.
- 패드 라이너 및 내측 패드심 교체 시 방향에 유의한다.
- 패드 라이너 교체 시 들뜸이 발생하지 않도록 장착한다.
- 패드 라이너 변형 또는 들뜸 시, 작동 중 제동 성능 저하/드래그/소음이 발생할 수 있다.
- 패드 라이너의 리턴부(A)에 변형이 생기지 않도록 취급에 주의한다.

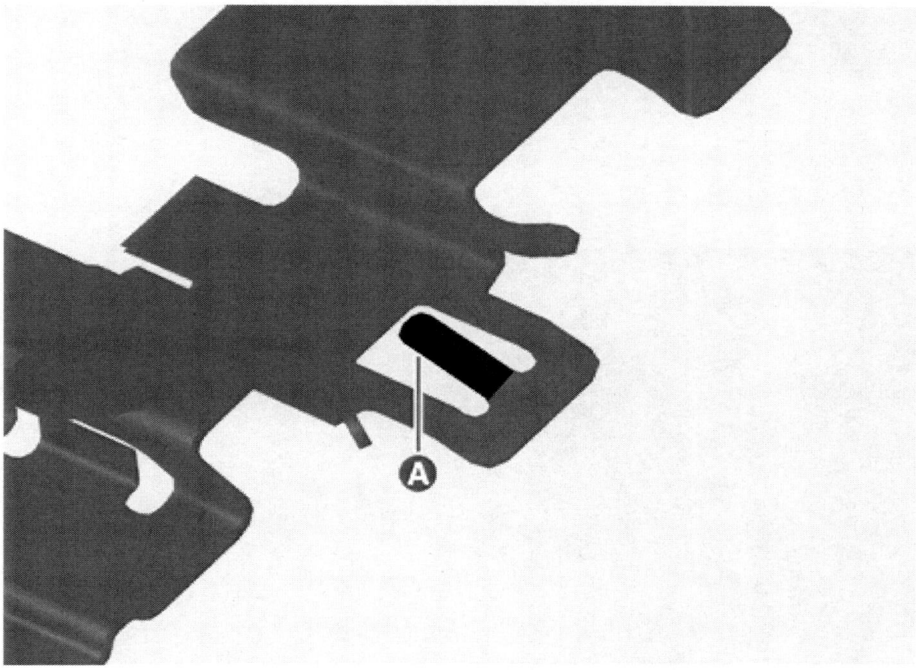

리어 브레이크 패드

1. 진단 기기(KDS)를 이용하여 주차 브레이크를 해제한다.
   (브레이크 시스템 - "전자식 주차 브레이크 (EPB)" 참조)
2. 배터리 (-) 단자와 서비스 인터록 커넥터를 분리한다.
   (배터리 제어 시스템 - "보조 배터리 (12V) - 2WD" 참조)
   (배터리 제어 시스템 - "보조 배터리 (12V) - 4WD" 참조)
3. 리어 휠 및 타이어를 탈거한다.
   (서스펜션 시스템 - "휠" 참조)

4. EPB 액추에이터 커넥터(A)를 분리한다.

5. 볼트를 풀어 리어 브레이크 캘리퍼 바디(A)를 위로 젖힌다.

체결토크 : 2.2 ~ 3.2 kgf·m

6. 브레이크 패드(A)를 탈거한다.

7. 브레이크 패드 라이너(A)를 탈거한다.

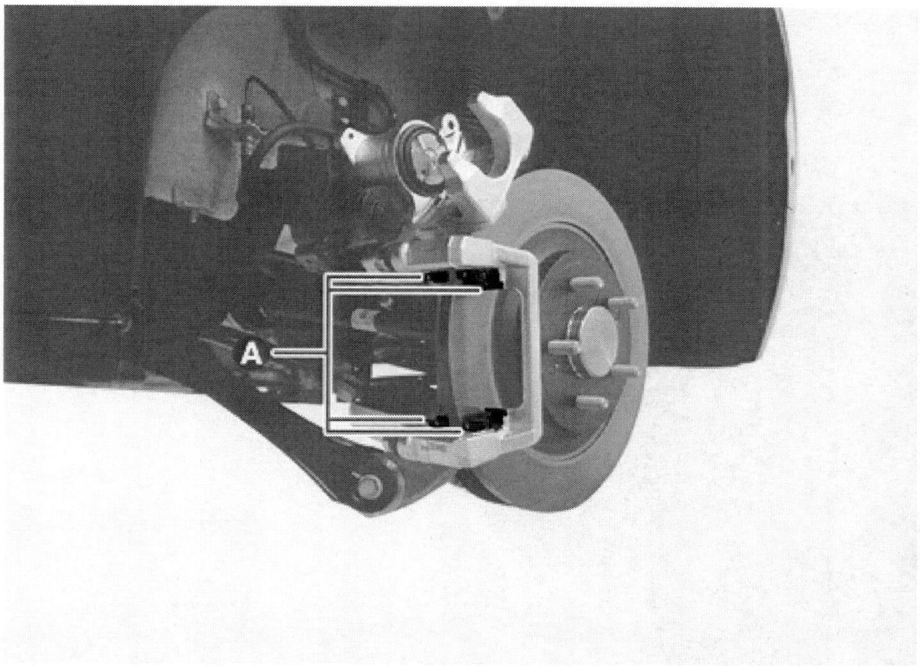

유 의

- 브레이크 패드를 교체할 때, 브레이크 패드, 패드 라이너, 패드 심 모두를 교체한다.
- 패드 라이너 및 내측 패드심 교체 시 방향에 유의한다.
- 패드 라이너 교체 시 들뜸이 발생하지 않도록 장착한다.
- 패드 라이너 변형 또는 들뜸 시, 작동 중 제동 성능 저하/드래그/소음이 발생할 수 있다.
- 패드 라이너의 리턴부(A)에 변형이 생기지 않도록 취급에 주의한다.

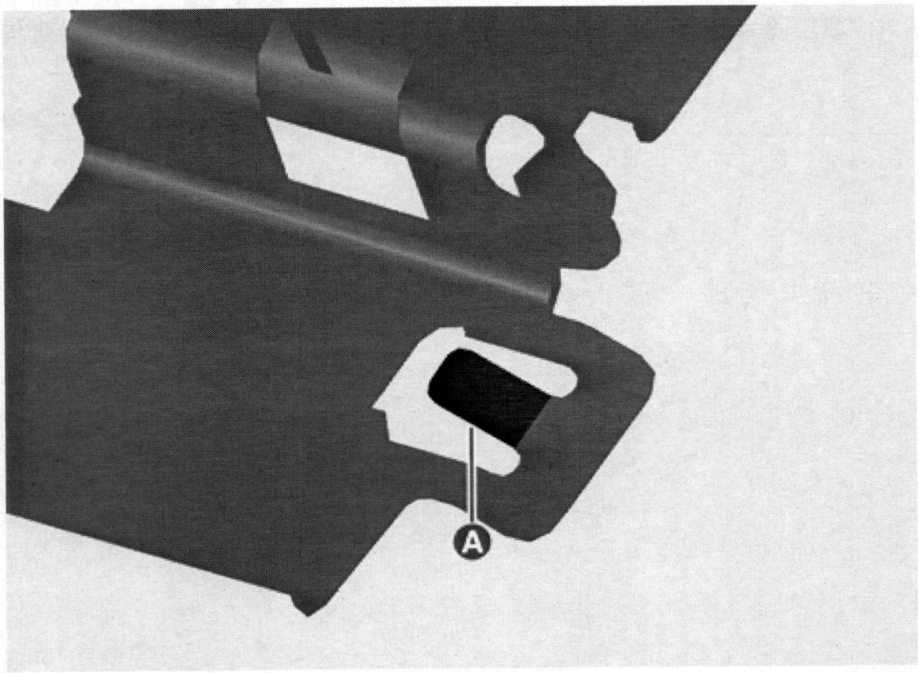
A

점검

브레이크 패드 마모의 점검

1. 마모부의 두께(A)를 측정하여 한계치 이하일 때는 패드 어셈블리를 교환한다.

프런트 브레이크 패드 두께
규정치 : 11.0 mm
정비 한계 : 3.0 mm

리어 브레이크 패드 두께
규정치 : 10.0 mm
정비 한계 : 2.0 mm

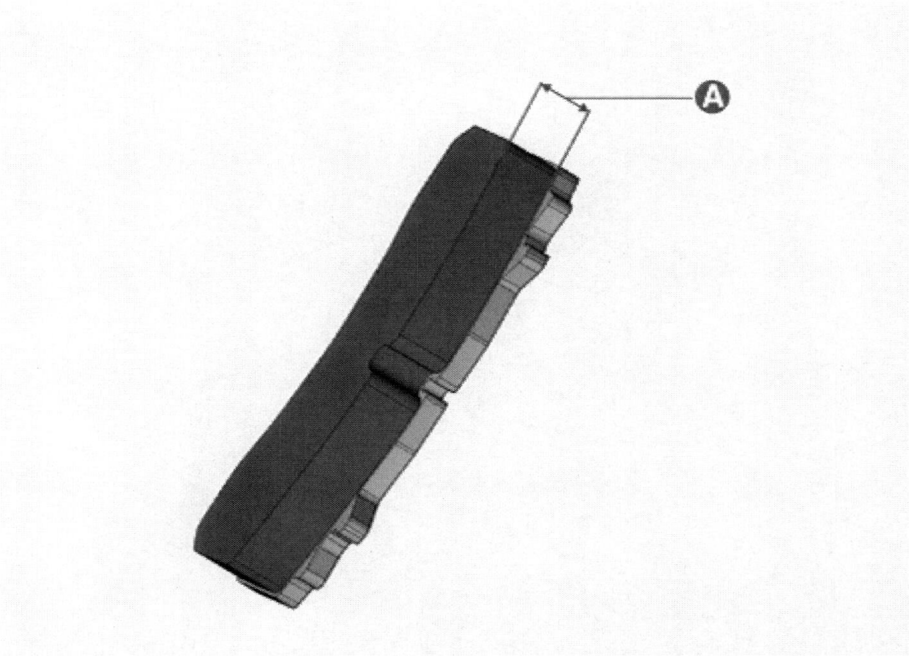

2. 패드의 손상, 그리스의 접착, 백킹 메탈의 손상을 점검한다.

특수공구

공구 (품번 및 품명)	형상	용도
피스톤 익스팬더 09581 - 11000	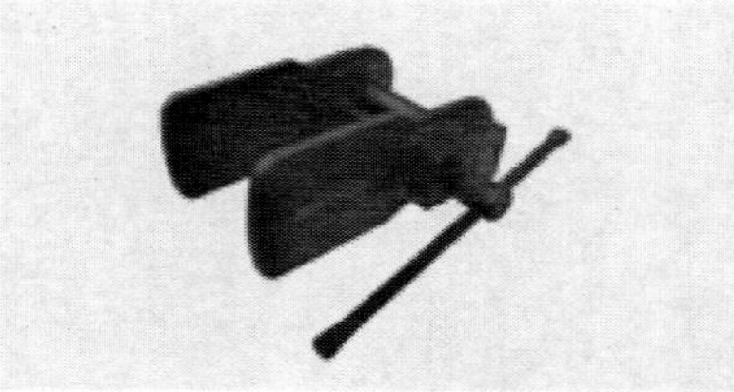	프런트 캘리퍼 피스톤 압축
리어 브레이크 피스톤 어저스터 09580 - 0U000	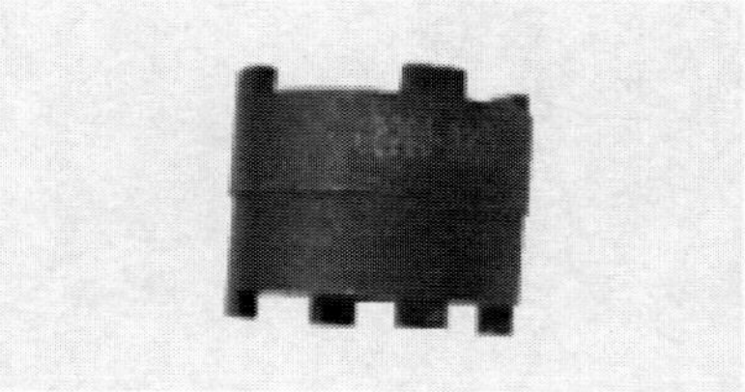	리어 캘리퍼 피스톤 압축

장착

프런트 브레이크 패드

1. 장착은 탈거의 역순으로 한다.

유 의

- 이너 브레이크 패드 장착 시 아래 사항에 유의하며 장착한다. 잘못된 방법으로 장착 시 소음 발생 및 제동 성능이 저하될 수 있다.
  - 이너 브레이크 패드 마모 지시핀(A)이 캘리퍼 상단에 위치하도록 장착한다.

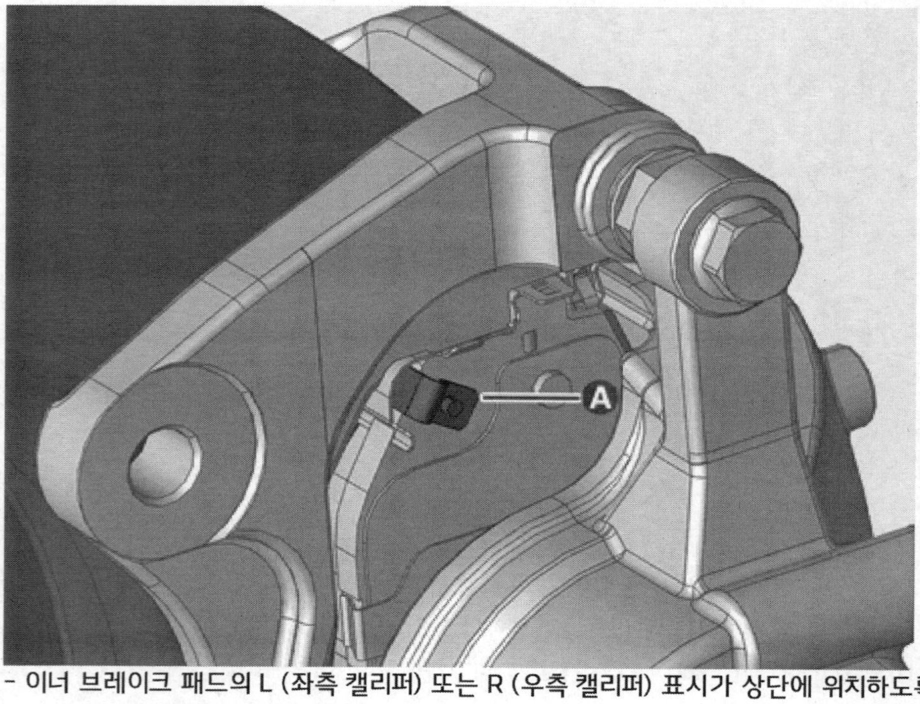

  - 이너 브레이크 패드의 L (좌측 캘리퍼) 또는 R (우측 캘리퍼) 표시가 상단에 위치하도록 장착한다.
- 피스톤 입구부가 파손되지 않도록 유의하여 압입한다.
- 토크 멤버에 캘리퍼 바디 조립 시 피스톤이 간섭되지 않도록 유의한다.
- 캘리퍼 바디 장착 시 특수공구(09581 - 11000)를 사용하여 브레이크 피스톤을 압입한다.

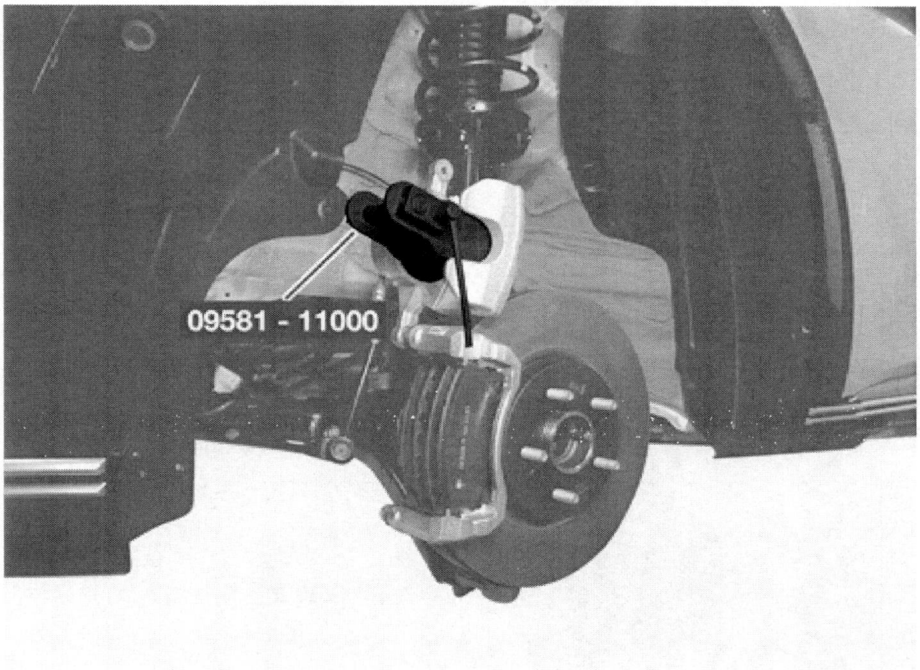

2. 브레이크 패드가 정상 작동 위치에 오도록 수차례 브레이크 페달을 밟고 정상 작동 유무를 확인한다.

리어 브레이크 패드

1. 장착은 탈거의 역순으로 한다.

유 의

- 이너 브레이크 패드 장착 시 아래 사항에 유의하며 장착한다. 잘못된 방법으로 장착 시 소음 발생 및 제동 성능이 저하될 수 있다.
  - 이너 브레이크 패드 마모 지시핀(A)이 캘리퍼 상단에 위치하도록 장착한다.

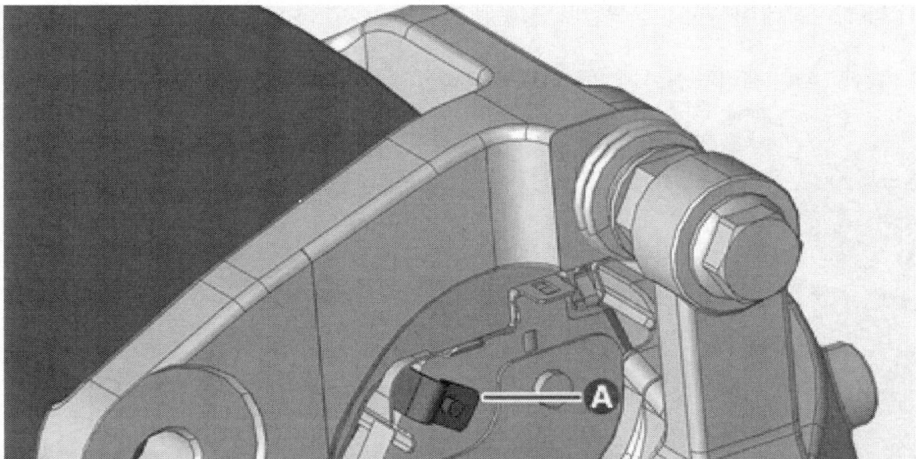

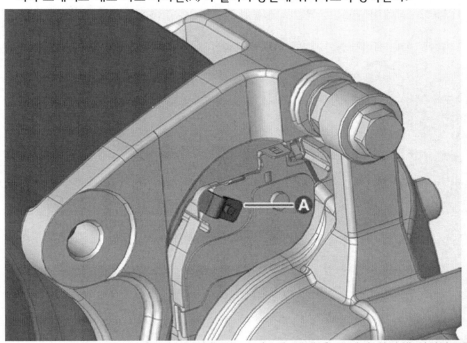

  - 이너 브레이크 패드의 L (좌측 캘리퍼) 또는 R (우측 캘리퍼) 표시가 상단에 위치하도록 장착한다.
- 토크 멤버에 캘리퍼 바디 조립 시 피스톤이 간섭되지 않도록 유의한다.
- 특수공구(09580 - 0U000)를 사용하여 피스톤을 시계 방향으로 회전하며 압입한다

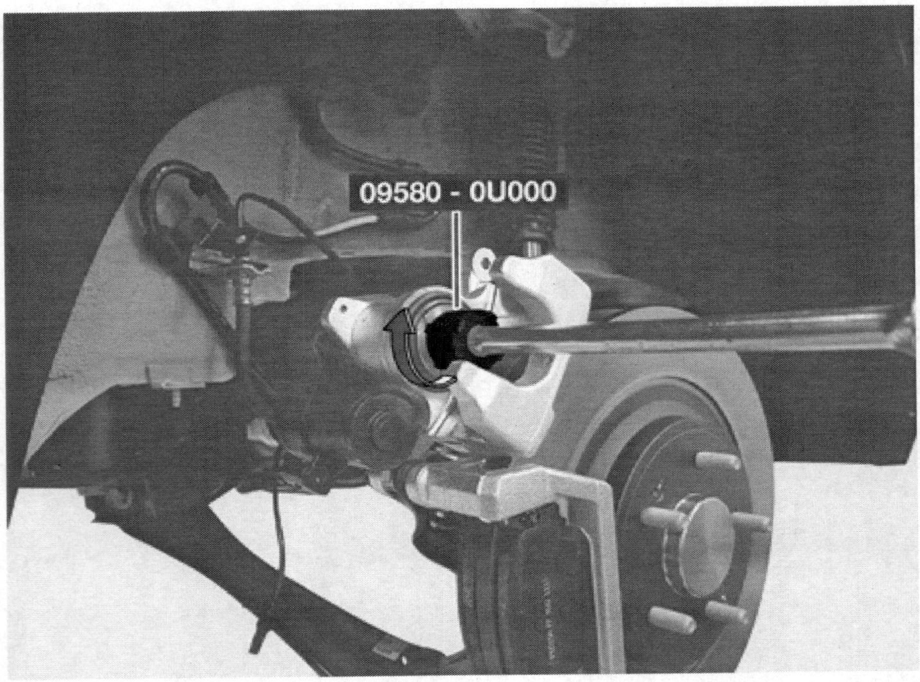

- 캘리퍼 바디 장착 전, 피스톤 홈의 위치를 확인한다. 피스톤 홈의 위치가 불량일 경우 특수공구를 사용하여 압입한다.

[정상]

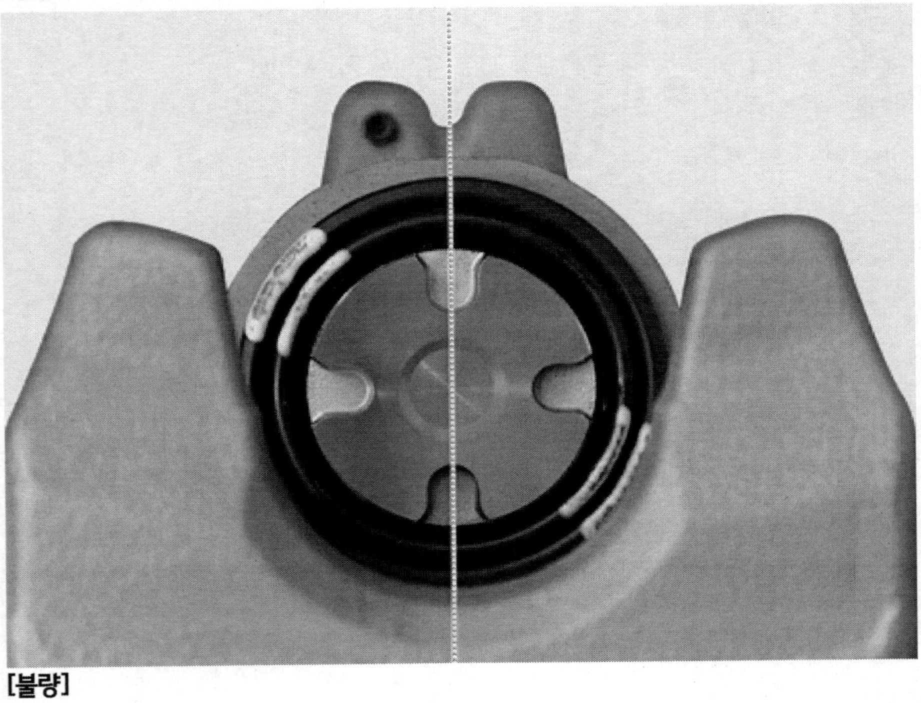

[불량]

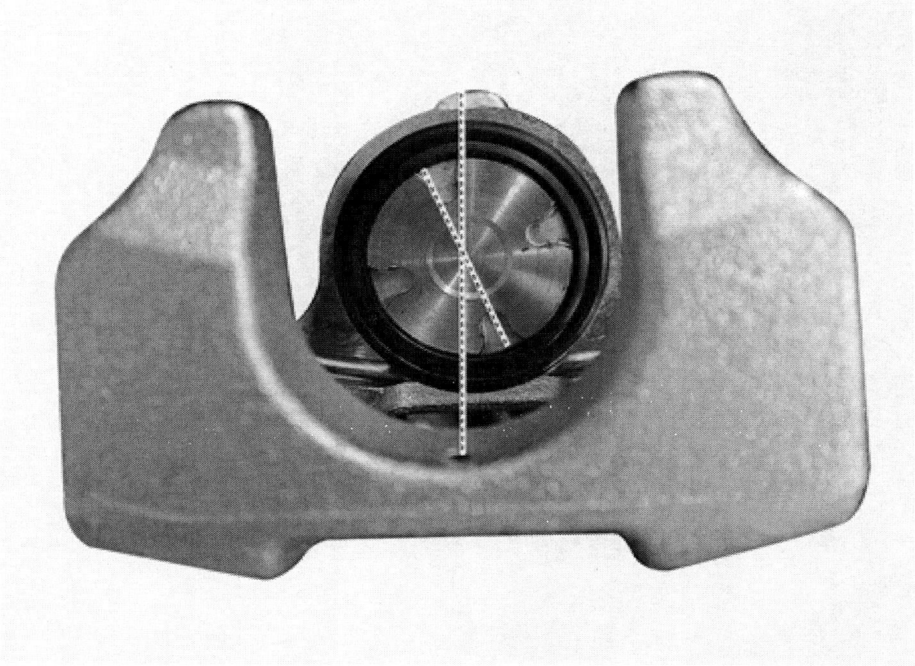

2. 리어 캘리퍼 장착 후, 진단 기기(KDS)를 이용하여, "브레이크 패드 교체모드"를 수행한다.
   (브레이크 시스템 - "전자식 주차 브레이크 (EPB)" 참조)
3. 브레이크 패드가 정상 작동 위치에 오도록 수차례 브레이크 페달을 밟고 정상 작동 유무를 확인한다.
4. 주차 브레이크가 정상적으로 작동하는지 확인한다.

구성부품 및 부품위치

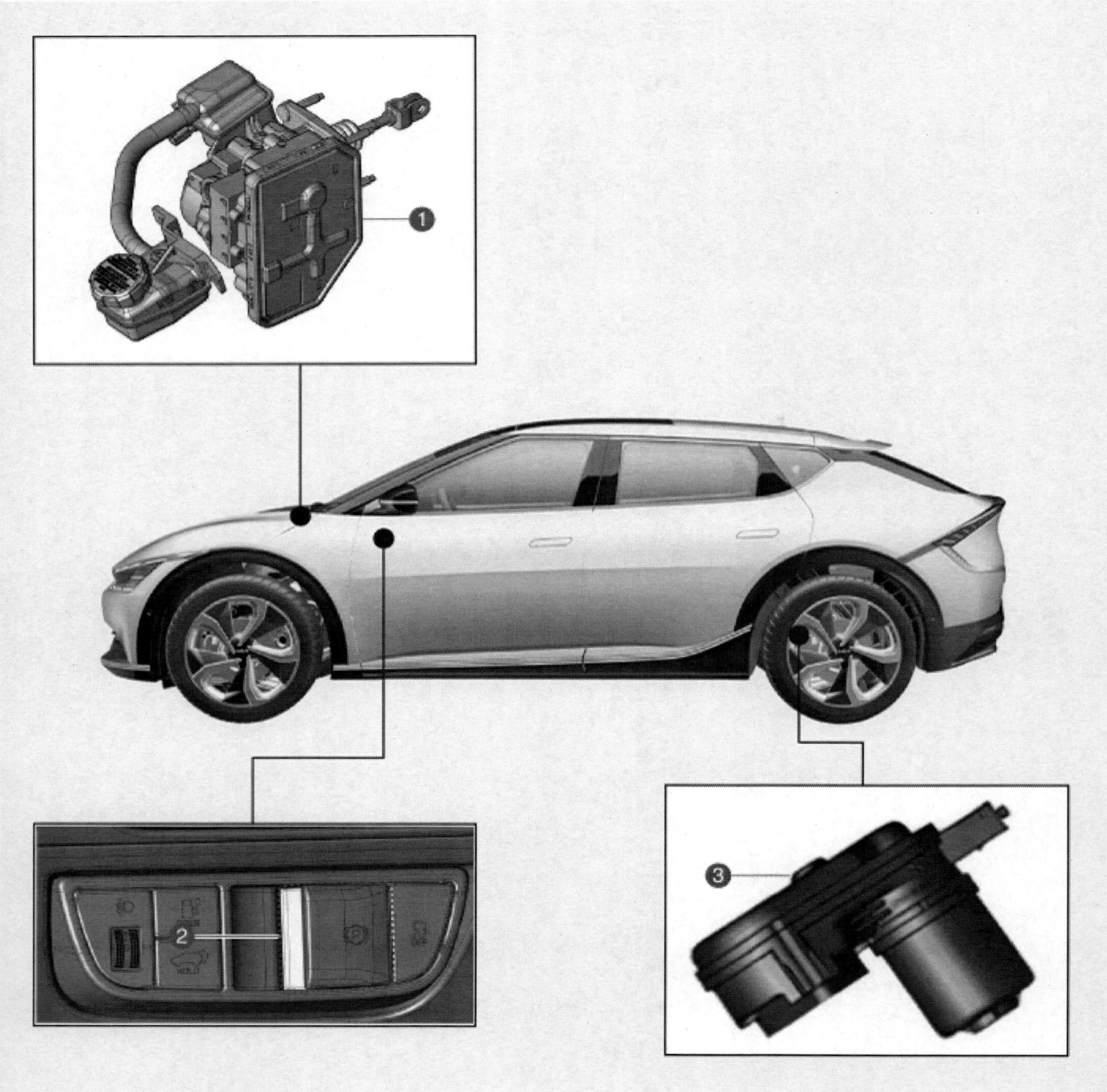

1. 통합형 전동 부스터(IEB) 2. EPB 스위치	3. EPB 액추에이터

개요

EPB(Electric Parking Brake)는 전자식 주차 브레이크 라고 한다. 페달 또는 레버로 케이블을 당겨 주차 브레이크를 작동시키는 기존의 주차 브레이크 시스템과는 달리, 운전자의 간단한 버튼 스위치 조작에 의해서 전기 신호가 IEB로 전달되어 IEB가 각 캘리퍼에 있는 EPB 액추에이터를 작동 시켜 캘리퍼 내의 피스톤을 밀어서 제동력을 발생시키는 시스템이다.
EPB의 주요 기능으로는 차량 정치 상태에서 스위치 조작으로 주차 브레이크를 작동 및 해제하는 정차 기능, 유압 브레이크 고장 등으로 인한 위급 상황에서 EPB로 제동을 하는 비상 제동 기능, 차량 정지 시 점화 스위치 OFF 되면 자동으로 주차 브레이크가 체결되는 자동 체결 기능 등을 가지고 있다.

EPB 주요 기능

1. 주차 브레이크 작동(Static Apply)
   차량 정지 상태에서 EPB 스위치를 당겨 수동으로 주차 브레이크를 체결하는 기능이며, 계기판에 브레이크 경고등이 점등된다.
2. 평지 감소력 체결(RCF : Reduced Clamp Force on Flat)
   EPB는 경사도별 체결력으로 동작한다. 이때, 스위치를 3초 이상 작동시키면 최대 힘의 주차 브레이크 체결로 전환된다.
3. 주차 브레이크 작동 해제(Static Release)
   EPB 스위치를 수동으로 눌러 주차 브레이크 해제할 수 있다.
   단 아래 조건이 만족되는 경우에 해제된다.
   (1) 점화 스위치가 ON일 때
   (2) 브레이크 페달을 밟은 상태
   점화 스위치 OFF시 주차 브레이크 해제는 불가하다.
4. 자동 작동 해제(DAR : Drive Away Release)
   아래의 모든 조건이 만족된 경우 가속 페달을 천천히 밟아 주차 브레이크를 자동으로 해제시킬 수 있다.
   (1) 모터가 켜져 있는 상태
   (2) 운전자 안전벨트를 착용한 상태
   (3) 운전석 도어, 모터 후드 및 트렁크가 닫힌 상태
   (4) 변속 레버가 R/D 또는 스포츠 모드에 있는 경우
5. 전자 제어 감속 기능(ECD : Electric Controlled Deceleration)
   주행중 EPB 스위치를 조작하면 IEB에게 작동 명령을 송부하여 감속한다. (브레이크 시스템 고장등 비상시 사용) EPB 액추에이터가 아닌 IEB의 유압 브레이크를 이용하여 감속한다.
6. 후륜 잠김 방지 감속 기능(RWU : Rear Wheel Unlocker)
   - IEB 고장시 주행 중 EPB 스위치를 조작하면 EPB 액추에이터를 작동하여 감속된다. (리어 휠 록 되지 않게 조절함)
7. 자동 체결(KOA;Key Off Apply)
   - AUTO HOLD 스위치를 켠 상태에서 차량을 정지한 후 점화 스위치 OFF하면 자동으로 주차 브레이크가 체결된다. 이 때 EPB 스위치를 누른 상태에서 점화 스위치를 OFF하면 자동 체결 기능이 작동하지 않는다.
8. 차량 흐름 감지 재 체결(RAR : Roll Away Reclamp)
   - 주차 후 차량의 움직임 발생시 주차 브레이크를 재 체결 기능이다. 휠 속도로 차량 움직임 파악하며 CAN 통신 수신되는 기간까지 모니터링 가능하다.
9. 고온 재 체결(HTR : High Temperature Reclamp)
   - 주차 브레이크를 체결할 때 브레이크가 과열된 상태이면 온도 차로 생기는 체결력 손실 보상을 위해 일정 시간 후 주차 브레이크를 자동으로 재 체결하는 기능이다.
     작동 조건 : 350°C 이상
10. 협조 제어 체결 (EAR : External Apply / Release)
    - 다른 시스템 요청에 따른 EPB 체결 기능이다.
      (IEB 명령으로 AVH -> EPB 체결 구현 가능)
11. 패드 교체 모드 (Pad Change Mode)
    - 브레이크 패드 교체를 위해 브레이크 캘리퍼의 피스톤을 후퇴시킬 수 있는 기능으로 진단 기기(KDS)를 차량의 진단 커넥터에 연결하여 사용한다.

주차 브레이크 비상 해제 방법(수동식)

본 작업은 EPB가 작동하지 않을 시 수동으로 주차 브레이크 비상 해제를 위한 작업 방법이다.
액추에이터 또는 EPB의 직접 손상 또는 전원선 단선 등이 의심되어 진단 기기(KDS) 또는 전기적 방법으로 해제가 불가능할 때 사용하는 최후의 방법이다.

⚠ 경 고

작업은 평탄하고 안전한 곳에서 이루어져야 하며 주차 브레이크를 해제할 때는 반드시 차량이 움직이지 않도록 안전하게 작업 되어야 한다.

1. 차량에 장착되어 있는 리어 캘리퍼 뒷면에 스크루(A)를 탈거한다.
2. 내측 바닥의 스핀들(B)을 스크루를 탈거한 동일 공구을 이용하여 시계 방향으로 0.5~1회전하면 주차 브레이크는 해제된다.

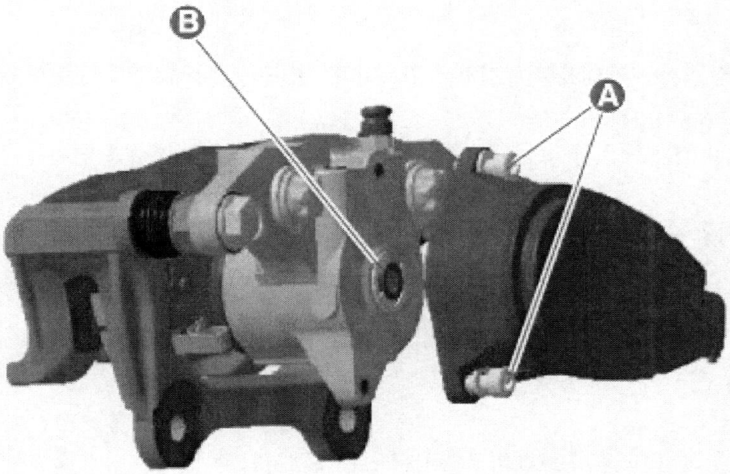

자동 정차 기능(Auto Hold)

변속 레버 D/N단 혹은 스포츠 모드에서 브레이크 페달을 밟고 차량이 정지한 후, 브레이크 페달에서 발을 떼고 있어도 정지 상태를 계속 유지하는 기능이다. D단 혹은 스포츠 모드에서 가속 페달을 밟고 출발하면 자동으로 브레이크 상태가 해제되어 차량 출발이 가능하다.

자동 정차 기능은 안전을 위해서 다음과 같은 조건에서는 작동되지 않는다.

- 전동식 주차 브레이크가 작동 중 일때
- 변속 레버가 P(주차) 위치에 있을 때

자동 정차 상태(녹색등)에서 다음과 같은 조건이 발생하면 안전을 위해서 주차 브레이크(EPB 작동)로 전환된다. "AUTO HOLD" 표시등이 녹색에서 흰색으로 바뀌고, 빨간색 브레이크 경고등이 점등된다.

- 전동식 주차 브레이크가 작동 중 일때
- 변속 레버가 P(주차) 위치에 있을 때

1. 설정
   (1) 운전석 도어, 모터 후드가 닫혀 있는 상태에서 운전석 안전벨트 체결 또는 브레이크 페달을 밟은 상태에서 AUTO HOLD 스위치를 누른다. 이 때, 계기판에 흰색 "AUTO HOLD" 표시등이 점등된다.
   (2) 주행 중 브레이크 페달을 밟고 차량이 멈추면 자동 정차 기능이 작동되면서 "AUTO HOLD" 표시등이 흰색에서 녹색으로 바뀐다. 이 때 브레이크 페달에서 발을 떼어도 차량은 정지 상태를 유지한다.
   (3) EPB가 작동 중일 경우에는 자동 정차 기능은 작동하지 않고 표시등은 흰색을 유지한다.
2. 해제
   수동으로 해제를 원할 경우, 브레이크 페달을 밟은 상태에서 AUTO HOLD 스위치를 눌러 자동 정차 기능을 해제한다. "AUTO HOLD" 표시등은 녹색에서 소등된다.

조정

브레이크 패드 교체모드

1. 리어 캘리퍼 탈거 전, 진단 기기(KDS)를 이용하여, "브레이크 패드 교체모드"를 수행한다.

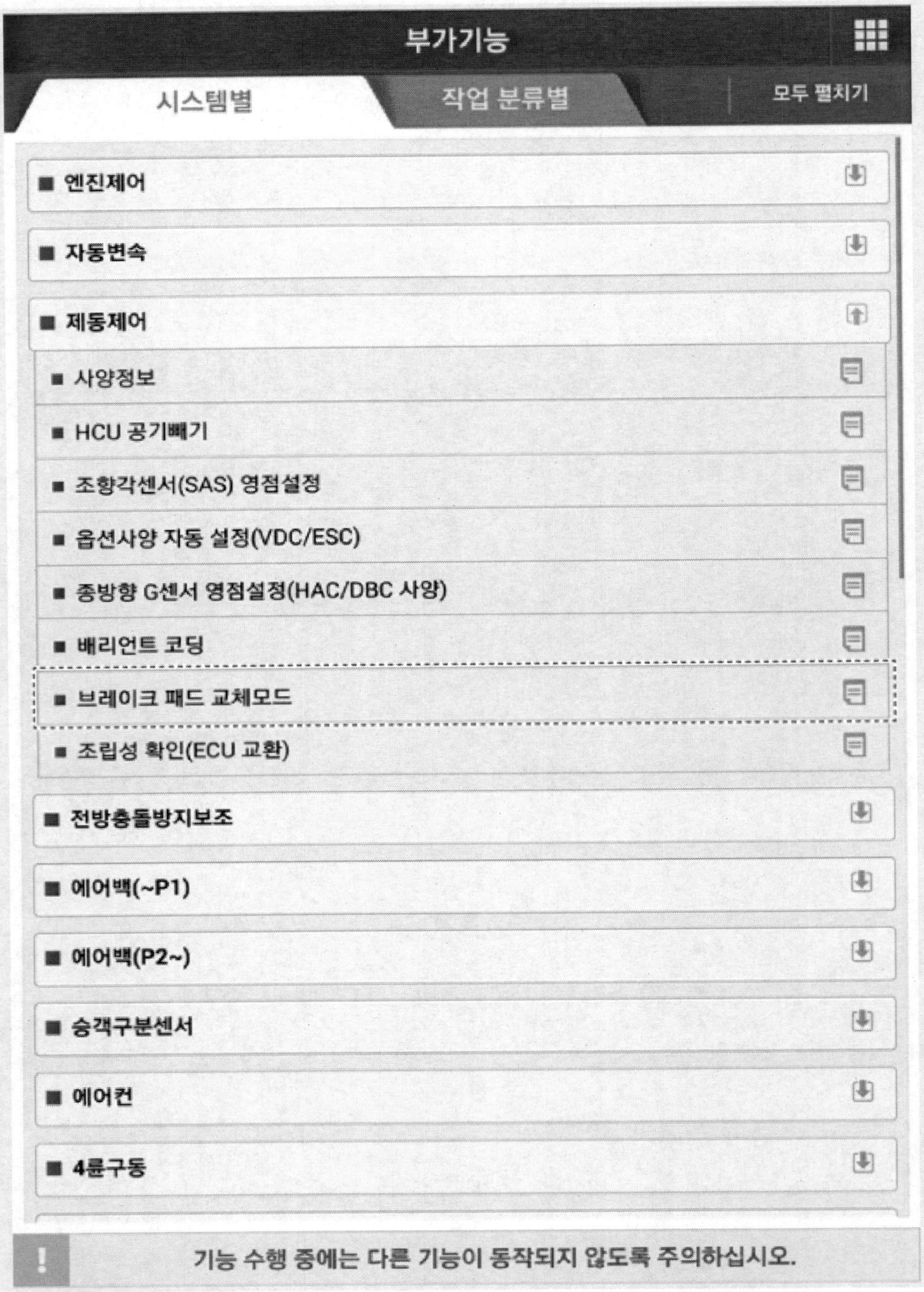

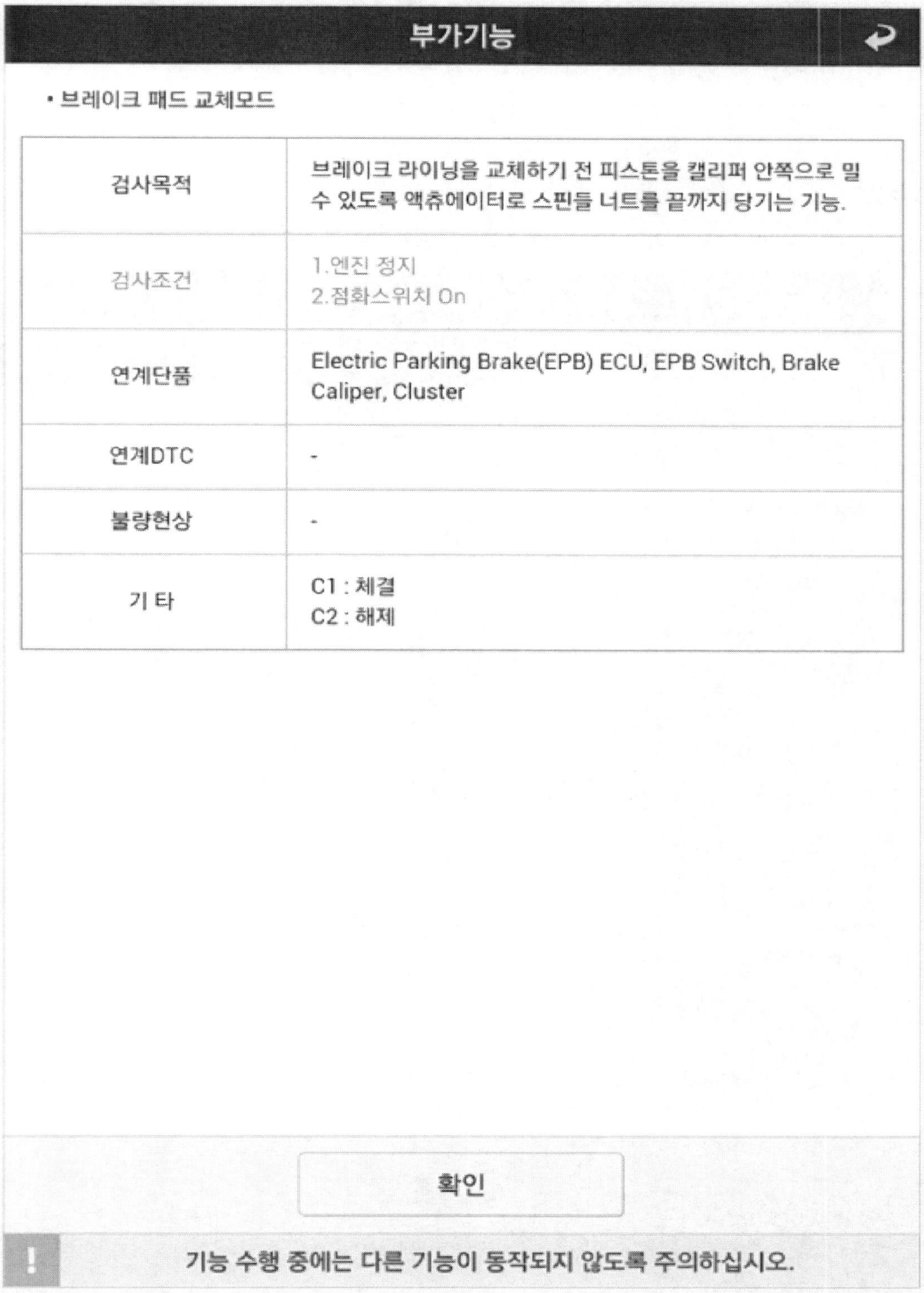
부가기능

• 브레이크 패드 교체모드

검사목적	브레이크 라이닝을 교체하기 전 피스톤을 캘리퍼 안쪽으로 밀 수 있도록 액츄에이터로 스핀들 너트를 끝까지 당기는 기능.
검사조건	1.엔진 정지 2.점화스위치 On
연계단품	Electric Parking Brake(EPB) ECU, EPB Switch, Brake Caliper, Cluster
연계DTC	-
불량현상	-
기 타	C1 : 체결 C2 : 해제

확인

기능 수행 중에는 다른 기능이 동작되지 않도록 주의하십시오.

2. 아래 화면에서 C2(해제)를 선택한다.

부가기능

■ 브레이크 패드 교체모드

● [브레이크 패드 교체모드]

브레이크 라이닝을 교체하기전에 피스톤을 캘리퍼 안쪽으로 밀 수

있도록 액츄에이터로 스핀들 너트를 끝까지 당기는 모드 입니다. 브레이크 라이닝 교체 모드 중에는 클러스터에 관한 문구가

표시 됩니다. 브레이크 교환이 완료된 후에는 반드시 체결/해제를 3회 반복

하시기 바랍니다.

● [조건]
엔진 정지
IG ON

C1 : 체결

C2 : 해제

C1 | C2 | 취소

! 기능 수행 중에는 다른 기능이 동작되지 않도록 주의하십시오.

탈거

[EPB 스위치 (레오스탯)]

1. 레오스탯을 탈거한다.
   (바디 전장 - "레오스탯" 참조)

[EPB 컨트롤 모듈 (통합형 전동 부스터(IEB)]

1. 통합형 전동 부스터(IEB)를 탈거한다.
   (통합형 전동 부스터 (IEB) 시스템 - "통합형 전동 부스터(IEB)" 참조)

장착

1. 장착은 탈거의 역순으로 한다.

개요

회생 제동 시스템(Regeneration Brake System)

회생 제동 시스템은 차량의 감속, 제동 시 발생하는 운동에너지를 전기에너지로 변화 시켜 배터리에 충전하는 시스템을 말한다.
회생 제동량은 차량의 속도, 배터리의 충전량 등에 의해서 결정된다.
가속 및 감속이 반복되는 시가지 주행 시 큰 연비 향상 효과가 가능하다.

회생 제동 협조 제어

제동력 배분은 유압 제동을 제어함으로써 배분되고, 전체 제동력(유압+회생)은 운전자가 요구하는 제동력이 된다.
고장 등의 이유로 회생 제동이 되지 않으면, 운전자가 요구하는 전체 제동력은 유압 브레이크 시스템에 의해 공급된다.

브레이크 모드

운전자는 AVN에서 브레이크 모드를 '노말' 또는 '스포츠' 모드로 변경할 수 있다. 선택한 모드에 따라 통합형 전동 부스터(IEB)에서 유압을 조절하여 제동성능을 제공한다.
노말 모드 : 일반적인 제동 모드로 균형 잡힌 제동 성능을 제공한다.
스포츠 모드 : 노말 모드에 비해 같은 페달 스트로크에도 더 높은 유압을 제공하여 강한 제동력을 제공한다.

작동원리

일반 제동

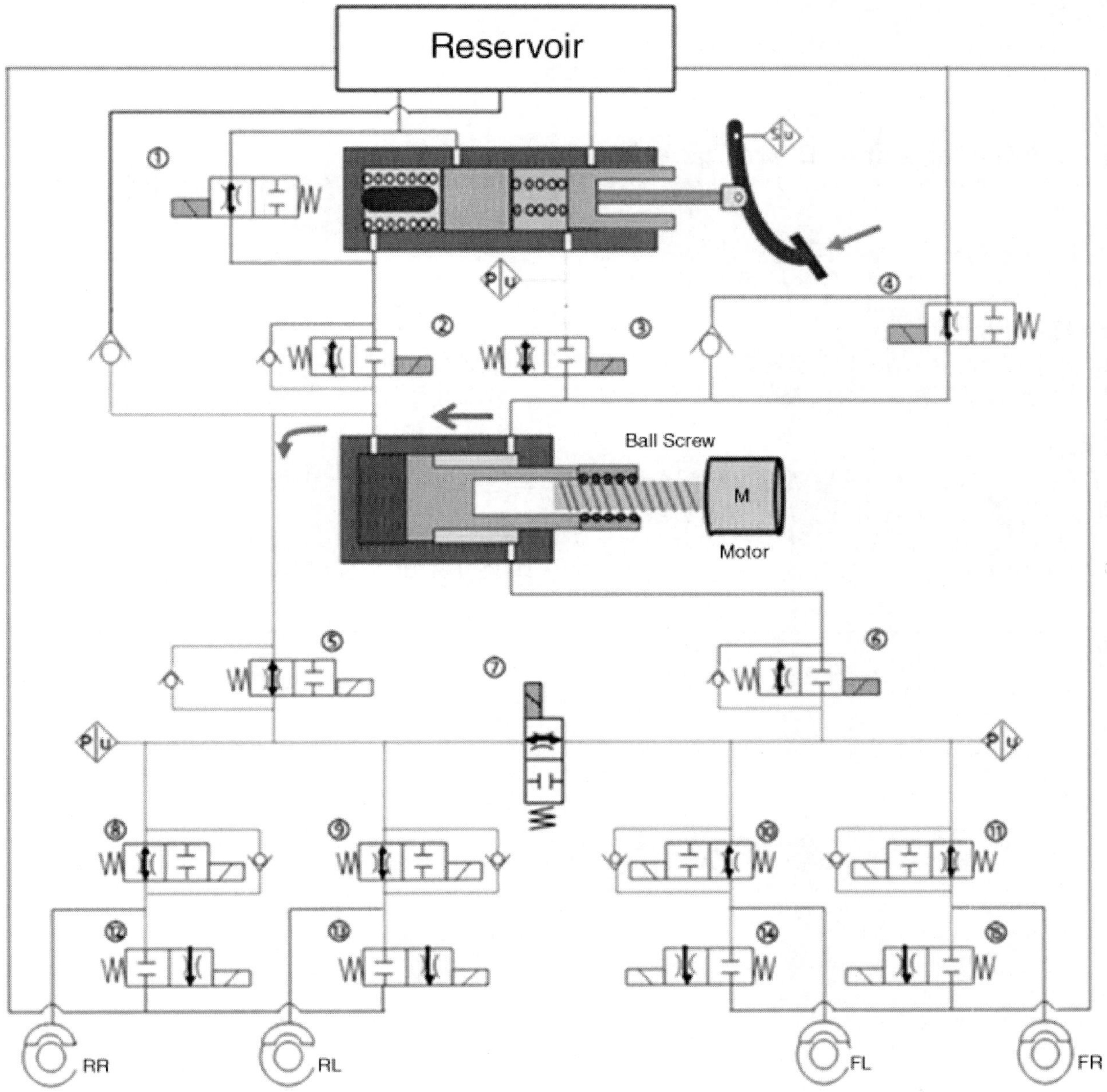

ABS

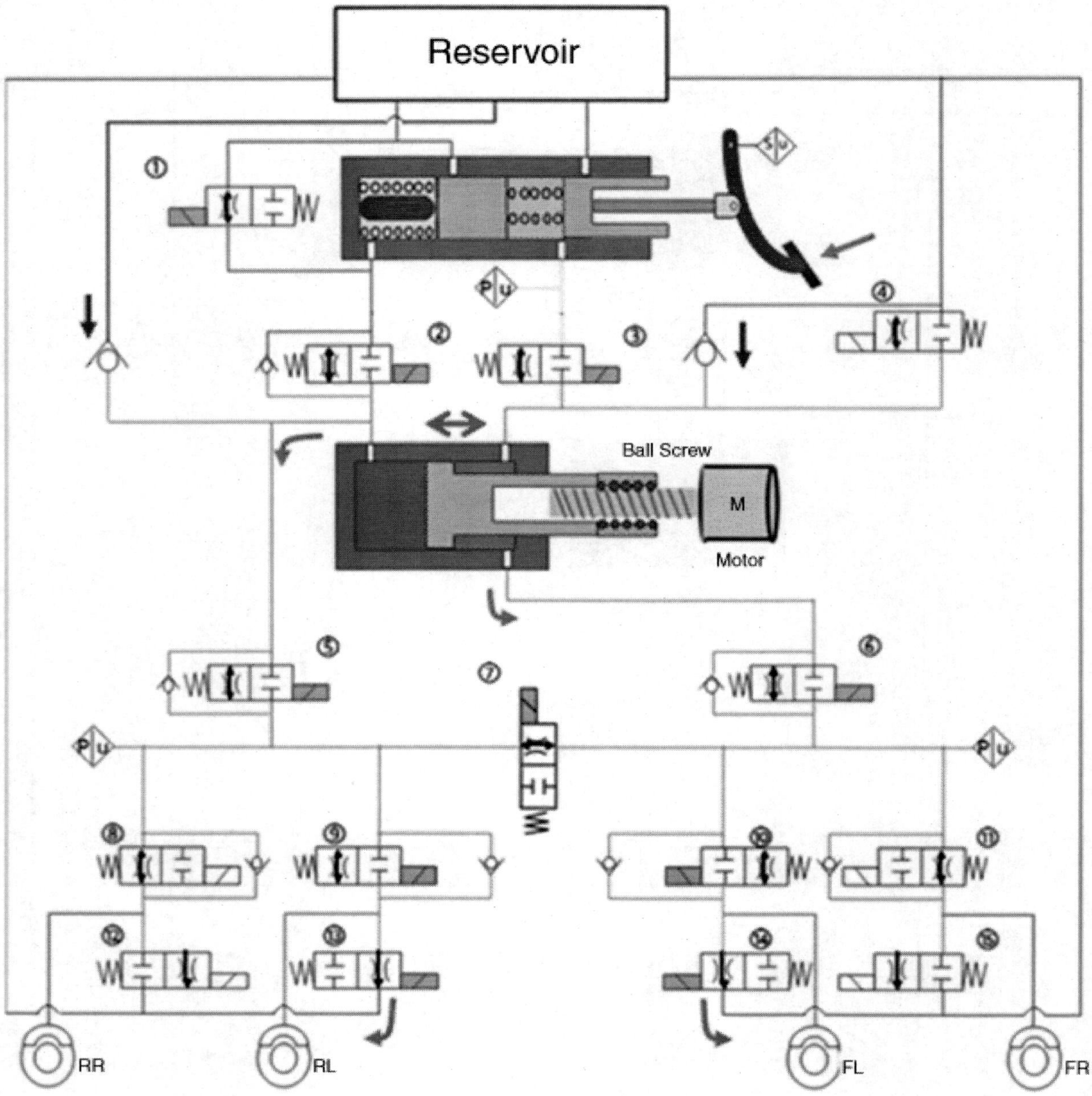

백업 작동 (IEB Fail)

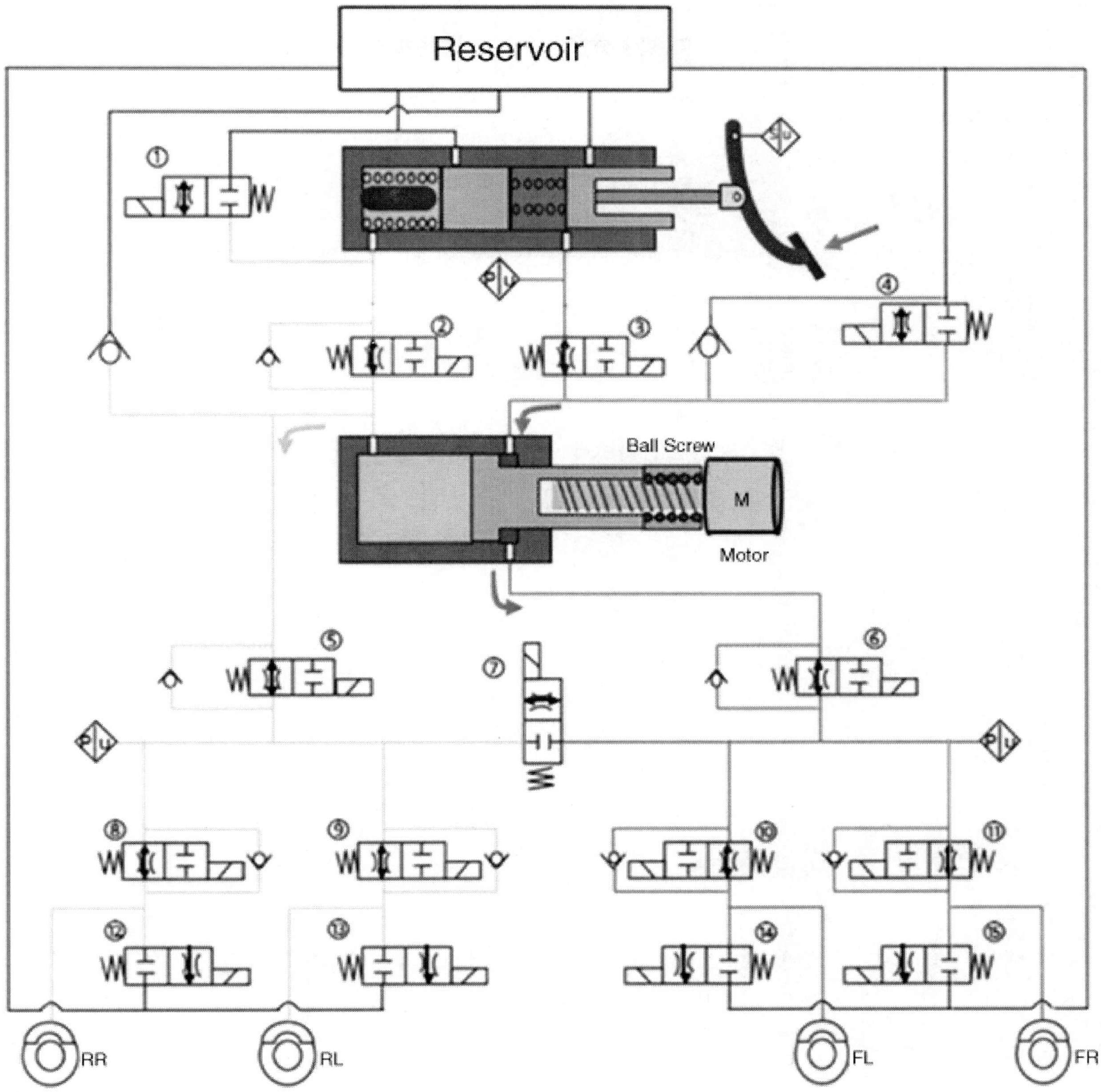
Reservoir
①
②
③
④
Ball Screw
M
Motor
⑤
⑥
⑦
⑧
⑨
⑩
⑪
⑫
⑬
⑭
⑮
RR
RL
FL
FR

구성부품 및 부품위치

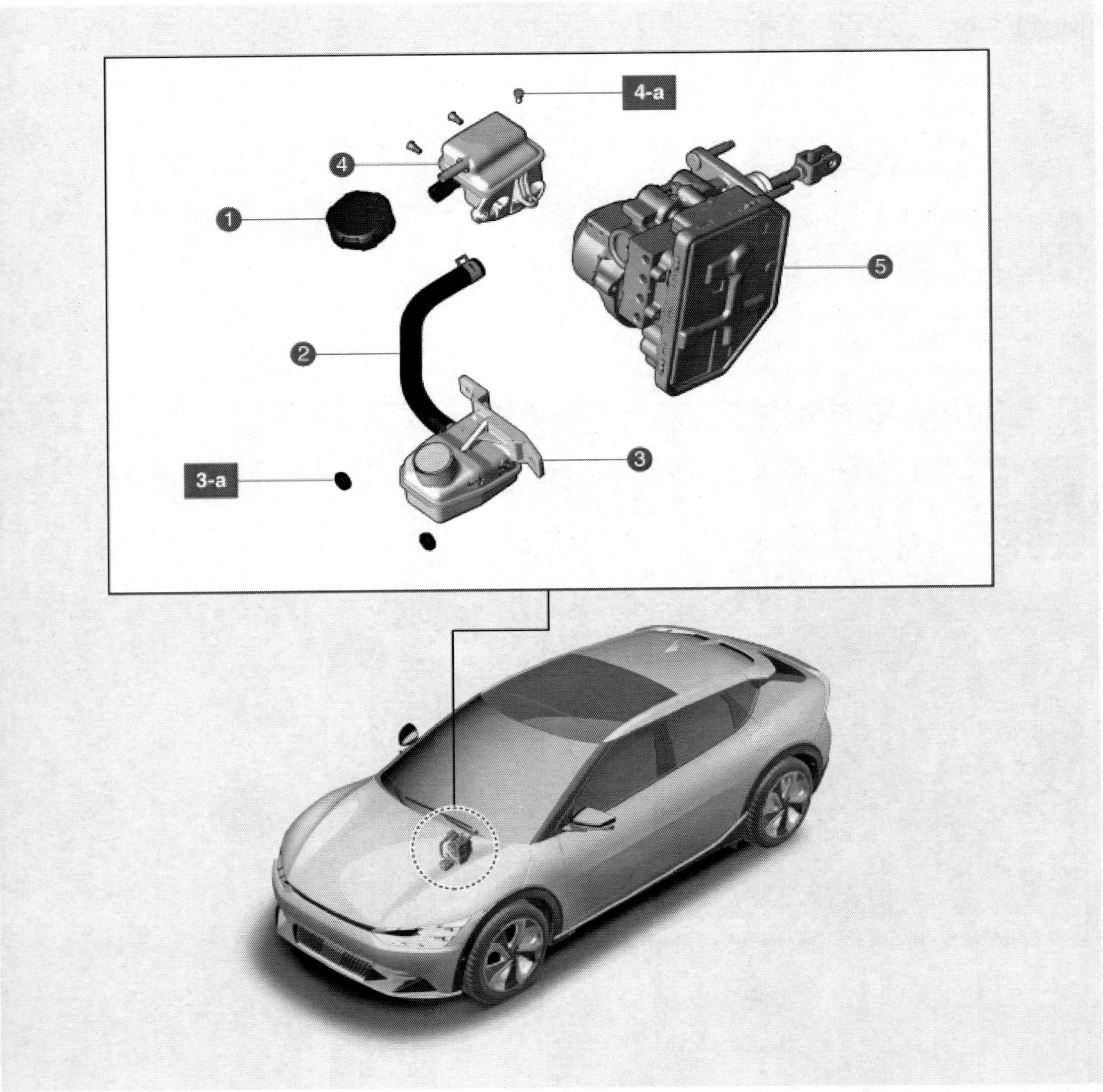

유 의

통합형 전동 부스터(IEB)는 분해하지 않는다.

1. 리저버 캡 2. 리모트 리저버 탱크 호스 3. 리모트 리저버 탱크 3-a. 0.7 ~ 1.1 kgf·m	4. 리저버 탱크 4-a. 0.10 ~ 0.15 kgf·m 5. 통합형 전동 부스터 (IEB)

탈거

⚠ 경 고

- 고전압 시스템 또는 주변 부품 작업 시, 반드시 "고전압 시스템 안전사항 및 주의, 경고" 내용을 숙지하고 준수해야 한다. 미 준수 시, 감전 또는 누전 등으로 인한 심각한 사고를 초래할 수 있다.
- 고전압 시스템 작업 시, "고전압 차단 절차"에 따라 반드시 고전압을 먼저 차단해야 한다. 미 준수 시, 감전 또는 누전 등으로 인한 심각한 사고를 초래할 수 있다.

4. 배터리 (-) 단자와 서비스 인터록 커넥터를 분리한다.
   (배터리 제어 시스템 - "보조 배터리 (12V) - 2WD" 참조)
   (배터리 제어 시스템 - "보조 배터리 (12V) - 4WD" 참조)
5. 프런트 트렁크를 탈거한다.
   (바디 - "프런트 트렁크" 참조)
6. 브레이크액 레벨 센서(A)를 분리한다.

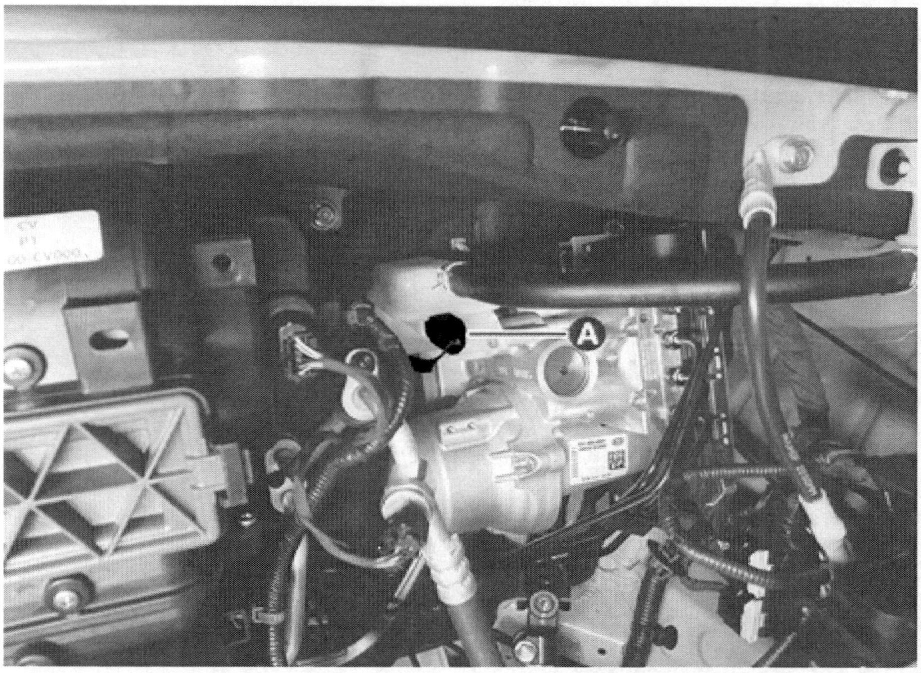

7. 리저버 캡(A)을 탈거하고 세척기를 사용하여 리저버 탱크에서 브레이크 액을 제거한다.

유 의

리저버 탱크 내로 이물질이 유입되는 것을 방지하기 위해 캡을 열기 전 주변의 이물질을 제거한다. 리저버 캡 내부로 이물질이 유입될 경우 제동 성능이 떨어질 수 있다.

⚠ 주 의

브레이크 액이 차체 또는 신체에 접촉됐을 경우 깨끗한 천 등을 이용해 즉시 닦아낸다. 차체 도장을 부식시킬 수 있으며 신체 손상을 유발할 수 있다.

8. 클램프를 풀어 리모트 리저버 탱크 호스(A)를 분리한다.

9. 너트를 풀어 리모트 리저버 탱크 어셈블리(A)를 탈거한다.

체결토크 : 0.7 ~ 1.1 kgf·m

10. 스크루를 풀어 브레이크 리저버 탱크(A)를 탈거한다.

체결토크 : 0.10 ~ 0.15 kgf·m

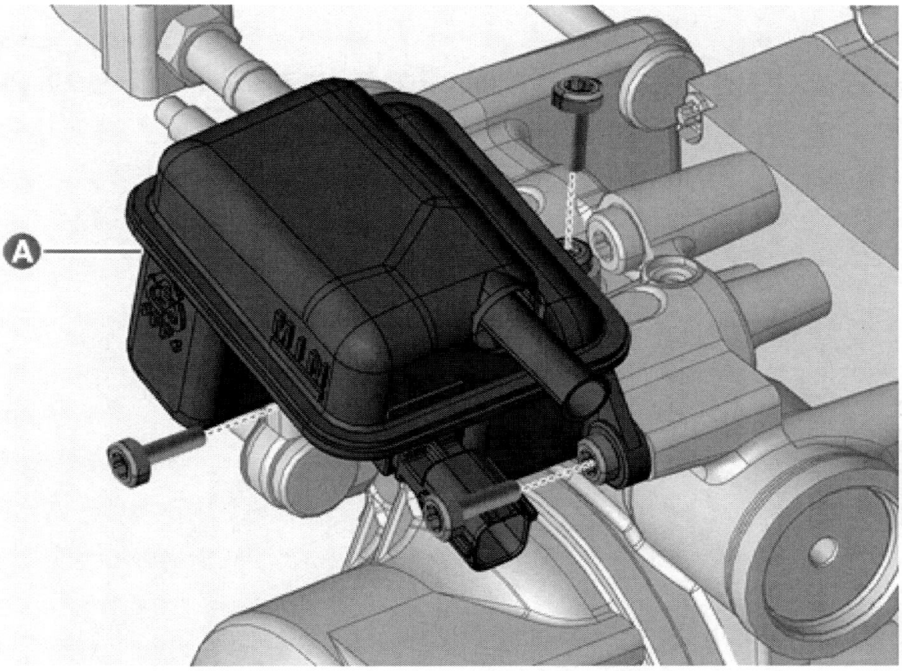

11. 그로멧(A)을 탈거한다.

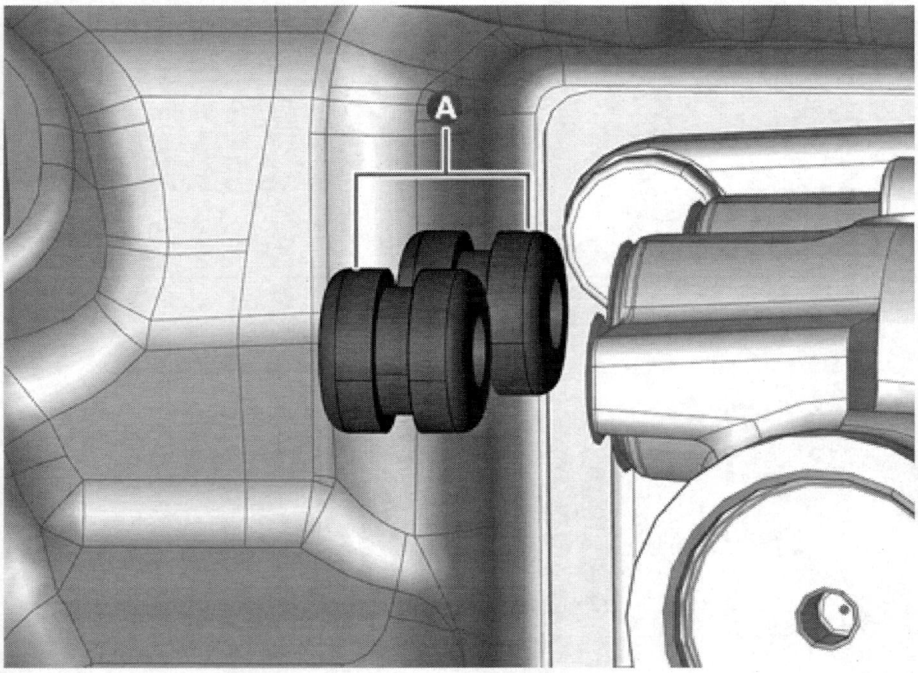

> **유 의**
>
> 그로멧(A)은 재사용하지 않는다.

장착

1. 장착은 탈거의 역순으로 한다.

> **유 의**
>
> 브레이크 액 레벨 센서 커넥터 장착 시 체결 상태를 확인한다. 체결 상태가 불량할 경우 브레이크 경고등이 점등될 수 있다.

2. 리저버 탱크에 브레이크 액을 가득 채운 후 공기 빼기 작업을 시행한다.
   (브레이크 시스템 - "브레이크 블리딩" 참조)
3. 브레이크 액의 누유 및 페달의 작동 상태를 점검한다.

구성부품 및 부품위치

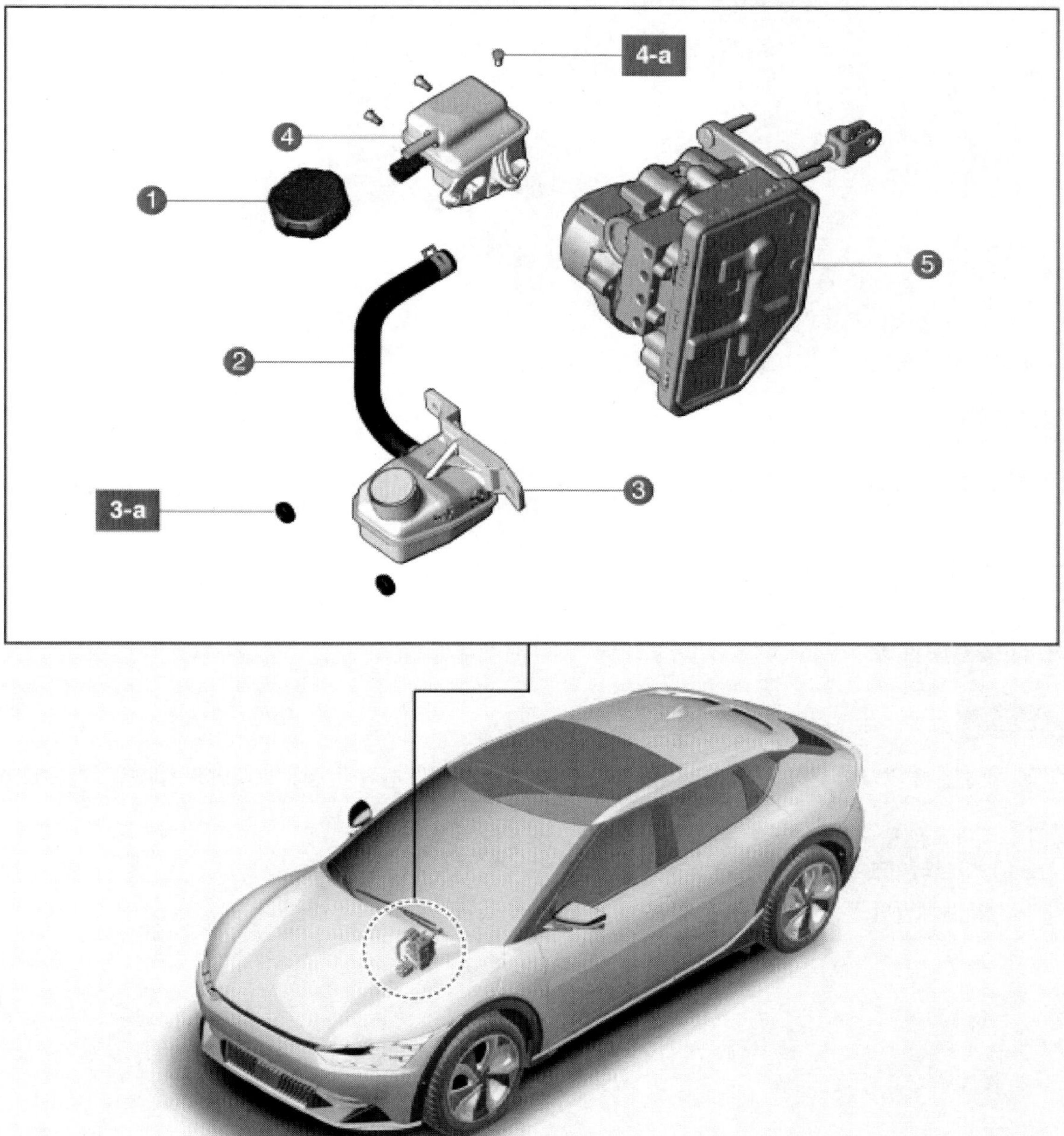

유 의
통합형 전동 부스터(IEB)는 분해하지 않는다.

1. 리저버 캡 2. 리저버 호스 3. 리모트 리저버 탱크 3-a. 0.7 ~ 1.1 kgf·m	4. 리저버 탱크 4-a. 0.10 ~ 0.15 kgf·m 5. 통합형 전동 부스터 (IEB)

탈거

⚠ 경 고

- 고전압 시스템 또는 주변 부품 작업 시, 반드시 "안전 사항 및 주의, 경고" 내용을 숙지하고 준수해야 한다. 미준수 시, 감전 또는 누전 등으로 인한 심각한 사고를 초래할 수 있다.
- 고전압 시스템 작업 시, "고전압 차단 절차"에 따라 반드시 고전압을 먼저 차단해야 한다. 미준수 시, 감전 또는 누전 등으로 인한 심각한 사고를 초래할 수 있다.

유 의

통합형 전동 부스터(IEB) 교환 시, 아래 중 하나의 방법을 사용하여 기존 유닛의 배리언트 코딩 값을 신품 유닛에 입력한다.

- KDS 부가기능 "배리언트 코딩 (백업 및 입력)"을 선택 후 화면의 절차에 따른다.
- KDS 부가기능 "사양정보" 에서 기존 배리언트 코딩 값을 기록하고 IEB 교환 후 "ESC 배리언트 코딩"을 선택해 기존 배리언트 코딩 값을 입력한다.

1. 배터리 (-) 단자와 서비스 인터록 커넥터를 분리한다.
   (배터리 제어 시스템 - "보조 배터리 (12V) - 2WD" 참조)
   (배터리 제어 시스템 - "보조 배터리 (12V) - 4WD" 참조)
2. 차량 제어 유닛(VCU)을 탈거한다.
   (모터 및 감속기 컨트롤 시스템 - "차량 제어 유닛(VCU) - 2WD" 참고)
   (모터 및 감속기 컨트롤 시스템 - "차량 제어 유닛(VCU) - 4WD" 참고)
3. 리저버 탱크를 탈거한다.
   (브레이크 시스템 - "리저버 탱크" 참조)
4. 메인 커넥터(A)를 분리한다.

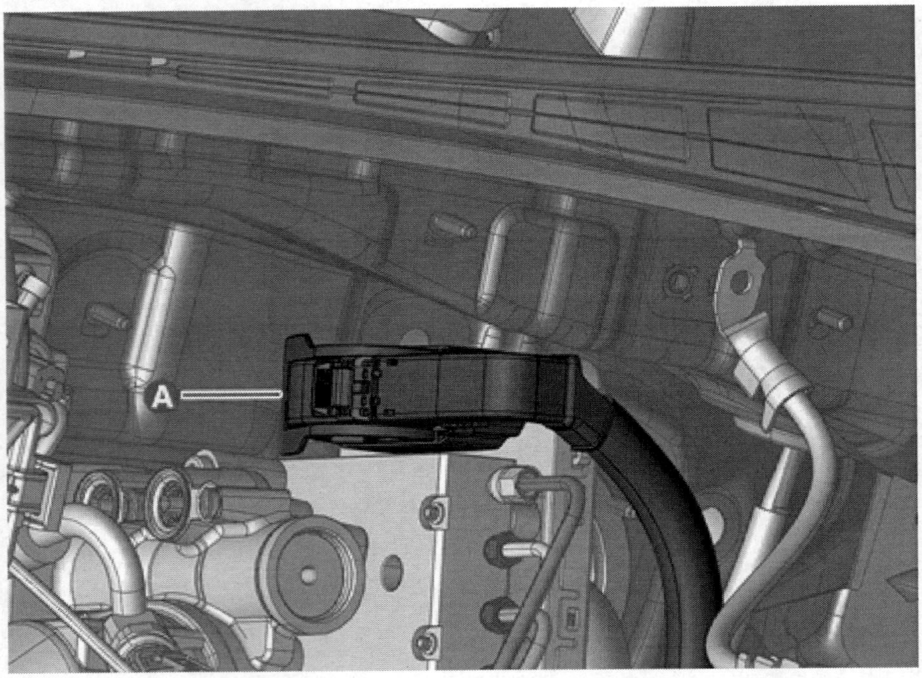

5. 통합형 전동 부스터에서 플레어 너트를 풀어 브레이크 튜브(A)를 탈거한다.

체결토크 : 1.3 ~ 1.7 kgf • m

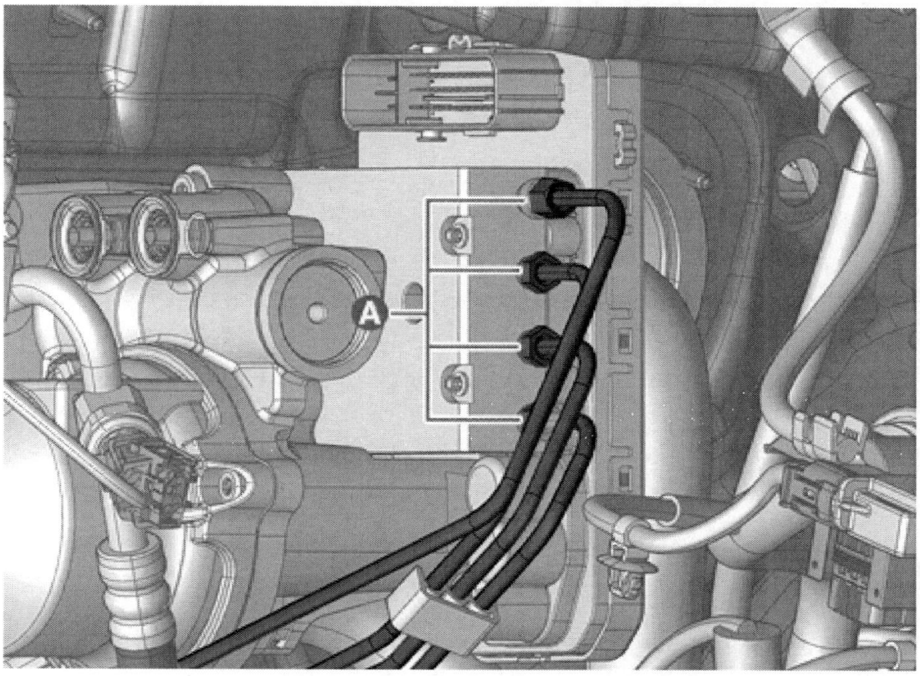

참 고

- 브레이크 튜브 플레어 너트 체결에 토크렌치와 크로우 풋 렌치(A)를 사용할 경우 아래를 참고하여 토크값을 계산한다.

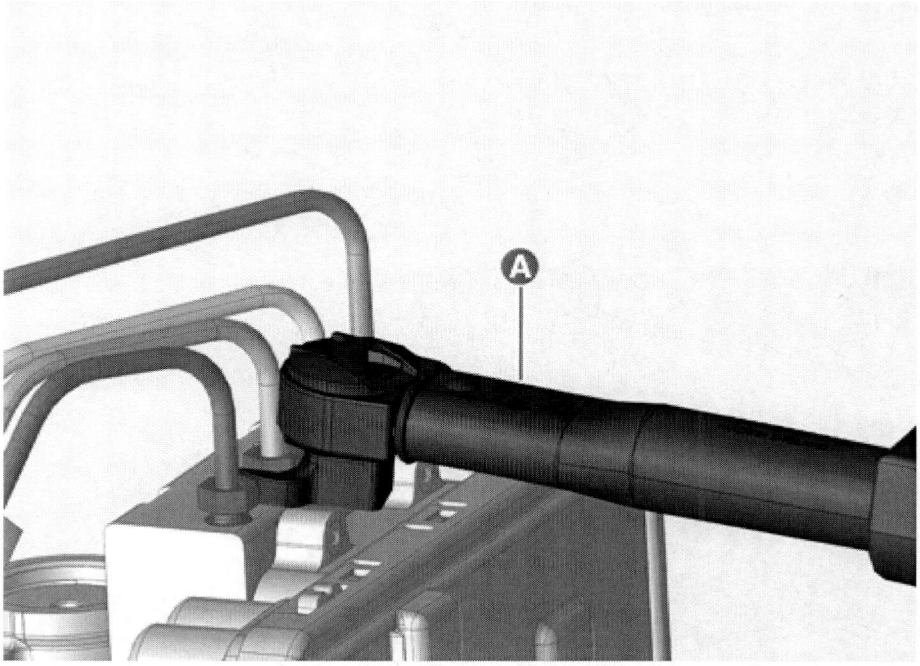

- 실제 토크 값 = 토크 렌치 표시 값

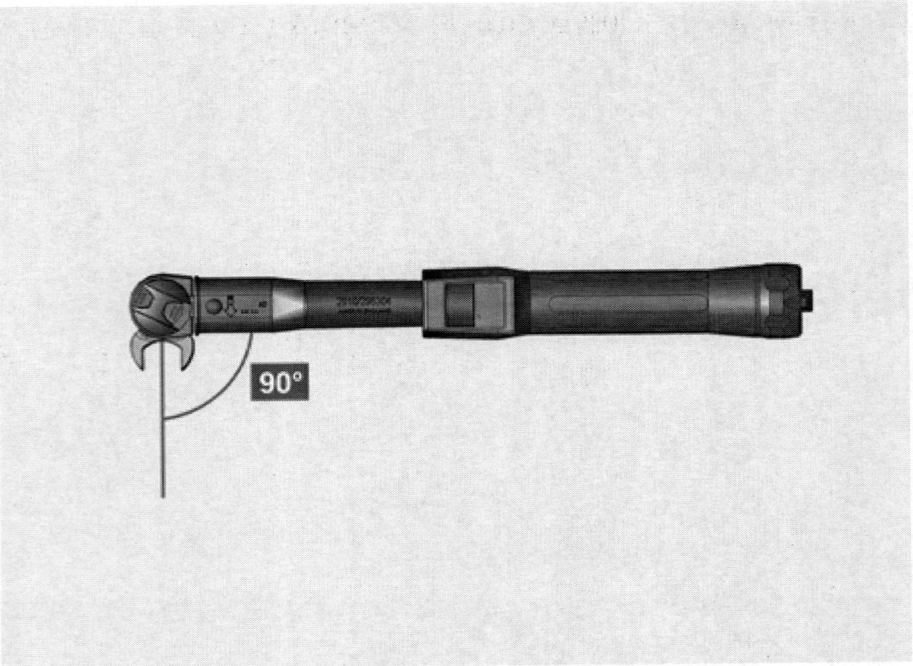

- 실제 토크 값 = [토크 렌치 표시 값 / (A + B)] × 토크 렌치 표시 값

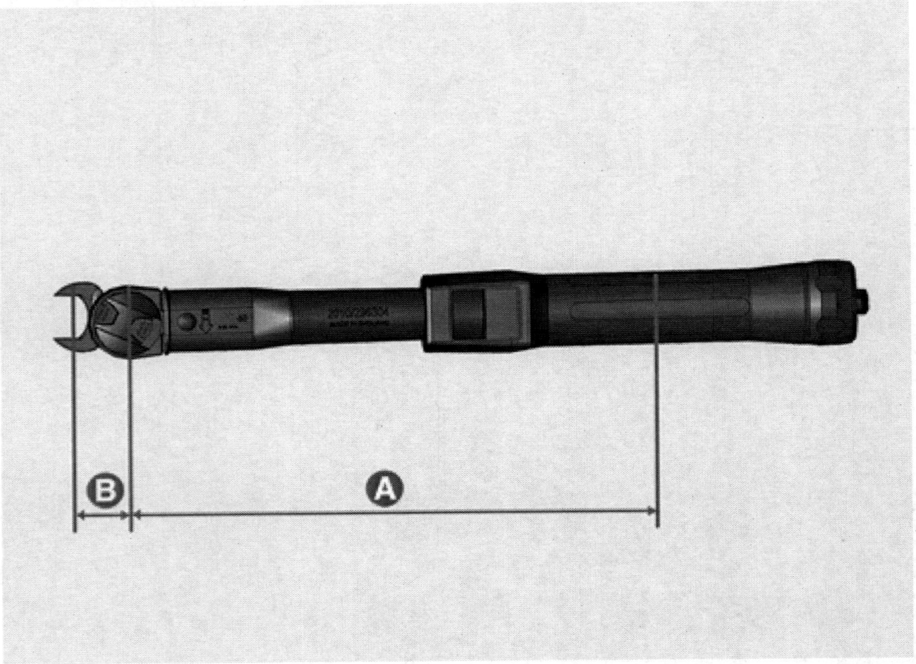

6. 브레이크 페달 암 장착 클레비스 핀(A)과 분할 핀(B)을 분리한다.

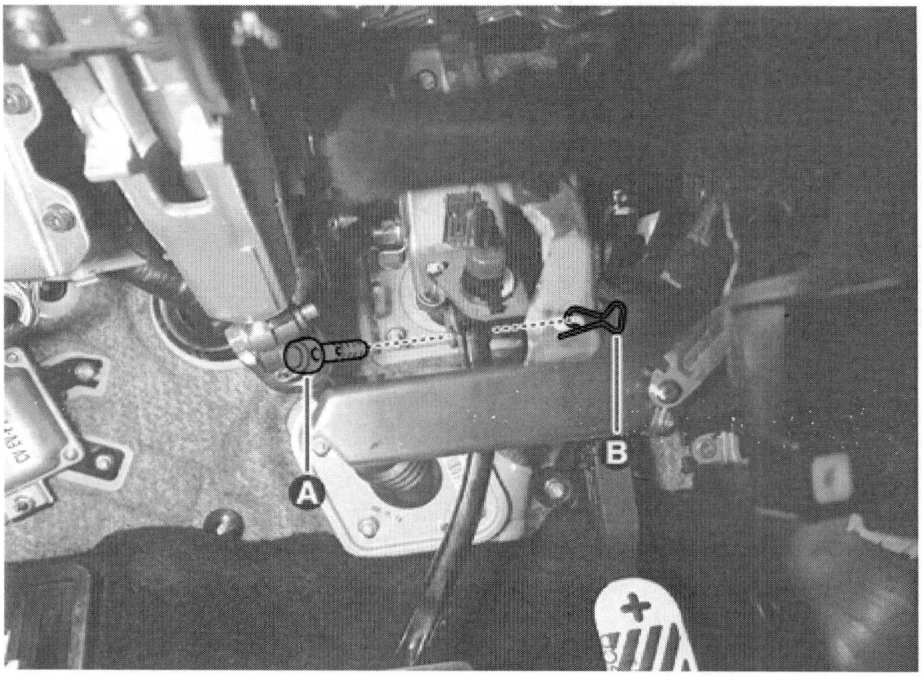

유 의

분할 핀(B)은 재사용하지 않는다.

7. 통합형 전동 부스터(IEB) 어셈블리 너트(A)를 탈거한다.

체결토크 : 1.3 ~ 1.8 kgf·m

8. 통합형 전동 부스터(A)를 탈거한다.

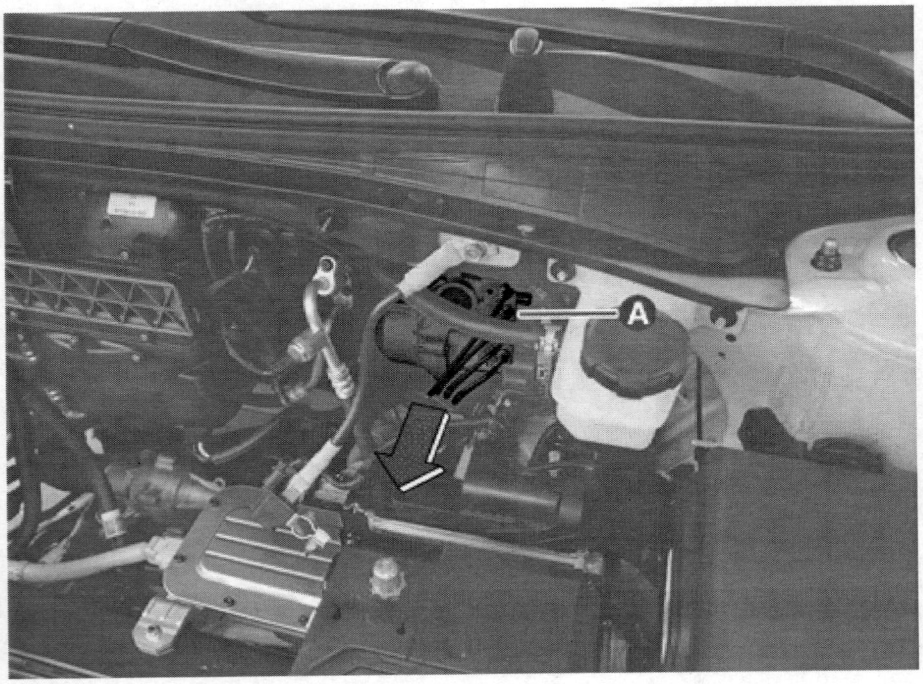

유 의

통합형 전동 부스터(A) 탈거 및 장착 시 주변 부품 간섭에 유의한다.

장착

⚠ 경 고

- 고전압 시스템 또는 주변 부품 작업 시, 반드시 "안전 사항 및 주의, 경고" 내용을 숙지하고 준수해야 한다. 미준수 시, 감전 또는 누전 등으로 인한 심각한 사고를 초래할 수 있다.
- 고전압 시스템 작업 시, "고전압 차단 절차"에 따라 반드시 고전압을 먼저 차단해야 한다. 미준수 시, 감전 또는 누전 등으로 인한 심각한 사고를 초래할 수 있다.

1. 장착은 탈거의 역순으로 한다.

유 의

- 브레이크 액 레벨 센서 커넥터 장착 시 체결 상태를 확인한다. 체결 상태가 불량할 경우 브레이크 경고등이 점등될 수 있다.
- 브레이크 페달 암 클레비스 핀 장착 시 그리스를 도포한다. (그리스 타입 : GREASE PDLV-1)
- 클레비스 핀과 분할 핀 장착 시 위치가 바뀌지 않도록 주의한다.
- IEB 단품 운반 시 피스톤 가드, 작동 로드, 리저버를 잡지않고 아래 표시된 (A) 부분을 잡고 운반하며 충격을 가하지 않도록 유의한다.

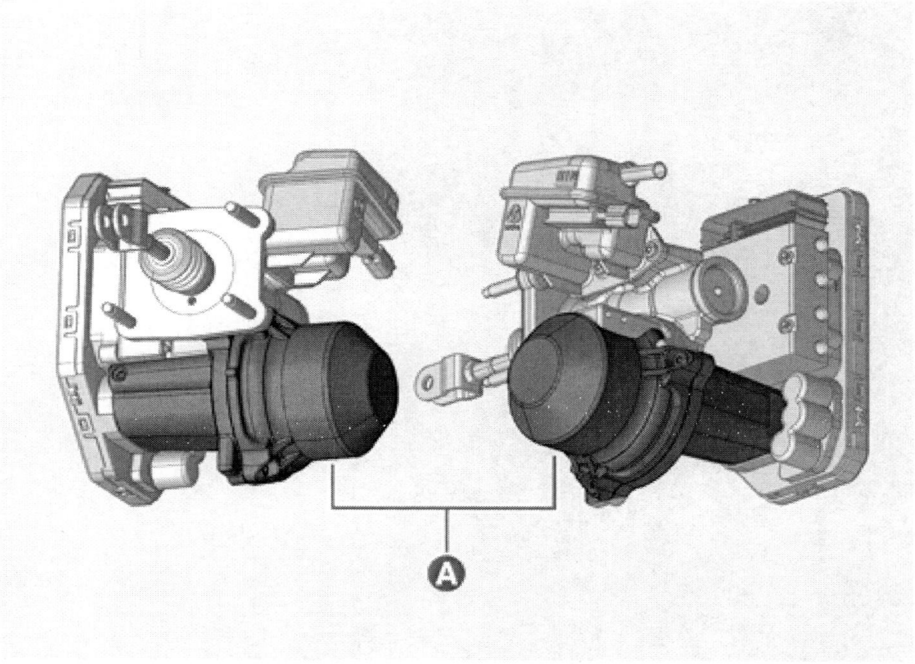

참 고

장착 시 나사산 및 브레이크 멤버 어셈블리의 손상을 최소화하기 위해 모든 너트를 가체결 한 뒤 아래와 같은 순서로 체결 토크 값으로 완체결한다.

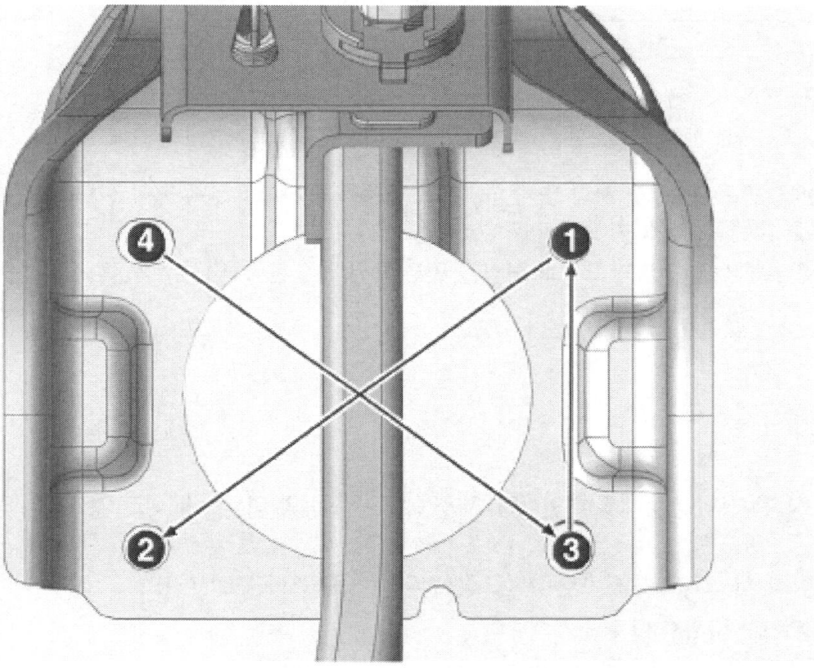

2. 브레이크 리저버에 브레이크 액을 가득 채운 후 공기 빼기 작업을 시행한다.
   (브레이크 시스템 - "브레이크 블리딩" 참조)
3. '배리언트 코딩', '압력센서 영점설정', '종방향 G센서 염정설정' 을 실시한다.
   (통합형 전동 부스터 - "조정" 참조)
4. ''PTS 영점 설정'을 실시한다.
   (브레이크 페달 - "조정" 참조)

KDS 부가기능

진단 기기를 이용한 진단 방법에 대한 사용 안내로써, 주요 내용은 다음과 같다.

1. 운전석측 크래쉬 패드 하부에 있는 자기 진단 커넥터(16핀)에 KDS를 연결하고, IG ON 한다.
2. KDS 차종 선택 화면에서 "차종"과 "제동제어" 시스템을 선택한 후 확인을 선택한다.

[배리언트 코딩]

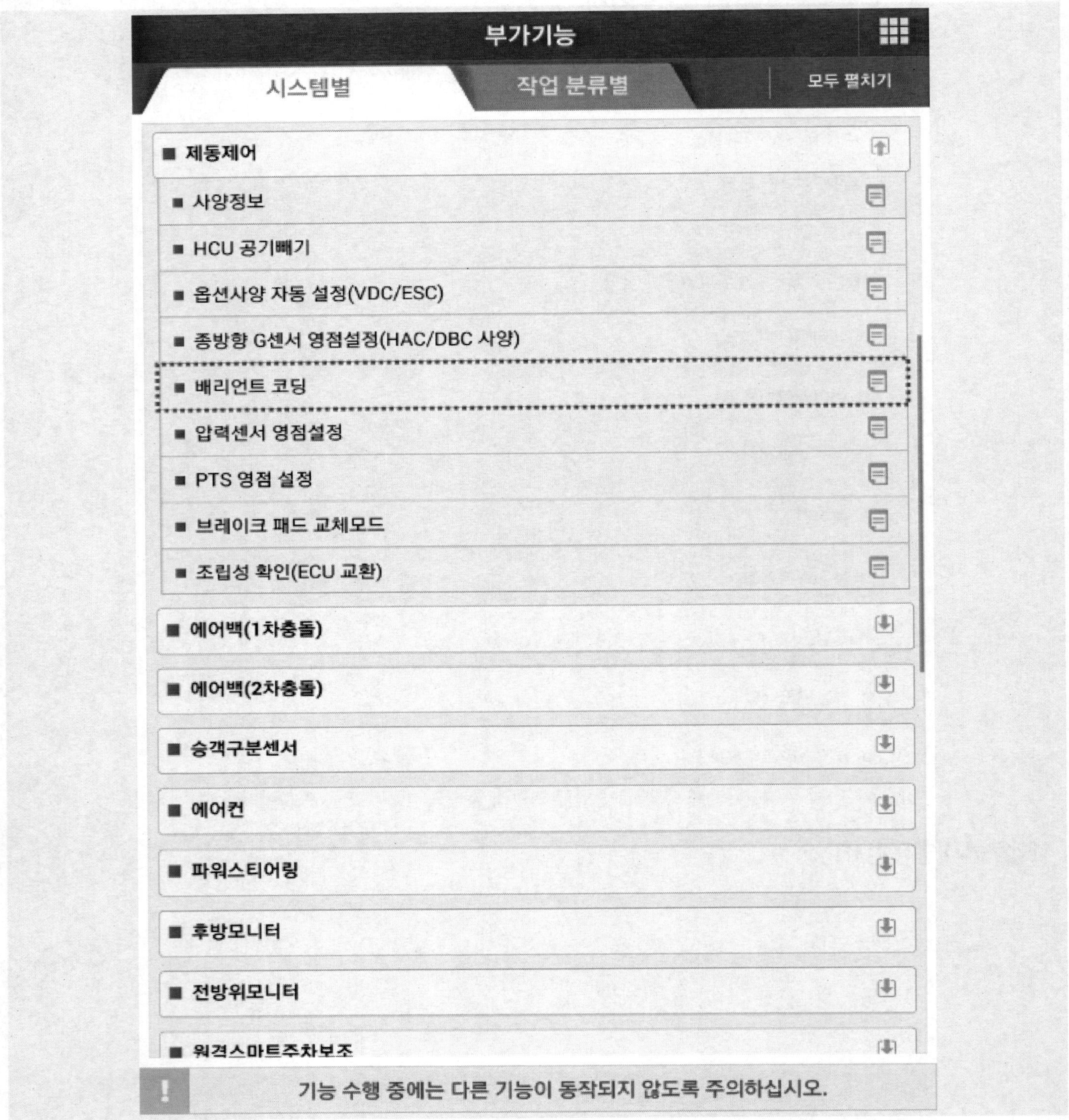

[종방향 G 센서 영점 설정]

부가기능
시스템별
작업 분류별
모두 펼치기
제동제어
사양정보
HCU 공기빼기
옵션사양 자동 설정(VDC/ESC)
종방향 G센서 영점설정(HAC/DBC 사양)
배리언트 코딩
압력센서 영점설정
PTS 영점 설정
브레이크 패드 교체모드
조립성 확인(ECU 교환)
에어백(1차충돌)
에어백(2차충돌)
승객구분센서
에어컨
파워스티어링
후방모니터
전방위모니터
원격스마트주차보조
기능 수행 중에는 다른 기능이 동작되지 않도록 주의하십시오.

[압력센서 영점 설정]

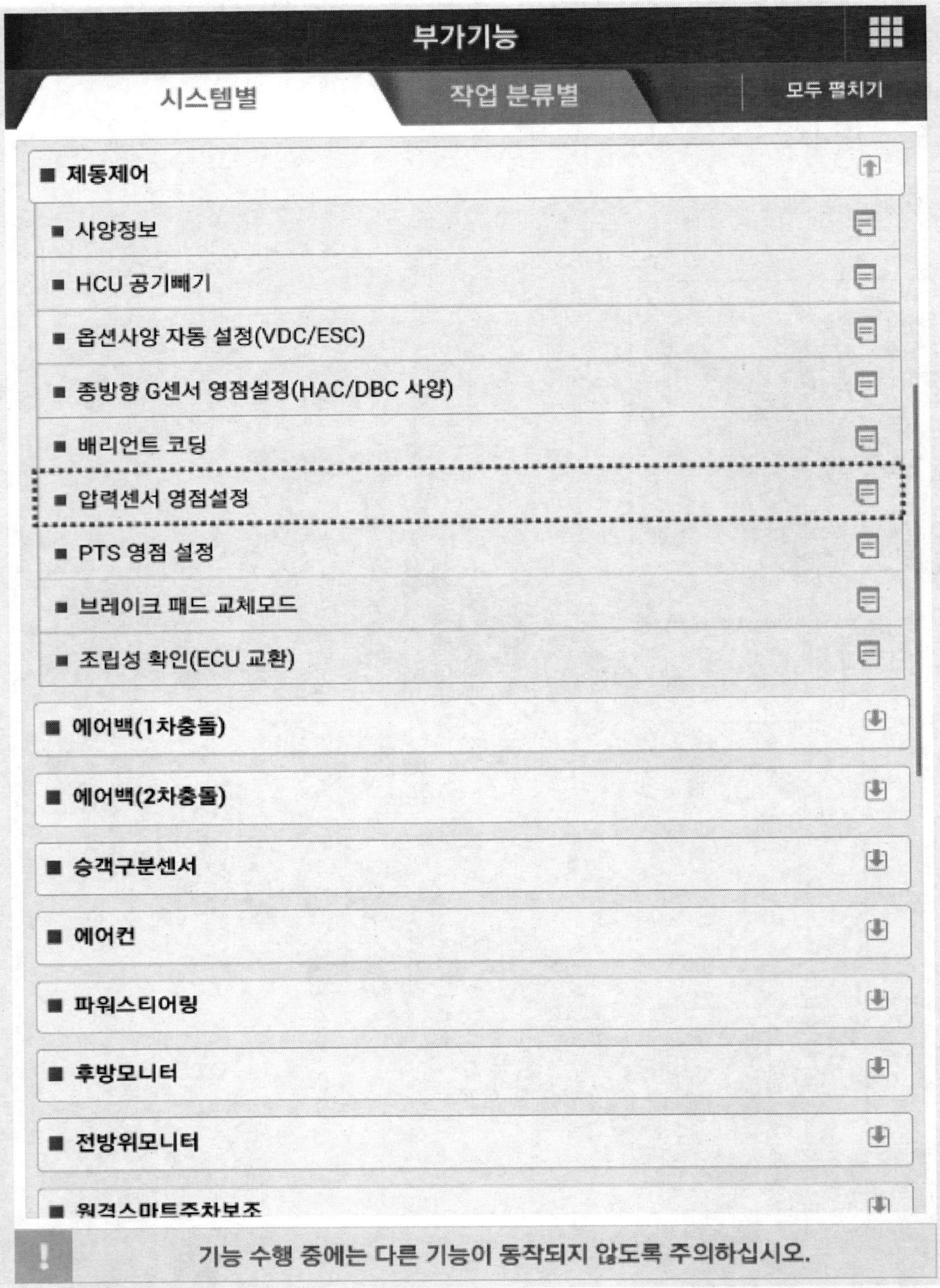
부가기능
시스템별
작업 분류별
모두 펼치기
■ 제동제어
■ 사양정보
■ HCU 공기빼기
■ 옵션사양 자동 설정(VDC/ESC)
■ 종방향 G센서 영점설정(HAC/DBC 사양)
■ 배리언트 코딩
■ 압력센서 영점설정
■ PTS 영점 설정
■ 브레이크 패드 교체모드
■ 조립성 확인(ECU 교환)
■ 에어백(1차충돌)
■ 에어백(2차충돌)
■ 승객구분센서
■ 에어컨
■ 파워스티어링
■ 후방모니터
■ 전방위모니터
기능 수행 중에는 다른 기능이 동작되지 않도록 주의하십시오.

구성부품 및 부품위치

[2WD]

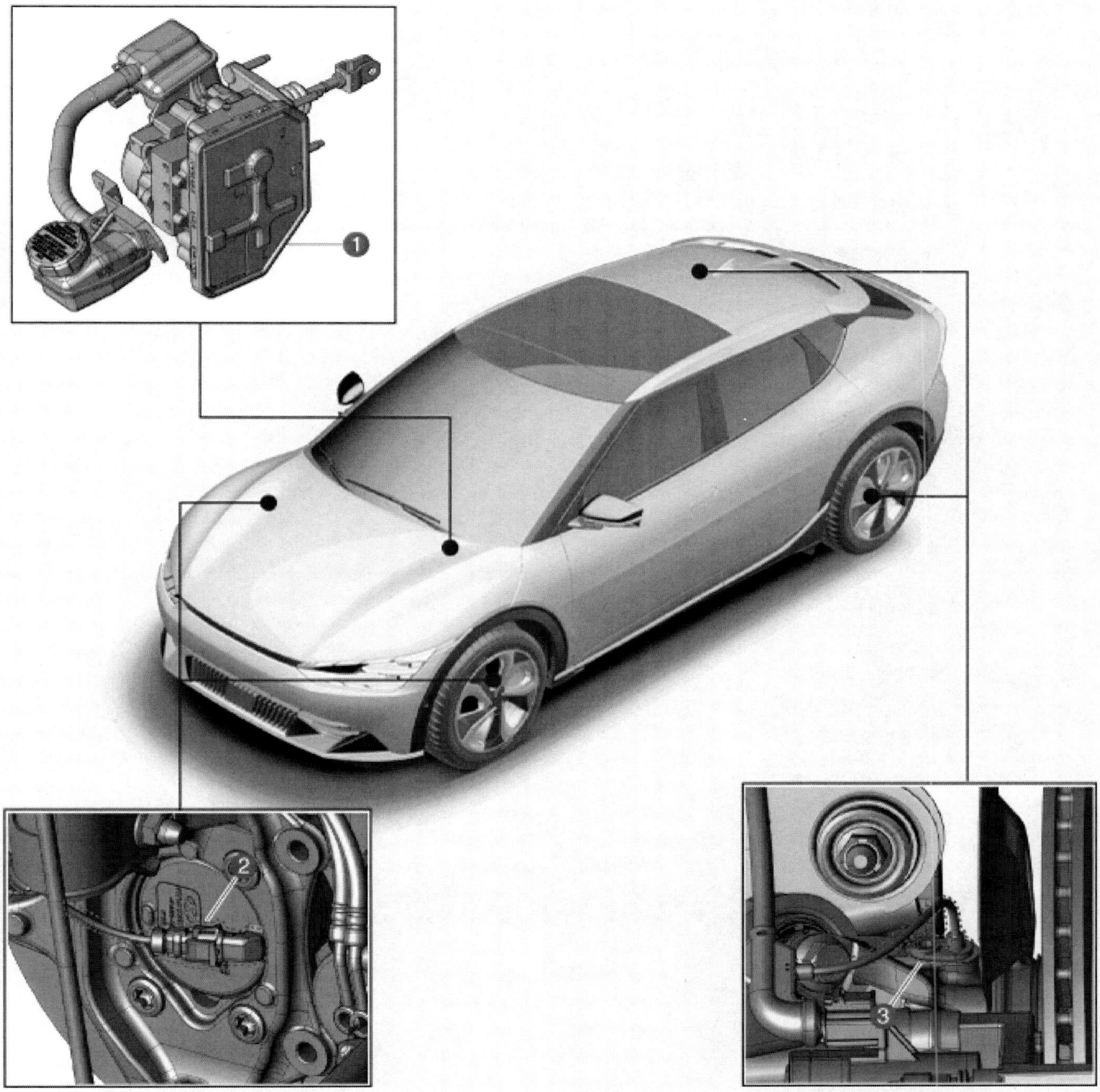

1. 통합형 전동 부스터 (IEB) [통합 운용] 2. 프런트 휠 속도 센서	3. 리어 휠 속도 센서

[4WD]

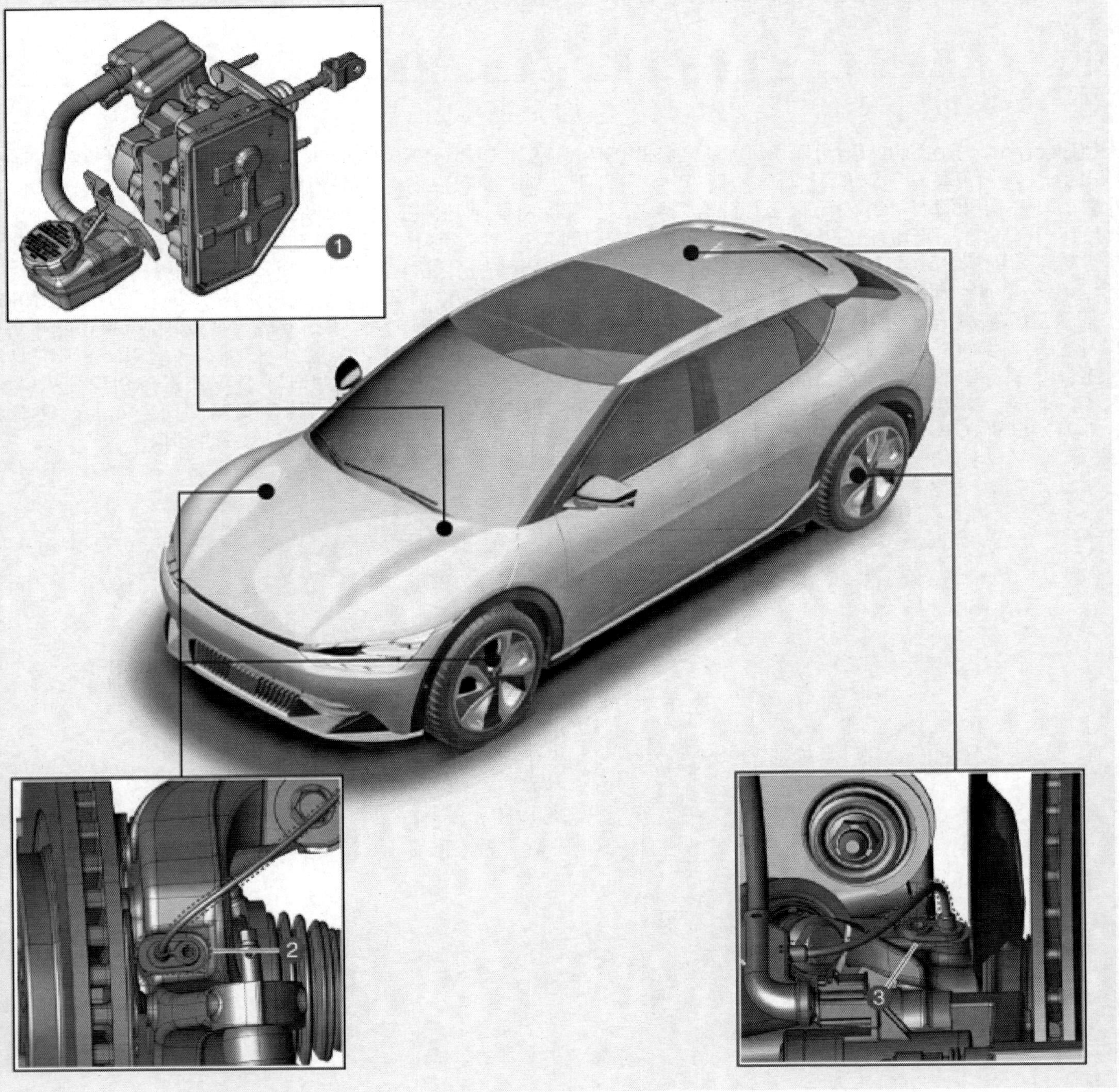

1. 통합형 전동 부스터 (IEB) [통합 운용] 2. 프런트 휠 속도 센서	3. 리어 휠 속도 센서

개요

ESC(Electronic Stability Control) 시스템은 스핀(SPIN) 또는 언더-스티어(UNDER-STEER) 등의 발생을 억제하여 이로 인한 사고를 미연에 방지할 수 있다. 이는 차량에 스핀 (SPIN) 또는 언더-스티어(UNDER-STEER) 등의 상황이 발생하면 이를 감지하여 자동적으로 내측 차륜 또는 외측 차륜에 제동을 가해 차량의 자세를 제어함으로써 차량의 안정된 상태를 유지하며(ABS연계 제어), 스핀한계 직전에 자동 감속한다(TCS연계 제어). 이미 발생된 경우에는 각 휠별로 제동력을 제어하여 스핀이나 언더-스티어의 발생을 미연에 방지하여 안정된 운행을 도모 하였다.
ESC는 요-모멘트 제어(YAW-MOMENT), 자동 감속 제어, ABS 제어, TCS 제어등에 의해 스핀방지, 오버-스티어제어, 굴곡로 주행시 요윙(YAWING)발생 방지, 제동 시의 조종 안정성 향상, 가속 시 조종 안정성 향상 등의 효과가 있다.
이 시스템은 브레이크 제어식, TCS 시스템에 요-레이트(YAW-RATE) & 횡 가속도 센서, 마스터 실린더 압력 센서, 휠 조향각 센서를 추가한 구성으로 차속, 조향각 센서, 마스터 실린더 압력 센서로부터 운전자의 조종 의도를 판단하고, 요-레이트 & 횡 가속도 센서로부터 차체의 자세를 계산하여 운전자가 별도의 제동을 하지 않아도 4륜을 개별적으로 자동 제동해서 차량의 자세를 제어하여 차량 모든 방향(앞, 뒤, 옆 방향)에 대한 안정성을 확보한다.

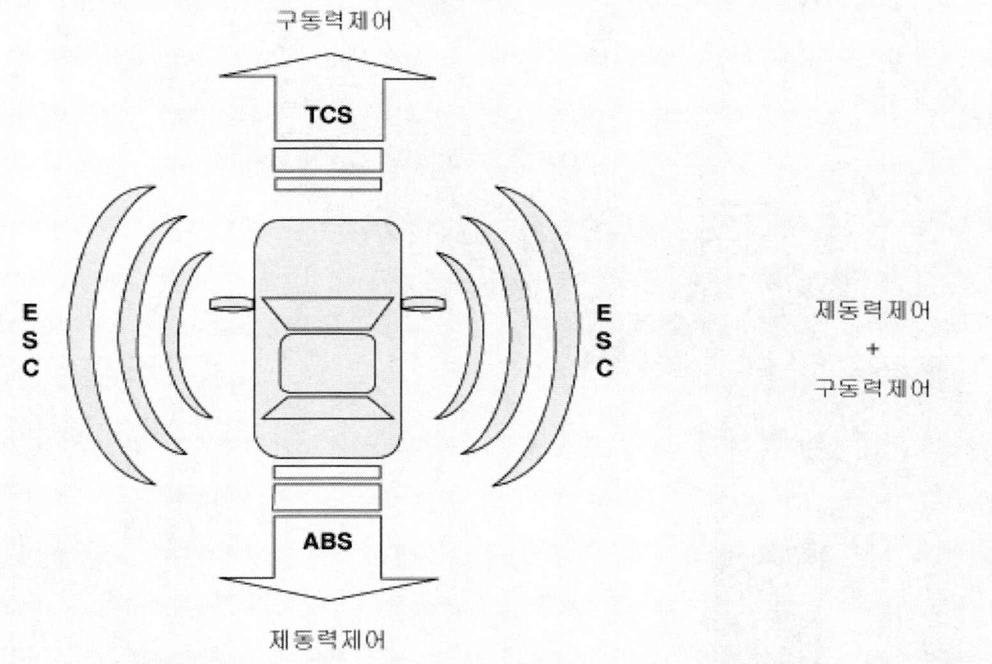

> **참 고**
>
> ESC(Electronic Stability Control) : 차량 자세 제어 장치

제어의 개요

ESC 시스템은 ABS/EBD 제어, 트랙션 컨트롤(TCS), 요 컨트롤 기능을 포함한다.
컨트롤 유닛(IEB)은 4개의 휠 속도 센서에서 구형파(Square wave)로 나오는 휠 센서 신호(전류 신호)를 이용하여, 차속 및 4개 휠의 가속과 감속을 산출한 후 ABS/EBD가 작동해야 할지 아닐지를 판단한다. 트랙션 컨트롤(TCS)기능은 브레이크 압력 제어 및 CAN 통신을 통해 모터 토크를 저감시켜서 구동 방향의 휠 슬립을 방지한다.
요 컨트롤 기능은 요레이트 센서, 횡 가속도 센서, 압력 센서, 조향 휠 각속도 센서, 휠 속도 센서등의 입력 신호를 연산하여 자세 제어의 기준이 되는 요-모멘트와 자동 감속 제어의 기준이 되는 목표 감속도를 산출하여 이를 기초로 4륜 각각의 제동 압력 및 모터의 출력을 제어함으로써 차량의 안정성을 확보한다.
만약 차량의 자세가 불안정하다면(오버 스티어, 언더 스티어),요 컨트롤 기능은 특정 휠에 브레이크 압력을 주고, CAN 통신으로 모터 토크 저감 신호를 보낸다. 점화스위치 ON후, 컨트롤 유닛(IEB)은 지속적으로 시스템 고장을 자기 진단한다. 만약 시스템 고장이 감지되면, IEB는 ABS 및 ESC 경고등을 통해 시스템 고장을 운전자에게 알려준다.

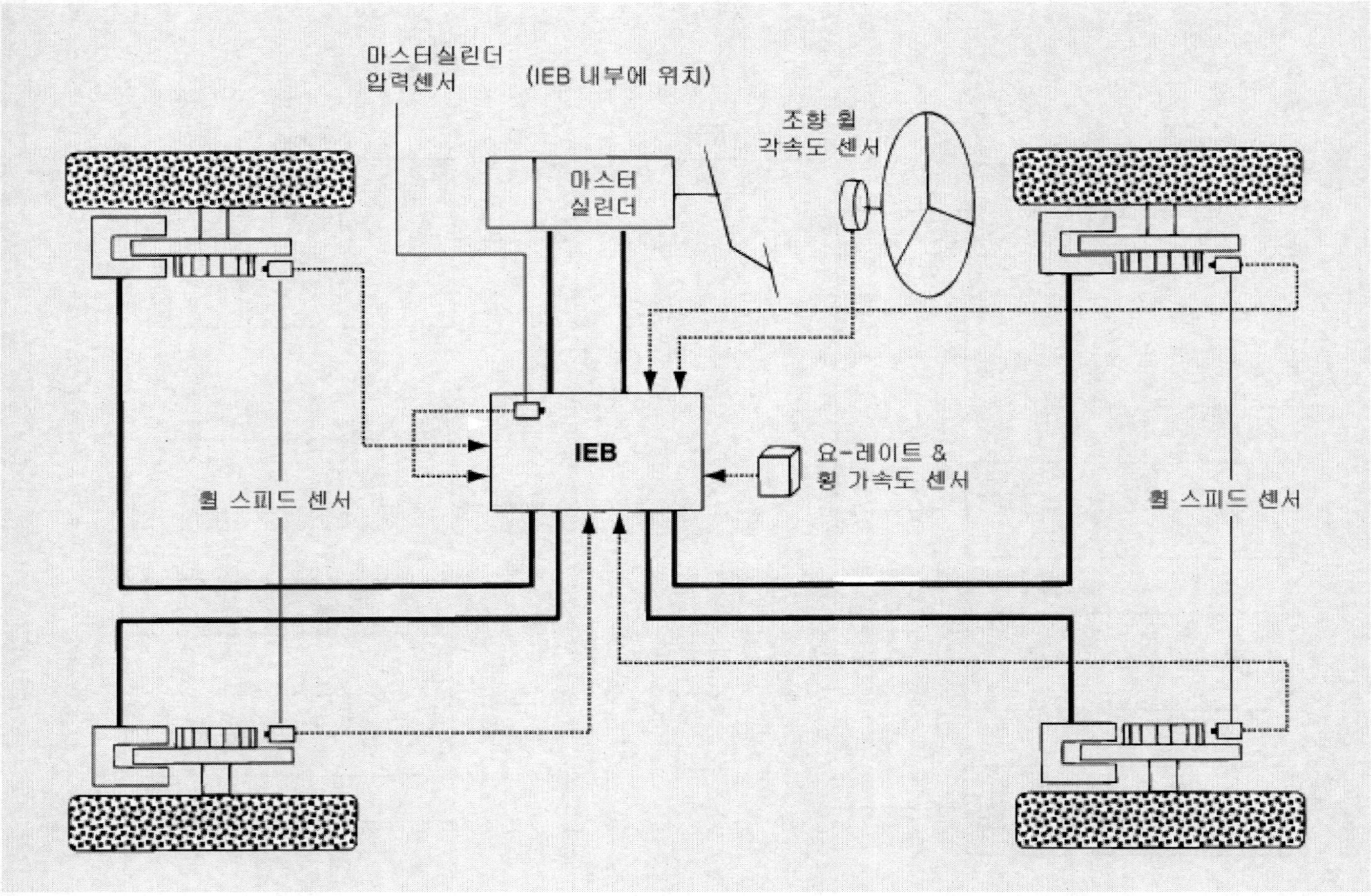
마스터실린더
압력센서
(IEB 내부에 위치)
조향 휠
각속도 센서
마스터
실린더
IEB
요-레이트 &
횡 가속도 센서
휠 스피드 센서
휠 스피드 센서

구조

입출력도

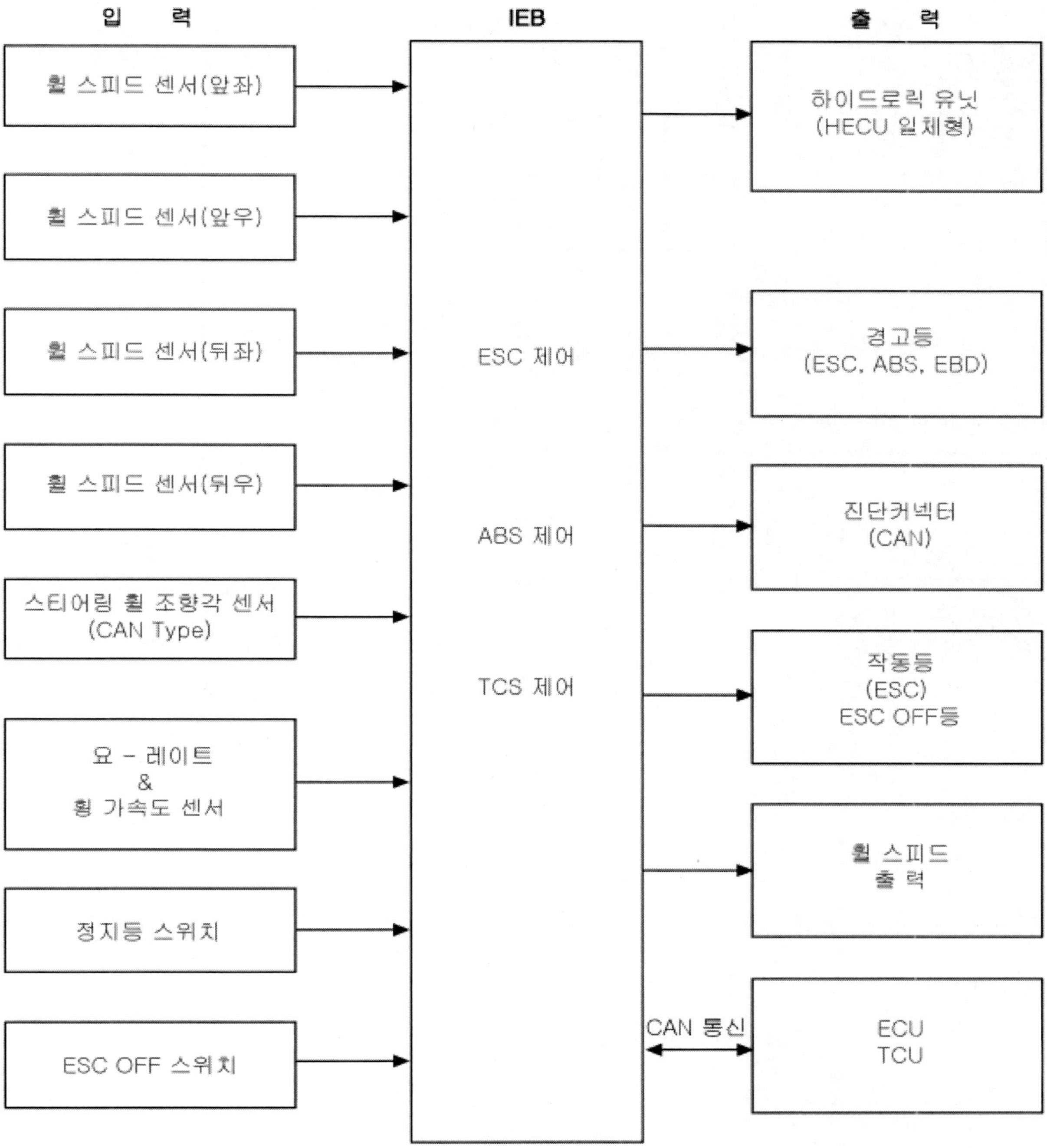

ESC 작동원리

1. 1단계
   ESC는 운전자의 의도를 분석한다.

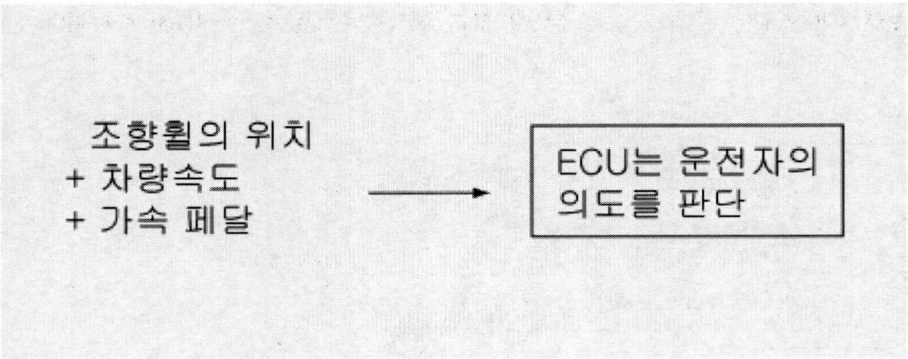

2. 2단계
   ESC 차량의 거동 상태 분석

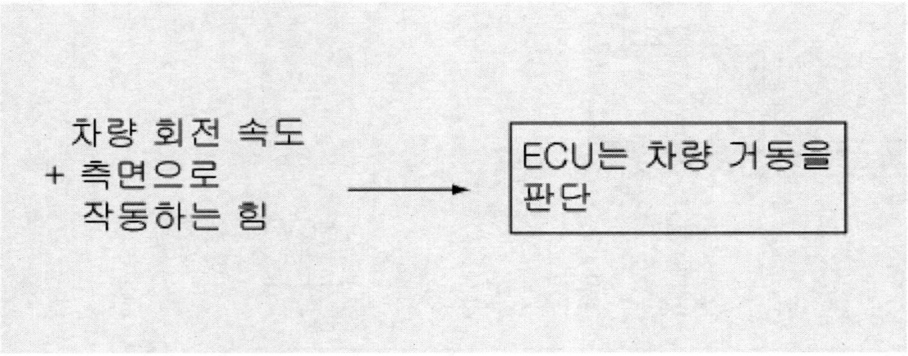

3. 3단계
   ESC 제동력을 통한 차량 자세 제어
   - IEB는 필요한 대책을 계산한다.
   - 유압 조절 장치는 신속히 각 바퀴의 제동력을 독립적으로 조절한다.
   - 모터과 연결된 통신 라인을 통하여 모터 토크를 조절한다.

ESC 시스템 작동원리

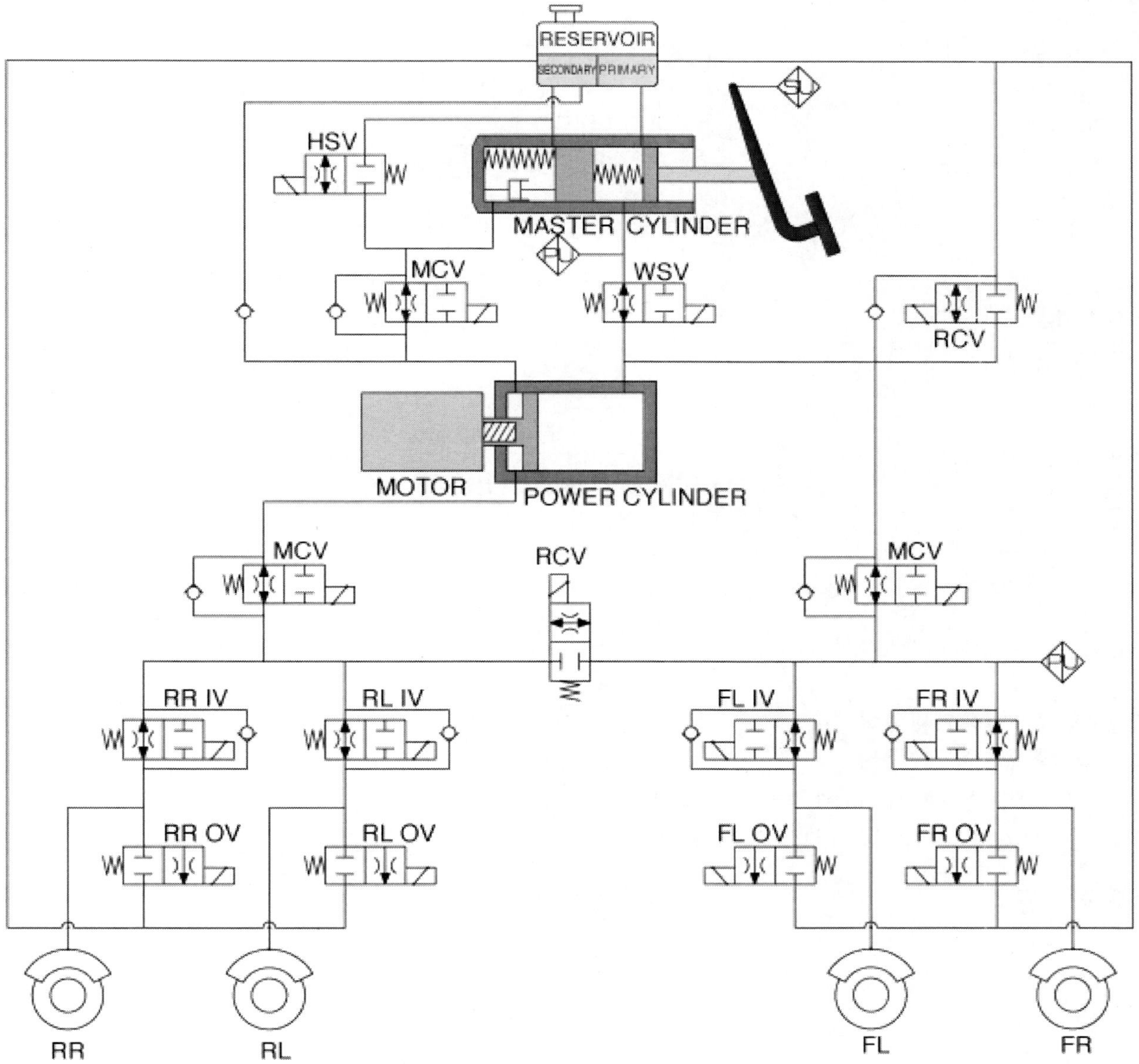

1. ESC 비작동 시(일반 제동)

솔레노이드 밸브	통전 상태	밸브 개폐	모터 펌프	TC 밸브
IN(NO)	OFF	열림	OFF	OFF
OUT(NC)	OFF	닫힘		

2. ESC 작동 시

솔레노이드 밸브		통전 상태	밸브 개폐	모터 펌프	TC 밸브
언더스티어링시 (후륜 내측 휠만)	IN(NO)	OFF	열림	ON	ON
	OUT(NC)	OFF	닫힘		
오버스티어링시 (전륜 외측 휠만)	IN(NO)	OFF	열림		
	OUT(NC)	OFF	닫힘		

경고등 제어

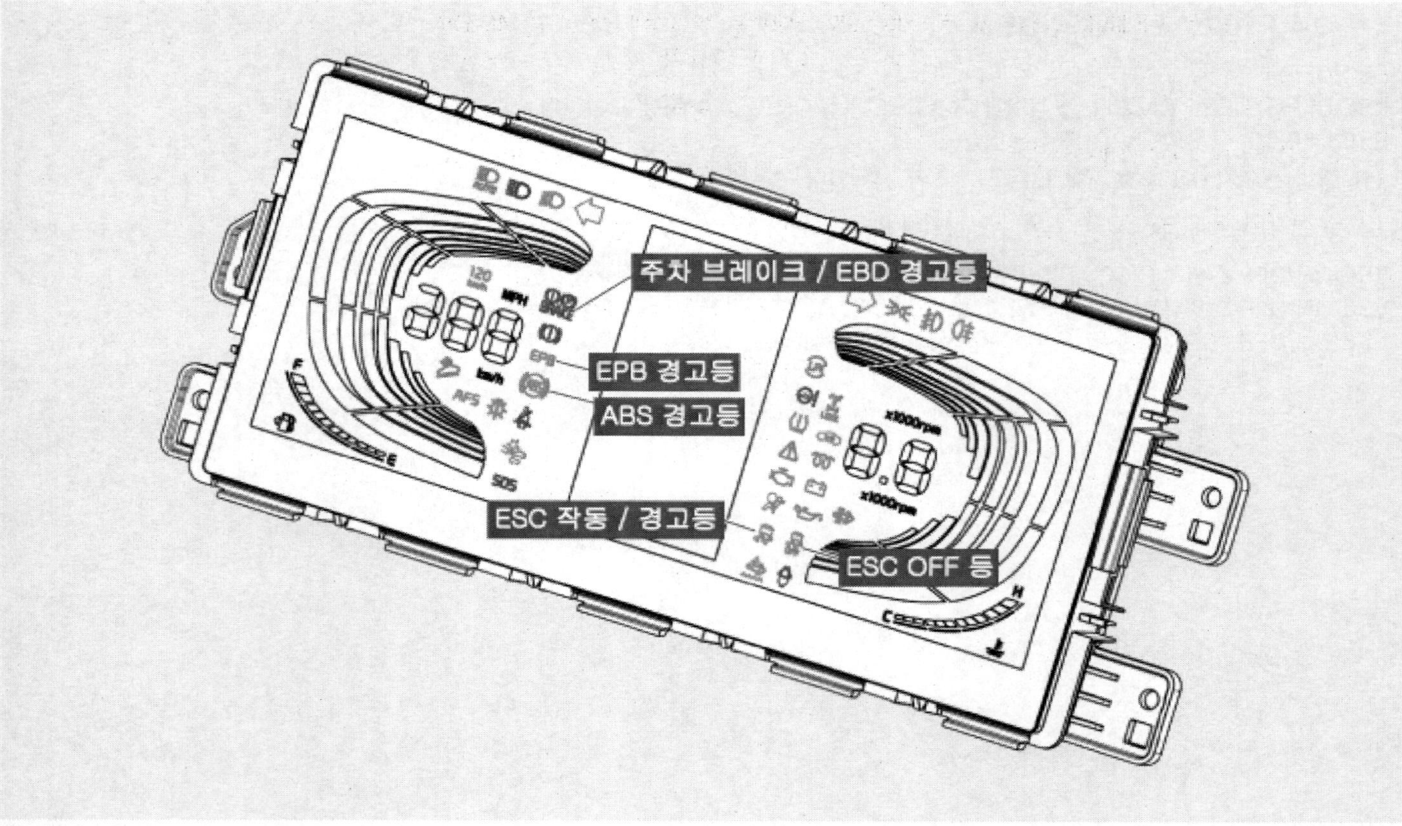

1. ABS 경고등
ABS 경고등 모듈은 ABS 기능의 자기 진단 및 고장 상태를 표시한다.
ABS 경고등은 다음의 경우에 점등된다.
   (1) 점화 스위치 ON 시 3초간 점등되며 자기 진단하여 ABS 시스템에 이상 없을 시 소등된다 (초기화 모드).
   (2) 시스템 이상 발생 시 점등된다.
   (3) 자기 진단 중 점등된다.
   (4) IEB 커넥터 탈거 시 점등된다.
   (5) 점등 중 ABS 제어 중지 및 ABS 비장착 차량과 동일하게 일반 브레이크만 작동된다.
2. EBD (Electronic Brake-force Distribution) 경고등/주차 브레이크 경고등
EBD 경고등 모듈은 EBD 기능의 자기 진단 및 고장 상태를 표시한다. 단, 주차 브레이크 스위치가 ON일 경우에는 EBD 기능과는 상관없이 항상 점등된다.
EBD 경고등은 다음의 경우 점등된다.
   (1) 점화 스위치 ON 시 3초간 점등되면 EBD 관련 이상 없을 시 소등된다 (초기화 모드).
   (2) 주차 브레이크 스위치 ON 시 점등된다.
   (3) 브레이크 오일 부족 시 점등된다.
   (4) 자기 진단 중 점등된다.
   (5) IEB 커넥터 탈거 시 점등된다.
   (6) EBD 제어 불능 시 점등된다 (EBD 작동 안 됨).
      – 솔레노이드 밸브 고장 시
      – 휠 센서 3개 이상 고장 시
      – IEB 고장 시
      – 과전압 이상 시
      – 밸브 릴레이 고장 시
3. ESC 작동/경고등
ESC 작동/경고등은 ESC 기능 작동, 자가 진단 및 고장 상태를 표시한다.
ESC 작동/경고등은 ESC 기능 작동, 자가 진단 및 고장 상태를 표시한다.
   (1) 점화 스위치 ON 후 초기화 모드 시 3초간 점등된다.
   (2) 자기 진단 중 점등된다.
   (3) 시스템 고장으로 인하여 ESC 기능이 금지될 때 점등된다.

(4) ESC 제어 작동 중 2Hz로 점멸된다.

4. ESC OFF등
ESC OFF등은 ESC ON/OFF 스위치에 의한 ESC 기능 ON/OFF 상태를 표시한다.
ESC OFF등은 다음의 경우에 점등된다.
(1) 점화 스위치 ON 후 초기화 모드 시 3초간 점등된다.
(2) 운전자에 의해 ESC OFF 스위치가 입력될 때 점등된다.

5. ESC ON/OFF 스위치 (ESC 사양 적용 시)
ESC ON/OFF 스위치는 운전자의 입력으로 ESC 기능을 ON/OFF 상태로 전환하는 데 쓰인다.
ESC ON/OFF 스위치는 노말 오픈 순간 접점 스위치로 IGN에 접촉된다.

1. 원칙적으로 ABS의 고장 시에는 ESC 및 TCS도 제어를 금지한다.
2. ESC 또는 TCS 고장 시에는 해당 시스템만 제어를 금지한다.
3. 다만, ESC 고장 시 솔레노이드 밸브 릴레이를 OFF 시켜야 되는 경우에는 ABS의 페일 세이프에 준한다.
4. ABS의 페일 세이프 사항은 ESC 미장착 시와 동일하다.

고장 코드의 기억

1. 백업 램프 전원이 연결되어 있는 동안은 기억을 유지한다.(○)
2. IEB 전원이 ON 기간에만 기억을 유지한다.(X)

고장 점검

1. 최초 점검은 IEB 전원이 ON된 직후 실행한다.
2. 밸브 릴레이의 점검은 IG1의 ON 직후에 실행한다.
3. IG1 전원이 ON 상태에서는 항시 실행한다.

고장 발생 시의 처리

1. 시스템을 DOWN하고 다음의 처리를 행한 후 IEB 전원 OFF까지 유지한다.
2. 밸브 릴레이는 OFF한다.
3. 제어 중에는 제어를 중단하고 정상 조건까지 모든 제어를 실행하지 않는다.

경고등 점등

1. ABS 고장 시에는 ABS 경고등을 점등한다.
2. TCS 고장 시에는 ESC(TCS) 작동등을 점등한다.
3. ESC 고장 시에는 ESC(TCS) 표시등을 점등한다.

전원 전압, 밸브 릴레이 전압 이상 시는 입출력 관계의 고장 판정을 행하지 않는다.

고장진단의 표준 절차

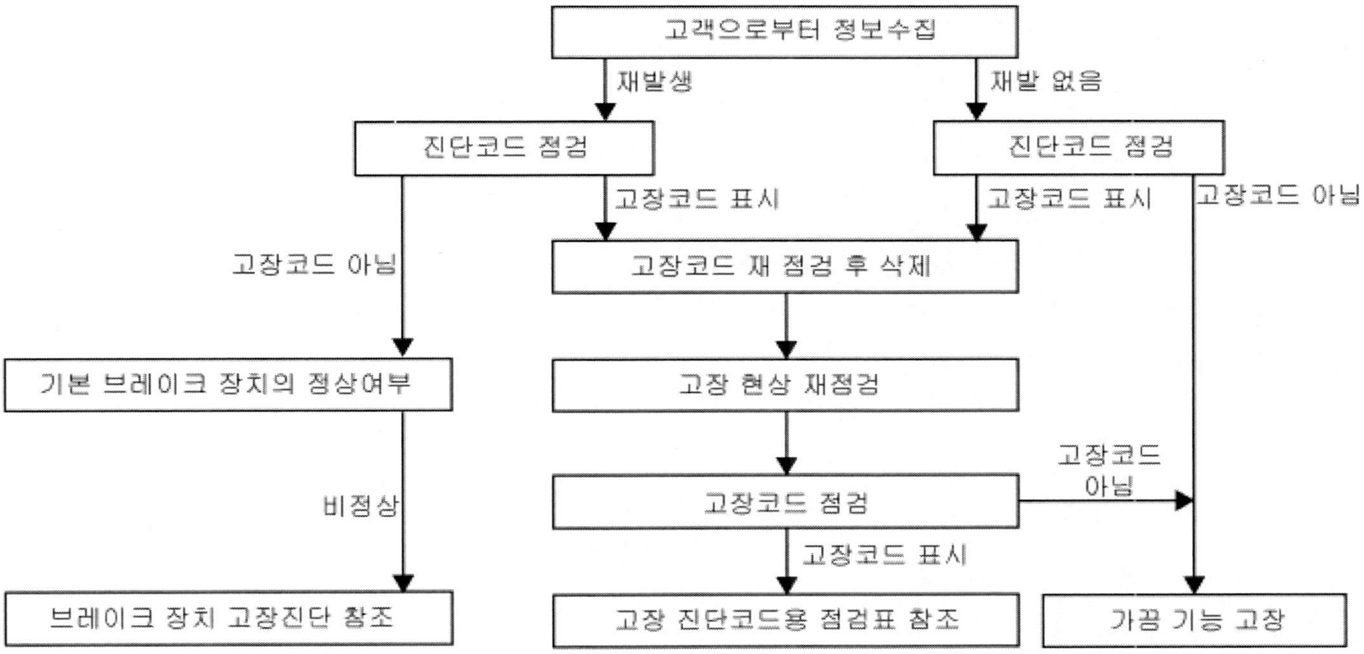

o 고객 문제 분석 체크 시트를 참고용으로 사용하기 위해 고객에게 가능한 자세히 문제에 대하여 질문한다.

진단을 위한 참고

다음 표에 나타난 현상들은 비정상이 아니다.

현 상	현상 설명

시스템 점검 소리	"IG ON 시 PE룸 내부에서 '쿵' 또는 '위잉' 하는 큰 소리가 들릴 때가 있습니다. 하지만 이것은 시스템 작동 점검이 이루어지고 있다는 뜻이므로 고장이 아닙니다."
ESC 작동 소리	1) 소리가 브레이크 페달의 진동(긁힘)과 함께 발생한다. 2) ESC 작동시 차량의 섀시 부위에서 브레이크의 작동 및 해제의 반복 ('탁' 때리는 소리 : 서스펜션, '끽' 소리: 타이어)에 의해 소리가 발생한다. 3) ESC가 작동할 때에는 브레이크를 밟았다가 놓았다가 하는 반복되는 동작으로 인해 차체 섀시로부터 소리가 나는 것입니다.
ESC 작동 (긴 제동 거리)	눈길이나 자갈길과 같은 노면에서 ABS 장착 차량이 다른 차량보다 제동 거리가 가끔 길게 될 수 있다. 따라서 그와 같은 노면에서는 차속을 줄이고 ESC 장치를 너무 과신하지 말고 안전 운행을 하도록 권고한다.

진단 검출 상태는 진단 코드와 다양하게 종속되어 있다.'해설' 안에 명시된 점검 필수 조건들은 진단 코드가 지워진 후 다시 고장 현상을 점검할 때 확실히 만족되어야 한다.

ESC 시스템의 진단 시 점검 사항

ESC 시스템 테스트 작업 전후에 반드시 경고등 정상 여부와 ESC 시스템 정상 여부를 점검하여, 아래와 같이 이상이 없는 상태임을 확인하도록 한다.

1. 점검 방법
   IG OFF 상태에서 IG ON : ABS/BRAKE 경고등이 점등되었다가 3초 후 소등되면, 경고등과 ABS 시스템 모두 정상이다.
   (1) IG ON을 하여도 경고등이 점등되지 않는 경우
      1) IEB 커넥터(PE 룸 내에 위치)를 탈거한다.
      2) IG ON을 한다.
      3) ABS/BRAKE 경고등이 점등되지 않는 경우 :
         경고등 관련 이상이므로 계기판 및 와이어링을 점검한다.
      4) ABS/BRAKE 경고등이 점등된 상태로 유지할 때 :
         경고등은 정상이고 ESC 시스템 이상으로 판단한다. 진단 기기(KDS)를 사용하여 ESC 시스템을 점검한다.
   (2) IG ON시 경고등 점등 후 소등되지 않는 경우
      1) 진단 기기(KDS)를 이용하여 자기 진단
      2) 고장 코드 기록
      3) 고장 코드 소거 후 자기 진단
      4) 고장 코드 소거 후 자기 진단 시 정상일 경우 :
         IG OFF 후 IG ON을 하여 경고등이 정상적으로 동작하는지 확인한다.
      5) 고장 코드 소거 후 자기 진단 시 에러가 계속 나올 경우 :
         고장 코드 점검표에 따라 점검한다.
2. 경고등과 ESC 시스템이 모두 정상이라 하더라도, 진단 기기(KDS)를 사용하여 기억되어 있는 고장 코드를 모두 소거한다.(기억된 고장 코드가 있을 경우는 고장 코드를 기록하여 둔다.)

> **유 의**
>
> 1) 모든 커넥터의 탈거 또는 체결 작업 시에는 IG OFF 상태에서 수행한다.
> 2) 주행 시험 중 경고등이 점등되거나 특기할 만한 현상 발생 시마다 점검 시트를 작성한다.

고장 현상 점검표

만약 고장 코드가 표출되지 않지만 여전히 문제가 발생할 경우 고장 현상의 이해를 먼저 한 후 다음의 점검표에 의해 점검한다.

고장 현상	가능한 원인
ESC가 작동되지 않는다.	아래 사항이 모두 정상인데도 여전히 문제가 발생하면 IEB를 교환한다. 1) 고장 코드가 표출되는지 점검한다. 2) 전원 공급 회로를 점검한다. 3) 휠 속도 센서 회로를 점검한다.

	4) 유압 라인의 누유를 점검한다.
ESC가 간헐적으로 작동되지 않는다.	아래 사항이 모두 정상인데도 여전히 문제가 발생하면 IEB를 교환한다 1) 고장 코드가 표출되는지 점검한다. 2) 휠 속도 센서 회로를 점검한다. 3) 정지등 스위치 회로를 점검한다. 4) 유압 라인의 누유를 점검한다.
진단 기기(KDS)와 모든 시스템과의 통신 단절	1) 전원 공급 회로를 점검한다. 2) 자기 진단 라인을 점검한다.
진단 기기(KDS)와 ESC만 통신 단절	1) 전원 공급 회로를 점검한다. 2) 자기 진단 라인을 점검한다. 3) IEB를 점검한다.
점화 스위치 ON(시동 OFF) 시 ABS 경고등이 점등되지 않는다.	1) ABS 경고등 회로를 점검한다. 2) IEB를 점검한다.
모터 시동 시 ABS 경고등이 ON 상태로 유지된다.	1) ABS 경고등 회로를 점검한다. 2) IEB를 점검한다.

참 고

ESC 작동 동안, 브레이크 페달이 많이 떨리는 경우나 밟기 힘들 때가 있다.
이것은 휠이 록킹되지 않도록 브레이크 내부에서 유압의 간헐적인 변화나 멈춤이 있기 때문이므로 고장이 아니다.

구성부품 및 부품위치

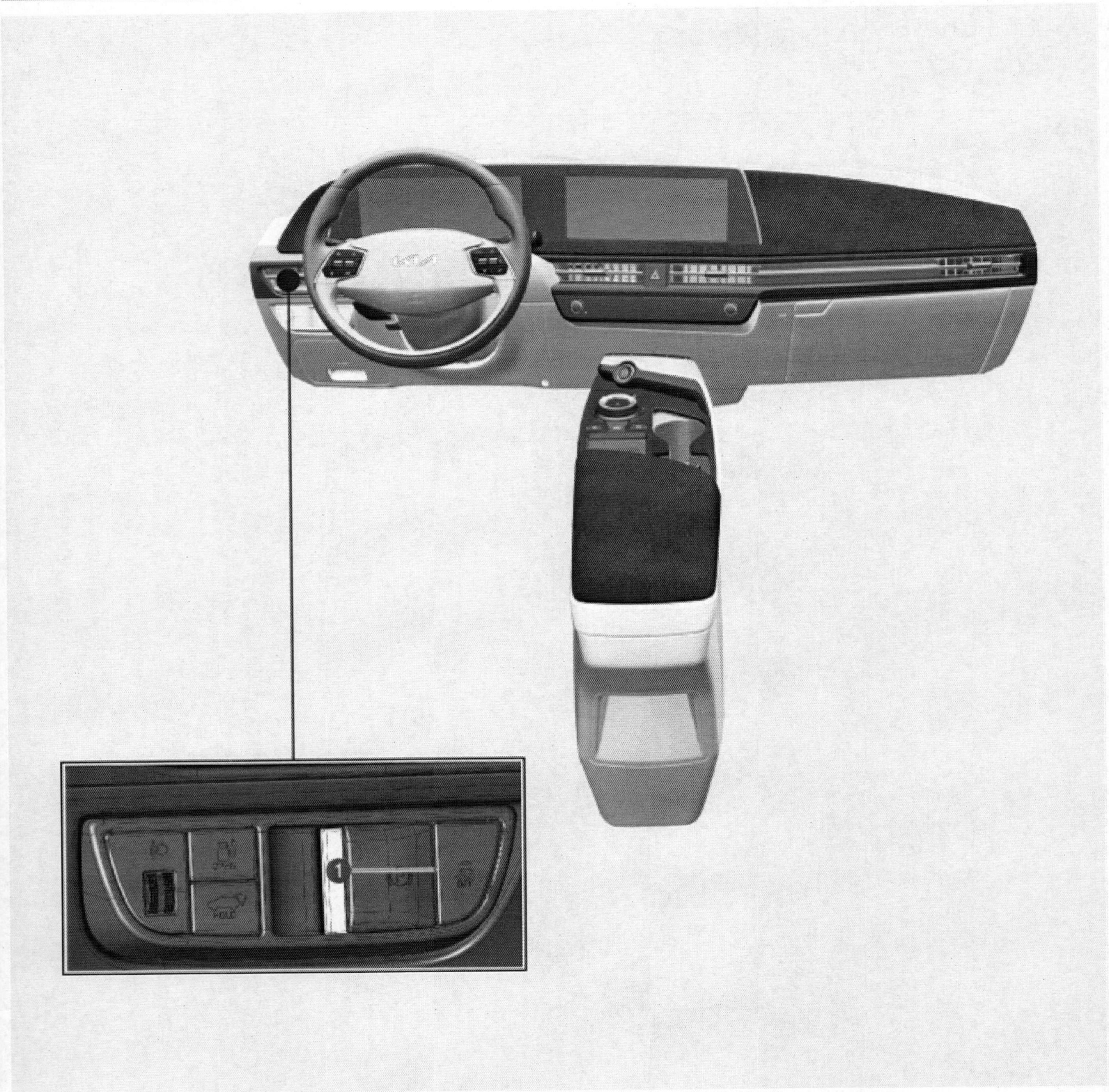

1. ESC OFF 스위치

탈거

1. 레오 스탯을 탈거한다.
   (바디 전장 - "레오 스탯" 참조)

장착

1. 장착은 탈거의 역순으로 한다.

구성부품 및 부품위치

[2WD]

1. 프런트 휠 속도 센서 2. 프런트 휠 속도 센서 라인 2-a. 2.0 ~ 3.0 kgf·m	3. 프런트 휠 속도 센서 커넥터

[4WD]

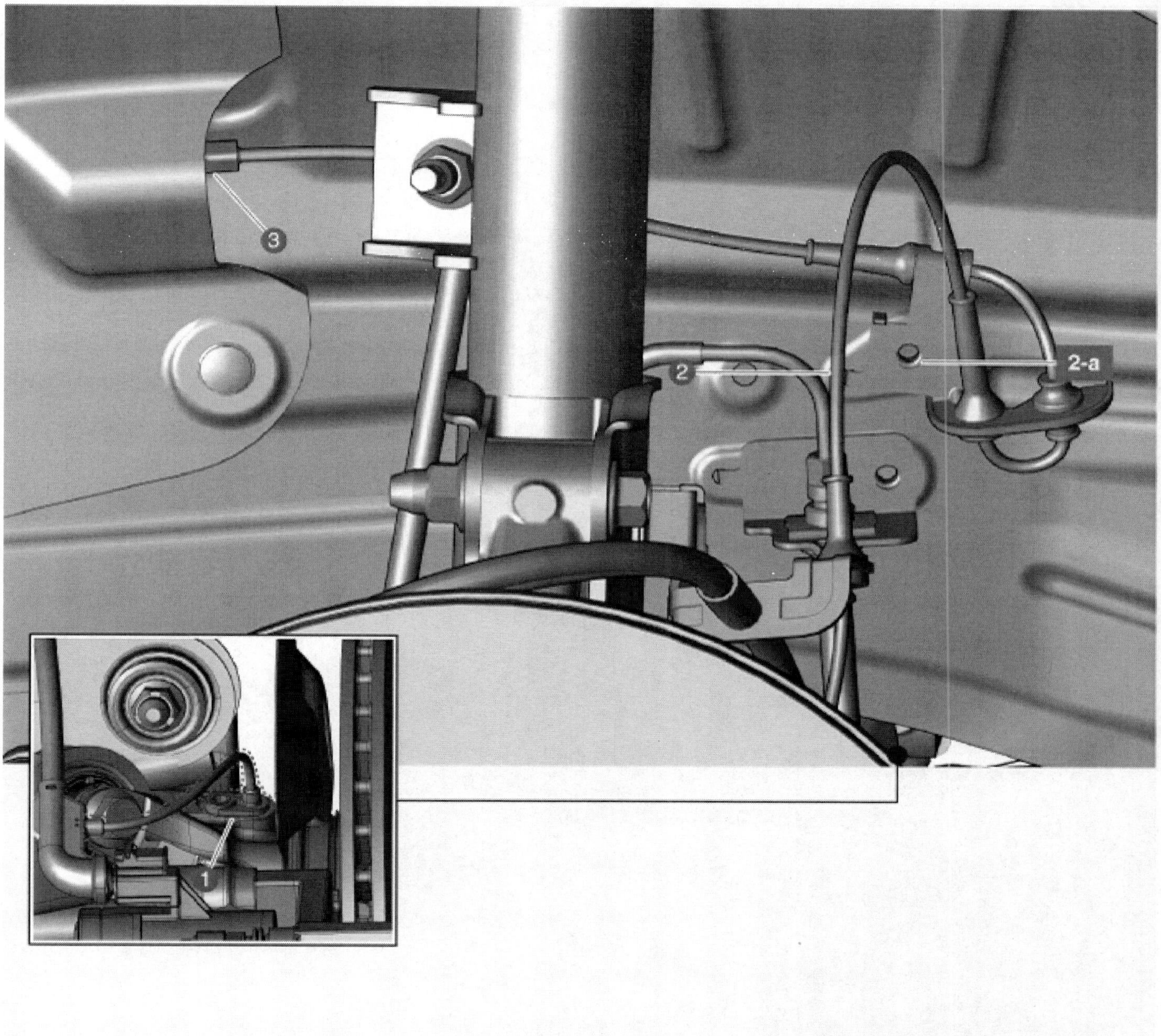

1. 프런트 휠 속도 센서 1-a. 0.9 ~ 1.4 kgf·m	2. 프런트 휠 속도 센서 라인 2-a. 2.0 ~ 3.0 kgf·m 3. 프런트 휠 속도 센서 커넥터

탈거

1. 배터리 (-) 단자와 서비스 인터록 커넥터를 분리한다.
   (배터리 제어 시스템 - "보조 배터리 (12V) - 2WD" 참조)
   (배터리 제어 시스템 - "보조 배터리 (12V) - 4WD" 참조)
2. 프런트 휠 및 타이어를 탈거한다.
   (서스펜션 시스템 - "휠" 참조)
3. 파스너를 탈거하여 프런트 더스트 커버(A)를 이격한다.

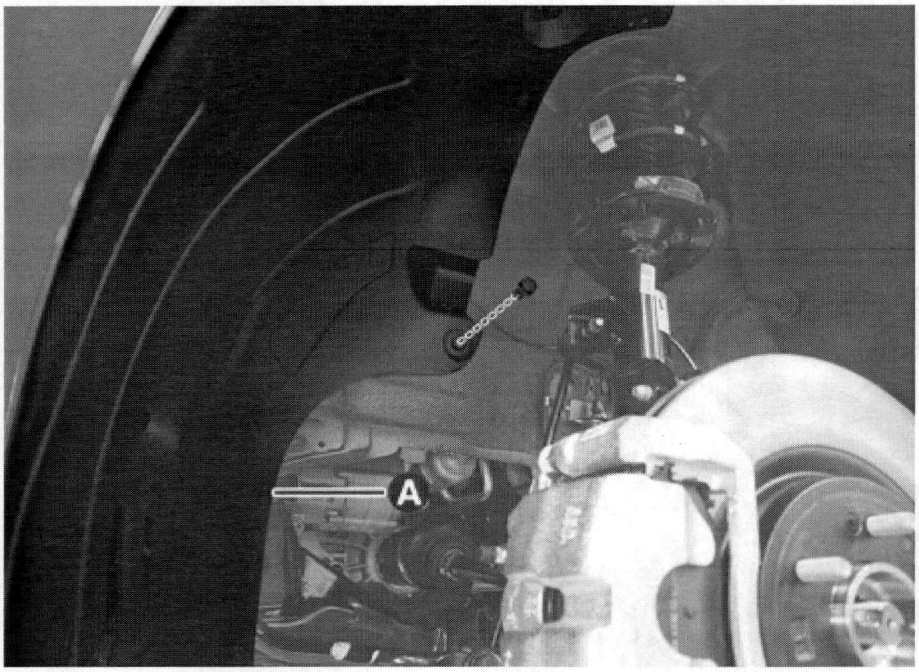

4. 프런트 휠 속도 센서 커넥터(A)를 분리한다.

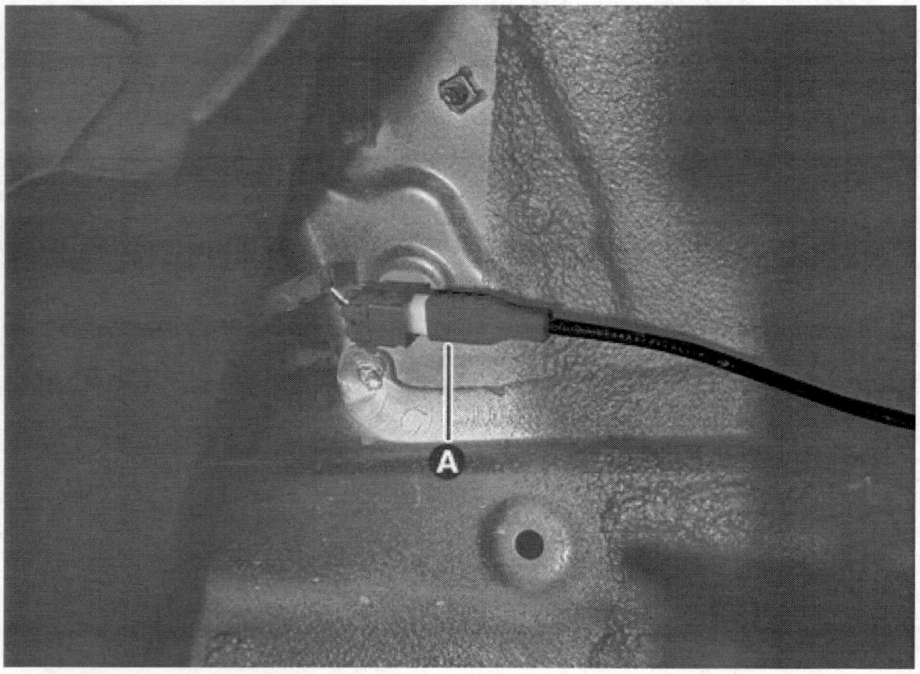

5. 볼트를 풀어 프런트 휠 속도 센서 브래킷(A)을 탈거한다.

체결토크 : 2.0 ~ 3.0 kgf·m

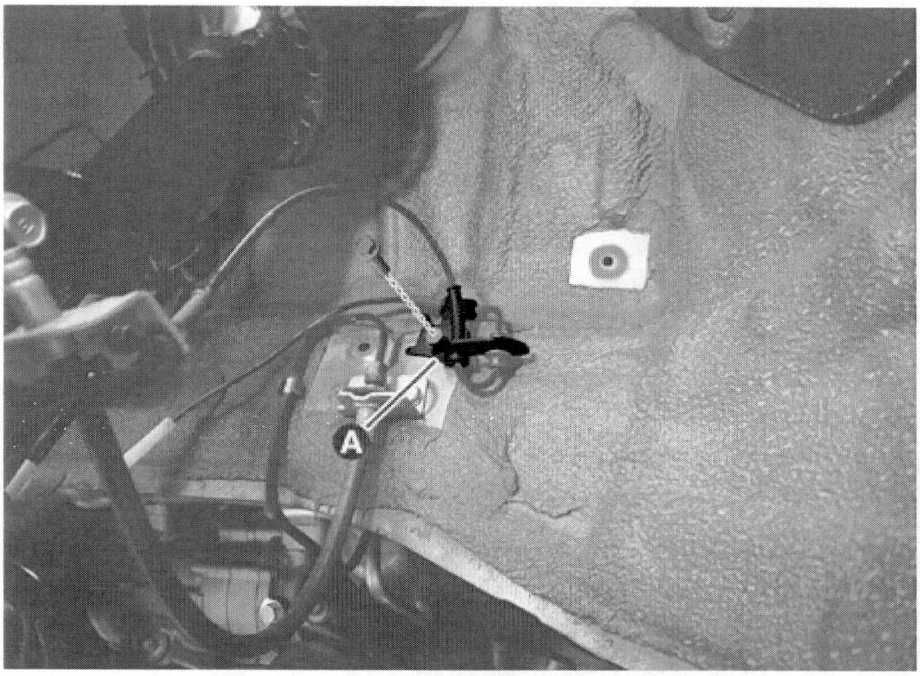

6. 브레이크 호스 브래킷에서 프런트 휠 속도 센서 라인(A)을 분리한다.

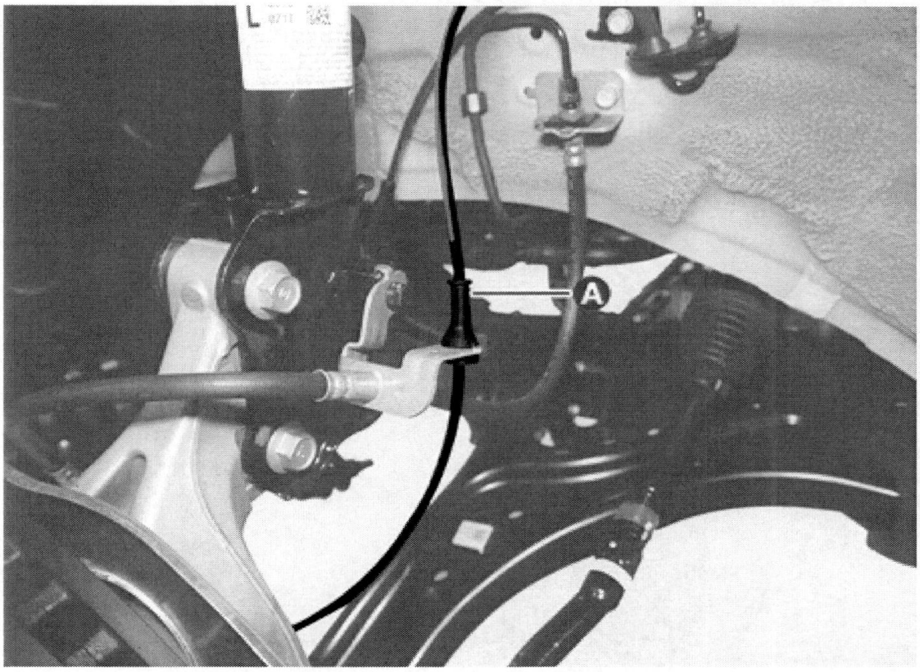

7. 프런트 휠 속도 센서를 탈거한다.
   (1) 프런트 휠 속도 센서 커넥터(A)를 탈거한다. **[2WD 사양 적용]**

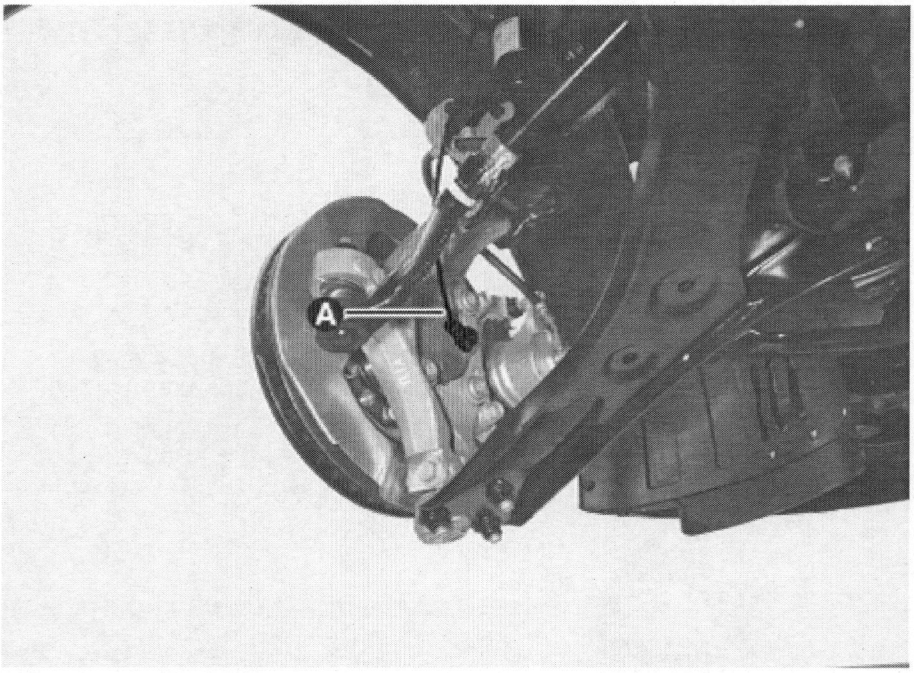

(2) 볼트를 풀어 프런트 휠 속도 센서(A)를 탈거한다. **[4WD 사양 적용]**

체결토크 : 0.9 ~ 1.4 kgf·m

장착

1. 장착은 탈거의 역순으로 한다.

특수공구

공구(품번 및 품명)	형상	용도
센서 캡 장착 공구 09527 - AL500	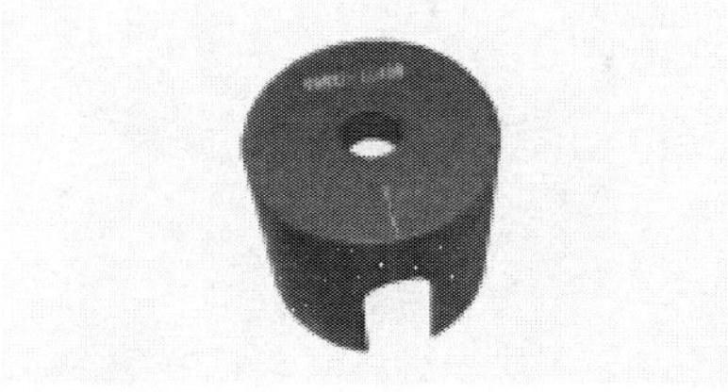	센서 캡(외경 : Φ86.6)용 장착 공구 (09231 - 93100 공구와 함께 사용)
센서 캡 탈거 공구 0K583 - R0400		휠 센서 캡 탈거
핸들 09231 - 93100	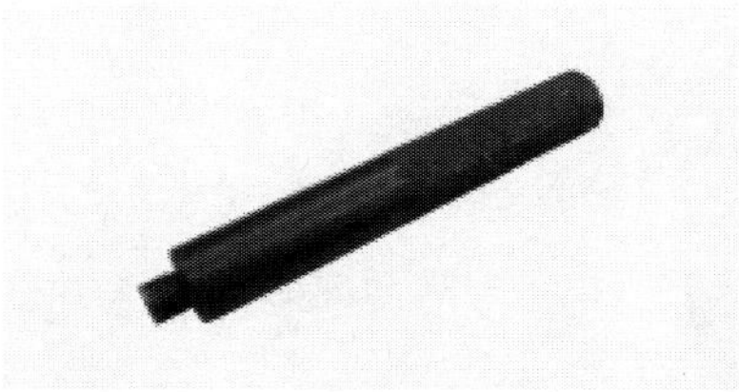	핸들 (09527 - AL500 공구와 함께 사용)

교환

프런트 휠 속도 센서 캡 (2WD 사양 적용)

1. 프런트 허브 어셈블리를 탈거한다.
   (드라이브 샤프트 및 액슬 - "프런트 허브 어셈블리" 참조)
2. 센서 캡(A)의 커넥터(B) 연결부 방향을 확인한다.

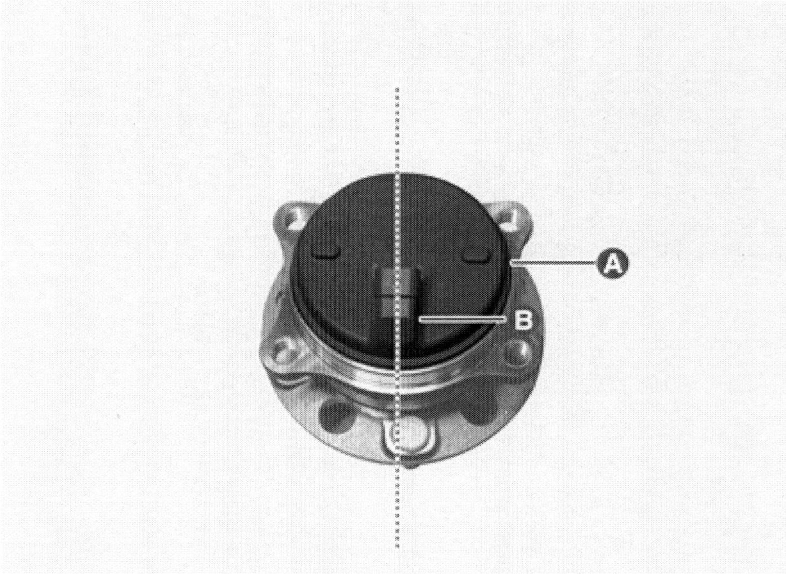

> **유 의**
>
> 센서 캡의 장착 방향이 초기와 다를 경우 장착 시 커넥터 연결이 불가능할 수 있으므로 탈거 전 반드시 연결부 방향을 기록한다.

3. 특수공구를 사용하여 휠 센서 캡을 탈거한다.

(1) 휠 센서 캡에 특수공구(0K583 - R0400)를 장착하고 볼트(A)를 돌려 고정한다.

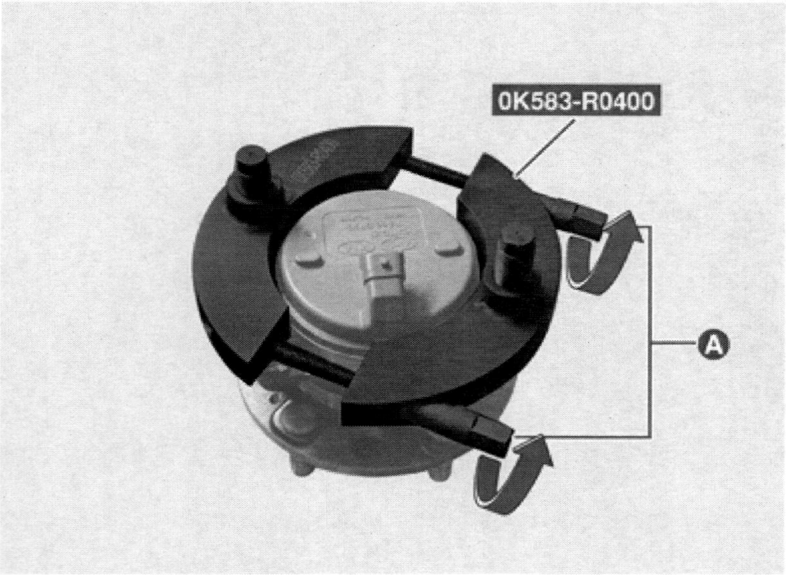

유 의

특수공구 장착 시 볼트(A)가 허브 베어링 볼트 장착부(B)와 맞닿게 장착한다.

(2) 특수공구(0K583 - R0400) 상부 볼트(A)를 돌려 휠 센서 캡(B)을 탈거한다.

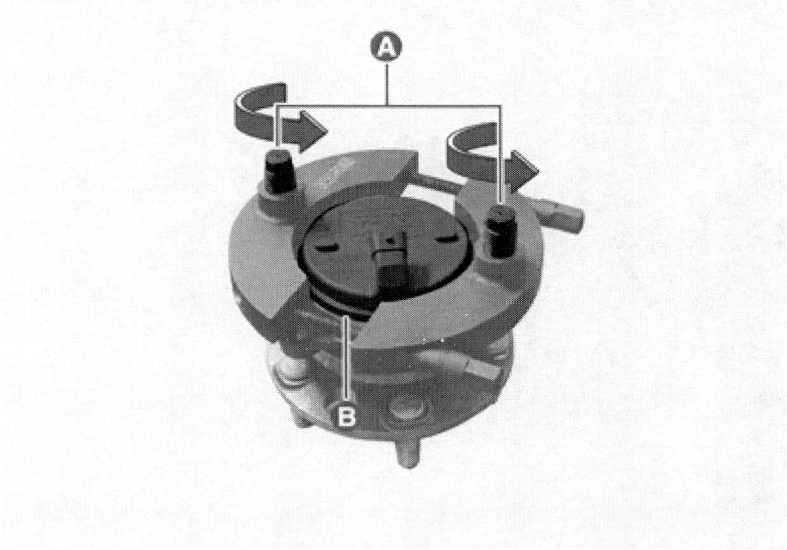

4. 엔코더(A)의 변형 및 손상 여부를 확인한다.

유 의

- 센서 캡 탈거 후 엔코더 손상 여부를 확인하고, 변형이 확인될 경우 허브 베어링을 교환한다.
- 엔코더가 변형된 경우 센서 에러에 의한 경고등 점등 등 문제가 발생할 수 있다.

5. 탈거 전 확인한 센서 캡의 커넥터 방향과 동일한 방향으로 센서 캡을 가장착한다.

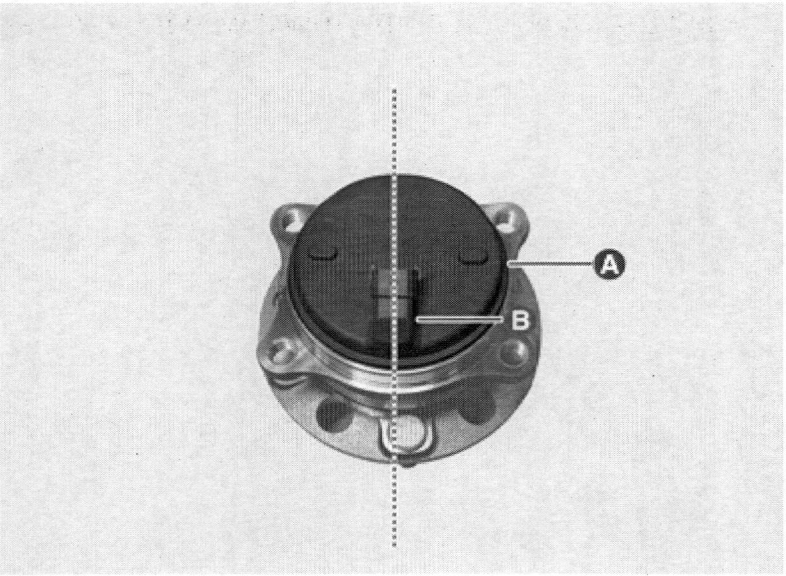

유 의

센서 캡 장착 전 허브 어셈블리 내부의 이물질 및 기타 오염물을 닦아낸다.

6. 가장착된 휠 센서 캡에 특수공구(09527- AL500)을 장착한다.

유 의

특수공구 장착 시 커넥터 연결부(A)가 간섭되지 않도록 유의한다.

7. 특수공구(09231-93100)를 장착하고 상단을 망치 등으로 타격해 센서캡을 장착한다.

유 의

- 센서 캡이 기울인 상태로 장착할 경우 엔코더가 손상될 수 있으므로 주의한다.

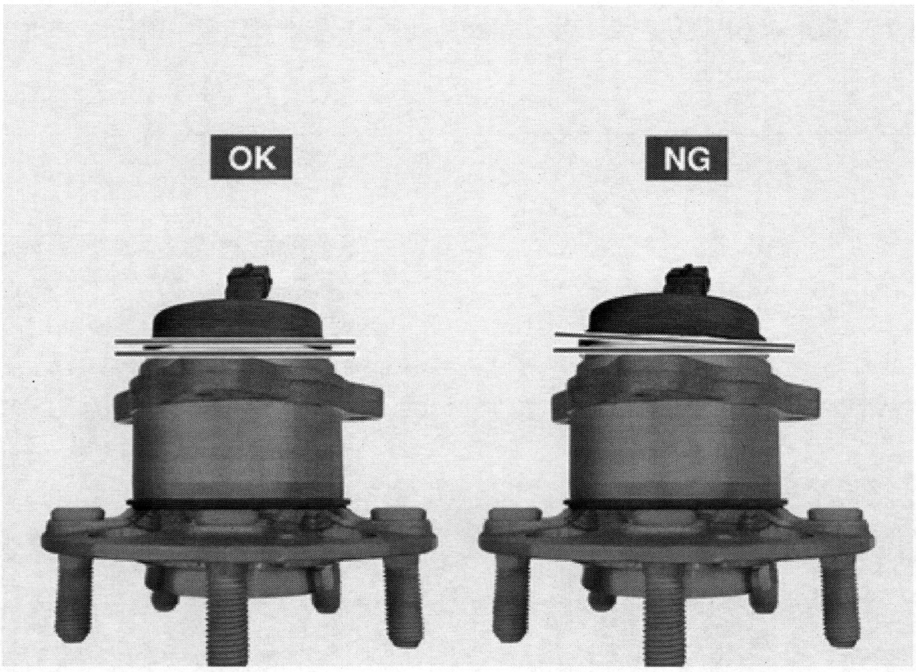

• 센서 캡과 프런트 허브 어셈블리 사이의 간격(A)이 없을 때까지 장착한다.

8. 프런트 허브 어셈블리를 장착한다.
 (드라이브 샤프트 및 액슬 - "프런트 허브 어셈블리" 참조)

구성부품 및 부품위치

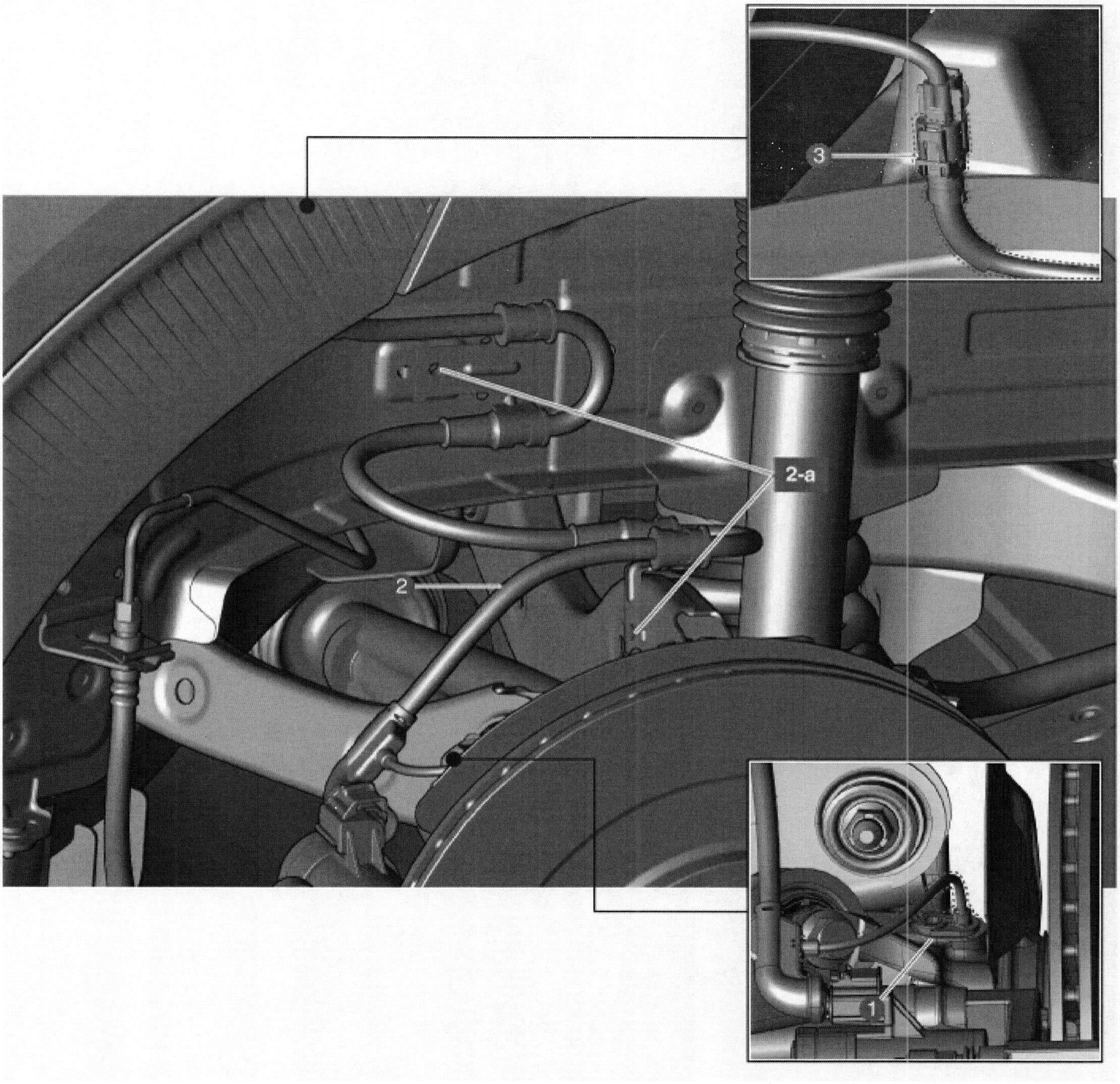

1. 리어 휠 속도 센서 커넥터 1-a. 0.9 ~ 1.4 kgf·m 2. 리어 휠 속도 센서 라인 2-a. 2.0 ~ 3.0 kgf·m	3. 리어 휠 속도 센서 커넥터 4. EPB 액추에이터 커넥터

탈거

1. 배터리 (-) 단자와 서비스 인터록 커넥터를 분리한다.
   (배터리 제어 시스템 - "보조 배터리 (12V) - 2WD" 참조)
   (배터리 제어 시스템 - "보조 배터리 (12V) - 4WD" 참조)
2. 리어 휠 및 타이어를 탈거한다.
   (서스펜션 시스템 - "휠" 참조)
3. EPB 액추에이터 커넥터(A)를 분리한다.

4. 볼트를 풀어 리어 휠 속도 센서(A)를 탈거한다.

체결토크 : 0.9 ~ 1.4 kgf·m

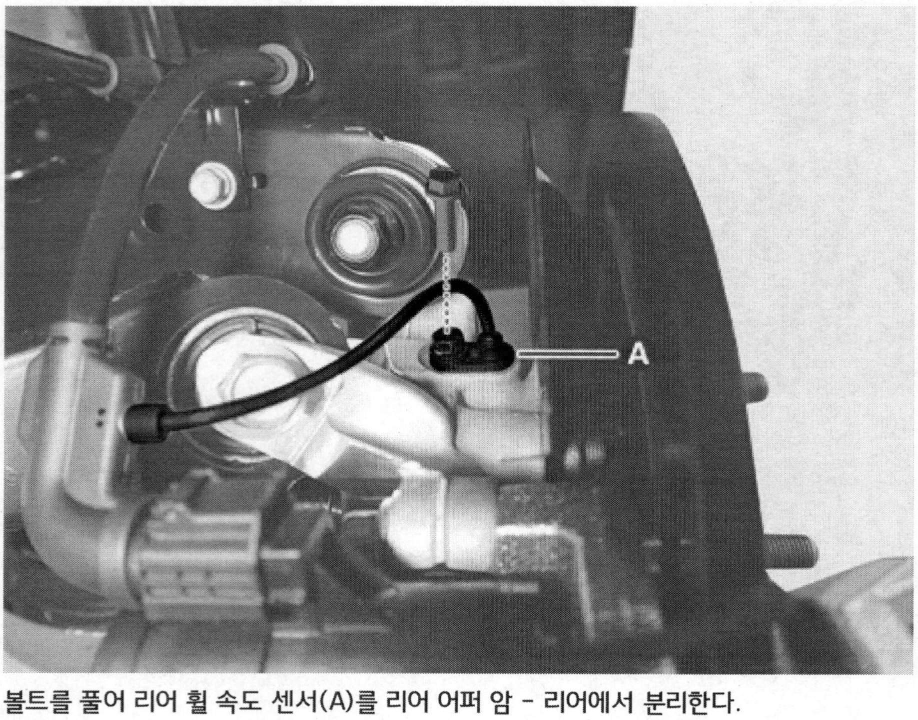

5. 볼트를 풀어 리어 휠 속도 센서(A)를 리어 어퍼 암 - 리어에서 분리한다.

체결토크 : 2.0 ~ 3.0 kgf·m

6. 볼트를 풀어 리어 휠 속도 센서 브래킷(A)을 탈거한다.

체결토크 : 2.0 ~ 3.0 kgf·m

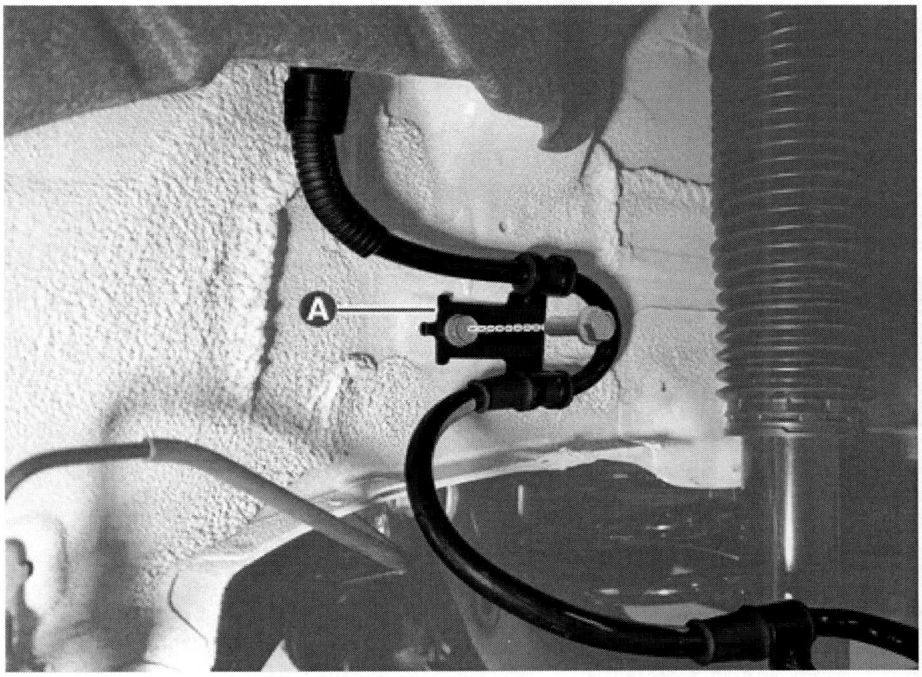

7. 파스너를 탈거하여 리어 휠 가드(A)를 이격한다.

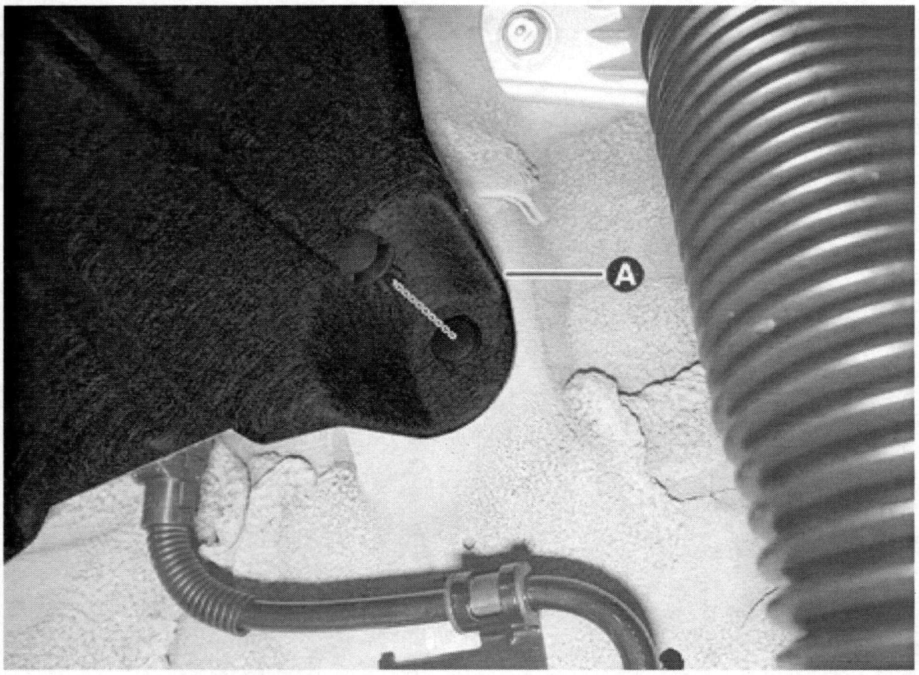

8. 커넥터(A)를 분리하여 리어 휠 속도 센서를 탈거한다.

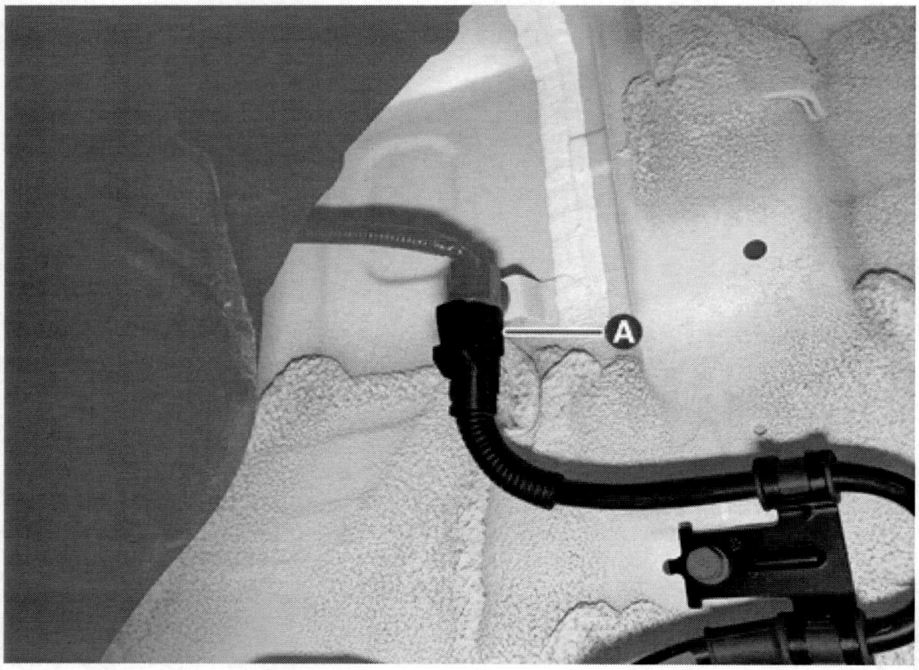

장착

1. 장착은 탈거의 역순으로 한다.

개요

급제동 경보 시스템(ESS) 개요

– 운전자의 조작에 의한 급제동 발생 시 제동등 또는 방향 지시등을 점멸하여 후방 차량에게 위험 경보한다.

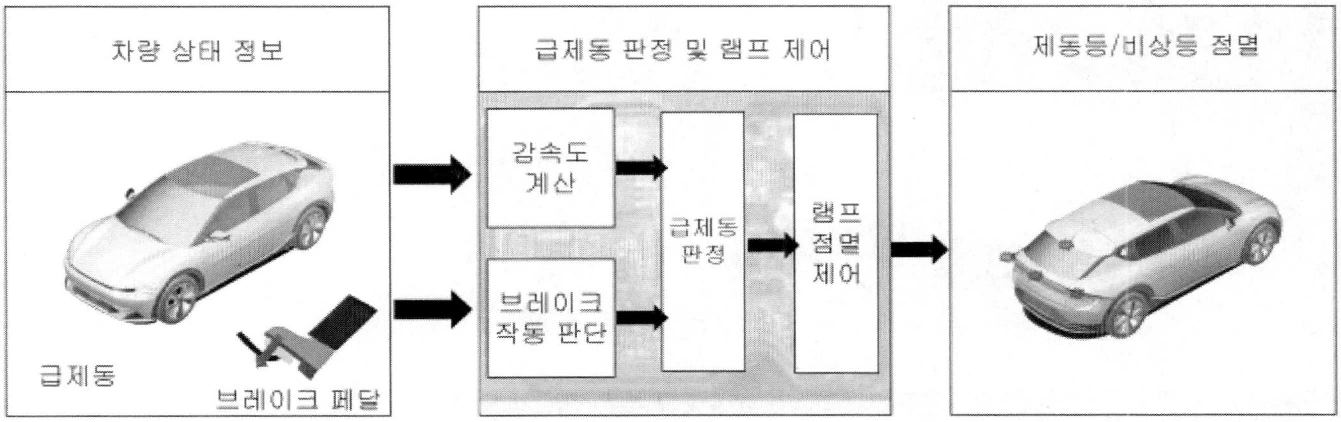

1. 기본 기능 (제동등 점멸)
   – 작동 조건 : 일정 속도 이상에서 급제동하거나 ABS가 작동될 경우
   – 해제 조건 : 급제동 종료 또는 ABS 작동 해제 시
2. 부가 기능 (방향등 점멸)
   – 작동 조건 : 기본 기능 작동 후 ESS 해제 시
   – 해제 조건 : 차량 주행 출발 시 해제

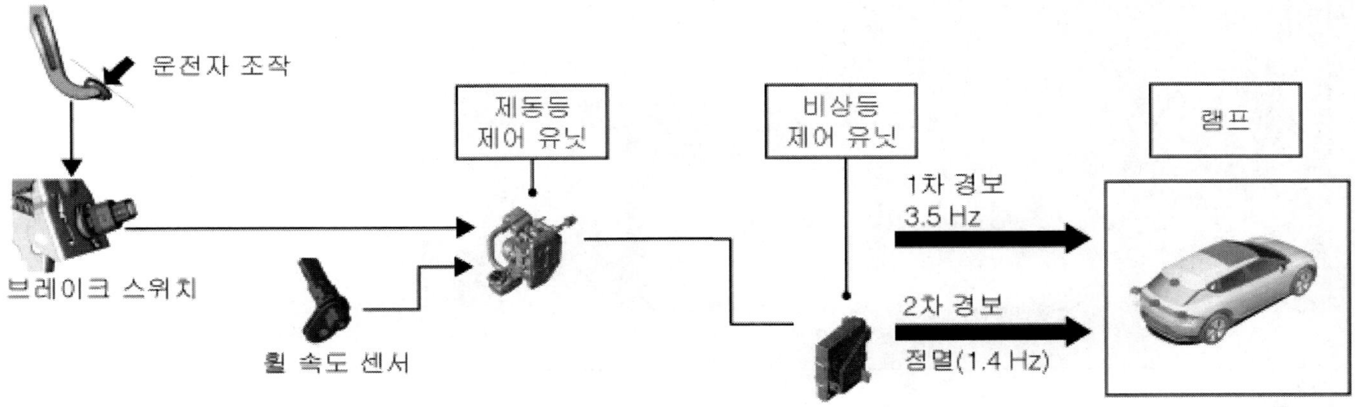

시스템 구성

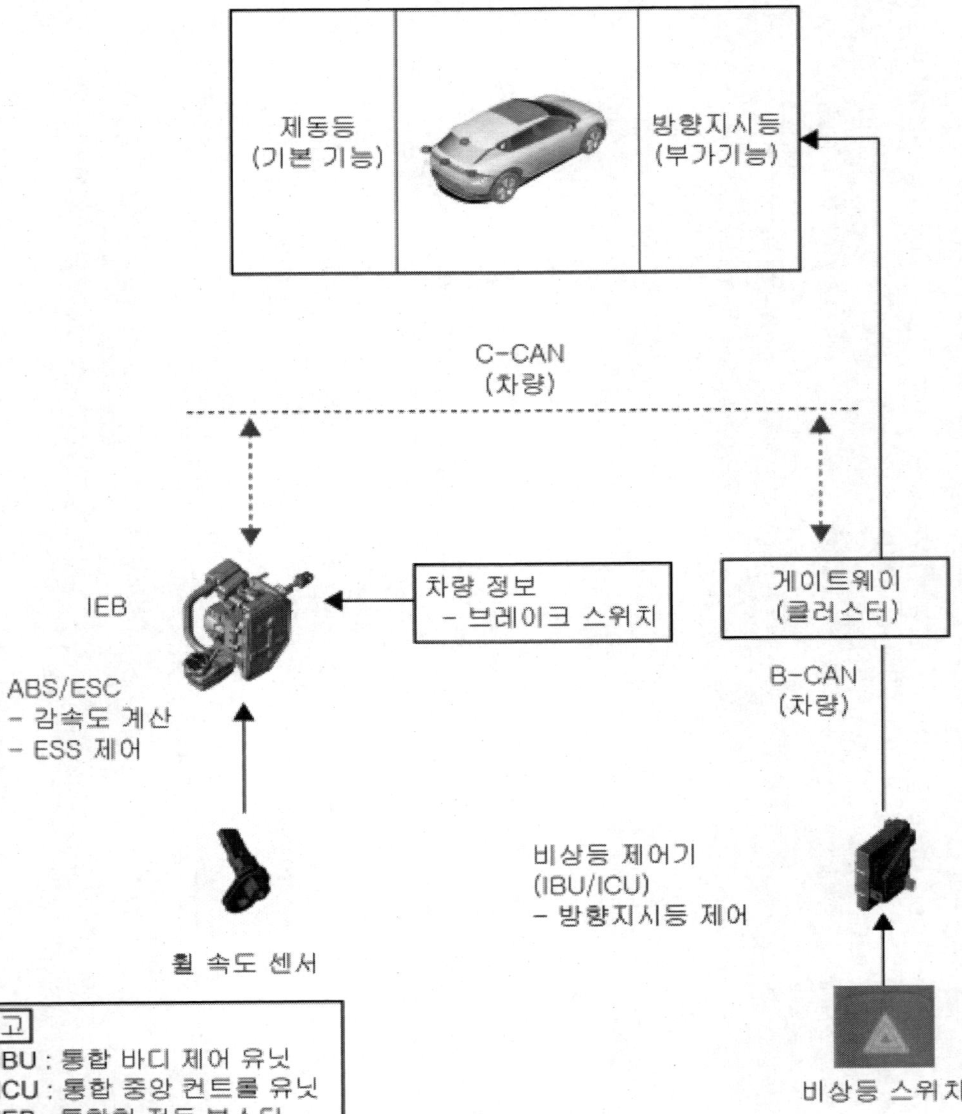

참고
※IBU : 통합 바디 제어 유닛
ICU : 통합 중앙 컨트롤 유닛
IEB : 통합형 전동 부스터

ESS 구성 회로

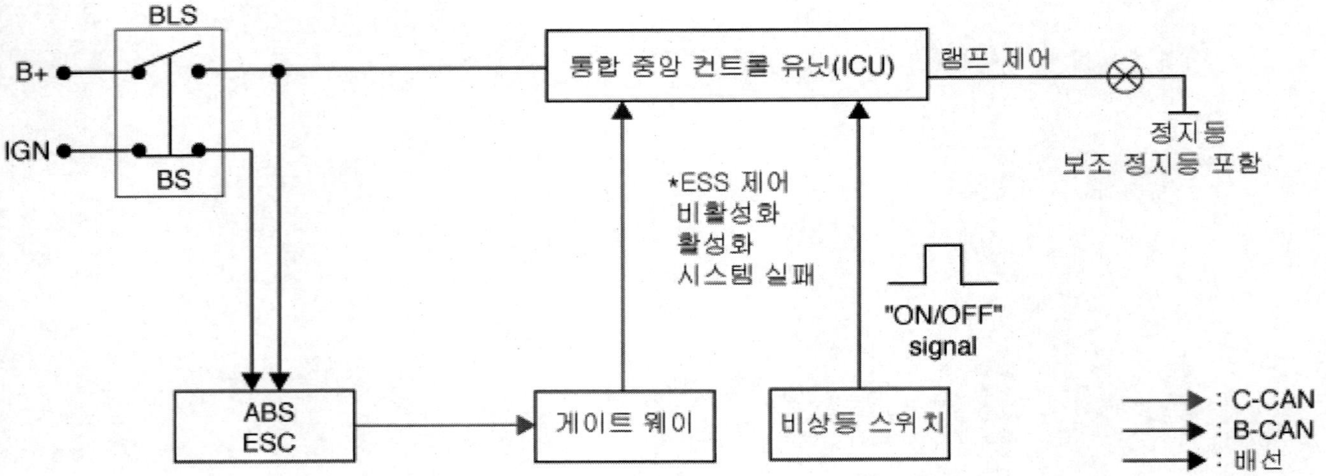

드라이브 샤프트 및 액슬

체결토크

프런트 액슬 어셈블리

항목	체결토크(kgf·m)
프런트 드라이브 샤프트 록 너트	30.0 ~ 32.0
프런트 허브 베어링 볼트	13.0 ~ 15.0
더스트 커버 볼트	0.7 ~ 1.1
프런트 휠 속도 센서 볼트 **[4WD 사양]**	0.9 ~ 1.4
타이로드 엔드 볼 조인트 너트	10.0 ~ 12.0
프런트 로어 암과 너클 볼트와 너트	10.0 ~ 12.0
프런트 너클과 스트럿 어셈블리 볼트와 너트	16.0 ~ 18.0
스트럿 어셈블리와 프런트 스태빌라이저 바 링크 너트	10.0 ~ 12.0

리어 드라이브 샤프트 및 액슬 어셈블리

항목	체결토크(kgf·m)
기능통합형 드라이브 액슬 볼트	13.0 ~ 15.0
이너 샤프트 베어링 브래킷 볼트	6.5 ~ 7.2
리어 어시스트 암과 캐리어 볼트와 너트	12.0 ~ 14.0
트레일링 암과 캐리어 볼트와 너트	12.0 ~ 14.0
리어 어퍼 암 - 프런트와 캐리어 볼트와 너트	16.0 ~ 18.0
리어 어퍼 암 - 리어와 캐리어 볼트와 너트	16.0 ~ 18.0
리어 로어 암과 캐리어 볼트와 너트	18.0 ~ 20.0
리어 스태빌라이저 바 링크와 캐리어 너트	10.0 ~ 12.0
리어 휠 속도 센서 볼트	0.9 ~ 1.4

그리스

드라이브 샤프트 조인트

항목	조인트	그리스	용량(g)	
			좌측	우측
프런트 드라이브 샤프트 (4WD, 일반)	CVBJ - 2 (휠측)	RBA	80 ~ 90	80 ~ 90
	CVTJ - 2 (감속기측)	CW-13TJ	180 ~ 190	180 ~ 190
프런드 드라이브 샤프트 (4WD, e-GT)	CVBJ - 2 (휠측)	RBA	115 ~ 125	115 ~ 125
	CVTJ - 2 (감속기측)	CW-13TJ	200 ~ 210	200 ~ 210
리어 드라이브 샤프트 (IDA)	HCG - 25 (양측)	RCA	60 ~ 70	60 ~ 70

특수공구

공구 명칭 / 번호	형상	용도
볼 조인트 리무버 09568 - 2J100	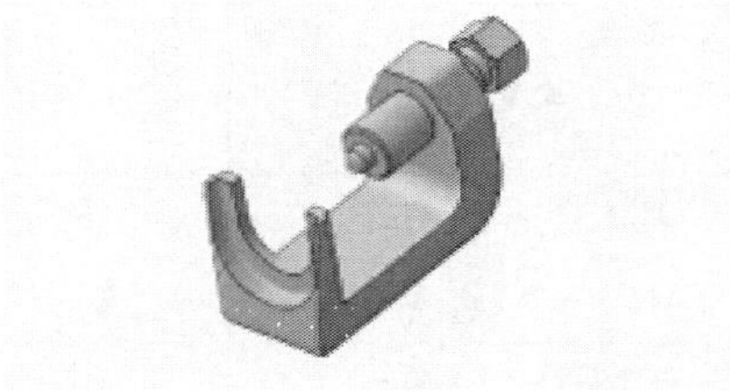	타이로드 엔드 볼 조인트 탈거
CV 조인트 풀러 09517 - 4E000		CV 조인트 탈거
로어 암 볼 조인트 리무버 0K545 - A9100	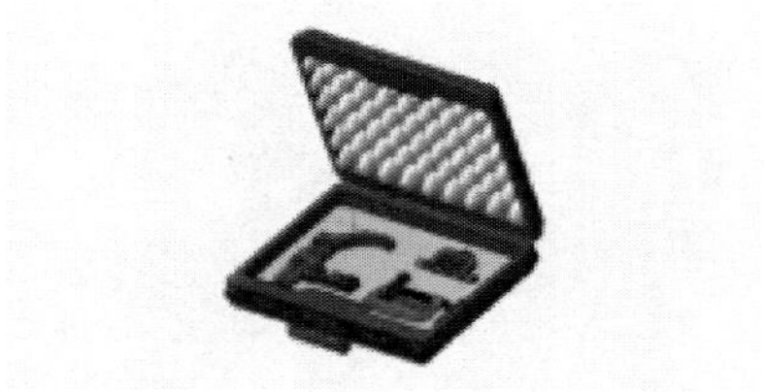	프런트 로어 암 볼 조인트 탈거
밴드 인스톨러 0K495 - C5000		이어 타입 부트 밴드 장착(0K495 - 2W000과 손잡이 호환)
밴드 인스톨러 0K495 - 2W000		후크 타입 부트 밴드 (로 프로파일) 장착 (0K495 - C5000과 손잡이 호환)
밴드 인스톨러 09495 - 39100	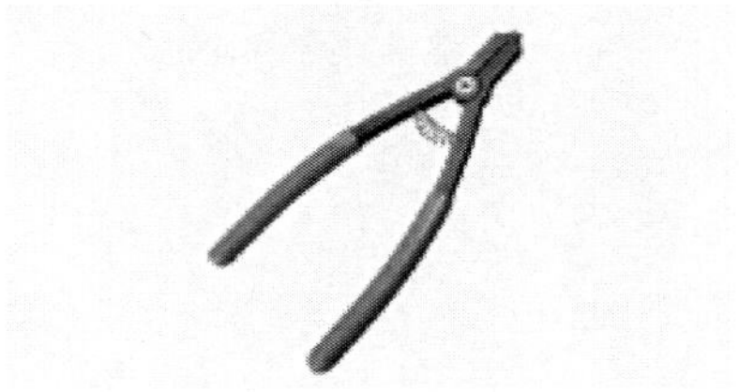	후크 타입 부트 밴드 장착

고장진단

현상	예상 원인	정비	차종별 해당 여부	
			2WD	4WD
차량이 한쪽으로 쏠림	프런트 서스펜션과 스티어링의 결함	조정 또는 교환	●	●
	휠 베어링 소착	교환	●	●
	타이어 편마모	휠 얼라인먼트 조정	●	●
진동	드라이브 샤프트의 과다 마모, 유격, 손상 혹은 휘어짐	교환 (A/S용 키트 사용 파셜 수리)	X	●
	휠 베어링 유격	교환	●	●
떨림	부적절한 휠 밸런스	조정 또는 교환	●	●
	프런트 서스펜션과 스티어링의 결함	조정 또는 교환	●	●
소음	드라이브 샤프트의 과다 마모, 손상 혹은 휘어짐	교환 (A/S용 키트 사용 파셜 수리)	X	●
	전 후진 혹은 선회 시 드라이브 샤프트와 허브 접촉면 소음 (뚝, 딱, 띠딕, 떡)	허브 너트 체결 조정 또는 이너 와셔 교환	X	●
	선회 시 드라이브 샤프트 내부 소음 (다라락, 딱딱 딱)	교환 (A/S용 키트 사용 파셜 수리)	X	●
	드라이브 샤프트 부트 마찰 소음 (찌지직, 찍찍)	세척 및 불소 윤활제 도포	X	●
	허브 너트의 느슨해짐	재 체결 또는 교환	X	●
	프런트 서스펜션과 스티어링의 결함	조정 또는 교환	●	●
	디스크 체결 볼트 느슨해짐	조정	●	●
	주행 중 휠 베어링 소음 (웅, 윙)	교환	●	●
	휠 베어링 유격, 플랜지면 (디스크 접촉면) 열화	교환	●	●
누유	드라이브 샤프트 부트 그리스 누유	교환 (A/S용 키트 사용 파셜 수리)	X	●
발청	비도장부 부식 (기능상 문제 없음)	정상으로 고객 설명	●	●
ABS 경고등 점등	휠 베어링 센서 및 센서 케이블 체결 헐거움	조정	●	●
	휠 베어링 센서 체결부 (커넥터) 이물	청소	●	●
	통신 오류 (KDS 진단 및 고장 코드 삭제)	조정	●	●
기능통합형 드라이브 액슬 (IDA) 소음/진동/누유	IDA 현상(유형별) 고장 진단 및 조치 방법 참조 **(기능통합형 드라이브 액슬 (IDA) - "고장진단" 참조)**	←	●	●

구성부품

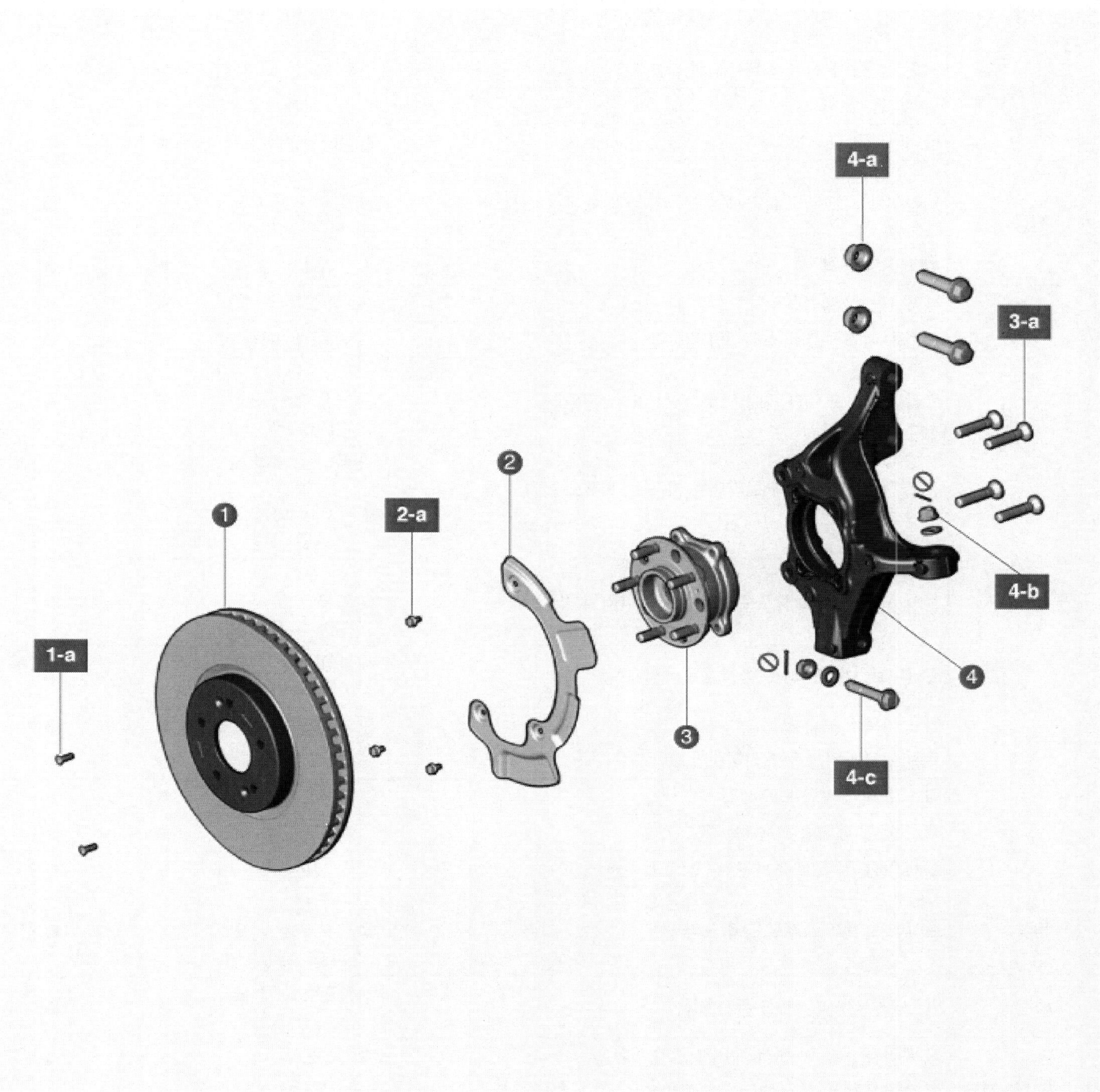

1. 프런트 브레이크 디스크 1-a. 0.5 ~ 0.6 kgf·m 2. 프런트 더스트 커버 2-a. 0.7 ~ 1.1 kgf·m 3. 프런트 허브 어셈블리 3-a. 13.0 ~ 15.0 kgf·m	4. 프런트 너클 4-a. 16.0 ~ 18.0 kgf·m 4-b. 10.0 ~ 12.0 kgf·m 4-c. 10.0 ~ 12.0 kgf·m

탈거

1. 프런트 휠 및 타이어를 탈거한다.
   (서스펜션 시스템 - "휠" 참조)
2. 프런트 휠 속도 센서 커넥터(A)를 탈거한다.

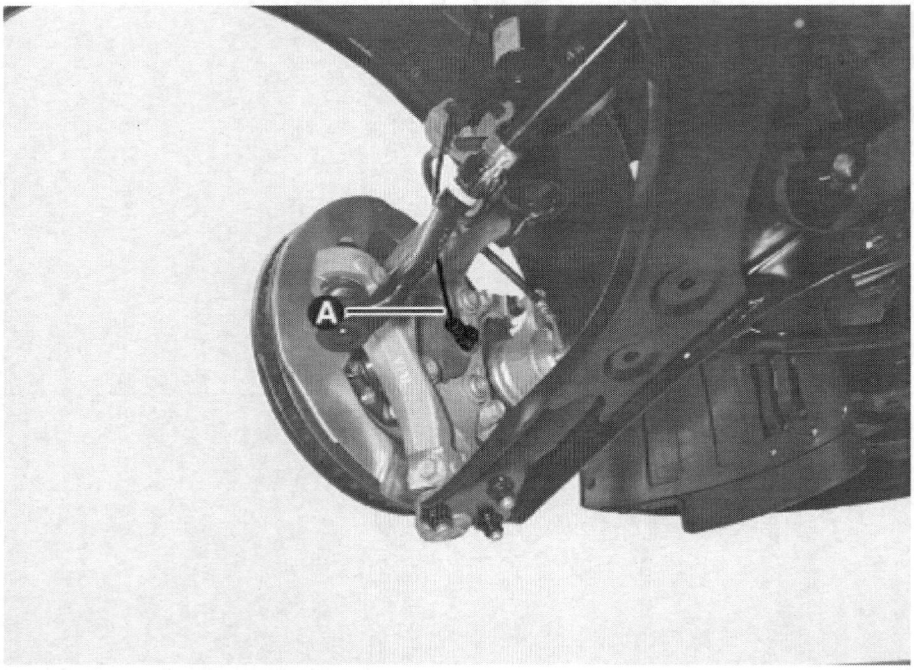

3. 프런트 브레이크 디스크를 탈거한다.
   (브레이크 시스템 - "프런트 브레이크 디스크" 참조)
4. 프런트 허브 어셈블리 볼트(A)를 풀어 프런트 허브 어셈블리(B)를 탈거한다.

체결토크 : 13.0 ~ 15.0 kgf·m

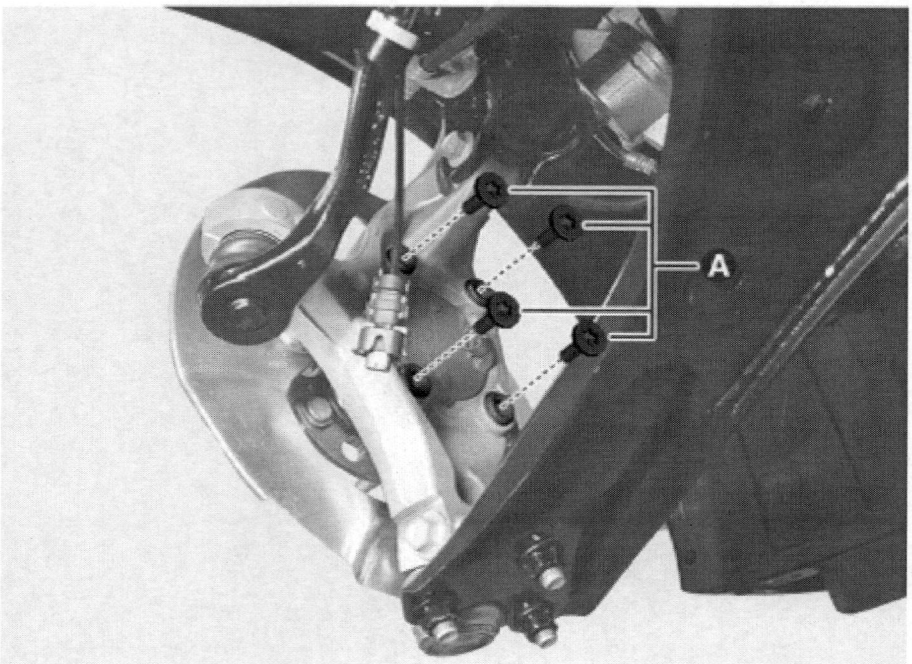

장착

1. 장착은 탈거의 역순으로 한다.

특수공구

공구 명칭 / 번호	형상	용도
CV 조인트 풀러 09517 - 4E000		CV 조인트 탈거

탈거

1. 프런트 휠 및 타이어를 탈거한다.
   (서스펜션 시스템 - "휠" 참조)
2. 치즐 또는 적절한 도구를 사용하여 드라이브 샤프트 록 너트 코킹(A)을 핀다.

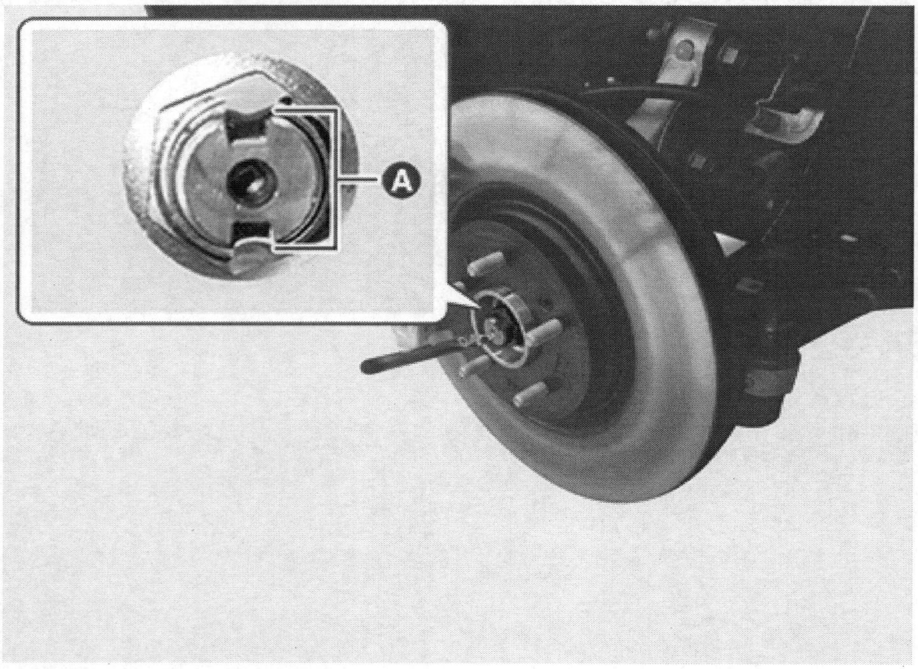

3. 드라이브 샤프트 록 너트(A)를 탈거한다.

체결토크 : 30.0 ~ 32.0 kgf·m

4. 특수공구(09517 - 4E000)를 사용하여 드라이브 샤프트(A)를 프런트 액슬로부터 분리한다.

5. 프런트 브레이크 디스크를 탈거한다.
   (브레이크 시스템 - "프런트 브레이크 디스크" 참조)
6. 프런트 허브 어셈블리 볼트(A)를 풀어 프런트 허브 어셈블리(B)를 탈거한다.

체결토크 : 13.0 ~ 15.0 kgf·m

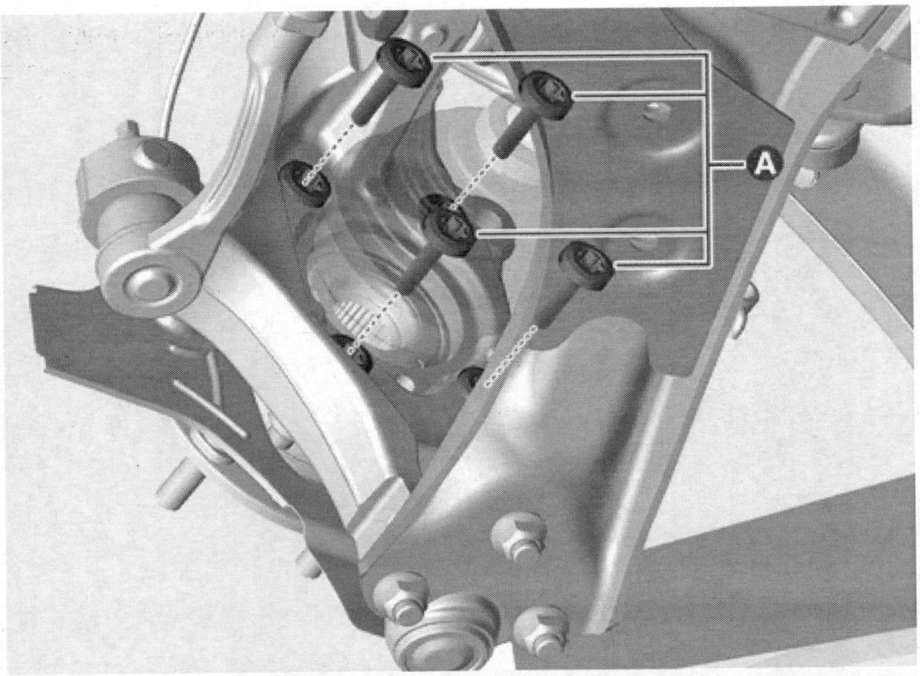

장착

1. 장착은 탈거의 역순으로 한다.

유 의

- 드라이브 샤프트 록 너트는 재사용하지 않는다.
- 드라이브 샤프트 록 너트 체결 후 코킹 깊이(A)에 주의하며 치즐 또는 적절한 도구를 사용하여 2개소 이상 코킹 작업을 실시한다.

코킹 깊이 (A) : 1.5 mm 이상

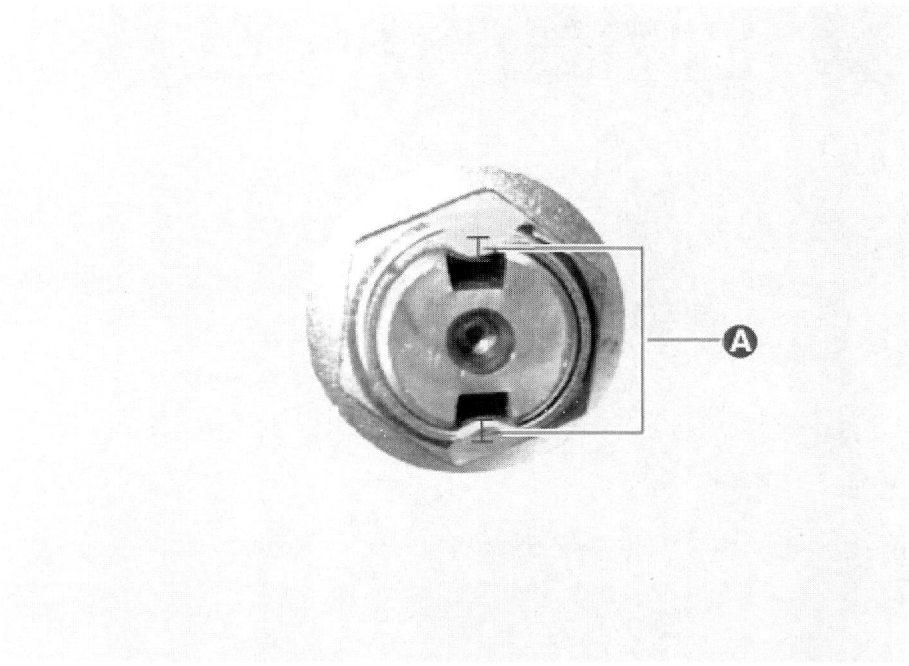

- 드라이브 샤프트 록 너트 체결 시 브레이크를 밟은 상태에서 규정 토크로 체결한다.

점검

1. 허브의 균열, 스플라인의 마모를 점검한다.
2. 베어링의 결함을 점검한다.

탈거

1. 프런트 브레이크 디스크를 탈거한다.
   (브레이크 시스템 - "프런트 브레이크 디스크" 참조)
2. 볼트를 풀어 프런트 더스트 커버(A)를 탈거한다.

체결토크 : 0.7 ~ 1.1 kgf·m

장착

1. 장착은 탈거의 역순으로 한다.

점검

1. 더스트 커버의 균열을 점검한다.

특수공구

공구 명칭 / 번호	형상	용도
볼 조인트 리무버 09568 - 2J100	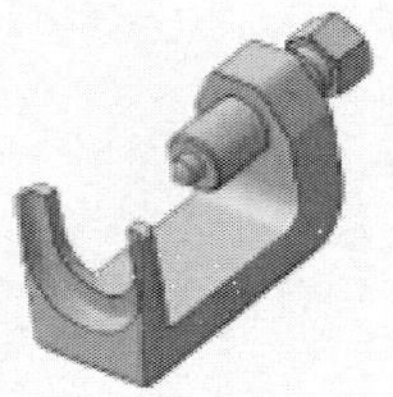	타이로드 엔드 볼 조인트 탈거
로어 암 볼 조인트 리무버 0K545 - A9100		프런트 로어 암 볼 조인트 탈거

탈거

1. 프런트 휠 및 타이어를 탈거한다.
   (서스펜션 시스템 - "휠" 참조)
2. 프런트 휠 속도 센서 커넥터(A)를 탈거한다.

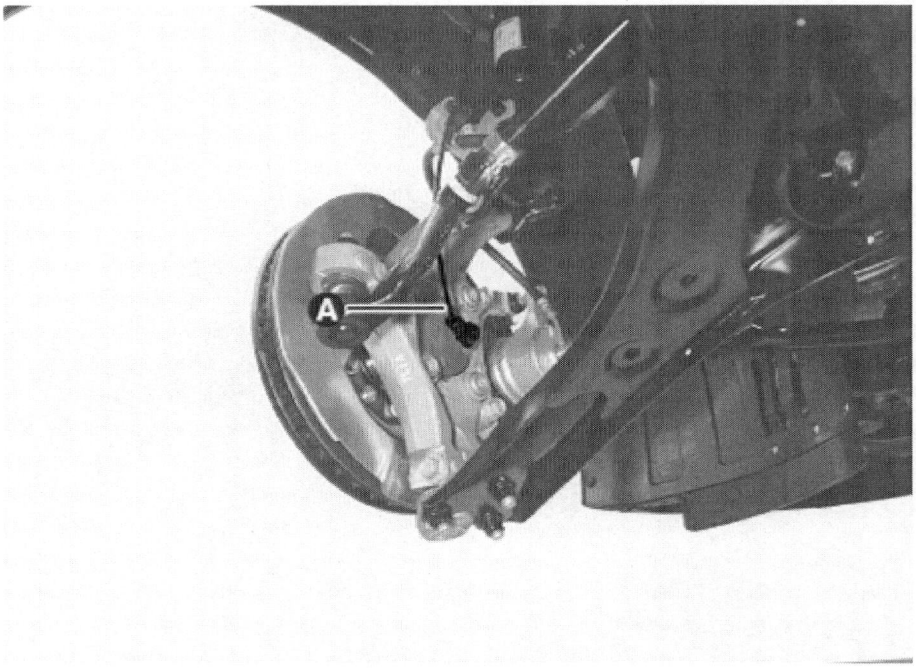

3. 프런트 액슬에서 타이로드 엔드 볼 조인트를 분리한다.
   (1) 분할 핀(A)을 탈거한다.
   (2) 록 너트(B)와 와셔(C)를 탈거한다.

체결토크 : 10.0 ~ 12.0 kgf·m

유 의
• 분할 핀은 재사용하지 않는다. • 록 너트는 재사용하지 않는다. • 링크의 고무 부트가 손상되지 않도록 유의한다. • 록 너트 탈거 및 장착 시 반드시 수공구를 사용한다.

(3) 특수공구(09568 - 2J100)를 사용하여 타이로드 엔드 볼 조인트(A)를 분리한다.

4. 프런트 브레이크 디스크를 탈거한다.
   (브레이크 시스템 - "프런트 브레이크 디스크" 참조)
5. 특수공구(0K545 - A9100)를 사용하여 프런트 액슬에서 로어 암 볼 조인트를 탈거한다.
   (1) 분할 핀(D)을 탈거한다.
   (2) 로어 암 볼트(A)와 와셔(B), 너트(C)를 탈거한다.

체결토크 : 10.0 ~ 12.0 kgf·m

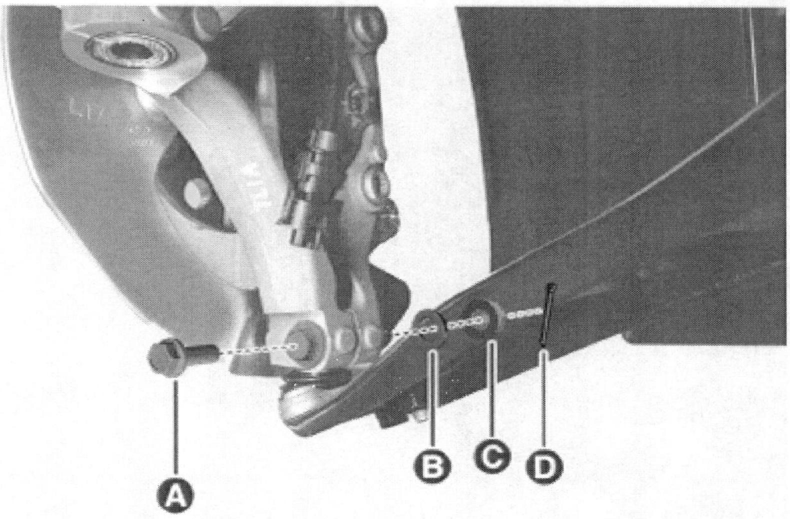

참 고

로어 암 볼트를 고정 후 너트를 탈거 및 장착한다.

유 의

- 분할 핀은 재사용하지 않는다.
- 장착 시 볼트와 너트, 와셔의 위치 및 방향이 바뀌지 않도록 한다.

(3) 로어 암 체결 볼트 구멍에 서포트 볼트를 설치하고 볼트(A)를 돌려 체결한다.

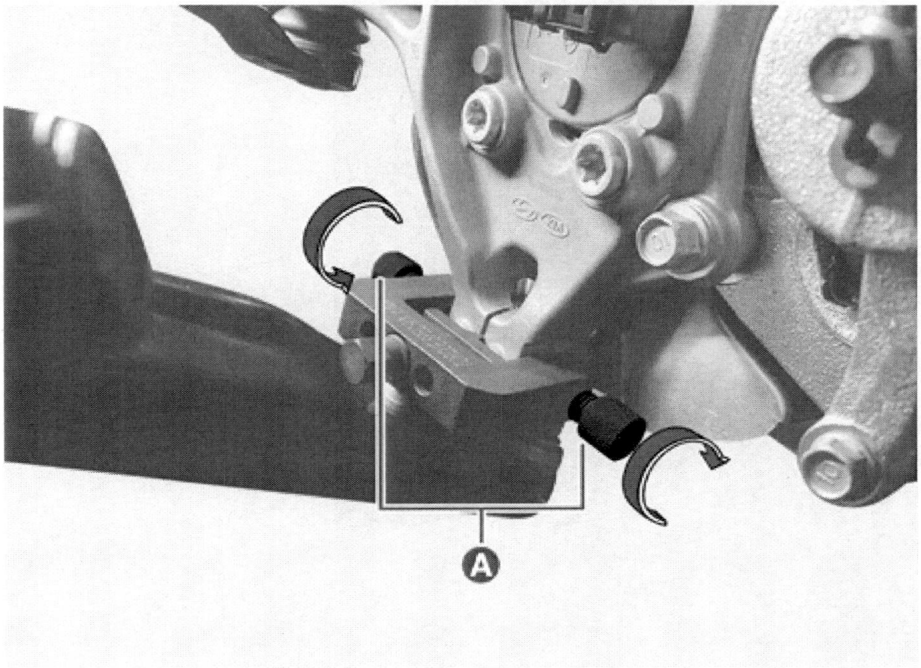

참 고

특수공구(0K545 - A9100)에서 서포트 볼트(A)를 사용한다.

(4) 프런트 액슬과 로어 암 체결부 홈(A)에 서포트 바디(B)를 위치시킨다.

(5) 볼트(A)를 돌려 서포트 바디(B)를 삽입하며 체결부를 벌린다.

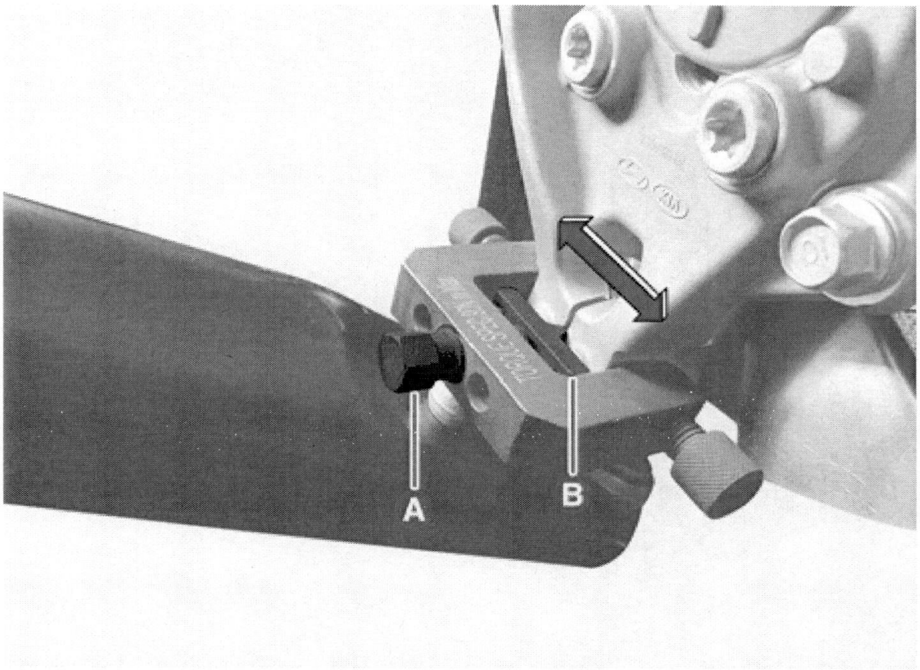

(6) 메인 바디(A)를 프런트 스트럿 어셈블리와 프런트 로어 암 사이에 설치한다.

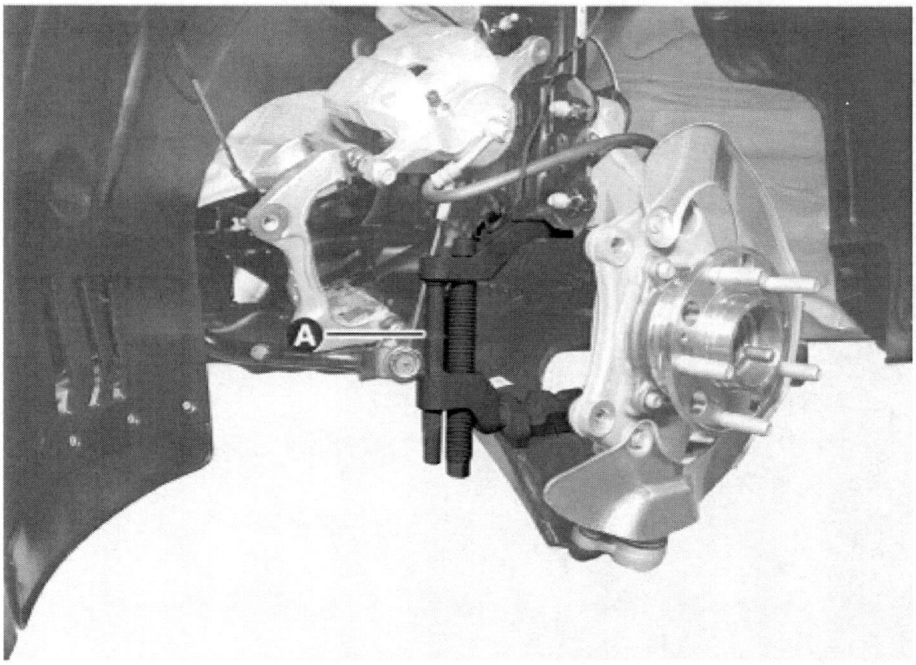

참 고

특수공구(0K545 - A9100)에서 메인 바디(A)를 사용한다.

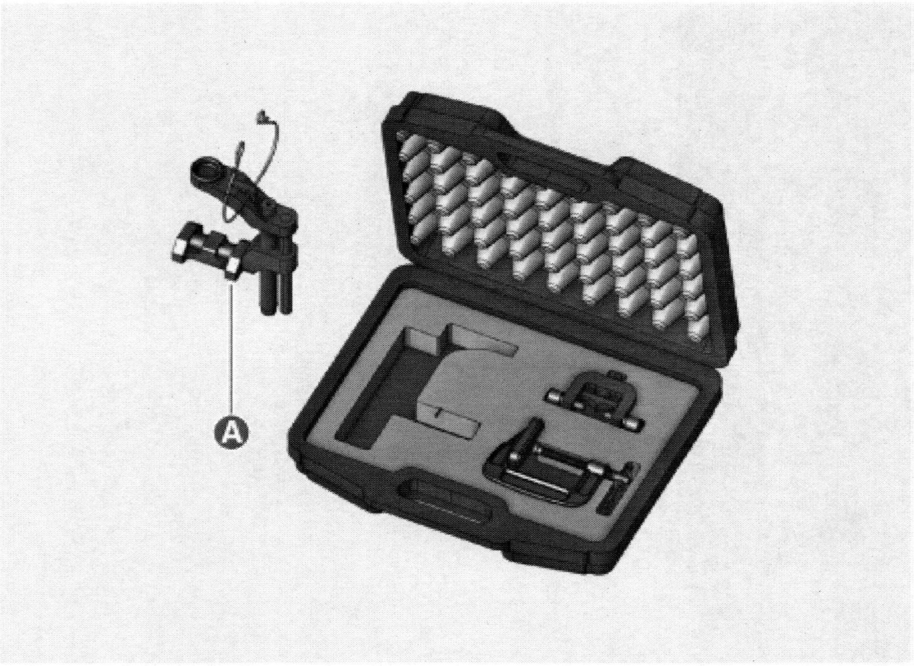

(7) 메인바디가 떨어지지 않도록 와이어(A)로 고정한다.

(8) 메인 바디가 미끄러지는 것을 방지하기 위해 핸들(B)을 돌려 C클램프(A)를 고정한다.

참 고

특수공구(0K545 - A9100)에서 C클램프(A)를 사용한다.

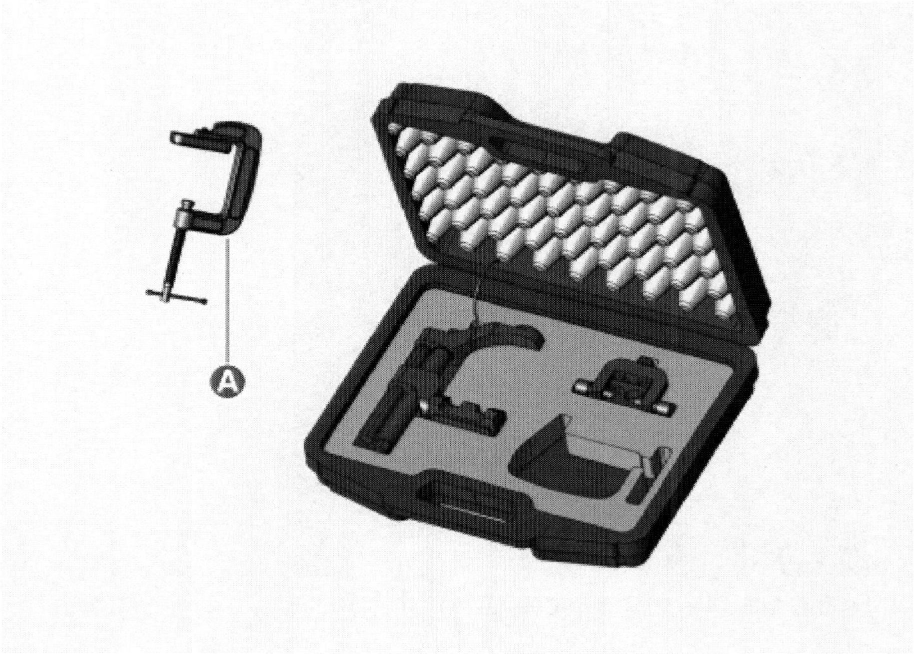

(9) 볼트(A)를 조이면서 메인 바디 간격을 벌려 프런트 액슬에서 프런트 로어 암을 분리한다.

6. 볼트와 너트를 풀어 프런트 액슬 어셈블리(A)를 탈거한다.

체결토크 : 16.0 ~ 18.0 kgf·m

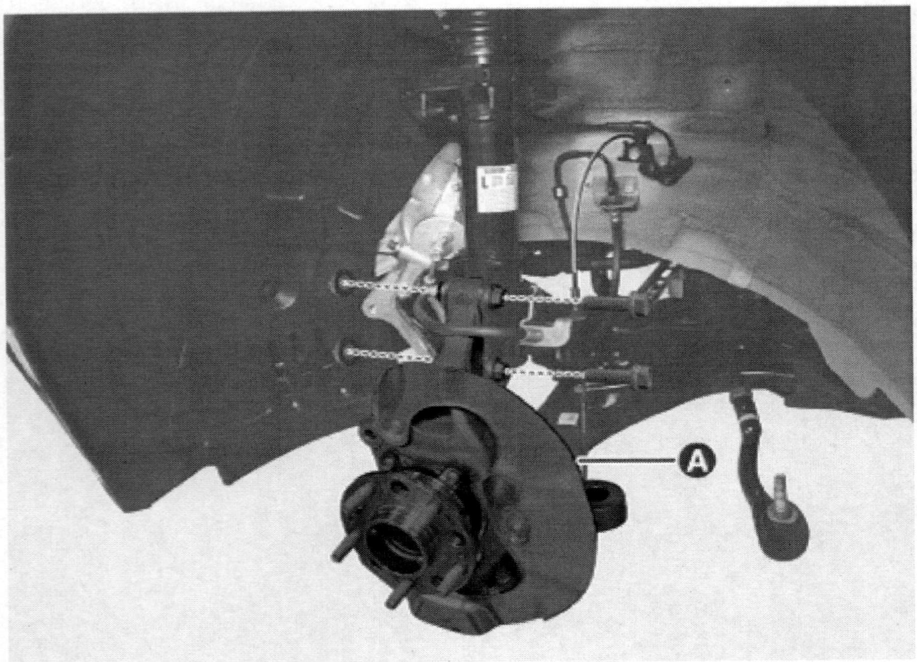

7. 볼트를 풀어 더스트 커버(A)를 탈거한다.

체결토크 : 0.7 ~ 1.1 kgf·m

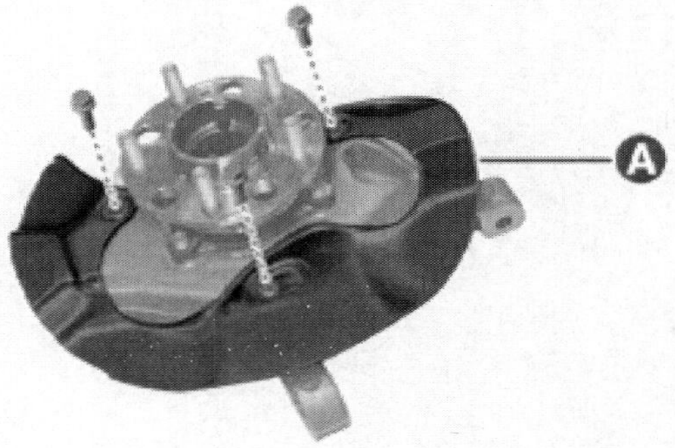

8. 프런트 허브 어셈블리 볼트(A)를 풀어 프런트 허브 어셈블리(B)를 탈거한다.

체결토크 : 13.0 ~ 15.0 kgf·m

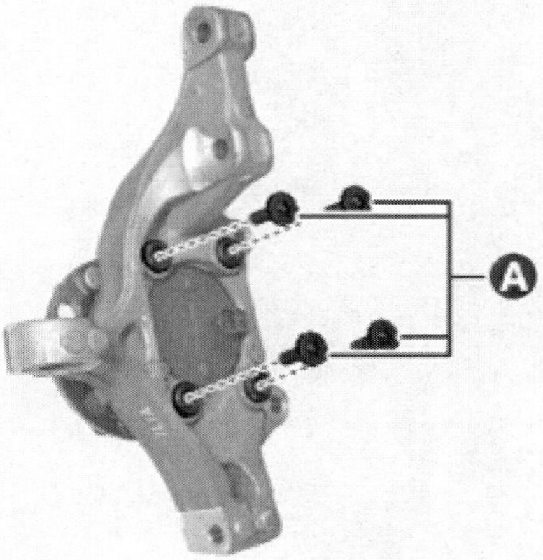

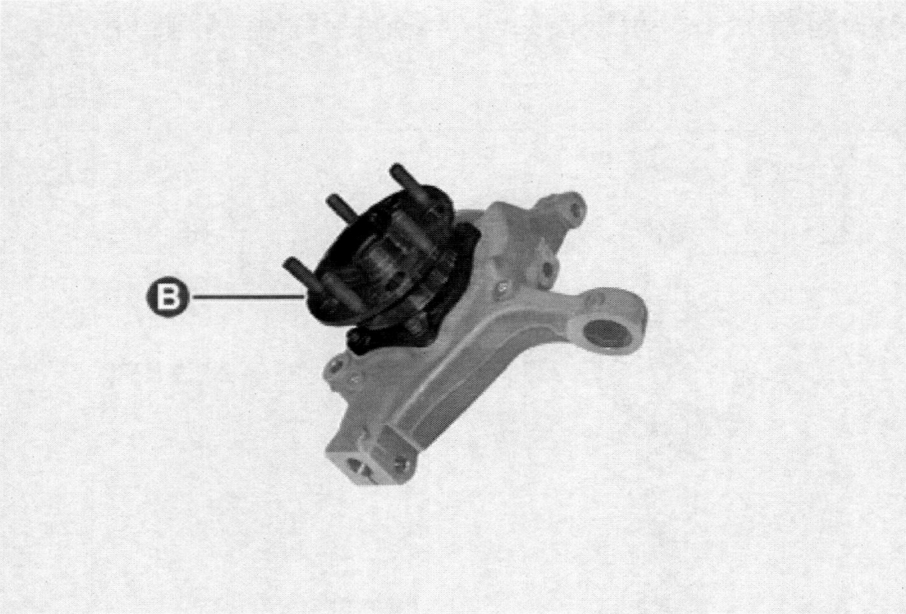

장착

1. 장착은 탈거의 역순으로 한다.
2. 얼라인먼트를 점검한다.
   (서스펜션 시스템 - "얼라인먼트" 참조)

특수공구

공구 명칭 / 번호	형상	용도
볼 조인트 리무버 09568 - 2J100	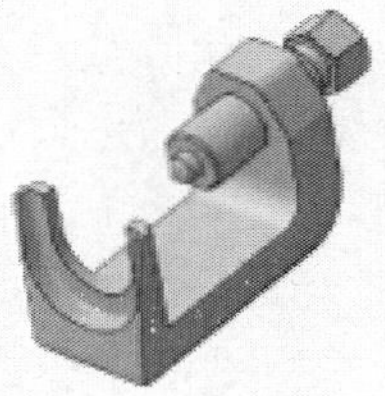	타이로드 엔드 볼 조인트 탈거
CV 조인트 풀러 09517 - 4E000		CV 조인트 탈거
로어 암 볼 조인트 리무버 0K545 - A9100		프런트 로어 암 볼 조인트 탈거

탈거

1. 프런트 휠 및 타이어를 탈거한다.
   (서스펜션 시스템 - "휠" 참조)
2. 볼트를 풀어 프런트 휠 속도 센서 커넥터(A)를 탈거한다.

체결토크 : 0.9 ~ 1.4 kgf·m

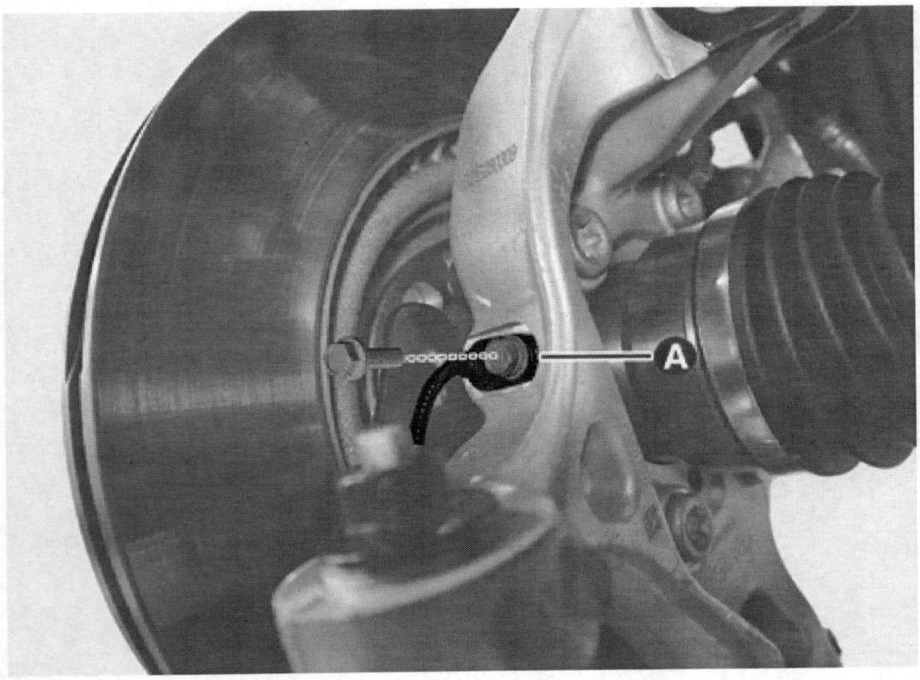

3. 치즐 또는 적절한 도구를 사용하여 드라이브 샤프트 록 너트 코킹(A)을 핀다.

4. 드라이브 샤프트 록 너트(A)를 탈거한다.

체결토크 : 30.0 ~ 32.0 kgf·m

5. 특수공구(09517 - 4E000)를 사용하여 드라이브 샤프트(A)를 프런트 액슬로부터 분리한다.

> **유 의**
>
> 드라이브 샤프트 분리 시 액슬을 강제로 잡아당기거나 과도하게 꺾어서 빼지 않는다.

6. 프런트 액슬에서 타이로드 엔드 볼 조인트를 분리한다.
   (1) 분할 핀(A)을 탈거한다.
   (2) 록 너트(B)와 와셔(C)를 탈거한다.

체결토크 : 10.0 ~ 12.0 kgf·m

유 의

- 분할 핀은 재사용하지 않는다.
- 록 너트는 재사용하지 않는다.
- 링크의 고무 부트가 손상되지 않도록 유의한다.
- 록 너트 탈거 및 장착 시 반드시 수공구를 사용한다.

(3) 특수공구(09568 - 2J100)를 사용하여 타이로드 엔드 볼 조인트(A)를 분리한다.

7. 프런트 브레이크 디스크를 탈거한다.
   (브레이크 시스템 - "프런트 브레이크 디스크" 참조)
8. 특수공구(0K545 - A9100)를 사용하여 프런트 액슬에서 로어 암 볼 조인트를 탈거한다.
   (1) 분할 핀(D)을 탈거한다.
   (2) 로어 암 볼트(A)와 와셔(B), 너트(C)를 탈거한다.

체결토크 : 10.0 ~ 12.0 kgf·m

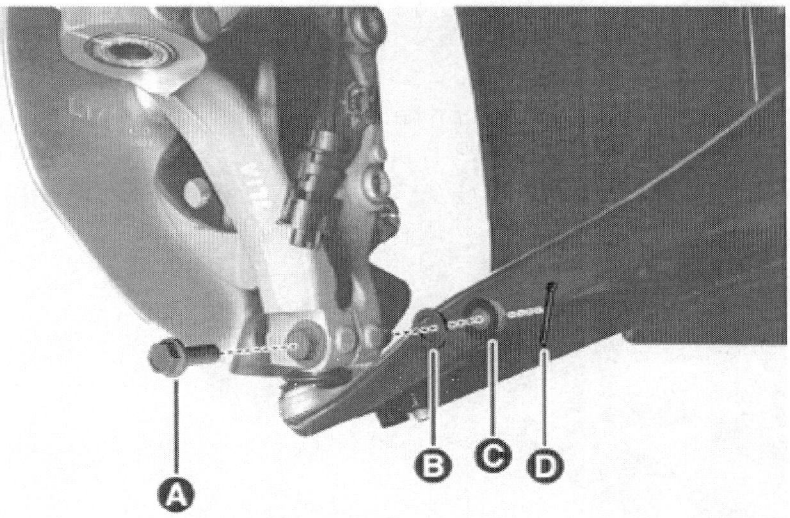

참 고

로어 암 볼트를 고정 후 너트를 탈거 및 장착한다.

유 의

- 분할 핀은 재사용하지 않는다.
- 장착 시 볼트와 너트, 와셔의 위치 및 방향이 바뀌지 않도록 한다.

(3) 로어 암 체결 볼트 구멍에 서포트 볼트를 설치하고 볼트(A)를 돌려 체결한다.

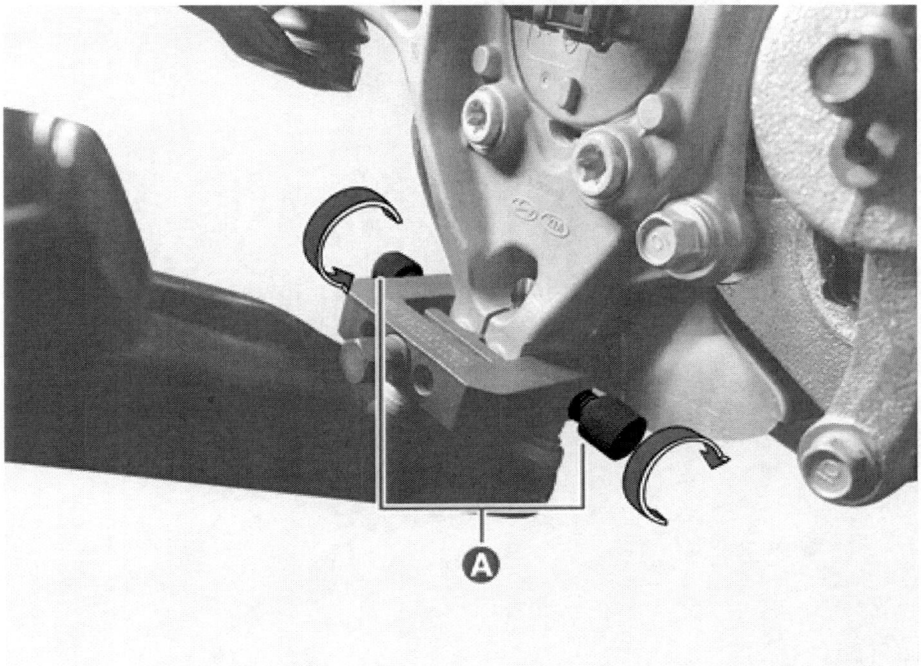

참 고

특수공구(0K545 - A9100)에서 서포트 볼트(A)를 사용한다.

(4) 프런트 액슬과 로어 암 체결부 홈(A)에 서포트 바디(B)를 위치시킨다.

(5) 볼트(A)를 돌려 서포트 바디(B)를 삽입하며 체결부를 벌린다.

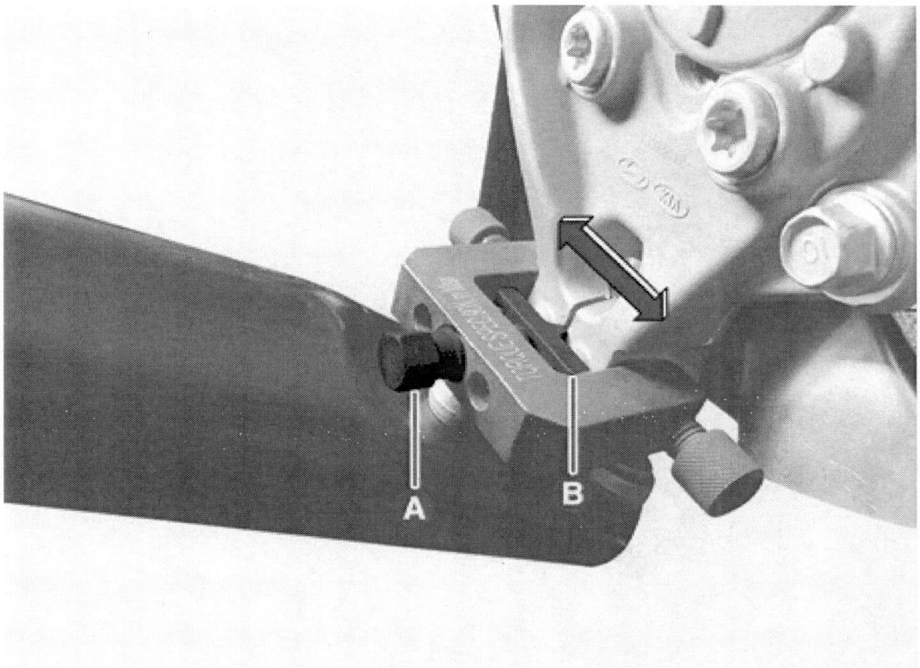

(6) 메인 바디(A)를 프런트 스트럿 어셈블리와 프런트 로어 암 사이에 설치한다.

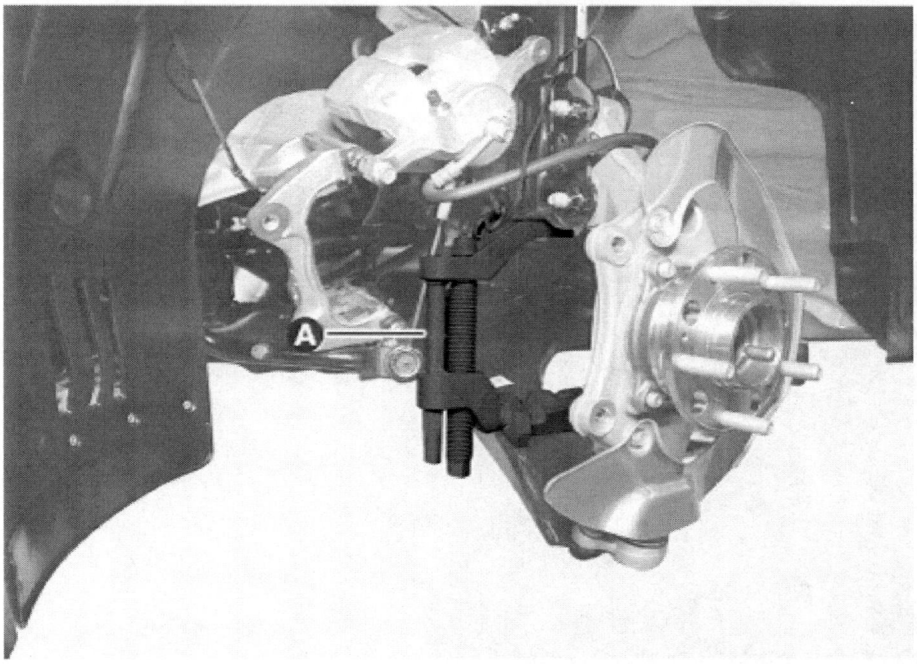

참 고

특수공구(0K545 - A9100)에서 메인 바디(A)를 사용한다.

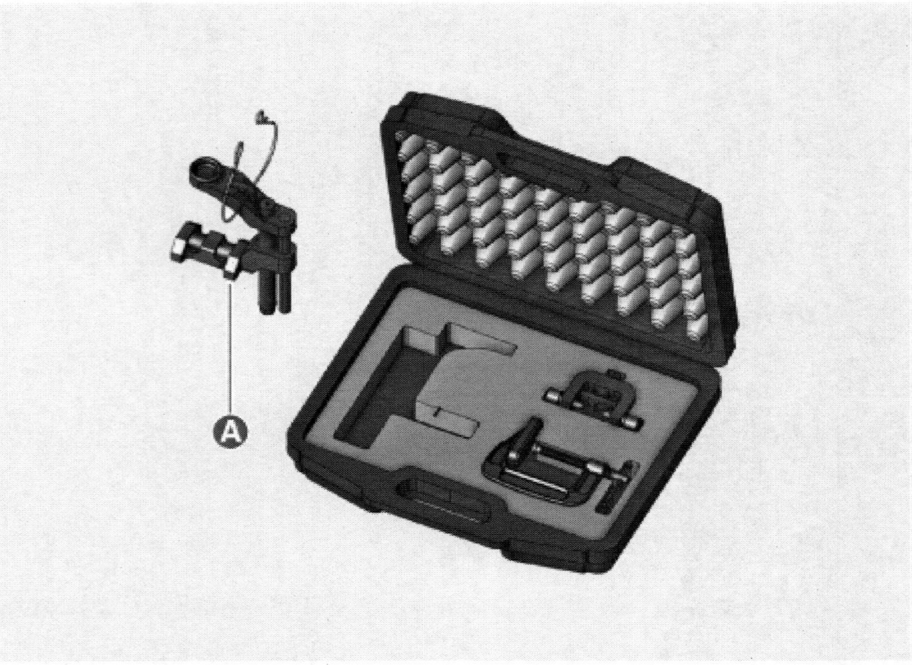

(7) 메인바디가 떨어지지 않도록 와이어(A)로 고정한다.

(8) 메인 바디가 미끄러지는 것을 방지하기 위해 핸들(B)을 돌려 C클램프(A)를 고정한다.

> **참 고**
>
> 특수공구(0K545 - A9100)에서 C클램프(A)를 사용한다.
>
> 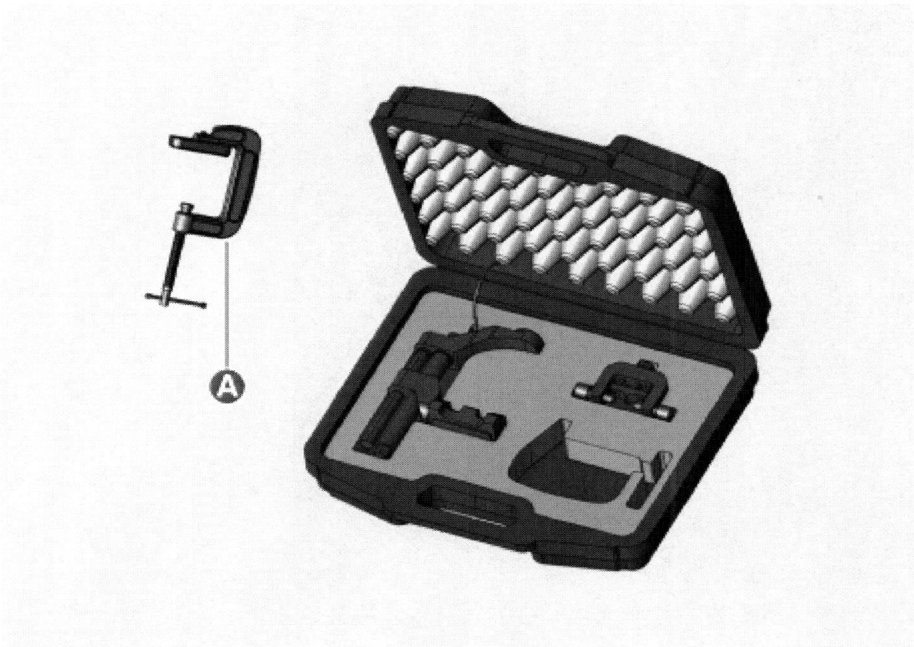
>

(9) 볼트(A)를 조이면서 메인 바디 간격을 벌려 프런트 액슬에서 프런트 로어 암을 분리한다.

9. 볼트와 너트를 풀어 프런트 액슬 어셈블리(A)를 탈거한다.

체결토크 : 16.0 ~ 18.0 kgf·m

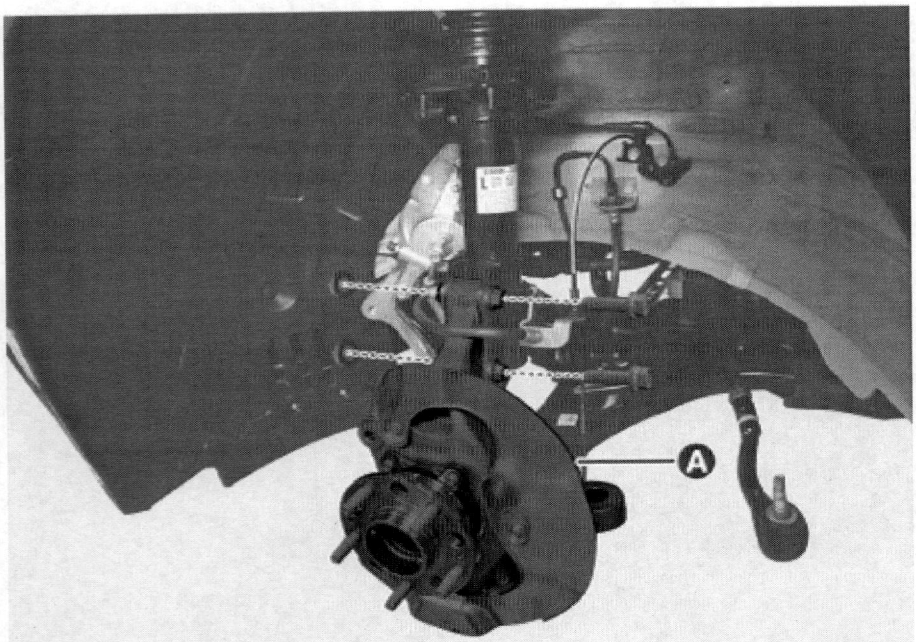

10. 볼트를 풀어 더스트 커버(A)를 탈거한다.

체결토크 : 0.7 ~ 1.1 kgf·m

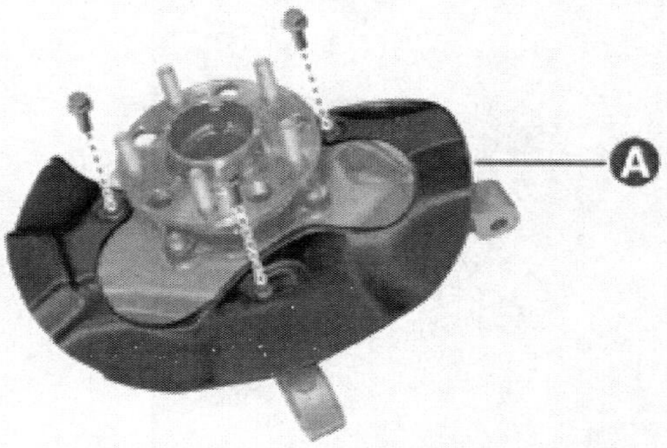

11. 프런트 허브 어셈블리 볼트(A)를 풀어 프런트 허브 어셈블리(B)를 탈거한다.

체결토크 : 13.0 ~ 15.0 kgf·m

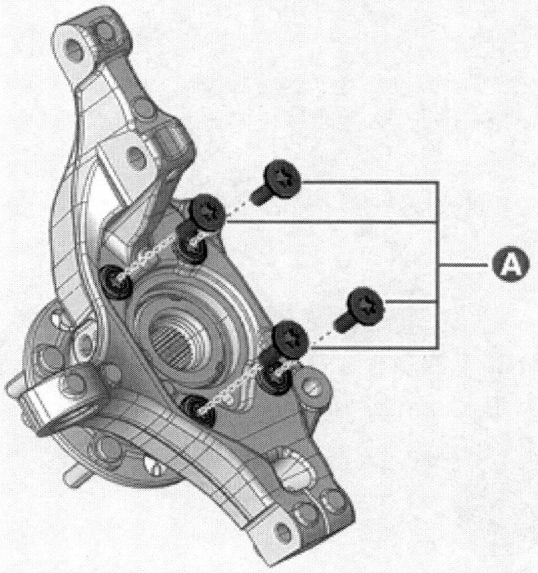

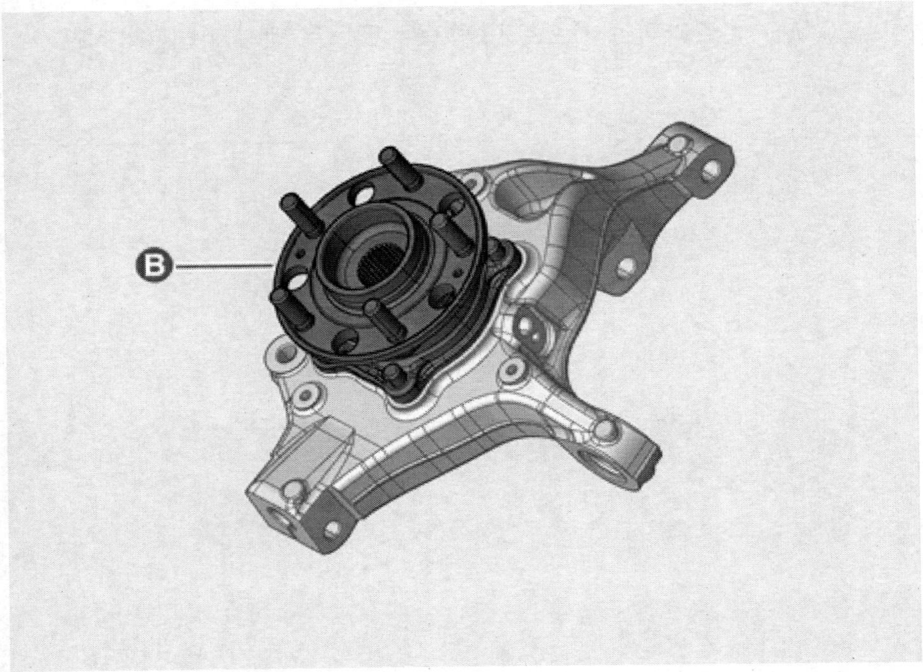

장착

1. 장착은 탈거의 역순으로 한다.
2. 얼라인먼트를 점검한다.
   (서스펜션 시스템 - "얼라인먼트" 참조)

점검

1. 프런트 너클의 균열을 점검한다.

구성부품

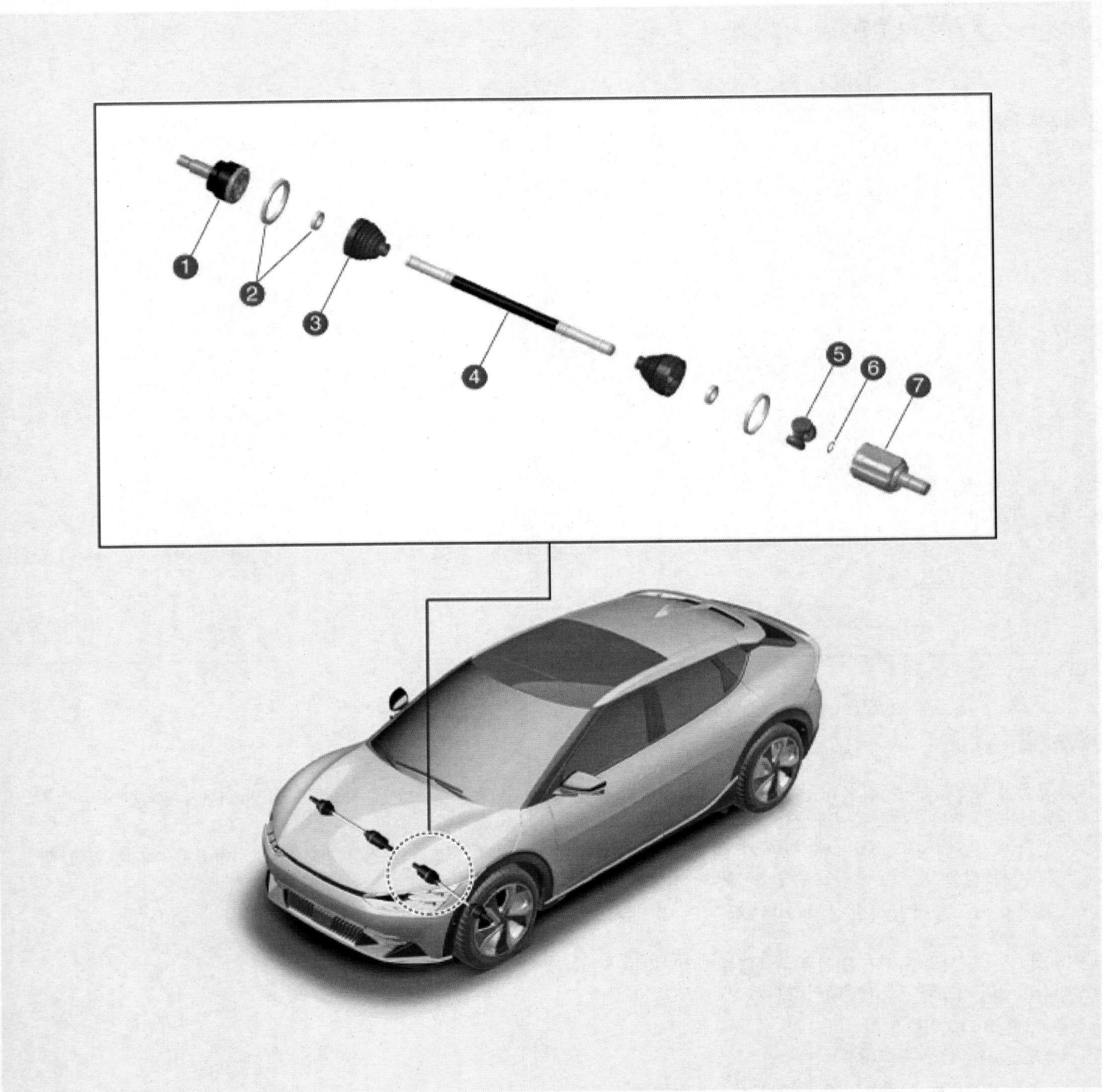

1. 휠측 하우징 2. 드라이브 샤프트 부트 밴드 3. 드라이브 샤프트 부트 4. 샤프트 어셈블리	5. 스파이더 어셈블리 6. 스냅 링 7. 감속기측 하우징

특수공구

공구 명칭 / 번호	형상	용도
볼 조인트 리무버 09568 - 2J100	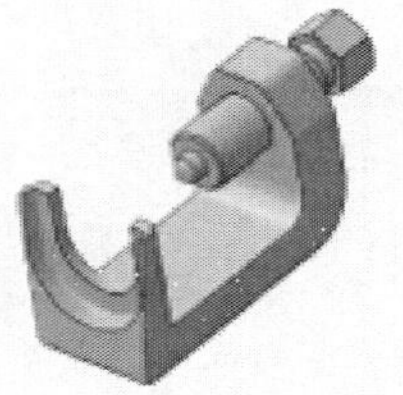	타이로드 엔드 볼 조인트 탈거
CV 조인트 풀러 09517 - 4E000		CV 조인트 탈거
로어 암 볼 조인트 리무버 0K545 - A9100		프런트 로어 암 볼 조인트 탈거

탈거

⚠ 경 고

- 고전압 시스템 관련 작업 시, 관련 교육을 이수한 작업자가 정비를 진행한다. 고전압 시스템에 대한 이해가 부족한 경우 감전 또는 누전 등으로 인한 심각한 사고를 초래할 수 있다.
- 고전압 시스템 또는 주변 부품 작업 시, 반드시 "고전압 시스템 안전사항 및 주의, 경고" 내용을 숙지하고 준수해야 한다. 미준수 시, 감전 또는 누전 등으로 인한 심각한 사고를 초래할 수 있다.
- 고전압 시스템 작업 특성 상, 개인보호장구(PPE) 및 사전 고전압 차단 절차를 반드시 확인한다.

1. 배터리 (-) 단자와 서비스 인터록 커넥터를 분리한다.
   (배터리 제어 시스템 - "보조 배터리 (12V) - 4WD" 참조)
2. 프런트 휠 및 타이어를 탈거한다.
   (서스펜션 시스템 - "휠" 참조)
3. 너트를 풀어 프런트 스트럿 어셈블리에서 스태빌라이저 바 링크(A)를 분리한다.

체결토크 : 10.0 ~ 12.0 kgf·m

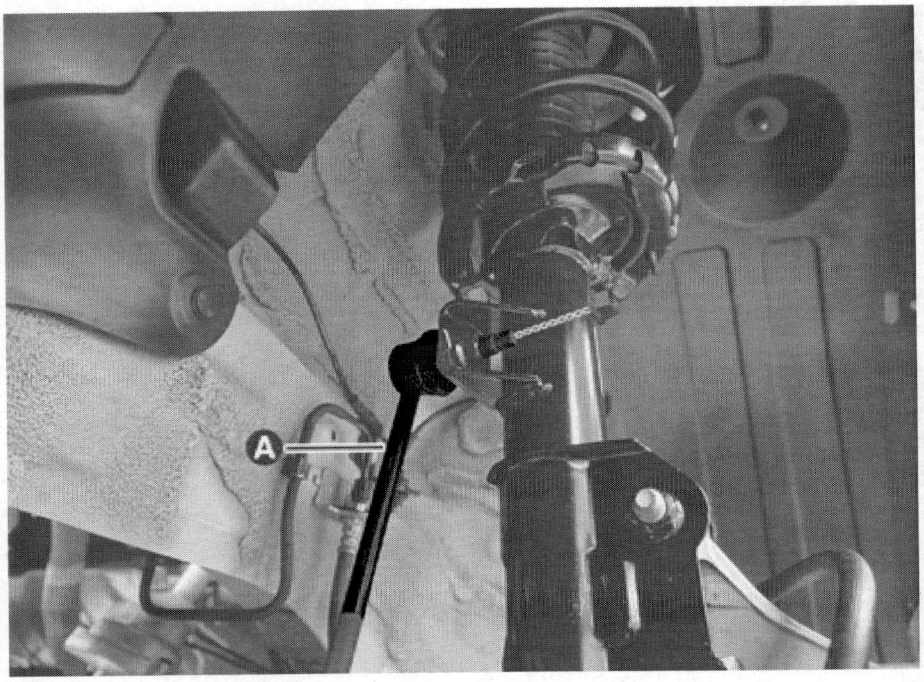

유 의

- 스태빌라이저 바 링크 탈거 및 장착 시 링크의 아웃터 헥사(A)를 고정하고 너트(B)를 탈거 및 장착한다.

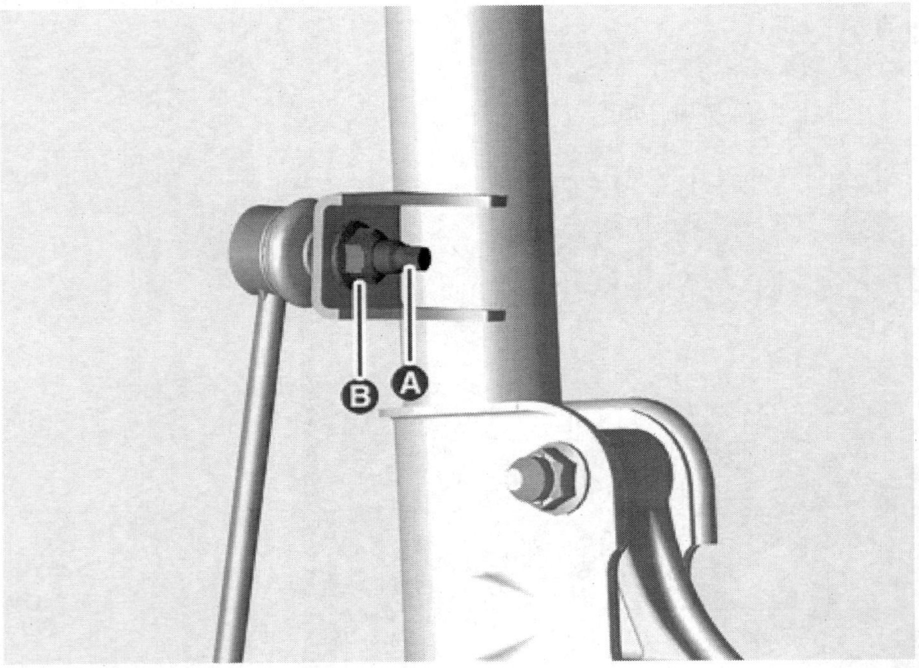

- 링크의 고무 부트가 손상되지 않도록 유의한다.
- 스태빌라이저 바 링크 너트 탈거 및 장착 시 반드시 수공구를 사용한다.

4. 프런트 액슬에서 타이로드 엔드 볼 조인트를 분리한다.
   (1) 분할 핀(A)을 탈거한다.
   (2) 록 너트(B)와 와셔(C)를 탈거한다.

체결토크 : 10.0 ~ 12.0 kgf·m

유 의

- 분할 핀은 재사용하지 않는다.
- 록 너트는 재사용하지 않는다.
- 링크의 고무 부트가 손상되지 않도록 유의한다.
- 록 너트 탈거 및 장착 시 반드시 수공구를 사용한다.

(3) 특수공구(09568 - 2J100)를 사용하여 타이로드 엔드(A)를 분리한다.

5. 특수공구(0K545 - A9100)를 사용하여 프런트 액슬에서 로어 암 볼 조인트를 탈거한다.
   (1) 분할 핀(A)을 탈거한다.
   (2) 로어 암 볼트(B)와 와셔(C), 너트(D)를 탈거한다.

체결토크 : 10.0 ~ 12.0 kgf·m

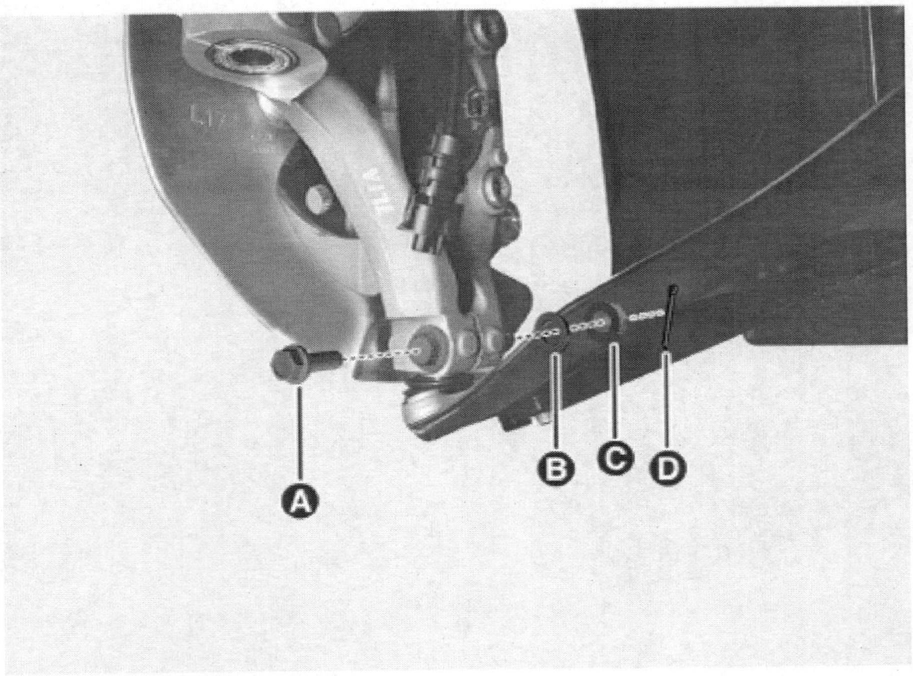

참 고

로어 암 볼트를 고정 후 너트를 탈거 및 장착한다.

유 의

- 분할 핀은 재사용하지 않는다.
- 장착 시 볼트와 너트, 와셔의 위치 및 방향이 바뀌지 않도록 한다.

(3) 로어 암 체결 볼트 구멍에 서포트 바디를 설치하고 볼트(A)를 돌려 체결한다.

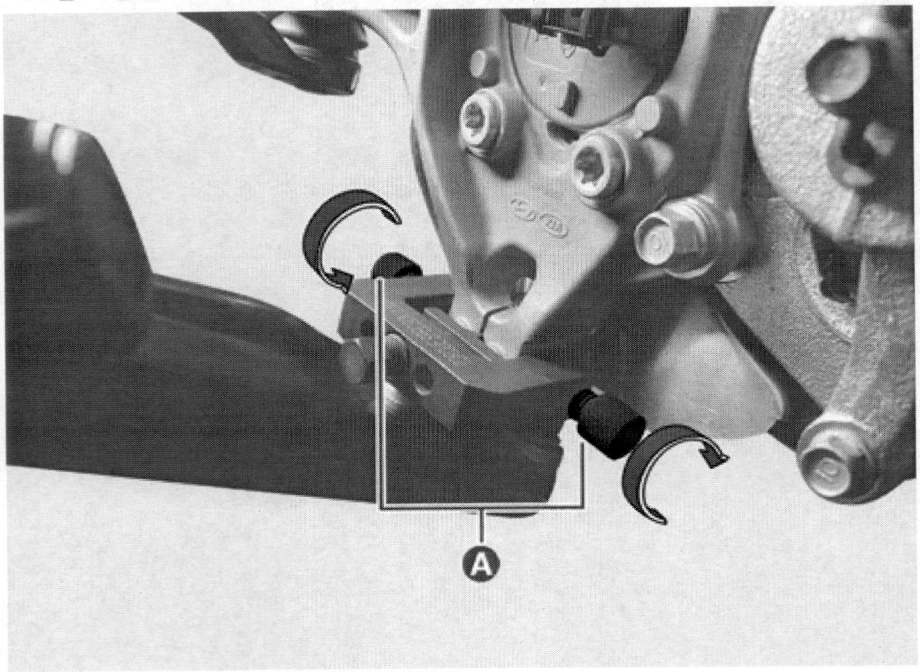

참 고

특수공구(0K545 - A9100)에서 서포트 바디(A)를 사용한다.

(4) 서포트 바디(B)를 프런트 액슬 홈(A)에 설치한다.

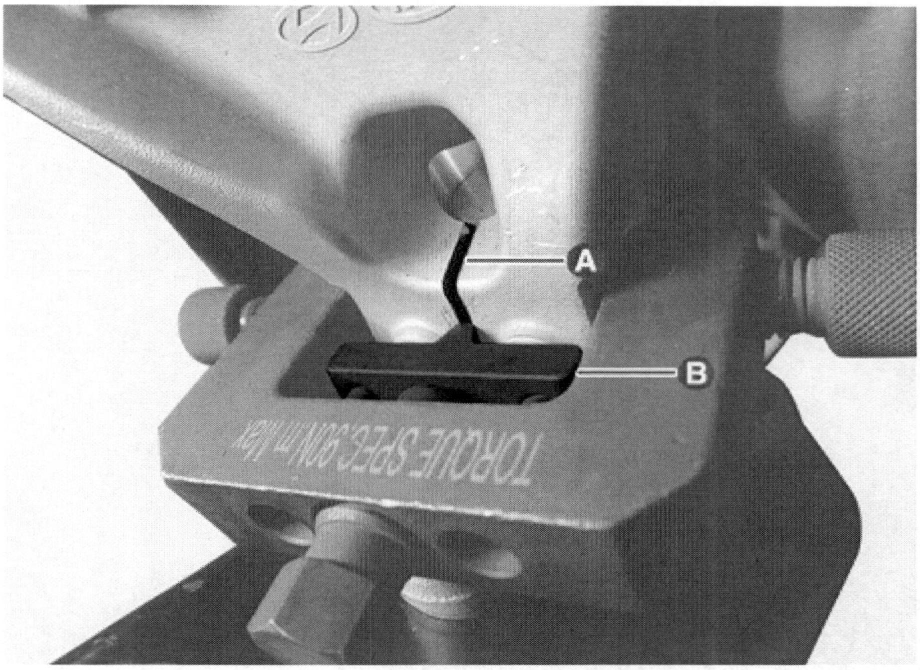

(5) 볼트(A)를 돌려 서포트 바디(B)를 삽입하며 프런트 액슬 체결부를 벌린다.

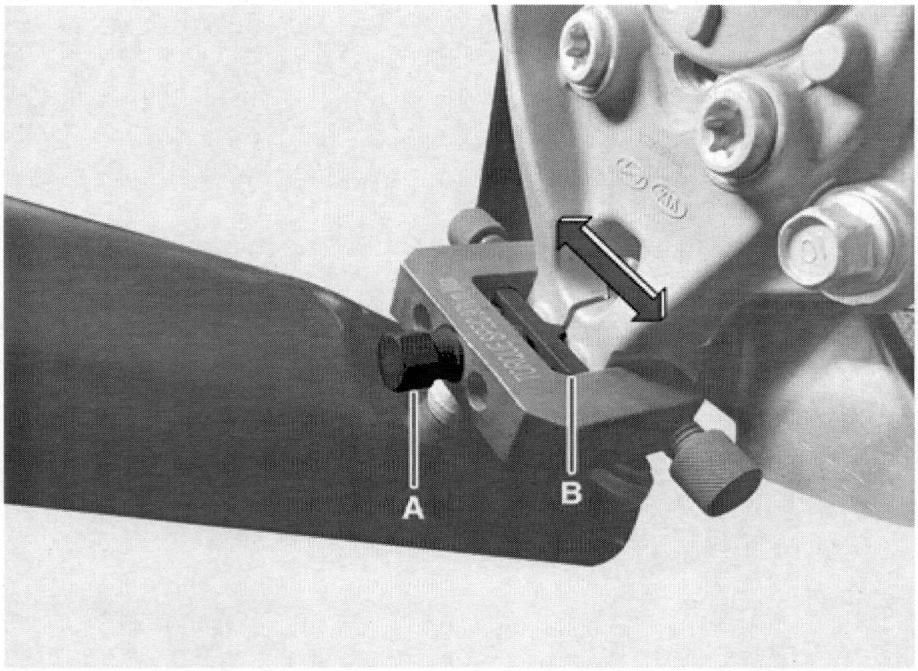

(6) 메인 바디(A)를 프런트 스트럿 어셈블리와 프런트 로어 암 사이에 설치한다.

참 고

특수공구(0K545 - A9100)에서 메인 바디(A)를 사용한다.

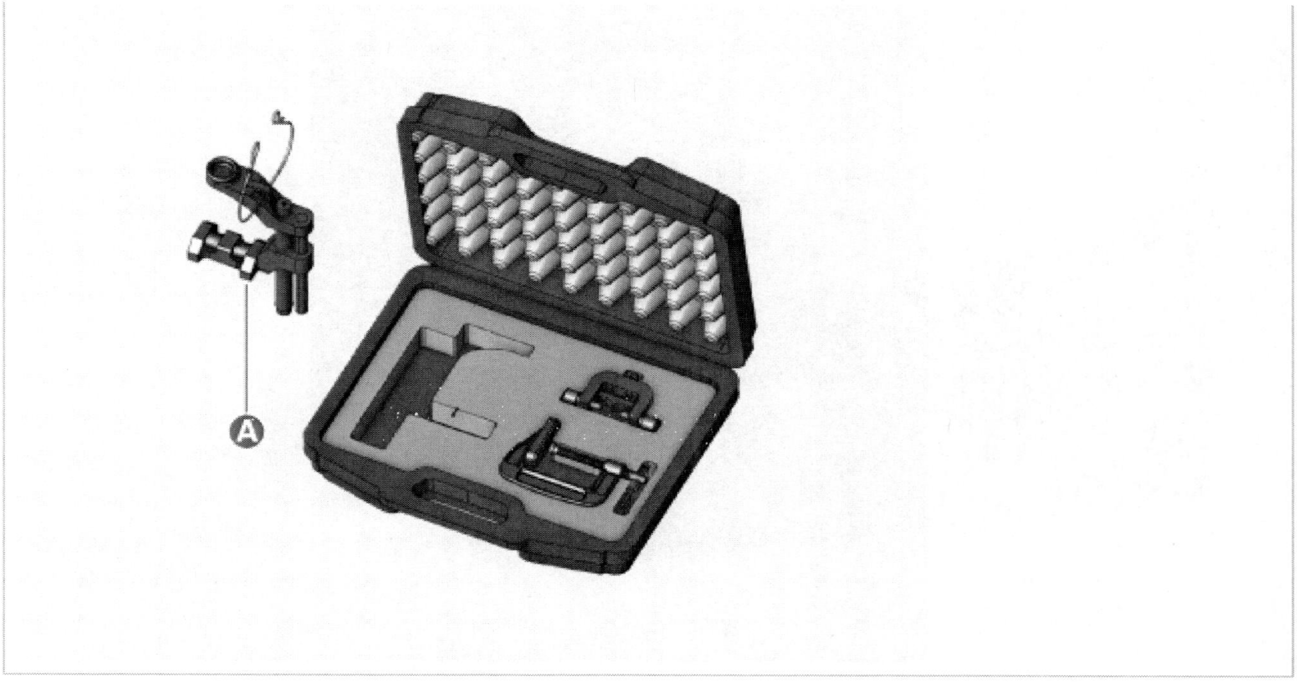

(7) 메인바디가 떨어지지 않도록 와이어(A)로 고정한다.

(8) 메인바디가 미끄러지는 것을 방지하기 위해 핸들(B)을 돌려 C클램프(A)를 고정한다.

참 고

특수공구(0K545 - A9100)에서 C클램프(A)를 사용한다.

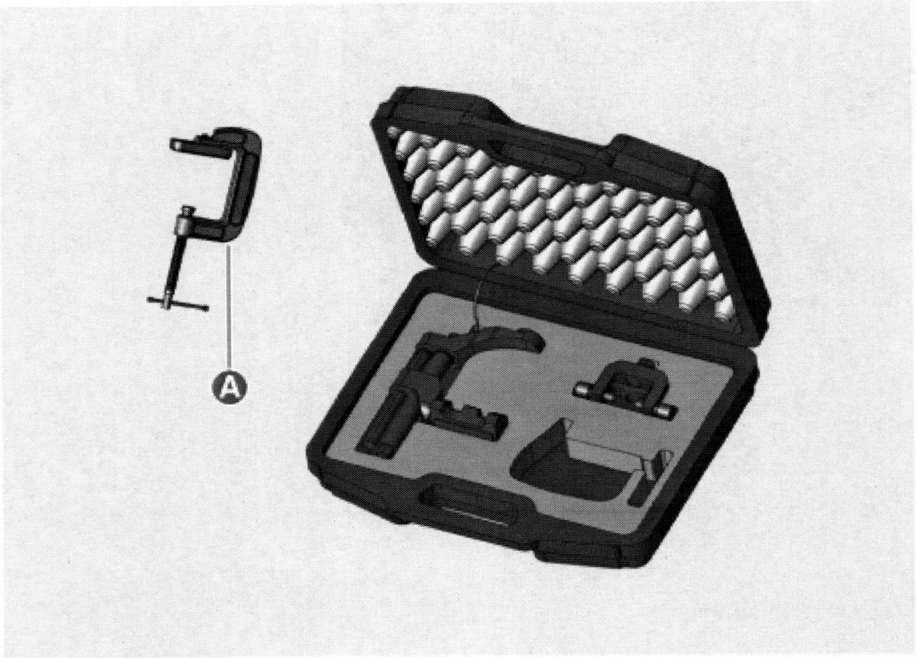

(9) 볼트(A)를 조이면서 메인바디 간격을 벌려 프런트 액슬에서 프런트 로어 암을 분리한다.

6. 치즐 또는 적절한 도구를 사용하여 드라이브 샤프트 록 너트 코킹(A)을 핀다.

7. 드라이브 샤프트 록 너트(A)를 탈거한다.

체결토크 : 30.0 ~ 32.0 kgf·m

8. 특수공구(09517 - 4E000)를 사용하여 드라이브 샤프트(A)를 프런트 액슬로부터 분리한다.

9. 프런트 액슬 어셈블리(A)와 프런트 드라이브 샤프트(B)를 분리한다.

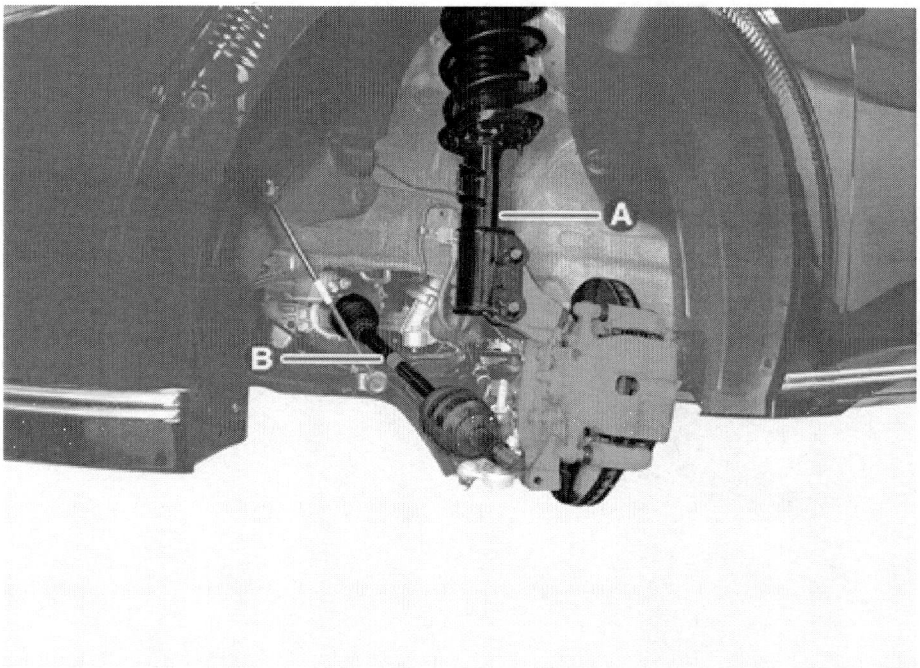

유 의

드라이브 샤프트 분리 시 액슬을 강제로 잡아당기거나 과도하게 꺾어서 빼지 않는다.

10. 프런트 언더 커버를 탈거한다.
    (모터 및 감속기 시스템 - "프런트 언더 커버" 참조)
11. 프라이 바(B)를 사용하여 드라이브 샤프트(A)를 탈거한다.

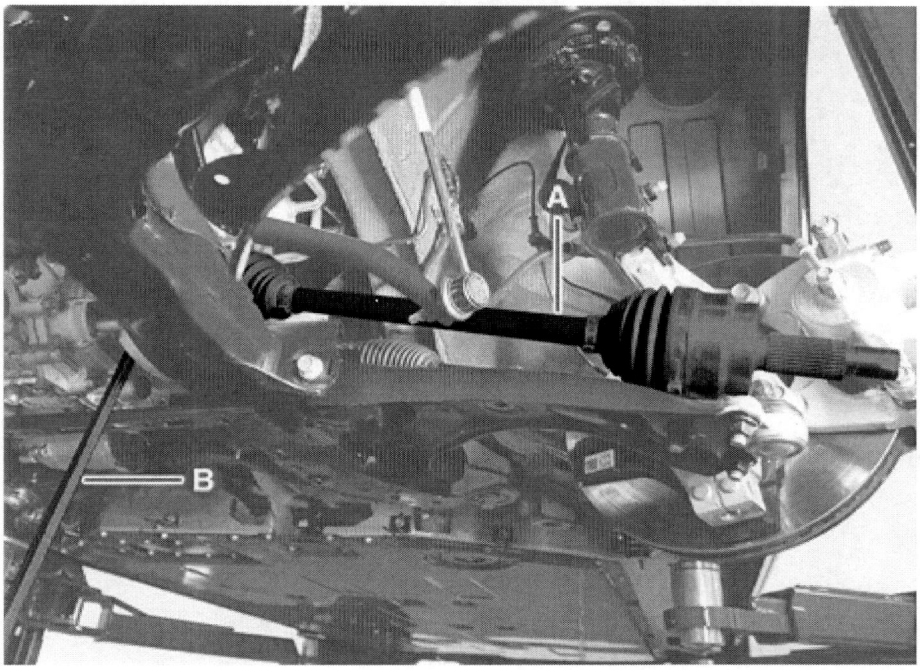

유 의

- 프라이 바를 너무 깊게 끼울 경우 오일 실에 손상을 줄 수 있다.
- 드라이브 샤프트를 바깥에서 무리한 힘으로 당길 경우, 조인트 키트 내부가 이탈되어 부트가 찢어지거나 베어링 부의 손상을 가져올 수 있다.
- 오염을 방지하기 위해 드라이브 샤프트 탈거 후 변속기 케이스의 구멍을 오일 실 캡으로 막는다.
- 드라이브 샤프트를 안전하게 지지한 후 탈거한다.

장착

1. 장착은 탈거의 역순으로 한다.

유 의

- 드라이브 샤프트 록 너트는 재사용하지 않는다.
- 드라이브 샤프트 록 너트 체결 후 코킹 깊이(A)에 주의하며 치즐 또는 적절한 도구를 사용하여 2개소 이상 코킹 작업을 실시한다.

코킹 깊이 (A) : 1.5 mm 이상

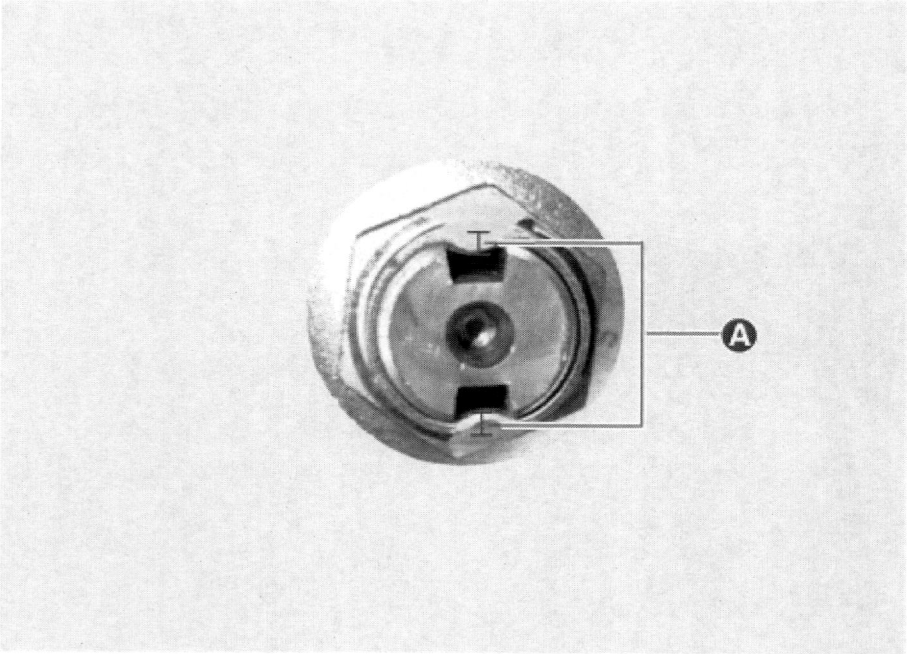

- 드라이브 샤프트 록 너트 체결 시 브레이크를 밟은 상태에서 규정 토크로 체결한다.
- 프런트 드라이브 샤프트 서클립(A)은 재사용하지 않는다.

2. 얼라인먼트를 점검한다.
(서스펜션 시스템 - "얼라인먼트" 참조)

탈거

휠측 조인트 부트 교환 가능 타입

1. 프런트 드라이브 샤프트를 탈거한다.
   (프런트 드라이브 샤프트 어셈블리 (4WD) - "프런트 드라이브 샤프트" 참조)
2. 감속기측 조인트를 탈거한다.
   (프런트 드라이브 샤프트 어셈블리 (4WD) - "감속기측 조인트" 참조)
3. 드라이버(-)를 사용하여 휠측 조인트 부트 소경 밴드(A)와 대경 밴드(B)를 탈거한다.

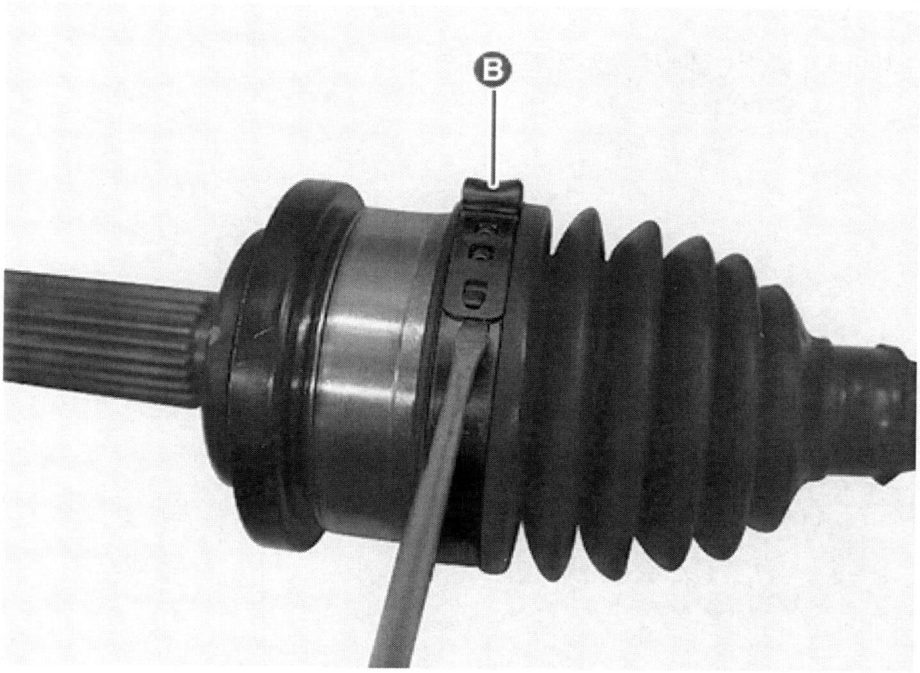

4. 휠측 조인트 부트(A)를 탈거한다.

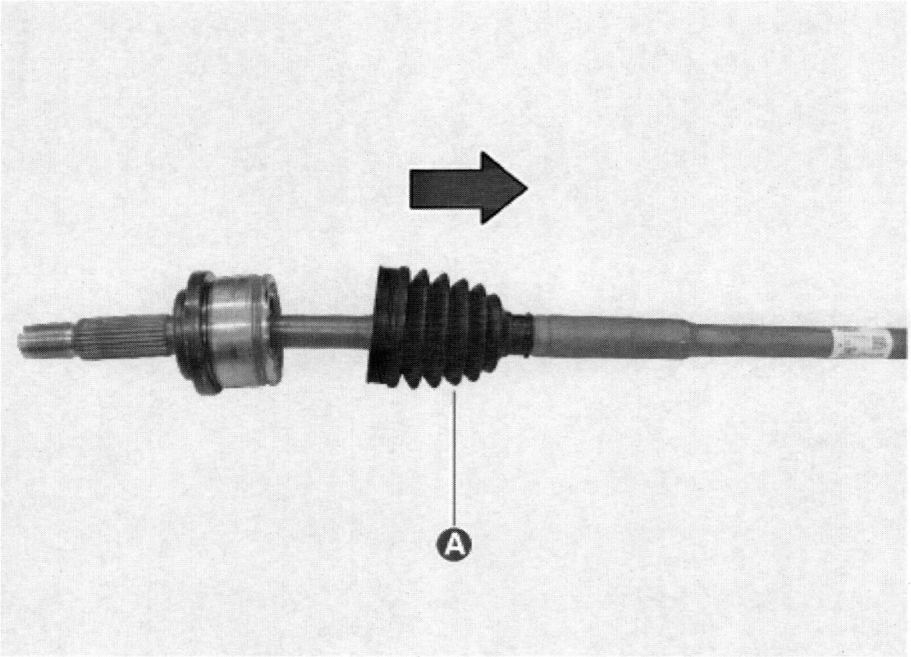

유 의

- 휠측 조인트 하우징(A)은 탈거하지 않는다.
- 휠측 조인트 하우징(A)은 탈거 후 장착 시 누유가 발생할 수 있으므로 탈거하지 않고 교환 필요 시 샤프트(B)와 함께 어셈블리로 교환한다.

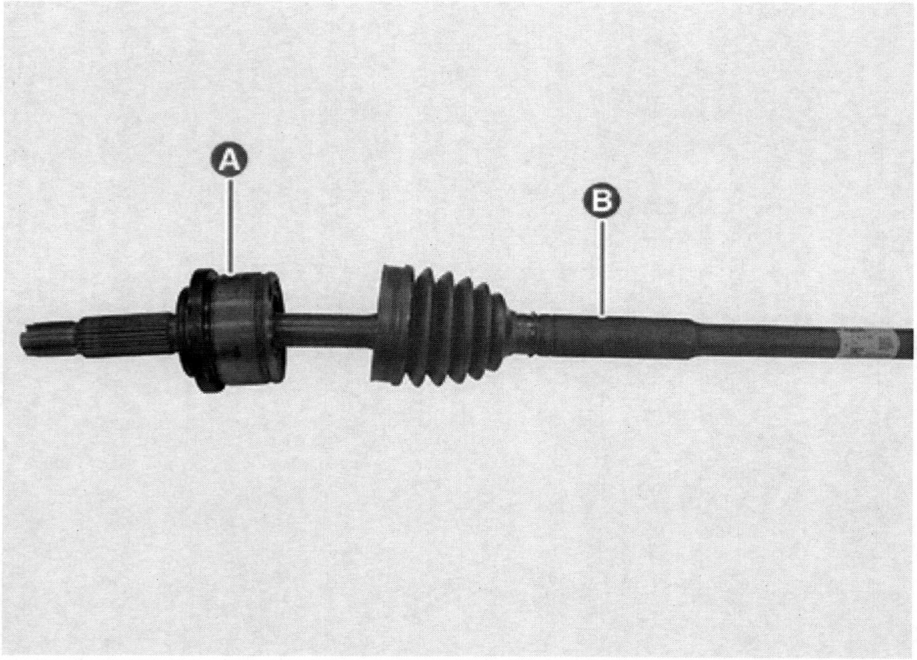

휠측 조인트 부트 교환 불가능 타입

1. 프런트 드라이브 샤프트를 탈거한다.
   (프런트 드라이브 샤프트 어셈블리 [4WD] - "프런트 드라이브 샤프트" 참조)
2. 감속기측 조인트를 탈거한다.
   (프런트 드라이브 샤프트 어셈블리 [4WD] - "감속기측 조인트" 참조)
3. 휠측 조인트 어셈블리(A)와 샤프트(B)를 교환한다.

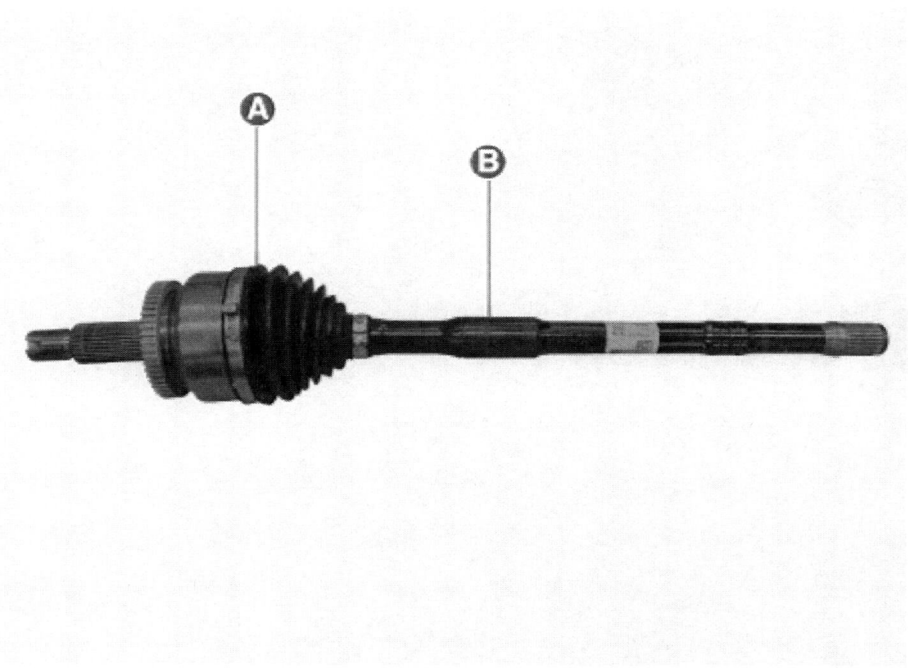

유 의

휠측 조인트 부트는 교환할 수 없으므로 휠측 조인트 어셈블리(A)와 샤프트(B)는 함께 어셈블리로 교환한다.

점검

1. 부트에 물이나 이물질의 유입 여부를 확인한다.
2. 이상이 있는 부품은 교환한다.

특수공구

공구 명칭 / 번호	형상	용도
밴드 인스톨러 0K495 - C5000		이어 타입 부트 밴드 장착 (0K495 - 2W000과 손잡이 호환)

장착

휠측 조인트 부트 교환 가능 타입

⚠ 주 의

- 조립 시 먼지 및 이물질이 유입되지 않도록 주의한다.
- 드라이브 샤프트 조인트는 특수 그리스를 사용해야 하므로 다른 종류의 그리스를 첨가하지 않는다.
- 부트 밴드 탈거 시, 부트 밴드는 반드시 신품을 사용한다.

1. 신품 부트(A)를 화살표 방향으로 끼운다.

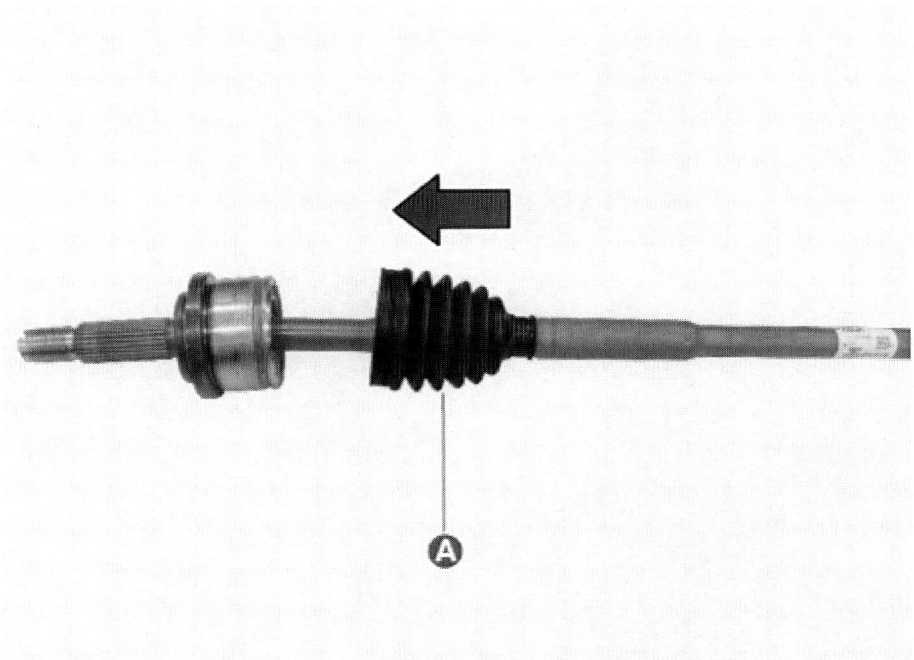

2. 규정된 그리스를 부트 내부에 도포한다.

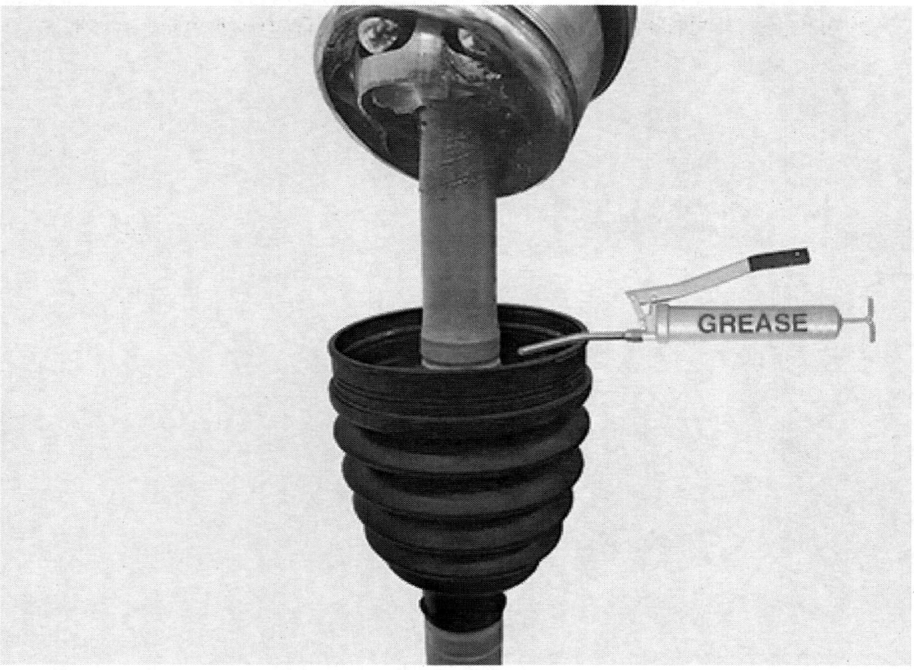

유 의

- 그리스는 조인트 키트/부트 키트에 포함된 그리스를 사용한다.
- 그리스의 일정량(약 50~60%)을 부트 내에 도포한다.
- 드라이브 샤프트 조인트는 특수 그리스를 사용해야 하므로 다른 종류의 그리스를 첨가하지 않는다.

3. 휠측 부트(A)를 하우징(B)에 장착한다.

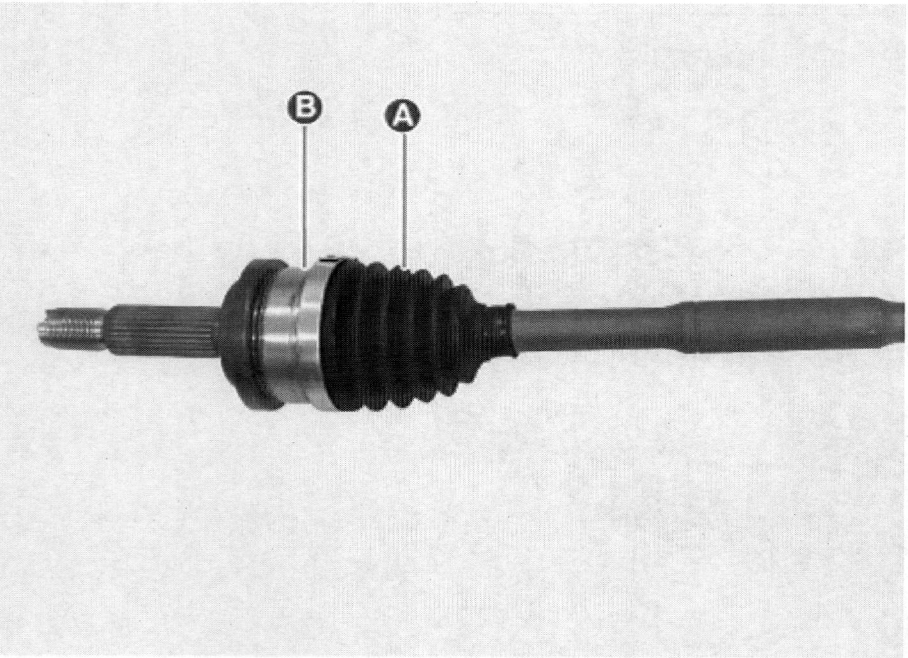

4. 특수공구(0K495 - C5000)를 사용하여 대경 부트 밴드를 체결한다.

이어타입 간격(A) : 2.0mm 이하

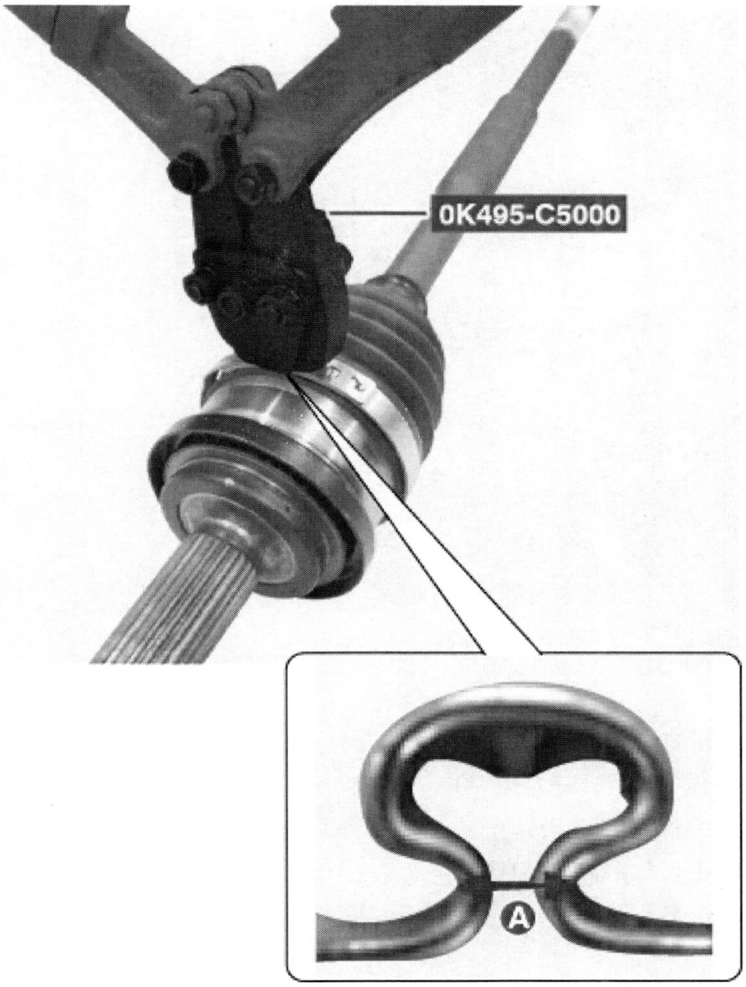

5. 특수공구(0K495 - C5000)를 사용하여 소경 부트 밴드를 체결한다.

이어타입 간격(A) : 2.0mm 이하

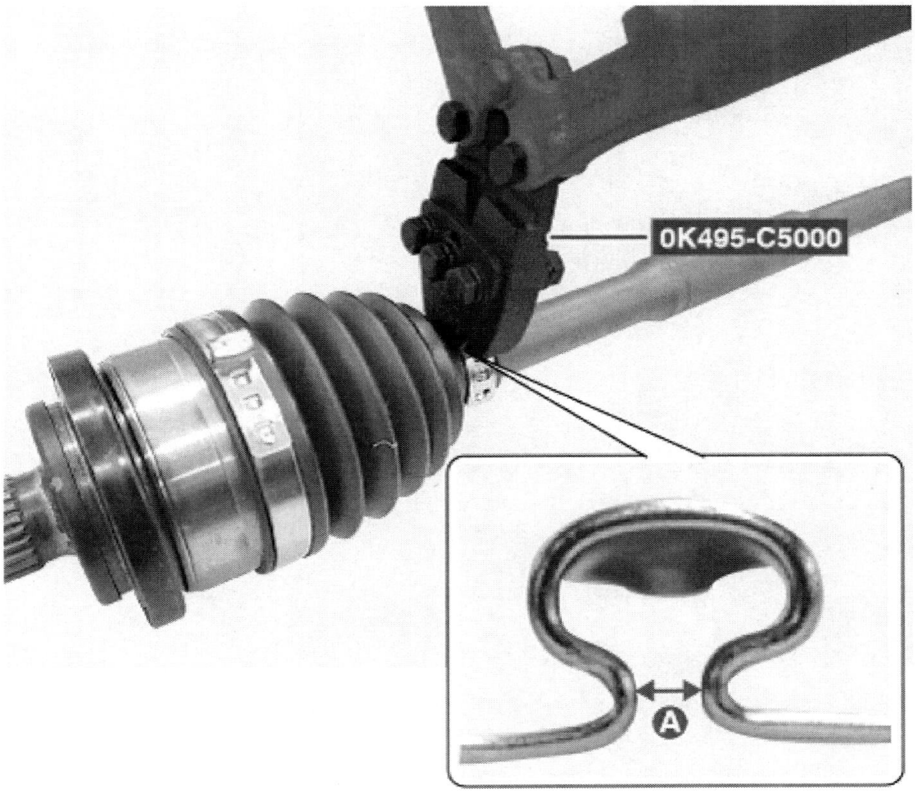

> **유 의**
>
> - 밴드 장착 시 체결부 방향을 휠측 조인트 대경 부트 밴드의 체결부 방향과 일렬로 하여 체결한다.
>
> 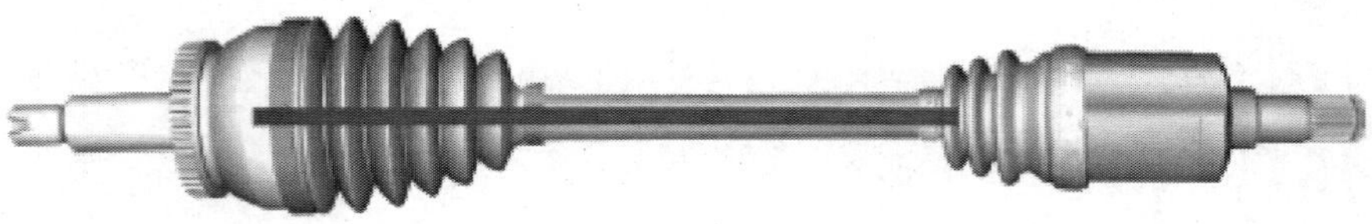
>
> - 체결 후 밴드 체결부에 그리스가 도포되어 있는지 확인하고 도포되어 있을 경우 닦아낸다.

6. 감속기측 조인트를 장착한다.
   (프런트 드라이브 샤프트 어셈블리 (4WD) - "감속기측 조인트" 참조)
7. 프런트 드라이브 샤프트를 장착한다.
   (프런트 드라이브 샤프트 어셈블리 (4WD) - "프런트 드라이브 샤프트" 참조)

휠측 조인트 부트 교환 불가능 타입

> **유 의**
>
> - 조립 시 먼지 및 이물질이 유입되지 않도록 주의한다.
> - 드라이브 샤프트 조인트는 특수 그리스를 사용해야 하므로 다른 종류의 그리스를 첨가하지 않는다.
> - 부트 밴드 탈거 시, 부트 밴드는 반드시 신품을 사용한다.

1. 휠측 어셈블리(A)와 샤프트(B)를 교환한다.

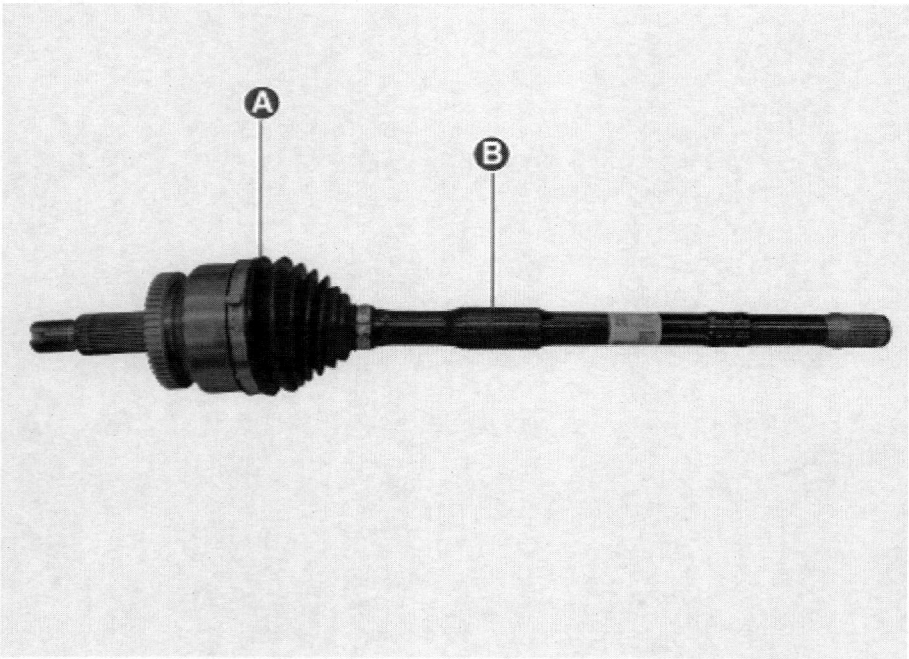

> **유 의**
>
> 휠측 조인트 부트는 교환할 수 없으므로 휠측 조인트 어셈블리(A)와 샤프트(B)는 함께 어셈블리로 교환한다.

2. 감속기측 조인트를 장착한다.
   (프런트 드라이브 샤프트 어셈블리 (4WD) - "감속기측 조인트" 참조)
3. 프런트 드라이브 샤프트를 장착한다.

(프런트 드라이브 샤프트 어셈블리 (4WD) - "프런트 드라이브 샤프트" 참조)

2023 > 엔진 > 160kW (2WD) / 70 160kW (4WD) > 드라이브 샤프트 및 액슬 > 프런트 드라이브 샤프트 어셈블리 (4WD) > 감속기측 조인트 > 탈거

특수공구

공구 명칭 / 번호	형상	용도
밴드 인스톨러 0K495 - 2W000		후크 타입 부트 밴드 (로 프로파일) 장착 (0K495 - C5000과 손잡이 호환)

탈거

유 의

- 드라이브 샤프트 조인트는 특수 그리스를 사용해야 하므로 다른 종류의 그리스를 첨가하지 않는다.
- 부트 밴드 탈거 시, 부트 밴드는 반드시 신품을 사용한다.

1. 프런트 드라이브 샤프트를 탈거한다.
   (프런트 드라이브 샤프트 어셈블리 (4WD) - "프런트 드라이브 샤프트" 참조)
2. 감속기측 조인트 대경(A) 및 소경(B) 부트 밴드를 탈거한다.

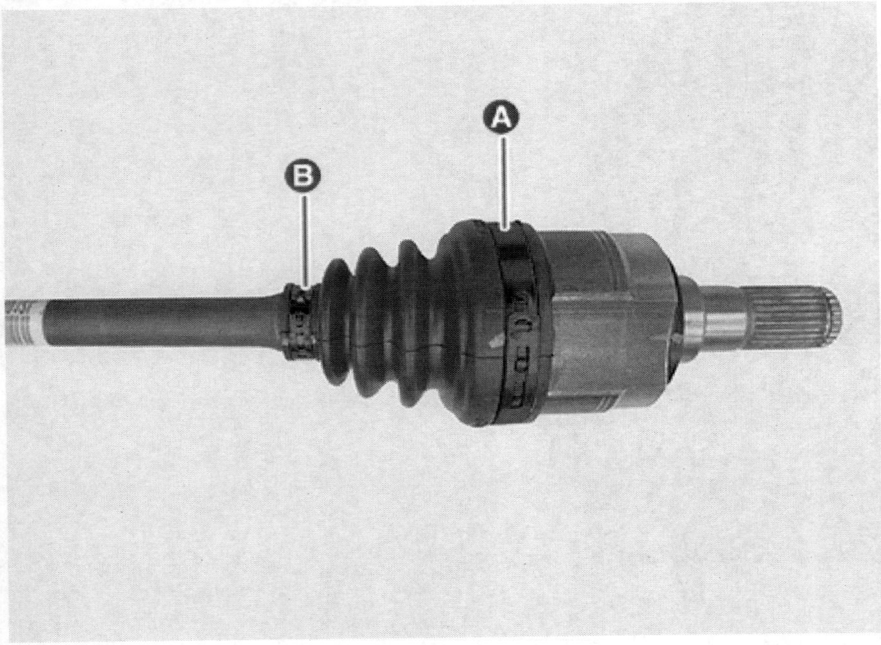

참 고

아래와 같이 부트 밴드 타입별 사용 분해 공구를 참고하여 사용한다.

이어 타입	후크 타입	후크 타입 [로 프로파일]
드라이버(-)	드라이버(-)	특수공구(0K495 - 2W000)

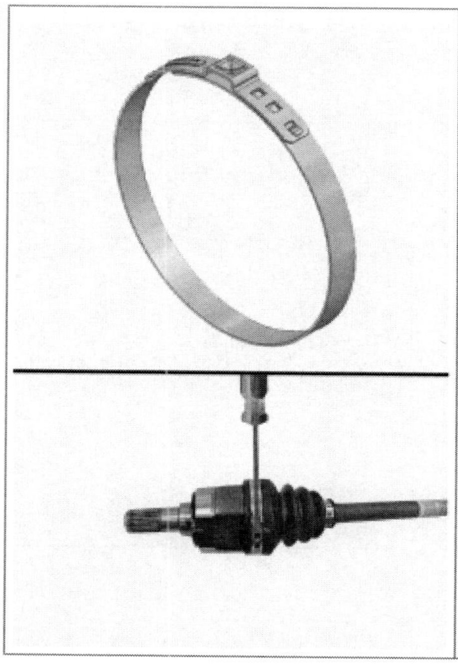

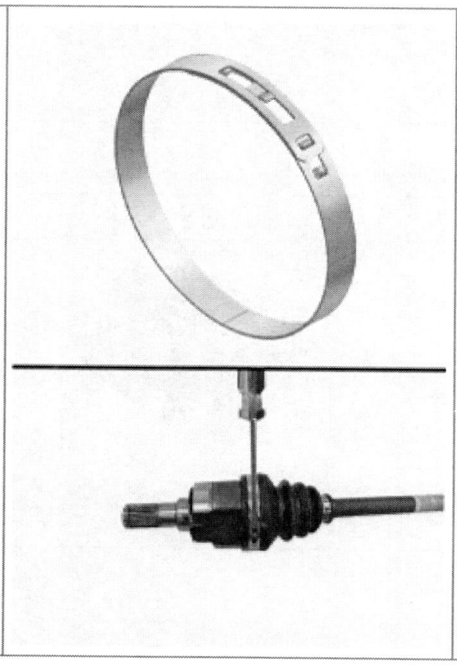

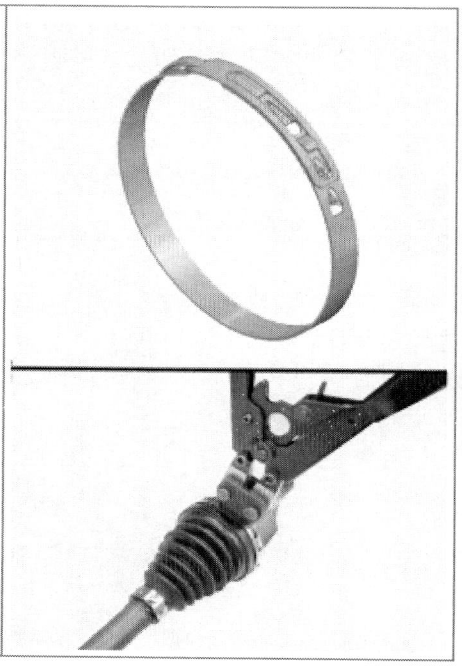

유 의

로 프로파일 후크 타입 부트 밴드를 사용할 경우 아래 그림과 같이 부트 밴드 체결부 구멍(A)에 특수공구 돌출부(B)를 맞추어 사용한다.

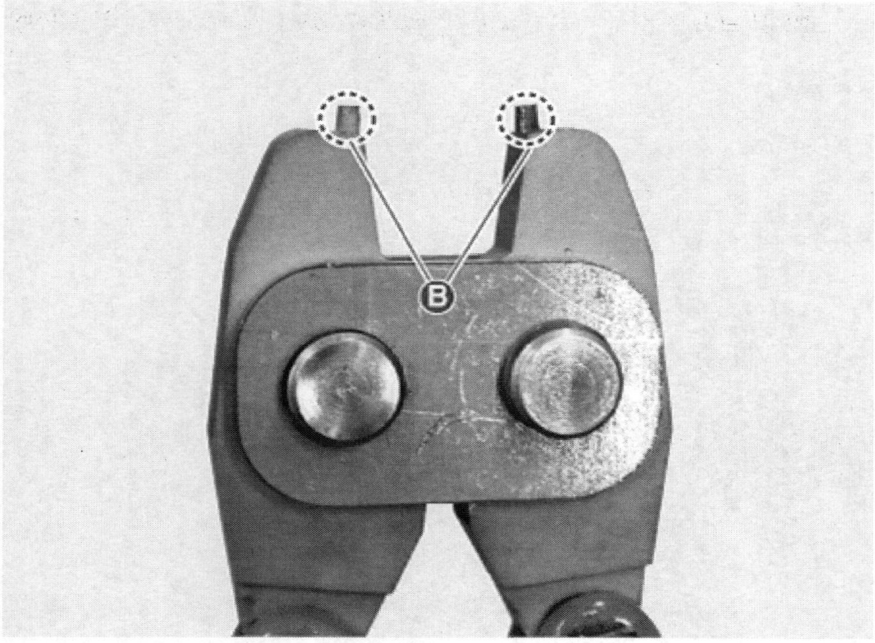

3. 감속기측 조인트 하우징(A)을 탈거한다.

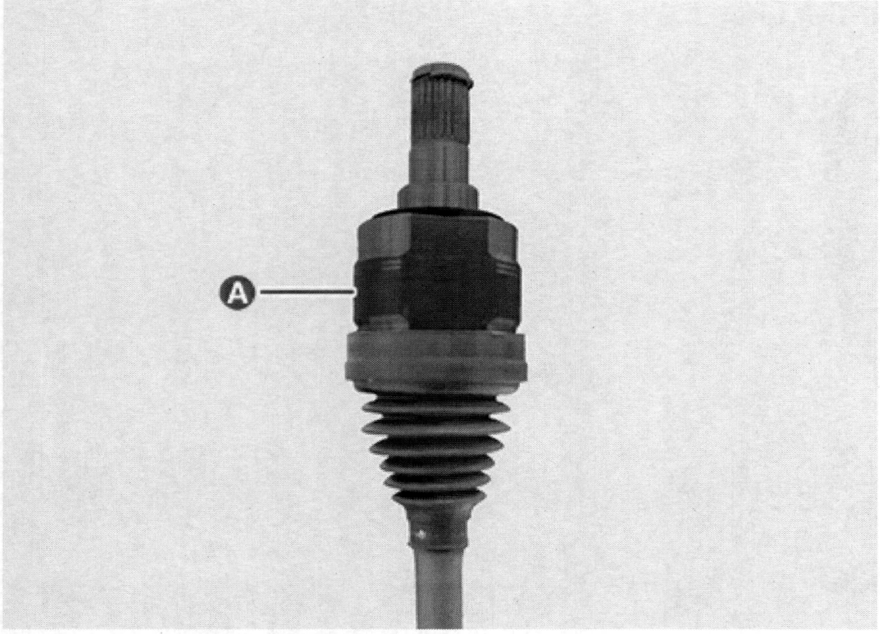

4. 스냅링 플라이어를 사용하여 샤프트 스플라인부에서 스냅링(A)을 탈거한다.

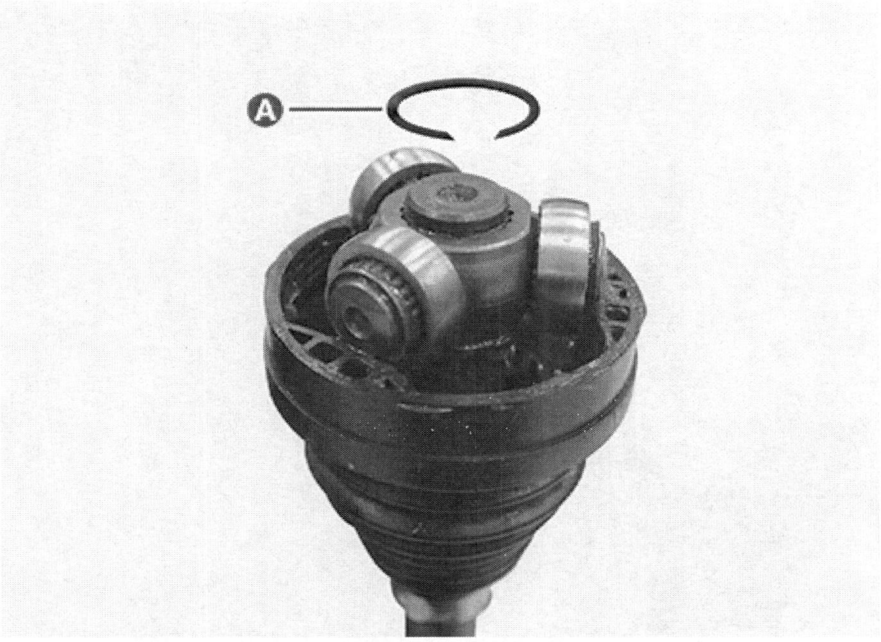

5. 풀러(A)를 사용하여 드라이브 샤프트에서 스파이더 어셈블리(B)를 탈거한다.

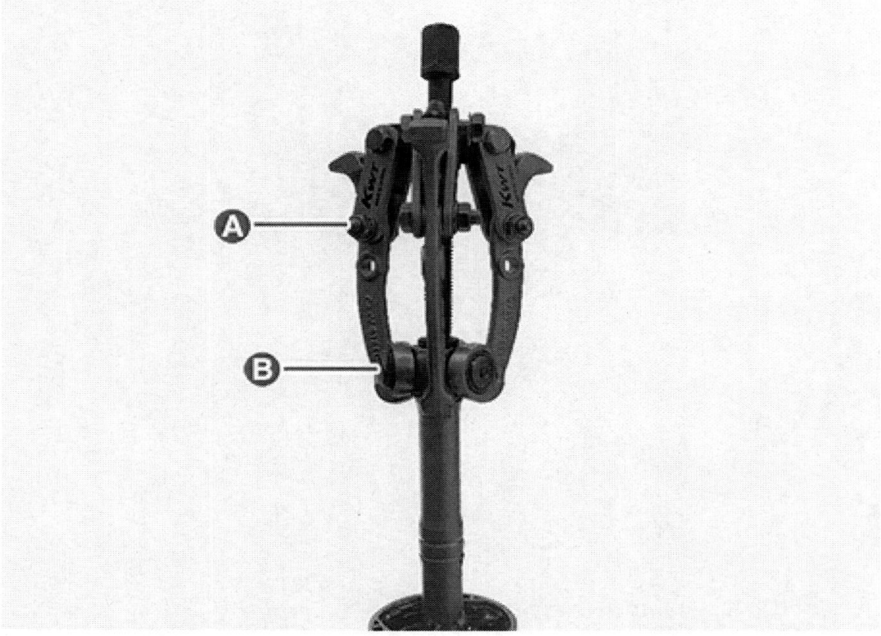

유 의

스파이더 어셈블리 탈거 시 롤러 베어링에 하중이 가해지지 않도록 유의한다.

6. 감속기측 조인트 부트(A)를 탈거한다.

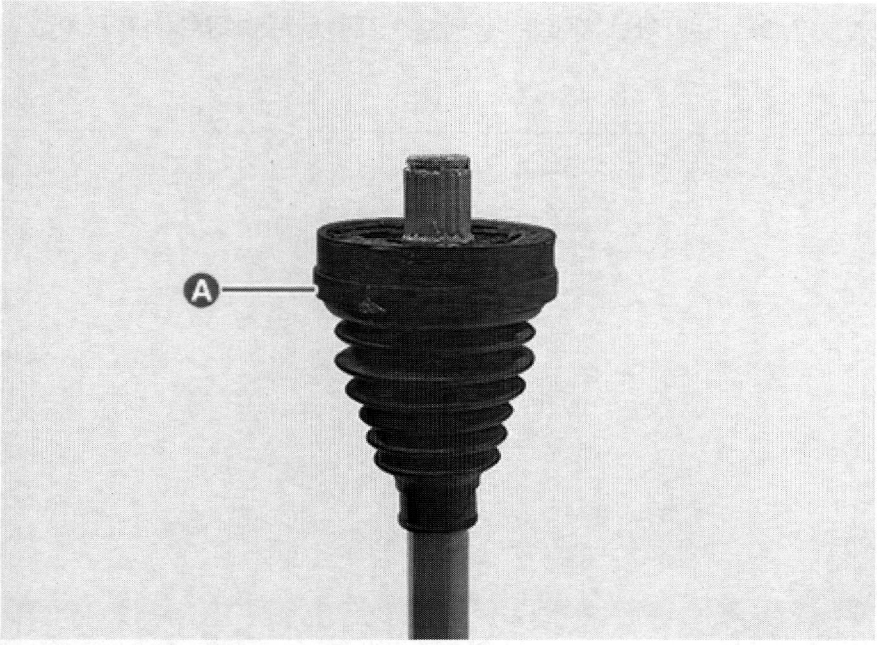

7. 스파이더 어셈블리와 조인트 하우징을 세척한다.

> **유 의**
>
> 하우징 내부 그리스는 최대한 제거한다.

2023 > 엔진 > 160kW (2WD) / 70 160kW (4WD) > 드라이브 샤프트 및 액슬 > 프런트 드라이브 샤프트 어셈블리 (4WD) > 감속기측 조인트 > 점검

점검

1. 스플라인(A)의 손상/마모/균열을 점검한다.

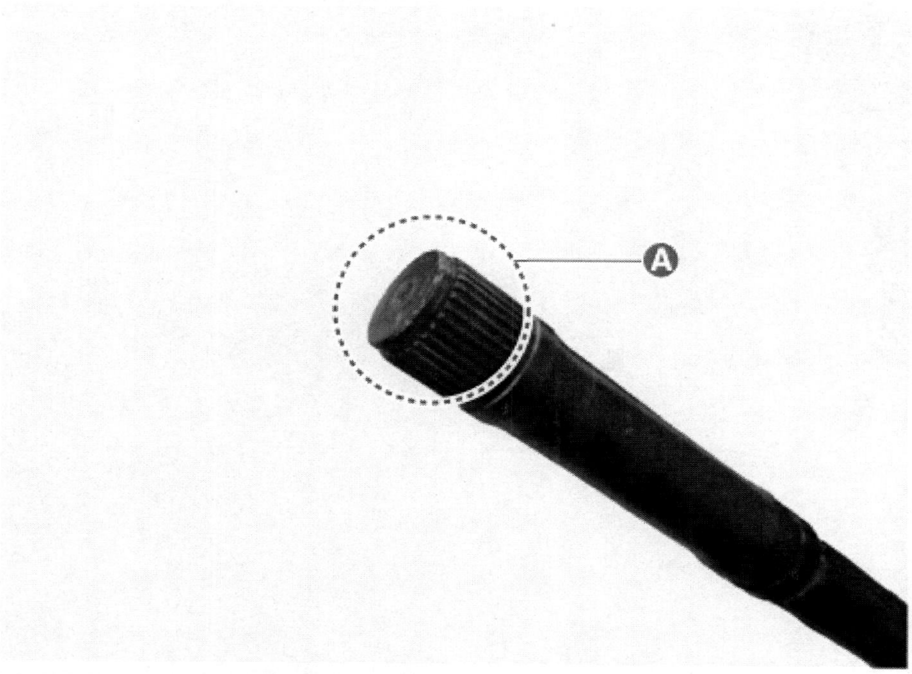

2. 부트에 물이나 이물질의 유입 여부를 확인한다.
3. 조인트 어셈블리의 손상/마모/균열을 점검한다.
4. 이상이 있는 부품은 교환한다.

특수공구

공구 명칭 / 번호	형상	용도
밴드 인스톨러 0K495 - C5000	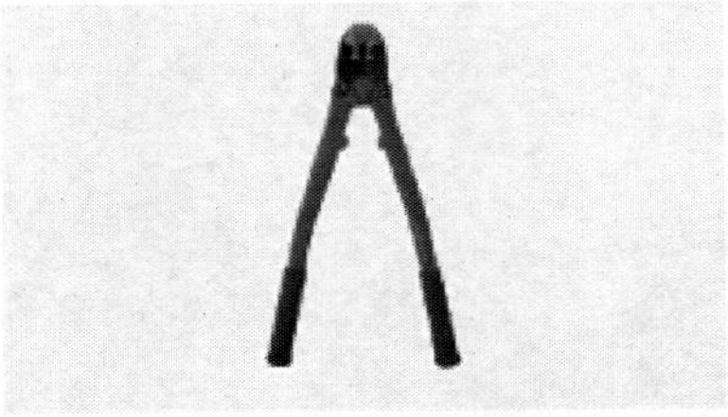	이어 타입 부트 밴드 장착 (0K495 - 2W000과 손잡이 호환)
밴드 인스톨러 0K495 - 2W000		후크 타입 부트 밴드 (로 프로파일) 장착 (0K495 - C5000과 손잡이 호환)
밴드 인스톨러 09495 - 39100	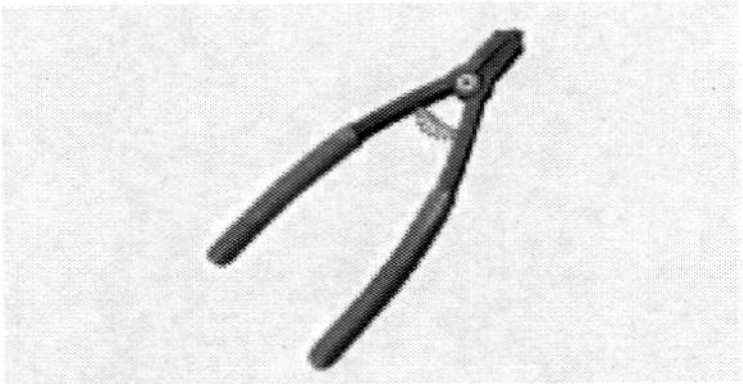	후크 타입 부트 밴드 장착

장착

유 의

- 조립 시, 먼지 및 이물질이 유입되지 않도록 주의한다.
- 드라이브 샤프트 조인트는 특수 그리스를 사용해야 하므로 다른 종류의 그리스를 첨가하지 않는다.
- 부트 밴드 탈거 시, 부트 밴드는 반드시 신품을 사용한다.

1. 감속기측 부트(A)와 부트 밴드(B)를 드라이브 샤프트에 끼운다.

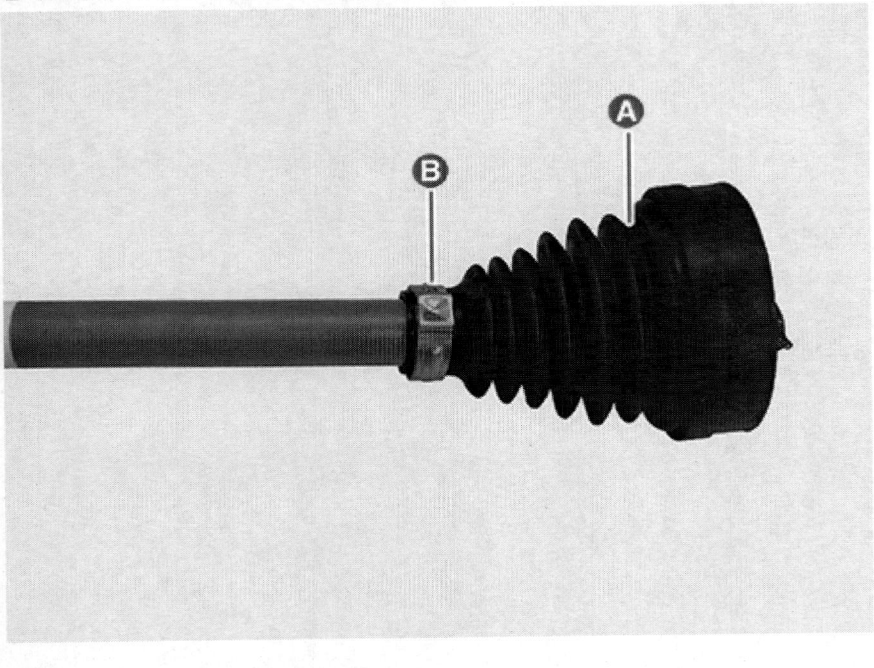

유 의

감속기측 부트(A)를 장착하기 전 부트 밴드(B)를 먼저 끼운다.

2. 스파이더 어셈블리(A)를 샤프트(B)에 장착 후 고무 망치로 상단을 타격하여 압입한다.

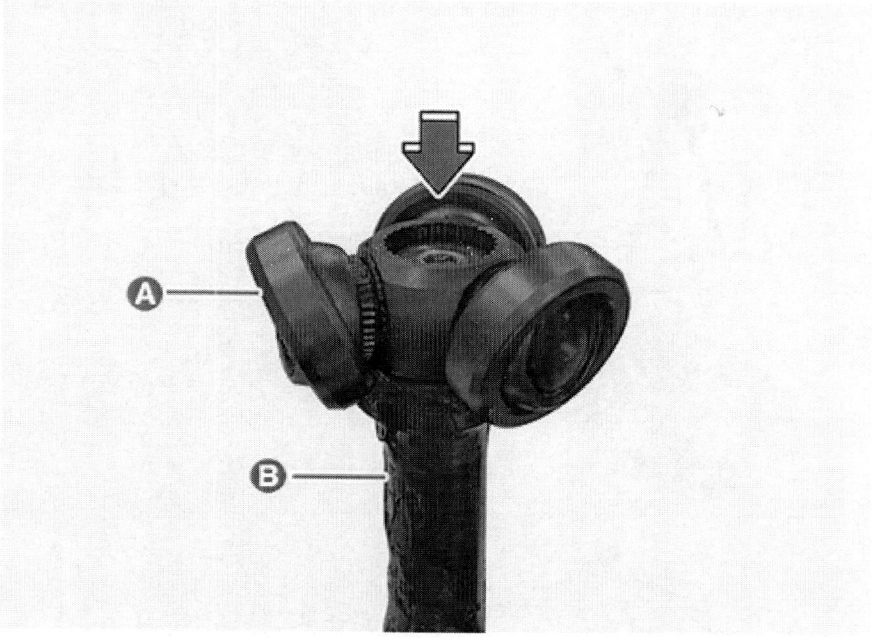

유 의

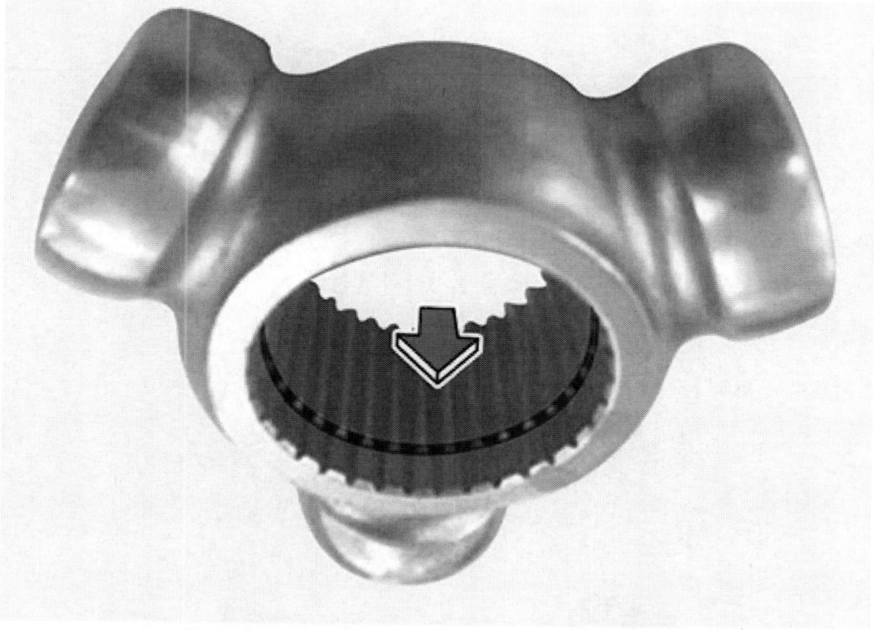

- 스파이더 어셈블리의 방향성에 주의하여 조립한다.
- 스파이더 어셈블리의 방향이 맞지 않으면 2차 품질 문제가 발생할 수 있다.

3. 스냅링 플라이어를 사용하여 샤프트 스플라인부에 스냅링(A)을 장착한다.

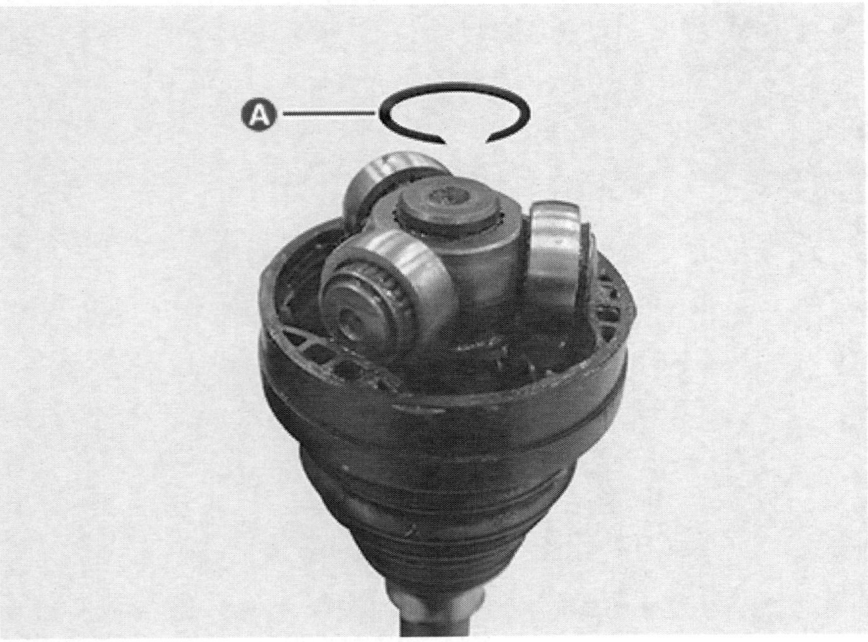

유 의

- 조인트 어셈블리 교환 시, 조인트 키트에 포함된 신품을 사용하여 조립한다.
- 스냅링은 반드시 신품을 사용한다.
- 스냅링 장착 후 (A) 위치에 2~3개의 스플라인만 확인되는지 점검한다.

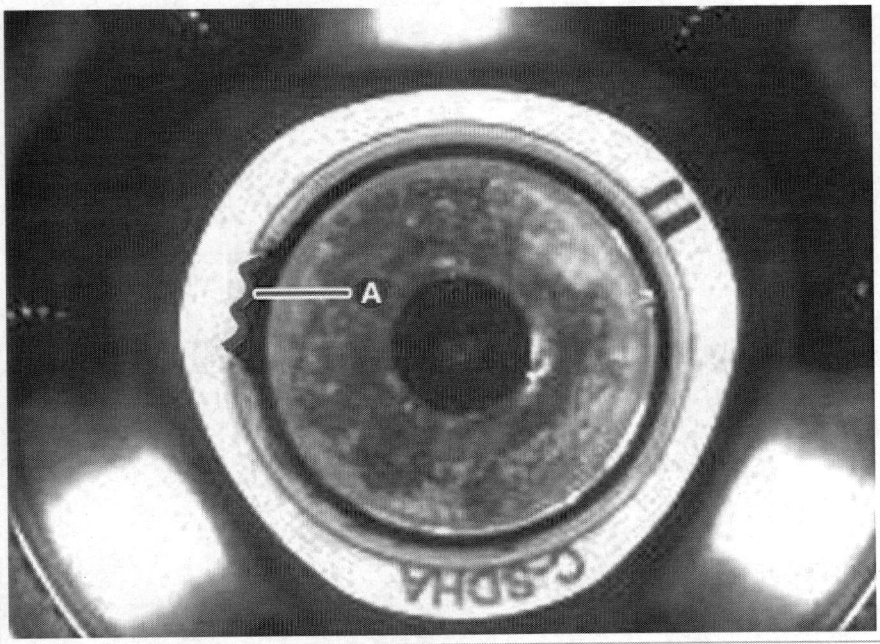

4. 감속기측 조인트 부트(A)를 정위치에 장착한다.

유 의

- 부트(A) 장착 시 걸리는 느낌이 들도록 샤프트의 장착 홈(B) 부분에 안착시킨다.

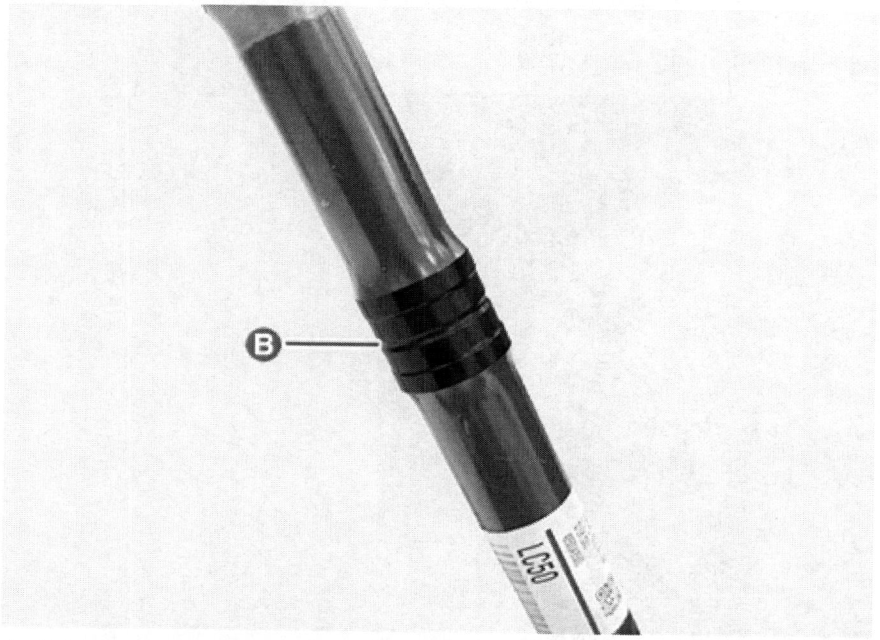

- 스파이더 어셈블리 장착 시 부트 형상에 맞추어 장착한다.

5. 규정된 그리스를 조인트 하우징(A)과 부트(B) 내부에 도포한다.

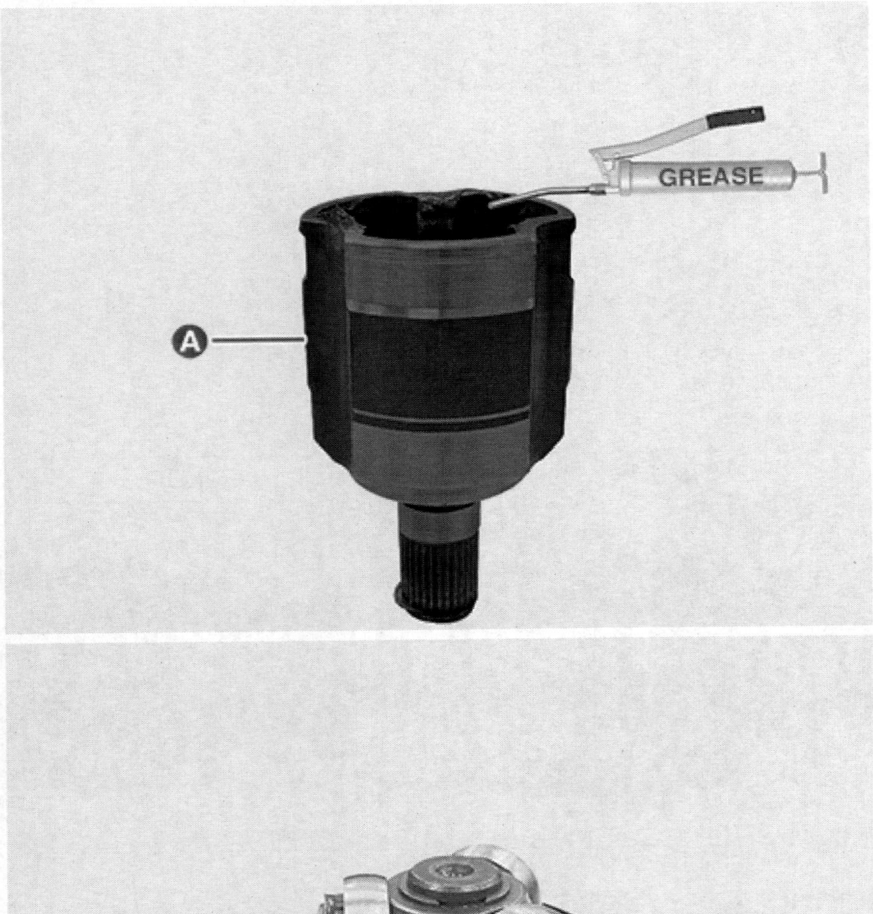

유 의

- 그리스는 조인트 키트/부트 키트에 포함된 그리스를 사용한다.
- 그리스는 하우징(A)에 약 70%, 부트(B)에 약 30% 도포한다.
- 드라이브 샤프트 조인트는 특수 그리스를 사용해야 하므로 다른 종류의 그리스를 첨가하지 않는다.

6. 감속기측 조인트 하우징(A)을 장착한다.

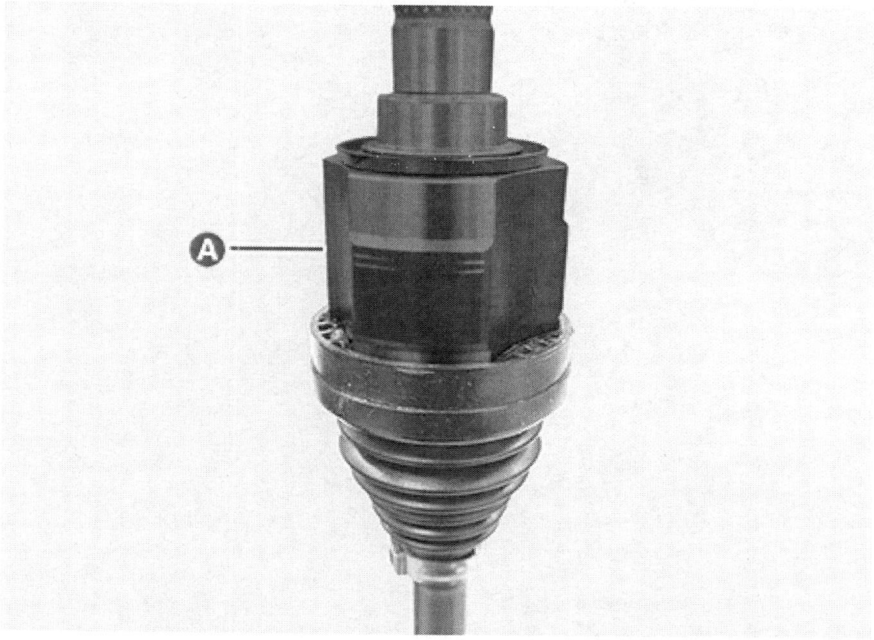

유 의

- 하우징 삽입 시 부트를 회전하며 모양을 맞추어야 한다.
- 하우징과 부트의 모양이 맞지 않으면 틈새 가 생겨 누유의 가능성이 있으므로 각별한 주의가 필요하다.

7. 아래의 그림을 참고하여 부트 내의 공기를 정상으로 조절한다.

정상	공기 부족	공기 과다

8. 감속기측 조인트 대경(A) 및 소경(B) 부트 밴드를 장착한다.

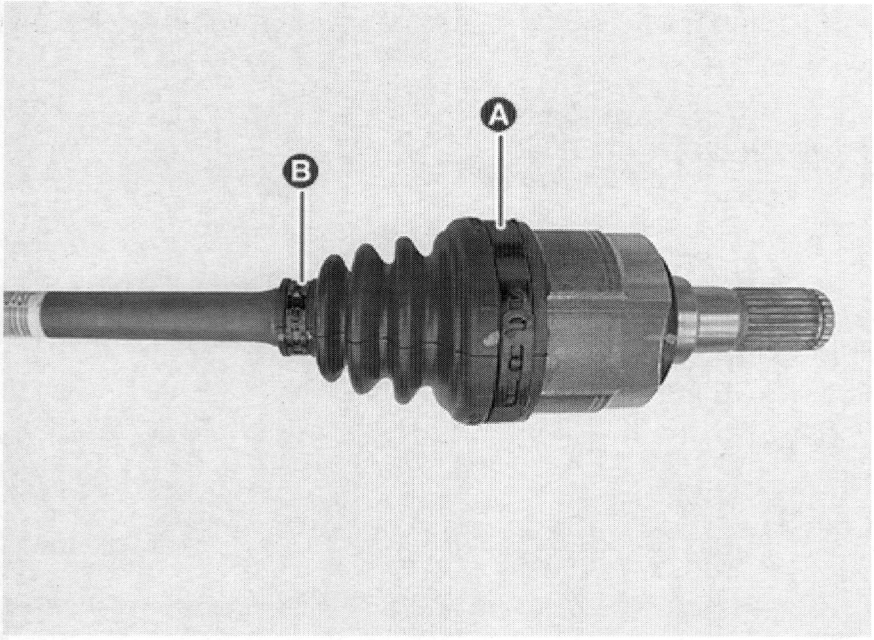

참 고

아래와 같이 부트 밴드 타입별 사용 체결 공구를 참고하여 사용한다.

이어 타입	**후크 타입**	**후크 타입** [로 프로파일]
특수공구(0K495 - C5000)	특수공구(09495 - 39100)	특수공구(0K495 - 2W000)
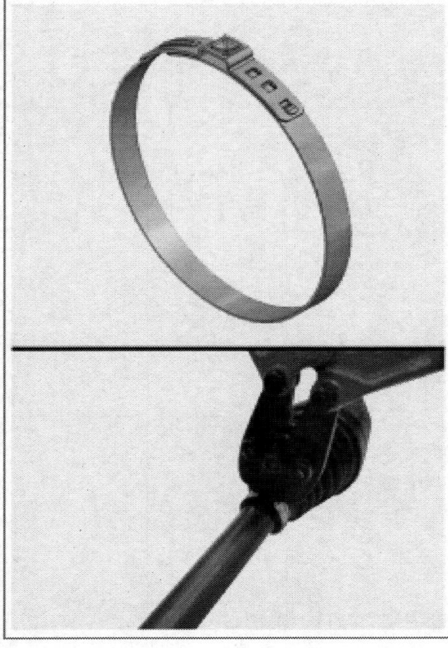	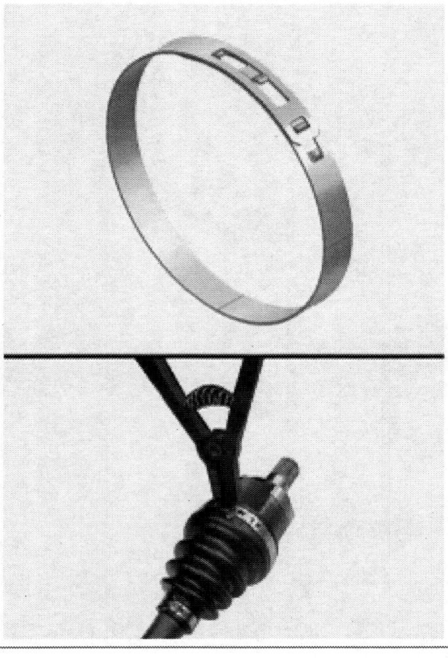	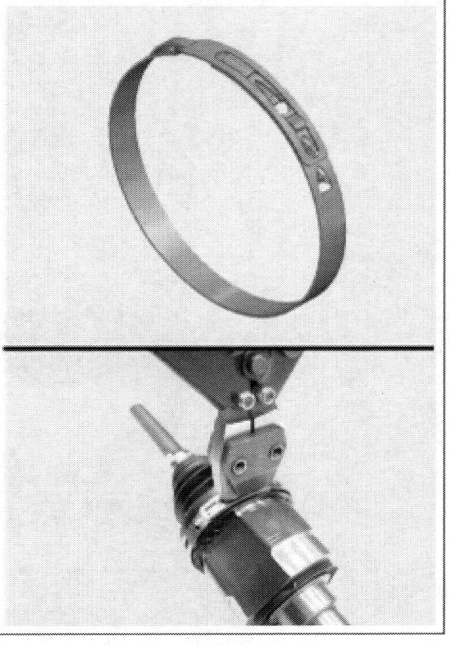

유 의

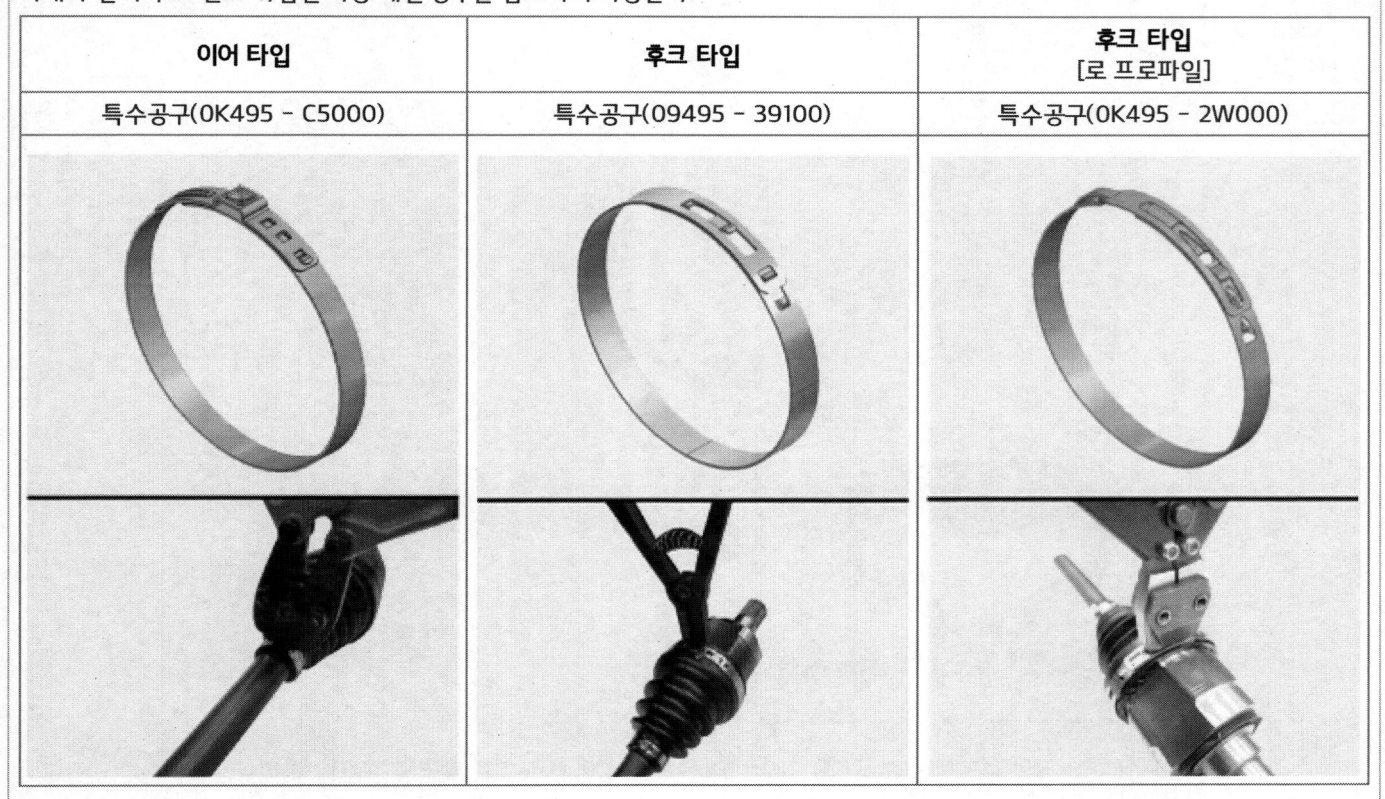

- 밴드 장착은 대경 밴드(A) → 소경 밴드(B) 순으로 체결한다
- 밴드 체결 순서가 맞지 않으면 누유 발생 가능성이 있으므로 각별한 주의가 필요하다.
- 밴드 장착 시 체결부 방향을 휠측 조인트 부트 밴드의 체결부 방향과 일렬로 하여 체결한다.

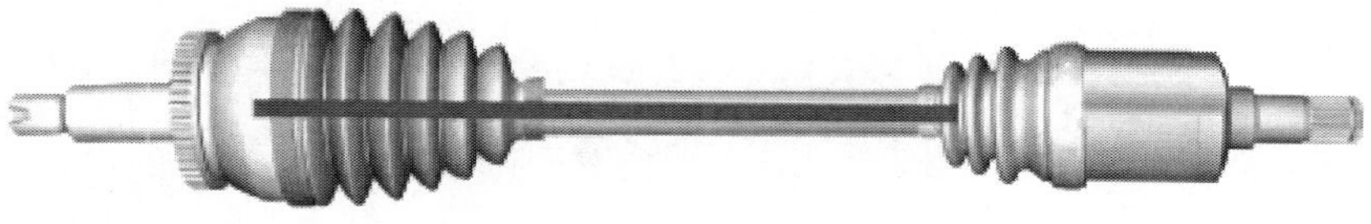

- 체결 후 밴드 체결부에 그리스가 도포되어 있는지 확인하고 도포되어 있을 경우 닦아낸다.
- 이어 타입 부트 밴드를 사용할 경우 체결 후 아래 그림과 같이 간격(A)을 확인한다.

이어 타입 간격(A) : 2.0mm 이하

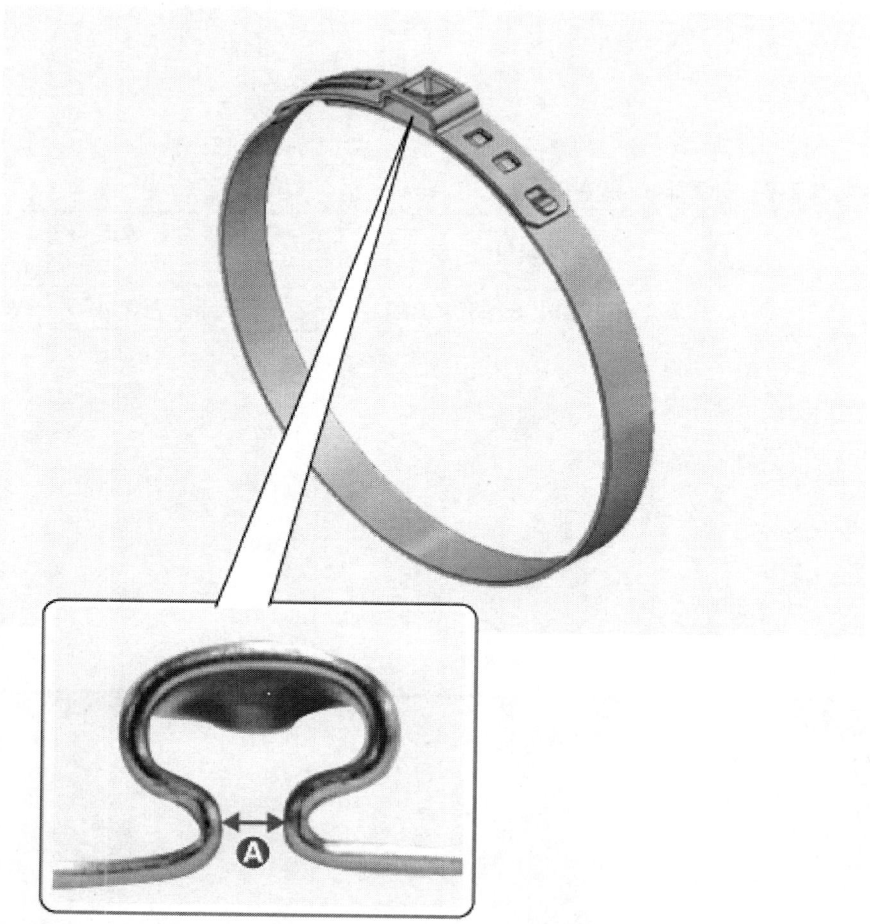

- 로 프로파일 후크 타입 부트 밴드를 사용할 경우 아래 그림과 같이 부트 밴드 체결부 구멍(A)에 특수공구 돌출부(B)를 맞추어 사용한다.

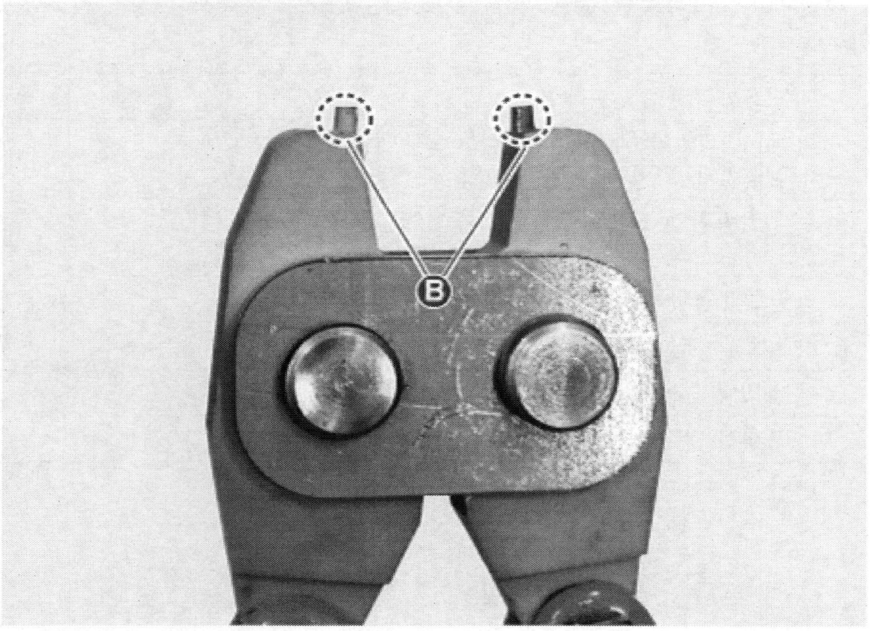

9. 프런트 드라이브 샤프트를 장착한다.
(프런트 드라이브 샤프트 어셈블리 (4WD) - "프런트 드라이브 샤프트" 참조)

고장진단

유 의

브레이크 및 테일 게이트 소음 차량을 IDA 불량으로 오진단 하지 않도록 유의한다.

현상		예상 원인	정비
제동 시 소음	제동 시 '뚝', '득' 소음 전 후진 제동 시 '턱' 소음 변속 (D↔R)후 제동 시 '딱', '텅' 소음 정차 후 출발 시 '뚝' 소음	브레이크 캘리퍼 유격 불량 (타격음) 브레이크 디스크 및 패드 부식, 긁힘, 손상 브레이크 크립그론(Creep Groan) 소음	조정 또는 교환
주행 시 차량 후방 측 소음	주행 시 (요철로) '딱딱', '틱틱' 소음 주행 중 가감속 시 '따닥' 소음	테일 게이트 고정 불량	조정 또는 교환
IDA 소음 및 진동	주행 시 '웅', '윙' 소음 및 진동 가속 시 / 발진 시 떨림 (진동) 주행 시 (직진/ 선회) 주기적 '다라락, 딱딱딱' 소음	1. 디스크 체결 볼트 느슨해짐	재체결
		2. 휠 베어링과 너클/캐리어 체결 볼트 느슨해짐 모터/감속기와 조인트 조립부 서클립 체결 불량	재체결
		3. 모터/감속기와 조인트 조립부 서클립 체결 불량 조인트 내부 샤프트와 내륜 조립부 서클립/스냅링 체결 불량	재체결
		4. 조인트의 과다 마모, 유격, 손상	교환 (A/S용 키트 사용 파셜 수리)
		5. 샤프트의 손상 혹은 휘어짐	
		6. 휠 베어링의 과다 마모, 유격, 손상 또는 플랜지면 열화	
누유	부트 그리스 누출/비산	부트 및 부트 밴드의 체결 불량 또는 손상	

구성부품

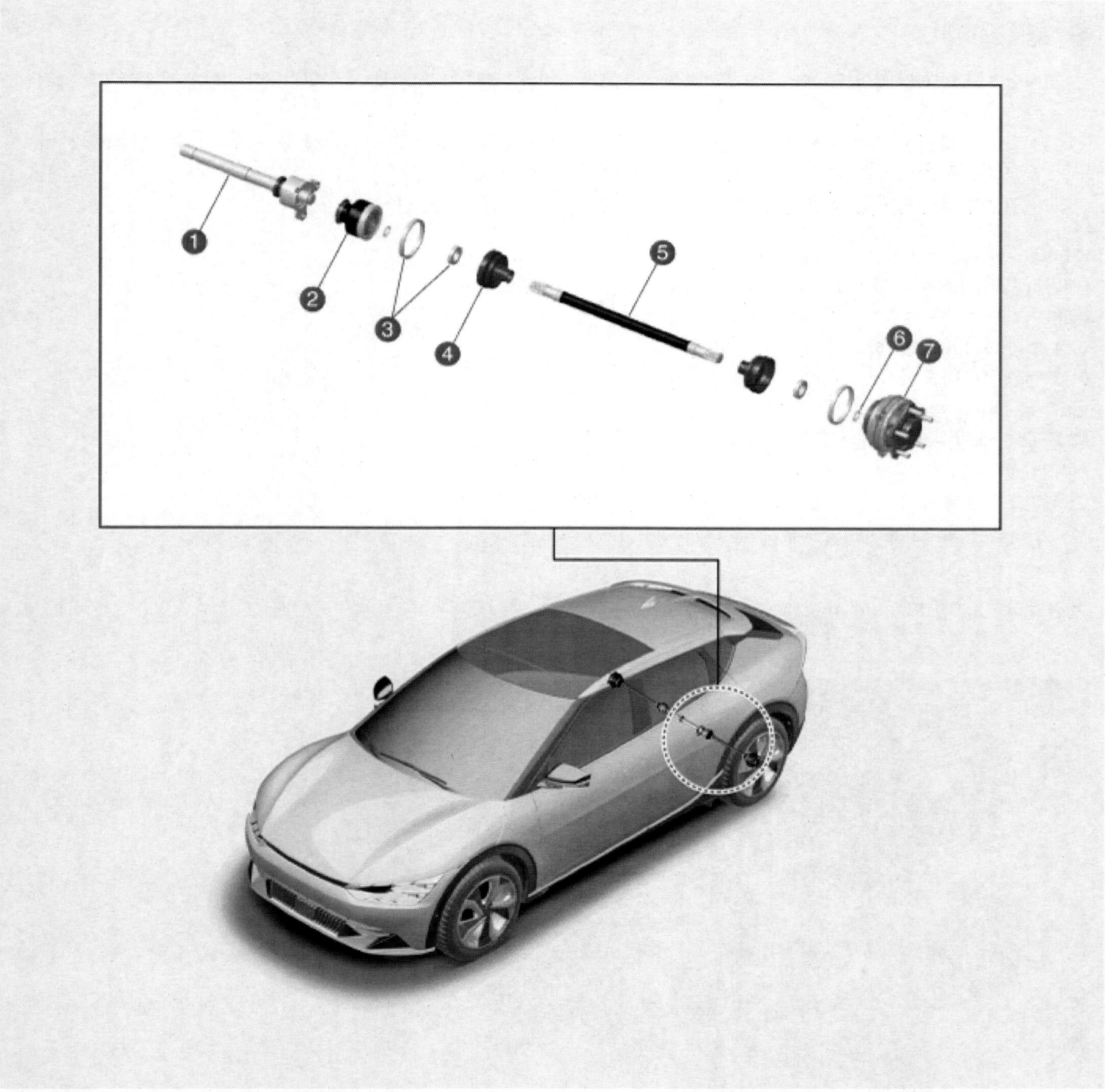

1. 베어링 브래킷 및 샤프트 어셈블리 **[좌측]**	5. 샤프트 어셈블리
2. 감속기측 하우징	6. 스냅 링
3. 드라이브 액슬 부트 밴드	7. 휠측 하우징 및 허브 베어링
4. 드라이브 액슬 부트	

탈거

⚠ 경 고

- 고전압 시스템 관련 작업 시, 관련 교육을 이수한 작업자가 정비를 진행한다. 고전압 시스템에 대한 이해가 부족한 경우 감전 또는 누전 등으로 인한 심각한 사고를 초래할 수 있다.
- 고전압 시스템 또는 주변 부품 작업 시, 반드시 "고전압 시스템 안전사항 및 주의, 경고" 내용을 숙지하고 준수해야 한다. 미준수 시, 감전 또는 누전 등으로 인한 심각한 사고를 초래할 수 있다.
- 고전압 시스템 작업 특성 상, 개인보호장구(PPE) 및 사전 고전압 차단 절차를 반드시 확인한다.

1. 배터리 (-) 단자와 서비스 인터록 커넥터를 분리한다.
   (배터리 제어 시스템 - "보조 배터리 (12V) - 2WD" 참조)
   (배터리 제어 시스템 - "보조 배터리 (12V) - 4WD" 참조)
2. 리어 휠 및 타이어를 탈거한다.
   (서스펜션 시스템 - "휠" 참조)
3. 리어 언더 커버를 탈거한다.
   (후륜 모터 및 감속기 시스템 - "리어 언더 커버" 참조)
4. 리어 브레이크 디스크를 탈거한다.
   (브레이크 시스템 - "리어 브레이크 디스크" 참조)
5. 볼트와 너트를 풀어 리어 어퍼 암 - 프런트(A)를 분리한다.

체결 토크 : 16.0 ~ 18.0 kgf·m

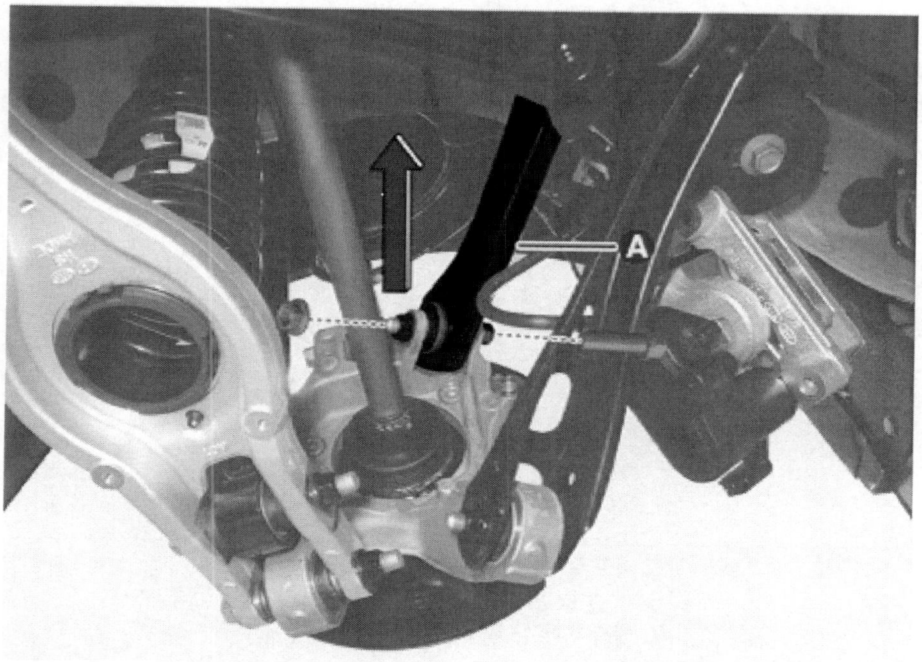

유 의

- 변속기 잭을 설치하여 무부하 상태에서 탈거 및 장착한다.
- 장착 시 볼트와 너트, 와셔의 위치 및 방향이 바뀌지 않도록 한다.

ℹ 참 고

볼트를 고정 후 너트를 탈거 및 장착한다.

6. 기능통합형 드라이브 액슬(IDA) 볼트(A)를 탈거한다.

체결 토크 : 13.0 ~ 15.0 kgf·m

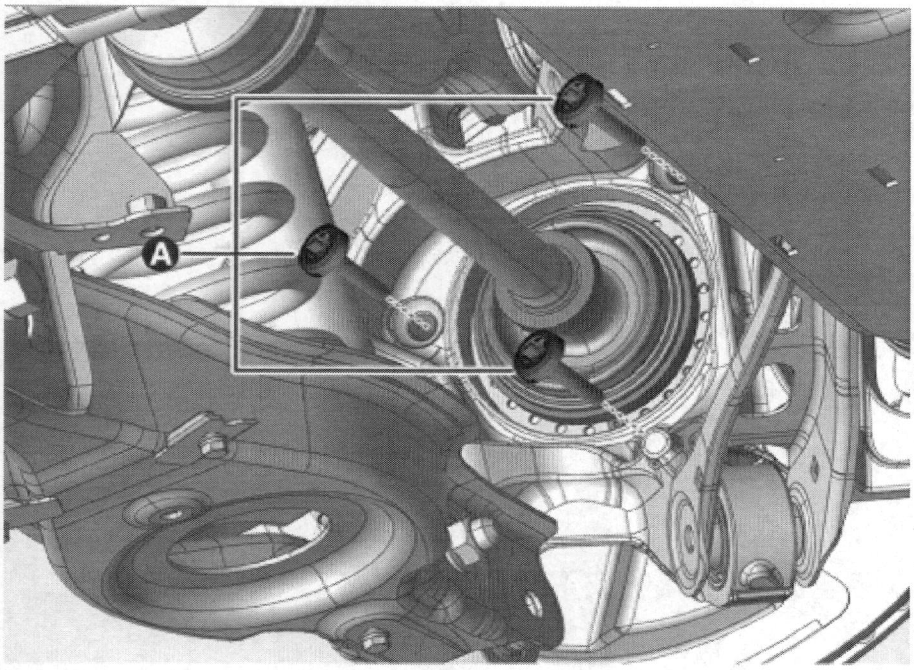

7. 기능통합형 드라이브 액슬을 탈거한다.

유 의

- 휠 측 액슬을 잡고 당길경우, 변속기 측 내부 부품이 손상되므로 조인트 컵(A)을 잡고 탈거한다.

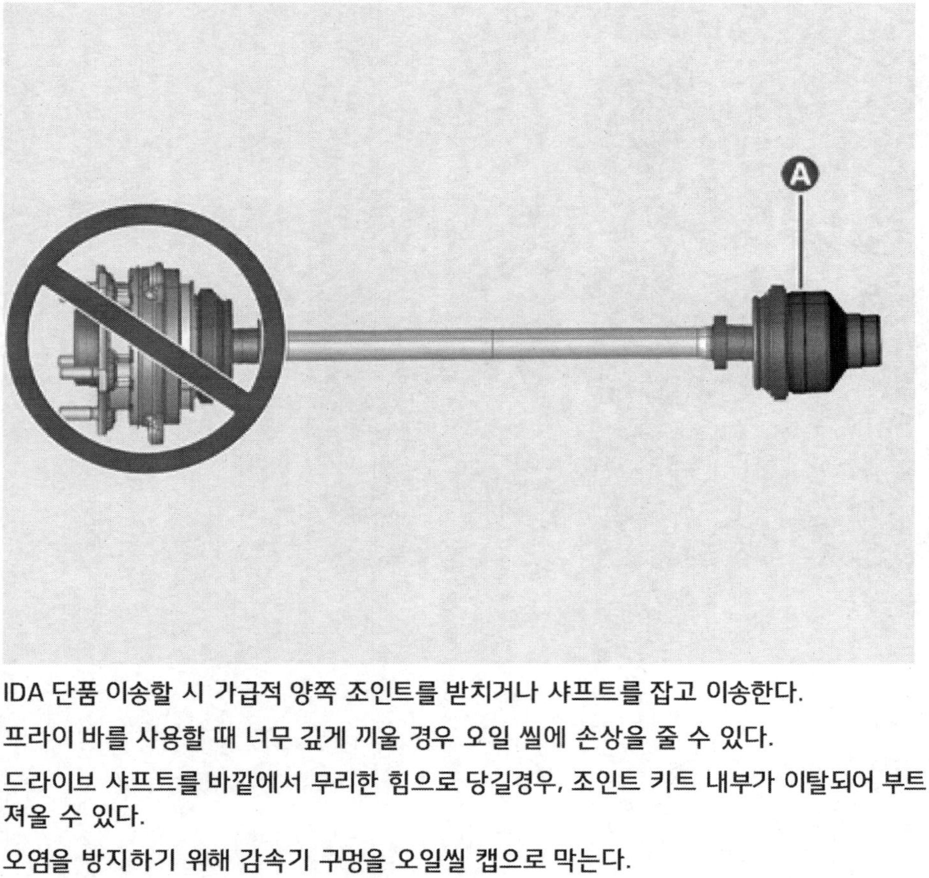

- IDA 단품 이송할 시 가급적 양쪽 조인트를 받치거나 샤프트를 잡고 이송한다.
- 프라이 바를 사용할 때 너무 깊게 끼울 경우 오일 씰에 손상을 줄 수 있다.
- 드라이브 샤프트를 바깥에서 무리한 힘으로 당길경우, 조인트 키트 내부가 이탈되어 부트 찢어짐 및 베어링부의 손상을 가져올 수 있다.
- 오염을 방지하기 위해 감속기 구멍을 오일씰 캡으로 막는다.

- 드라이브 샤프트를 탈거할 때 마다 리테이너 링을 교환한다.

[좌측]

(1) 베어링 브래킷 볼트(A)를 탈거한다.

체결 토크 : 6.5 ~ 7.2 kgf·m

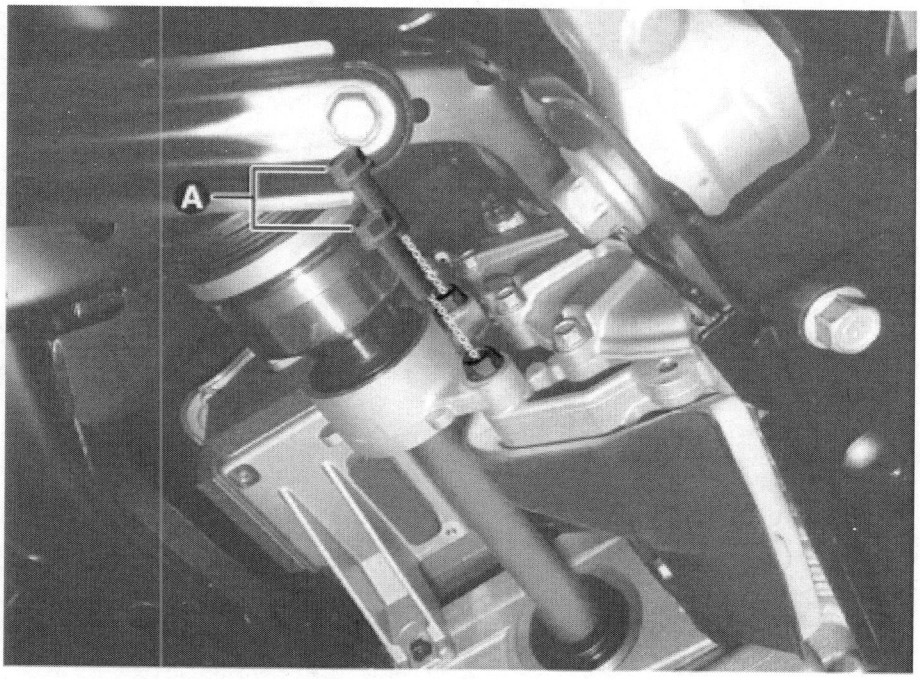

(2) 좌측 기능통합형 드라이브 액슬(A)을 탈거한다.

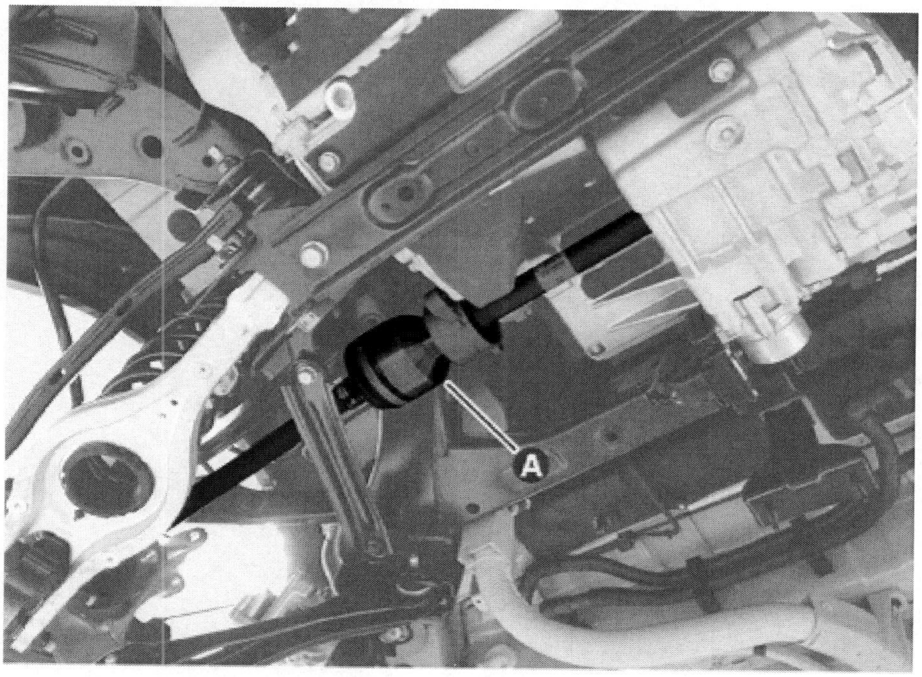

[우측]

(1) 우측 기능통합형 드라이브 액슬(A)을 탈거한다.

8. 베어링 브래킷 및 샤프트 어셈블리(A)를 분리한다. **[좌측]**

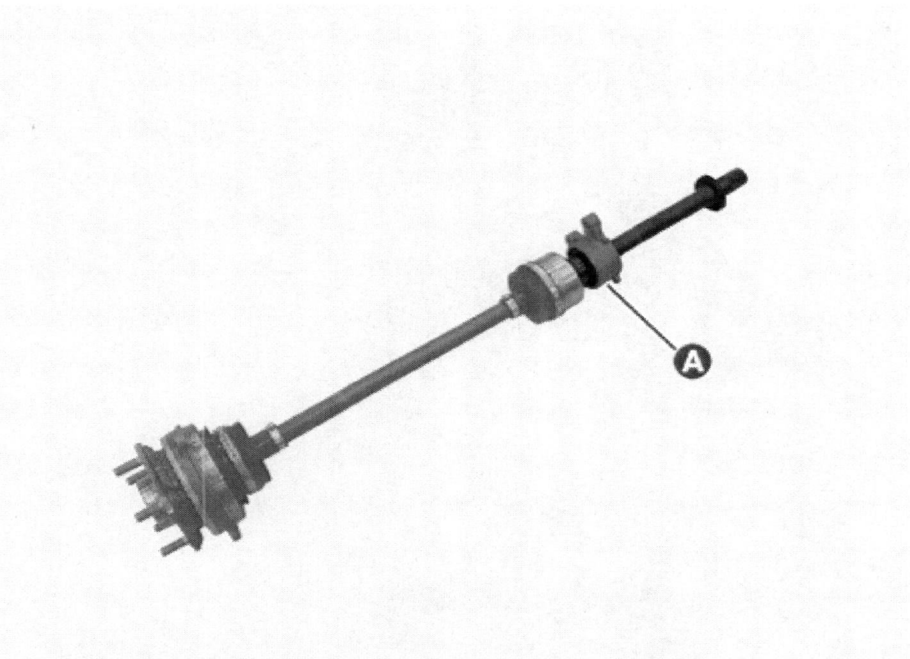

장착

1. 장착은 탈거의 역순으로 한다.

유 의

이너 샤프트 서클립(A)은 재사용하지 않는다.

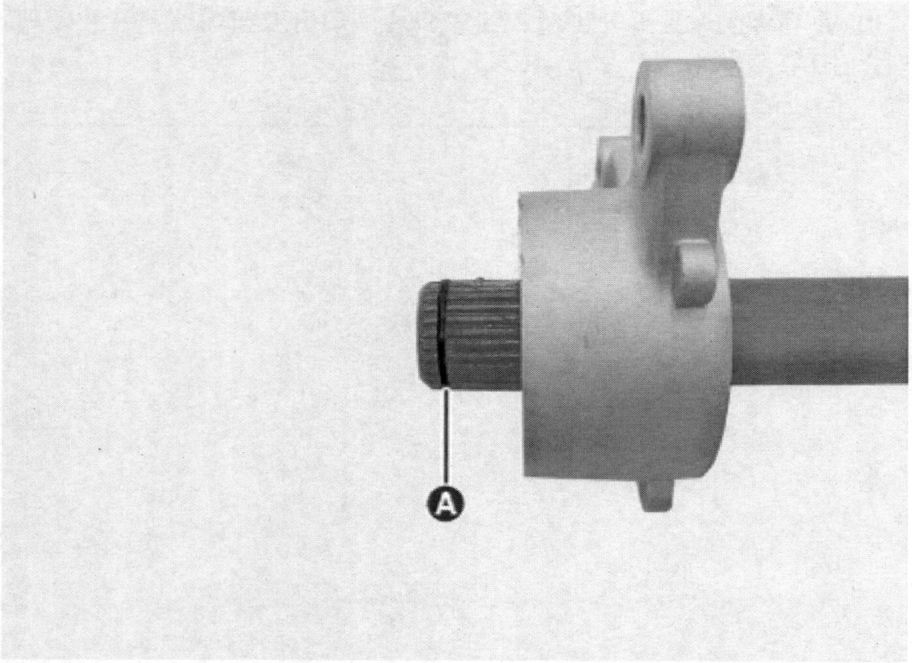
A

점검

1. 브레이크 디스크의 긁힘, 손상을 점검한다.
2. 리어 캐리어의 균열을 점검한다.
3. 허브 베어링의 결함을 점검한다.

점검

1. 브레이크 디스크의 긁힘, 손상을 점검한다.
2. 리어 캐리어의 균열을 점검한다.
3. 허브 베어링의 결함을 점검한다.

탈거

유 의

- 기능통합형 드라이브 액슬 (IDA)은 특수 그리스를 사용해야 하므로 다른 종류의 그리스를 첨가하지 않는다.
- 부트 밴드 탈거 시, 부트 밴드는 반드시 신품을 사용한다.

1. 기능통합형 드라이브 액슬 (IDA)을 탈거한다.
   (리어 드라이브 샤프트 & 액슬 어셈블리 - "기능통합형 드라이브 액슬 (IDA)" 참조)
2. 드라이버(-)를 사용하여 휠측 조인트 부트 대경 밴드(A)를 탈거한다.

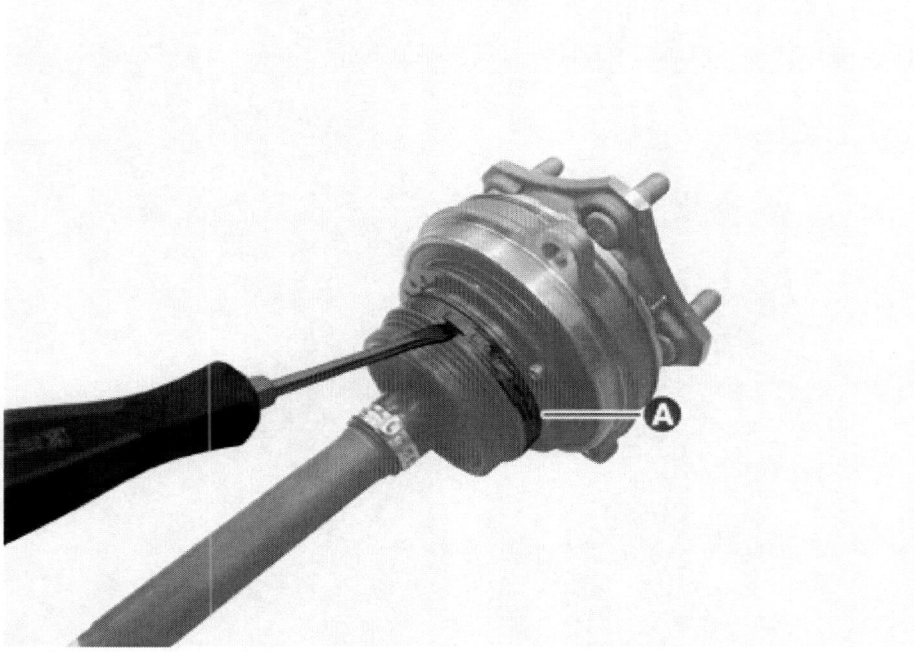

참 고

드라이버(-)로 (A)를 벌리고 (B)를 눌러 탈거한다.

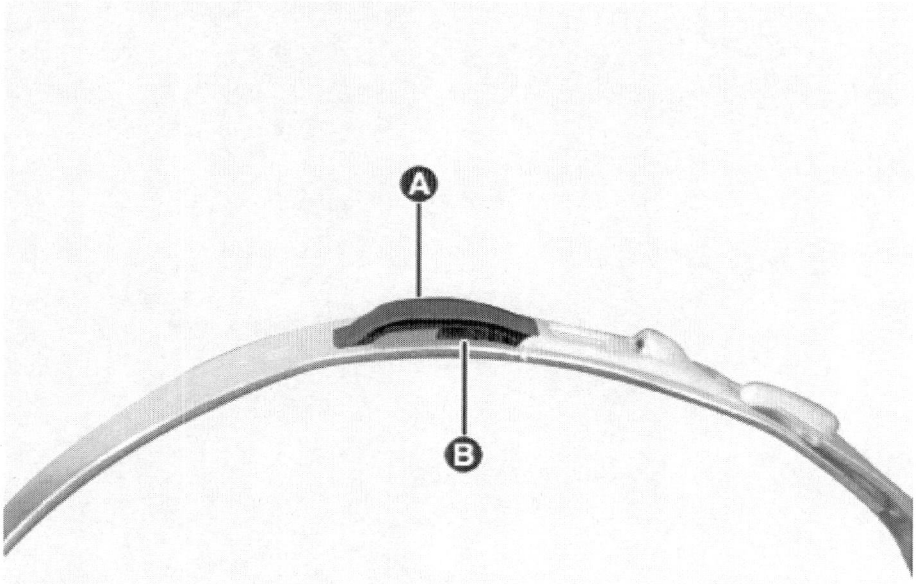

3. 드라이버(-)를 사용하여 휠측 조인트 부트 소경 밴드(A)를 탈거한다.

3.

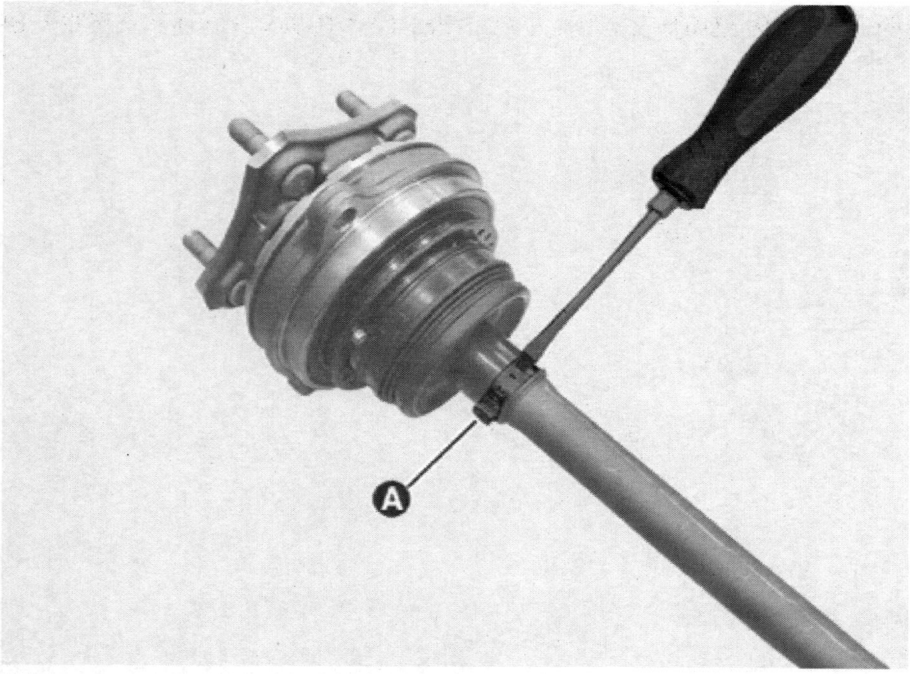

4. 허브 베어링에서 부트(A)를 탈거한다.

5. 스냅링 플라이어를 사용하여 스냅링(A)을 좌우로 확장시킨다.

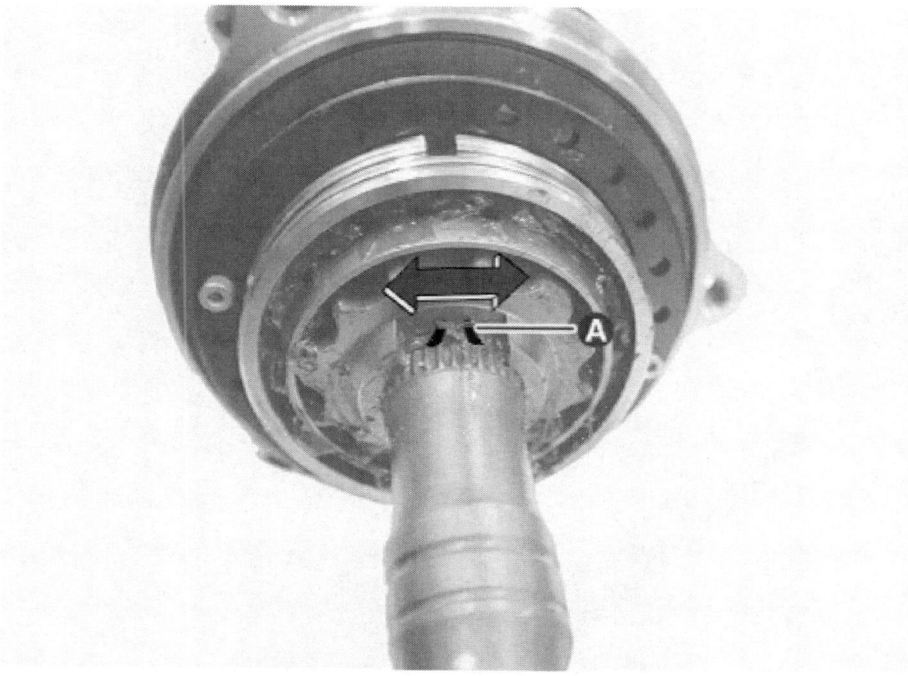

참 고

스냅링 위치 파악을 위해 허브 베어링 내 그리스를 깨끗한 천 등을 사용해 최대한 제거한다.

6. 스냅링이 확장된 상태에서 허브 베어링(A)을 탈거한다.

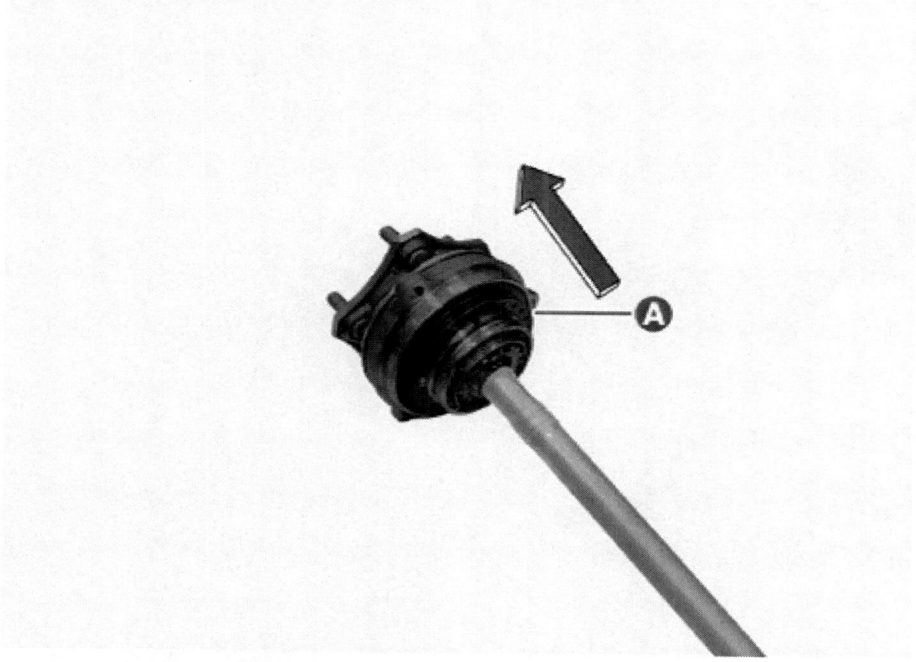

7. 휠측 조인트 부트(A)를 탈거한다.

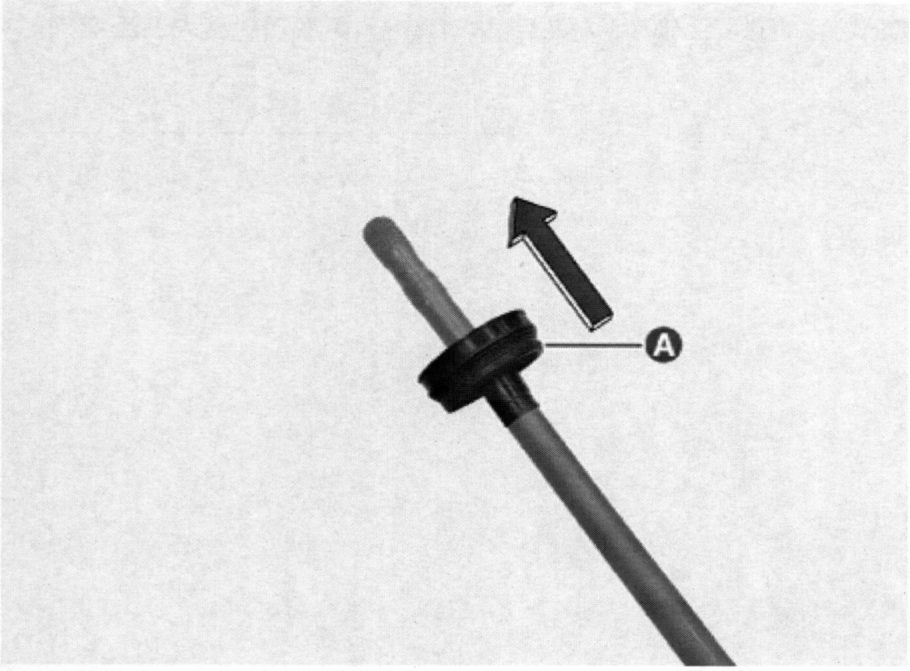
A

2023 > 엔진 > 160kW (2WD) / 70 160kW (4WD) > 드라이브 샤프트 및 액슬 > 리어 드라이브 샤프트 & 액슬 어셈블리 > 휠측 조인트 > 점검

점검

1. 스플라인(A)의 손상, 마모, 균열등을 점검한다.

2. 부트에 물이나 이물질의 유입 여부를 확인한다.
3. 조인트 어셈블리의 손상, 마모, 균열등을 점검한다.
4. 허브 베어링의 손상, 마모, 균열등을 점검한다.

특수공구

공구 명칭 / 번호	형상	용도
밴드 인스톨러 0K495 - C5000	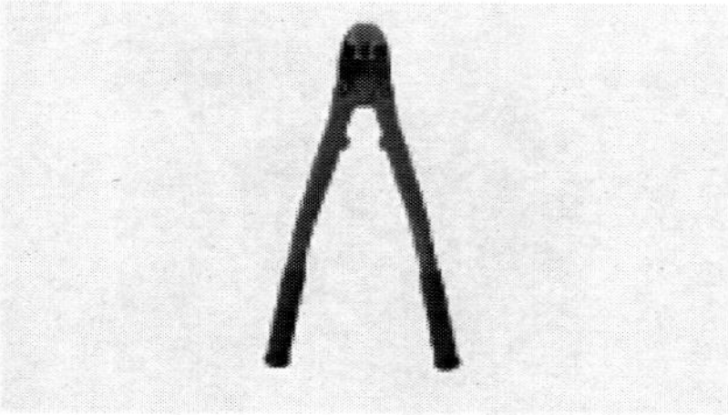	이어 타입 부트 밴드 장착(0K495 - 2W000과 손잡이 호환)

장착

유 의

- 조립 시 먼지 및 이물질이 유입되지 않도록 주의한다.
- 기능통합형 드라이브 액슬 (IDA)은 특수 그리스를 사용해야 하므로 다른 종류의 그리스를 첨가하지 않는다.
- 부트 밴드는 절대 재사용하지 않는다.

1. 부트(A), 대경밴드(B), 소경밴드(C)를 장착한다.

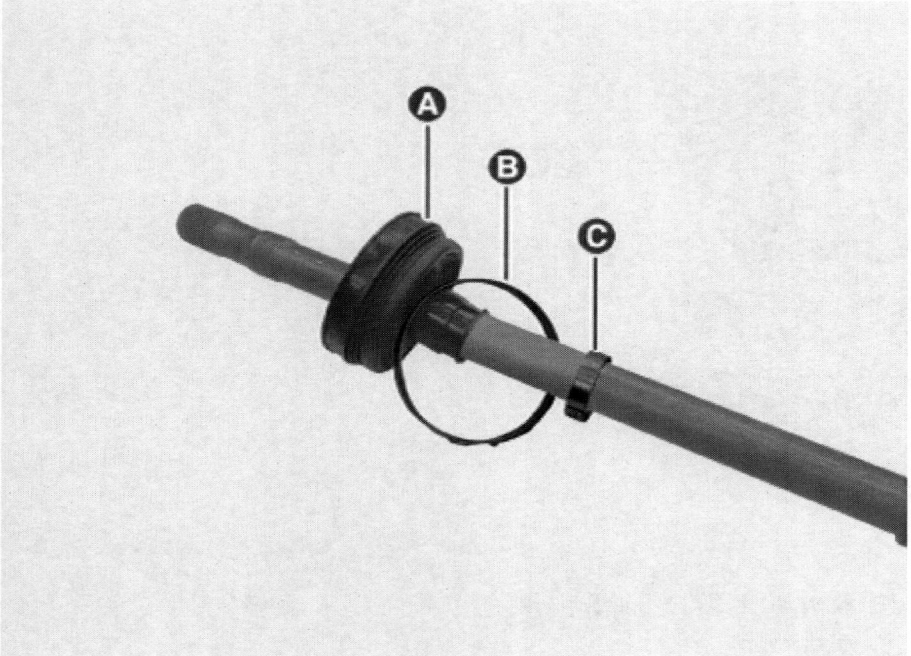

유 의

부트(A)를 가장 마지막에 장착한다.

2. 허브 베어링(A)과 부트(B) 내부에 그리스를 도포한다.

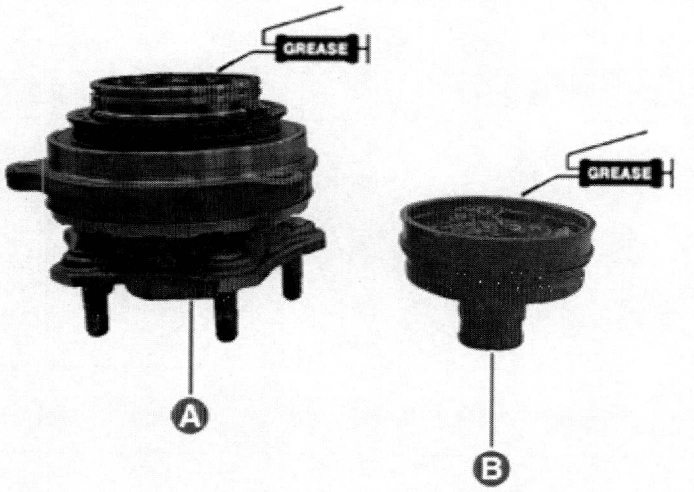

유 의

- 그리스는 조인트 키트/부트 키트에 포함된 그리스만 사용한다.
- 제공된 그리스는 150g 제품이므로 절반만 사용한다.

- 신품 교환 시 베어링 내부에 80%, 부트에 약 20% 그리스를 도포한다.
- 부트 교환 시 부트에만 약 20% 그리스를 도포한다.
- 베어링 내부의 그리스가 부족하다면 베어링 내부에 제공된 그리스의 30%, 부트에는 20% 도포한다.
- 기능통합형 드라이브 액슬 (IDA)은 특수 그리스를 사용해야 하므로 다른 종류의 그리스를 첨가하지 않는다

3. 허브 베어링(A)을 장착한다.

유 의

- 샤프트 삽입 시 스플라인(A)에 유의하며 손으로 밀어서 장착한다.
- 스냅링이 장착 홈(B)에 안착되었는지 확인한다.

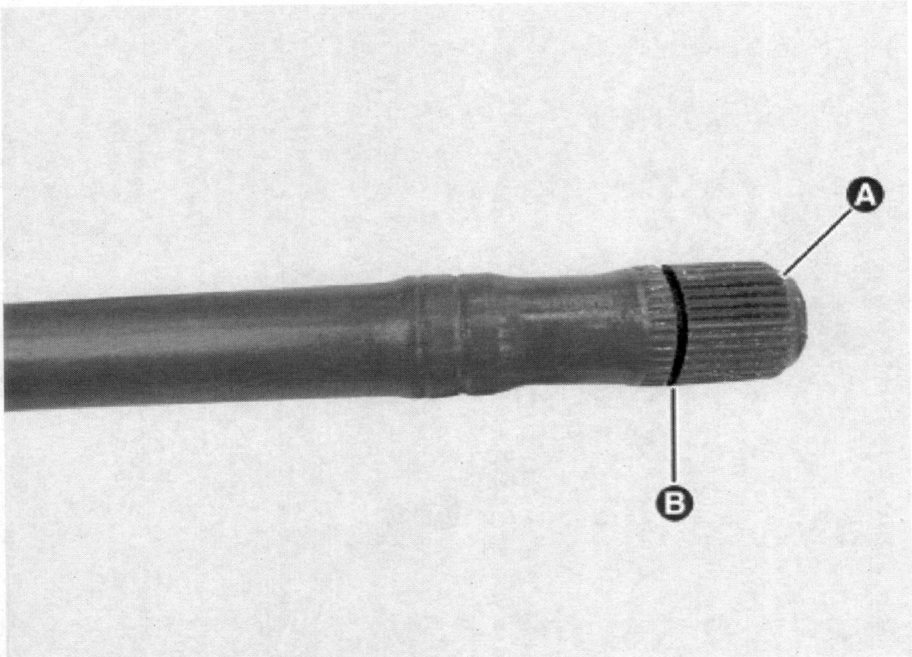

- 부트만 교환할 경우 신품 스냅링으로 교환한다.
- 허브 베어링 장착 후 손으로 밀고 당겨서 스냅링이 제대로 장착되었는지 확인한다.

4. 허브 베어링에 부트(A)를 장착한다.

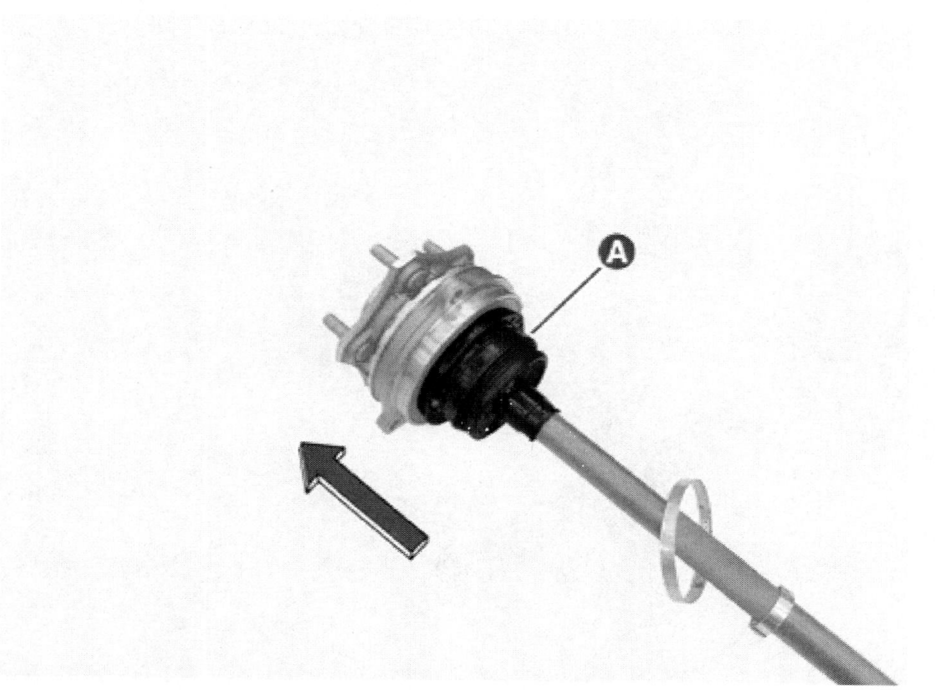

유 의

장착 시 샤프트의 장착 홈(A)과 부트 홈(B)을 안착시킨다.

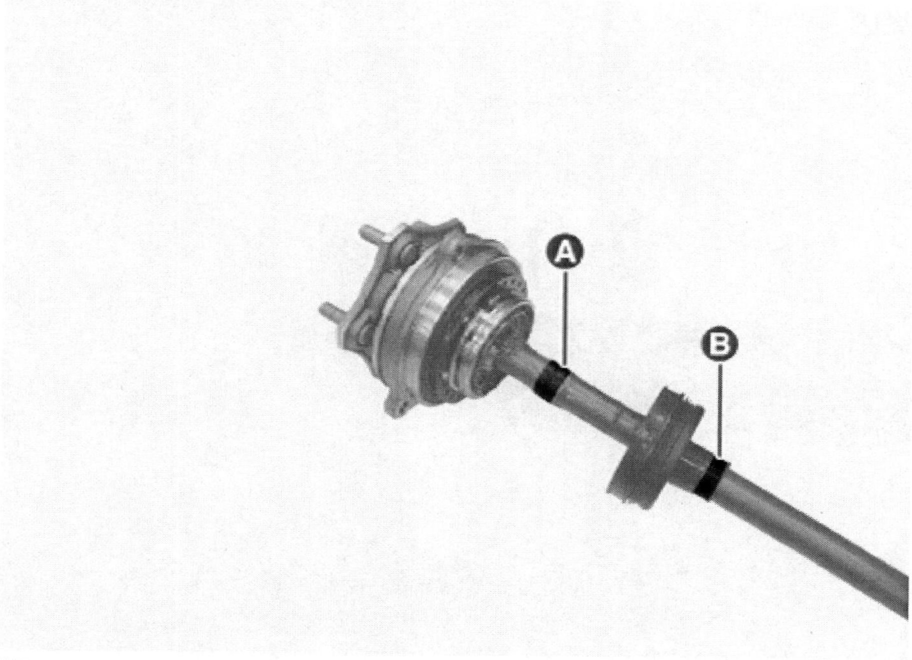

5. 휠측 조인트 부트 대경 밴드를 장착한다.
   (1) 대경 밴드(A)를 부트에 가장착한다.

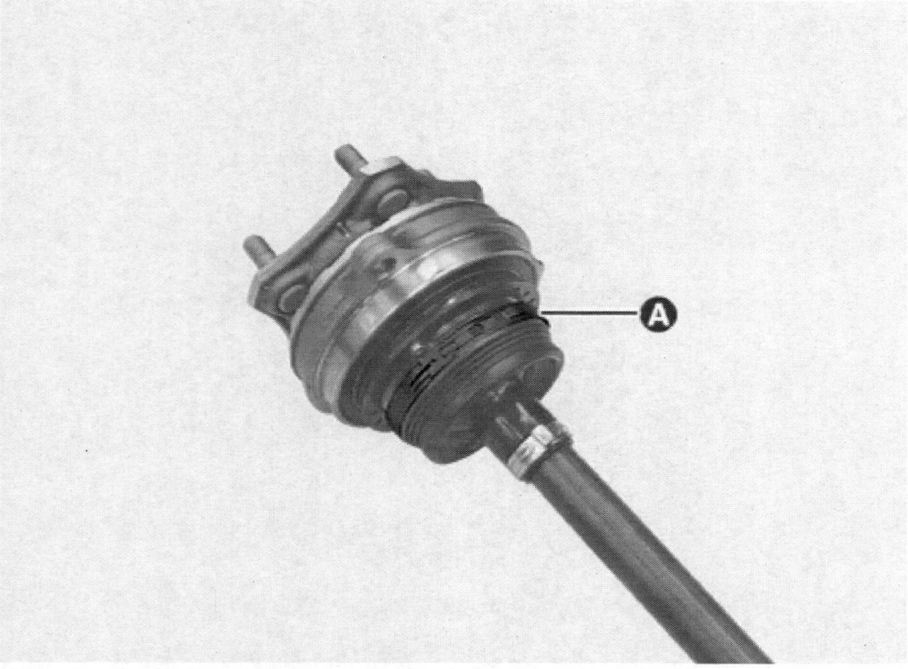

(2) 대경 밴드의 (A)를 플라이어 또는 적절한 공구를 사용해 조이며 장착한다.

유 의

- 누유를 방지하기 위해 밴드 장착은 반드시 대경 밴드 → 소경 밴드 순으로 체결한다.
- 대경 밴드 장착 후 톱니(A)가 노출되지 않고 리테이너 컵(B)이 확인되는지 확인한다.
  톱니가 보이거나 리테이너 컵이 확인되지 않을 경우 밴드가 이탈되어 누유가 발생할 수 있으므로 밴드를 재장착한다.

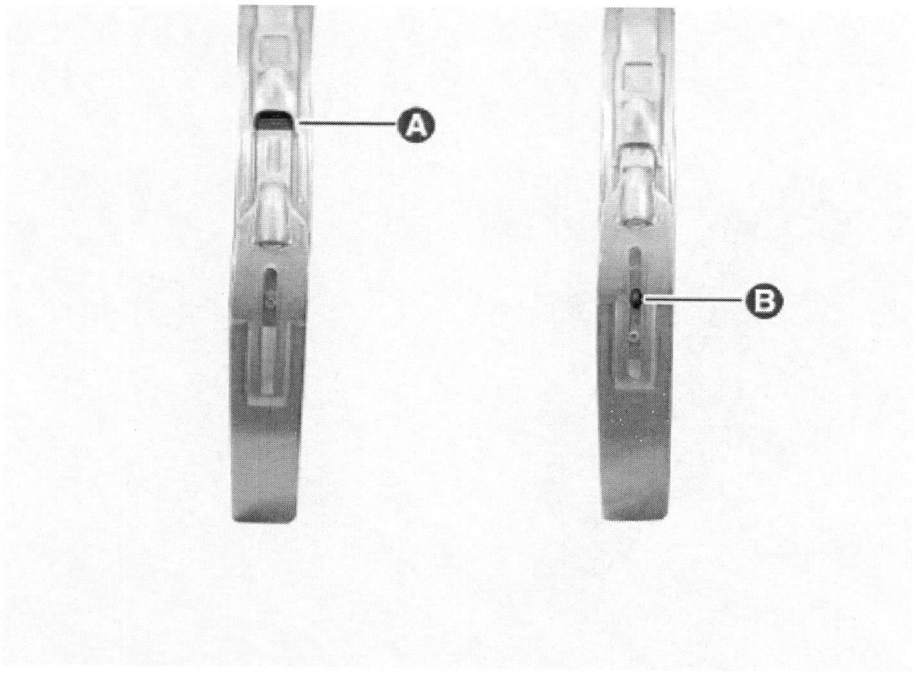

6. 특수공구(0K495 - C5000)를 사용하여 휠측 조인트 부트 소경 밴드(A)를 장착한다.

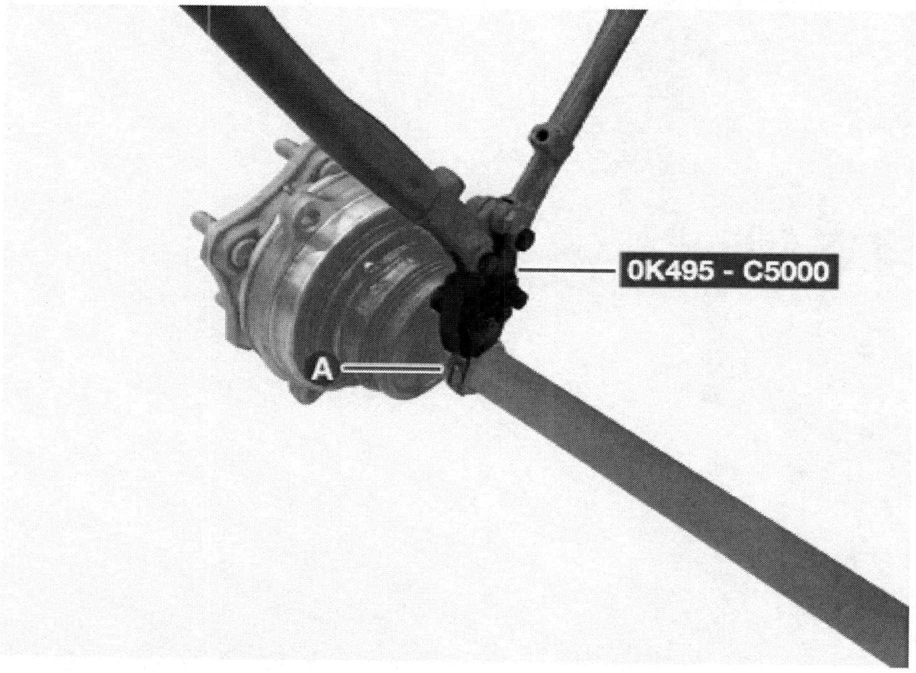

유 의

- 누유 발생을 방지하기 위해 밴드 장착은 반드시 대경 밴드 → 소경 밴드 순으로 체결한다.
- 체결 후 아래 그림과 같이 간격(A)을 확인한다.

이어 타입 간격(A) : 2.0mm 이하

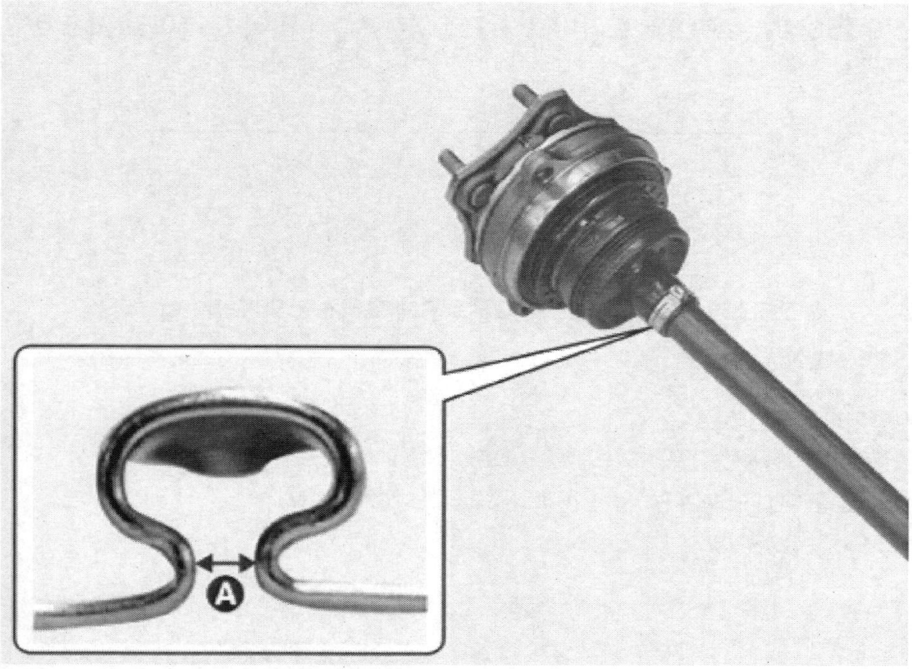

7. 기능통합형 드라이브 액슬 (IDA)을 장착한다.
   (리어 드라이브 샤프트 & 액슬 어셈블리 - "기능통합형 드라이브 액슬 (IDA)" 참조)

탈거

유 의

- 기능통합형 드라이브 액슬 (IDA)은 특수 그리스를 사용해야 하므로 다른 종류의 그리스를 첨가하지 않는다.
- 부트 밴드 탈거 시, 부트 밴드는 반드시 신품을 사용한다.

1. 기능통합형 드라이브 액슬 (IDA)을 탈거한다.
   (리어 드라이브 샤프트 & 액슬 어셈블리 - "기능통합형 드라이브 액슬 (IDA)" 참조)
2. 드라이버(-)를 사용하여 감속기측 조인트 부트 대경 밴드(A)를 탈거한다.

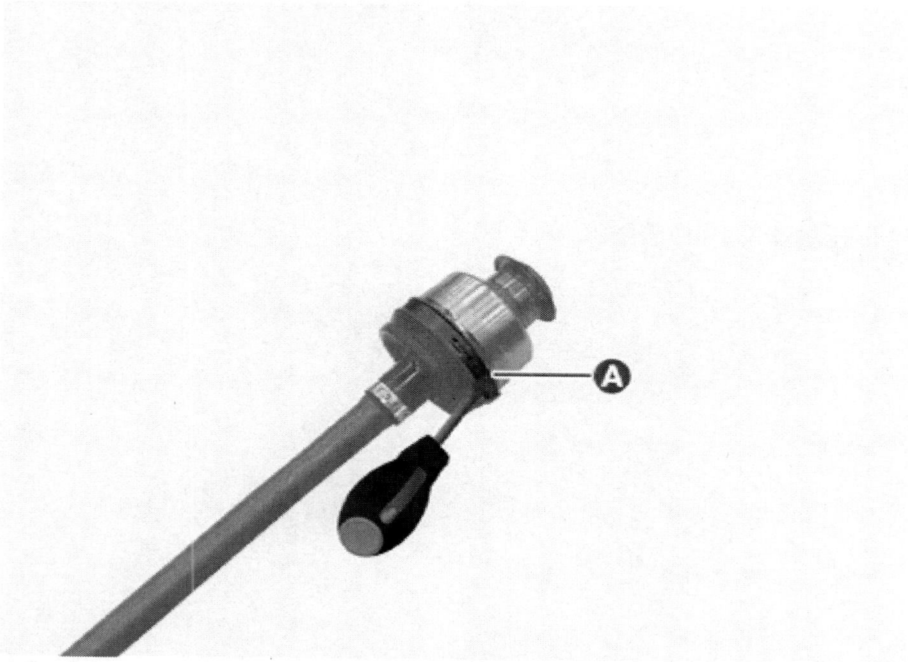

참 고

드라이버(-)로 (A)를 벌리고 (B)를 눌러 탈거한다.

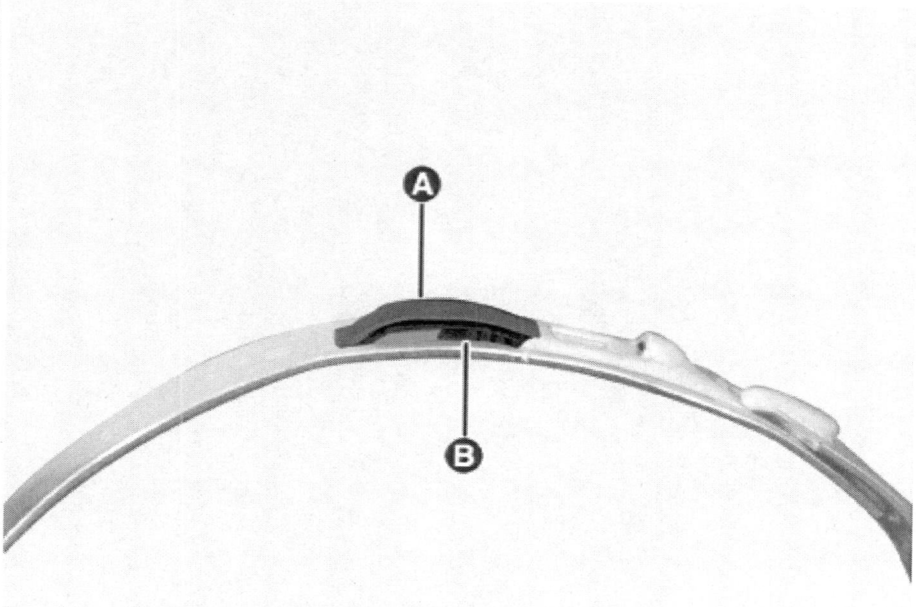

3.

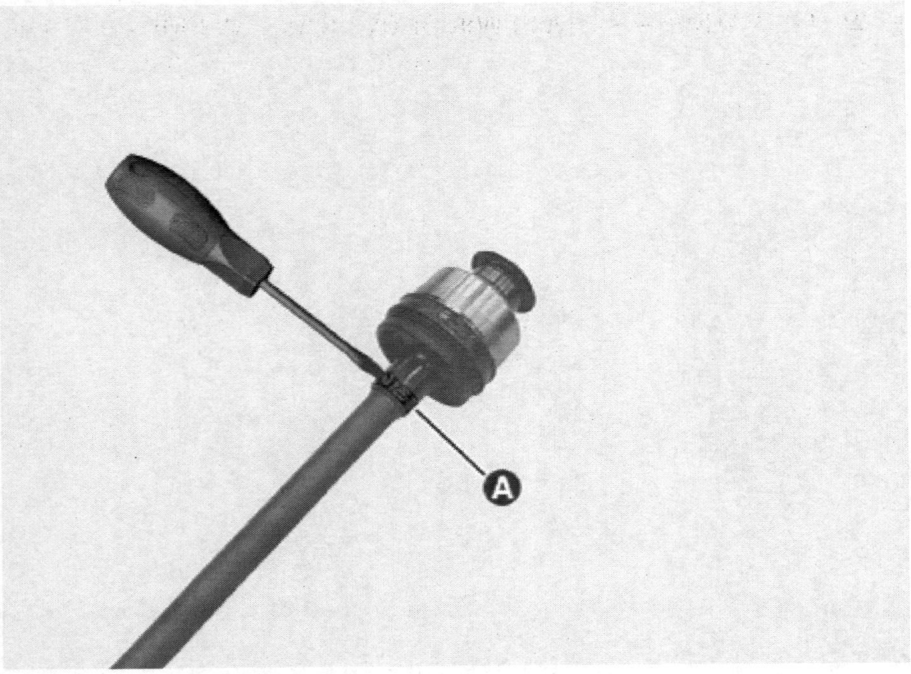

4. 감속기측 하우징에서 부트(A)를 탈거한다.

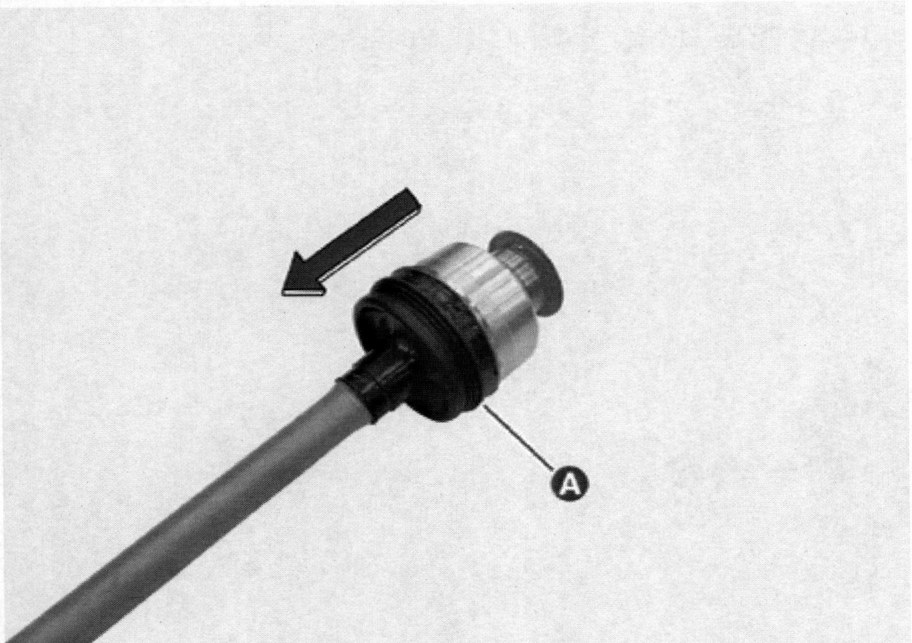

5. 스냅링 플라이어를 사용하여 스냅링(A)을 좌우로 확장시킨다.

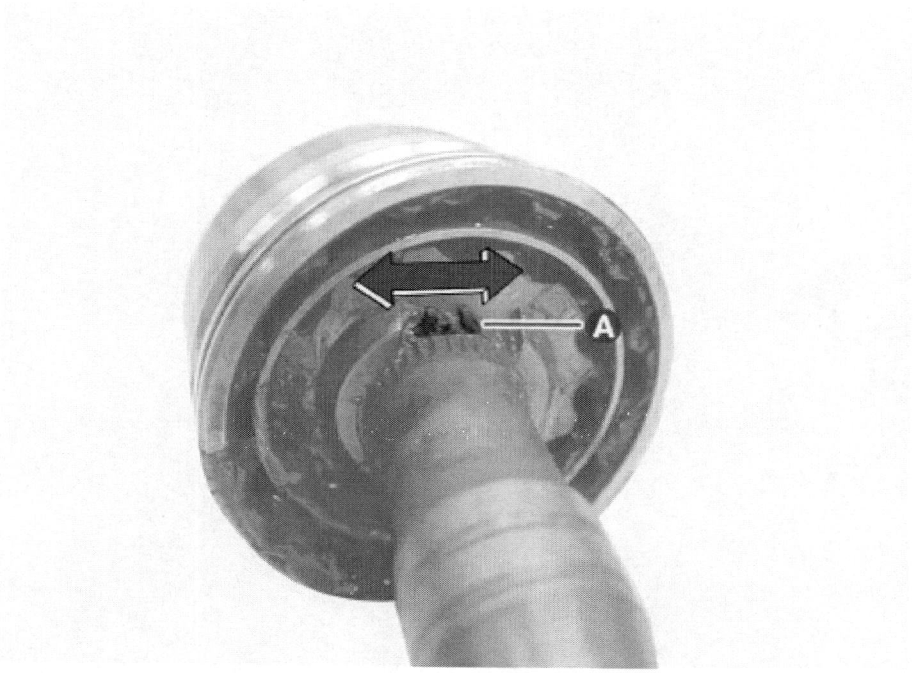

참 고

스냅링 위치 파악을 위해 허브 베어링 내 그리스를 깨끗한 천 등을 사용해 최대한 제거한다.

6. 스냅링이 확장된 상태에서 감속기측 하우징(A)을 탈거한다.

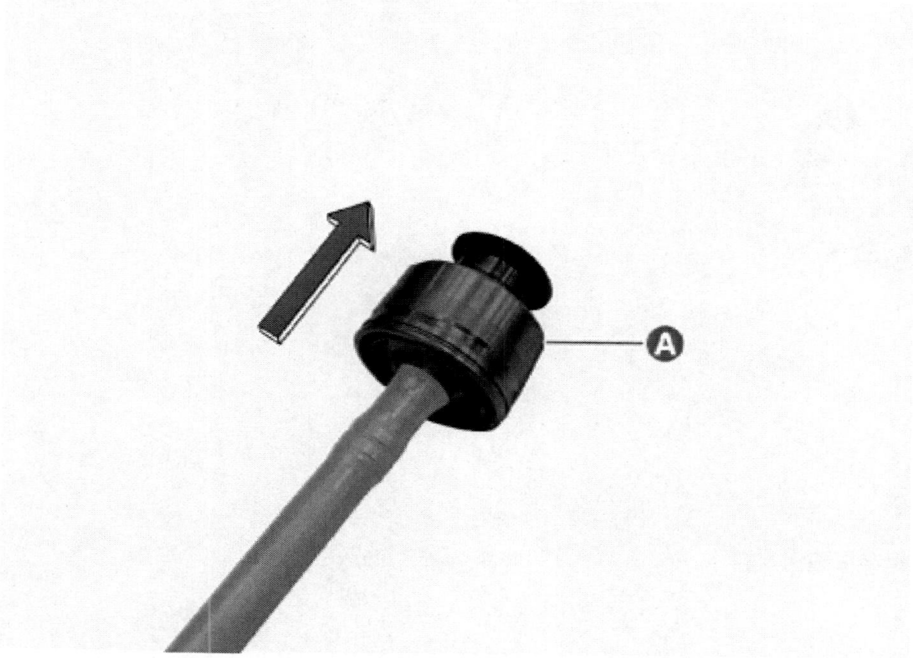

유 의

스냅링은 재사용 하지 않는다.

7. 감속기측 조인트 부트(A)를 탈거한다.

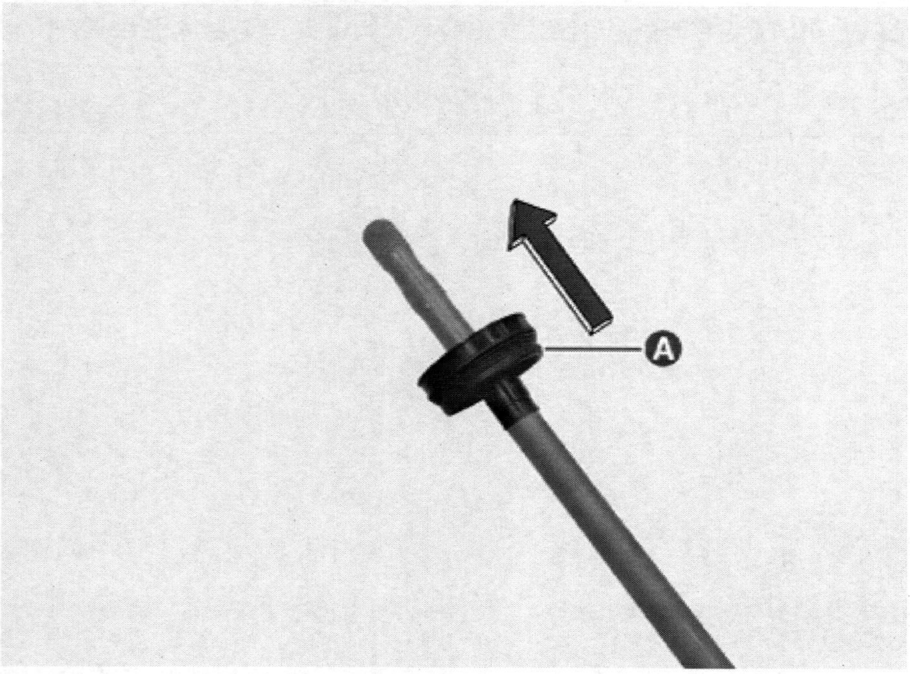
A

2023 > 엔진 > 160kW (2WD) / 70 160kW (4WD) > 드라이브 샤프트 및 액슬 > 리어 드라이브 샤프트 & 액슬 어셈블리 > 감속기측 조인트 > 점검

점검

1. 스플라인(A)의 손상, 마모, 균열등을 점검한다.

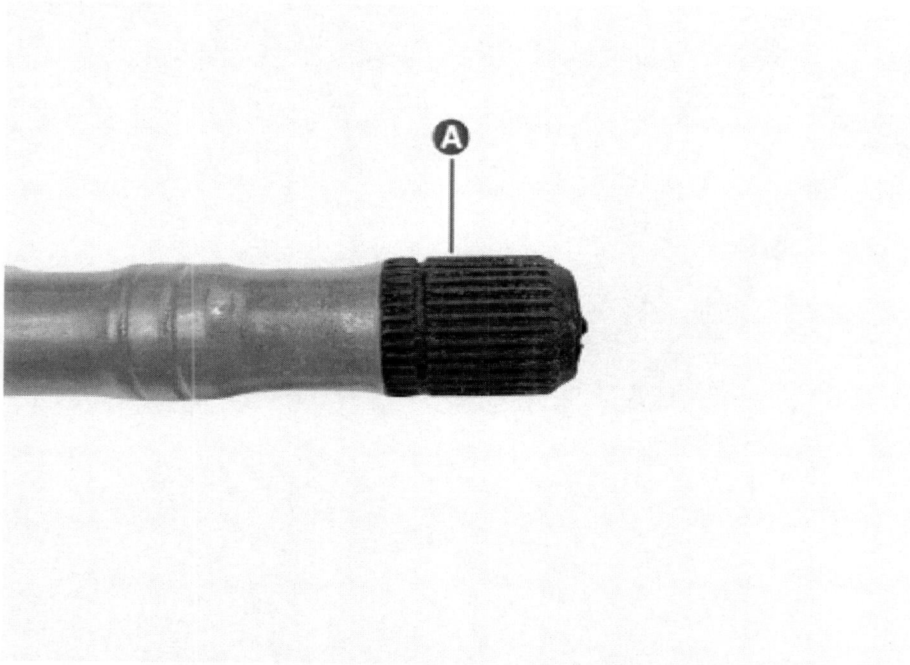

2. 부트에 물이나 이물질의 유입 여부를 확인한다.
3. 조인트 어셈블리의 손상, 마모, 균열등을 점검한다.
4. 허브 베어링의 손상, 마모, 균열등을 점검한다.

2023 > 엔진 > 160kW (2WD) / 70 160kW (4WD) > 드라이브 샤프트 및 액슬 > 리어 드라이브 샤프트 & 액슬 어셈블리 > 감속기측 조인트 > 장착

특수공구

공구 명칭 / 번호	형상	용도
밴드 인스톨러 0K495 - C5000	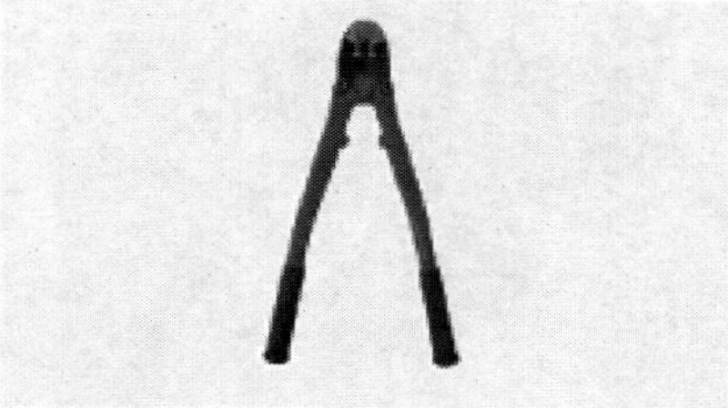	이어 타입 부트 밴드 장착(0K495 - 2W000과 손잡이 호환)

장착

유 의

- 조립 시 먼지 및 이물질이 유입되지 않도록 주의한다.
- 기능통합형 드라이브 액슬 (IDA)은 특수 그리스를 사용해야 하므로 다른 종류의 그리스를 첨가하지 않는다.
- 부트 밴드는 절대 재사용하지 않는다.

1. 부트(A), 대경밴드(B), 소경밴드(C)를 장착한다.

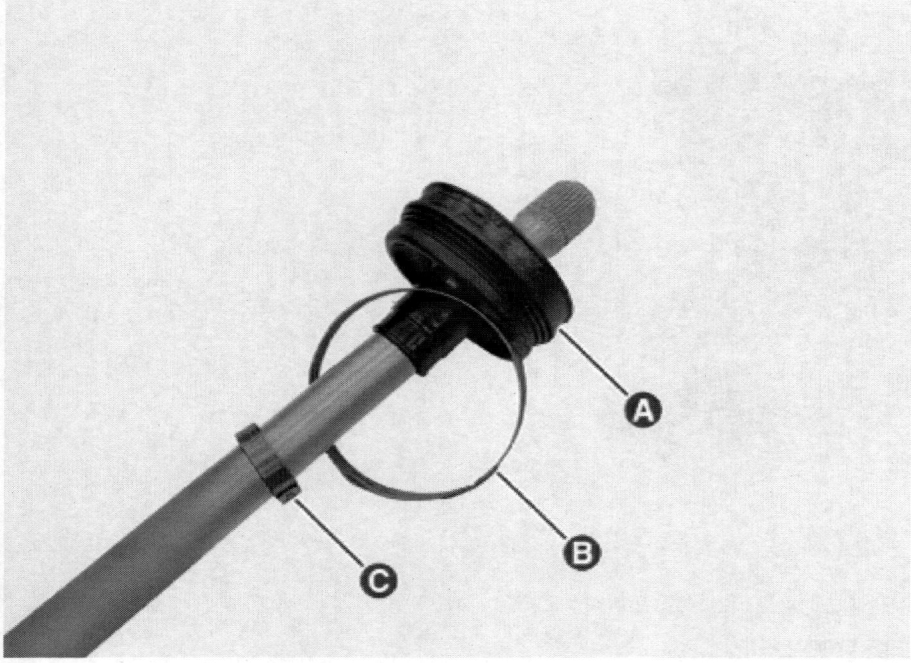

유 의

부트(A)를 가장 마지막에 장착한다.

2. 규정된 그리스를 하우징(A)과 부트(B) 내부에 도포한다.

유 의

- 그리스는 조인트 키트/부트 키트에 포함된 그리스만 사용한다.
- 제공된 그리스는 150g 제품이므로 절반만 사용한다.

- 신품 교환 시 컵 내부에 80%, 부트에 약 20% 그리스를 도포한다.
- 부트 교환 시 부트에만 약 20% 그리스를 도포한다.
- 컵 내부의 그리스가 부족하다면 컵 내부에 제공된 그리스의 30%, 부트에는 20% 도포한다.
- 기능통합형 드라이브 액슬 (IDA)은 특수 그리스를 사용해야 하므로 다른 종류의 그리스를 첨가하지 않는다

3. 감속기측 하우징(A)을 장착한다.

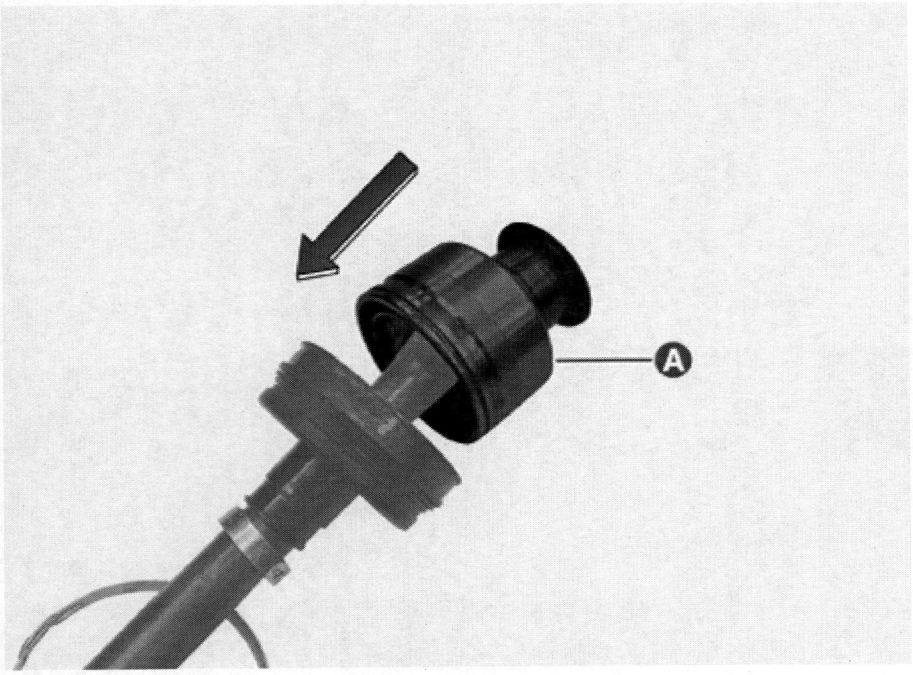

유 의

- 샤프트 삽입 시 스플라인(A)에 유의하며 손으로 밀어서 장착한다.
- 스냅링이 장착 홈(B)에 안착되었는지 확인한다.

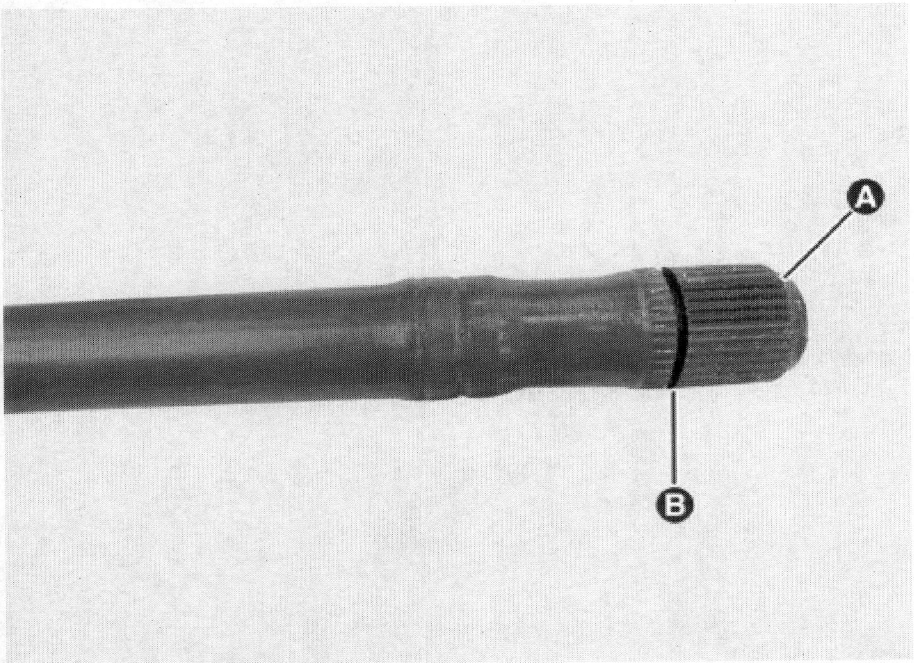

- 스냅링은 재사용하지 않는다.
- 감속기측 하우징 장착 후 손으로 밀고 당겨서 스냅링이 제대로 장착되었는지 확인한다.

4. 감속기측 하우징에 부트(A)를 장착한다.

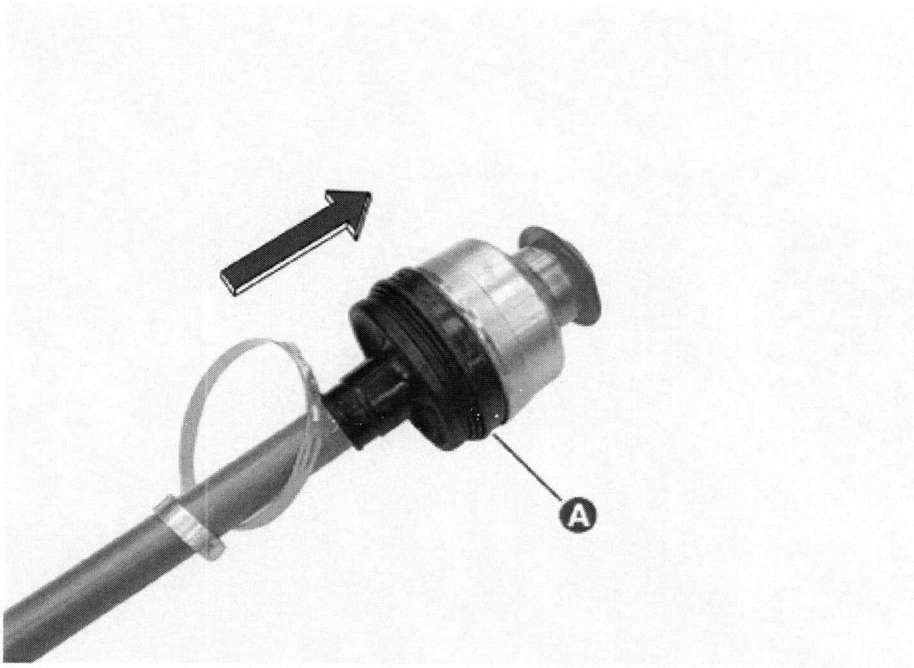

유 의

장착 시 샤프트의 장착 홈(A)과 부트 홈(B)을 안착시킨다.

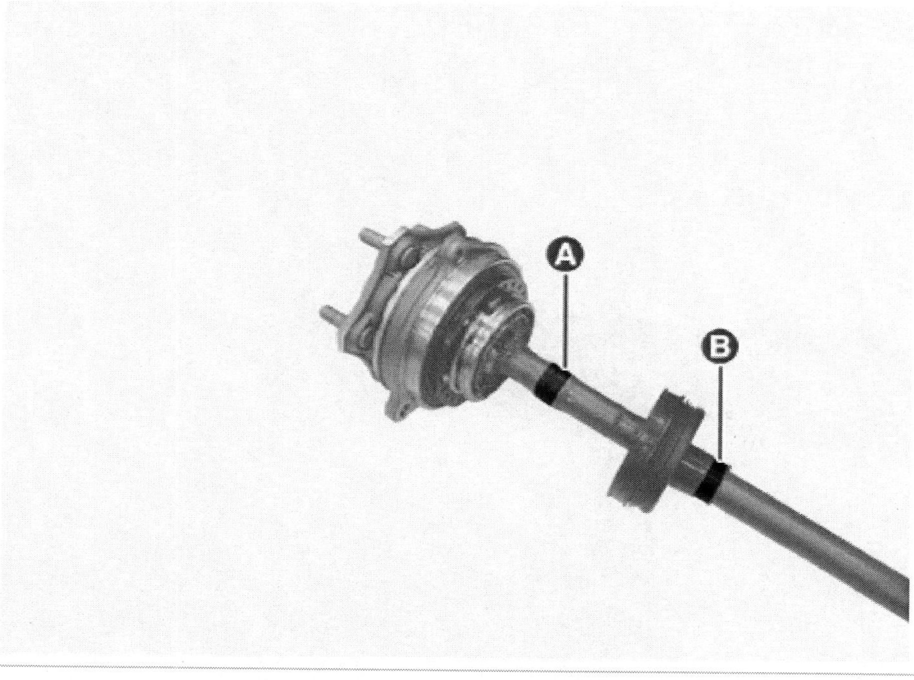

5. 감속기측 조인트 부트 대경 밴드를 장착한다.
   (1) 대경 밴드(A)를 부트에 가장착한다.

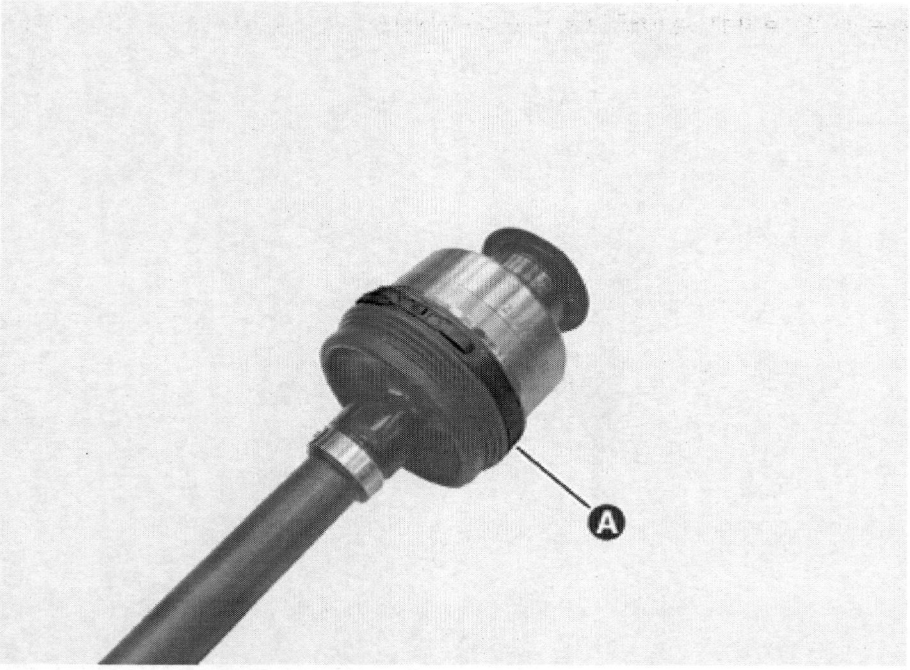

(2) 대경 밴드의 (A)부분을 플라이어 등을 사용해 조여주며 장착한다.

유 의

- 누유를 방지하기 위해 밴드 장착은 반드시 대경 밴드 → 소경 밴드 순으로 체결한다.
- 대경 밴드 장착 후 톱니(A)가 노출되지 않고 리테이너 컵(B)이 확인되는지 확인한다.
  톱니가 보이거나 리테이너 컵이 확인되지 않을 경우 밴드가 이탈되어 누유가 발생할 수 있으므로 밴드를 재장착한다.

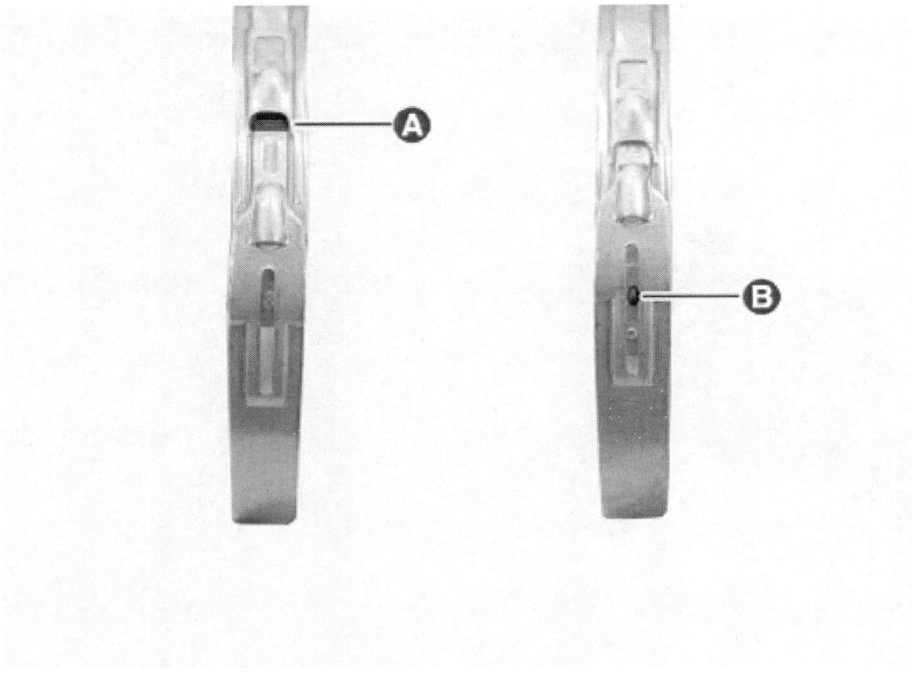

6. 특수공구(0K495 - C5000)를 사용하여 휠측 조인트 부트 소경 밴드(A)를 장착한다.

유 의

- 누유 발생을 방지하기 위해 밴드 장착은 반드시 대경 밴드 → 소경 밴드 순으로 체결한다.
- 체결 후 아래 그림과 같이 간격(A)을 확인한다.

이어 타입 간격(A) : 2.0mm 이하

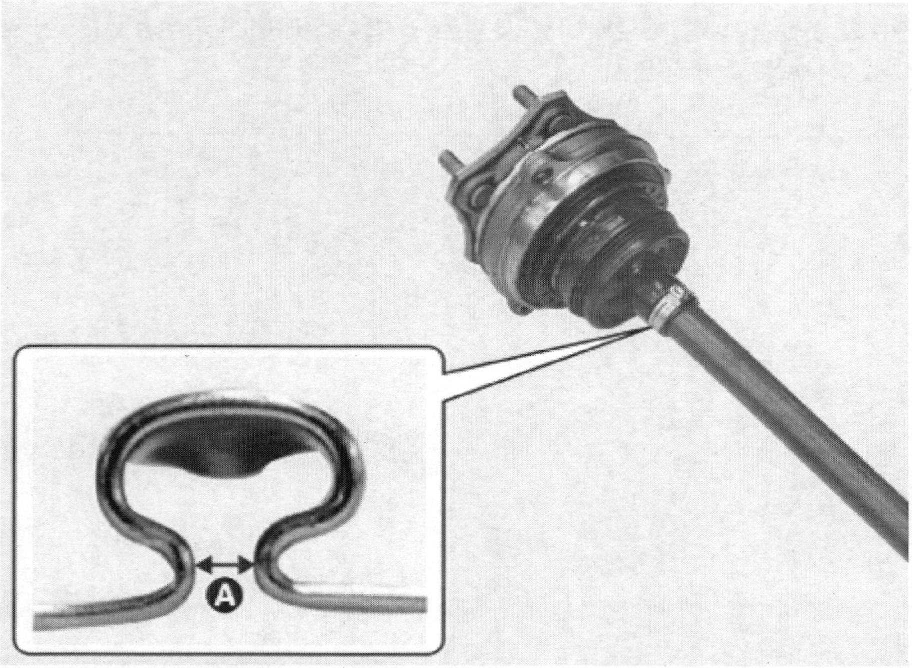

7. 기능통합형 드라이브 액슬 (IDA)을 장착한다.
(리어 드라이브 샤프트 & 액슬 어셈블리 - "기능통합형 드라이브 액슬 (IDA)" 참조)

구성부품

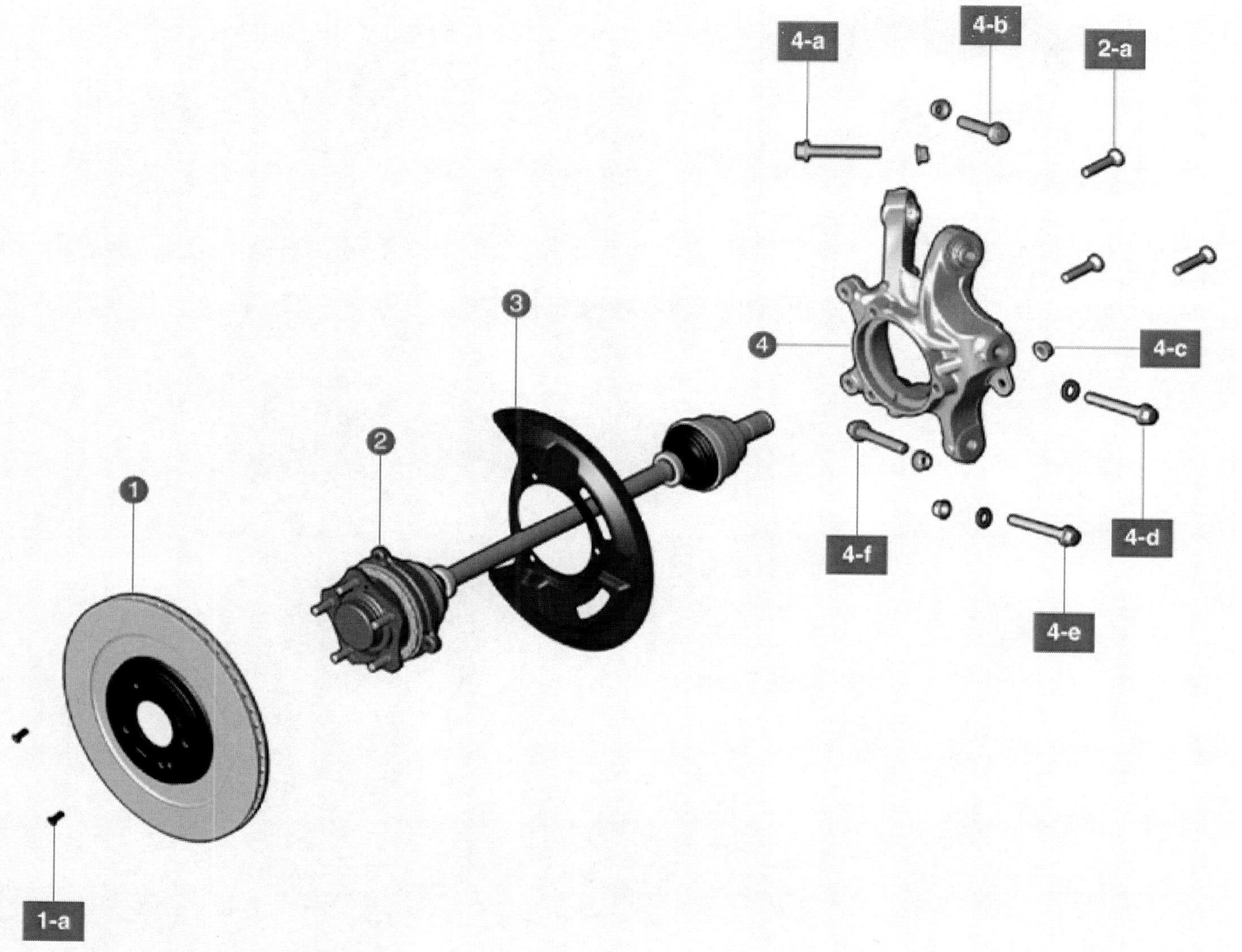

1. 리어 브레이크 디스크 1-a. 0.5 ~ 0.6 kgf.m 2. 기능통합형 드라이브 액슬(IDA) 2-a. 13.0 ~ 15.0 kgf.m 3. 리어 더스트 커버	4. 리어 캐리어 4-a. 16.0 ~ 18.0 kgf.m 4-b. 16.0 ~ 18.0 kgf.m 4-c. 10.0 ~ 12.0 kgf.m 4-d. 12.0 ~ 14.0 kgf.m 4-e. 18.0 ~ 20.0 kgf.m 4-f. 12.0 ~ 14.0 kgf.m

2023 > 엔진 > 160kW (2WD) / 70 160kW (4WD) > 드라이브 샤프트 및 액슬 > 리어 드라이브 샤프트 & 액슬 어셈블리 > 리어 액슬 - 캐리어 > 탈거 및 장착

탈거

> **⚠ 경 고**
>
> - 고전압 시스템 관련 작업 시, 관련 교육을 이수한 작업자가 정비를 진행한다. 고전압 시스템에 대한 이해가 부족한 경우 감전 또는 누전 등으로 인한 심각한 사고를 초래할 수 있다.
> - 고전압 시스템 또는 주변 부품 작업 시, 반드시 "고전압 시스템 안전사항 및 주의, 경고" 내용을 숙지하고 준수해야 한다. 미준수 시, 감전 또는 누전 등으로 인한 심각한 사고를 초래할 수 있다.
> - 고전압 시스템 작업 특성 상, 개인보호장구(PPE) 및 사전 고전압 차단 절차를 반드시 확인한다.

1. 배터리 (-) 단자와 서비스 인터록 커넥터를 분리한다.
   (배터리 제어 시스템 - "보조 배터리 (12V) - 2WD" 참조)
   (배터리 제어 시스템 - "보조 배터리 (12V) - 4WD" 참조)
2. 리어 휠 및 타이어를 탈거한다.
   (서스펜션 시스템 - "휠" 참조)
3. 리어 언더 커버를 탈거한다.
   (후륜 모터 및 감속기 시스템 - "리어 언더 커버" 참조)
4. 리어 브레이크 디스크를 탈거한다.
   (브레이크 시스템 - "리어 브레이크 디스크" 참조)
5. 볼트를 풀어 리어 휠 속도 센서(A)를 탈거한다.

체결토크 : 0.9 ~ 1.4 kgf.m

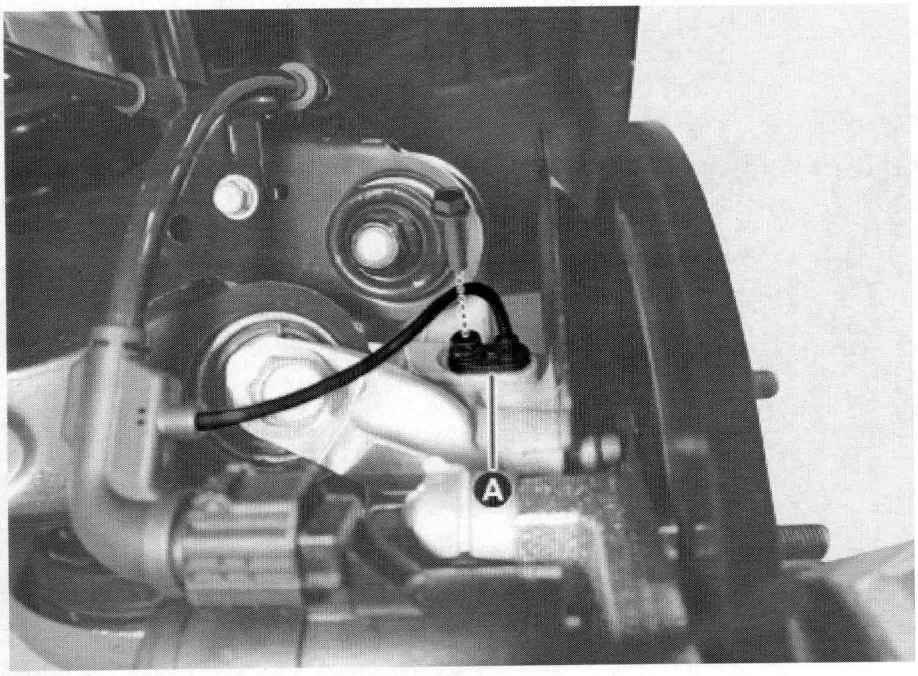

6. 너트를 풀어 스태빌라이저 바 링크(A)를 분리한다.

체결토크 : 10.0 ~ 12.0 kgf.m

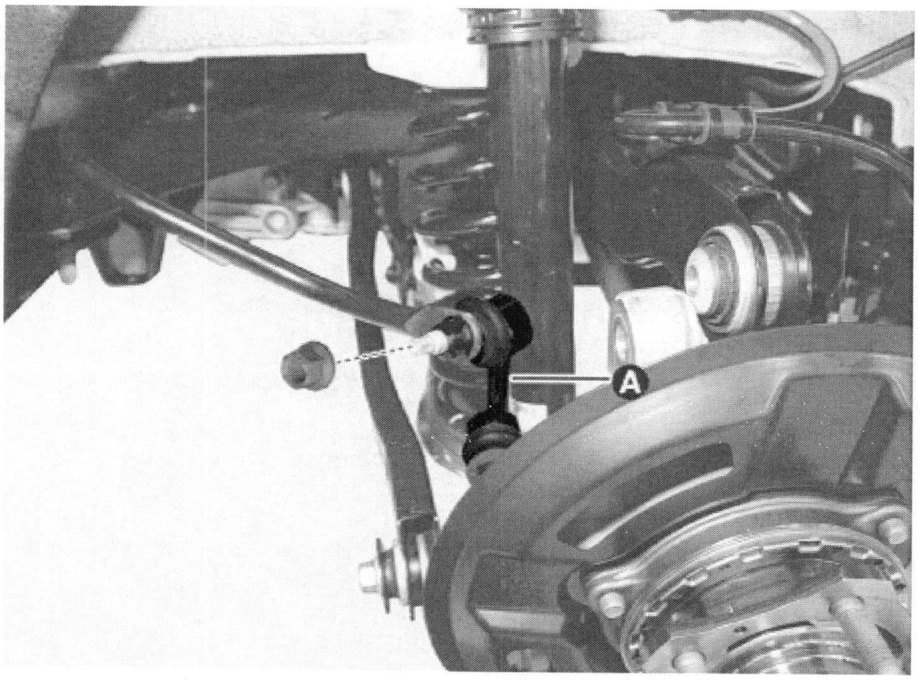

유 의

변속기 잭을 설치하여 무부하 상태에서 탈거 및 장착한다.

7. 볼트, 너트와 와셔를 풀어 리어 어시스트 암(A)을 분리한다.

체결토크 : 12.0 ~ 14.0 kgf.m

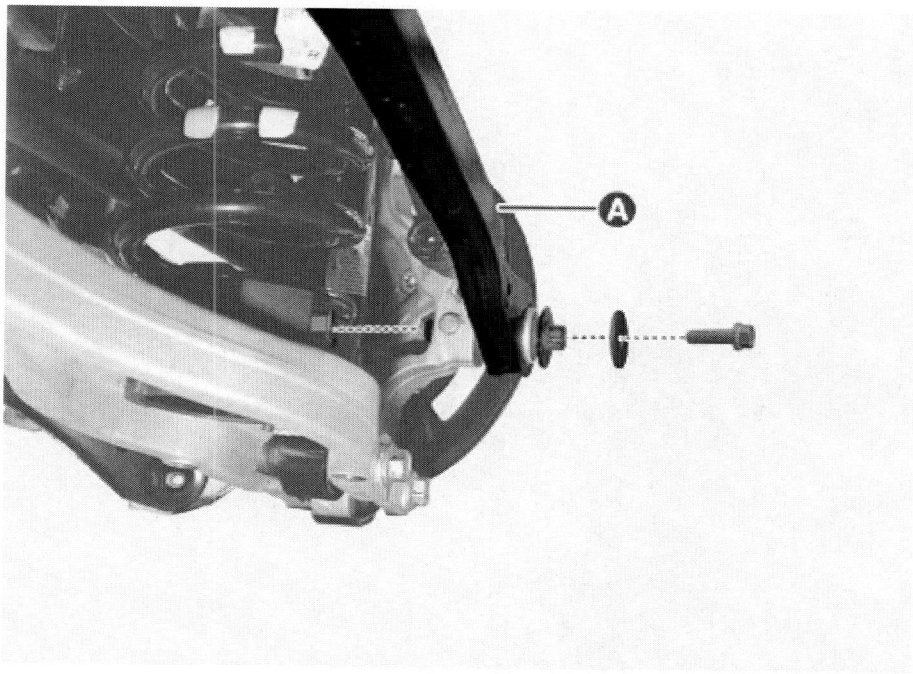

유 의

- 변속기 잭을 설치하여 무부하 상태에서 탈거 및 장착한다.
- 장착 시 볼트와 너트, 와셔의 위치 및 방향이 바뀌지 않도록 한다.

참 고

볼트를 고정 후 너트를 탈거 및 장착한다.

8. 볼트와 너트를 풀어 트레일링 암(A)을 분리한다.

체결 토크 : 12.0 ~ 14.0 kgf.m

유 의

- 변속기 잭을 설치하여 무부하 상태에서 탈거 및 장착한다.
- 장착 시 볼트와 너트, 와셔의 위치 및 방향이 바뀌지 않도록 한다.

참 고

볼트를 고정 후 너트를 탈거 및 장착한다.

9. 볼트, 너트와 와셔를 풀어 리어 어퍼암 프런트(A)를 분리한다.

체결 토크 : 16.0 ~ 18.0 kgf·m

유 의

- 변속기 잭을 설치하여 무부하 상태에서 탈거 및 장착한다.
- 장착 시 볼트와 너트, 와셔의 위치 및 방향이 바뀌지 않도록 한다.

참 고

볼트를 고정 후 너트를 탈거 및 장착한다.

10. 볼트, 너트와 와셔를 풀어 리어 어퍼암 리어(A)를 분리한다.

체결토크 : 16.0 ~ 18.0 kgf·m

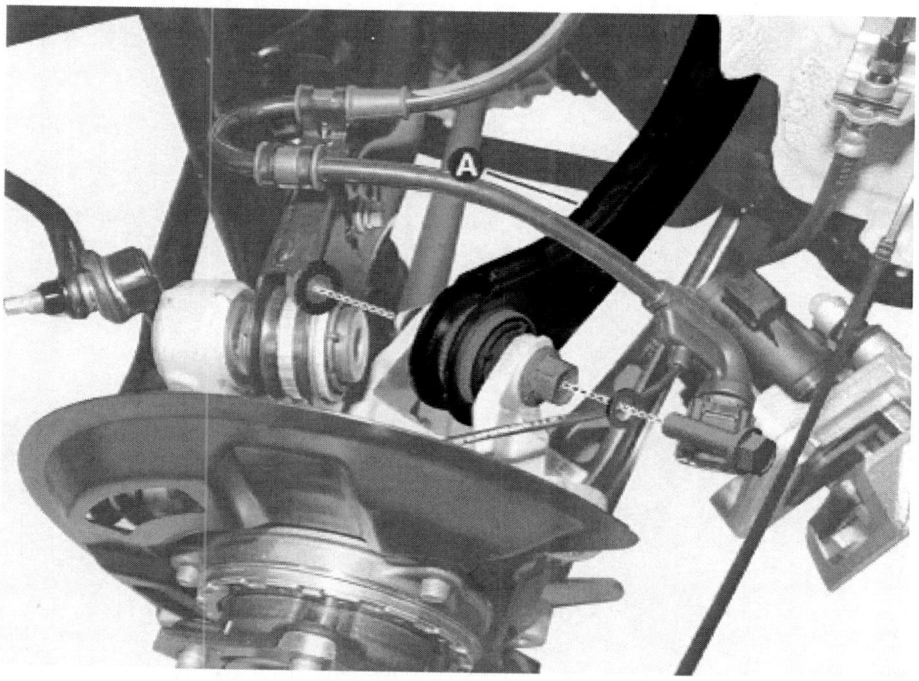

유 의

- 변속기 잭을 설치하여 무부하 상태에서 탈거 및 장착한다.

- 장착 시 볼트와 너트, 와셔의 위치 및 방향이 바뀌지 않도록 한다.

참 고

볼트를 고정 후 너트를 탈거 및 장착한다.

11. 볼트, 너트와 와셔를 풀어 리어 로어 암(A)을 분리한다.

체결토크 : 18.0 ~ 20.0 kgf·m

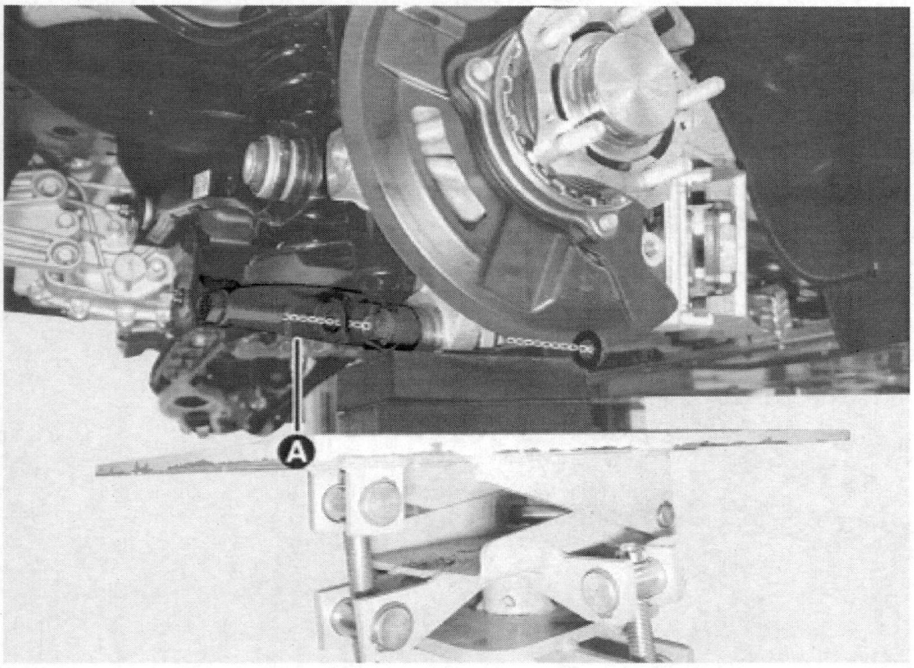

유 의

- 변속기 잭을 설치하여 무부하 상태에서 탈거 및 장착한다.
- 장착 시 볼트와 너트, 와셔의 위치 및 방향이 바뀌지 않도록 한다.

참 고

볼트를 고정 후 너트를 탈거 및 장착한다.

12. 이너 샤프트 베어링 브래킷 볼트(A)를 탈거한다. **[좌측]**

체결 토크 : 6.5 ~ 7.2 kgf·m

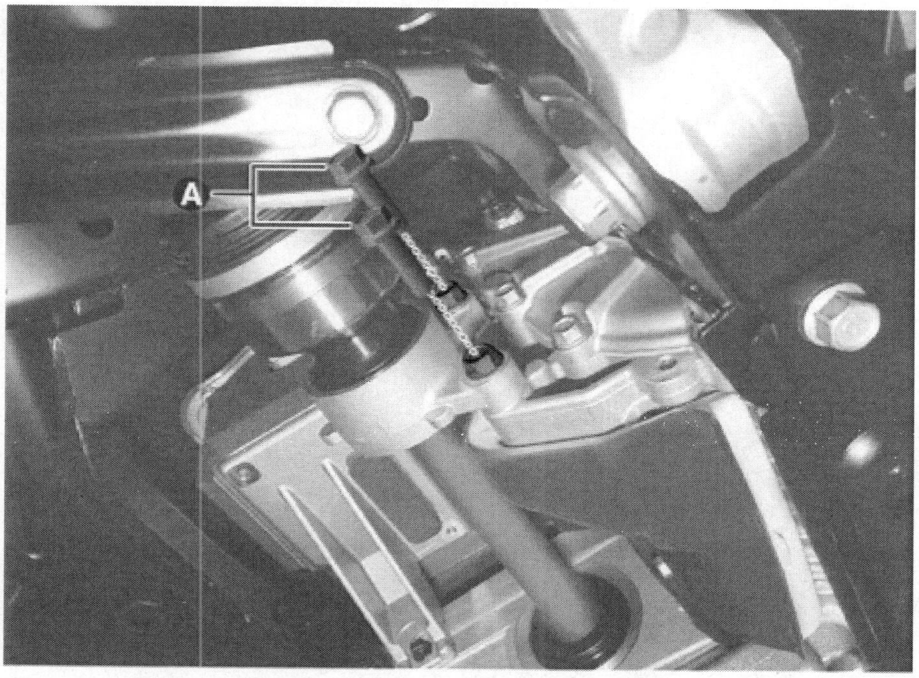

13. 리어 캐리어 및 기능통합형 드라이브 액슬(A)을 탈거한다.

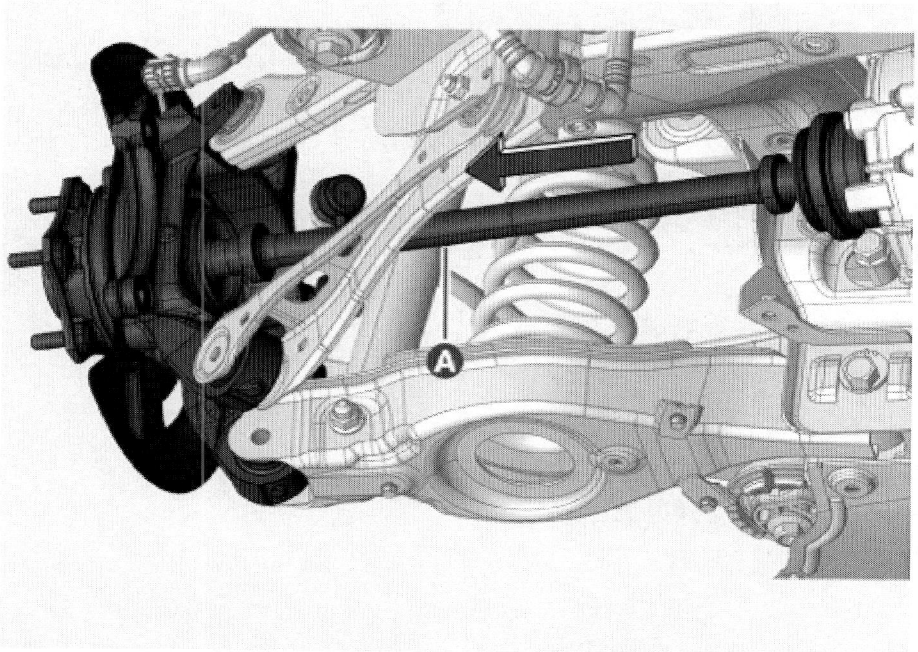

유 의

- 휠 측 액슬을 잡고 당길경우, 변속기 측 내부 부품이 손상되므로 조인트 컵(A)을 잡고 탈거한다.

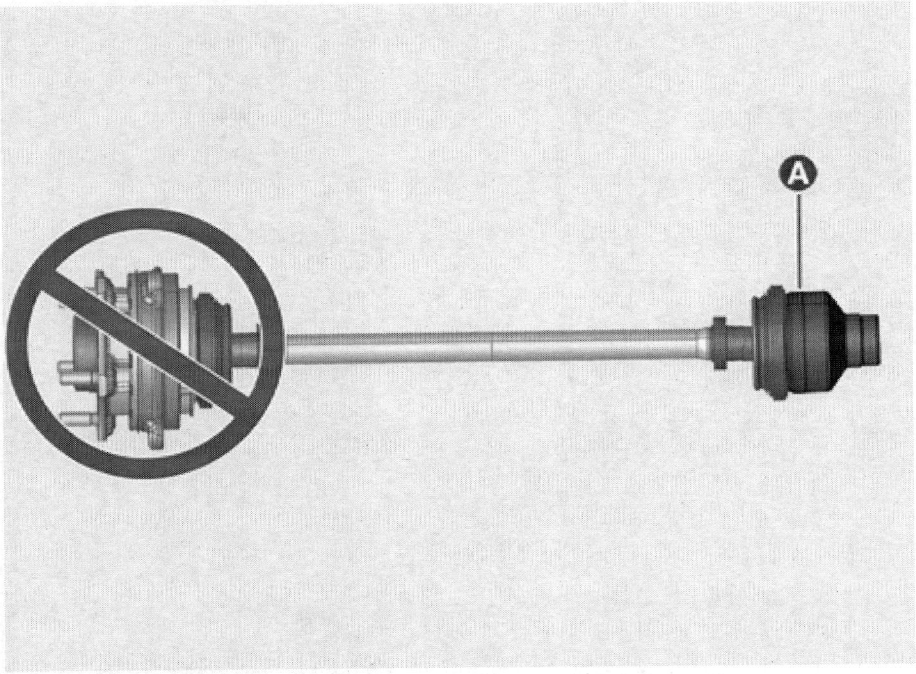

- 단품 이송 시 가급적 양쪽 조인트를 받치거나 샤프트를 잡고 이송한다.
- 프라이 바를 사용할 때 너무 깊게 끼울 경우 오일 씰에 손상을 줄 수 있다.
- 드라이브 샤프트를 바깥에서 무리한 힘으로 당길경우, 조인트 키트 내부가 이탈되어 부트 찢어짐 및 베어링부의 손상을 가져올 수 있다.
- 오염을 방지하기 위해 감속기 구멍을 오일씰 캡으로 막는다.
- 드라이브 샤프트를 탈거할 때 마다 리테이너 링을 교환한다.

14. 너트를 풀어 리어 스태빌라이저 바 링크(A)를 탈거한다.

체결토크 : 10.0 ~ 12.0 kgf.m

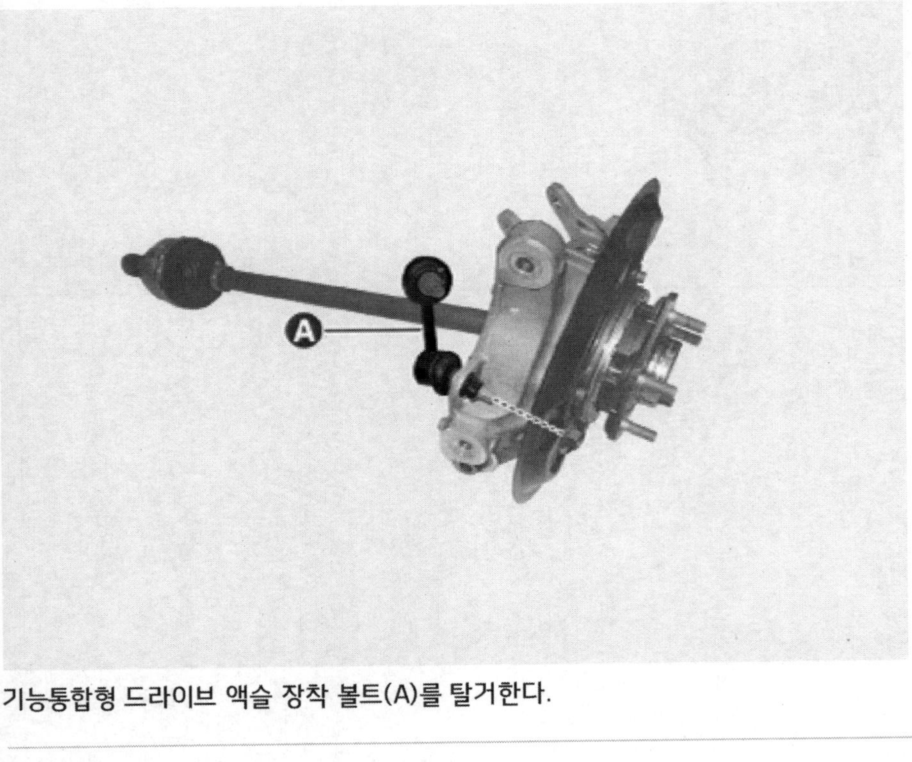

15. 기능통합형 드라이브 액슬 장착 볼트(A)를 탈거한다.

체결토크 : 13.0 ~ 15.0 kgf·m

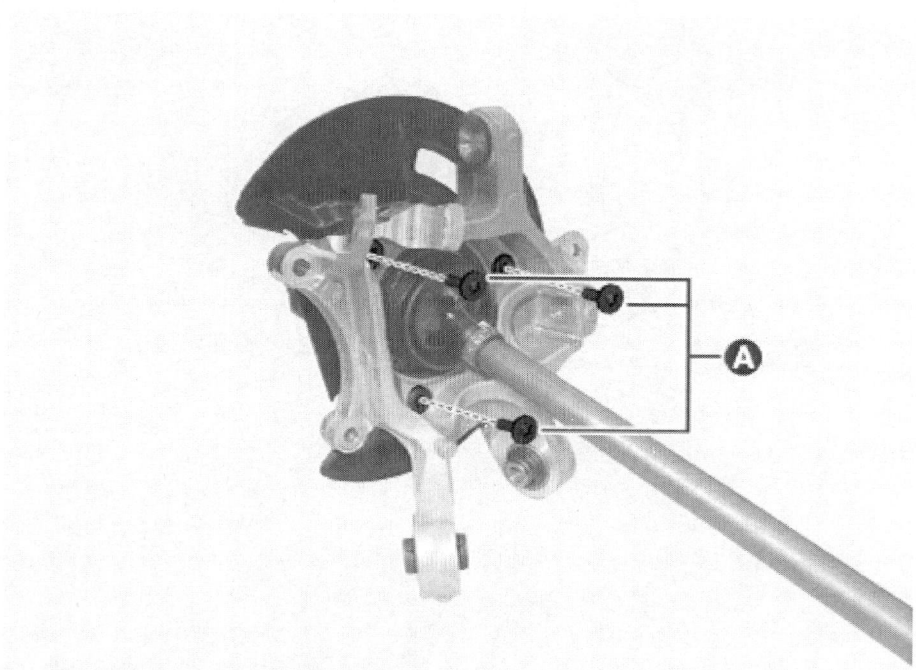

16. 기능통합형 드라이브 액슬 및 리어 더스트 커버(A)를 탈거한다.

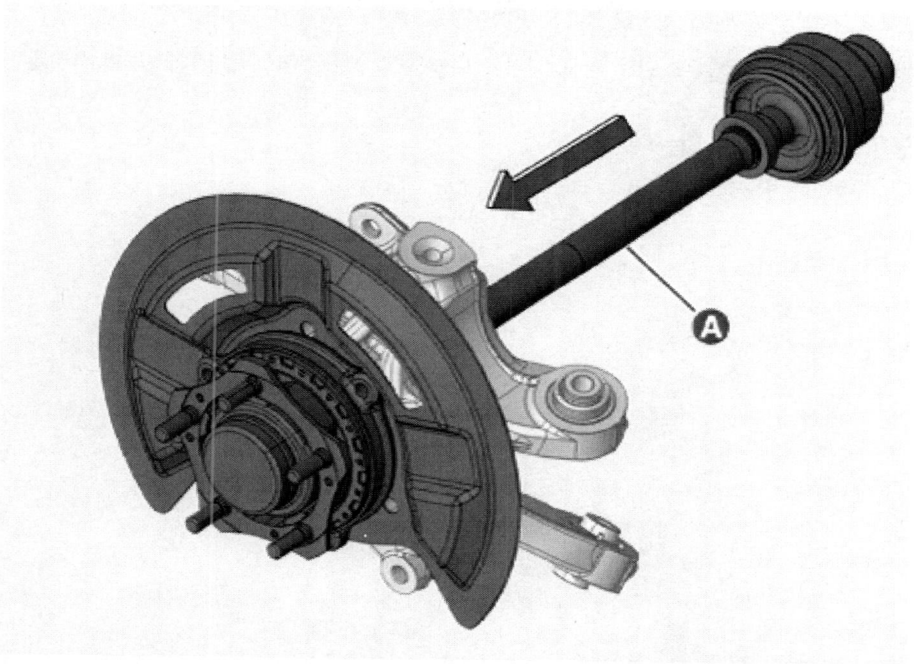

장착

1. 장착은 탈거의 역순으로 한다.
2. 얼라인먼트를 점검한다.
   (서스펜션 시스템 - "얼라인먼트" 참조)

점검

1. 리어 캐리어의 균열을 점검한다.

서스펜션 시스템

서비스 데이터

프런트 서스펜션

항목		제원
서스펜션 형식		맥퍼슨 스트럿
프런트 스트럿	형식	가스식

리어 서스펜션

항목		제원
서스펜션 형식		멀티 링크
리어 쇽 업소버	형식	가스식

휠 및 타이어

항목		제원	
휠 사이즈		7.5J x 19	
		8.0J x 20	
		8.5J x 21 *1	
타이어 사이즈		235/55 R19	
		255/45 R20	
		255/40 R21 *1	
스페어 타이어		TMK (Tire Mobility Kit)	
타이어 공기압[kPa (psi)]	235/55 R19	250 (36)	
	255/45 R20	250 (36)	
	255/40 R21 *1	전륜	후륜
		235 (34)	270 (39)

*** 1 : CV e-GT 전용**

휠 얼라인먼트

항목	제원	
	프런트	리어
토우-토탈(˚)	0.1 ± 0.2	0.2 ± 0.2
토우-개별(˚)	0.05 ± 0.1	0.1 ± 0.1
캠버(˚)	**일반** : -0.5 ± 0.5 **e-GT** : -0.6 ± 0.5	-1.0 ± 0.5
캐스터(˚)	**일반** : 5.26 ± 0.5 **e-GT** : 5.20 ± 0.5	-
킹핀(˚)	**일반** : 13.59 ± 0.5 **e-GT** : 13.70 ± 0.5	-
스러스트(˚)	-	0 ± 0.1
차고 높이(mm)	**일반** : 441 ± 10 **e-GT** : 436 ± 10	**일반** : 454 ± 10 **e-GT** : 449 ± 10

체결토크

프런트 서스펜션 시스템

항목	체결토크(kgf·m)
프런트 스트럿 어퍼 마운팅 너트	5.5 ~ 7.5
프런트 스트럿과 브레이크 호스 브래킷 볼트	0.9 ~ 1.4
프런트 스트럿과 스태빌라이저 바 링크 너트	10.0 ~ 12.0
프런트 스트럿과 액슬 볼트와 너트	16.0 ~ 18.0
프런트 스트럿 셀프 록킹 너트	11.0 ~ 12.0
프런트 로어 암과 액슬 볼트와 너트	10.0 ~ 12.0
프런트 로어 암 볼 조인트와 액슬 너트	10.0 ~ 12.0
프런트 로어 암과 서브 프레임 볼트와 너트 1	16.0 ~ 18.0
프런트 로어 암과 서브 프레임 볼트와 너트 2	12.0 ~ 14.0
프런트 스태빌라이저 바와 스태빌라이저 바 링크 너트	10.0 ~ 12.0
프런트 서브 프레임과 스태빌라이저 바 브래킷 볼트	5.0 ~ 6.5
스티어링 기어박스와 유니버설 조인트 볼트	5.0 ~ 6.0
에어컨 컴프레서와 프런트 서브 프레임 볼트	2.0 ~ 2.4
타이로드 엔드 볼 조인트와 액슬 볼트	10.0 ~ 12.0
전자식 히터와 프런트 서브 프레임 볼트	0.7 ~ 1.1
3웨이 밸브와 프런트 서브 프레임 볼트	0.7 ~ 1.1
분배파이프 브래킷과 프런트 서브 프레임 볼트	0.7 ~ 1.1
배터리 전자식 워터 펌프와 프런트 서브 프레임 볼트와 너트	0.7 ~ 1.1
접지 케이블과 프런트 서브 프레임	0.7 ~ 1.1
프런트 서브 프레임 바와 프런트 서브프레임 볼트	17.0 ~ 19.0
모터 마운팅 브래킷 **[4WD 적용]**	6.5 ~ 8.5

리어 서스펜션 시스템

항목	체결토크(kgf·m)
리어 쇽 업소버와 차체 볼트	5.0 ~ 6.5
리어 쇽 업소버와 로어 암 볼트와 너트	18.0 ~ 20.0
리어 캐리어와 리어 로어 암 볼트와 너트	18.0 ~ 20.0
리어 어퍼 암 - 프런트 볼트와 너트	16.0 ~ 18.0
리어 휠 속도 센서 브래킷과 리어 어퍼 암 - 리어 볼트	2.0 ~ 3.0
리어 어퍼 암 - 리어 볼트와 너트	16.0 ~ 18.0
리어 로어 암과 크로스 멤버 볼트와 너트	11.0 ~ 12.0
리어 어시스트 암과 크로스 멤버 볼트와 너트	11.0 ~ 12.0
리어 어시스트 암과 캐리어 볼트와 너트	12.0 ~ 14.0
트레일링 암 볼트와 너트	12.0 ~ 14.0
리어 스태빌라이저 바 링크 너트	10.0 ~ 12.0
고전압 케이블 와이어링과 크로스 멤버 볼트	2.0 ~ 2.4
리어 스태빌라이저 바와 크로스 멤버 볼트와 너트	5.0 ~ 6.5

얼라인먼트

항목	체결토크(kgf·m)
타이로드 엔드 너트	5.0 ~ 5.5

휠 및 타이어

항목	체결토크(kgf·m)
타이어 휠 허브 너트	11.0 ~ 13.0

특수공구

공구 명칭 / 번호	형상	용도
볼 조인트 풀러 09568 - 2J100	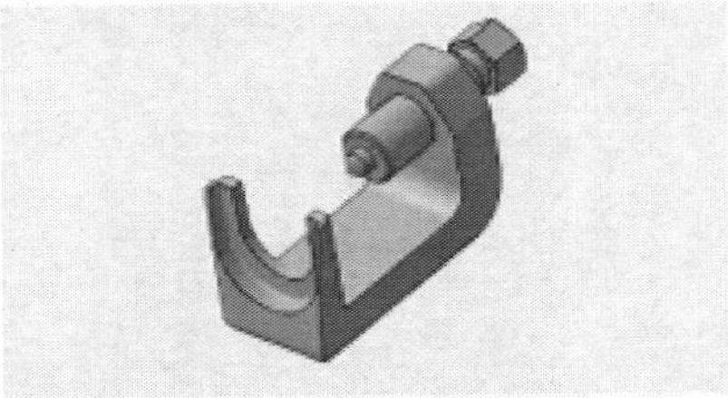	타이로드 엔드 볼 조인트 탈거
로어 암 볼 조인트 리무버 0K545 - A9100	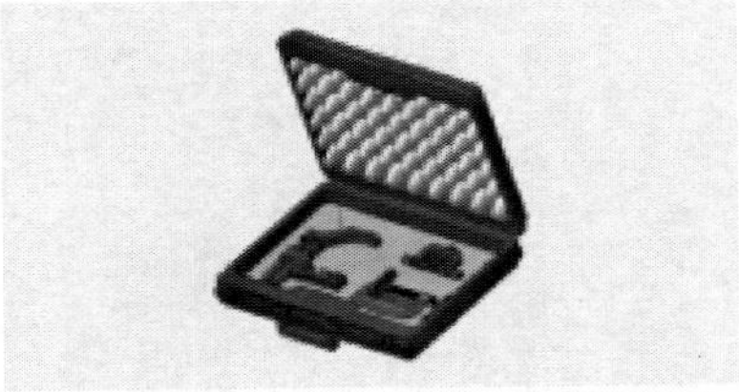	프런트 로어 암 볼 조인트 탈거
쇽 업소버 록 너트 리무버 0K546 - F6100	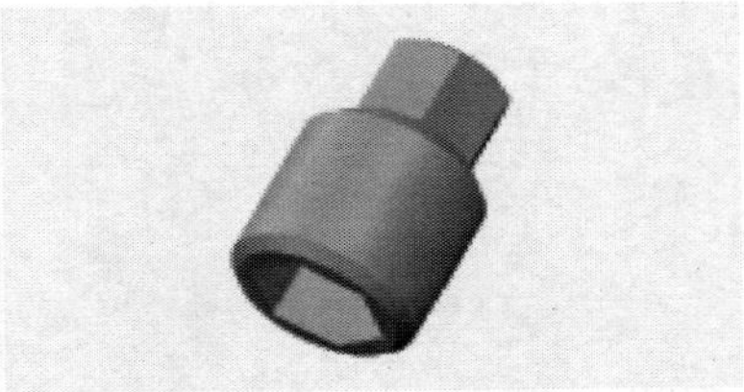	프런트 스트럿 록 너트 장착 및 탈거
쇽 업소버 록 너트 리무버 09546 - 3X100		리어 쇽 업소버 록 너트 장착 및 탈거

고장진단

스티어링 휠 작동 무거움

예상 원인	정비
프런트 휠 얼라인먼트 불량	조정 혹은 수리
로어 암 볼 조인트 회전 저항 과다	교환
스트럿 베어링 회전 저항 과다	교환
타이어 공기압 과소	조정

스티어링 휠 복원 불량

예상 원인	정비
프런트 휠 얼라인먼트 불량	조정 또는 수리

소음 또는 승차감 불량

예상 원인	정비
휠 얼라인먼트 불량	조정 또는 수리
부적절한 타이어 공기압	조정
쇽 업소버 작동 불량	교환
코일 스프링 손상	교환
스태빌라이저 손상	교환
로어 암 부싱 손상	교환
스태빌라이저 링크 고정 너트 체결 풀림	재조임
스태빌라이저 링크 손상 (더스트 커버 찢어짐, 링 이탈)	교환

비정상적인 타이어 마모

예상 원인	정비
휠 얼라인먼트 불량	조정 혹은 수리
부적절한 타이어 공기압	조정

스티어링 휠 불안정

예상 원인	정비
프런트 휠 얼라인먼트 불량	조정 혹은 수리
로어 암 볼 조인트 회전 저항 과소	교환
로어 암 부싱 손상	교환

차량 쏠림

예상 원인	정비
휠 얼라인먼트 불량	조정 혹은 수리
좌우 타이어 불균형	조정 혹은 교환
로어 암 손상 혹은 변형	교환

코일 스프링 손상	교환

스티어링 휠 떨림

예상 원인	정비
프런트 휠 얼라인먼트 불량	조정 혹은 수리
휠 밸런스 불량	조정 혹은 수리
로어 암 볼 조인트 회전 저항 과다 또는 과소	교환
스태빌라이저 손상	교환
로어 암 부싱 손상	교환
쇽 업소버 작동 불량	교환
코일 스프링 불량	교환

부품별 하체 이음 유형

발생 조건	요철 시 이음 발생			
부품	스태빌라이저 바 링크	스태빌라이저 바 부싱	로어 암 볼 조인트	스트럿 인슐레이터
불량 부위	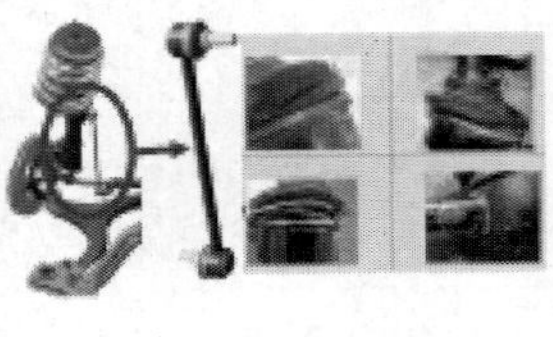			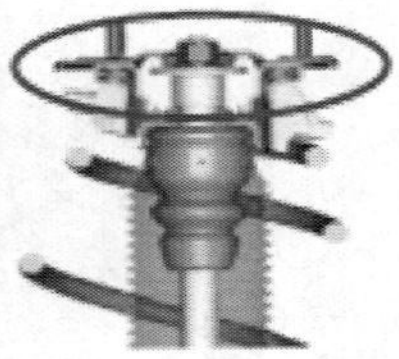
이음 유형	끽끽 / 틱틱 / 스륵스륵	찌그덕 / 찍찍	더걱 / 삑삑	더덕
발생 부위	하부	하부	하부	상부
주행 속도	20 ~ 40 ㎞/h	저속주행시(20 ~ 40 ㎞/h)	20 ~ 40 ㎞/h	-
도로 조건	요철로 / 둔턱	요철로 / 둔턱	요철로 / 둔턱	요철로 / 험로
원인	풀림 / 누유(찢어짐) / 녹발생	바&부싱 유격 / 슬립	풀림 / 누유(찢어짐) / 녹발생	체결(토크 저하) 및 간섭

발생 조건	요철로 / 험로 통과 시 이음			
부품	스트럿 / 쇽 업소버	스트럿 / 쇽 업소버	쇽 업소버	스트럿 / 쇽 업소버
불량 부위	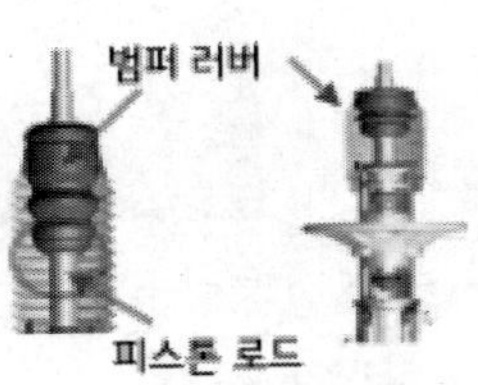		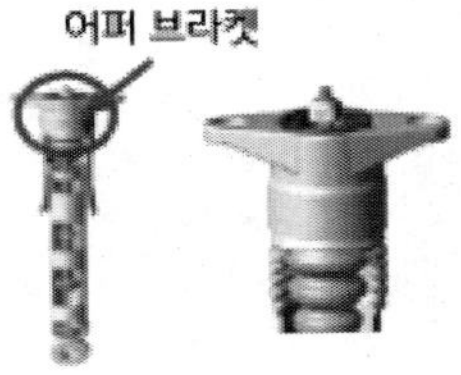	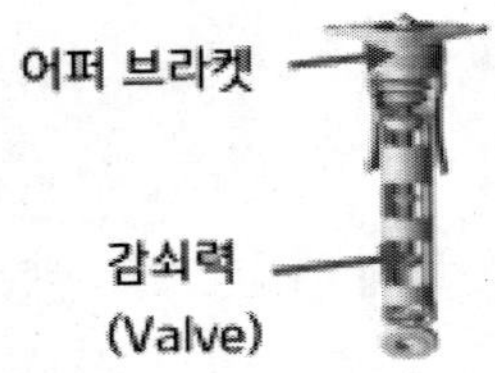
이음 유형	뿌걱	퍽 / 턱 / 더덕	찌그덕	덜그덕
발생 부위	상부	상부	상부 (리어)	상부 (리어)
주행 속도	15 ~ 25 ㎞/h	15 ~ 25 ㎞/h	15 ~ 40 ㎞/h	30 ~ 50 ㎞/h
도로 조건	요철로	요철로	요철로 및 험로	험로
원인	피스톤 로드와 범퍼 러버 내측 마찰음	범퍼 러버 흘러내림 (범퍼 러버 상단 및 인슐레이터 하단 타격음)	어퍼 브래킷 러버 접착 불량	서스펜션 튜닝 문제 (감쇠력, 러버 특성)

발생 조건	요철 시 이음 발생	조향 시 이음 발생		주행 시 이음 발생
부품	로어 암 “G” 부싱	크로스 멤버 부싱	스트럿 베어링	휠 / 허브 베어링

불량 부위		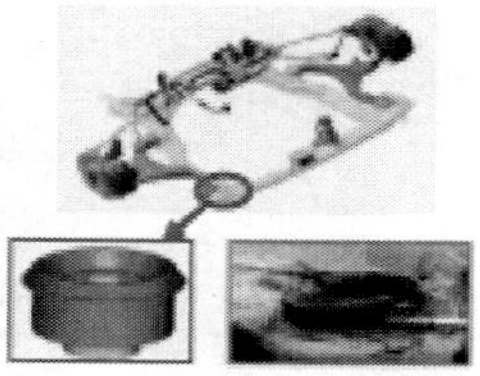	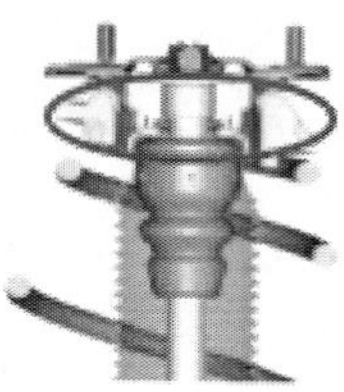	
이음 유형	찌그덕 / 찌직	더덕	더덕	우웅 / 윙
발생 부위	하부	하부	상부	하부측면
주행 속도	10 ~ 40 ㎞/h	-	-	20 ~ 60 ㎞/h
도로 조건	둔턱 / 험로	평탄로	평탄로	평탄로
원인	떨어짐 / 빠짐	떨어짐 / 빠짐	그리스 누유	외부 충격 손상, 이물 유입

휠 및 타이어 고장 진단 및 예상 원인		
트레드 중심부 마모	숄더부 양쪽 측면 마모	숄더부 한쪽 측면 마모

• 부적절한 타이어 휠 조립 • 타이어 공기압 과다 • 토 조정 불량 • 과도한 급가속 주행	• 부적절한 타이어 휠 조립 • 타이어 공기압 과소 • 서스펜션 구성부품 손상 • 과도한 속도로 선회 주행	• 타이어 공기압 과소 • 토 조정 불량 • 캠버 각 불량 • 서스펜션 구성부품 손상
부분 마모	깃털 마모	대각선 마모

• 브레이크 디스크 불량 • 과도한 급발진,급제동 • 서스펜션 구성부품 손상 • 타이어 공기압 과소	• 토 조정 불량 • 타이로드 손상 • 너클 손상	• 토 조정 불량 • 캠버 각 불량 • 서스펜션 구성부품 손상

구성부품 및 부품위치

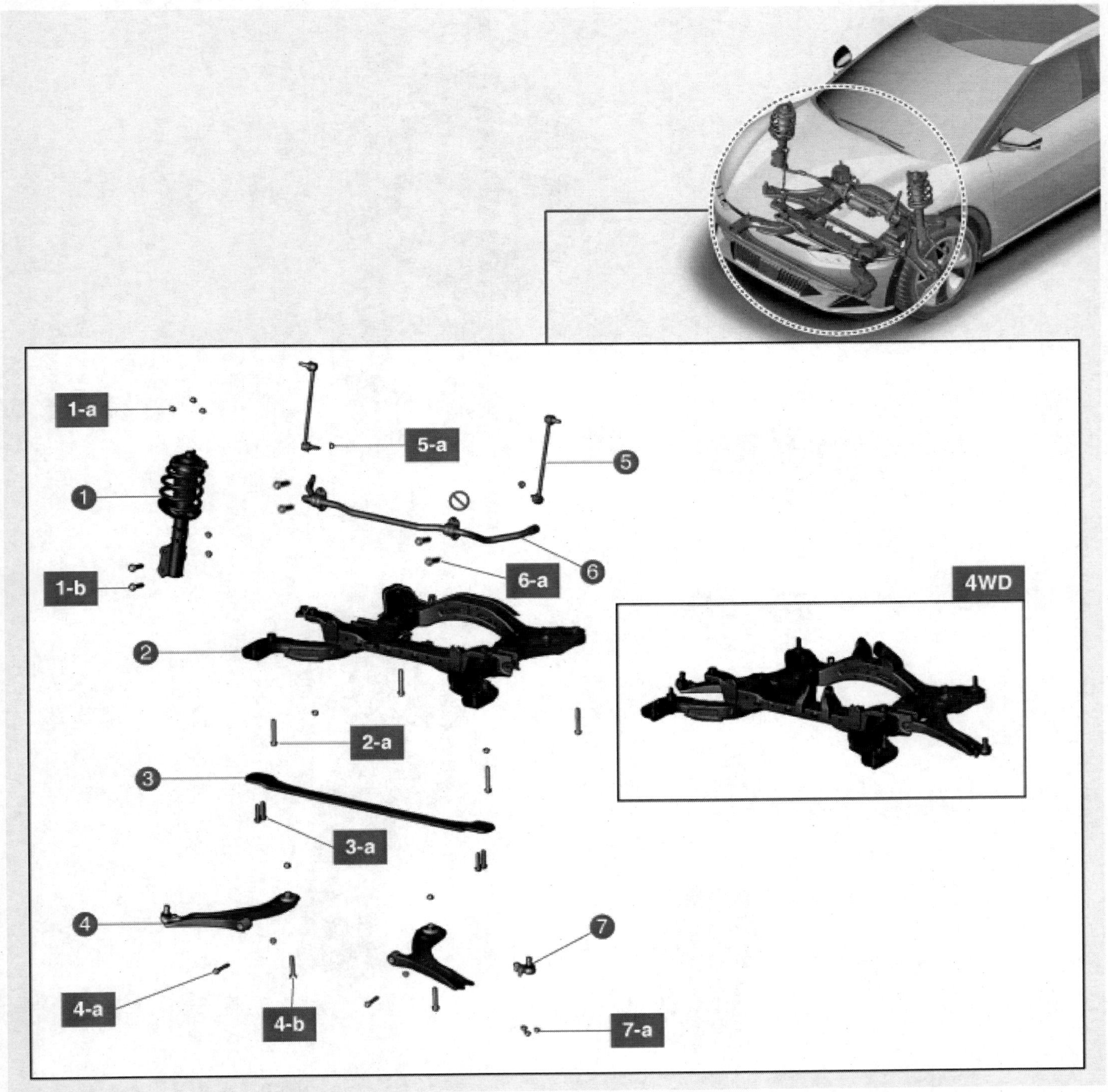

1. 프런트 스트럿 어셈블리 1-a. 5.5 ~ 7.0 kgf·m 1-b. 16.0 ~ 18.0 kgf·m 2. 프런트 서브 프레임 2-a. 18.0 ~ 20.0 kgf·m 3. 프런트 서브 프레임 바 3-a. 17.0 ~ 19.0 kgf·m 4. 프런트 로어 암 4-a. 12.0 ~ 14.0 kgf·m 4-b. 16.0 ~ 18.0 kgf·m	5. 프런트 스태빌라이저 바 링크 5-a. 10.0 ~ 12.0 kgf·m 6. 프런트 스태빌라이저 바 6-a. 4.5 ~ 5.5 kgf·m 7. 프런트 로어 암 볼 조인트 7-a. 10.0 ~ 12.0 kgf·m

구성부품 및 부품위치

1. 인슐레이터 캡 2. 인슐레이터 어셈블리 2-a. 5.5 ~ 7.0 kgf·m 3. 스트럿 베어링 4. 범퍼 스토퍼	5. 더스트 커버 6. 코일 스프링 7. 스프링 로어 패드 8. 스트럿 어셈블리 8-a. 16.0 ~ 18.0 kgf·m

탈거

1. 프런트 스트럿 어퍼 마운팅 너트(A)를 탈거한다.

체결토크 : 5.5 ~ 7.0 kgf·m

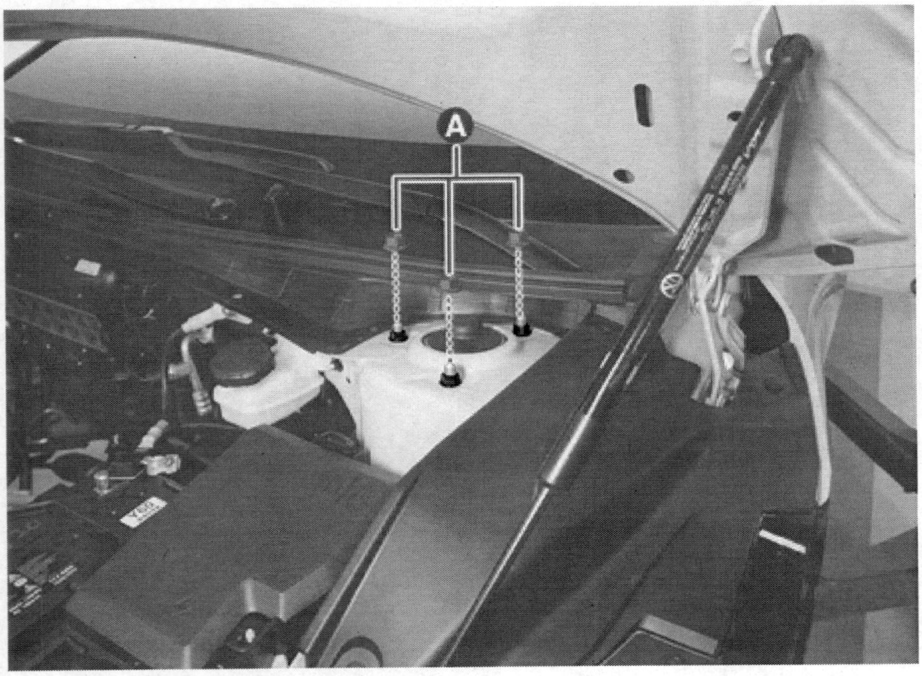

2. 프런트 휠 및 타이어를 탈거한다.
   (휠 및 타이어 - "휠" 참조)
3. 볼트를 풀어 브레이크 호스 브래킷(A)을 탈거한다.

체결토크 : 0.9 ~ 1.4 kgf·m

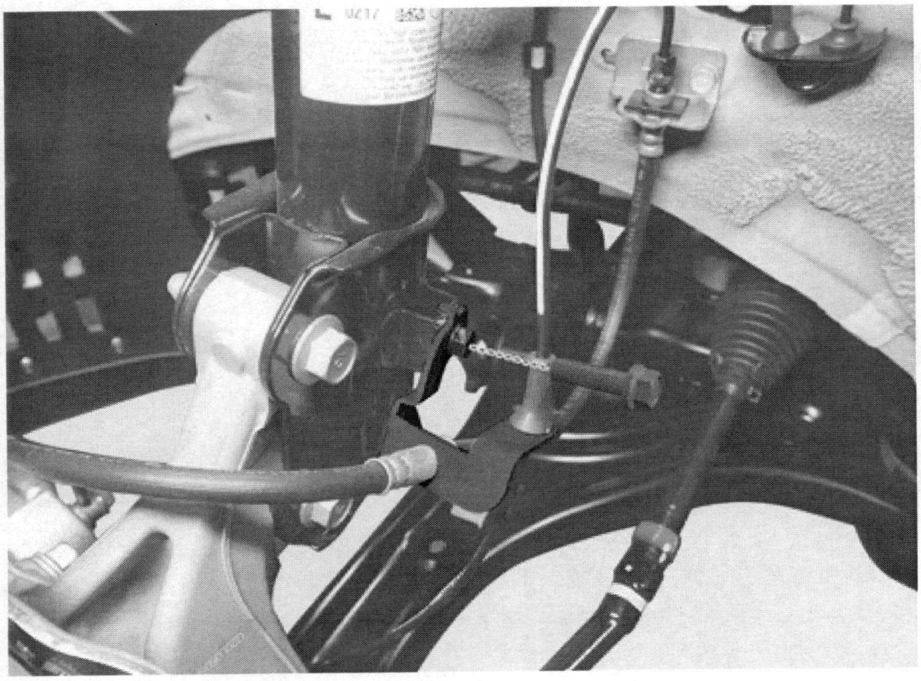

4. 너트를 풀어 프런트 스트럿 어셈블리에서 스태빌라이저 바 링크(A)를 분리한다.

체결토크 : 10.0 ~ 12.0 kgf·m

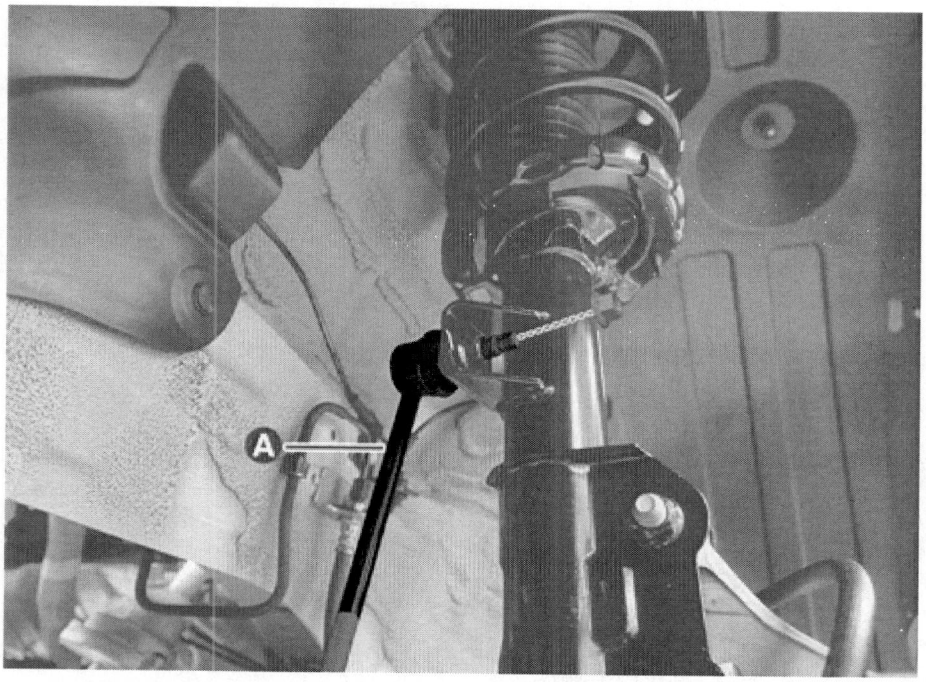

유 의

- 스태빌라이저 바 링크 탈거 및 장착 시 링크의 아웃터 헥사(A)를 고정하고 너트(B)를 탈거 및 장착한다.

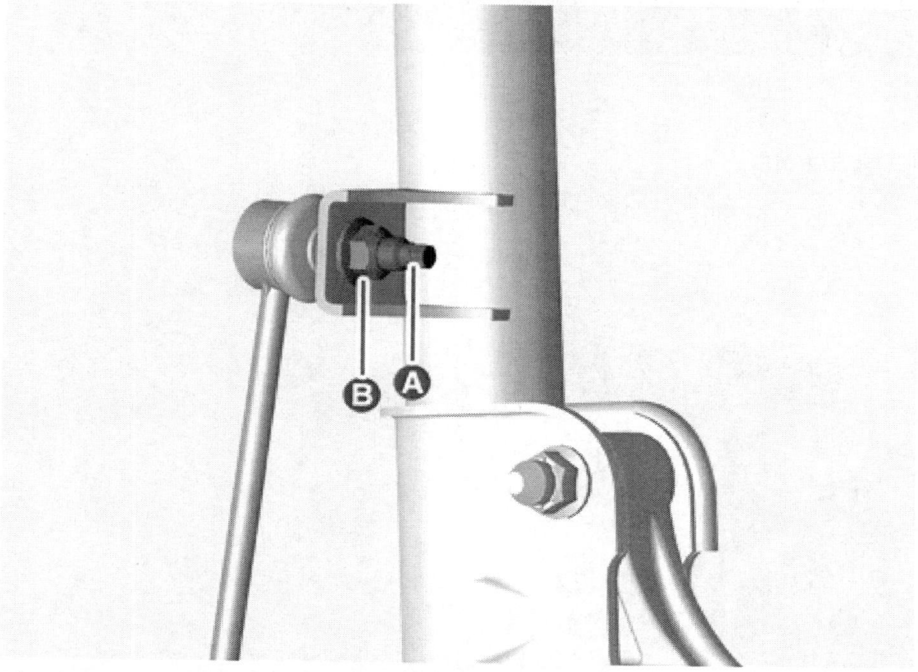

- 링크의 고무 부트가 손상되지 않도록 유의한다.
- 스태빌라이저 바 링크 너트 탈거 및 장착 시 반드시 수공구를 사용한다.

5. .볼트와 너트를 풀어 프런트 액슬에서 프런트 스트럿 어셈블리(A)를 탈거한다.

체결토크 : 16.0 ~ 18.0 kgf·m

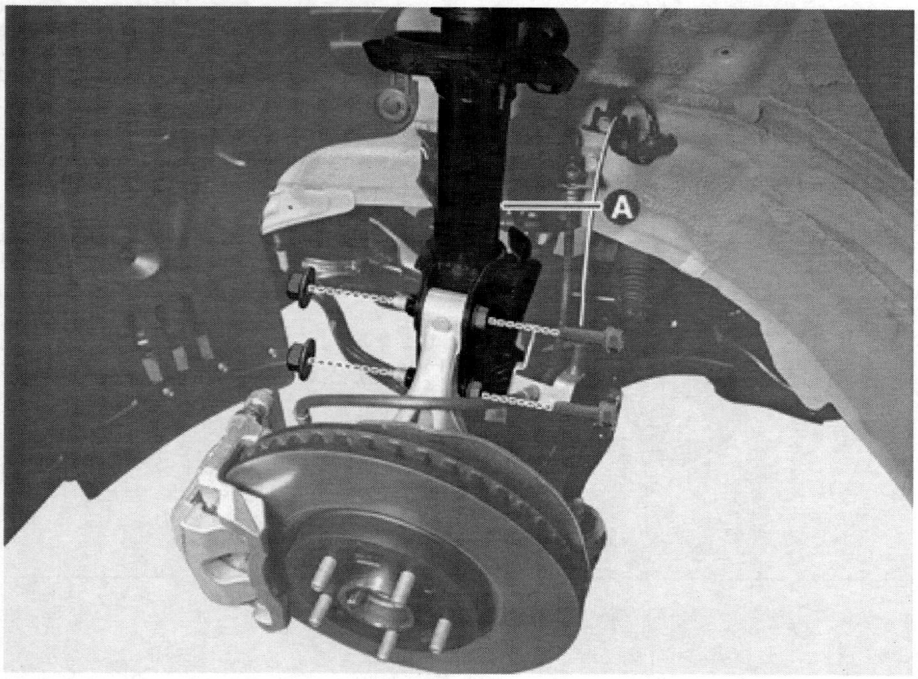

장착

6. 장착은 탈거의 역순으로 한다.

> **유 의**
>
> 부품 손상을 방지하기 위해 장착 시 프런트 스트럿 어퍼 너트를 가체결한 후 차량을 지면에 내려놓은 상태에서 체결토크까지 체결한다.

2023 > 엔진 > 160kW (2WD) / 70 160kW (4WD) > 서스펜션 시스템 > 프런트 서스펜션 시스템 > 프런트 스트럿 어셈블리 > 분해

특수공구

공구 명칭 / 번호	형상	용도
쇽 업소버 록 너트 리무버 0K546 - F6100		프런트 스트럿 록 너트 장착 및 탈거

분해

1. 프런트 스트럿 어셈블리를 탈거한다.
   (프런트 서스펜션 시스템 - "프런트 스트럿 어셈블리" 참조)
2. 스프링 압축기에 프런트 스트럿 어셈블리(A)를 장착한다.

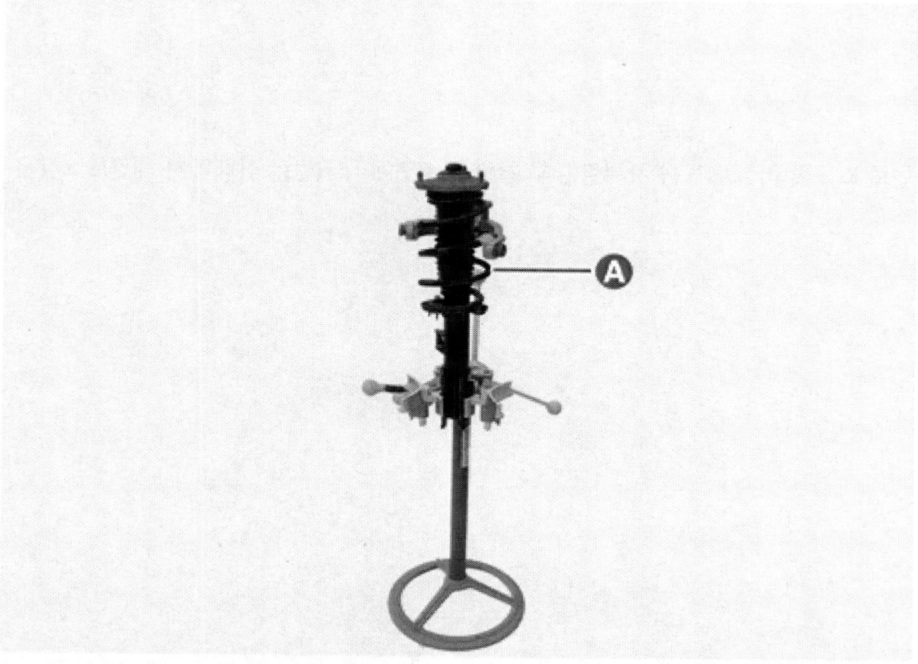

3. 인슐레이터 캡(A)을 탈거한다.

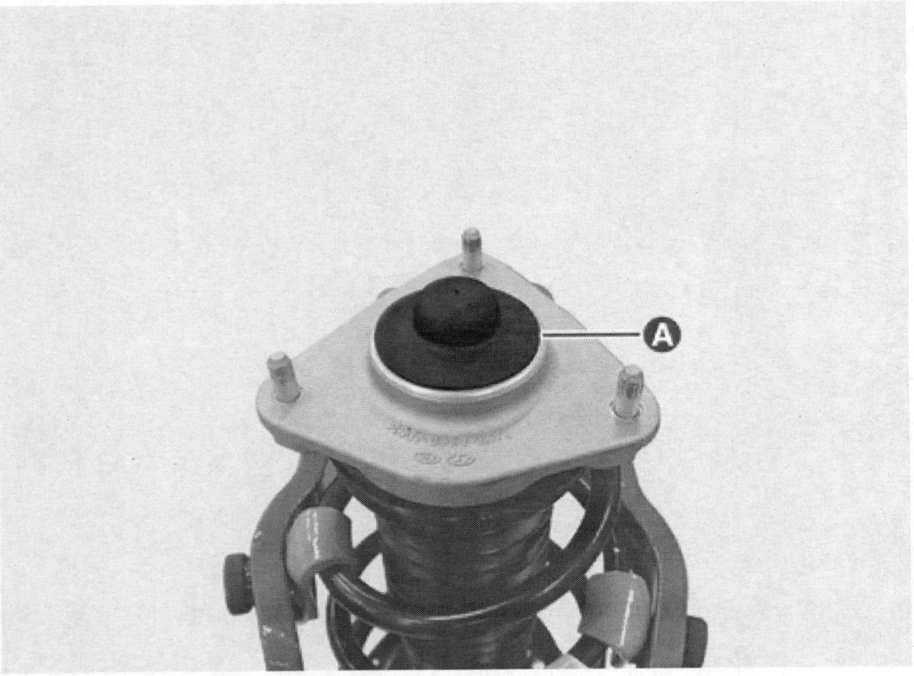

4. 스프링 압축기를 사용하여 코일 스프링(A)에 약간의 장력이 생길 때까지 압축한다.

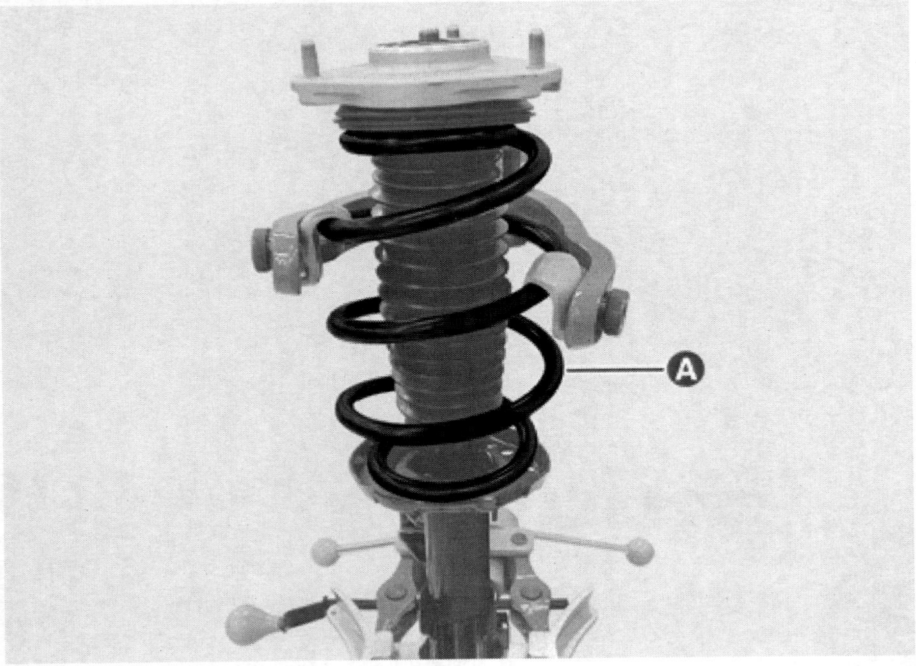

참 고

코일 스프링 압축 시 도장 손상으로 인하여 부식 문제가 발생할 수 있으므로 폐호스류 등으로 감싼 후 압축한다.

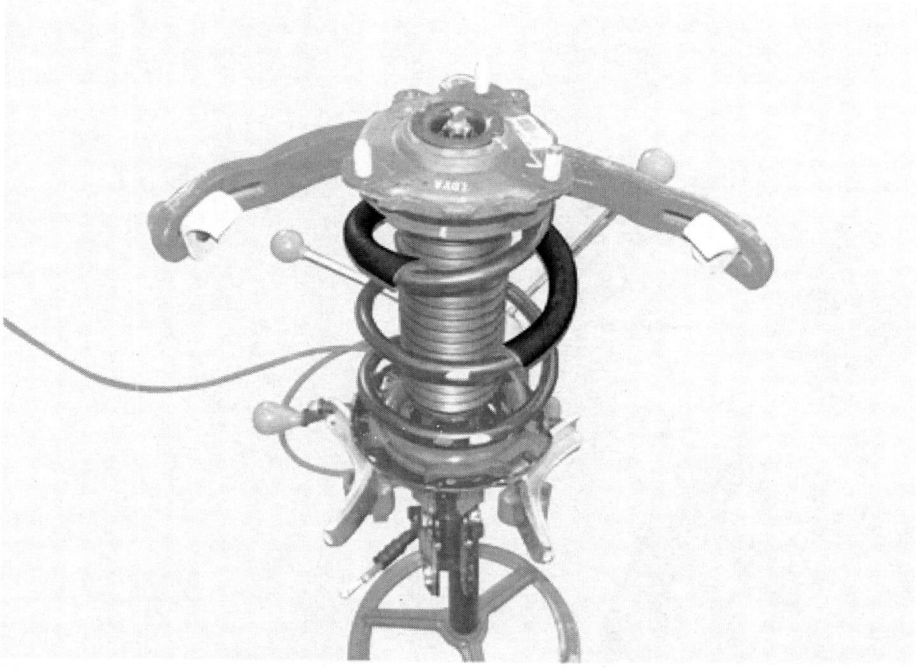

5. 특수공구(0K546 - F6100)를 사용하여 너트를 탈거한다.

체결토크 : 11.0 ~ 12.0 kgf·m

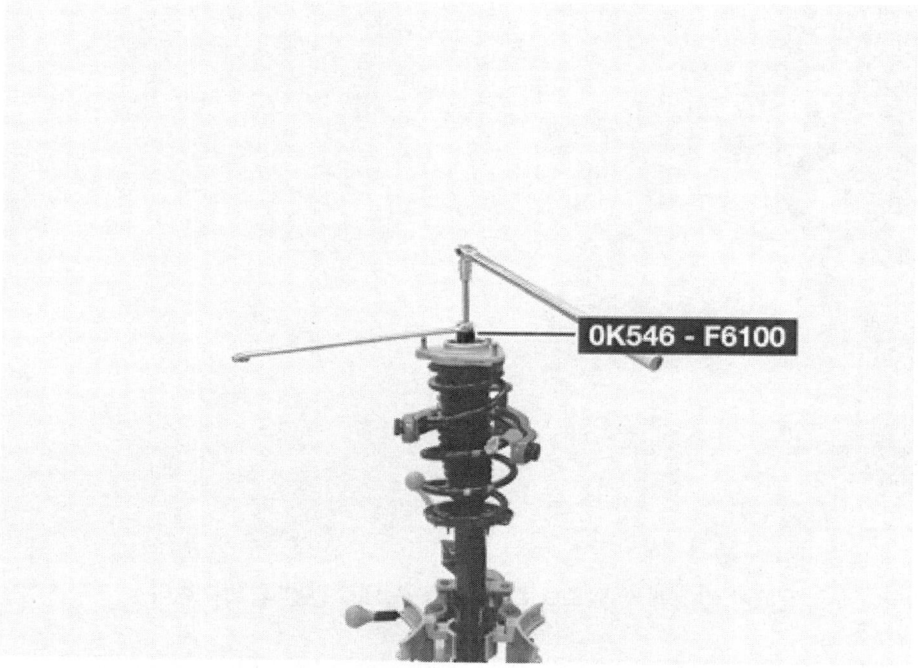

6. 스트럿(G)에서 인슐레이터(A), 스트럿 베어링(B), 범퍼 스토퍼(C), 더스트 커버(D), 코일 스프링(E), 스프링 로어 패드(F)를 분리한다.

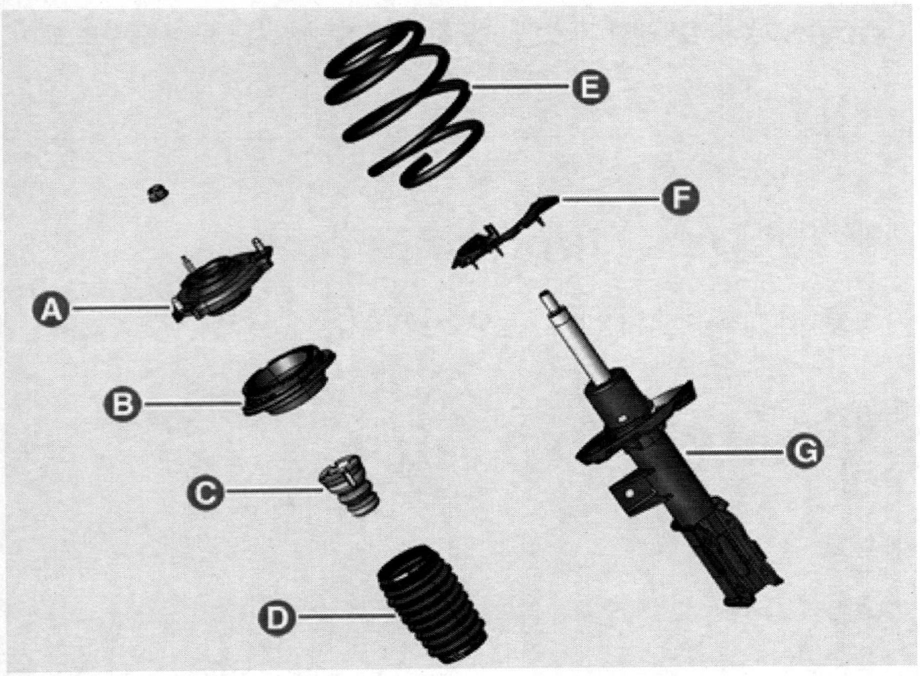
E
F
A
B
G
C
D

점검

1. 스트럿 인슐레이터 베어링의 마모 및 손상 여부를 점검한다.
2. 고무 부품의 손상 및 변형 여부를 점검한다.
3. 스트럿 로드(A)의 압축과 인장을 반복하면서 작동 간에 비정상적인 저항이나 소음이 없는지 점검한다.

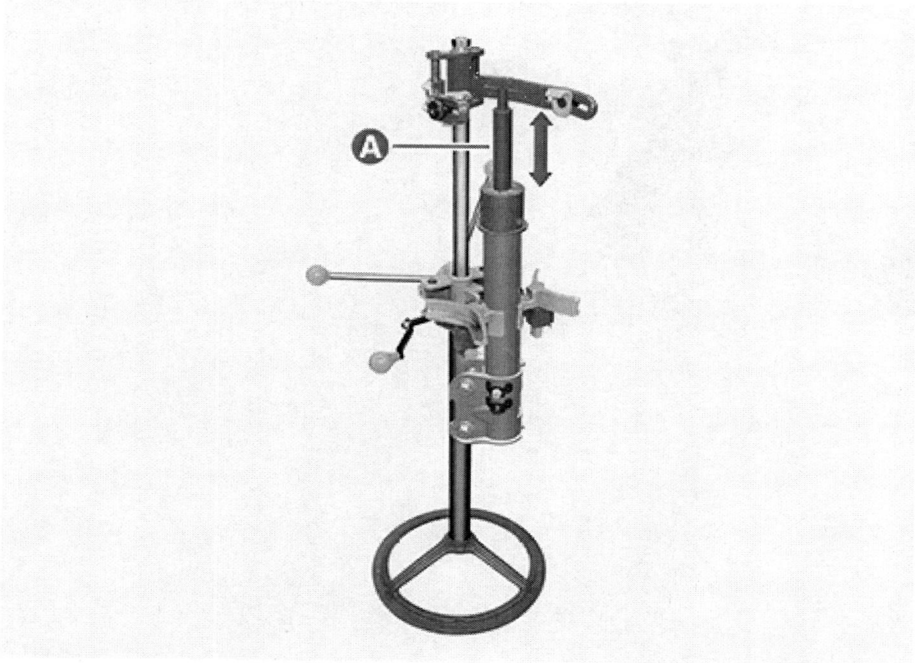

폐기

4. 스트럿 로드를 완전히 늘린 상태로 한다.
5. 실린더의 (A)구간에 드릴로 구멍을 뚫어 가스를 빼낸다.

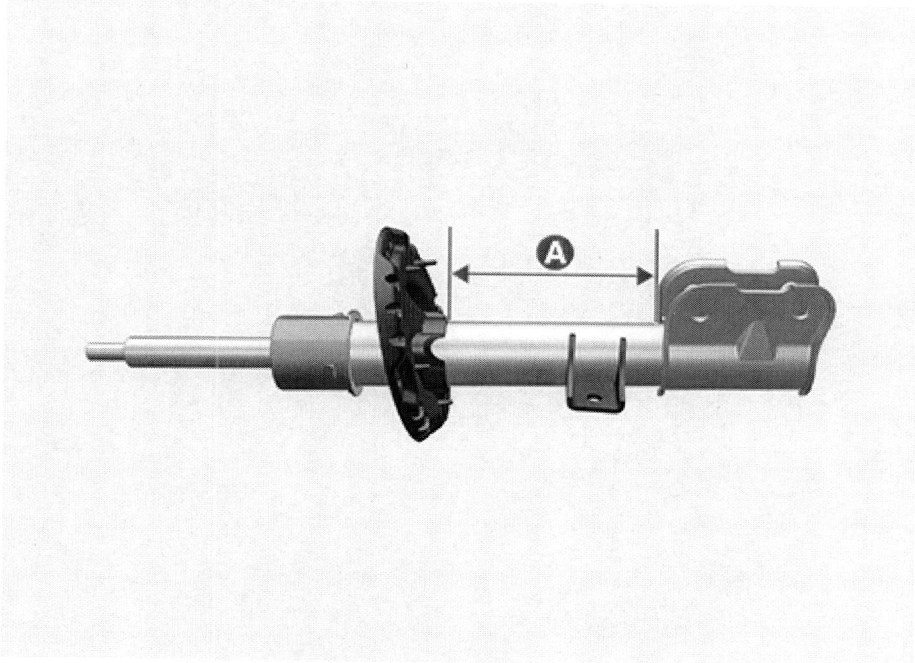

> **참 고**
>
> 배출되는 가스는 무색, 무취, 무해하다.

2023 > 엔진 > 160kW (2WD) / 70 160kW (4WD) > 서스펜션 시스템 > 프런트 서스펜션 시스템 > 프런트 스트럿 어셈블리 > 조립

특수공구

공구 명칭 / 번호	형상	용도
쇽 업소버 록 너트 리무버 0K546 - F6100		프런트 스트럿 록 너트 장착 및 탈거

조립

1. 스트럿(G)에 인슐레이터(A), 스트럿 베어링(B), 범퍼 스토퍼(C), 더스트 커버(D), 코일 스프링(E), 스프링 로어 패드(F)를 조립한다.

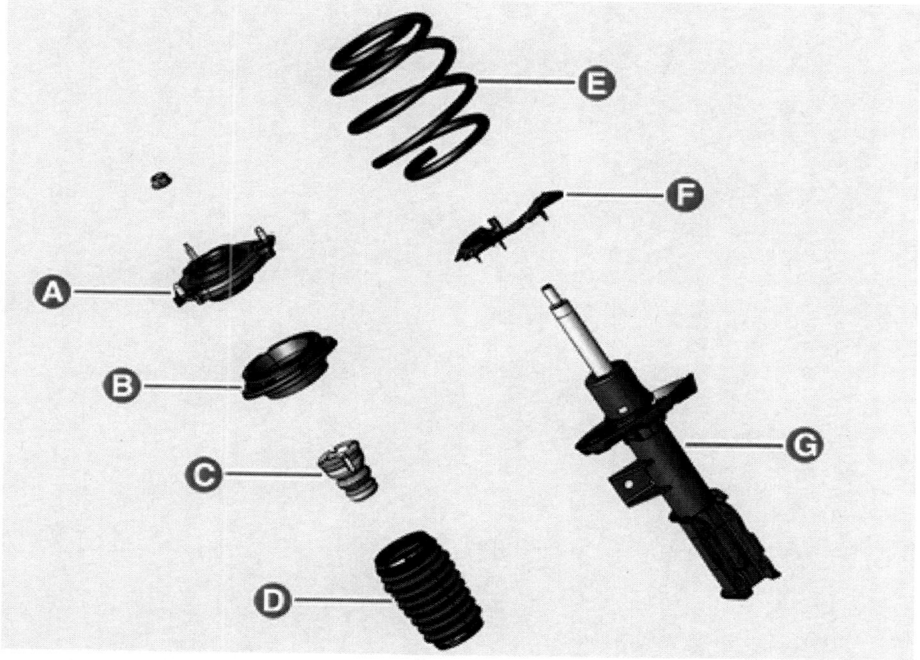

유 의

- 스트럿 베어링 어퍼 하우징과 로어 하우징의 돌기를 일치시켜 조립한다.

- 인슐레이터, 스트럿 베어링 장착 시 인슐레이터의 돌기(A)가 스트럿 베어링 홈(B)에 일치시켜 조립한다.

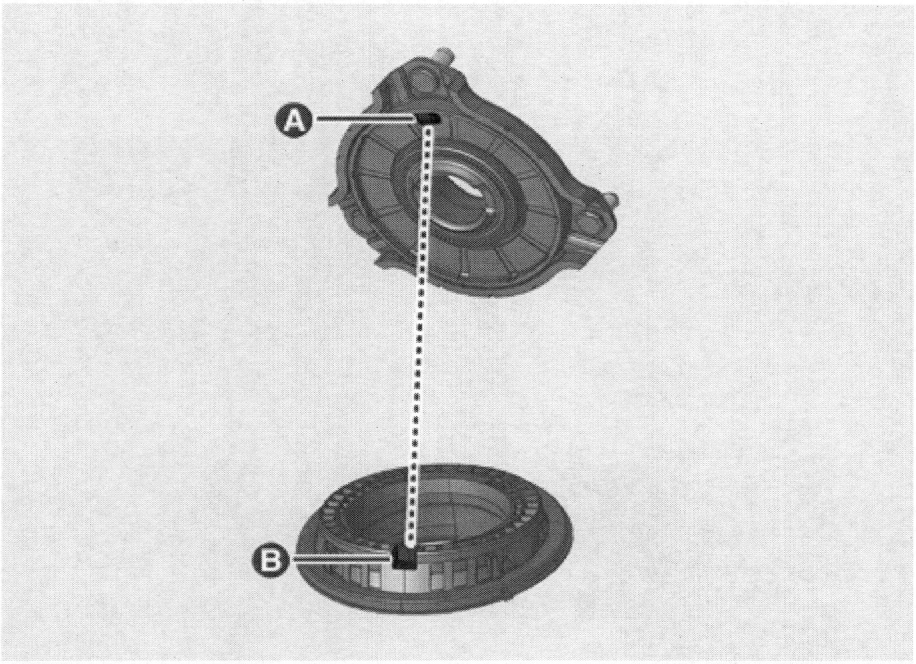

- 프런트 스트럿 어셈블리에 인슐레이터 어셈블리 및 스트럿 베어링을 장착할 시 너클 체결부(A)의 방향과 인슐레이터 및 스트럿 베어링의 돌기(B)와 일치시켜 조립한다.

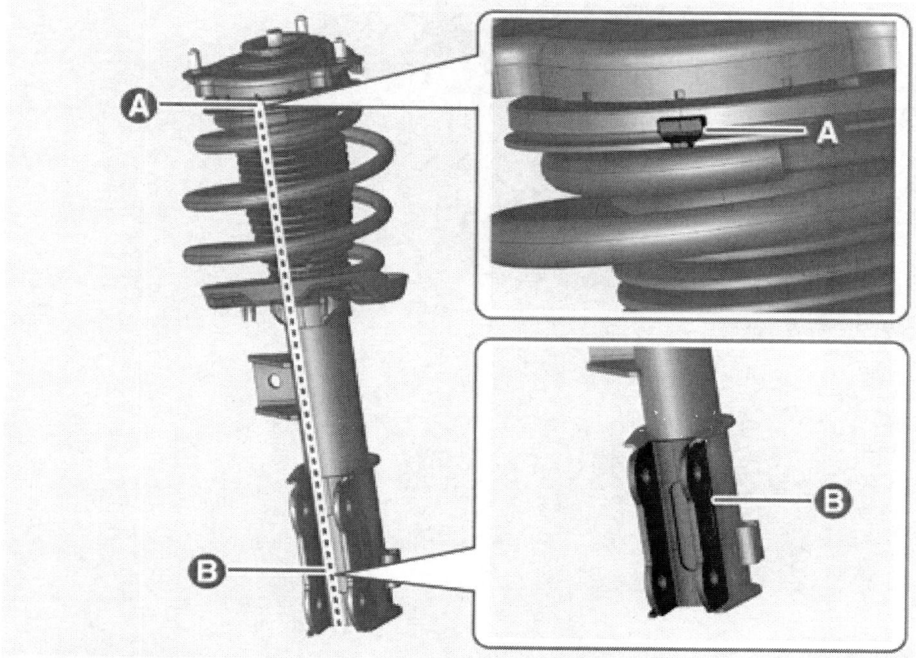

- 코일 스프링 장착 시 스프링 상단 시작부에서 180° 지난 지점(B)까지의 부분과 스프링 어퍼 패드 까지의 간극(A)에 유의하며 장착한다.

최대 허용 간극(A) : 3 mm

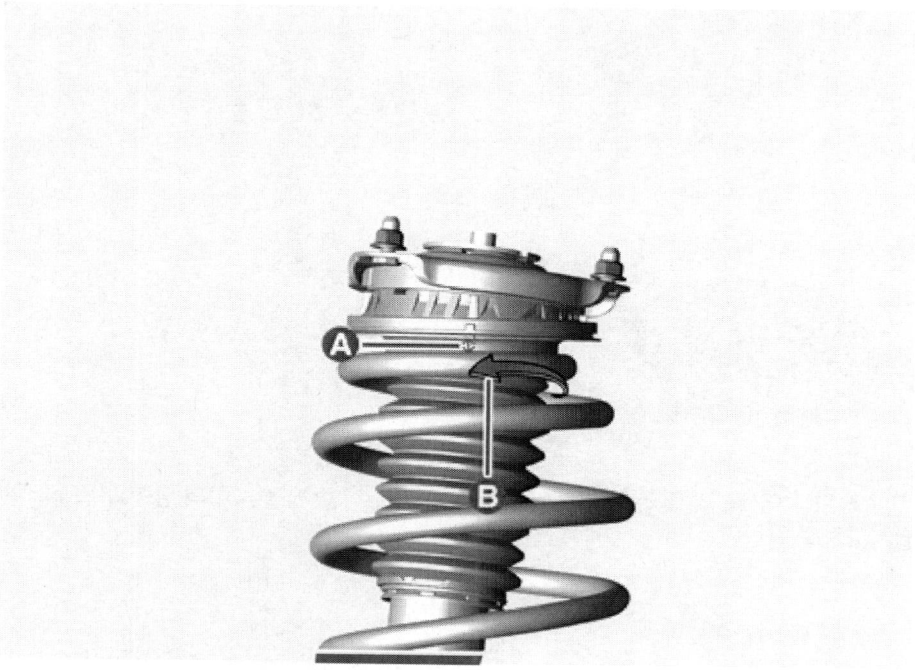

2. 스프링 압축기에 프런트 스트럿 어셈블리(A)를 장착한다.

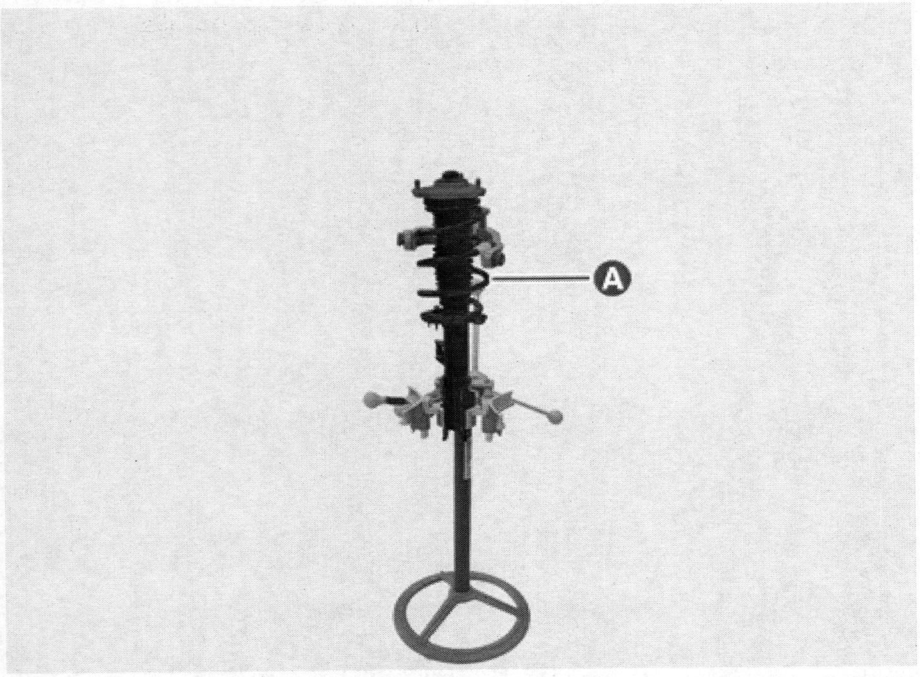

3. 스프링 압축기를 사용하여 스프링(A)에 약간의 장력이 생길 때까지 스프링(A)을 압축한다.

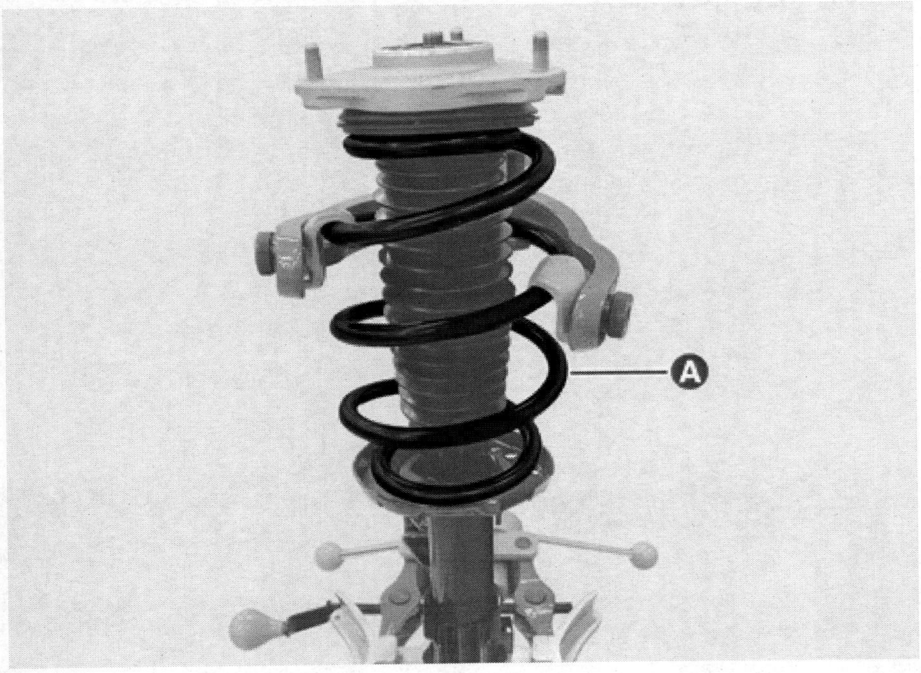

참 고

코일 스프링 압축 시 도장 손상으로 인하여 부식 문제가 발생할 수 있으므로 폐호스류 등으로 감싼 후 압축한다.

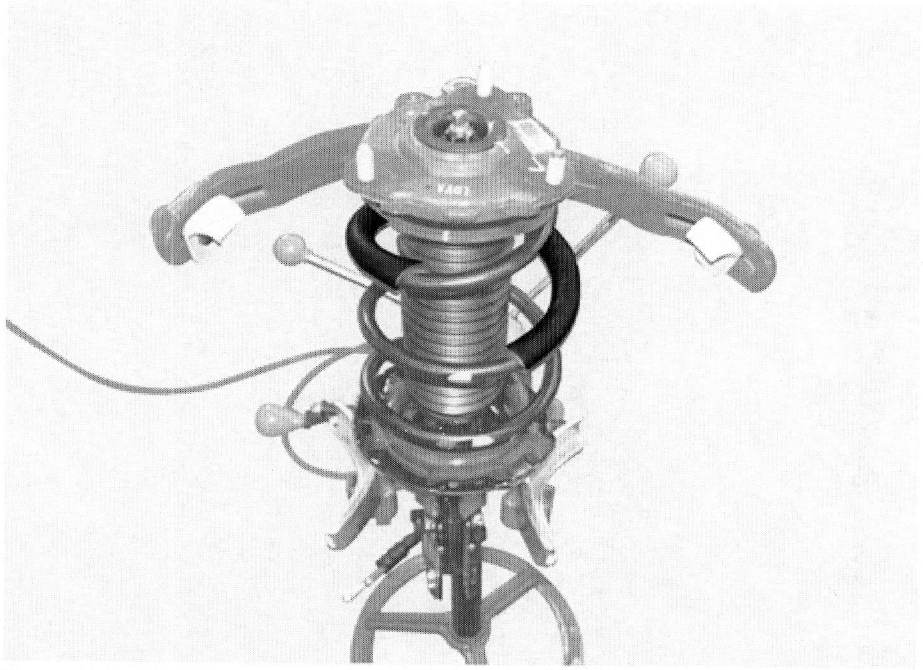

4. 특수공구(0K546 - F6100)를 사용하여 셀프 록킹 너트를 장착한다.

체결토크 : 11.0 ~ 12.0 kgf·m

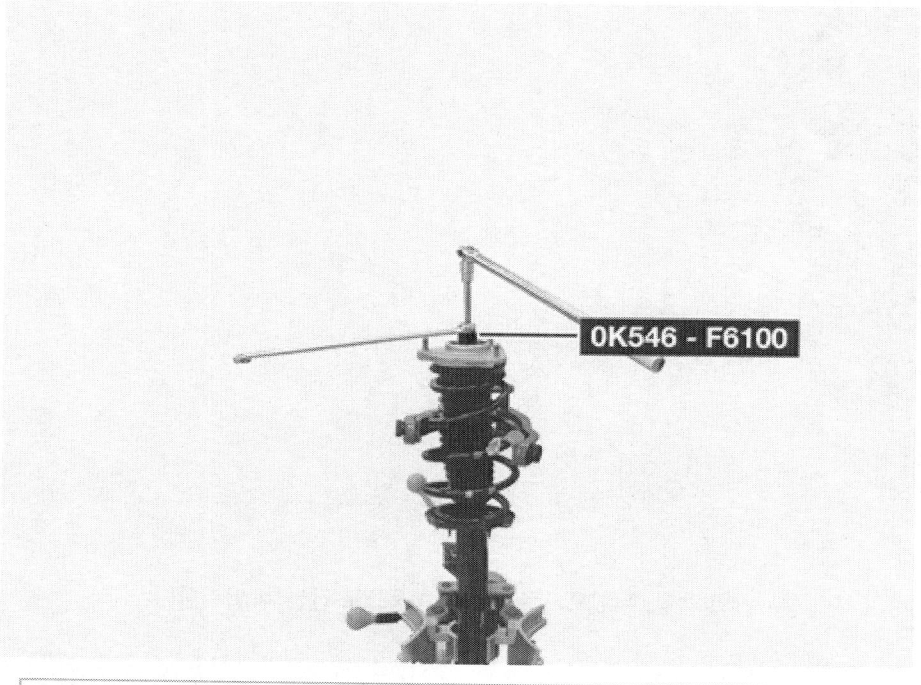

유 의

셀프 록킹 너트는 재사용하지 않는다.

5. 인슐레이터 캡(A)을 장착한다.

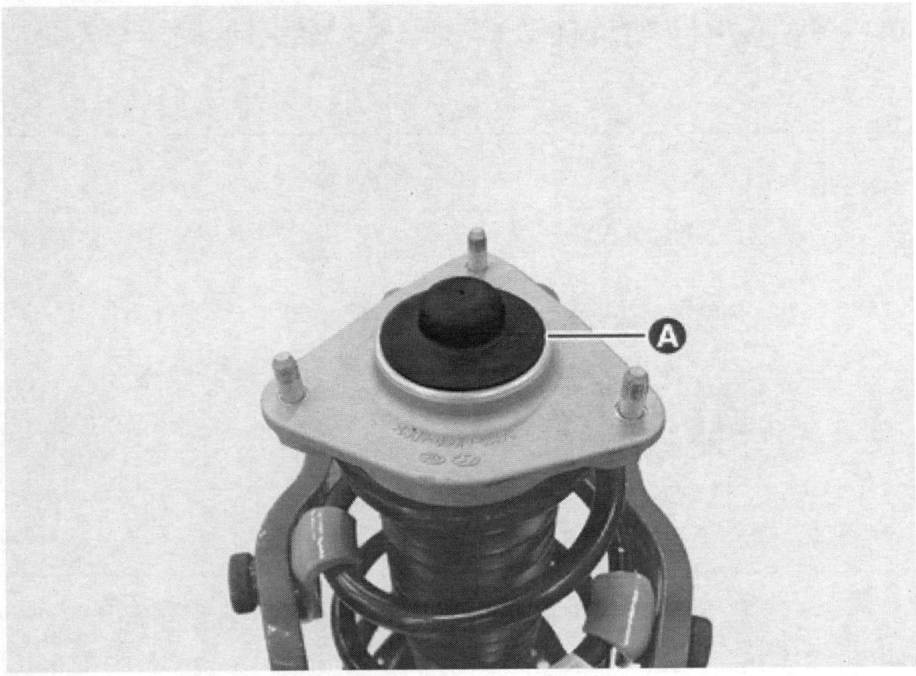

6. 프런트 스트럿 어셈블리를 장착한다.
   (프런트 서스펜션 시스템 - "프런트 스트럿 어셈블리" 참조)

특수공구

공구 명칭 / 번호	형상	용도
로어 암 볼 조인트 리무버 0K545 - A9100		프런트 로어 암 볼 조인트 탈거

탈거

[프런트 로어 암 볼조인트]

1. 프런트 휠 및 타이어를 탈거한다.
   (휠 및 타이어 - "휠" 참조)
2. 프런트 언더 커버를 탈거한다.
   (모터 및 감속기 시스템 - "프런트 언더 커버" 참조)
3. 특수공구(0K545 - A9100)를 사용하여 프런트 액슬에서 로어 암 볼 조인트를 탈거한다.
   (1) 분할 핀(D)을 탈거한다.
   (2) 로어 암 볼트(A)와 와셔(B), 너트(C)를 탈거한다.

체결토크 : 10.0 ~ 12.0 kgf·m

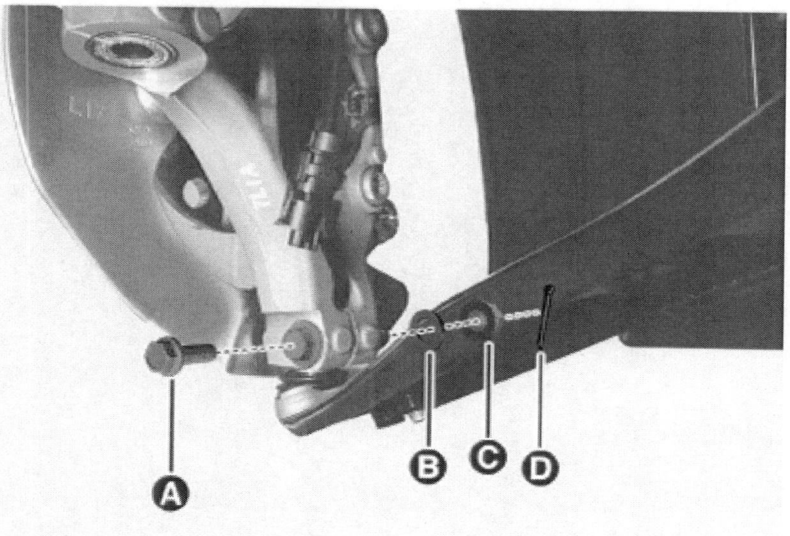

참 고

로어 암 볼트를 고정 후 너트를 탈거 및 장착한다.

유 의

- 분할 핀은 재사용하지 않는다.
- 장착 시 볼트와 너트, 와셔의 위치 및 방향이 바뀌지 않도록 한다.

(3) 로어 암 체결 볼트 구멍에 서포트 바디를 설치하고 볼트(A)를 돌려 체결한다.

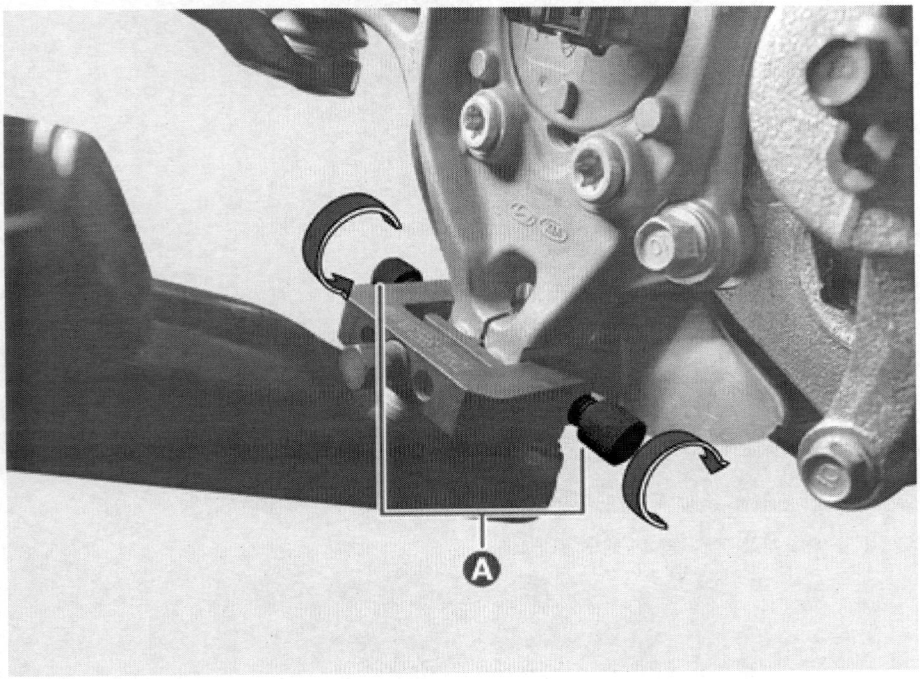

참 고

특수공구(0K545 - A9100)에서 서포트 바디(A)를 사용한다.

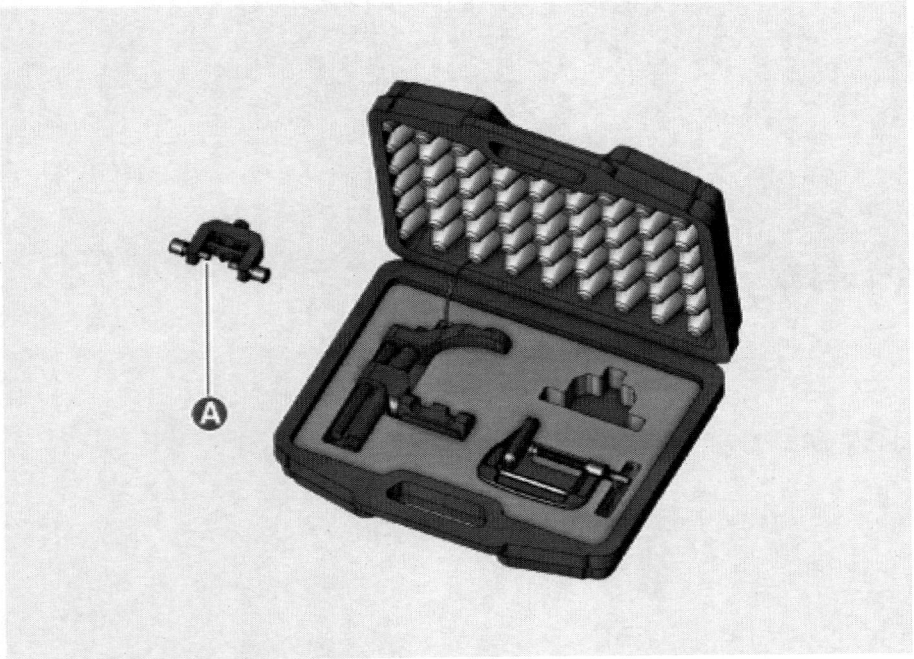

(4) 서포트 바디(B)를 프런트 액슬 홈(A)에 설치한다.

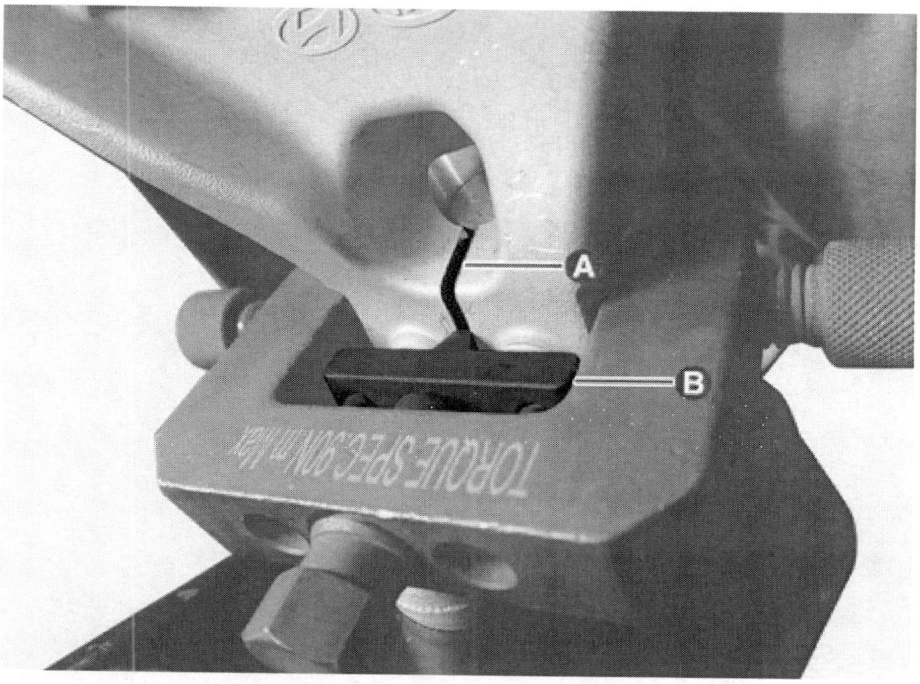

(5) 볼트(A)를 돌려 서포트 바디(B)를 삽입하며 프런트 액슬 체결부를 벌린다.

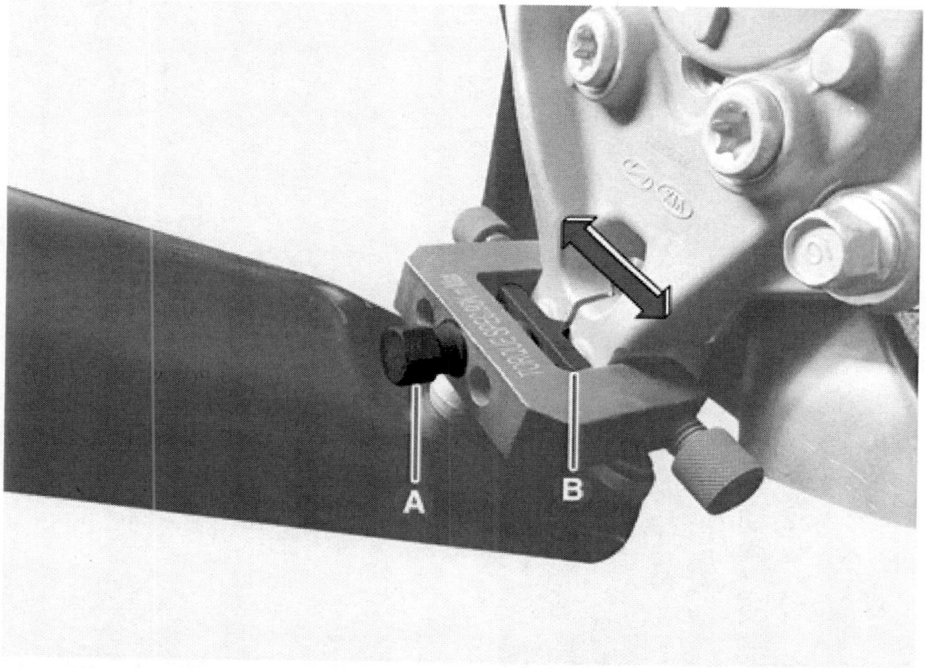

(6) 메인 바디(A)를 프런트 스트럿 어셈블리와 프런트 로어 암 사이에 설치한다.

참 고

특수공구(0K545 - A9100)에서 메인 바디(A)를 사용한다.

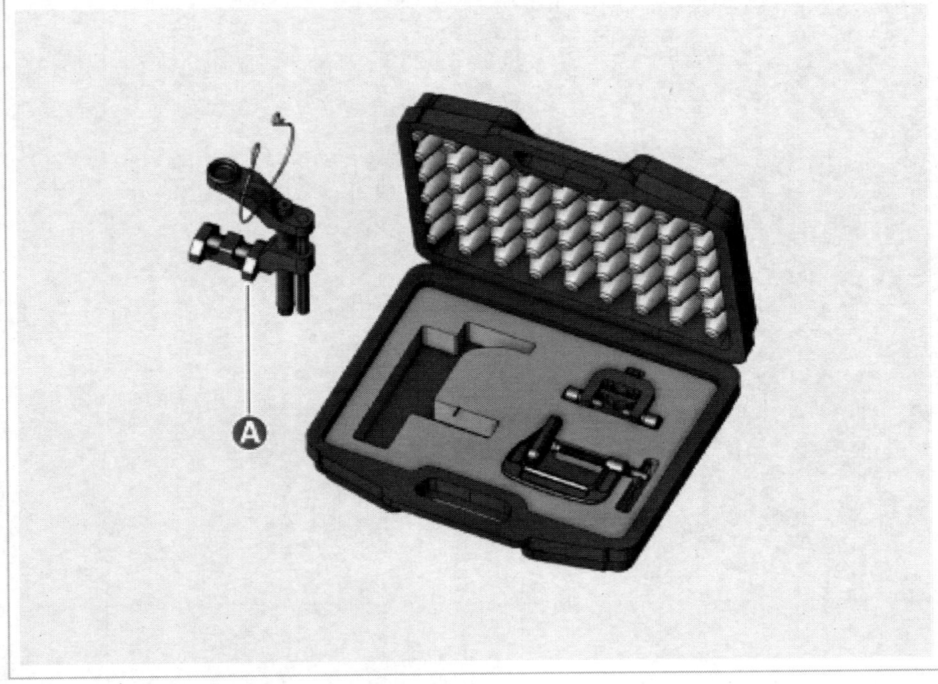

(7) 메인바디가 떨어지지 않도록 와이어(A)로 고정한다.

(8) 메인바디가 미끄러지는 것을 방지하기 위해 핸들(B)을 돌려 C클램프(A)를 고정한다.

참 고

특수공구(0K545 - A9100)에서 C클램프(A)를 사용한다.

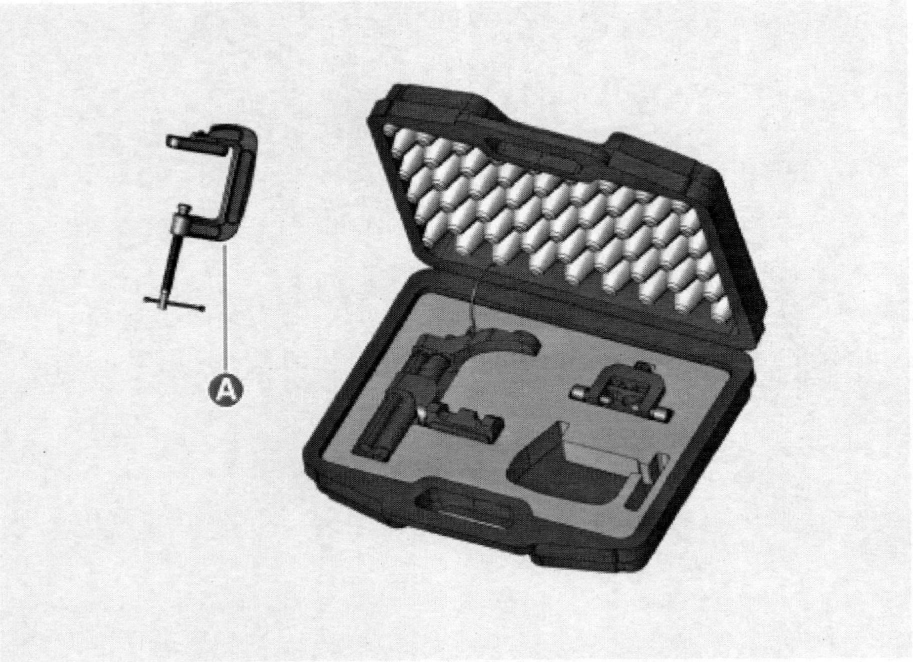

(9) 볼트(A)를 조이면서 메인바디 간격을 벌려 프런트 액슬에서 프런트 로어 암을 분리한다.

4. 너트를 풀어 프런트 로어 암 볼 조인트(A)를 탈거한다.

체결토크 : 10.0 ~ 12.0 kgf·m

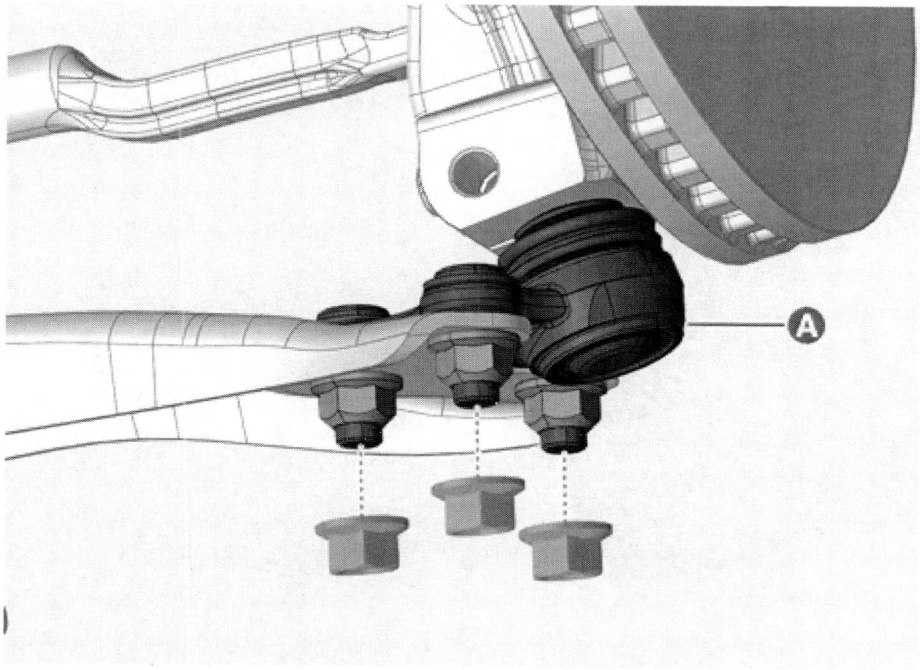

[프런트 로어 암 어셈블리]

1. 프런트 휠 및 타이어를 탈거한다.
   (휠 및 타이어 - "휠" 참조)
2. 특수공구(0K545 - A9100)를 사용하여 프런트 액슬에서 로어 암 볼 조인트를 탈거한다.
   (1) 분할 핀(D)을 탈거한다.
   (2) 로어 암 볼트(A)와 와셔(B), 너트(C)를 탈거한다.

체결토크 : 10.0 ~ 12.0 kgf·m

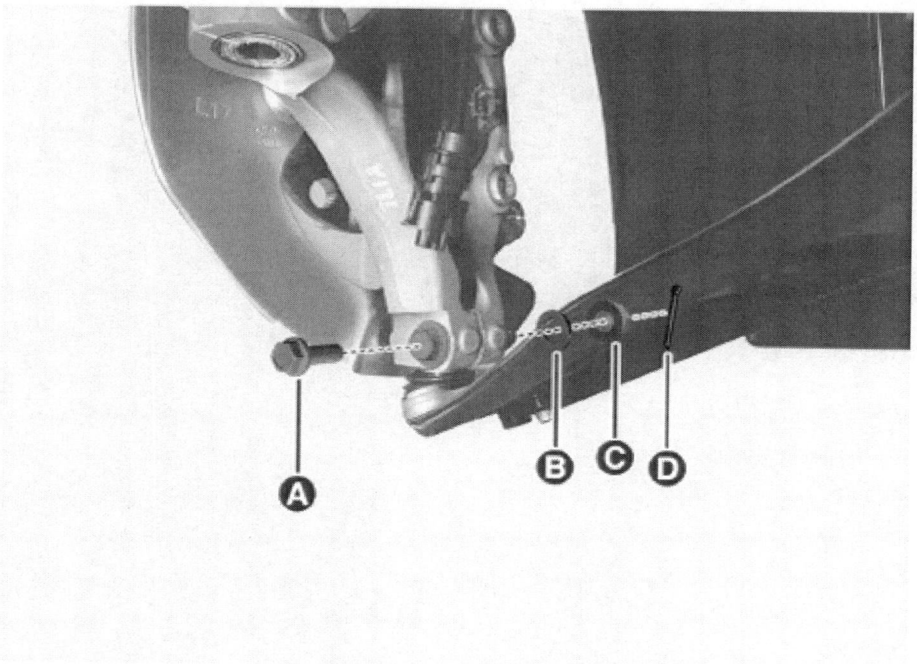

참 고

로어 암 볼트를 고정 후 너트를 탈거 및 장착한다.

유 의

- 분할 핀은 재사용하지 않는다.
- 장착 시 볼트와 너트, 와셔의 위치 및 방향이 바뀌지 않도록 한다.

(3) 로어 암 체결 볼트 구멍에 서포트 바디를 설치하고 볼트(A)를 돌려 체결한다.

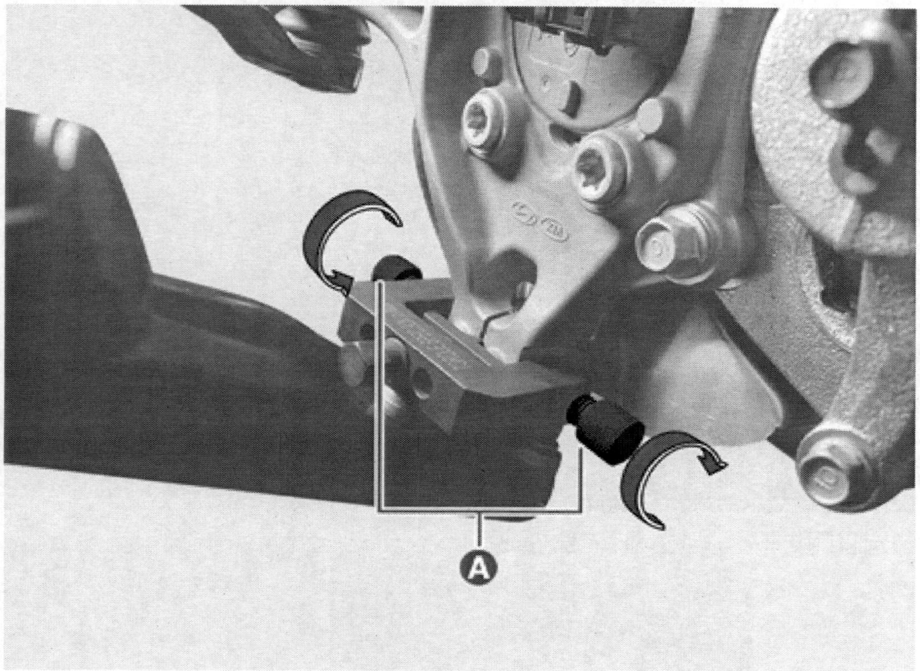

참 고

특수공구(0K545 - A9100)에서 서포트 바디(A)를 사용한다.

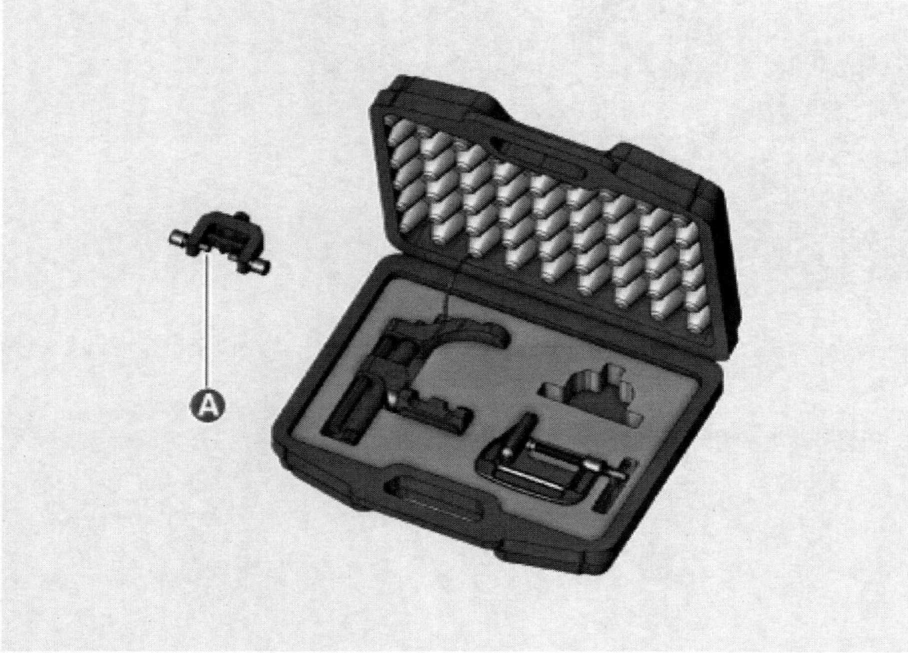

(4) 서포트 바디(B)를 프런트 액슬 홈(A)에 설치한다.

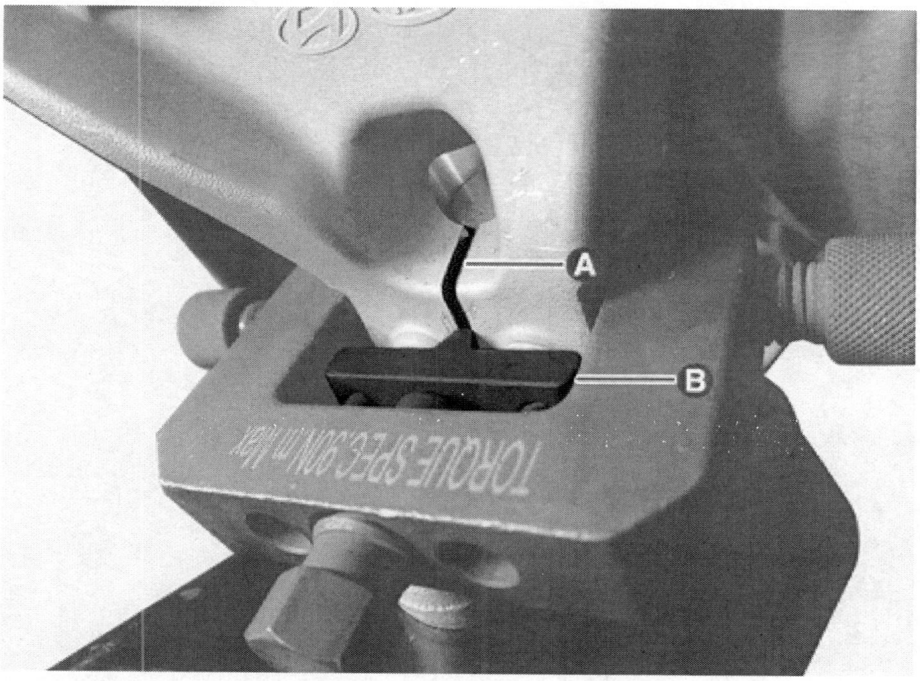

(5) 볼트(A)를 돌려 서포트 바디(B)를 삽입하며 프런트 액슬 체결부를 벌린다.

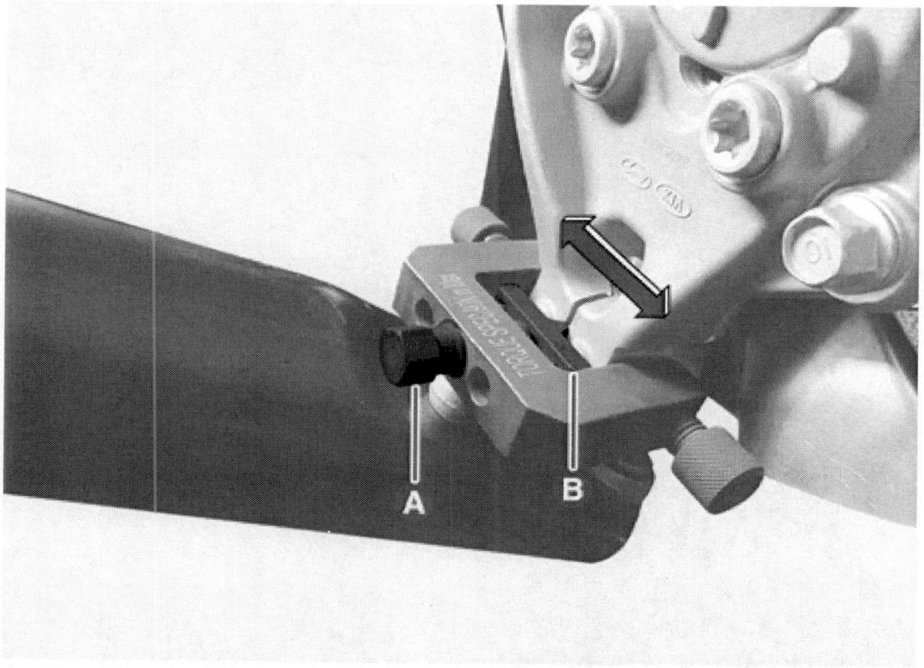

(6) 메인 바디(A)를 프런트 스트럿 어셈블리와 프런트 로어 암 사이에 설치한다.

참 고

특수공구(0K545 - A9100)에서 메인 바디(A)를 사용한다.

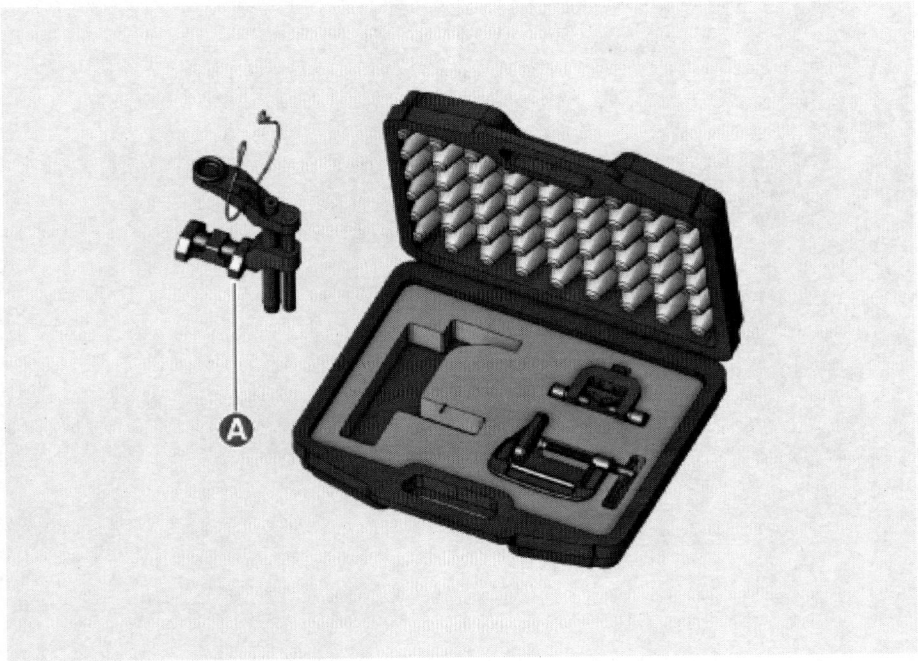

(7) 메인바디가 떨어지지 않도록 와이어(A)로 고정한다.

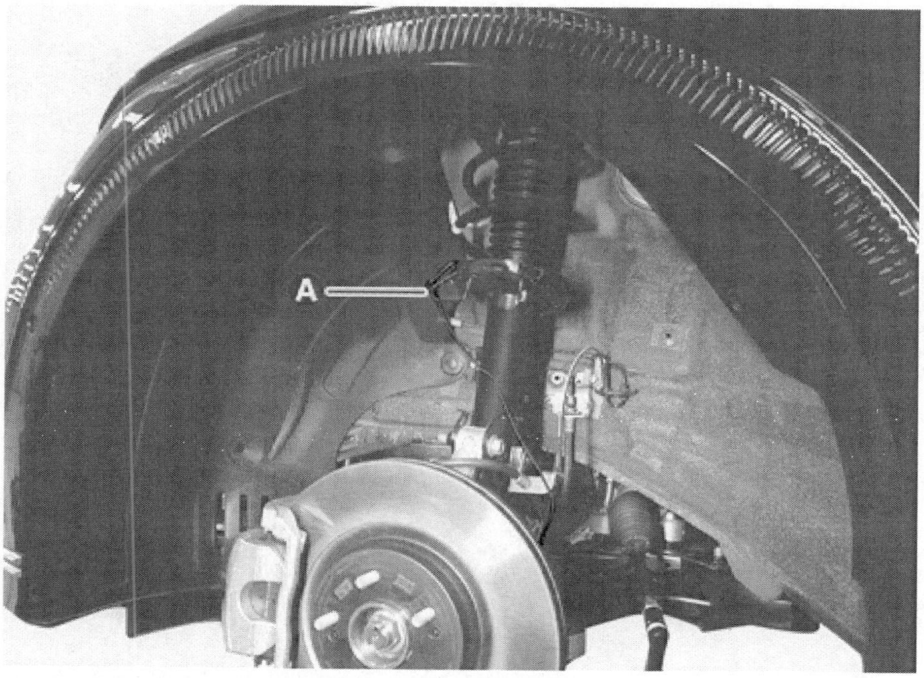

(8) 메인바디가 미끄러지는 것을 방지하기 위해 핸들(B)을 돌려 C클램프(A)를 고정한다.

참 고

특수공구(0K545 - A9100)에서 C클램프(A)를 사용한다.

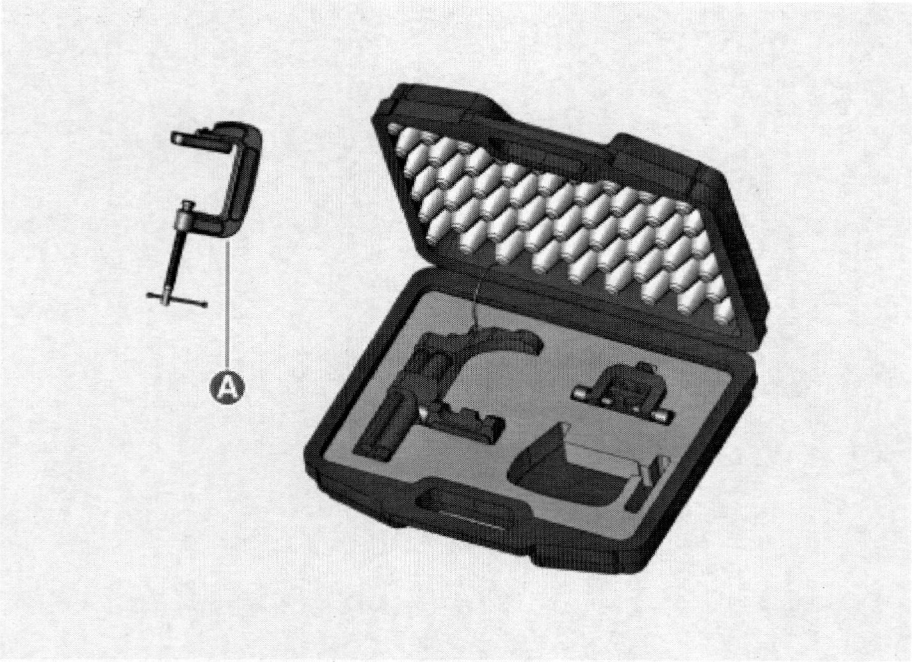

(9) 볼트(A)를 조이면서 메인바디 간격을 벌려 프런트 액슬에서 프런트 로어 암을 분리한다.

3. 볼트, 너트와 와셔를 풀어 프런트 로어 암(C)을 탈거한다.

체결토크 :
(A) : 12.0 ~ 14.0 kgf·m
(B) : 16.0 ~ 18.0 kgf·m

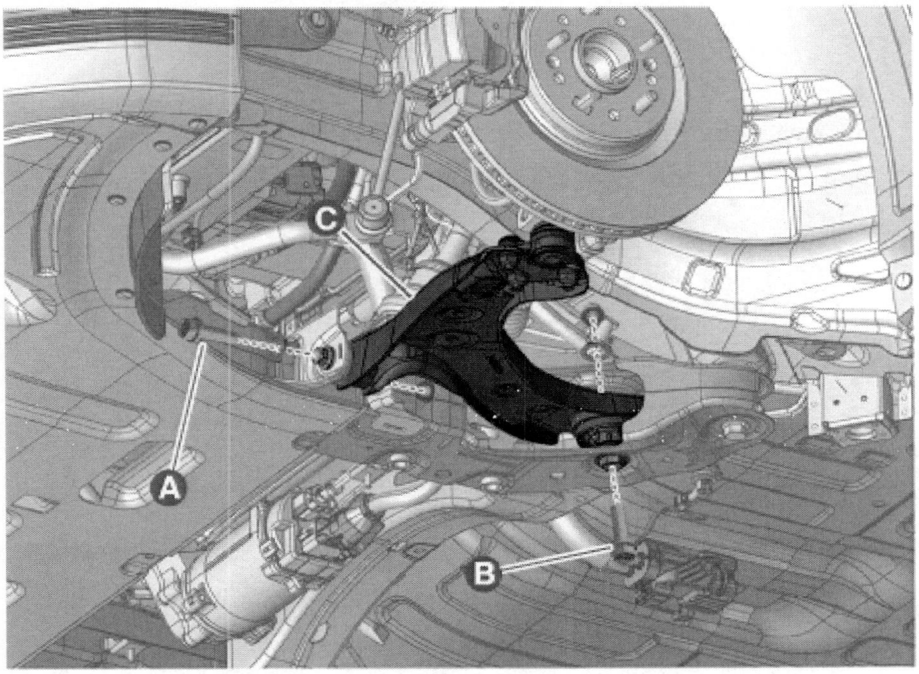

장착

1. 장착은 탈거의 역순으로 한다.
2. 얼라인먼트를 점검한다.
   (얼라인먼트 - "정비절차" 참조)

2023 > 엔진 > 160kW (2WD) / 70 160kW (4WD) > 서스펜션 시스템 > 프런트 서스펜션 시스템 > 프런트 로어 암 > 점검

점검

1. 부싱의 마모 또는 노화 여부를 점검한다.
2. 로어 암의 휨 또는 손상 여부를 점검한다.
3. 모든 볼트를 점검한다.

탈거

[프런트 스태빌라이저 바 링크]

1. 프런트 휠 및 타이어를 탈거한다.
   (휠 및 타이어 - "휠" 참조)
2. 너트를 풀어 프런트 스트럿 어셈블리에서 스태빌라이저 바 링크(A)를 분리한다.

체결토크 : 10.0 ~ 12.0 kgf·m

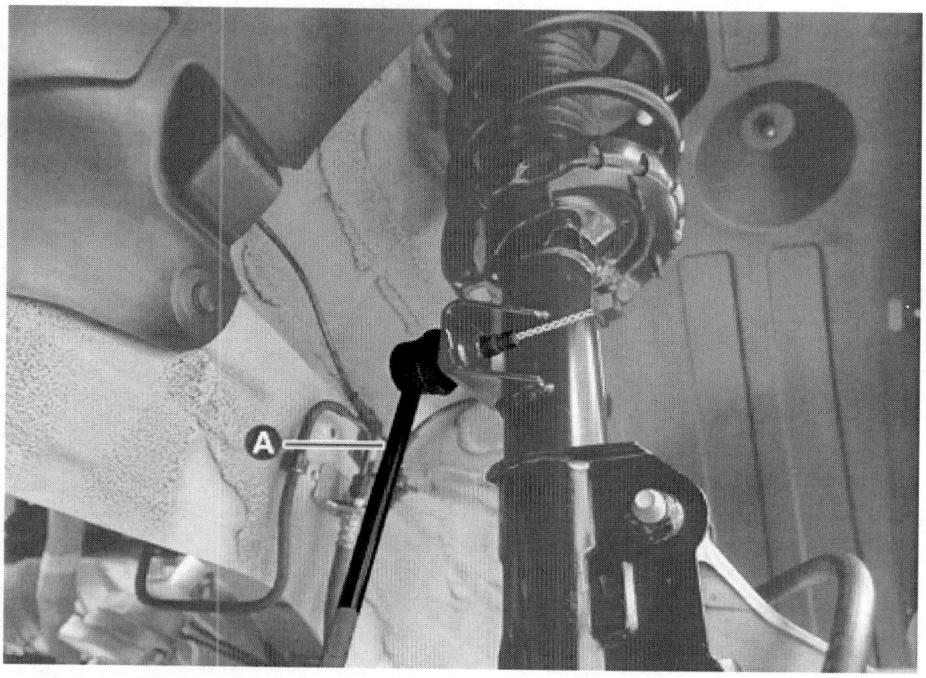

유 의

- 스태빌라이저 바 링크를 탈거할 때 링크의 아웃터 헥사(A)를 고정하고 너트(B)를 탈거 및 장착한다.

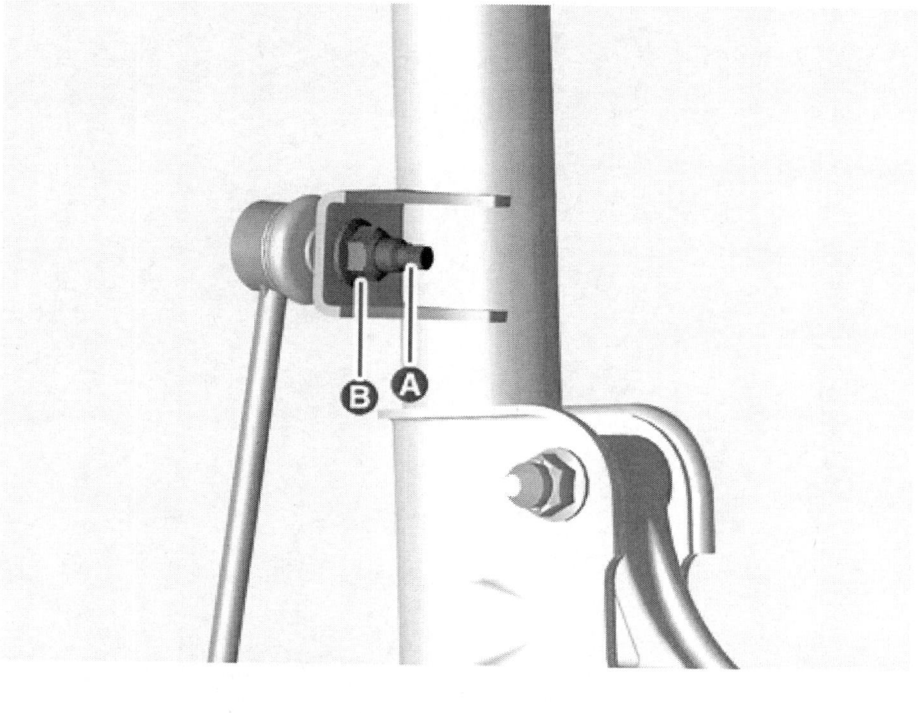

- 링크의 고무 부트가 손상되지 않도록 유의한다.
- 스태빌라이저 바 링크 너트 탈거 및 장착 시 반드시 수공구를 사용한다.

3. 너트를 풀어 스태빌라이저 바에서 스태빌라이저 바 링크(A)를 탈거한다.

체결토크 : 10.0 ~ 12.0 kgf·m

유 의

- 스태빌라이저 바 링크를 탈거할 때 링크의 아웃터 헥사(A)를 고정하고 너트(B)를 탈거 및 장착한다.

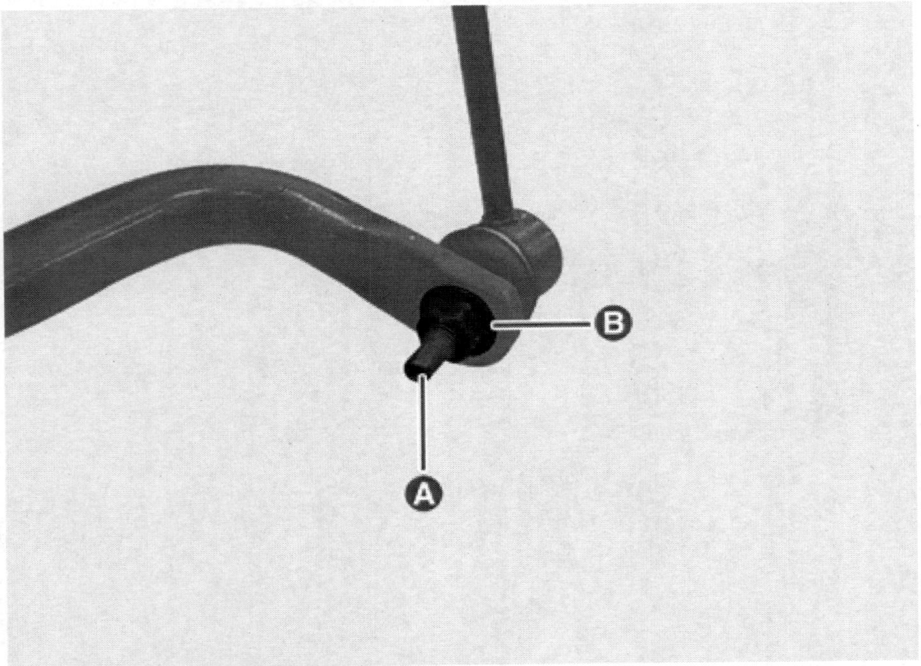

- 링크의 고무 부트가 손상되지 않도록 유의한다.
- 스태빌라이저 바 링크 너트 탈거 및 장착 시 반드시 수공구를 사용한다.

[프런트 스태빌라이저 바]

1. 프런트 휠 및 타이어를 탈거한다.

(휠 및 타이어 - "휠" 참조)

2. 프런트 언더 커버를 탈거한다.
   (모터 및 감속기 시스템 - "프런트 언더 커버" 참조)
3. 너트를 풀어 프런트 스트럿 어셈블리에서 스태빌라이저 바 링크(A)를 분리한다.

체결토크 : 10.0 ~ 12.0 kgf·m

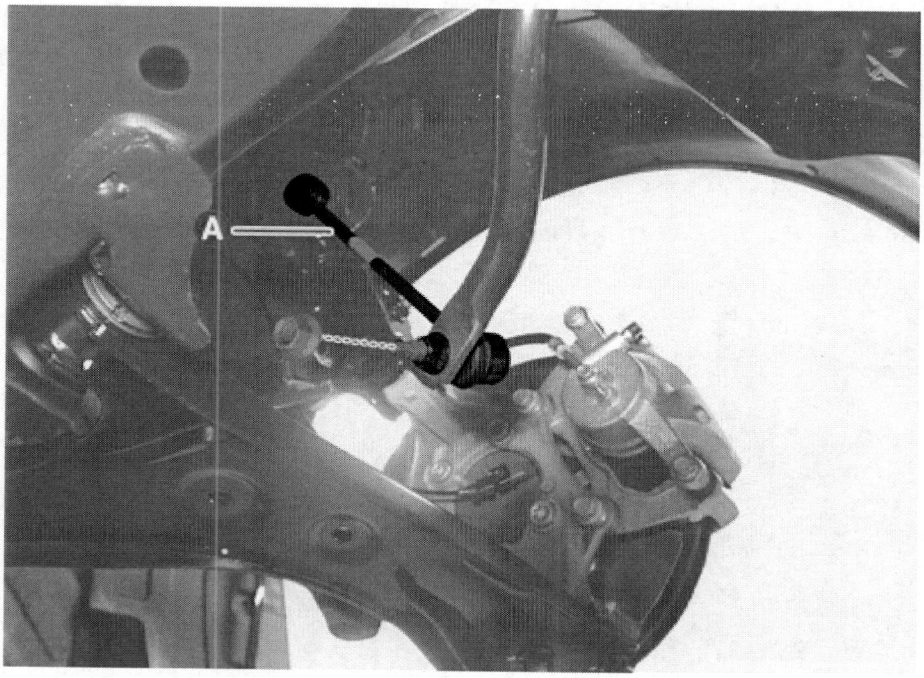

유 의

- 스태빌라이저 바 링크를 탈거할 때 링크의 아웃터 헥사(A)를 고정하고 너트(B)를 탈거 및 장착한다.

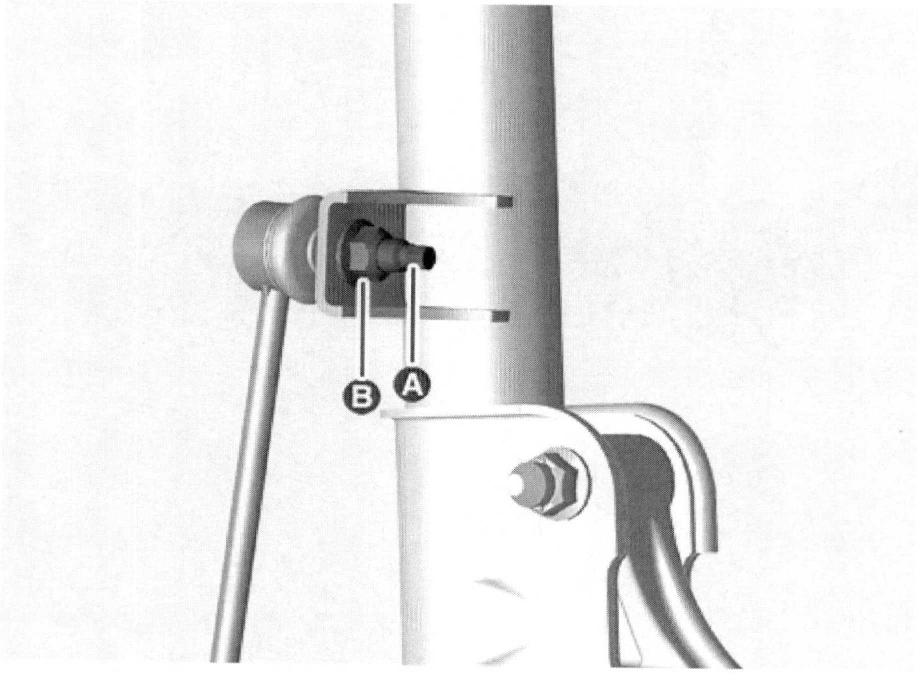

- 링크의 고무 부트가 손상되지 않도록 유의한다.
- 스태빌라이저 바 링크 너트 탈거 및 장착 시 반드시 수공구를 사용한다.

4. 프런트 휠 가드를 탈거한다.
   (바디 (내장 및 외장) - "프런트 휠 가드" 참조")

5. 볼트를 풀어 프런트 스태빌라이저 바(A)를 탈거한다.

체결토크 : 5.0 ~ 6.5 kgf·m

[좌측]

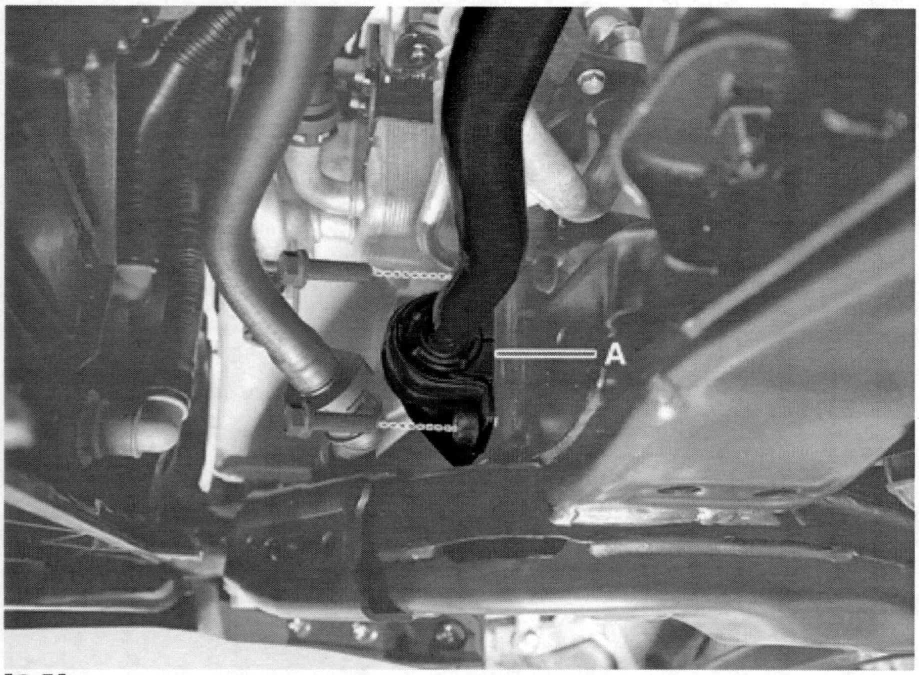

[우측]

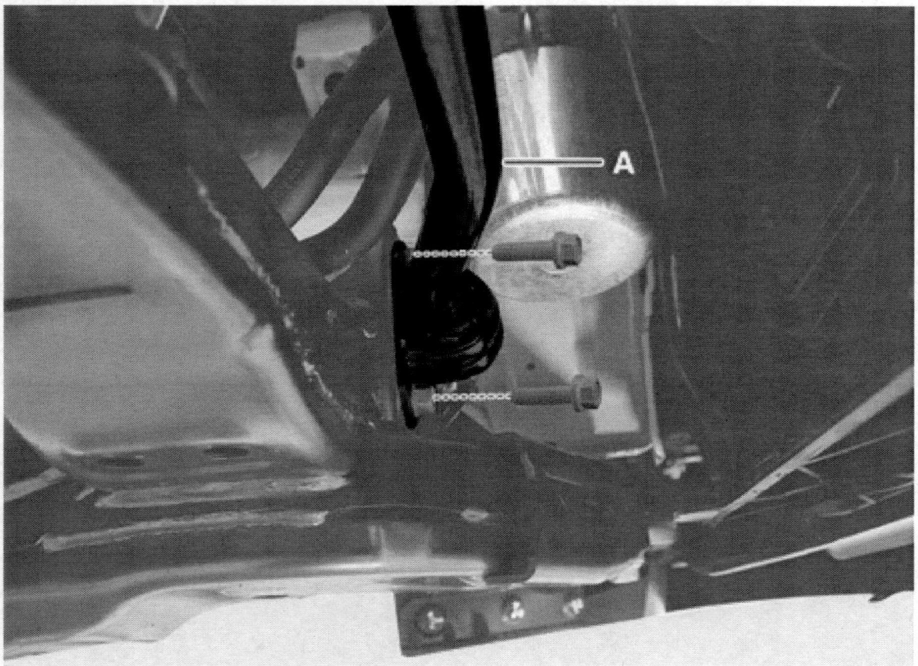

장착

1. 장착은 탈거의 역순으로 한다.
2. 얼라인먼트를 점검한다.
(얼라인먼트 - "정비절차" 참조)

2023 > 엔진 > 160kW (2WD) / 70 160kW (4WD) > 서스펜션 시스템 > 프런트 서스펜션 시스템 > 프런트 스태빌라이저 바 > 점검

점검

1. 스태빌라이저 바 부싱의 손상 유무를 점검한다.
2. 스태빌라이저 바 링크 볼 조인트의 손상 유무를 점검한다.

분해

1. 드라이버 또는 적절한 공구를 사용해 스태빌라이저 바 부싱 브래킷(A)을 탈거한다.

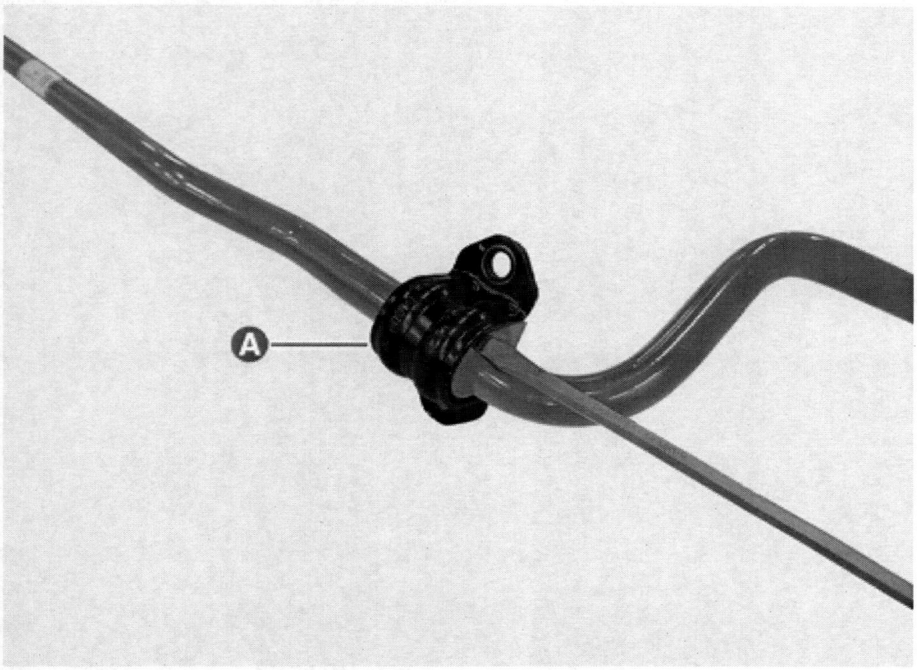

> **유 의**
>
> 탈거 시 브래킷이 변형되지 않도록 유의한다. 브래킷이 변형됐을 경우 신품으로 교환한다.

2. 스태빌라이저 바 부싱(A)을 탈거한다.

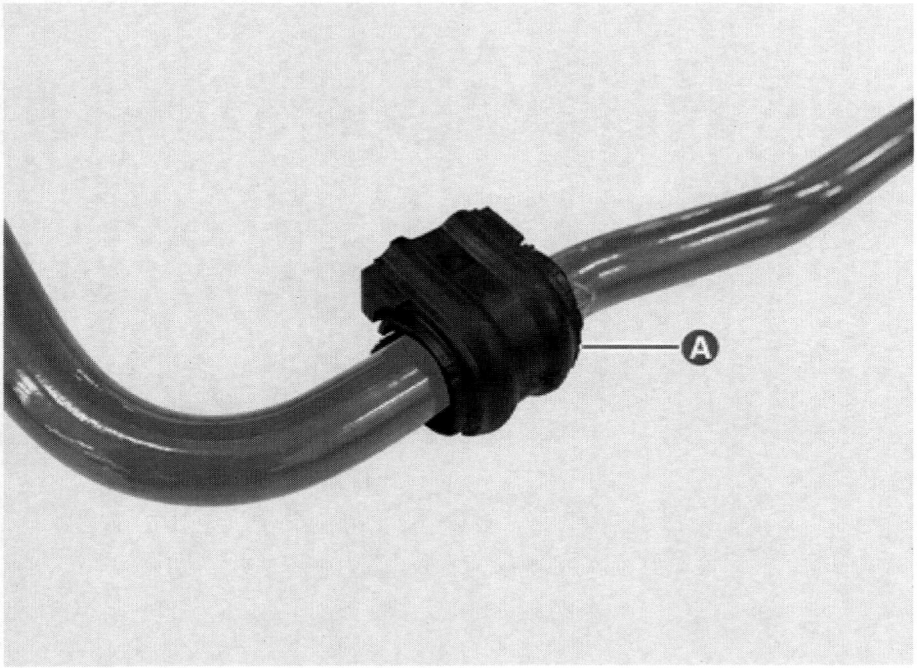

> **유 의**
>
> 스태빌라이저 바 부싱(A)은 재사용하지 않는다.

조립

1. 조립은 분해의 역순으로 한다.

2023 > 엔진 > 160kW (2WD) / 70 160kW (4WD) > 서스펜션 시스템 > 프런트 서스펜션 시스템 > 프런트 서브 프레임 > 탈거 및 장착 - 2WD

특수공구

공구 명칭 / 번호	형상	용도
볼 조인트 풀러 09568 - 2J100	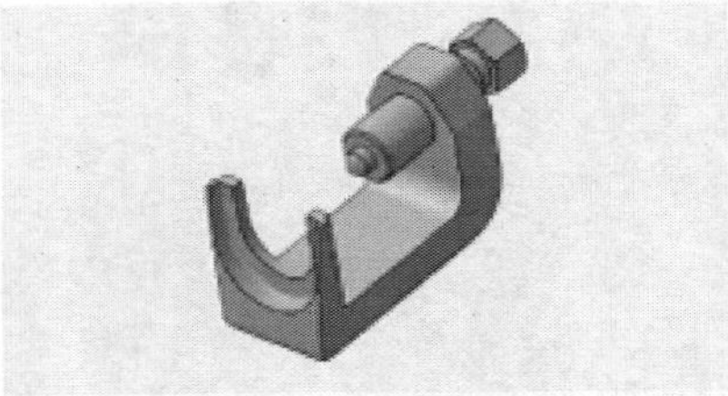	타이로드 엔드 볼 조인트 탈거
로어 암 볼 조인트 리무버 0K545 - A9100	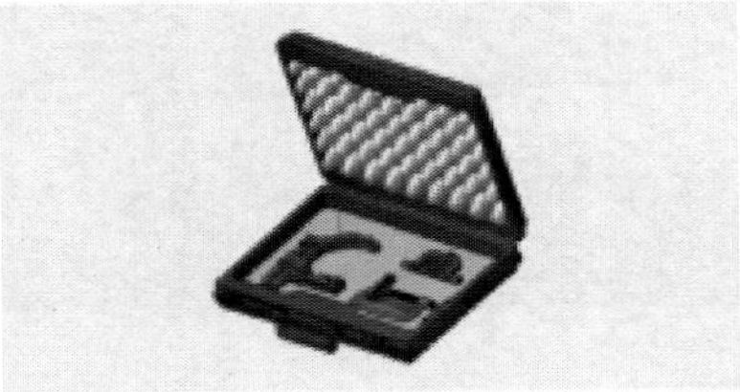	프런트 로어 암 볼 조인트 탈거

탈거

⚠ 경 고

- 고전압 시스템 관련 작업 시, 관련 교육을 이수한 작업자가 정비를 진행한다. 고전압 시스템에 대한 이해가 부족한 경우 감전 또는 누전 등으로 인한 심각한 사고를 초래할 수 있다.
- 고전압 시스템 또는 주변 부품 작업 시, 반드시 "고전압 시스템 안전사항 및 주의, 경고" 내용을 숙지하고 준수해야 한다. 미준수 시, 감전 또는 누전 등으로 인한 심각한 사고를 초래할 수 있다.
- 고전압 시스템 작업 특성 상, 개인보호장구(PPE) 및 사전 고전압 차단 절차를 반드시 확인한다.

1. 스티어링 휠을 일직선으로 정렬한다.
2. 시동을 OFF 한다.
3. 배터리 (-) 단자와 서비스 인터록 커넥터를 분리한다.
   (배터리 제어 시스템 - "보조 배터리 (12V) - 2WD" 참조)
4. 스티어링 휠이 움직이지 않게 고정한다.

유 의

스티어링 컬럼 유니버셜 조인트가 탈거된 상태에서 스티어링 휠을 회전시켜 클락 스프링 중립 위치가 변경되면 장착 후 클락 스프링 내부 케이블 단선 및 접힘 불량이 발생할 수 있다.

5. 프런트 트렁크를 탈거한다.
   (바디 (내장 및 외장) - "프런트 트렁크" 참조)
6. 스티어링 유니버셜 조인트를 스티어링 기어박스로부터 분리한다.
   (1) 스티어링 유니버셜 조인트 볼트(A)를 탈거한다.

체결토크 : 5.0 ~ 6.0 kgf·m

유 의

스티어링 유니버설 조인트 볼트는 재사용하지 않는다.

(2) 스티어링 유니버설 조인트(A)를 화살표 방향으로 분리한다.

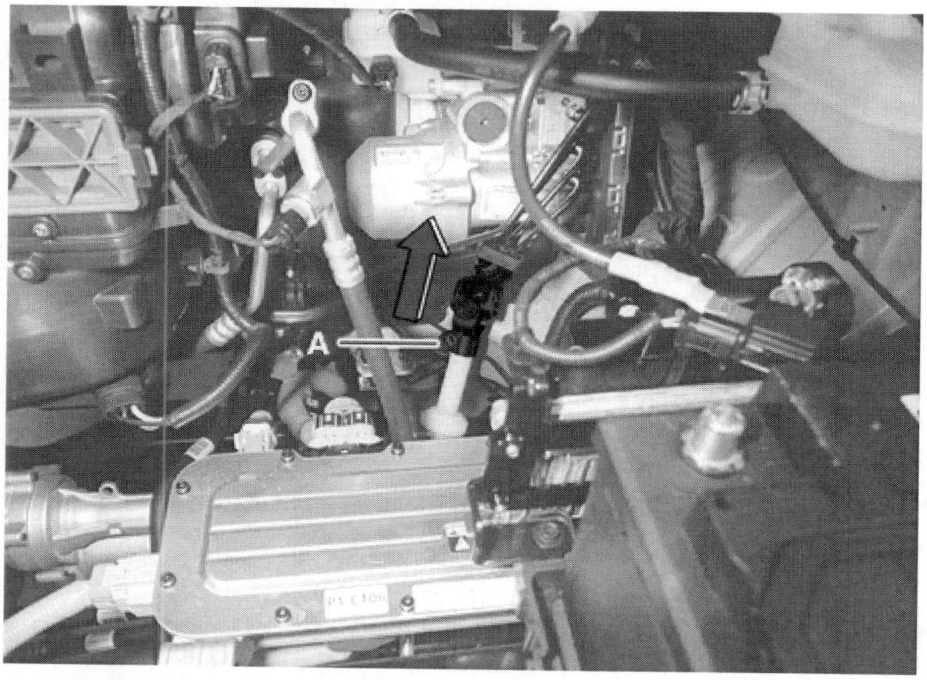

7. 에어컨 컴프레서를 분리한다.
   (1) 에어컨 컴프레서 볼트(A)를 탈거한다.

체결토크 : 2.0 ~ 2.4 kgf·m

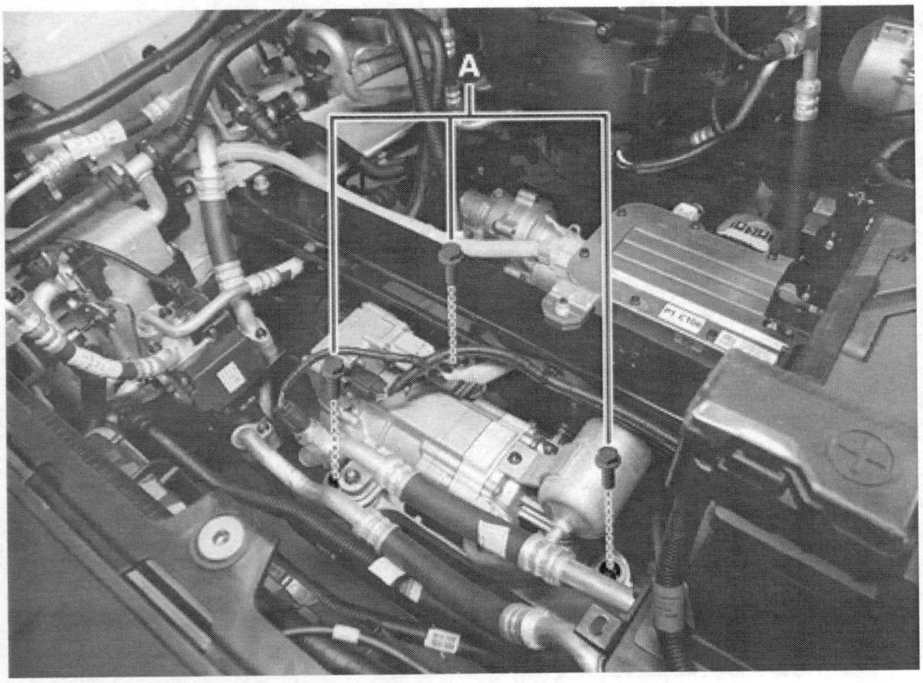

(2) 케이블 타이 등을 사용해 에어컨 컴프레서(A)를 차체에 고정한다.

8. 프런트 언더 커버를 탈거한다.
   (모터 및 감속기 시스템 - "프런트 언더 커버" 참조)
9. 프런트 휠 및 타이어를 탈거한다.
   (휠 및 타이어 - "휠" 참조)
10. 너트를 풀어 프런트 스트럿 어셈블리에서 스태빌라이저 바 링크(A)를 분리한다.

체결토크 : 10.0 ~ 12.0 kgf·m

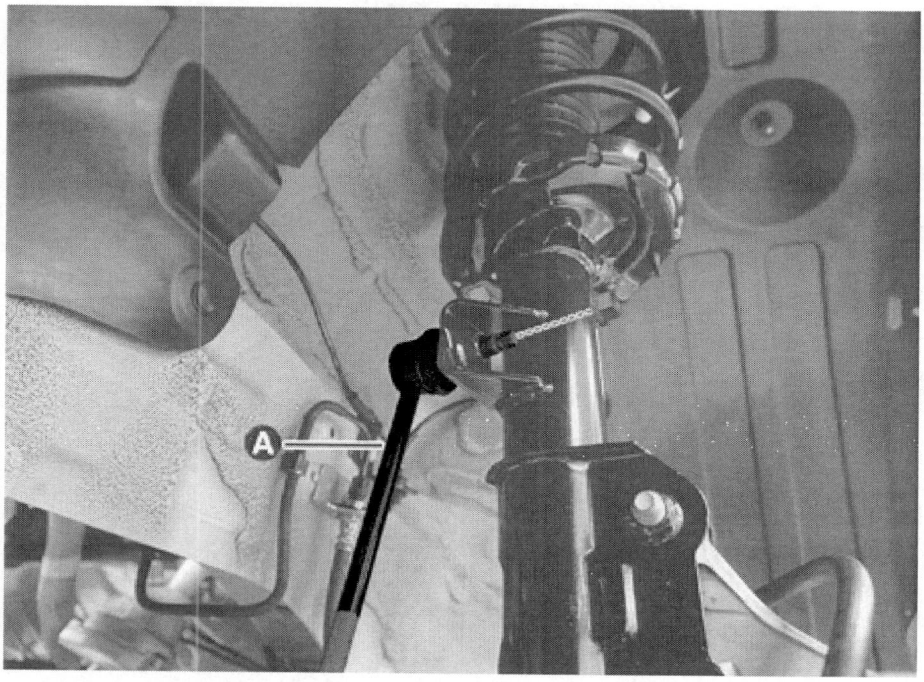

유 의

- 스태빌라이저 바 링크 탈거 및 장착 시 링크의 아웃터 헥사(A)를 고정하고 너트(B)를 탈거 및 장착 한다.

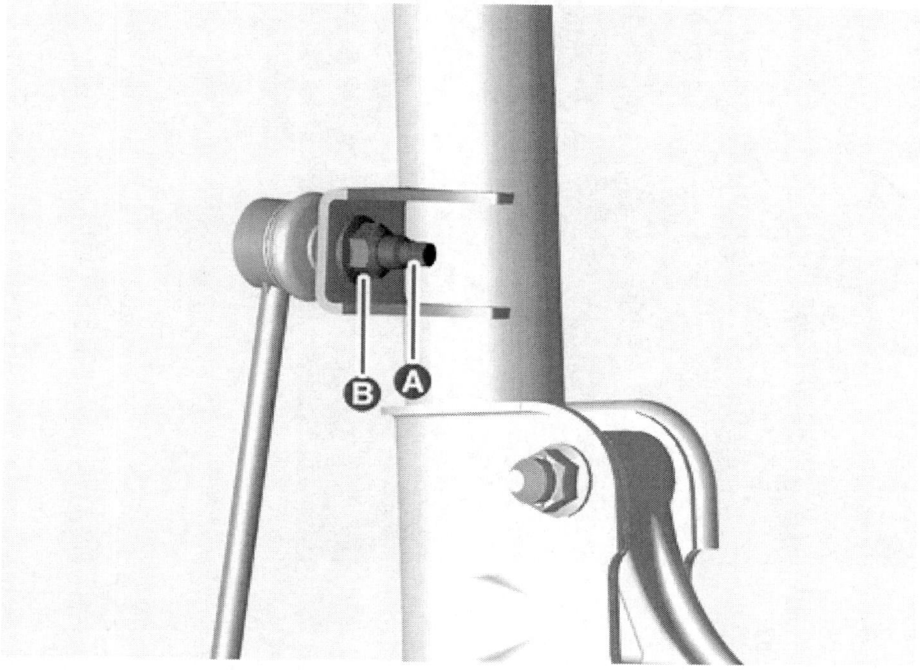

- 링크의 고무 부트가 손상되지 않도록 유의한다.
- 스태빌라이저 바 링크 너트 탈거 및 장착 시 반드시 수공구를 사용한다.

11. 특수공구(0K545 - A9100)를 사용하여 프런트 액슬에서 로어 암 볼 조인트를 탈거한다.
    (1) 분할 핀(D)을 탈거한다.
    (2) 로어 암 볼트(A)와 와셔(B), 너트(C)를 탈거한다.

체결토크 : 10.0 ~ 12.0 kgf·m

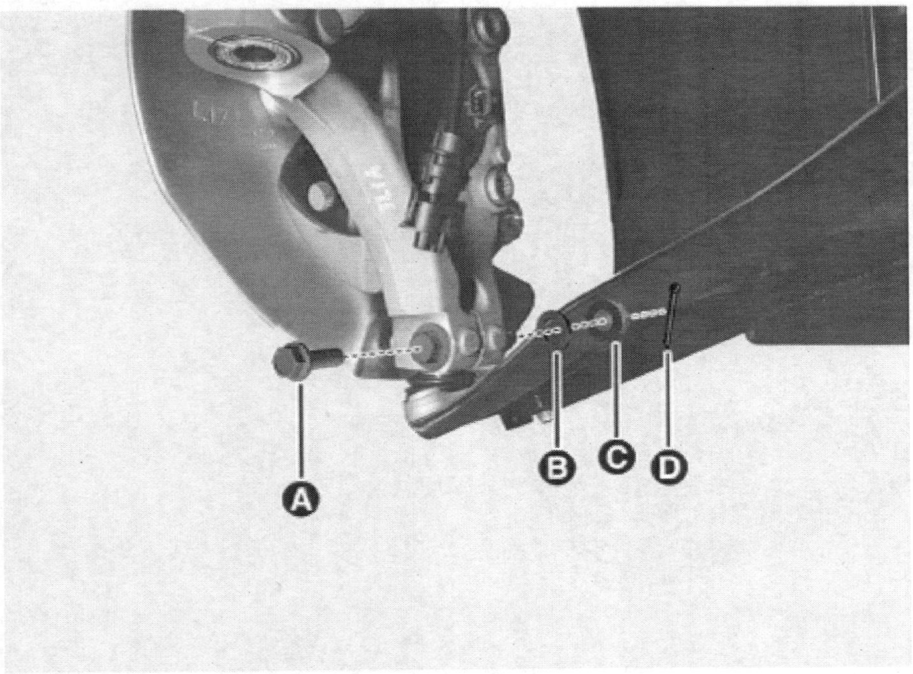

참 고

로어 암 볼트를 고정 후 너트를 탈거 및 장착한다.

유 의

- 분할 핀은 재사용하지 않는다.
- 장착 시 볼트와 너트, 와셔의 위치 및 방향이 바뀌지 않도록 한다.

(3) 로어 암 체결 볼트 구멍에 서포트 바디를 설치하고 볼트(A)를 돌려 체결한다.

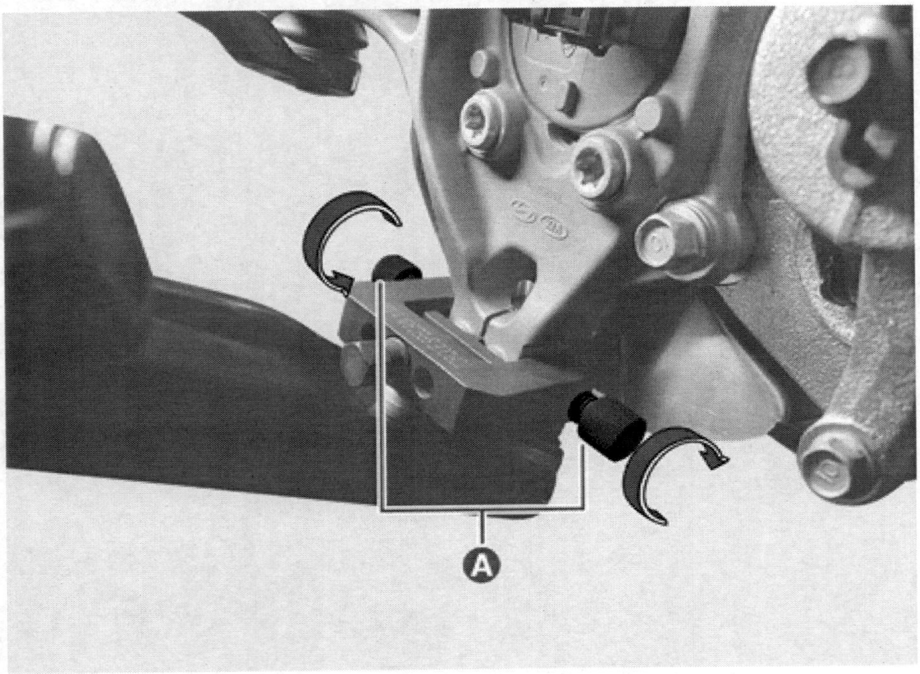

참 고

특수공구(0K545 - A9100)에서 서포트 바디(A)를 사용한다.

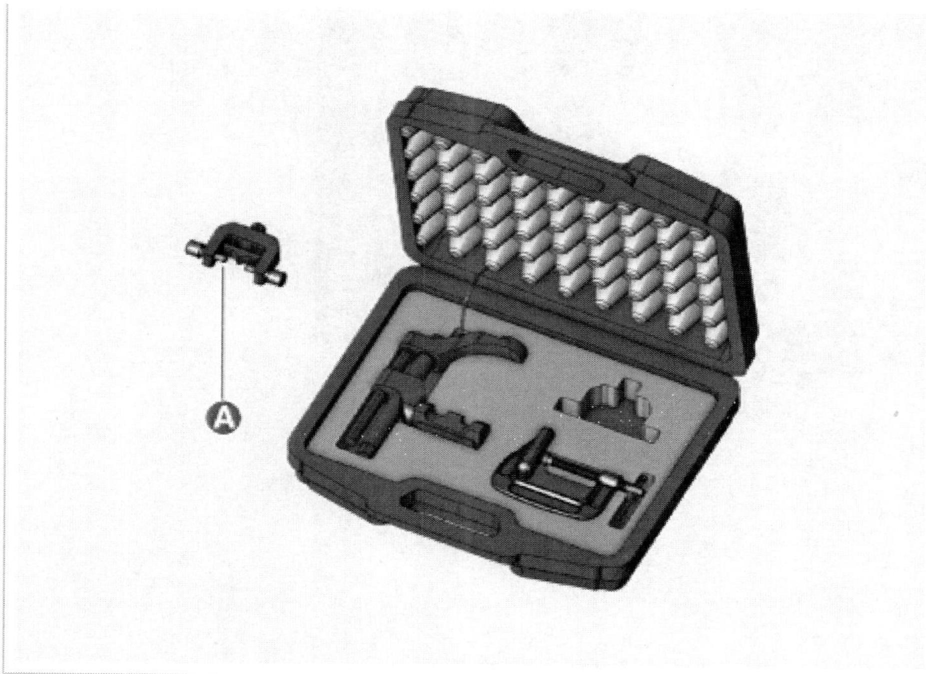

(4) 서포트 바디(B)를 프런트 액슬 홈(A)에 설치한다.

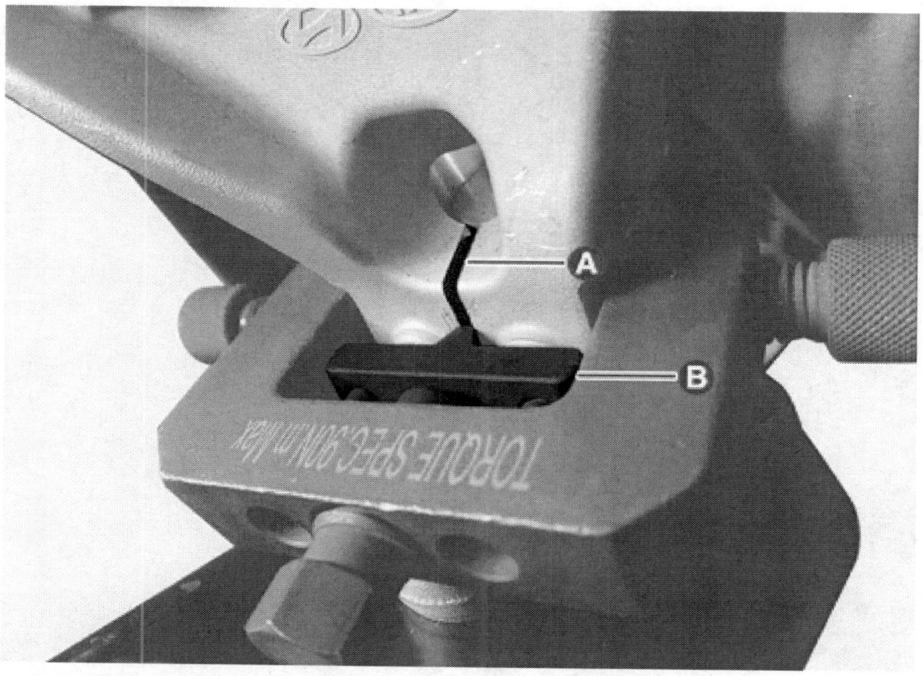

(5) 볼트(A)를 돌려 서포트 바디(B)를 삽입하며 프런트 액슬 체결부를 벌린다.

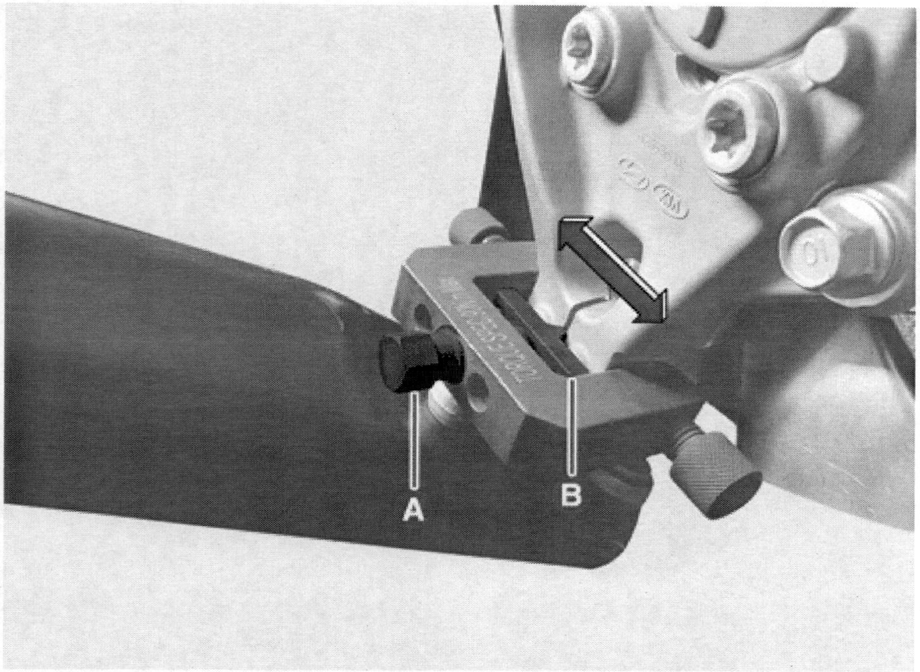

(6) 메인 바디(A)를 프런트 스트럿 어셈블리와 프런트 로어 암 사이에 설치한다.

참 고

특수공구(0K545 - A9100)에서 메인 바디(A)를 사용한다.

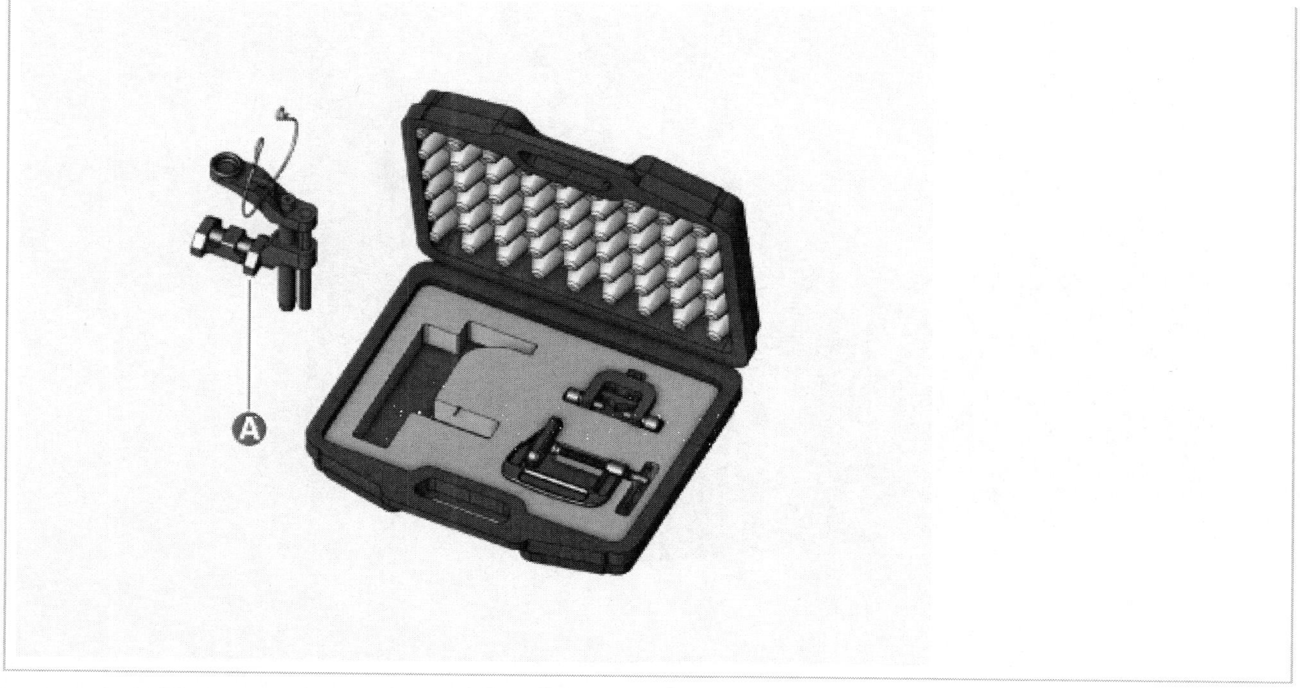

(7) 메인바디가 떨어지지 않도록 와이어(A)로 고정한다.

(8) 메인바디가 미끄러지는 것을 방지하기 위해 핸들(B)을 돌려 C클램프(A)를 고정한다.

참 고

특수공구(0K545 - A9100)에서 C클램프(A)를 사용한다.

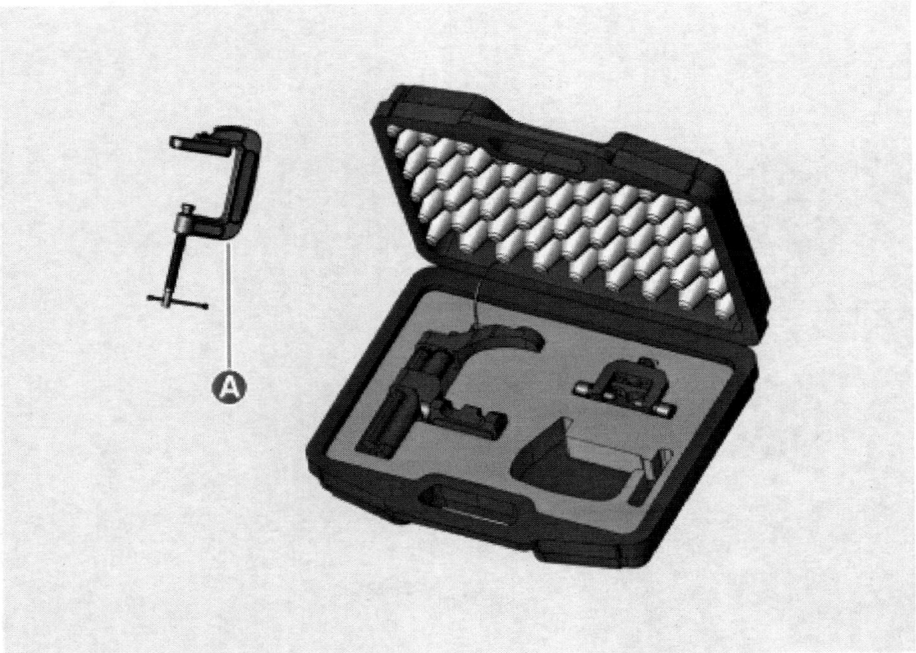

(9) 볼트(A)를 조이면서 메인바디 간격을 벌려 프런트 액슬에서 프런트 로어 암을 분리한다.

12. 프런트 액슬에서 타이로드 엔드 볼 조인트를 분리한다.
    (1) 분할 핀(A)을 탈거한다.
    (2) 록 너트(B)와 와셔(C)를 탈거한다.

체결토크 : 10.0 ~ 12.0 kgf·m

유 의
• 분할 핀은 재사용하지 않는다. • 록 너트는 재사용하지 않는다. • 링크의 고무 부트가 손상되지 않도록 유의한다. • 록 너트 탈거 및 장착 시 반드시 수공구를 사용한다.

(3) 특수공구(09568 - 2J100)를 사용하여 타이로드 엔드(A)를 분리한다.

13. 전자식 히터 볼트(A)를 탈거한다.

체결토크 : 0.7 ~ 1.1 kgf·m

14. 3웨이 밸브 볼트(A)를 탈거한다.

체결토크 : 0.7 ~ 1.1 kgf·m

15. 분배파이프 브래킷 볼트(A)를 탈거한다.

체결토크 : 0.7 ~ 1.1 kgf·m

16. 배터리 전자식 워터 펌프(EWP) 볼트(A) 및 너트(B)를 탈거한다.

체결토크 : 0.7 ~ 1.1 kgf·m

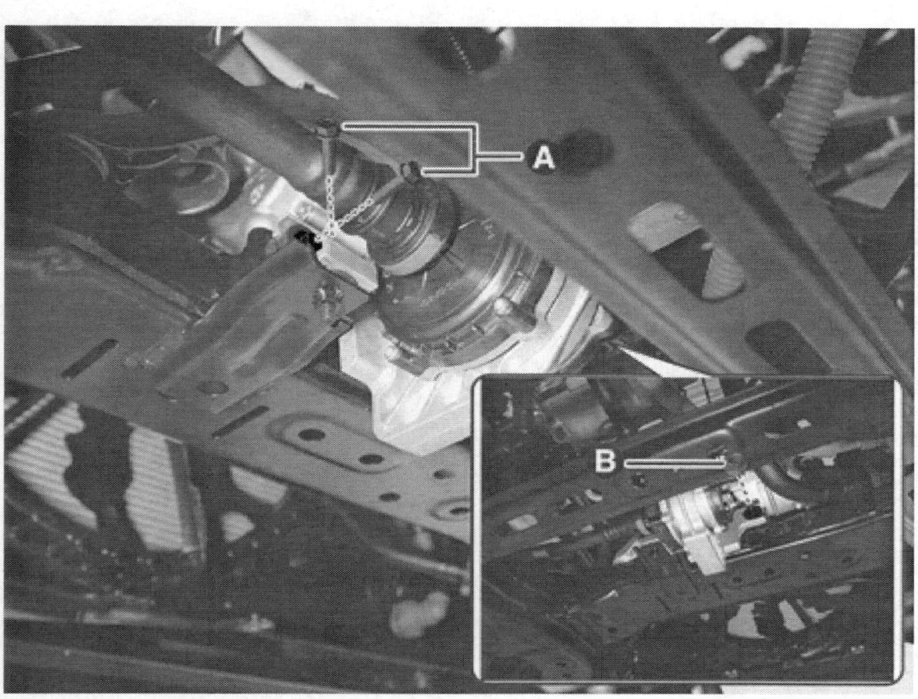

17. MDPS 파워팩 커넥터를 탈거한다.
   (1) 커넥터 키(A)를 화살표 방향으로 당긴다.

(2) 커넥터(A)를 탈거한다.

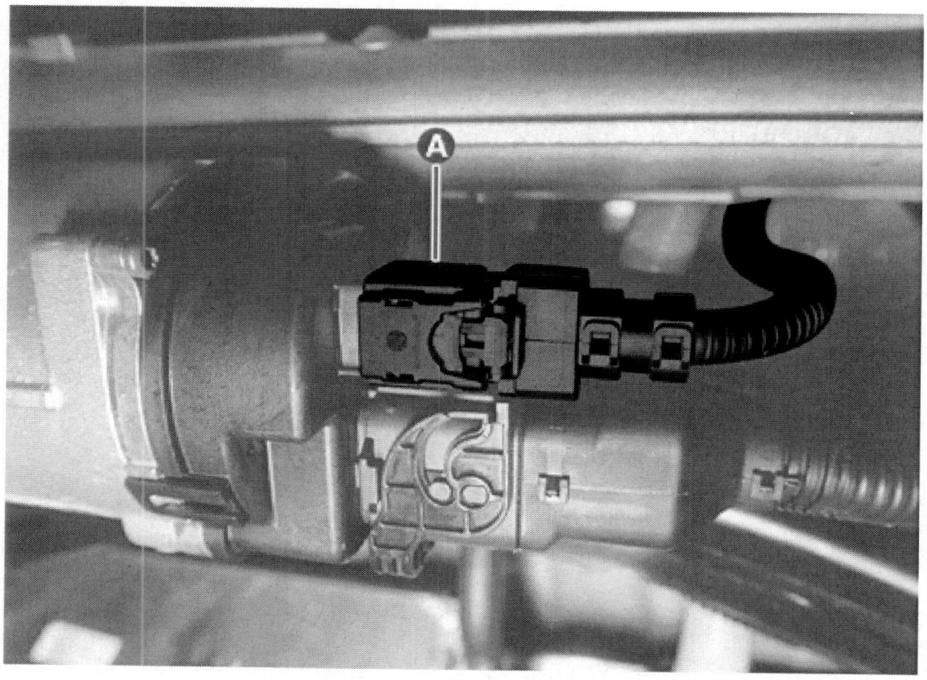

18. 볼트를 풀어 접지 케이블(A)을 분리한다.

체결토크 : 0.7 ~ 1.1 kgf·m

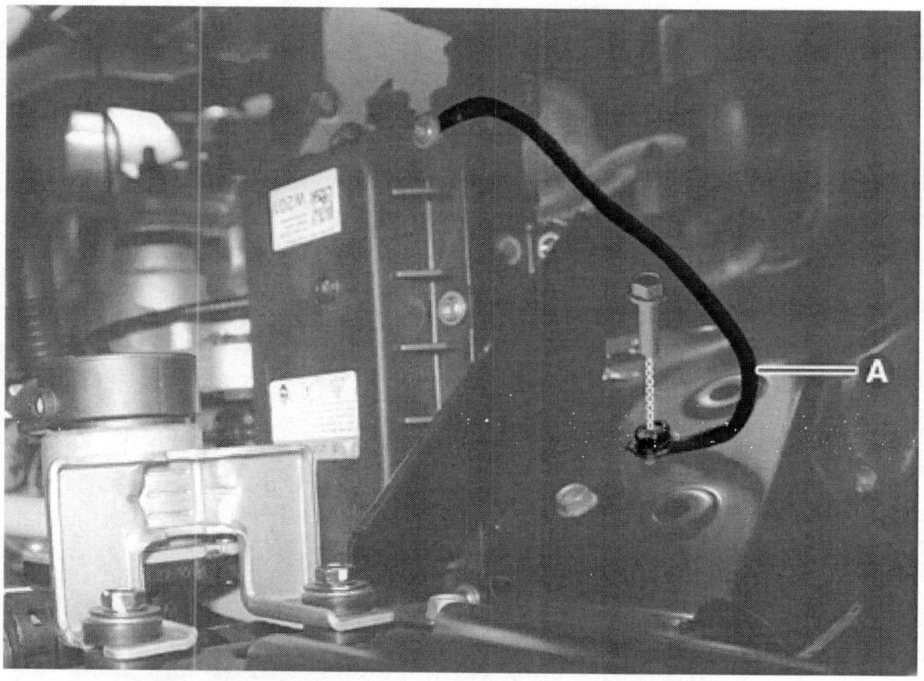

19. 프런트 서브 프레임에 장착되어있는 와이어링 클립(A)들을 분리한다.

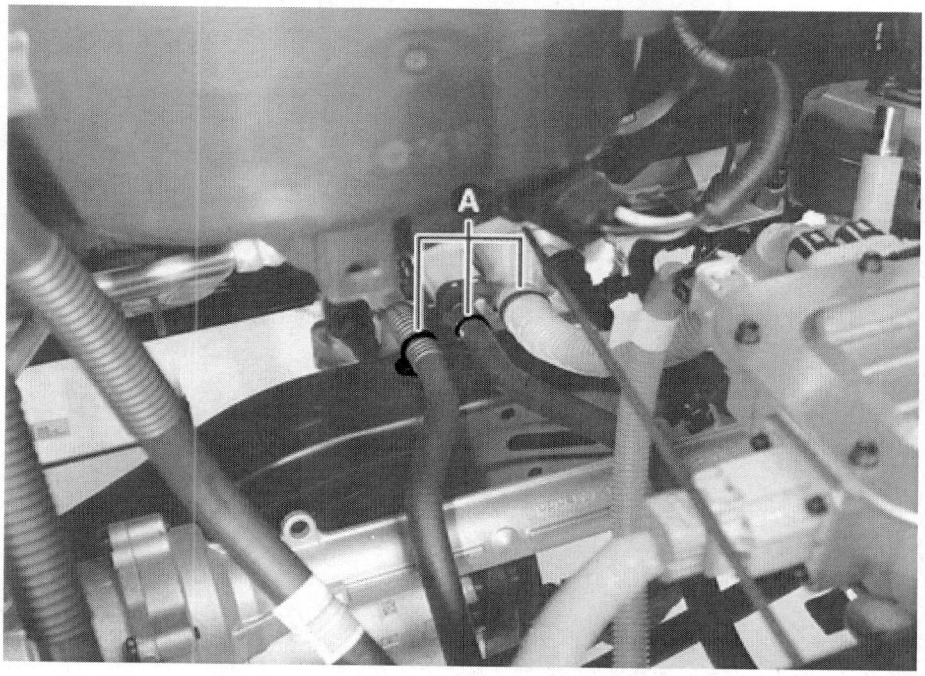

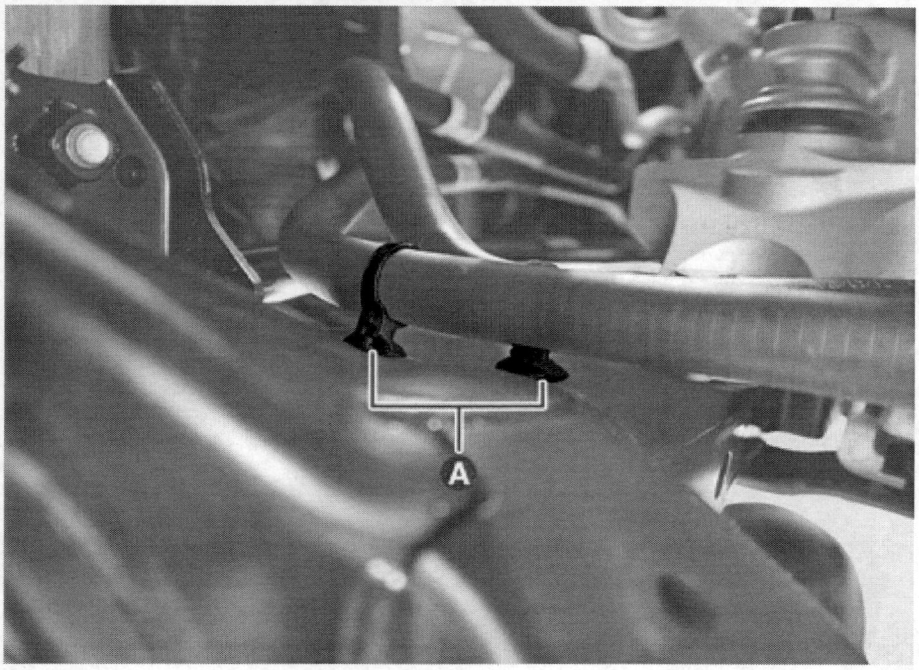

20. 볼트를 풀어 프런트 서브 프레임 바(A)를 탈거한다.

체결 토크 : 17.0 ~ 19.0 kgf·m

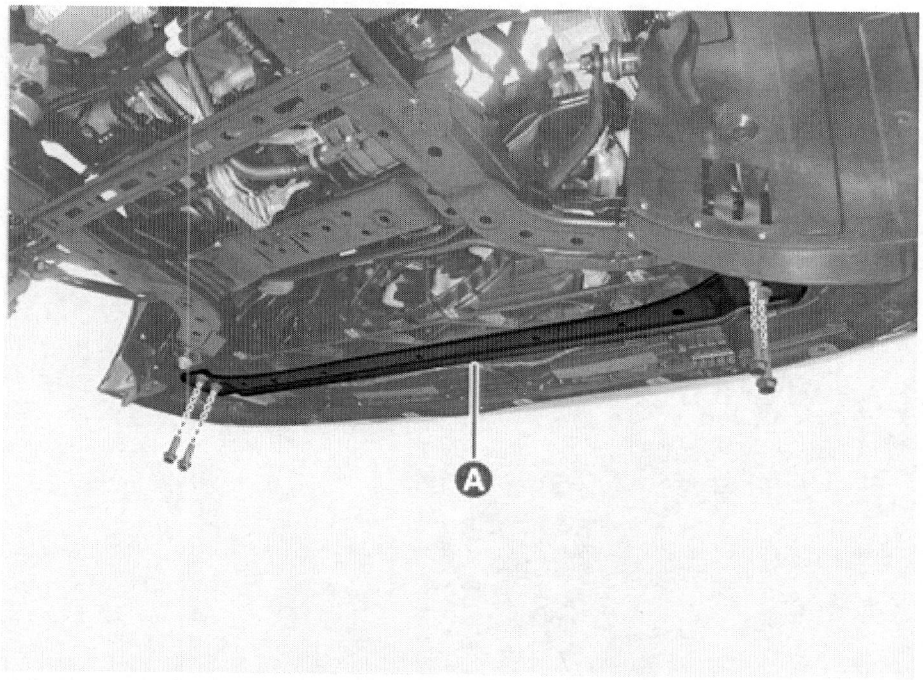

21. 테이블 리프트(A)을 사용하여 프런트 서브 프레임을 안전하게 지지한다.

▲ 경 고

테이블 리프트을 들어올릴 시 차량의 무게 중심이 변하여 차량이 낙하될 수 있으니 과도한 로드를 주지 않는다.

▲ 주 의

서브 프레임 탈거 및 장착 시 미션 잭과 같은 소형 잭을 사용할 경우 서브 프레임이 한쪽으로 쏠려 부상의 위험이 있을 수 있으므로 테이블 리프트을 사용하여 안전하게 작업한다.

참 고

- 프런트 서브 프레임 스테이 볼트 및 너트 탈거 및 장착 시 작업 공간의 간섭이 생기지 않도록 테이블 리프트 위치를 조정한다.
- 테이블 리프트과 프런트 서브 프레임 사이에 고무 블록(A)등을 사용하여 수평을 유지한다.

22. 볼트와 너트를 풀고 리프트를 천천히 내려 프런트 서브 프레임(A)을 탈거한다.

체결 토크 : 18.0 ~ 20.0 kgf·m

23. 볼트를 풀어 스티어링 기어박스(A)를 탈거한다.

체결토크 : 11.0 ~ 13.0 kgf·m

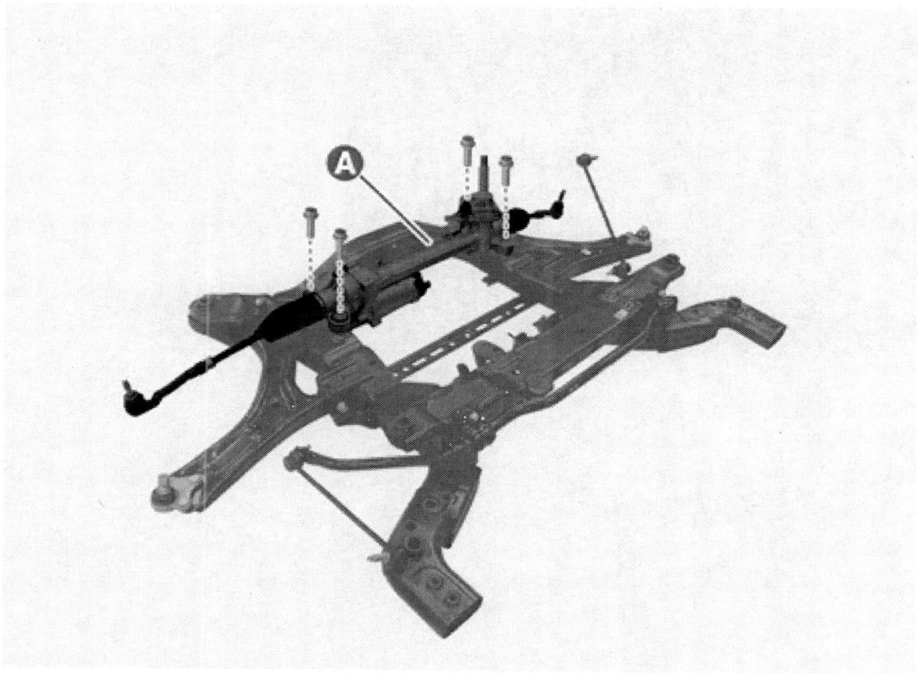

유 의

스티어링 기어박스 탈거 및 장착 시 볼트를 모두 가체결 후 규정 토크값으로 완체결 한다.

24. 볼트와 너트, 와셔를 풀어 프런트 로어 암(A)을 탈거한다.

체결토크 :
(B) : 12.0 ~ 14.0 kgf·m
(C) : 16.0 ~ 18.0 kgf·m

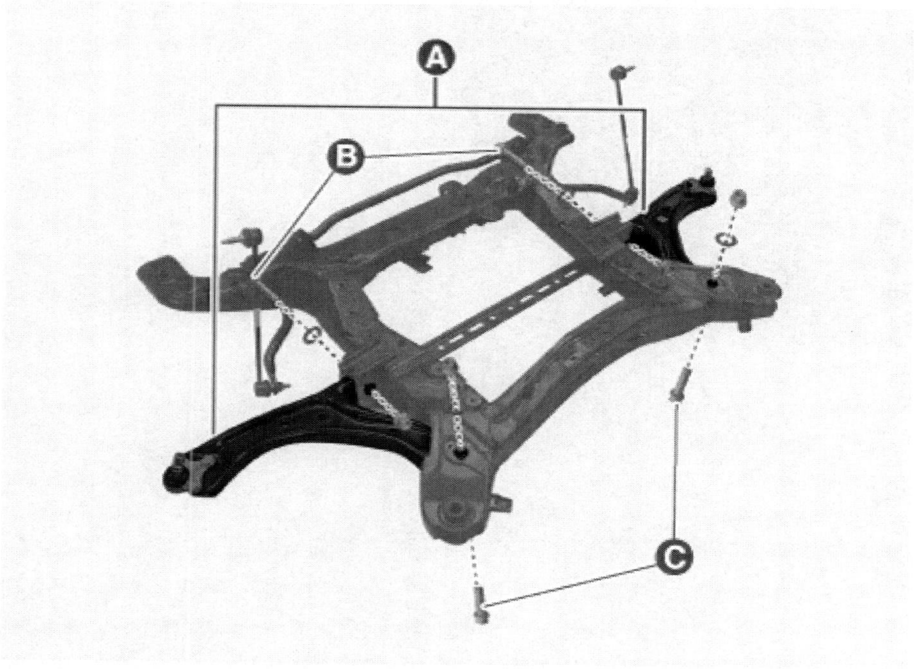

25. 볼트를 풀어 프런트 스태빌라이저 바(A)를 탈거한다.

체결토크 : 5.0 ~ 6.5 kgf·m

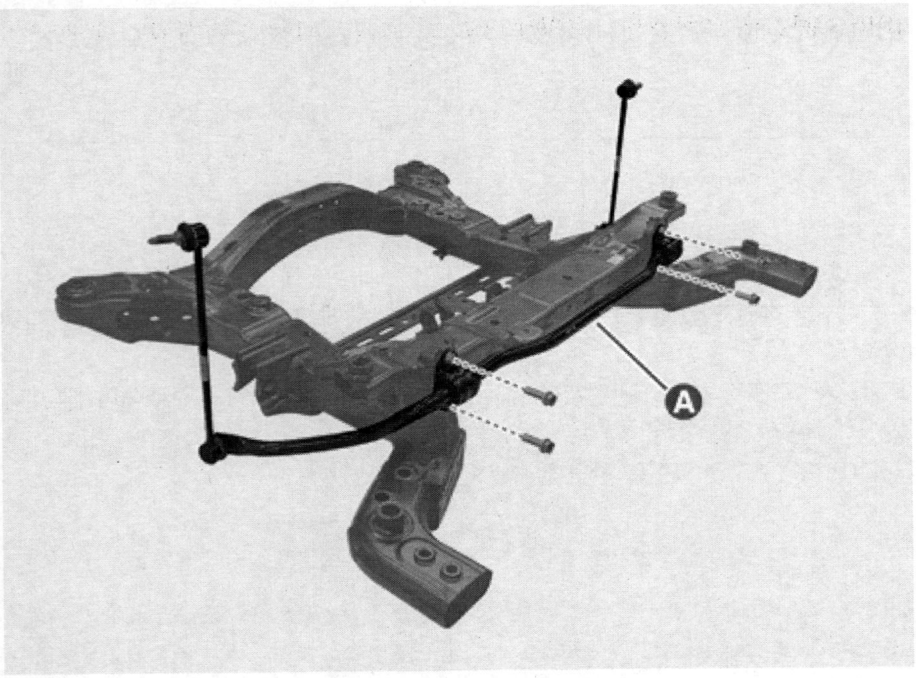

장착

1. 장착은 탈거의 역순으로 한다.
2. 얼라인먼트를 점검한다.
   (얼라인먼트 - "정비절차" 참조)

2023 > 엔진 > 160kW (2WD) / 70 160kW (4WD) > 서스펜션 시스템 > 프런트 서스펜션 시스템 > 프런트 서브 프레임 > 탈거 및 장착 - 4WD

탈거

> **⚠ 경 고**
>
> - 고전압 시스템 관련 작업 시, 관련 교육을 이수한 작업자가 정비를 진행한다. 고전압 시스템에 대한 이해가 부족한 경우 감전 또는 누전 등으로 인한 심각한 사고를 초래할 수 있다.
> - 고전압 시스템 또는 주변 부품 작업 시, 반드시 "고전압 시스템 안전사항 및 주의, 경고" 내용을 숙지하고 준수해야 한다. 미준수 시, 감전 또는 누전 등으로 인한 심각한 사고를 초래할 수 있다.
> - 고전압 시스템 작업 특성 상, 개인보호장구(PPE) 및 사전 고전압 차단 절차를 반드시 확인한다.

1. 전륜 모터 및 감속기 어셈블리를 탈거한다
   (모터 및 감속기 시스템 - "전륜 모터 및 감속기 어셈블리")
2. 볼트를 풀어 마운팅 브래킷(A)을 탈거한다.

   체결토크 : 6.5 ~ 8.5 kgf·m

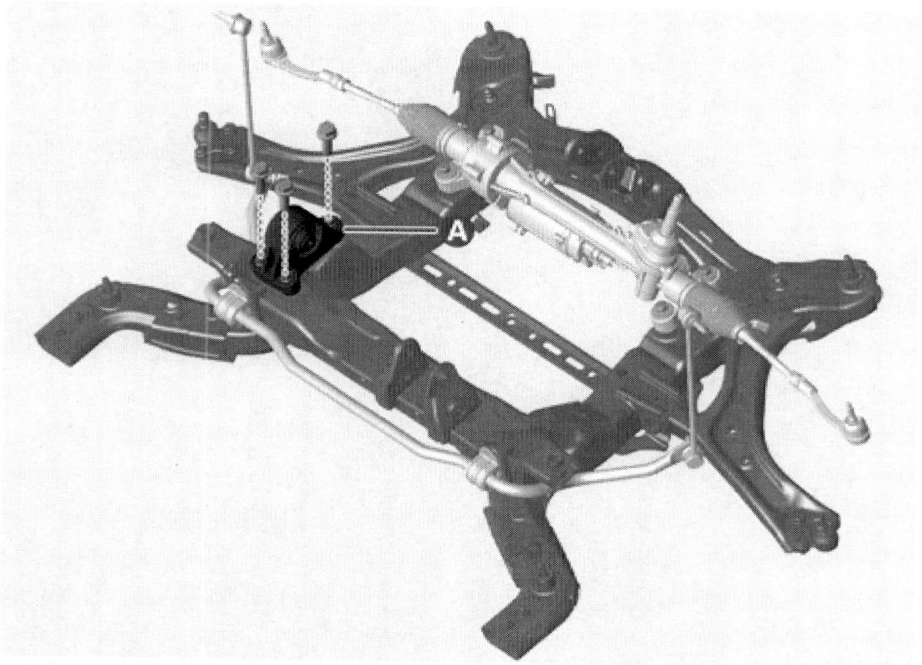

3. 볼트를 풀어 스티어링 기어박스(A)를 탈거한다.

   체결토크 : 11.0 ~ 13.0 kgf·m

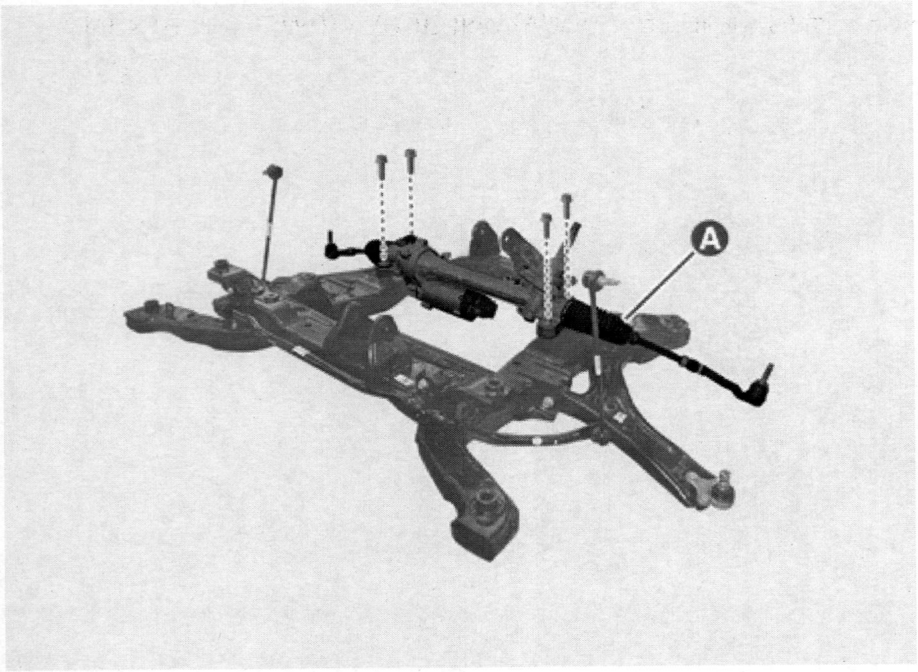

유 의

스티어링 기어박스 탈거 및 장착 시 볼트를 모두 가체결 후 규정 토크값으로 완체결 한다.

4. 볼트를 풀어 프런트 스태빌라이저 바(A)를 탈거한다.

체결토크 : 5.0 ~ 6.5 kgf·m

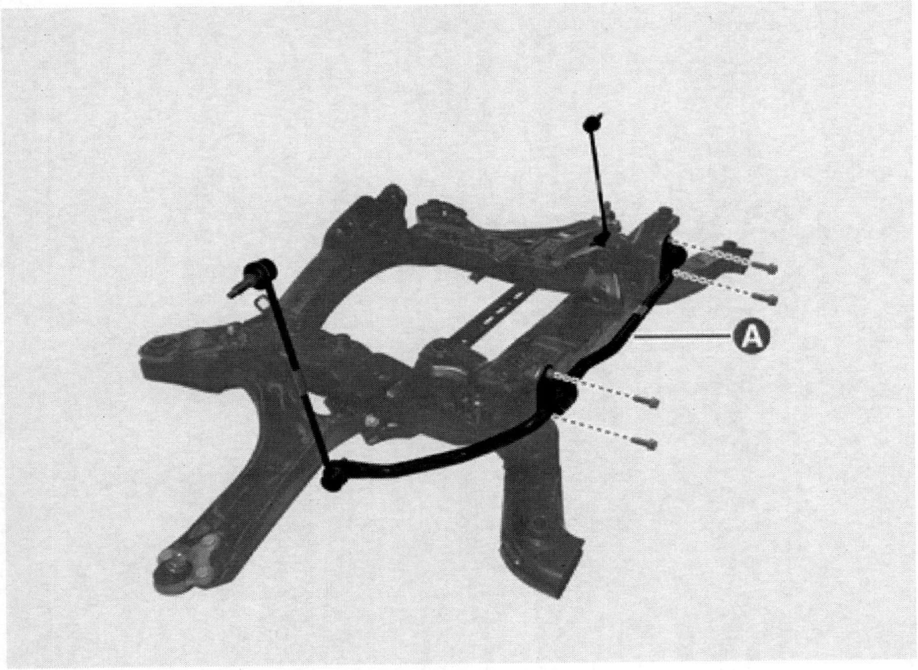

5. 볼트와 너트, 와셔를 풀어 프런트 로어 암(A)을 탈거한다.

체결토크 :
(B) : 12.0 ~ 14.0 kgf·m
(C) : 16.0 ~ 18.0 kgf·m

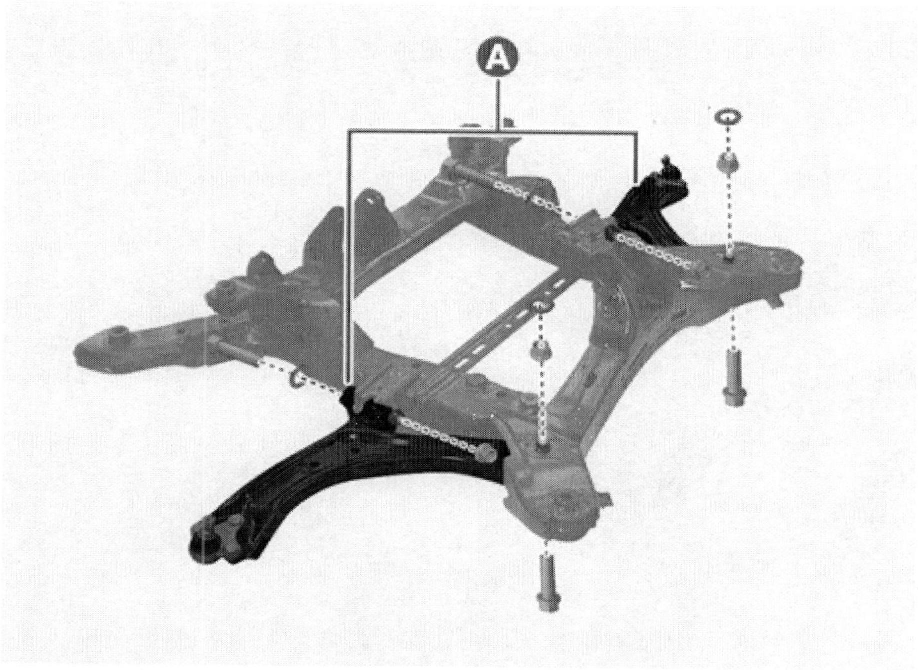

장착

1. 장착은 탈거의 역순으로 한다.
2. 얼라인먼트를 점검한다.
   (얼라인먼트 - "정비절차" 참조)

구성부품 및 부품위치

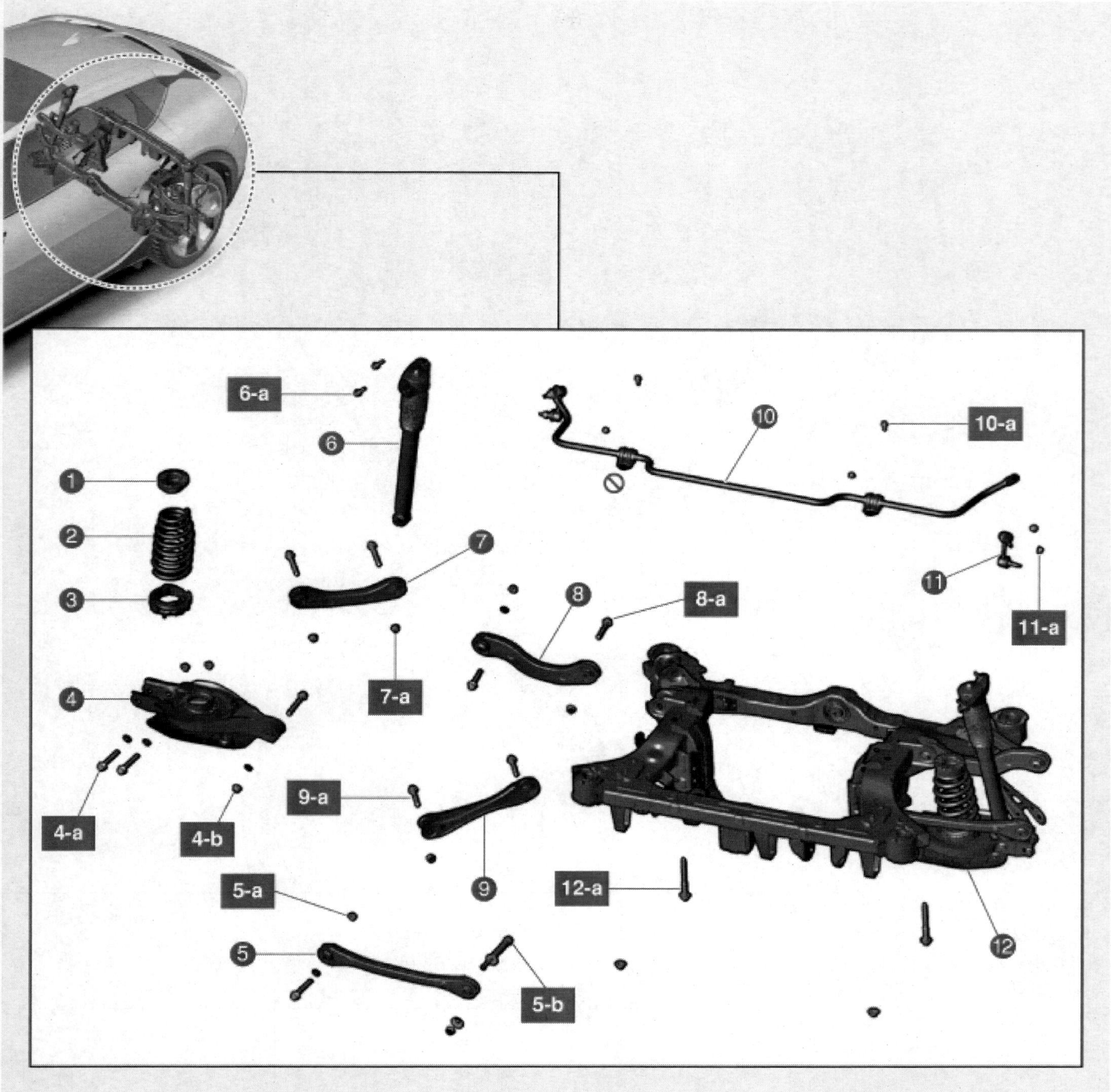

1. 리어 코일 스프링 어퍼 패드 2. 리어 코일 스프링 3. 리어 코일 스프링 로어 패드 4. 리어 로어 암 4-a. 18.0 ~ 20.0 kgf·m 4-b. 11.0 ~ 12.0 kgf·m 5. 리어 어시스트 암 5-a. 12.0 ~ 14.0 kgf.m 5-b. 11.0 ~ 12.0 kgf·m 6. 리어 쇽 업소버 6-a. 5.0 ~ 6.5 kgf·m	7. 리어 어퍼 암 - 프런트 7-a. 16.0 ~ 18.0 kgf·m 8. 리어 어퍼 암 - 리어 8-a. 16.0 ~ 18.0 kgf·m 9. 트레일링 암 9-a. 12.0 ~ 14.0 kgf·m 10. 리어 스태빌라이저 바 10-a. 5.0 ~ 6.5 kgf·m 11. 리어 스태빌라이저 바 링크 11-a. 10.0 ~ 12.0 kgf·m 12. 리어 크로스 멤버 12-a. 18.0 ~ 20.0 kgf·m

구성부품 및 부품위치

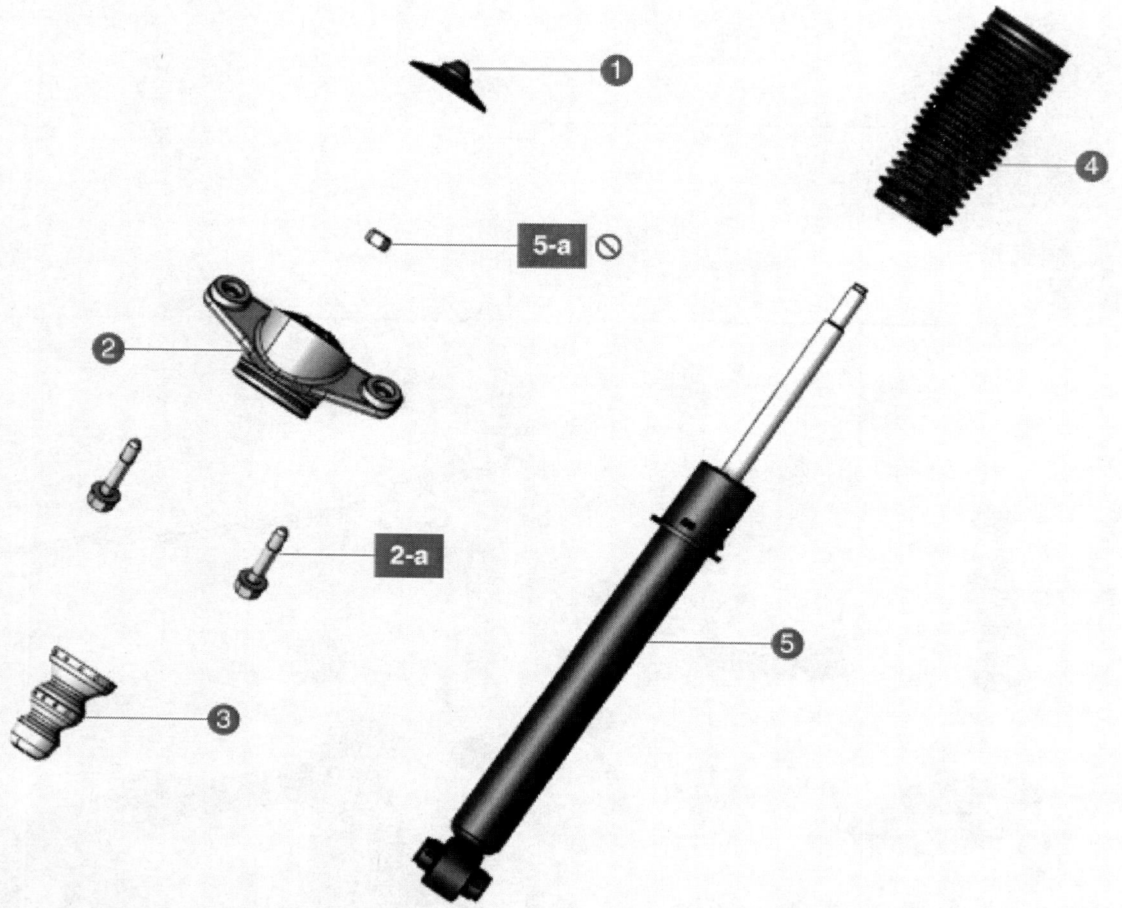

1. 인슐레이터 캡 2. 인슐레이터 2-a. 5.0 ~ 6.5 kgf·m 3. 범퍼 스토퍼	4. 더스트 커버 5. 쇽 업소버 어셈블리 5-a. 2.0 ~ 2.5 kgf·m

탈거

1. 리어 휠 및 타이어를 탈거한다.
   (휠 및 타이어 - "휠" 참조)
2. 리어 쇽 업소버 로어 볼트(A)와 와셔(B), 너트(C)를 탈거한다.

체결토크 : 18.0 ~ 20.0 kgf·m

⚠ 경 고

2주식 리프트에서 변속기 잭 사용 시 차량의 무게 중심이 변하여 차량이 낙하될 수 있으니 과도한 로드를 주지 않는다

유 의

- 변속기 잭을 설치하여 무부하 상태에서 탈거 및 장착한다.
- 장착 시 볼트와 너트의 위치 및 방향이 바뀌지 않도록 미리 표시한다.

3. 볼트를 풀어 리어 쇽 업소버(A)를 탈거한다.

체결토크 : 5.0 ~ 6.5 kgf·m

참 고

볼트를 고정 후 너트를 탈거 및 장착한다.

장착

1. 장착은 탈거의 역순으로 한다.
2. 얼라인먼트를 점검한다.
   (얼라인먼트 - "정비절차" 참조)

특수공구

공구 명칭 / 번호	형상	용도
쇽 업소버 록 너트 리무버 09546 - 3X100		리어 쇽 업소버 록 너트 장착 및 탈거

분해

1. 리어 쇽 업소버를 탈거한다.
   (리어 서스펜션 시스템 - "리어 쇽 업소버" 참조")
2. 인슐레이터 캡(A)을 탈거한다.

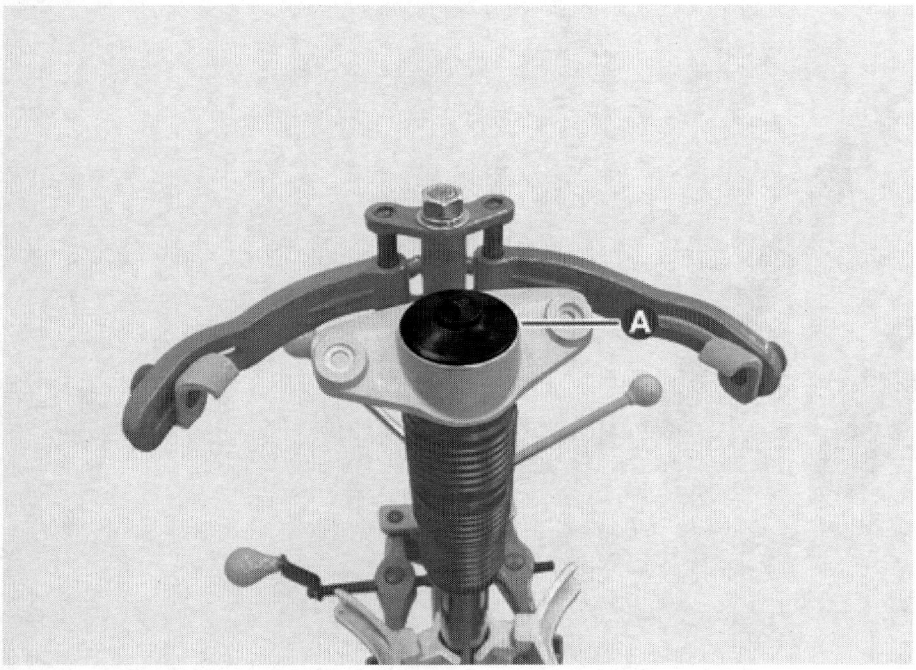

3. 특수공구(09546 - 3X100)를 사용하여 리어 쇽 업소버 록 너트를 탈거한다.

체결토크 : 2.0 ~ 2.5 kgf·m

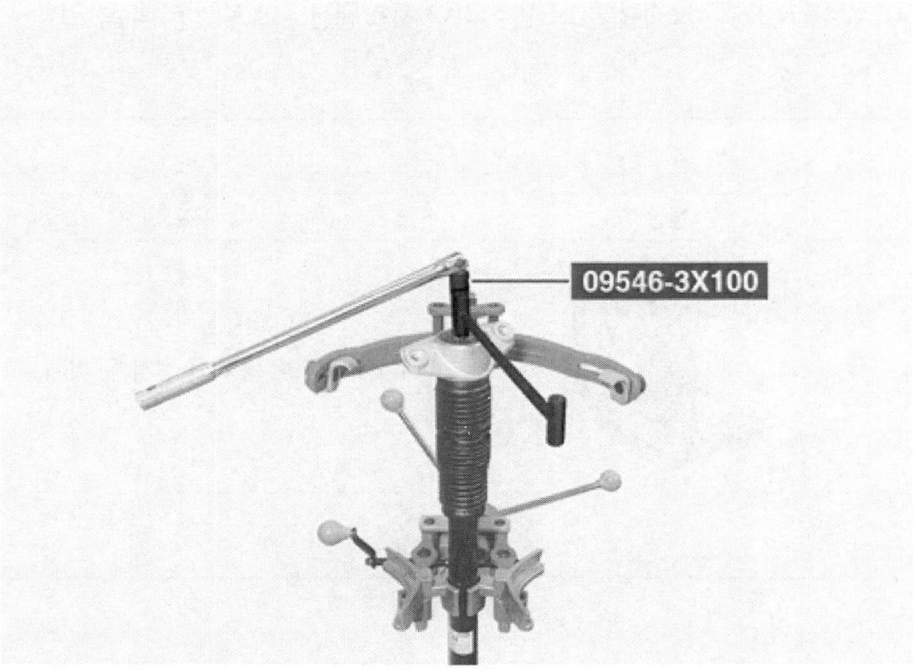

4. 인슐레이터(A), 범퍼 러버(B), 더스트 커버(C)를 분리한다.

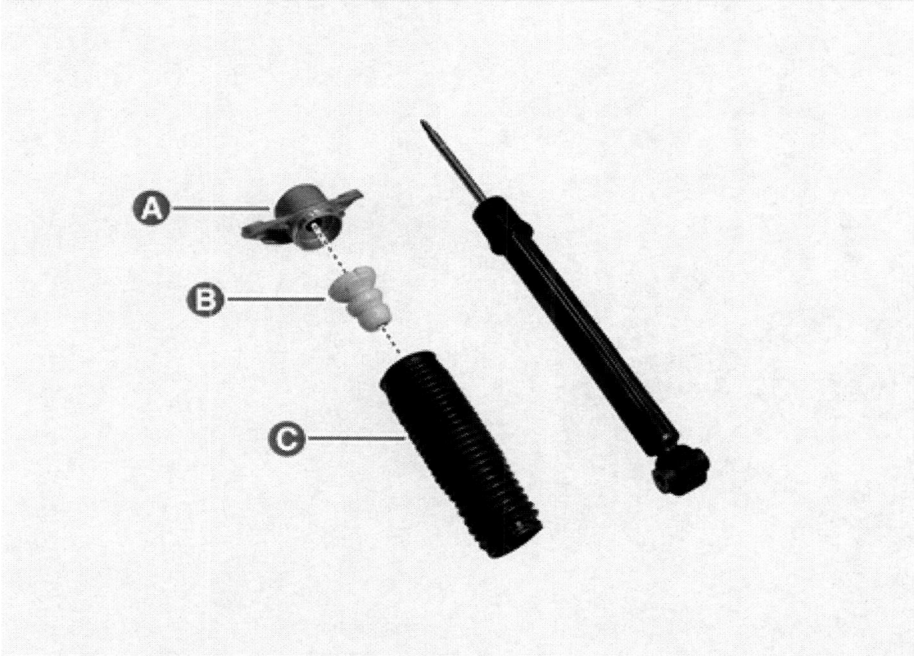

점검

1. 고무 부품의 손상 및 변형 여부를 검사한다.
2. 모든 볼트 및 너트를 점검한다.
3. 리어 쇽 업소버 로드(A)의 압축과 인장을 반복하면서 작동 간에 비정상적인 저항이나 소음이 없는지 검사한다.

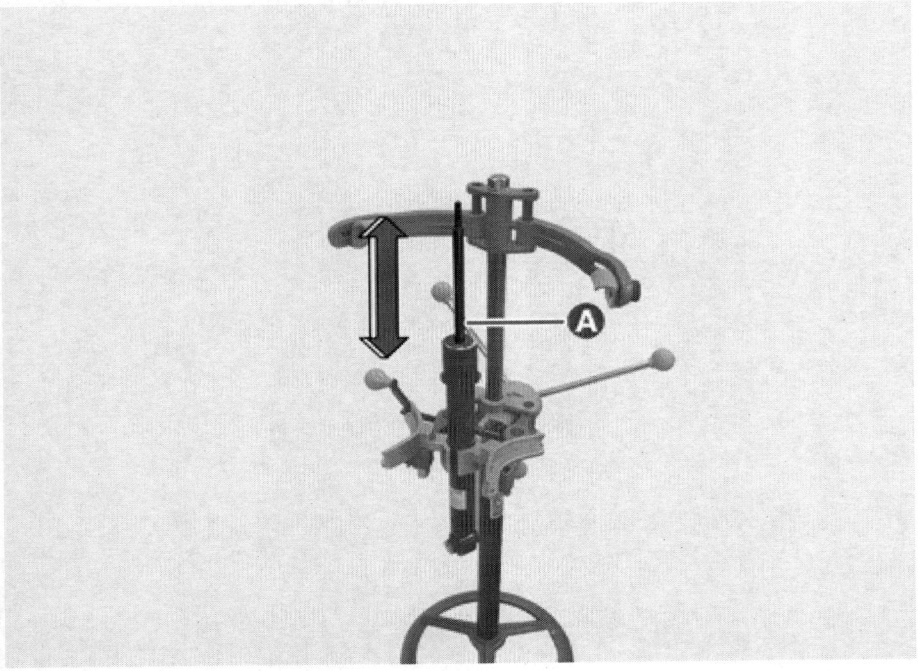

폐기

1. 리어 쇽 업소버 로드를 완전히 늘인 상태로 한다.
2. 실린더의 (A)구간에 드릴로 구멍을 뚫어 가스를 빼낸다.

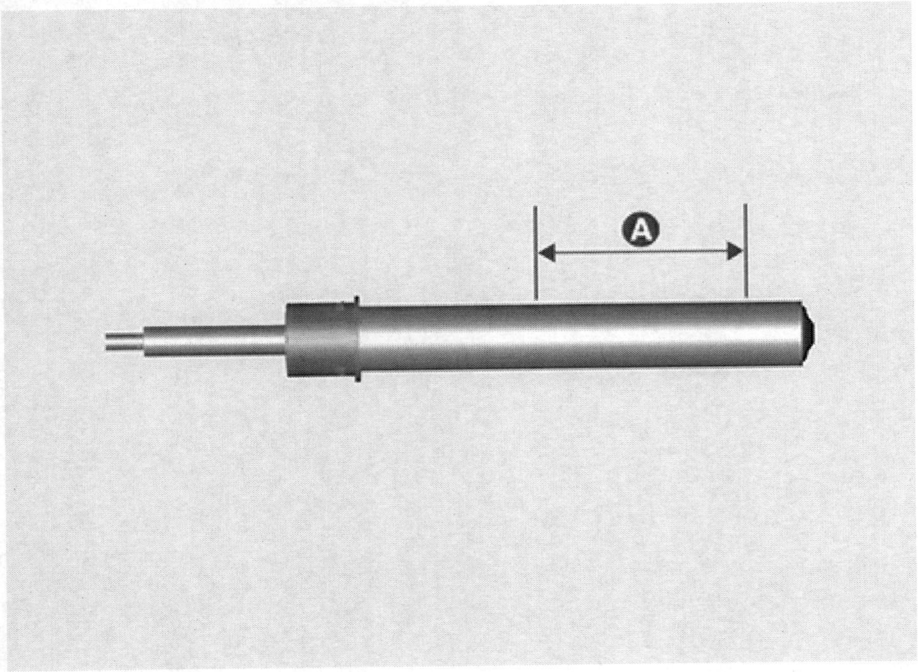

참 고

배출되는 가스는 무색, 무취, 무해하다.

⚠ 주 의

드릴 작업 시 드릴 칩이 날릴 염려가 있으므로 반드시 보호경등을 착용한다.

2023 > 엔진 > 160kW (2WD) / 70 160kW (4WD) > 서스펜션 시스템 > 리어 서스펜션 시스템 > 리어 쇽 업소버 > 조립

특수공구

공구 명칭 / 번호	형상	용도
쇽 업소버 록 너트 리무버 09546 - 3X100		리어 쇽 업소버 록 너트 장착 및 탈거

조립

1. 인슐레이터(A), 범퍼 러버(B), 더스트 커버(C)를 쇽 업소버에 조립한다.

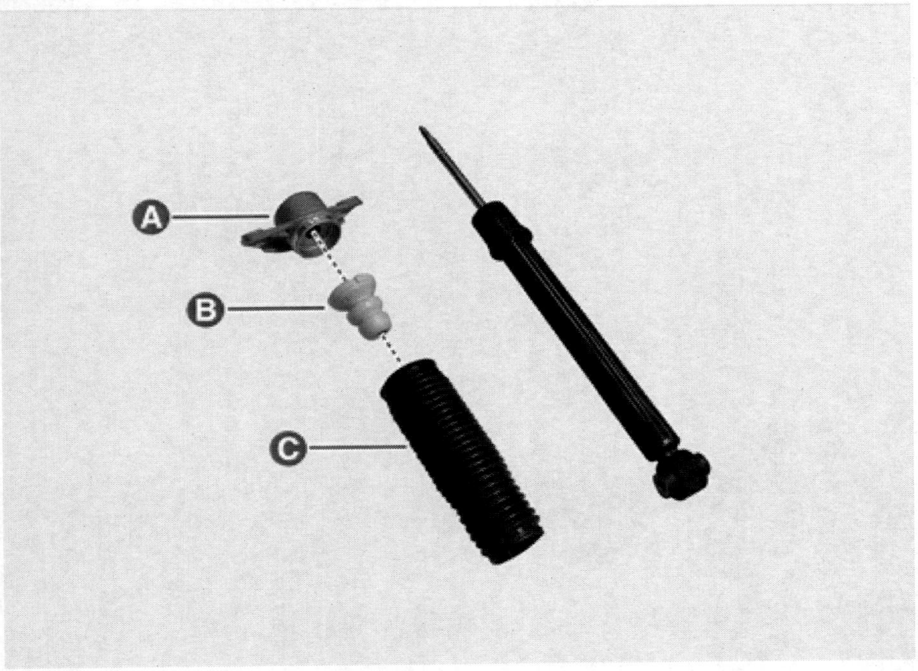

2. 특수공구(09546 - 3X100)를 사용하여 리어 쇽 업소버 록 너트를 장착한다.

체결토크 : 2.0 ~ 2.5 kgf·m

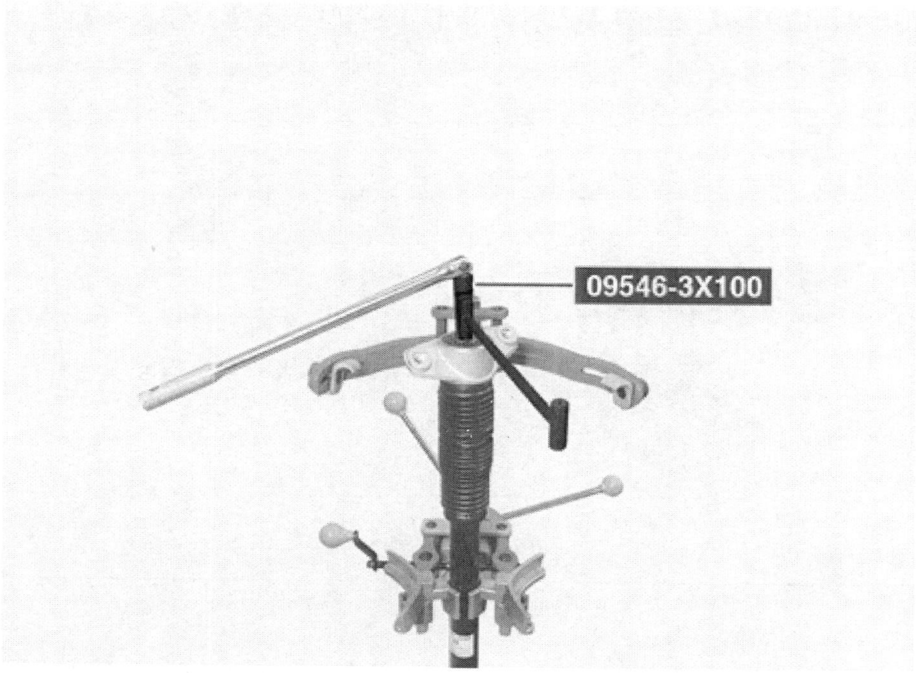

유 의

록 너트는 재사용하지 않는다.

3. 인슐레이터 캡(A)을 장착한다.

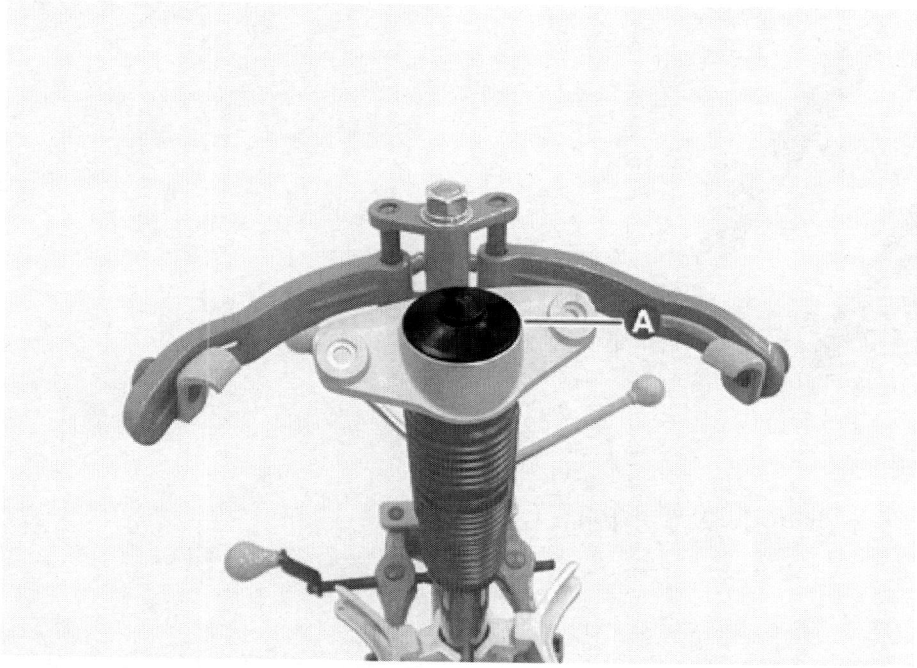

4. 리어 쇽 업소버를 장착한다.
   (리어 서스펜션 시스템 - "리어 쇽 업소버" 참조")

탈거

경 고

2주식 리프트에서 변속기 잭 사용 시 차량의 무게 중심이 변하여 차량이 낙하될 수 있으니 과도한 로드를 주지 않는다.

1. 리어 휠 및 타이어를 탈거한다.
   (휠 및 타이어 - "휠" 참조)
2. 차고 센서를 탈거한다. **[사양 적용 시]**
   (바디 전장 - "지능형 헤드램프 (IFS)" 참조)
3. 리어 쇽 업소버 로어 볼트(A)와 와셔(B), 너트(C)를 탈거한다.

체결토크 : 18.0 ~ 20.0 kgf·m

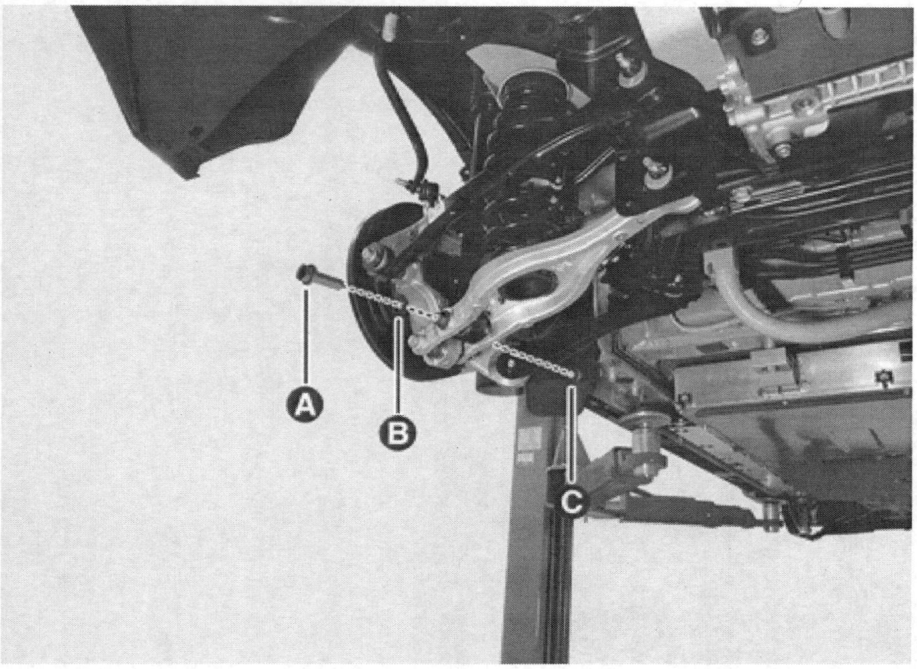

유 의

- 변속기 잭을 설치하여 무부하 상태에서 탈거 및 장착한다.
- 장착 시 볼트와 너트의 위치 및 방향이 바뀌지 않도록 미리 표시한다.

참 고

볼트를 고정 후 너트를 탈거 및 장착한다.

4. 리어 로어 암 너트(A)와 와셔(B), 볼트(C)를 탈거한다.

체결토크 : 18.0 ~ 20.0 kgf·m

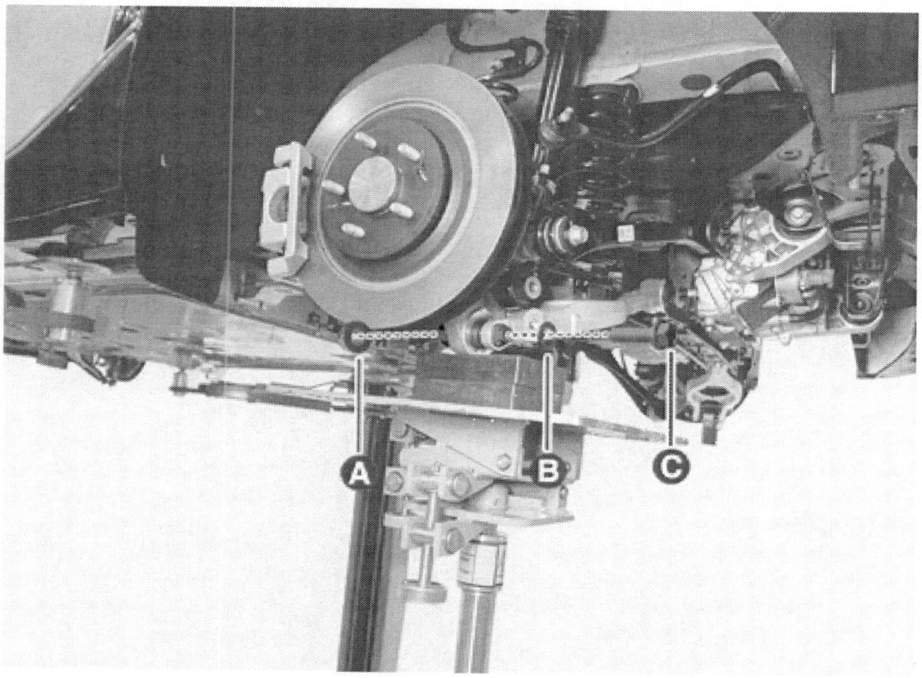

유 의

- 변속기 잭을 설치하여 무부하 상태에서 탈거 및 장착한다.
- 장착 시 볼트와 너트의 위치 및 방향이 바뀌지 않도록 미리 표시한다.

참 고

볼트를 고정 후 너트를 탈거 및 장착한다.

5. 리어 로어 암을 화살표 방향으로 내려 리어 코일 스프링(A)을 탈거한다.

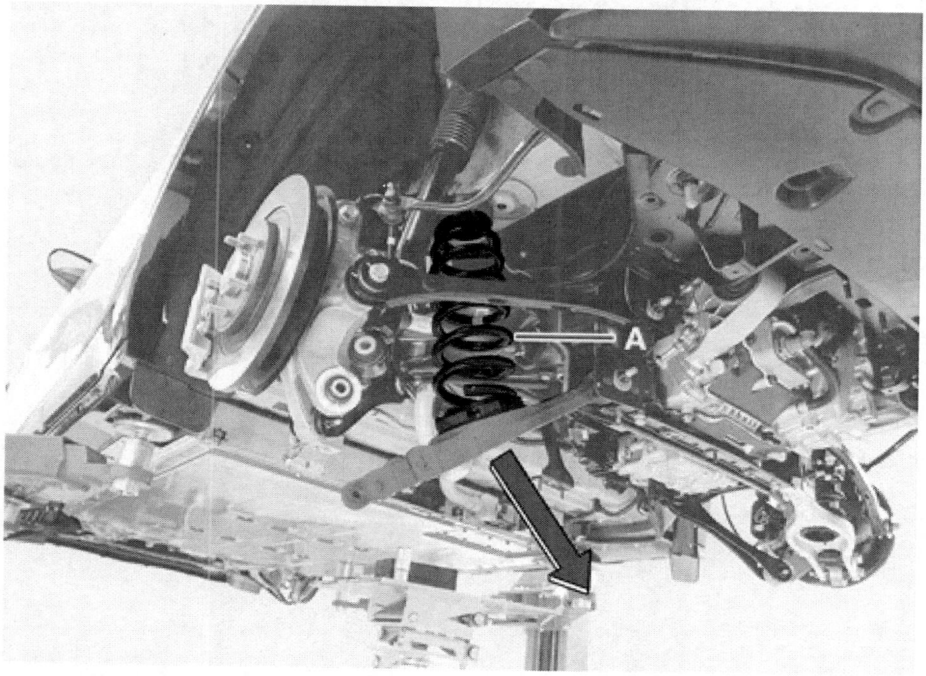

6. 리어 로어 암에서 리어 코일 스프링 로어 패드(A)를 탈거한다.

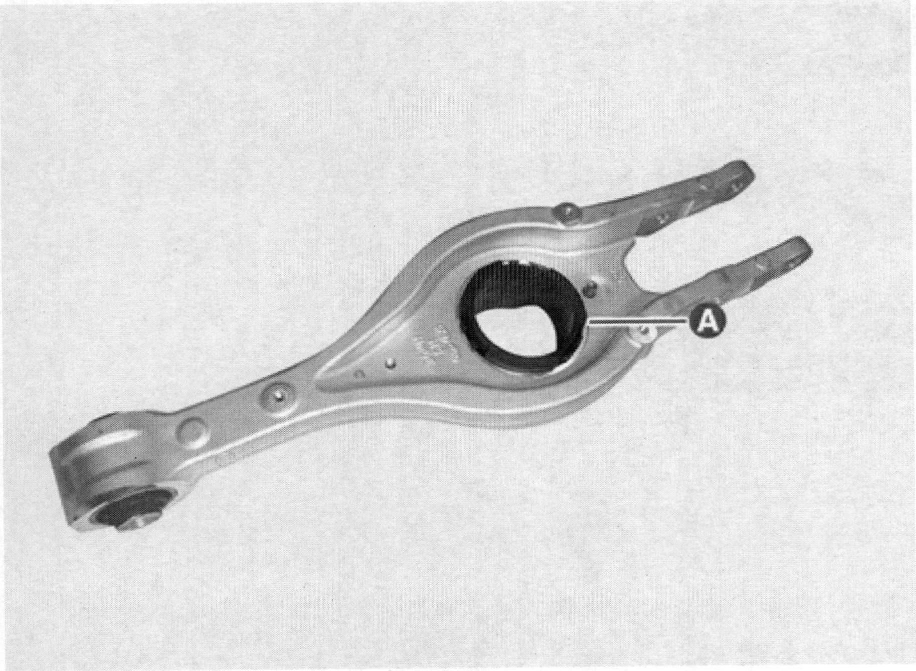

장착

1. 장착은 탈거의 역순으로 한다.

유 의

- 장착 후 리어 로어 암 상단에 돌기(A)를 확인하여 돌기(A)가 완전히 노출되지 않았을 경우 로어암 패드를 재장착한다.

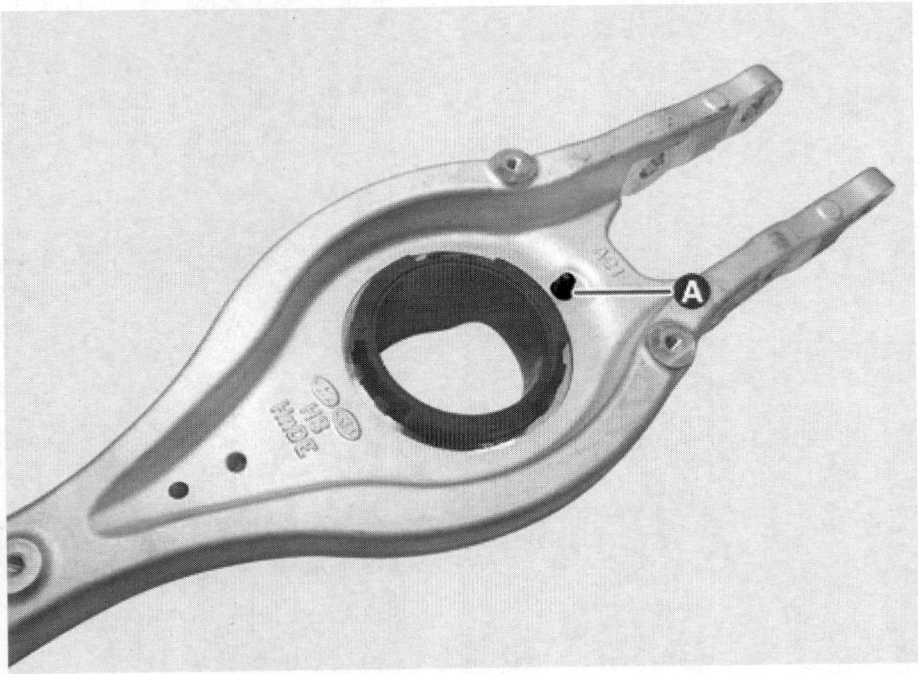

- 리어 코일 스프링 장착 시 스프링 로어 패드의 면(A)과 스프링의 선단(B)이 최대한 접하도록 장착한다.

최대 허용 간극 : 3 mm

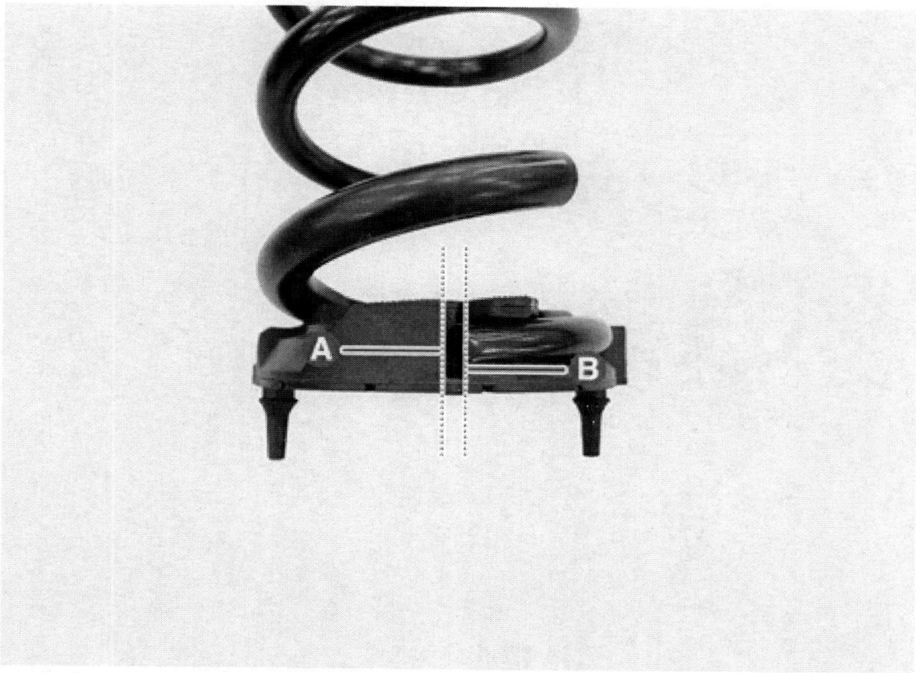

2. 얼라인먼트를 점검한다.
   (얼라인먼트 - "정비절차" 참조)

점검

1. 리어 코일 스프링 균열 및 변형을 점검한다.
2. 리어 코일 스프링 패드의 손상 및 변형을 점검한다.

탈거

경 고

2주식 리프트에서 변속기 잭 사용 시 차량의 무게 중심이 변하여 차량이 낙하될 수 있으니 과도한 로드를 주지 않는다.

[리어 어퍼 암 - 프런트]

1. 리어 크로스 멤버를 탈거한다.
   (리어 서스펜션 시스템 - "리어 크로스 멤버")
2. 볼트와 너트를 풀어 리어 어퍼 암 - 프런트(A)을 탈거한다.

체결토크 : 16.0 ~ 18.0 kgf·m

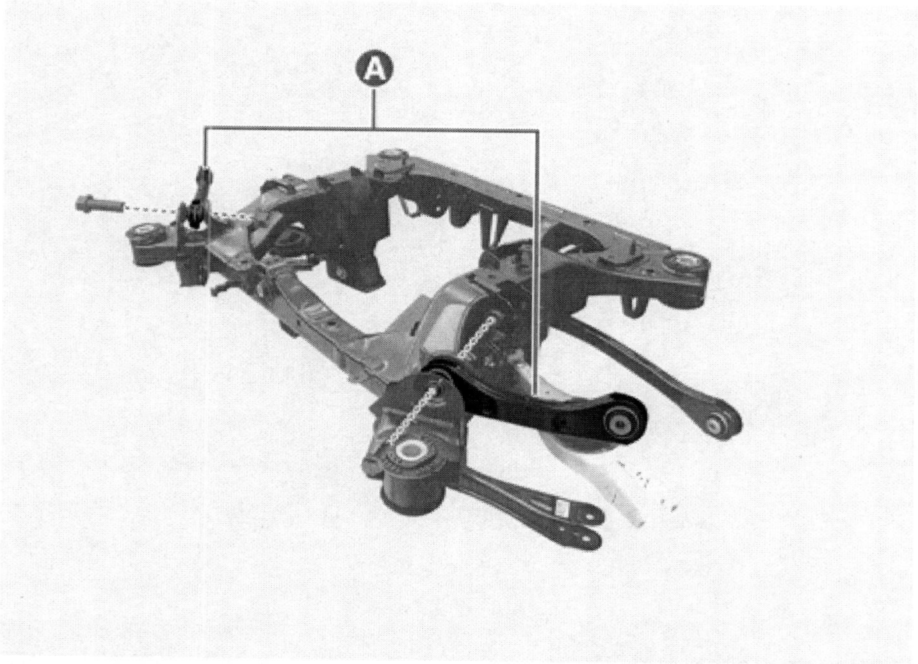

유 의

장착 시 볼트와 너트의 위치 및 방향이 바뀌지 않도록 미리 표시한다.

참 고

볼트를 고정 후 너트를 탈거 및 장착한다.

[리어 어퍼 암 - 리어]

1. 리어 휠 및 타이어를 탈거한다.
   (휠 및 타이어 - "휠" 참조)
2. 볼트와 와셔를 풀어 리어 휠 속도 센서 브래킷(A)을 분리한다.

체결토크 : 2.0 ~ 3.0 kgf·m

유 의

- 변속기 잭을 설치하여 무부하 상태에서 탈거 및 장착한다.
- 장착 시 볼트와 너트의 위치 및 방향이 바뀌지 않도록 미리 표시한다.

참 고

볼트를 고정 후 너트를 탈거 및 장착한다.

3. 리어 어퍼 암 - 리어 볼트(A)와 너트(B)를 탈거한다.

체결토크 : 16.0 ~ 18.0 kgf·m

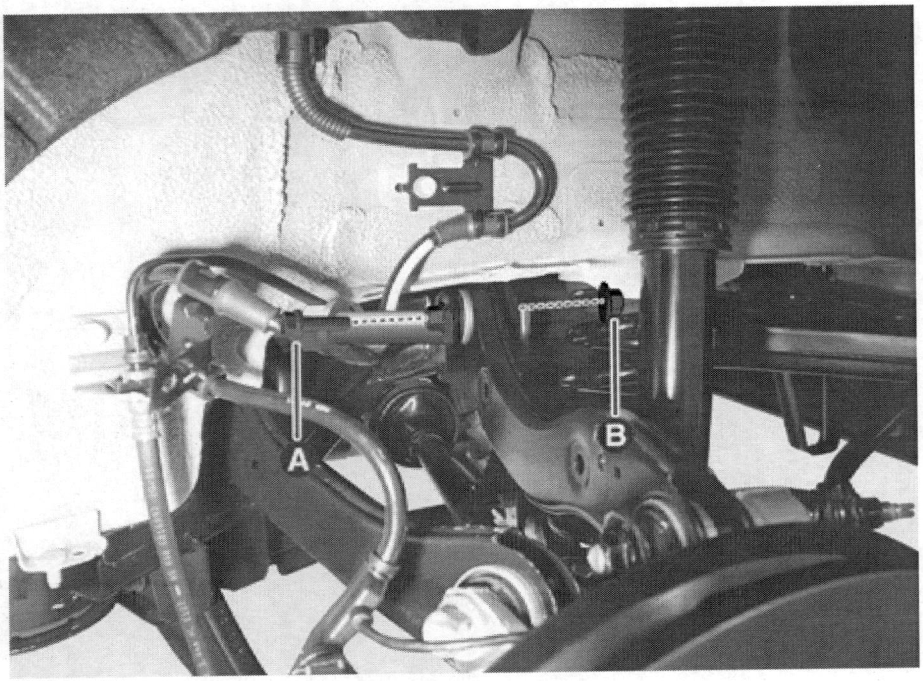

유 의

- 변속기 잭을 설치하여 무부하 상태에서 탈거 및 장착한다.
- 장착 시 볼트와 너트의 위치 및 방향이 바뀌지 않도록 미리 표시한다.

참 고

볼트를 고정 후 너트를 탈거 및 장착한다.

4. 볼트와 너트, 와셔를 풀어 리어 어퍼 암 - 리어(A)을 탈거한다.

체결토크 : 16.0 ~ 18.0 kgf·m

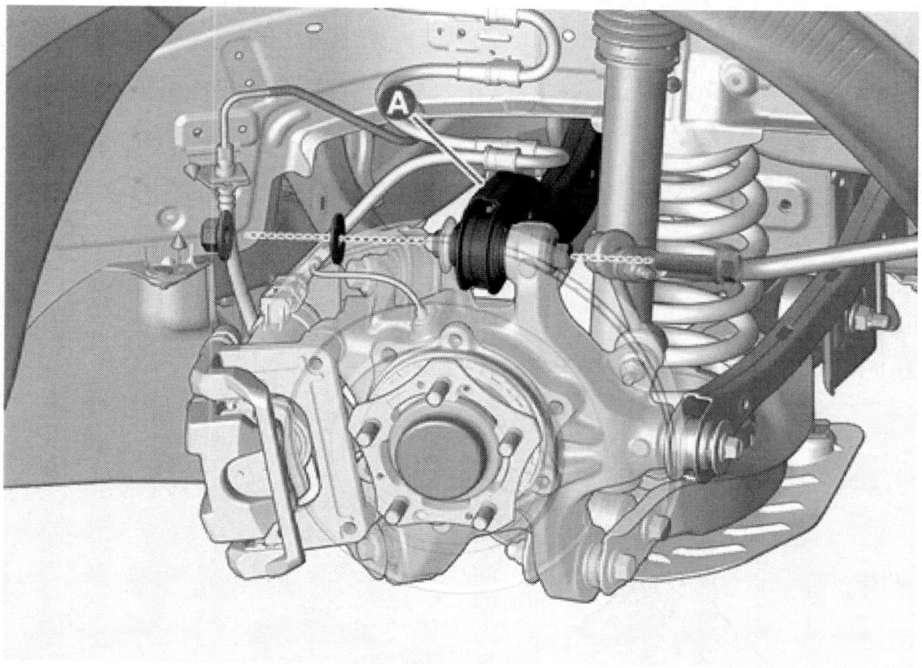

유 의

- 변속기 잭을 설치하여 무부하 상태에서 탈거 및 장착한다.
- 장착 시 볼트와 너트의 위치 및 방향이 바뀌지 않도록 미리 표시한다.

참 고

볼트를 고정 후 너트를 탈거 및 장착한다.

장착

1. 장착은 탈거의 역순으로 한다.
2. 얼라인먼트를 점검한다.
   (얼라인먼트 - "정비절차" 참조)

점검

1. 부싱의 마모 및 노화 상태를 점검한다.
2. 리어 어퍼 암의 휨 또는 손상 상태를 점검한다.
3. 모든 볼트 및 너트를 점검한다.

탈거

1. 리어 언더 커버를 탈거한다.
   (모터 및 감속기 시스템 - "리어 언더 커버" 참조)
2. 리어 코일 스프링을 탈거한다.
   (리어 서스펜션 시스템 - "리어 코일 스프링" 참조)
3. 캠 볼트와 너트, 플레이트를 풀어 리어 로어 암(A)을 탈거한다.

체결토크 : 11.0 ~ 12.0 kgf·m

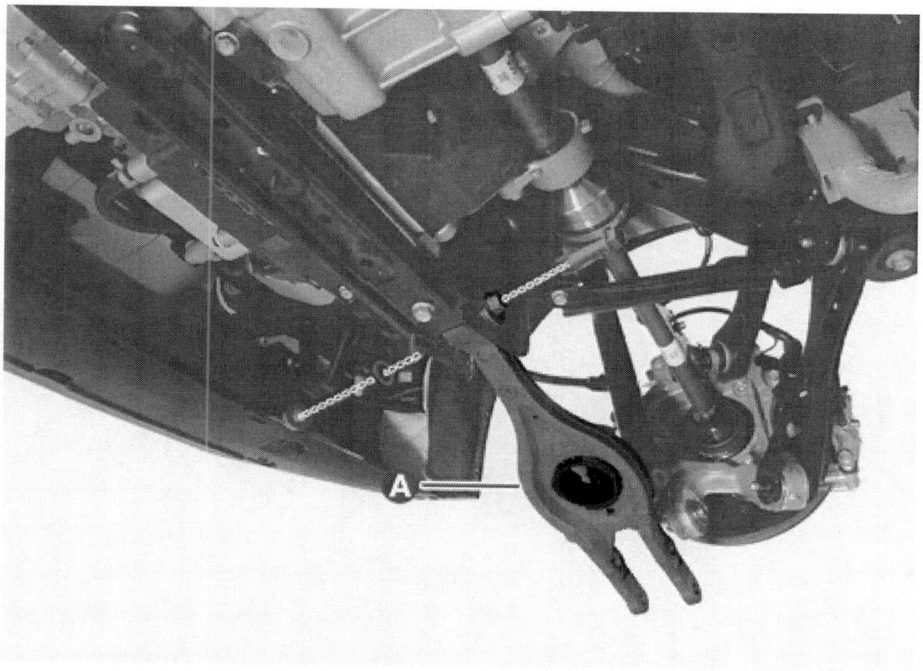

유 의

- 변속기 잭을 설치하여 무부하 상태에서 탈거 및 장착한다.
- 장착 시 볼트와 너트의 위치 및 방향이 바뀌지 않도록 미리 표시한다.

참 고

볼트를 고정 후 너트를 탈거 및 장착한다.

장착

1. 장착은 탈거의 역순으로 한다.

유 의

볼트 및 너트 체결 시 가이드 중심에 볼트 플레이트 눈금 중앙을 맞춘 후 체결한다.

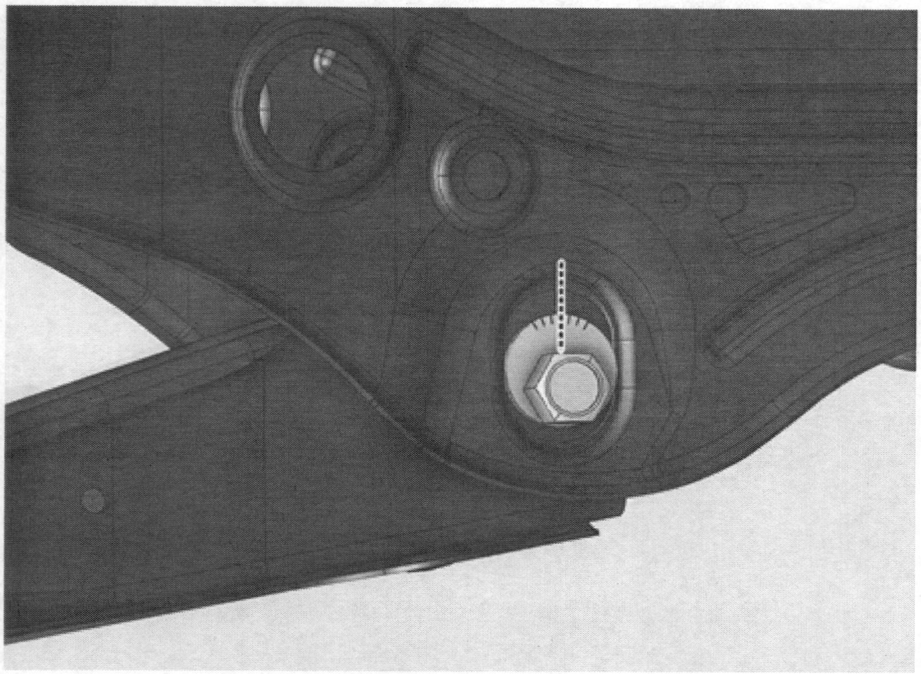

2. 얼라인먼트를 점검한다.
   (얼라인먼트 - "정비절차" 참조)

점검

1. 부싱의 마모 및 노화 상태를 점검한다.
2. 리어 로어 암의 휨 또는 손상 상태를 점검한다.
3. 모든 볼트 및 너트를 점검한다.

2023 > 엔진 > 160kW (2WD) / 70 160kW (4WD) > 서스펜션 시스템 > 리어 서스펜션 시스템 > 리어 어시스트 암 > 탈거 및 장착

탈거

▲ 경 고

2주식 리프트에서 변속기 잭 사용 시 차량의 무게 중심이 변하여 차량이 낙하될 수 있으니 과도한 로드를 주지 않는다.

1. 리어 휠 및 타이어를 탈거한다.
   (휠 및 타이어 - "휠" 참조)
2. 리어 언더 커버를 탈거한다.
   (모터 및 감속기 시스템 - "리어 언더 커버" 참조)
3. 리어 어시스트 암 캠 볼트(A)와 플레이트(B), 너트(C)를 탈거한다.

체결토크 : 11.0 ~ 12.0 kgf·m

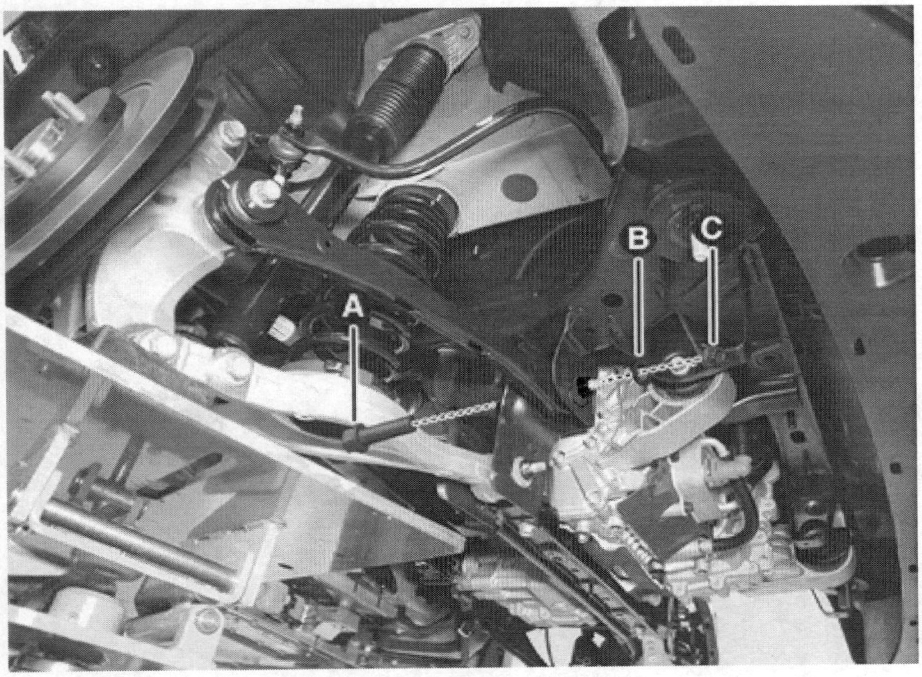

유 의

- 변속기 잭을 설치하여 무부하 상태에서 탈거 및 장착한다.
- 장착 시 볼트와 너트, 플레이트의 위치 및 방향이 바뀌지 않도록 한다.
- 캠 볼트 탈거 시 너트 탈거 후 자석(A) 등을 사용해 캠 볼트를 꺼낸다.

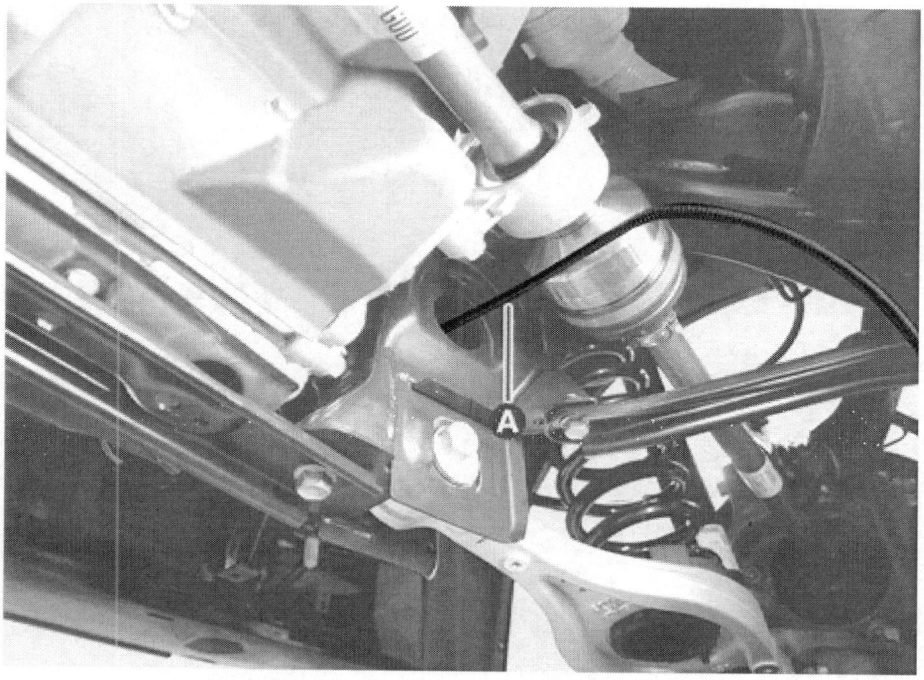

참 고

볼트를 고정 후 너트를 탈거 및 장착한다.

4. 볼트와 와셔, 너트를 풀어 리어 어시스트 암(A)을 탈거한다.

체결토크 : 12.0 ~ 14.0 kgf.m

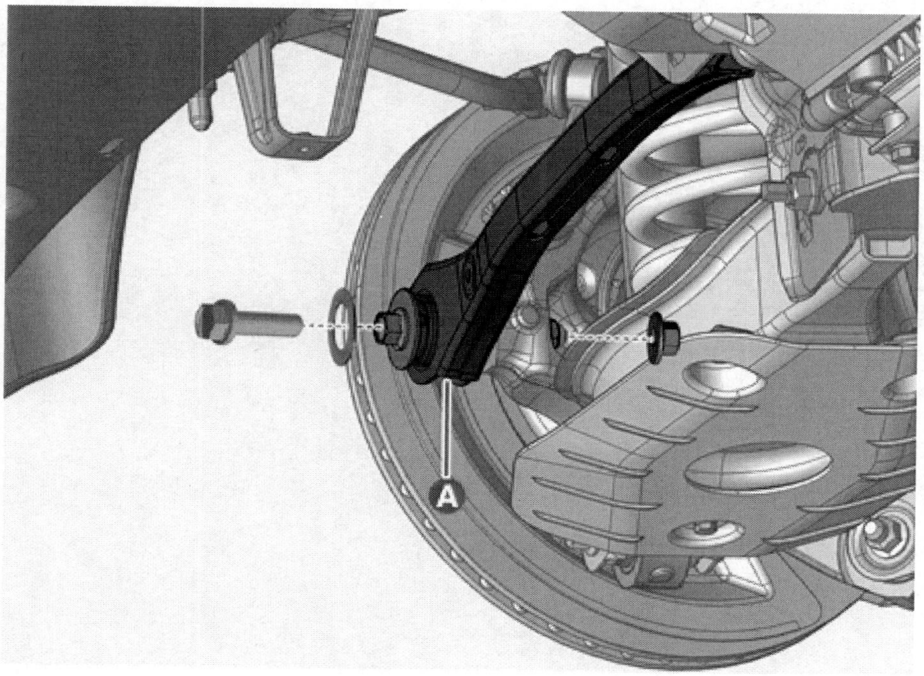

장착

1. 장착은 탈거의 역순으로 한다.

유 의

볼트 및 너트 체결 시 가이드 중심에 플레이트 눈금 중앙을 맞춘 후 체결한다.

2. 얼라인먼트를 점검한다.
(얼라인먼트 - "정비절차" 참조)

2023 > 엔진 > 160kW (2WD) / 70 160kW (4WD) > 서스펜션 시스템 > 리어 서스펜션 시스템 > 리어 어시스트 암 > 점검

점검

1. 부싱의 마모 및 노화 상태를 점검한다.
2. 리어 어시스트 암의 휨 또는 손상 상태를 점검한다.
3. 모든 볼트를 점검한다.

탈거

경 고

2주식 리프트에서 변속기 잭 사용 시 차량의 무게 중심이 변하여 차량이 낙하될 수 있으니 과도한 로드를 주지 않는다.

1. 리어 휠 및 타이어를 탈거한다.
   (휠 및 타이어 - "휠" 참조)
2. 리어 언더 커버를 탈거한다.
   (모터 및 감속기 시스템 - "리어 언더 커버" 참조)
3. 트레일링 암 볼트(A)와 너트(B)를 탈거한다.

체결토크 : 12.0 ~ 14.0 kgf·m

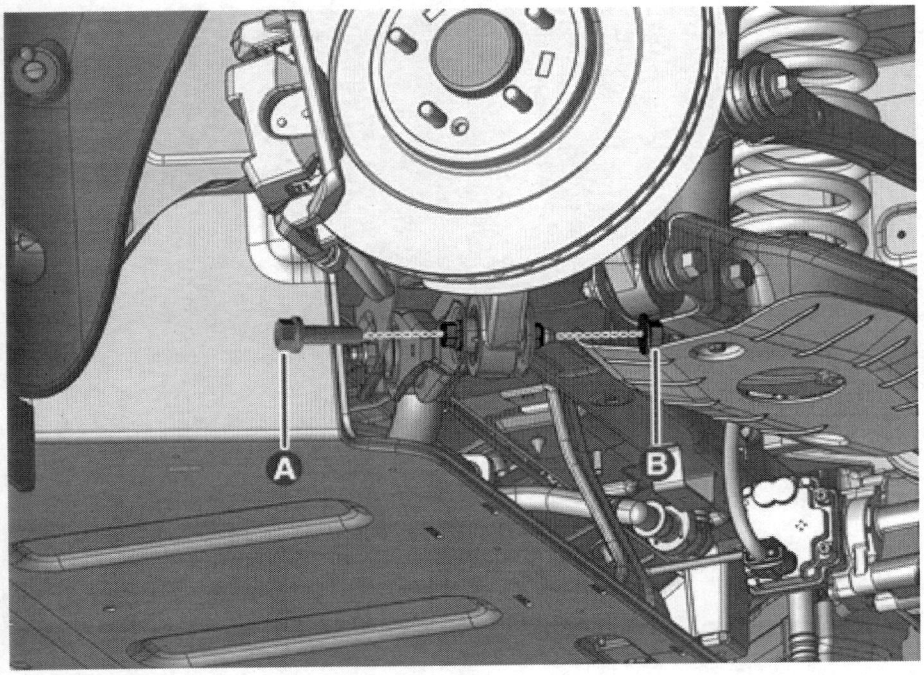

유 의

- 변속기 잭을 설치하여 무부하 상태에서 탈거 및 장착한다.
- 장착 시 볼트와 너트, 플레이트의 위치 및 방향이 바뀌지 않도록 한다.

참 고

볼트를 고정 후 너트를 탈거 및 장착한다.

4. 볼트를 풀어 트레일링 암(A)을 탈거한다.

체결토크 : 12.0 ~ 14.0 kgf·m

장착

1. 장착은 탈거의 역순으로 한다.
2. 얼라인먼트를 점검한다.
   (얼라인먼트 - "정비절차" 참조)

점검

1. 부싱의 마모 및 노화 상태를 점검한다.
2. 트레일링 암의 휨 또는 손상 상태를 점검한다.
3. 모든 볼트 및 너트를 점검한다.

2023 > 엔진 > 160kW (2WD) / 70 160kW (4WD) > 서스펜션 시스템 > 리어 서스펜션 시스템 > 리어 스태빌라이저 바 > 탈거 및 장착

탈거

[리어 스태빌라이저 바 링크]

1. 리어 휠 및 타이어를 탈거한다.
   (휠 및 타이어 - "휠" 참조)
2. 스태빌라이저 바 링크 너트(A)를 탈거한다.

체결토크 : 10.0 ~ 12.0 kgf·m

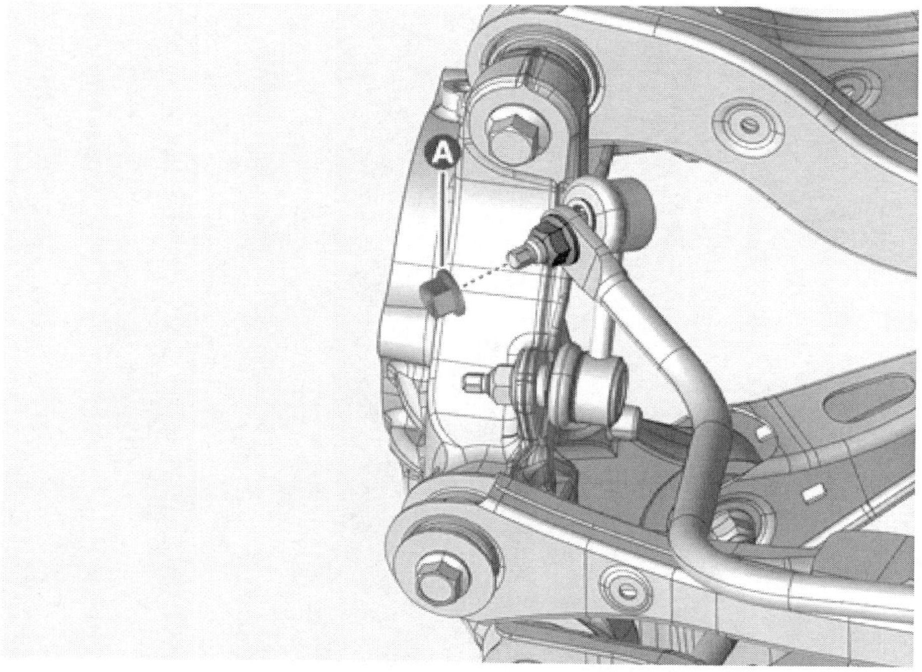

유 의

• 리어 스태빌라이저 바 링크의 아웃터 헥사(A)를 고정하고 너트(B)를 탈거 및 장착한다.

- 링크의 고무 부트가 손상되지 않도록 유의한다.
- 리어 스태빌라이저 바 링크 너트 탈거 및 장착 시 반드시 수공구를 사용한다.

3. 너트를 풀어 리어 스태빌라이저 바 링크(A)를 탈거한다.

체결토크 : 10.0 ~ 12.0 kgf·m

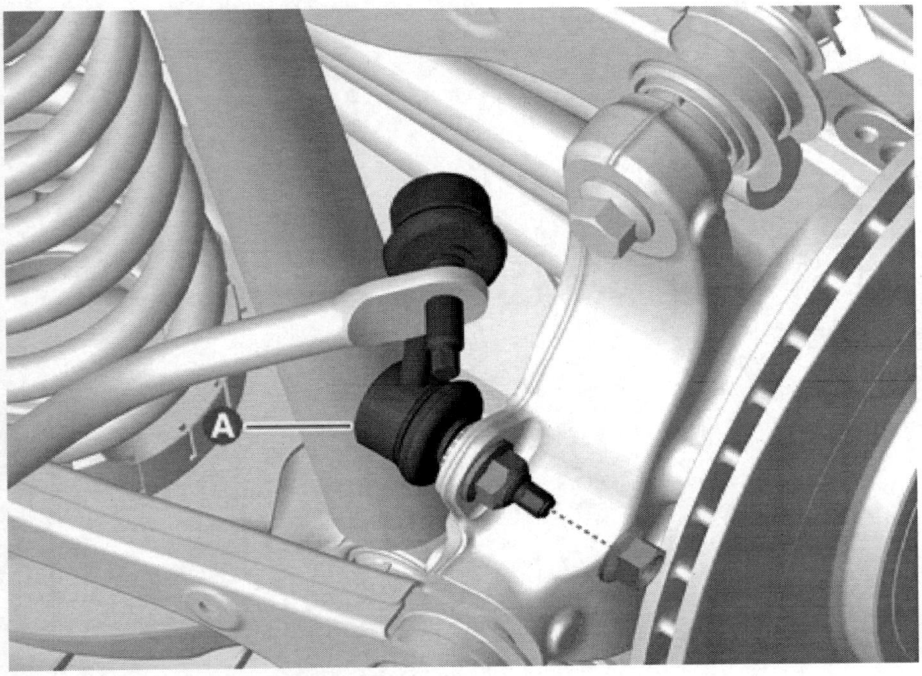

유 의

- 리어 스태빌라이저 바 링크의 아웃터 헥사(A)를 고정하고 너트(B)를 탈거 및 장착한다.

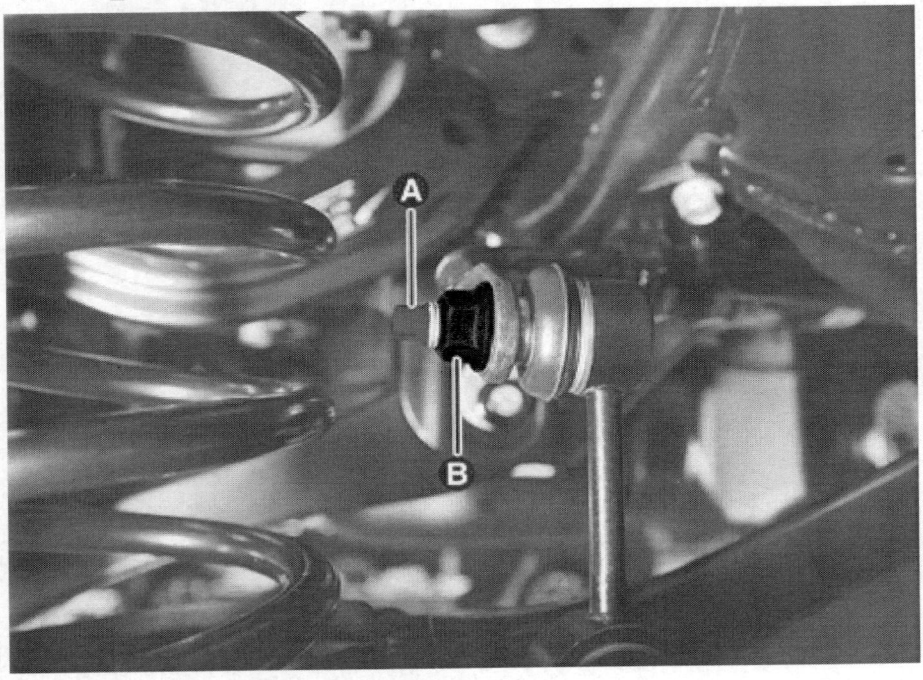

- 링크의 고무 부트가 손상되지 않도록 유의한다.
- 리어 스태빌라이저 바 링크 너트 탈거 및 장착 시 반드시 수공구를 사용한다.

[리어 스태빌라이저 바]

1. 후륜 모터 및 감속기 어셈블리를 탈거한다

(모터 및 감속기 시스템 - "후륜 모터 및 감속기 어셈블리" 참조)

> **참 고**
>
> 리어 스태빌라이저 바 탈거를 위해 해당 절차 중 1 ~ 19 까지만 진행하고 다음 절차를 진행한다.

2. 커넥터(A)를 탈거한다.

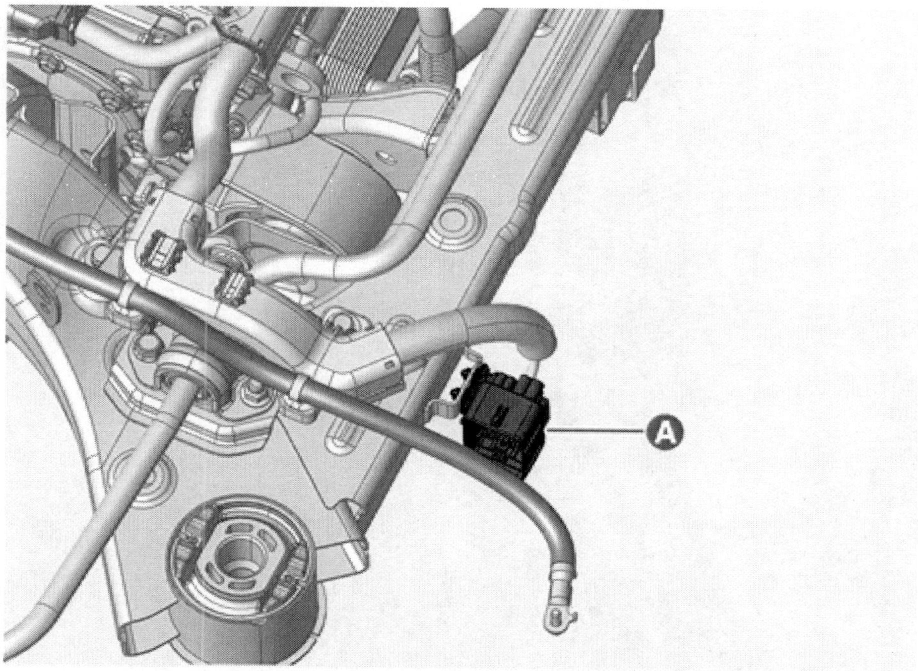

3. 볼트를 풀어 고전압 케이블 와이어링(A)을 분리한다.

체결토크 : 2.0 ~ 2.4 kgf·m

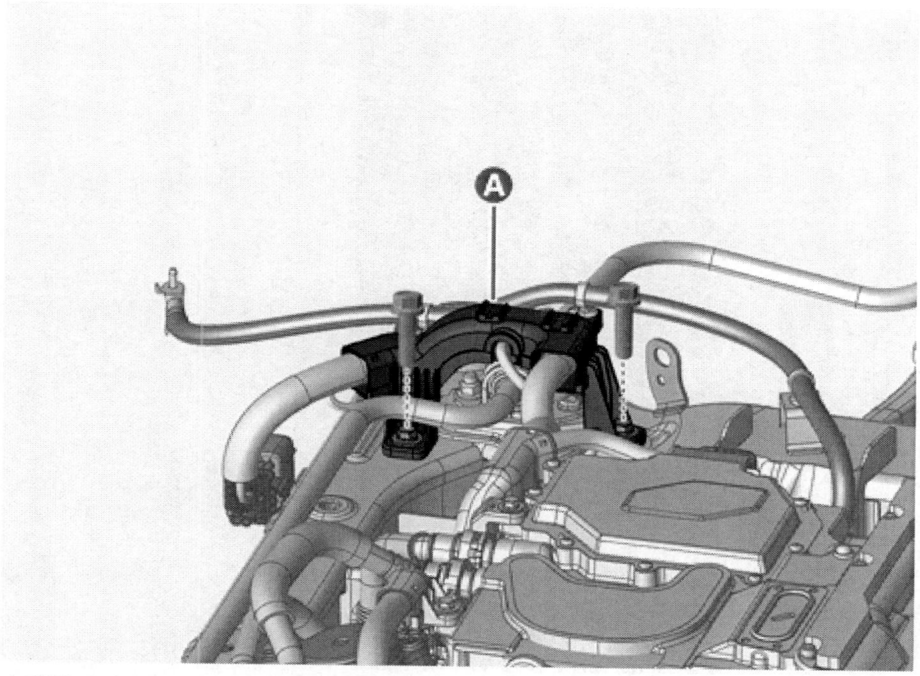

4. 스태빌라이저 바 링크 너트(A)를 탈거한다.

체결토크 : 10.0 ~ 12.0 kgf·m

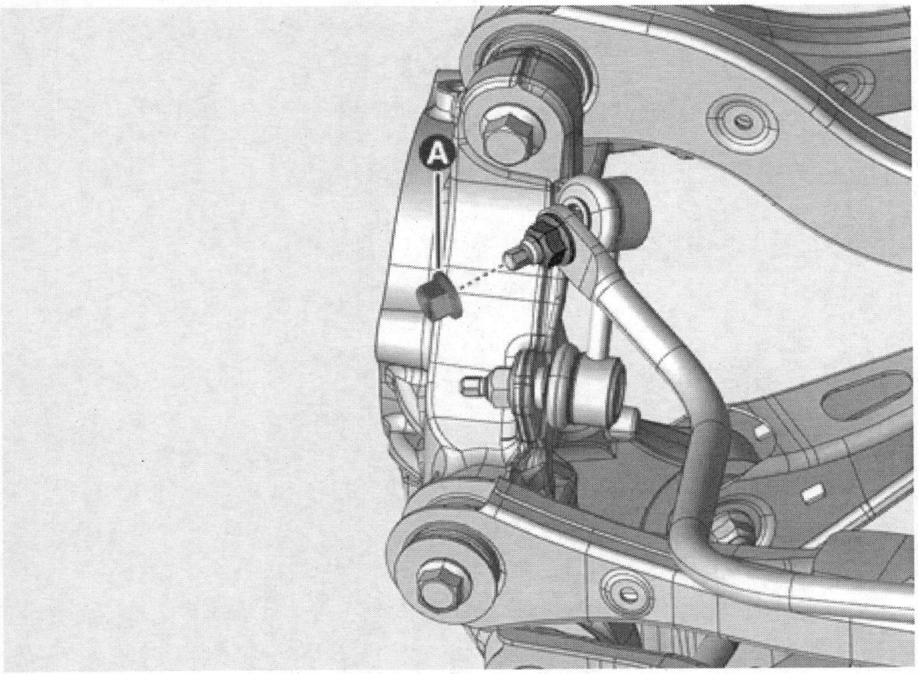

유 의

- 리어 스태빌라이저 바 링크의 아웃터 헥사(A)를 고정하고 너트(B)를 탈거 및 장착한다.

- 링크의 고무 부트가 손상되지 않도록 유의한다.
- 리어 스태빌라이저 바 링크 너트 탈거 및 장착 시 반드시 수공구를 사용한다.

5. 볼트와 너트를 풀어 리어 스태빌라이저 바(A)를 탈거한다.

체결토크 : 5.0 ~ 6.5 kgf·m

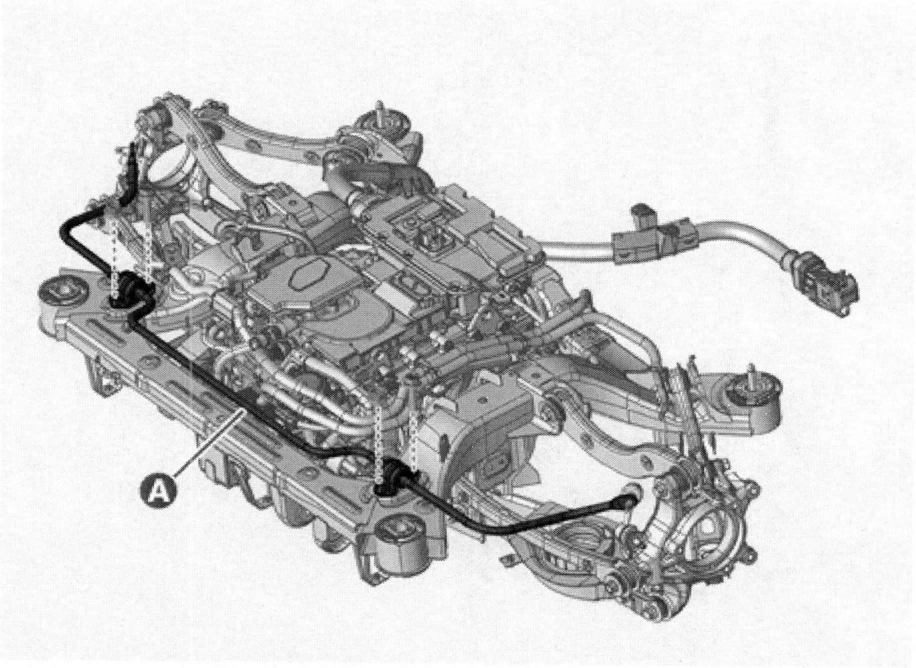

장착

1. 장착은 탈거의 역순으로 한다.
2. 얼라인먼트를 점검한다. **[리어 스태빌라이저 바 교체 시]**
   (얼라인먼트 - "정비절차" 참조)

점검

1. 리어 스태빌라이저 바 부싱의 손상 유무를 점검한다.
2. 리어 스태빌라이저 바 링크 볼 조인트의 손상 유무를 점검한다.
3. 모든 볼트 및 너트를 점검한다.

탈거

1. 차고 센서를 탈거한다. **[사양 적용 시]**
   (바디 전장 - "지능형 헤드램프 (IFS)" 참조)
2. 후륜 모터 및 감속기 어셈블리를 탈거한다.
   (후륜 모터 및 감속기 어셈블리 - "후륜 모터 및 감속기 어셈블리")
3. 너트를 탈거하여 리어 스태빌라이저 링크(A)를 분리한다.

체결토크 : 10.0 ~ 12.0 kgf·m

4. 볼트와 와셔, 너트를 탈거하여 리어 어퍼 암 - 리어(A)를 분리한다.

체결토크 : 18.0 ~ 20.0 kgf·m

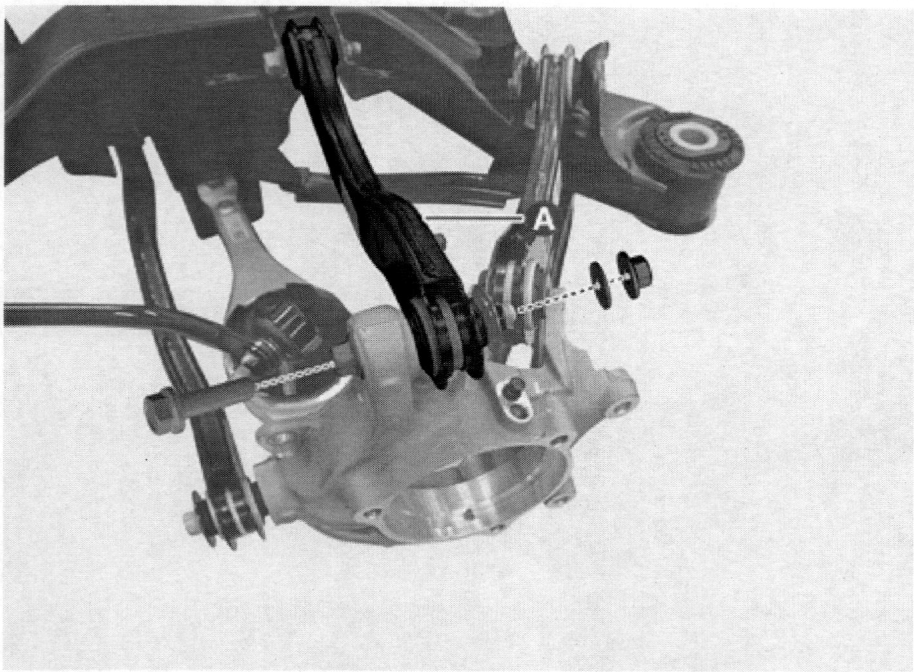

5. 트레일링 암 너트(A)와 볼트(B)를 탈거한다.

체결토크 : 18.0 ~ 20.0 kgf·m

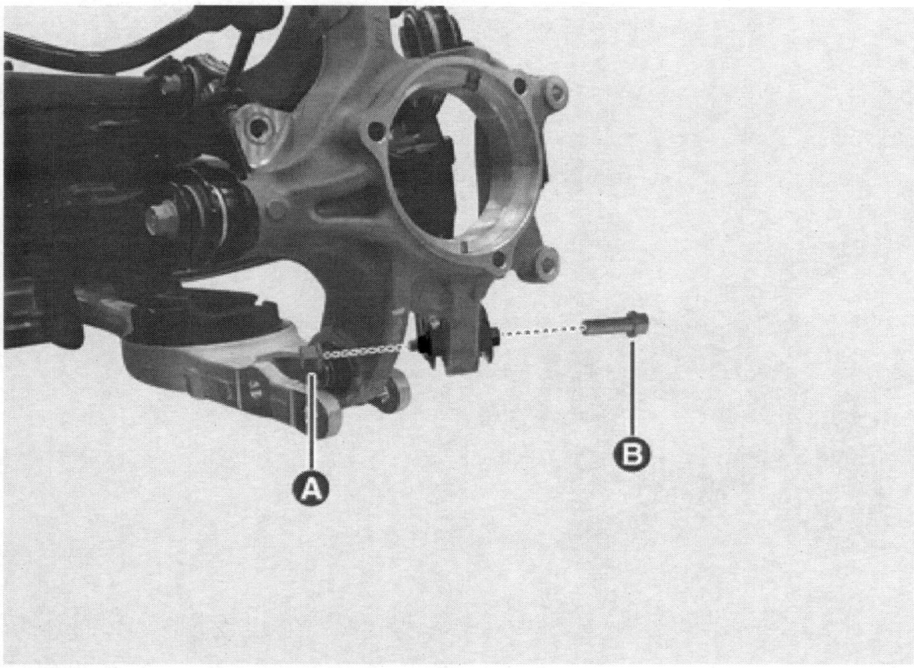

6. 볼트와 와셔, 너트를 풀어 리어 캐리어(A)를 탈거한다.

체결토크 : 18.0 ~ 20.0 kgf·m

7. 볼트와 너트를 풀어 리어 스태빌라이저 바(A)를 탈거한다.

체결토크 : 5.0 ~ 6.5 kgf·m

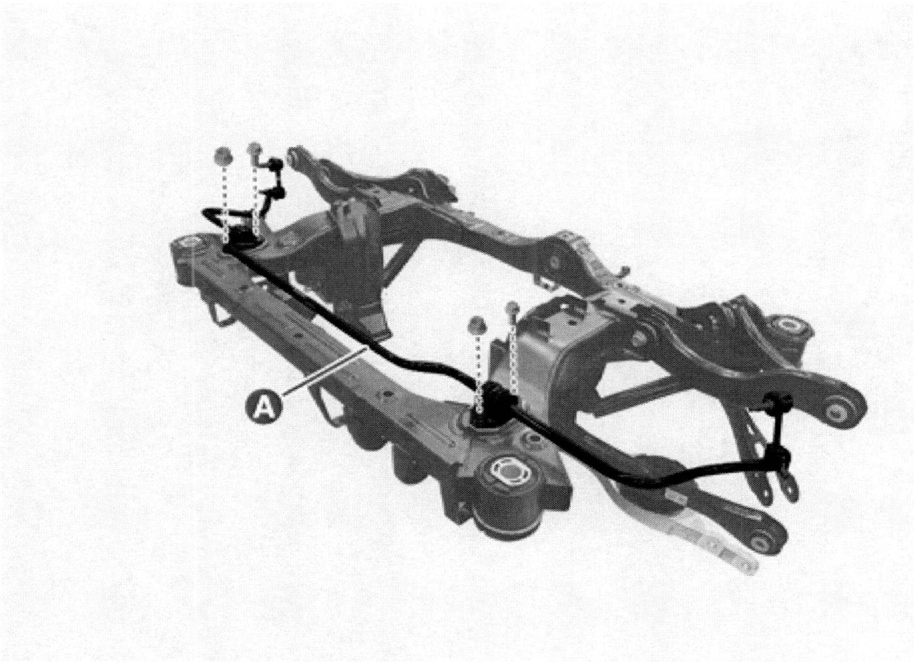

8. 볼트를 풀어 트레일링 암(A)을 탈거한다.

체결토크 : 12.0 ~ 14.0 kgf·m

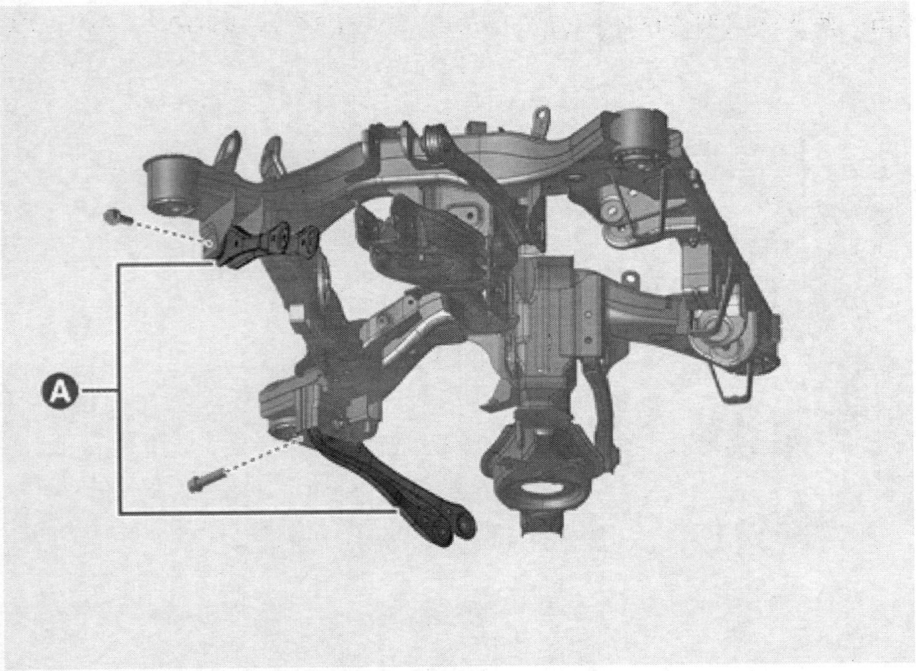

9. 볼트와 너트를 풀어 리어 어퍼암 - 리어(A)를 탈거한다.

체결토크 : 16.0 ~ 18.0 kgf·m

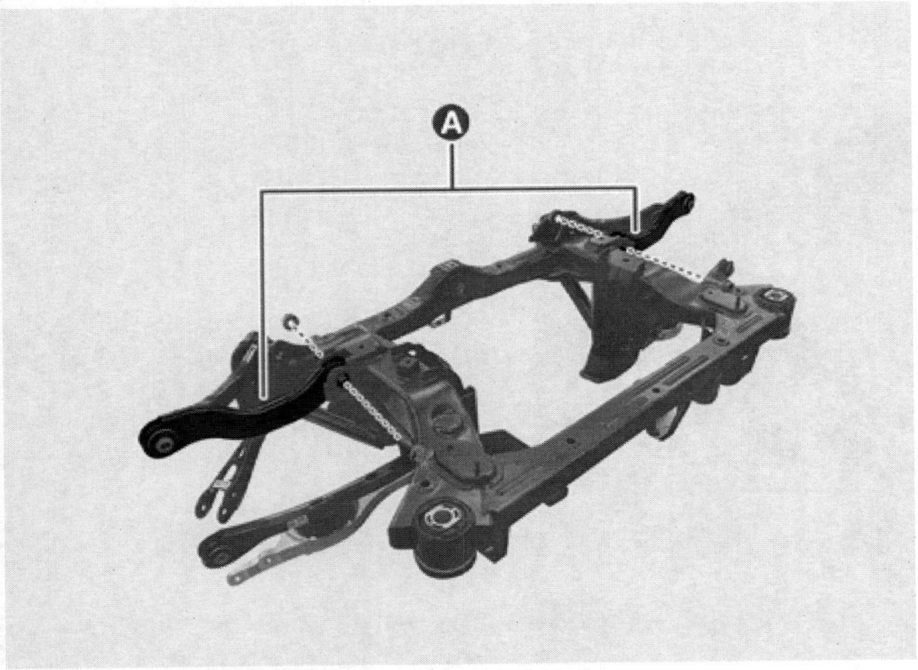

10. 볼트와 너트를 풀어 리어 어퍼암 - 프런트(A)를 탈거한다.

체결토크 : 16.0 ~ 18.0 kgf·m

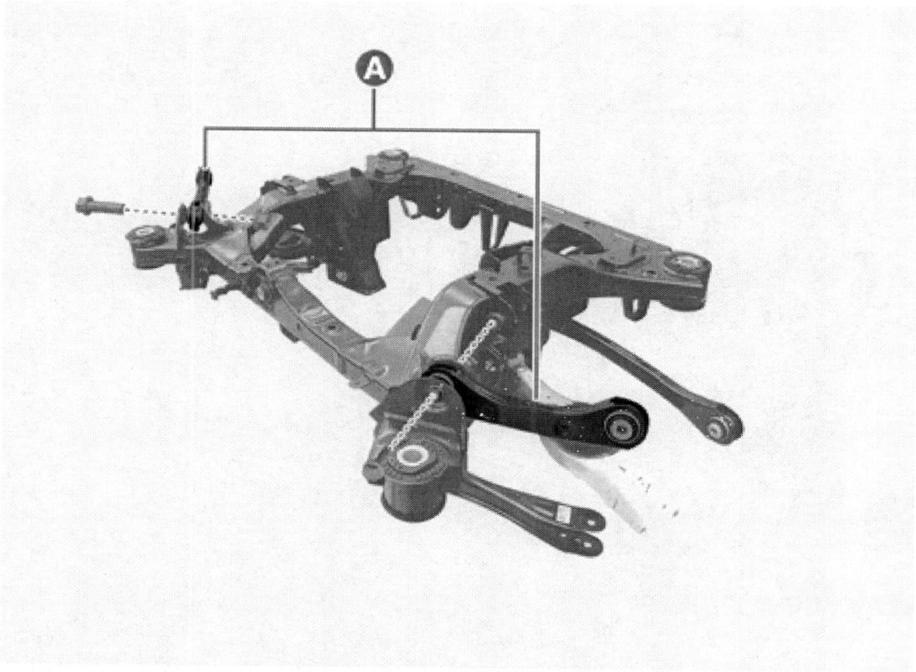

11. 볼트와 플레이트, 너트를 풀어 리어 어시스트 암(A)을 탈거한다.

체결토크 : 16.0 ~ 18.0 kgf·m

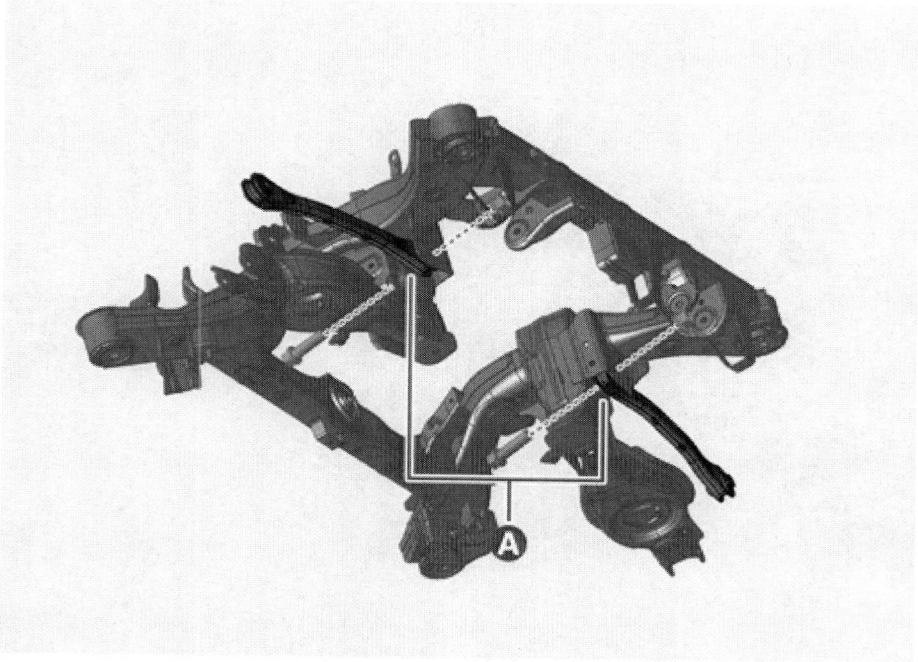

12. 볼트와 플레이트, 너트를 풀어 리어 로어 암(A)을 탈거한다.

체결토크 : 16.0 ~ 18.0 kgf·m

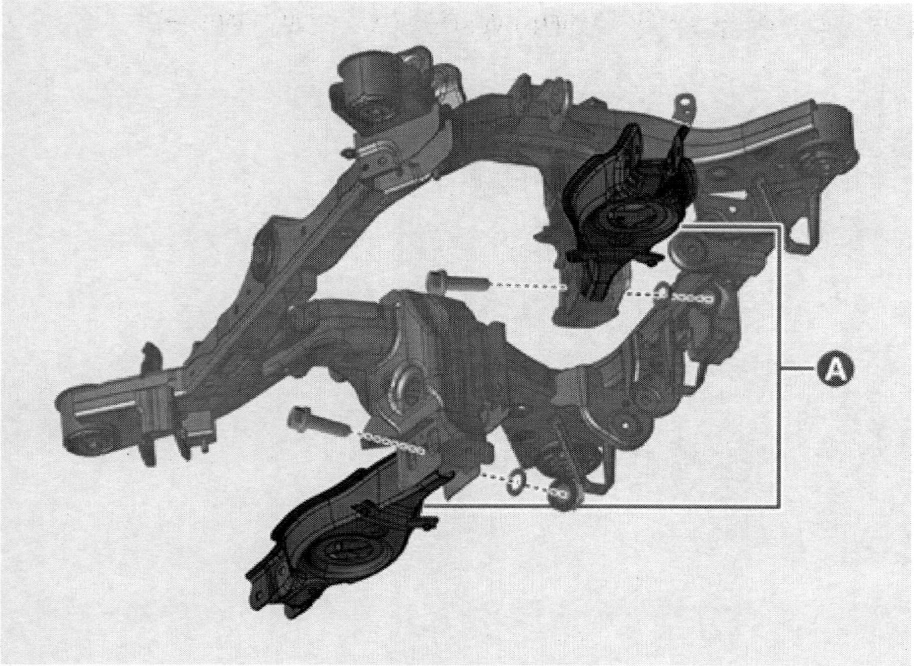

장착

1. 장착은 탈거의 역순으로 한다.

유 의

볼트 및 너트 체결 시 가이드 중심에 플레이트 눈금 중앙을 맞춘 후 체결한다.

[리어 어시스트 암]

[리어 로어 암]

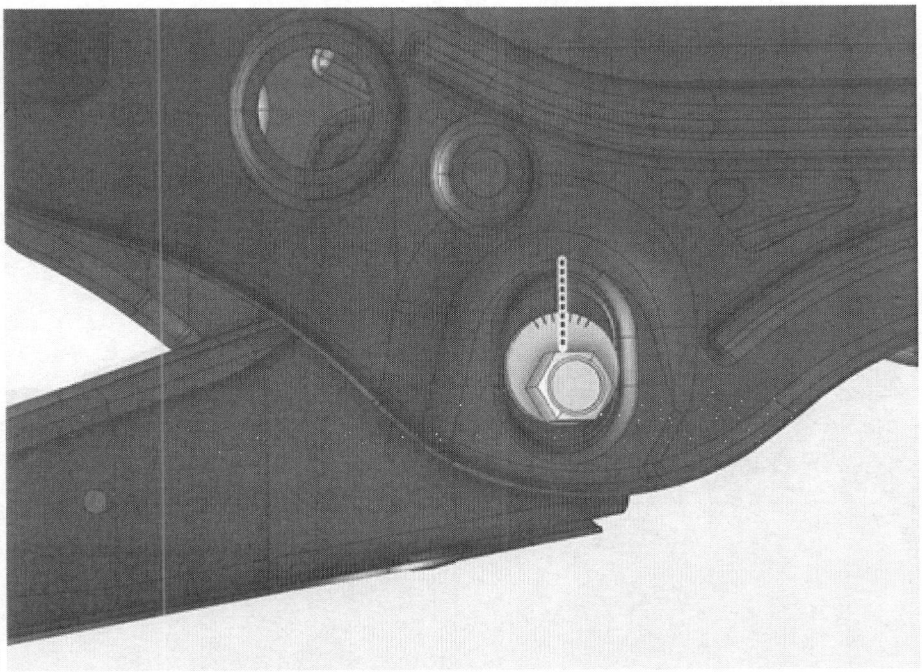

2. 얼라인먼트를 점검한다.
(얼라인먼트 - "정비절차" 참조)

점검

1. 부싱의 마모 또는 노화 여부를 점검한다.
2. 모든 볼트와 너트를 점검한다.

타이어 마모

1. 타이어의 트레드 깊이를 측정한다.

트레드 깊이 [한계치] : 1.6 mm **(고속 주행 차량 : 2.4 mm)**

2. 트레드 깊이(A)가 한계치 이하이면 타이어를 교환한다.

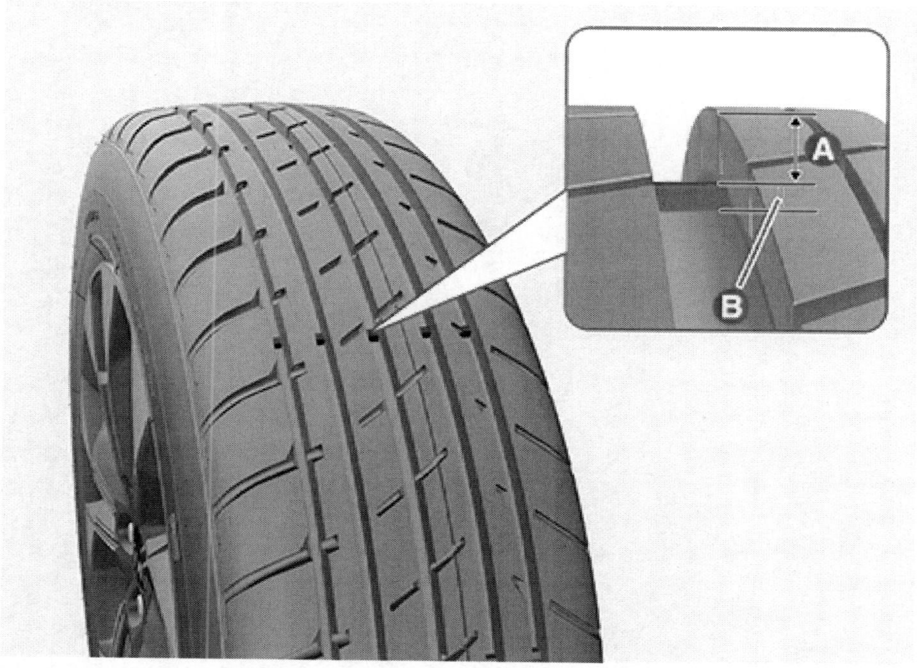

유 의

트레드 깊이가 1.6 mm 이하 **(고속 주행 차량 : 2.4 mm)** 이면 마모 한계 표시(B)가 나타난다.

탈거

1. 휠 및 타이어를 탈거한다.
   (휠 및 타이어 - "휠" 참조)
2. 타이어의 공기를 뺀다.
3. 타이어 교환 장비를 사용하여 타이어의 측면 비드 부위를 휠에서 탈거시킨다.

유 의

- 비드 브레이커가 TPMS 센서와 충분히 이격되어 있는지 확인한다.
- 밸브로부터 90º, 180º, 270º의 위치에서 비드를 탈거시킨다.

4. 지렛대로 타이어를 젖힌 후 휠을 시계 방향으로 회전시키며 타이어를 탈거한다.

유 의

- 타이어 교환 장비의 머리 부분으로부터 12시 방향에 TPMS 센서를 맞춘다.
- 지렛대로 비드를 들어 올릴 때 센서에 충격이 가하지 않도록 한다.

장착

1. 타이어의 비드 부에 타이어 삽입용 윤활제를 도포한다.

규정 윤활제 : 비눗물 또는 YH100 (타이어 삽입용 윤활제)

2. 하단 비드를 장착하기 위해 타이어 교환 장비의 머리로부터 5시 방향에 TPMS센서를 위치시킨다.

3. 림을 시계 방향으로 회전시키고 하단 비드를 장착하기 위해 3시 방향에서 타이어를 누른다.

유 의

타이어를 휠에 장착하여 비드가 센서 뒤쪽의 림 가장자리(6시 방향)에 닿도록 한다.

4. 상단 비드를 장착시키기 위해 3시 방향에서 타이어를 누르고 림을 시계 방향으로 회전시킨다.

5. 비드가 완전히 안착될 때까지 타이어에 공기를 주입한다.

타이어 공기압

타이어	프런트	리어
235/55 R19	250 kPa (36 psi)	
255/45 R20		
255/40 R21	235 kPa (34 psi)	270 kPa (39 psi)

6. 휠 및 타이어를 장착한다.
   (휠 및 타이어 - "휠" 참조)

타이어 위치 교환

유 의

방향성 타이어 또는 비대칭 타이어를 좌/우 및 대각선으로 교환할 경우 주행 및 제동 성능이 떨어질 수 있으므로 유의한다.

아래 그림의 화살표와 같은 방향으로 타이어를 교환한다.

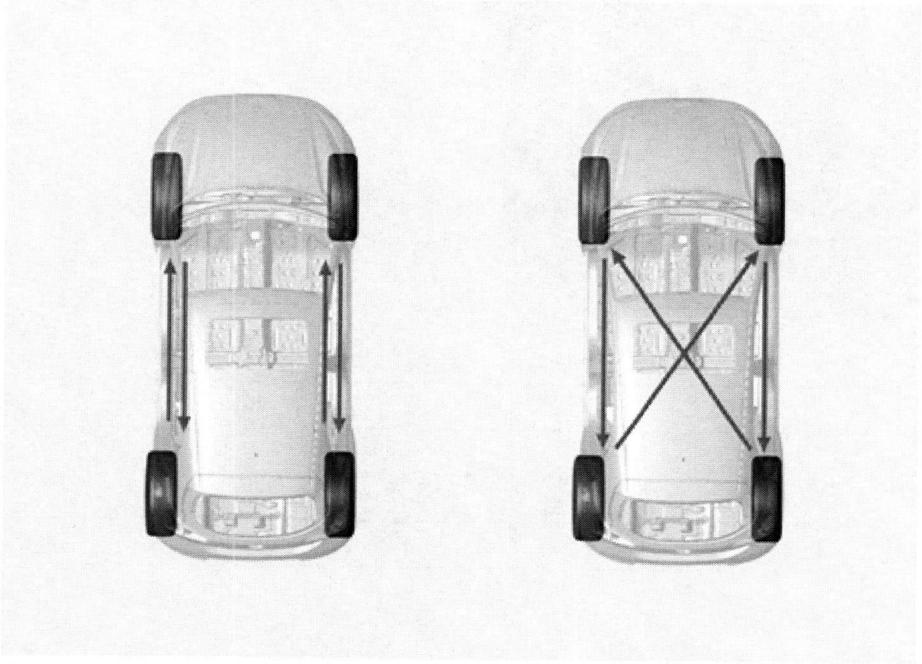

편 주행 시 교환 방법

특별한 고장 증상 없이 차량이 한쪽으로 쏠릴 경우 타이어 편마모가 원인일 수 있다.
이 경우 다음의 타이어 교환 작업 절차를 실시한다.

1. 프런트의 좌우측 타이어를 교환하고 차량의 안정성을 확인하기 위해 주행 테스트를 한다.

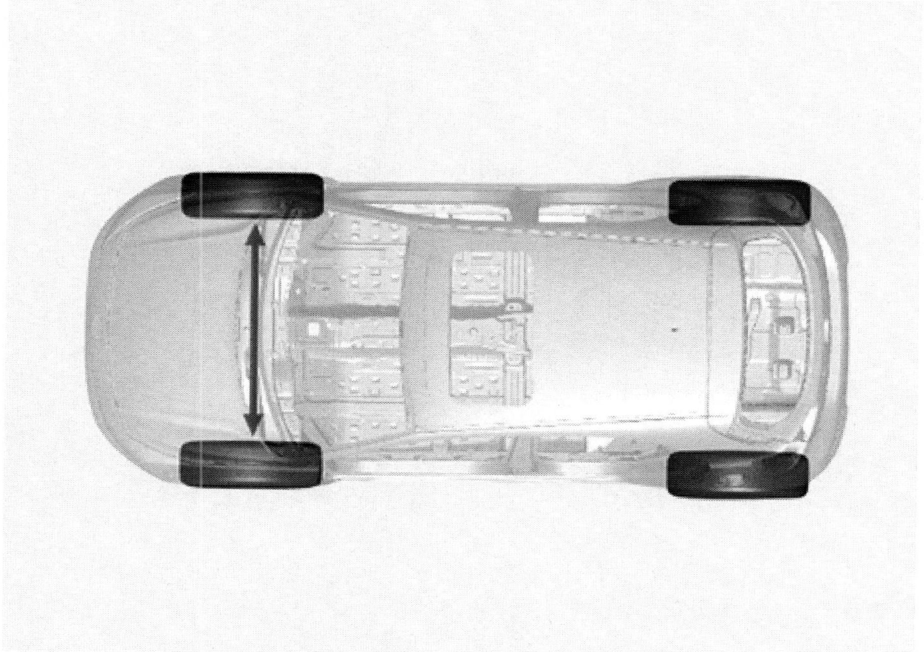

2. 만일 반대편으로 쏠릴 경우 프런트와 리어 타이어를 교환하고 주행 테스트를 한다.

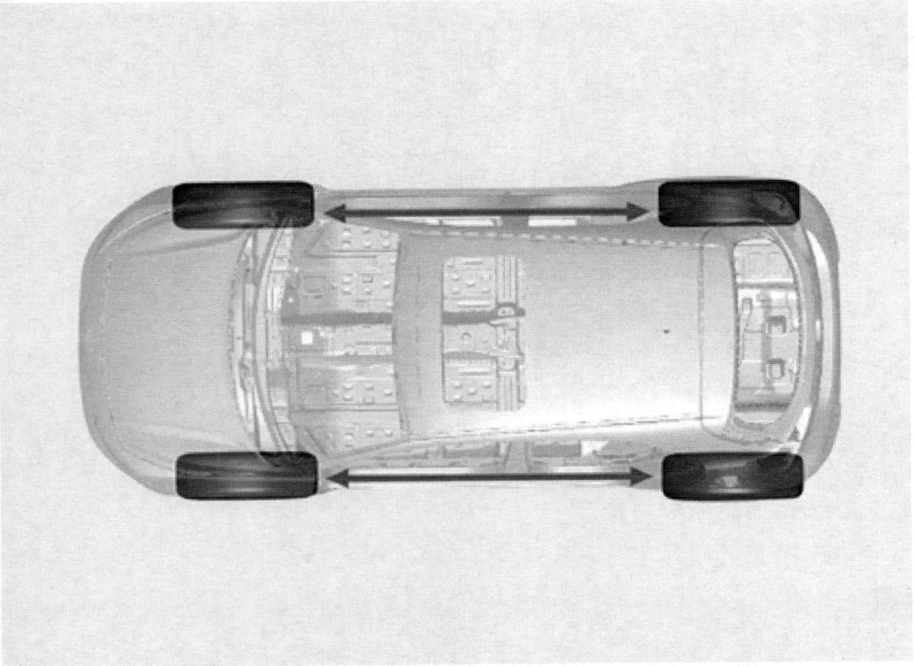

3. 계속 한쪽으로 쏠릴 경우 프런트 좌우측 타이어를 교환하고 주행 테스트를 한다.

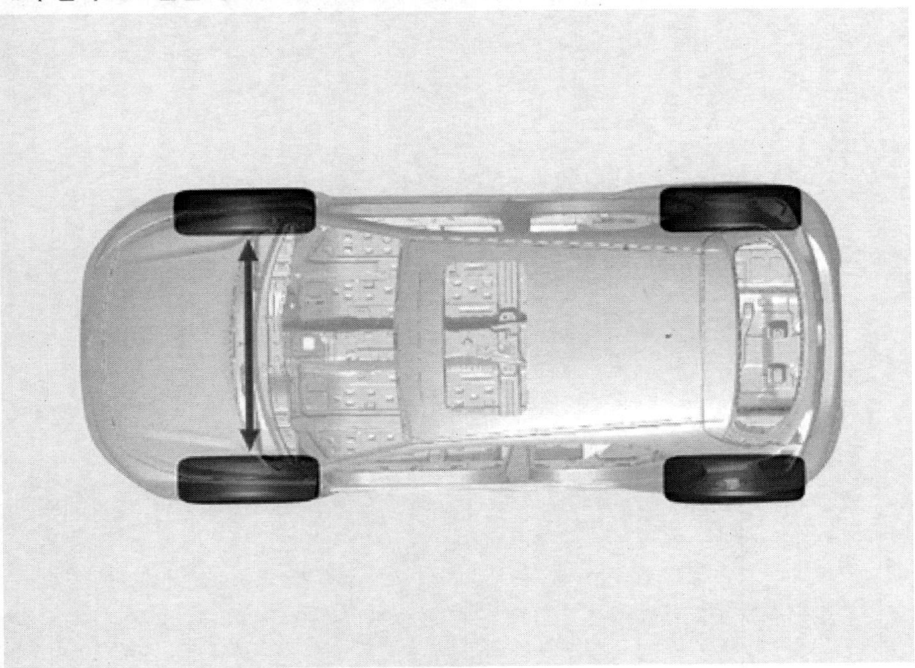

4. 만일 차량이 3번 단계의 반대편으로 다시 쏠리면 프런트 타이어를 신품으로 교환한다.

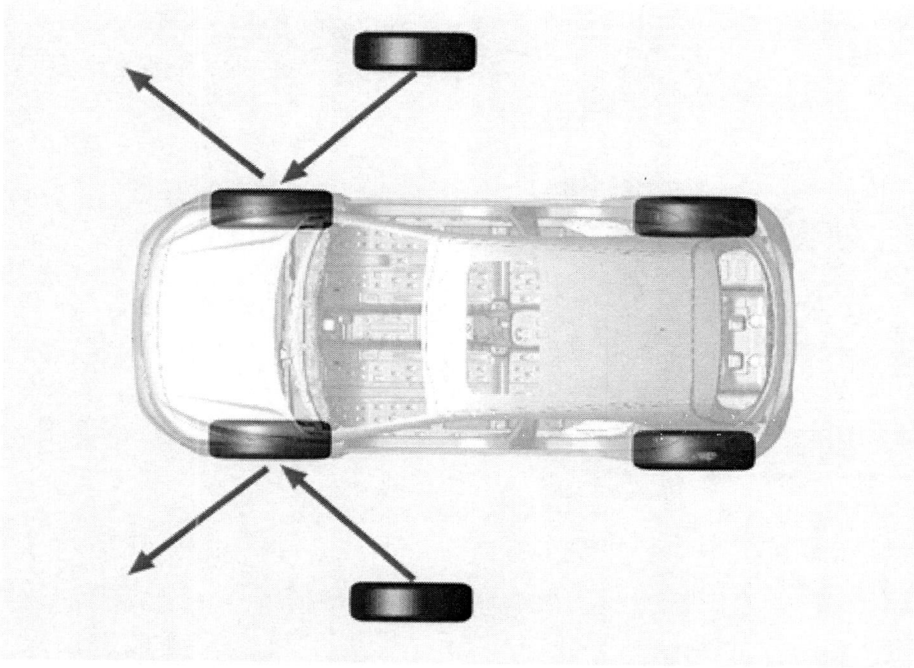

탈거

1. 휠 캡(A)을 탈거한다. **[사양 적용 시]**

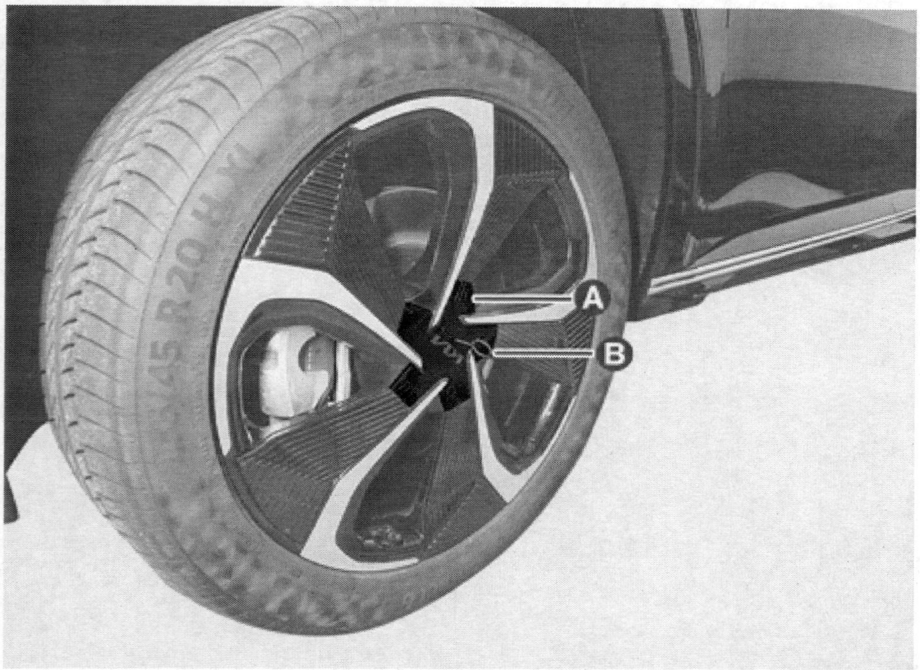

> **참 고**
>
> 타이어 모빌리티 키트(TMK)에 포함되어있는 휠 캡 탈거 공구(B)를 사용한다.

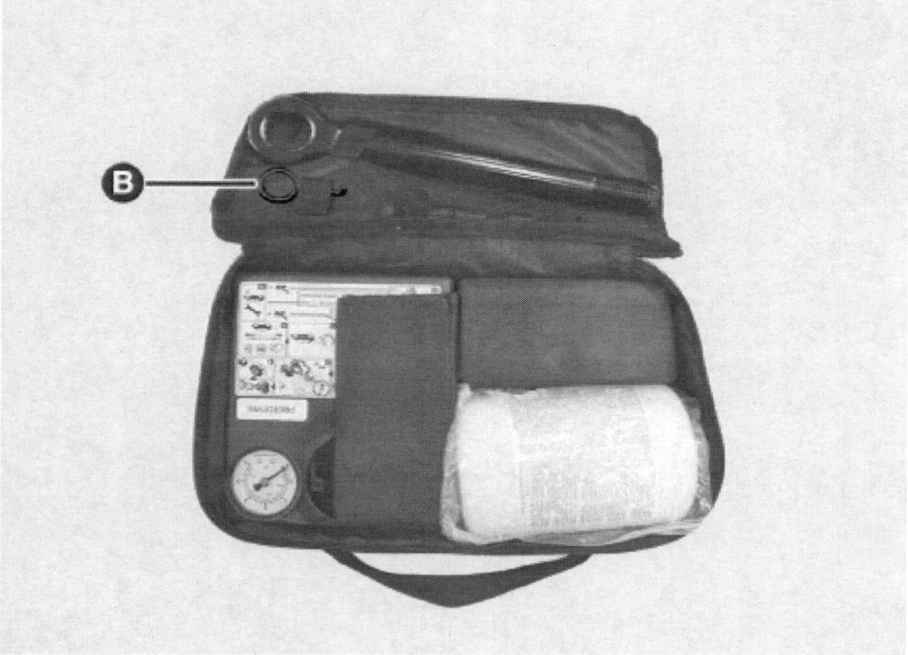

2. 휠 및 타이어(A)를 탈거한다.

체결토크 : 11.0 ~ 13.0 kgf·m

[프런트]

[리어]

유 의

휠 및 타이어 탈거 시 허브 볼트(A)가 손상되지 않도록 유의한다.

[프런트]

[리어]

장착

1. 휠 및 타이어(A)를 장착한다.

체결토크 : 11.0 ~ 13.0 kgf·m

[프런트]

[리어]

유 의

- 휠 및 타이어 장착 시 허브 볼트(A)가 손상되지 않도록 유의한다.
  [프런트]

[리어]

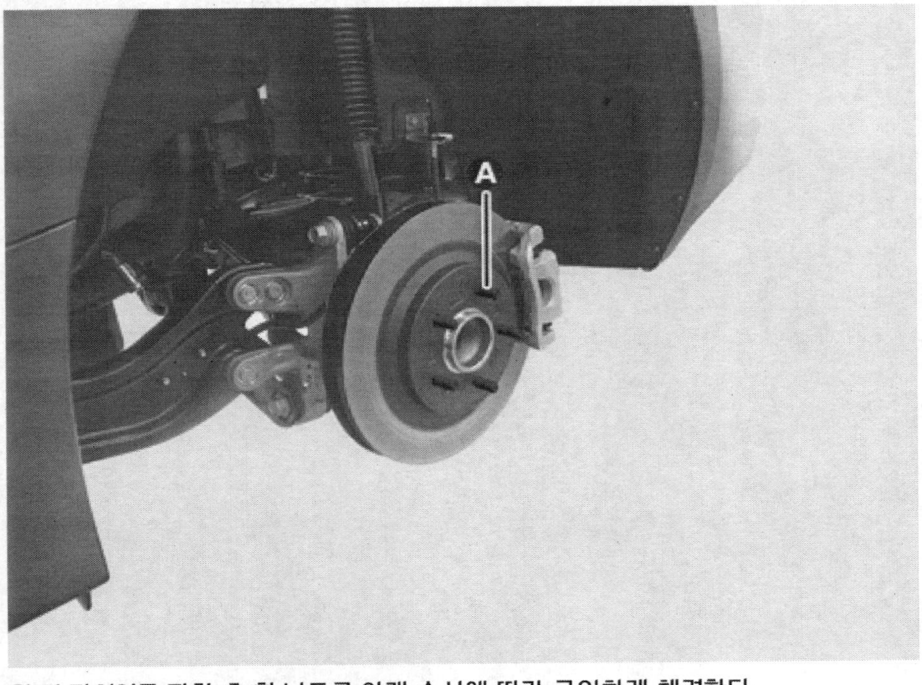

- 휠 및 타이어를 장착 후 휠 너트를 아래 순서에 따라 균일하게 체결한다.

- 휠 측(A)과 허브 측(B)의 접촉면에 녹이나 이물질 등을 제거한 후 휠 및 타이어를 장착한다.

[프런트]

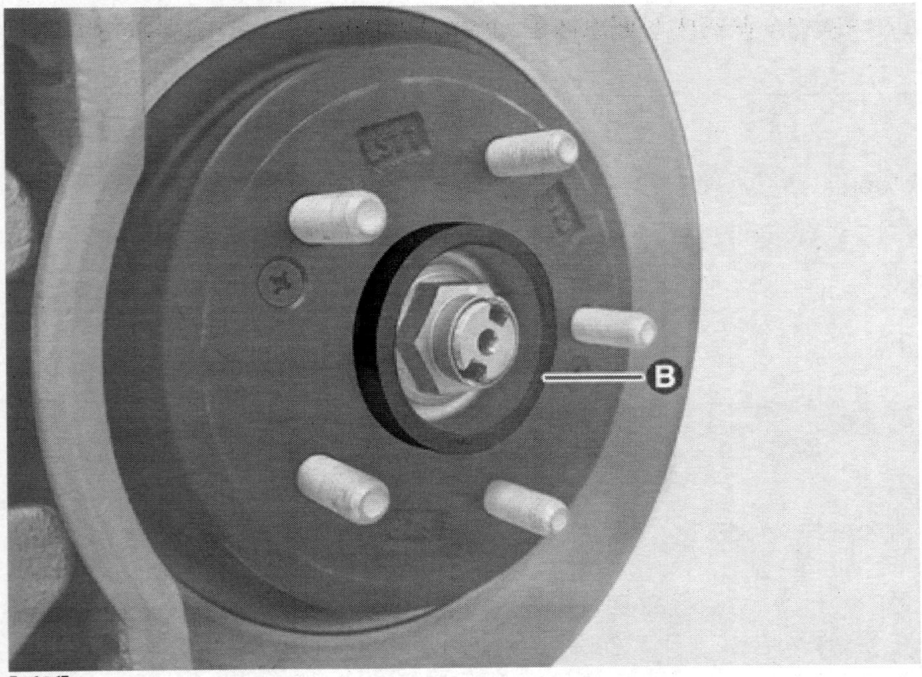

[리어]

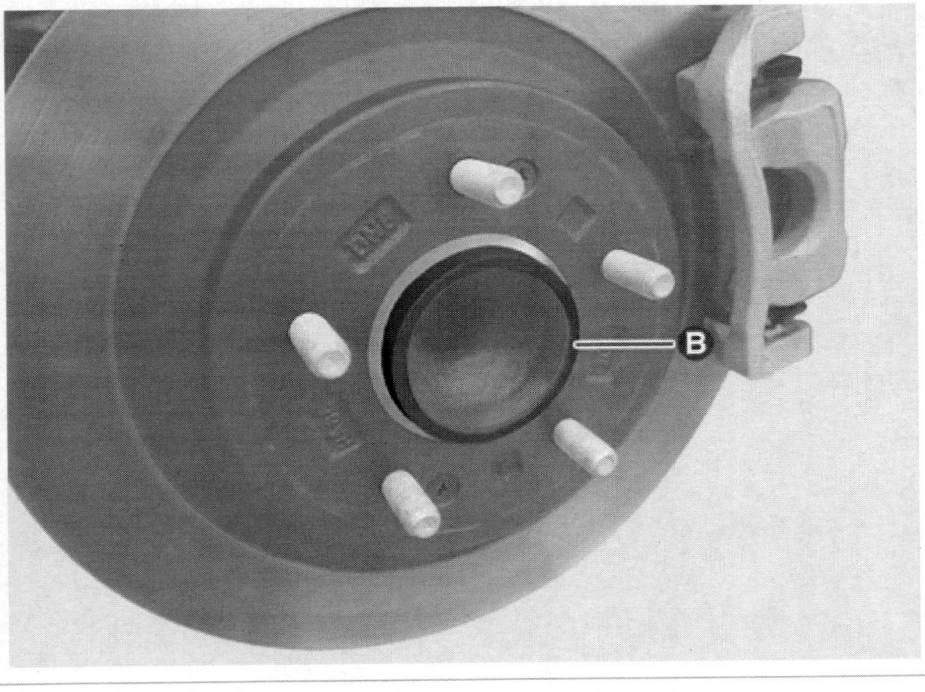

휠 런 아웃

1. 차량을 들어 올리고 잭 스탠드로 지지한다.
2. 그림과 같이 다이얼 게이지로 휠 런 아웃을 측정한다.

한계치		반경 방향	축 방향
런 아웃(mm)	알루미늄 휠	0.3	0.3

3. 만일 휠 런 아웃이 과도하면 휠을 교환한다.

휠 런 아웃

1. 차량을 들어 올리고 잭 스탠드로 지지한다.
2. 그림과 같이 다이얼 게이지로 휠 런 아웃을 측정한다.

한계치		반경 방향	축 방향
런 아웃(mm)	알루미늄 휠	0.3	0.3

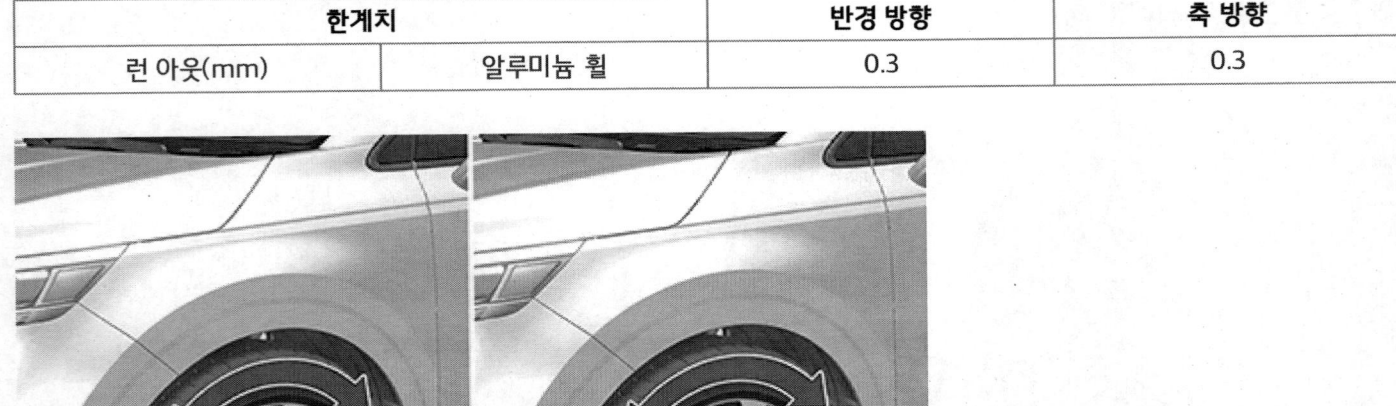

3. 만일 휠 런 아웃이 과도하면 휠을 교환한다.

점검

타이어가 불균형하거나 타이어의 교체 및 정비 작업을 수행한 경우 휠 밸런스를 조정해야 한다.

림 최대 불균형 : 2.12 oz (60 g)

유 의

- 최대 불균형 중량이 3.53 oz(100 g)를 초과한 경우, 휠 및 타이어를 재조립한 후 휠 밸런스 조정을 실시한다.
- 휠 및 타이어를 밸런스 장비에 확실히 체결한다.
- 상세 내용은 각 밸런스 장비의 지침을 참고한다.
- 휠 플랜지 타입에 따라 고리 타입의 밸런스 납(A) 또는 테이프 타입의 밸런스 납(B)을 사용한다.

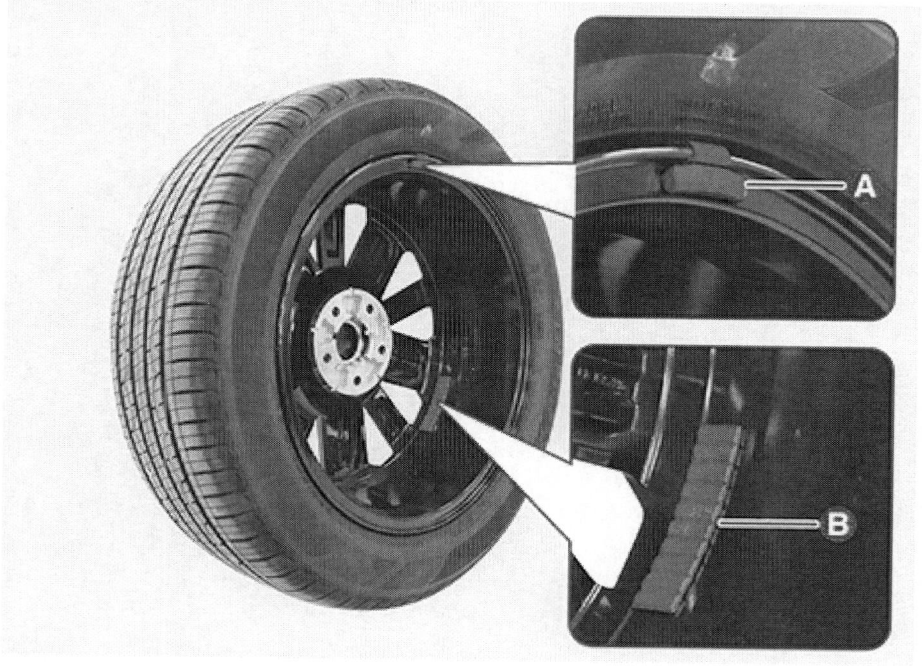

개요

- 휠 얼라인먼트란 주행 중 마찰, 중력, 원심력 및 관성으로 인한 모든 힘을 균형 있게 작용하도록 차륜을 정렬하는 것을 말한다.
- 차륜을 정렬 시킴으로써 직진성과 접지 성능, 타이어 수명 연장 및 연료 절감 등이 향상되며 고속 주행 시 안전성이 확보된다.
- 얼라인먼트 조정은 캠버, 캐스터, 킹핀 각, 토우, 셋 백, 스러스트 각 등으로 구성된다.

구성요소

캠버(Camber)

캠버는 차량을 정면에서 볼 때 바닥 중앙에서 시작한 수직선을 기준으로 바퀴 상단이 안쪽이나 바깥쪽으로 기울어져 이루는 각도를 말한다.

– 스티어링 휠의 조향 조작력을 쉽게 하고 앞차축의 휨을 방지한다.

[플러스(+)캠버]

상단에서 바퀴가 바깥쪽으로 기울어진 캠버 형태이다. 바퀴 아래쪽이 벌어지는 것을 방지하여 커브 시 불필요한 구동 저항으로 인한 타이어 마모가 적다.

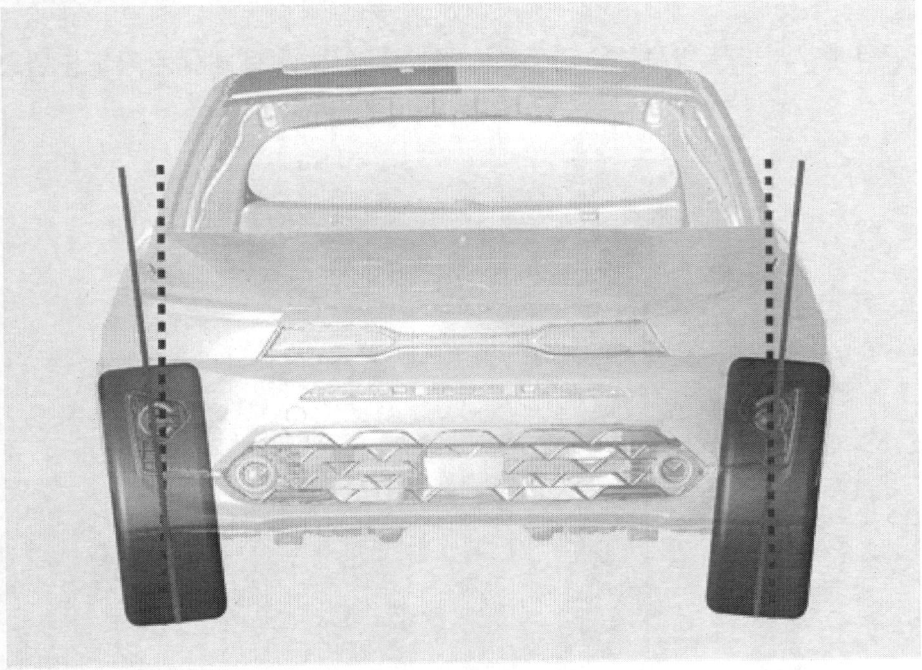

[마이너스(-)캠버]

상단에서 바퀴가 안쪽으로 기울어진 캠버 형태이다. 커브 시 강한 마찰력이 생길 수 있으나 타이어가 마모되기 쉽다.

캐스터(Caster)

캐스터는 차량을 측면에서 볼 때 바퀴 바닥 중앙에서 시작한 수직선을 기준으로 조향축이 앞, 뒤로 기울은 각도를 말한다.

- 주행 시 조향 바퀴에 직진하려는 직진성을 준다.
- 조향 시 바퀴의 복원력을 준다.
- 주행 중 바퀴의 떨림 현상을 방지한다.

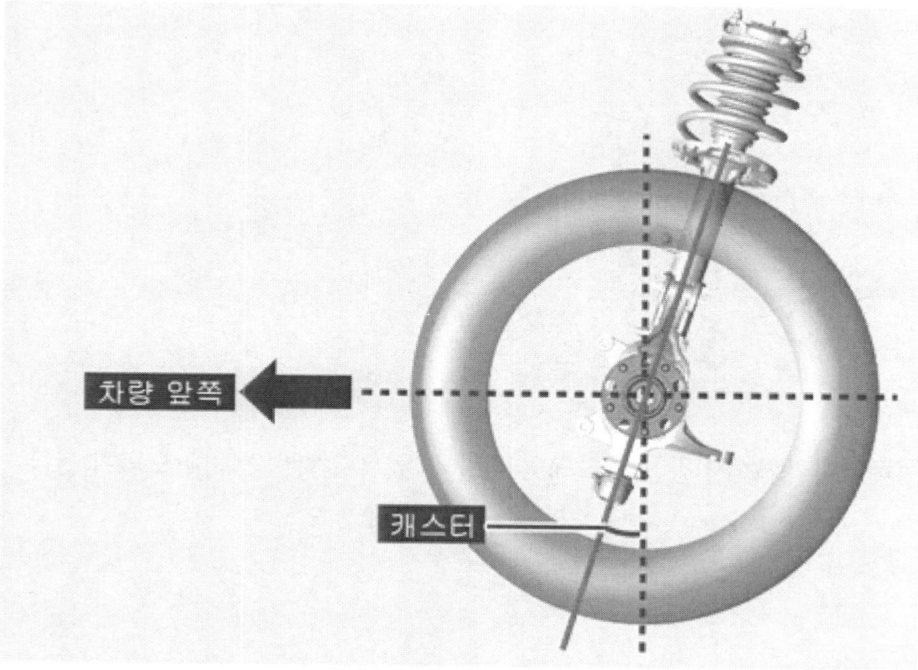

킹핀 각(King pin angle)

킹핀 각은 차량을 정면에서 볼 때 바닥 수직선과 조향축의 중심선이 이루는 각도를 말한다.

- 스티어링 휠의 조향력을 쉽게 하고 조향 시 바퀴에 복원력을 준다.
- 킹핀 각과 캠버를 더해 포괄 각 또는 협 각이라고도 한다. [Included Angle (I.A.)]

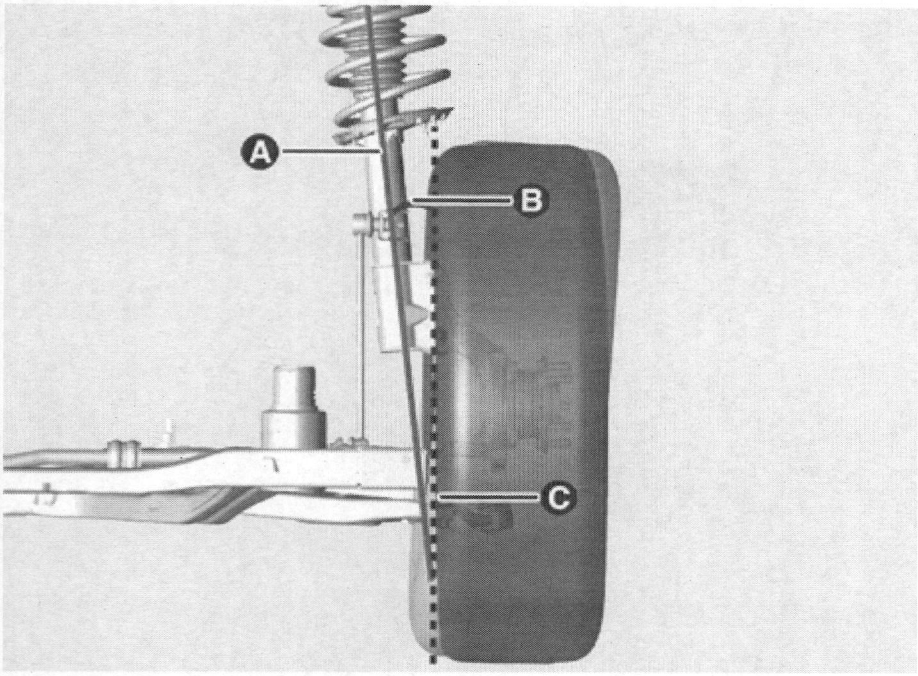

항목	개 요
A	조향 중심선
B	킹핀 각
C	중심선

토우(Toe)

토우는 차량을 위 또는 아래에서 볼 때 바퀴 앞부분의 기울어진 각도 또는 거리를 말한다.

- 바퀴 앞부분이 바깥쪽을 향하는 상태를 토우 아웃(Toe out), 바퀴 앞부분이 안쪽을 향하는 상태를 토우 인(Toe in)이라고 한다.
- 일반적인 양산 차에서는 토우 인을 주어 사이드 슬립(Side slip)을 방지하여 준다.
  ※사이드 슬립(Side slip) : 차량이 주행 중 캠버의 영향으로 바퀴가 옆으로 미끄러지는 현상.
- 회전 시 빠른 조향 반응이 필요한 차종에는 토우 아웃이 적용되기도 한다.

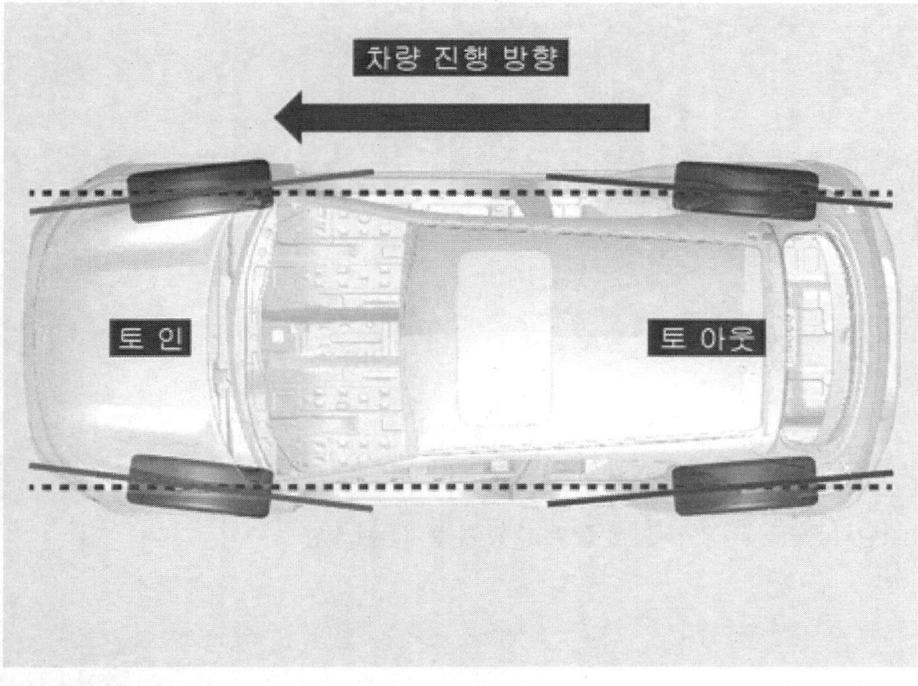

셋 백(Set back)

셋 백은 차량의 중심선에서 전륜 휠들의 중심을 연결한 선이 이루는 각도를 말한다.

- 셋 백의 주 원인은 차량의 사고 유무나 차체의 이상으로 발생한다.

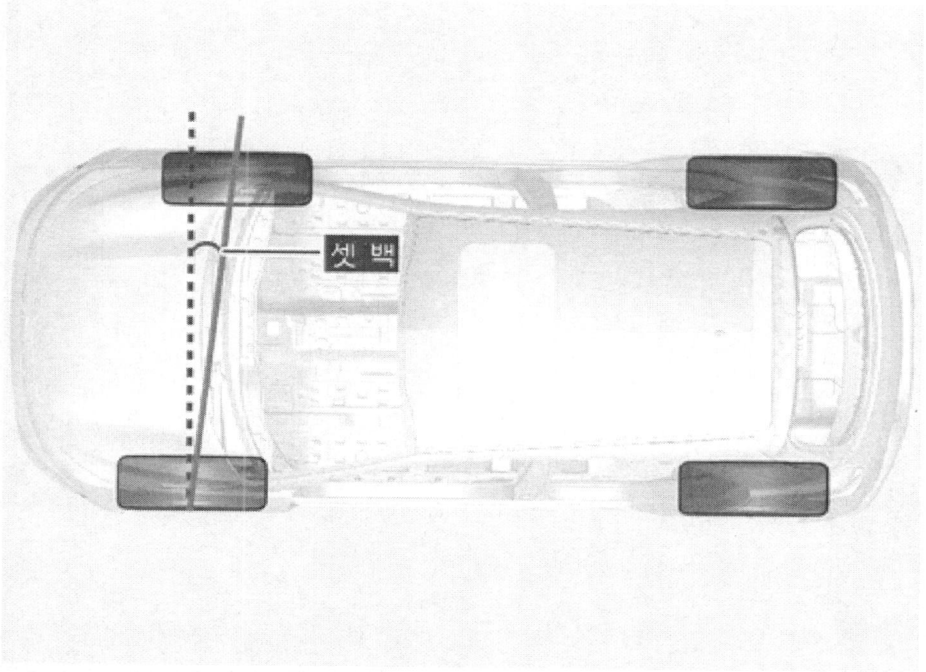

스러스트 각(Thrust angle)

스러스트 선(Thrust line)과 차량의 중심선이 이루는 각도를 말한다.
※스러스트 선(Thrust line) : 차량의 중심선과 후륜 차축 중심선과 직각이 되는 선.

- 스러스트 상태는 후륜 개별 토우가 같지 않을 때 발생한다.

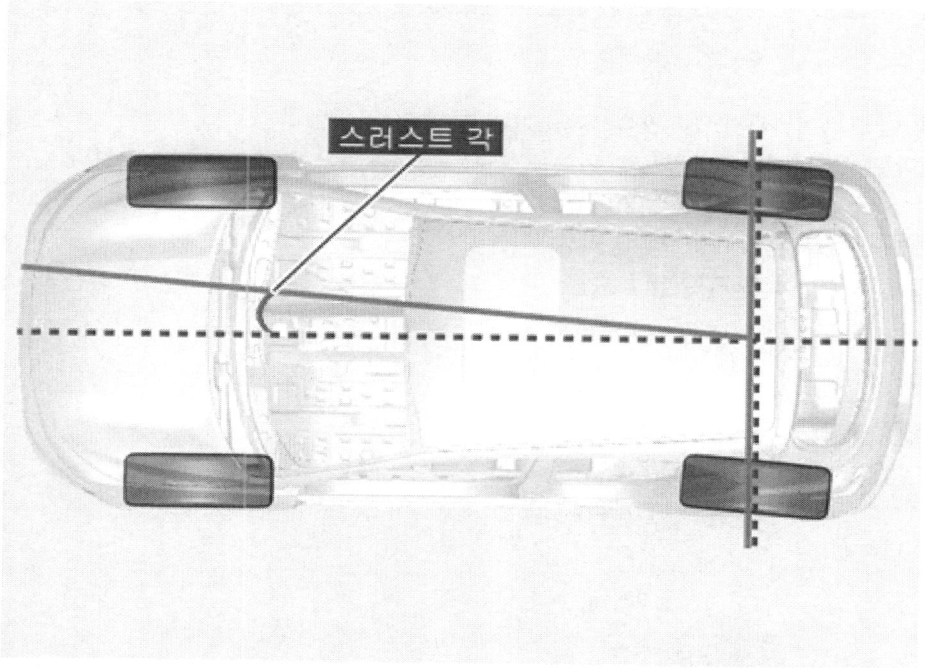

참 고

스러스트 각이 불량 시 타이어 마모를 증가 시키고 조향 방향성을 감소 시키며 도그 트랙킹(Dog tracking) 현상이 나타날 수 있다.
※도그 트랙킹(Dog tracking) : 스러스트 선이 차량의 중심선과 평행하지 않을 때 주행 시 보여주는 모양.

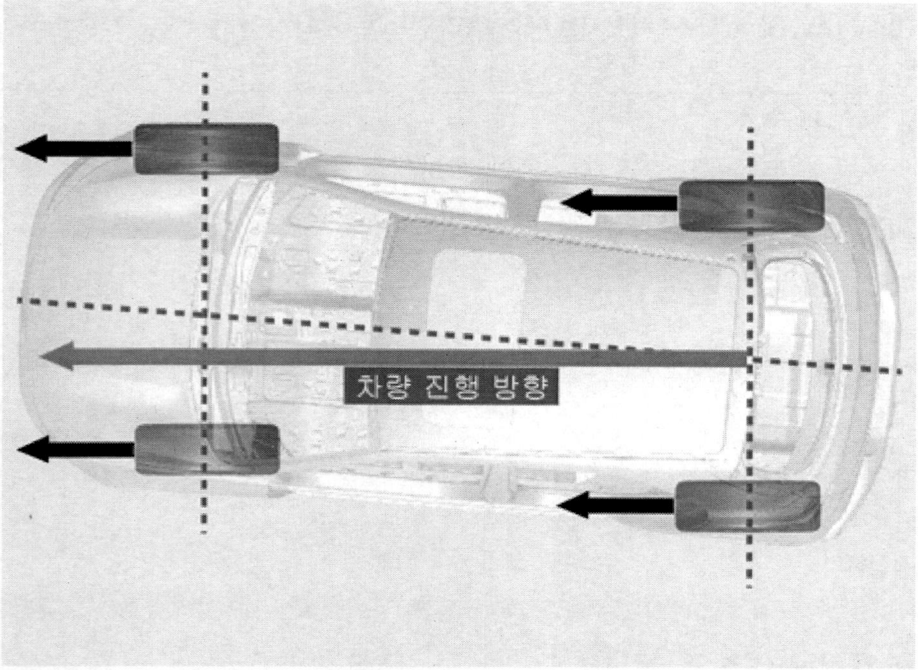
차량 진행 방향

차상점검

차량 주행 점검

일반 주행 조건에서의 차량 동작을 확인하기 위해 작업 전 차량 주행 점검이 필요하다.

직선, 수평 노면 구간

1) 스티어링 휠이 정방향인지 점검한다.
2) 차량이 한쪽 방향으로 쏠리는지 점검한다.

정지 및 출발 구간

1) 차량이 제동이 걸리는 동안 쏠리는지 점검한다.
2) 차량이 가속하거나 감속할 때 쏠리는지 점검한다.
3) 소음이 나거나 부품의 이동이 발생하는지 점검한다.

좌회전 및 우회전 구간

1) 스티어링 휠을 돌린 후 놓았을 때 되돌아오는지 점검한다.
2) 스티어링 휠을 마지막으로 돌렸던 방향으로 차가 쏠리는지 점검한다.
3) 소음이 나거나 부품의 이동이 발생하는지 점검한다.

패이거나 돌출된 구간

1) 차량이 방향을 바꾸는지 점검한다.
2) 소음이 나거나 부품의 이동이 발생하는지 점검한다.
3) 차량이 과도하게 튀어 오르는지 점검한다.

타이어 마모 점검

휠 및 타이어 고장 진단 및 예상 원인		
트레드 중심부 마모	숄더부 양쪽 측면 마모	숄더부 한쪽 측면 마모

• 부적절한 타이어 휠 조립 • 타이어 공기압 과다 • 토우 조정 불량 • 과도한 급가속 주행	• 부적절한 타이어 휠 조립 • 타이어 공기압 과소 • 서스펜션 구성부품 손상 • 과도한 속도로 선회 주행	• 타이어 공기압 과소 • 토우 조정 불량 • 캠버 각 불량 • 서스펜션 구성부품 손상
부분 마모	깃털 마모	대각선 마모

• 브레이크 디스크 불량 • 과도한 급발진, 급제동 • 서스펜션 구성부품 손상 • 타이어 공기압 과소	• 토우 조정 불량 • 타이로드 손상 • 너클 손상	• 토우 조정 불량 • 캠버 각 불량 • 서스펜션 구성부품 손상

스티어링 부품 점검

1) 유니버설 조인트의 체결 상태나 마모, 손상, 녹슮을 점검한다.
2) 스티어링 기어박스를 상하, 좌우로 움직여 보아 장착부가 헐거운지 점검하고 손상되었으면 교환한다.
3) 스티어링 기어박스 하우징의 이상 유무를 점검한다.

서스펜션 부품 점검

1) 각 서스펜션 부싱의 마모 및 열화, 찢어짐, 균열, 기름 오염 등을 점검한다.
2) 스트럿 및 쇽 업소버의 손상 및 깨짐을 점검한다.
3) 차량별 규정된 차고 높이를 점검한다.
4) 코일 스프링의 마모 및 손상을 점검한다.
5) 볼 조인트의 손상 및 유격을 점검한다.

휠 얼라인먼트 정비절차

1. 휠 얼라인먼트를 점검하기 위해 휠 얼라인먼트 테스터를 사용할 때 리프트의 차량을 수평 상태로 정렬한다.
2. 기어를 중립에 둔다.
3. 얼라인먼트 점검 전 타이어를 규정된 공기압으로 맞춘다.

타이어 공기압

타이어	프런트	리어
235/55 R19	250 kPa (36 psi)	
255/45 R20		
255/40 R21	235 kPa (34 psi)	270 kPa (39 psi)

4. 스티어링 휠을 직진 상태로 정렬한다.
5. 페달 스토퍼를 사용하여 브레이크 페달을 밟은 상태로 유지한다.
6. 공차 상태의 차고 높이를 점검한다.

차고 높이

프런트 (A) : 441 ± 10 mm
리어 (B) :
일반 : 454 ± 10 mm
e-GT : 449 ± 10 mm

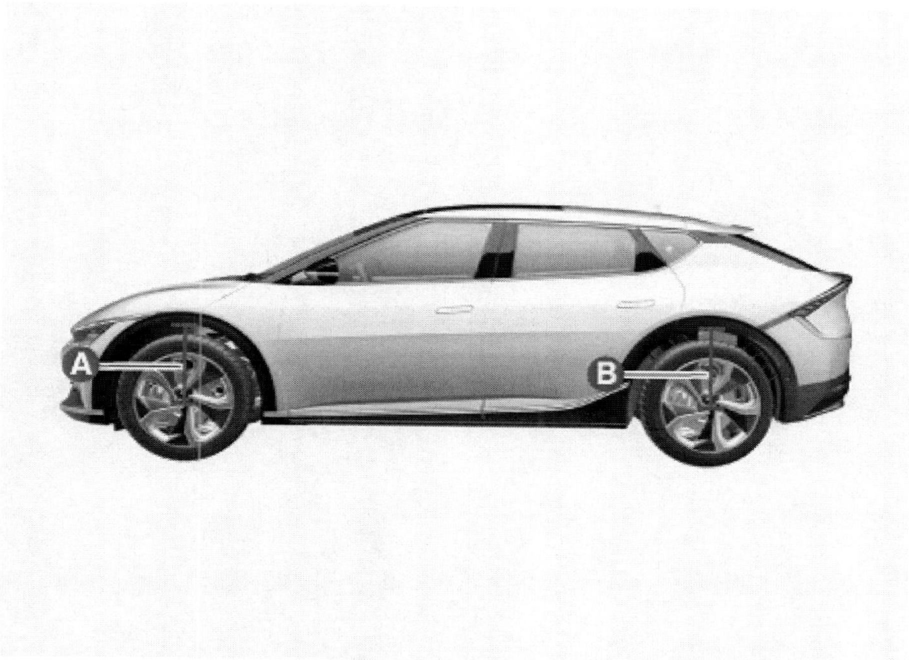

7. 규정된 얼라인먼트 값으로 조정한다.
(얼라인먼트 - "조정" 참조)

유 의

얼라인먼트 조정은 공차 상태에서 반드시 리어 → 프런트 순으로 실시하며 리어 작업 후 스러스트 각에 준하여 프런트를 조정한다.

8. 얼라인먼트 조정 후 차량을 흔들어 보며 조정된 얼라인먼트 수치로 되돌아가는지 확인한다.

유 의

수치가 크게 변한다면 서스펜션의 유격이나 부싱의 찢어짐, 마모, 손상등을 점검한다.

9. 얼라인먼트 조정 후 조향각 센서(SAS) 영점 설정을 실시한다.
   (스티어링 시스템 - "조향각 센서(SAS) 영점 설정" 참조)

조정

[리어]

리어 얼라인먼트 조정을 위해 파스너를 탈거하여 서비스 커버(A)를 화살표 방향으로 이격시킨다.

토우

리어 어시스트 암과 연결된 캠 볼트(A)를 시계 또는 시계 반대 방향으로 회전시켜 토를 조정한다. 이때 좌우측 캠 볼트를 동일한 양으로 조정한다.

토탈 : 0.2˚ ± 0.2˚
개별 : 0.1˚ ± 0.1˚

캠 볼트	회전 방향	증가 / 감소
우측	시계 방향	토우 인
좌측	시계 방향	토우 아웃

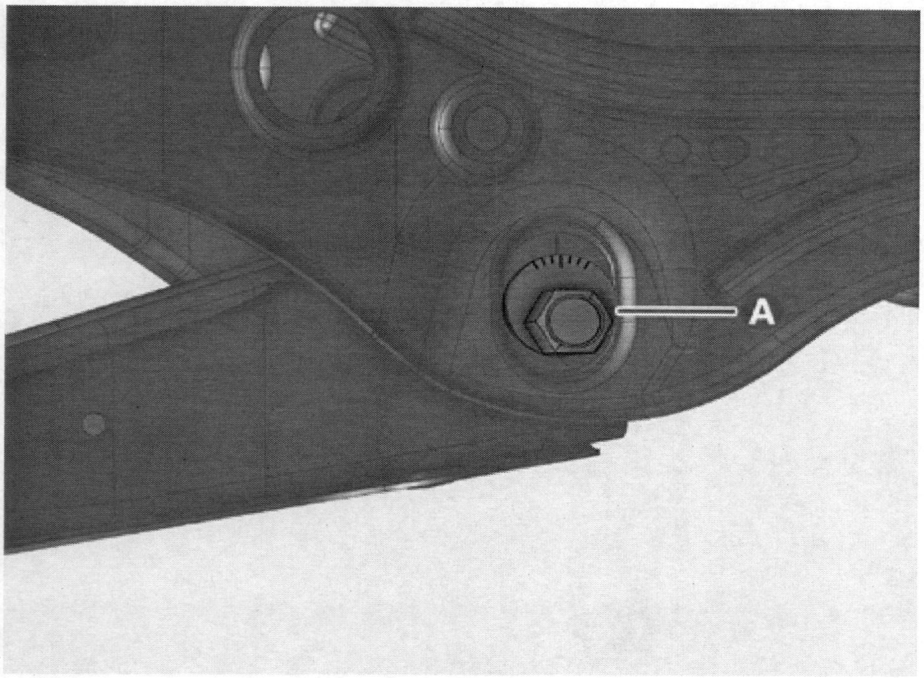

참 고

토우 얼라인먼트 조정 시 개별 토우가 아닌 토탈 토우로 조정을 시행한다.

캠버

리어 로어 암과 연결된 캠 볼트(A)를 시계 또는 시계 반대 방향으로 회전시켜 캠버 각을 조정한다.

캠버 각 : -1.0˚ ± 0.5˚

캠 볼트	회전 방향	증가 / 감소
우측	시계 방향	- 캠버
좌측	시계 방향	+ 캠버

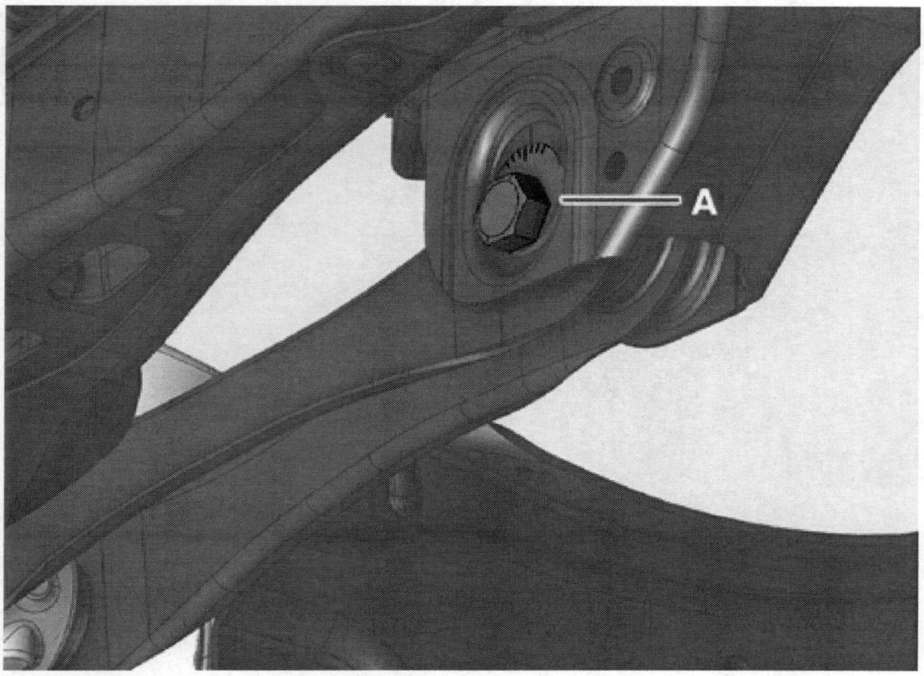

스러스트 각

스러스트 각 : 0° ± 0.1°

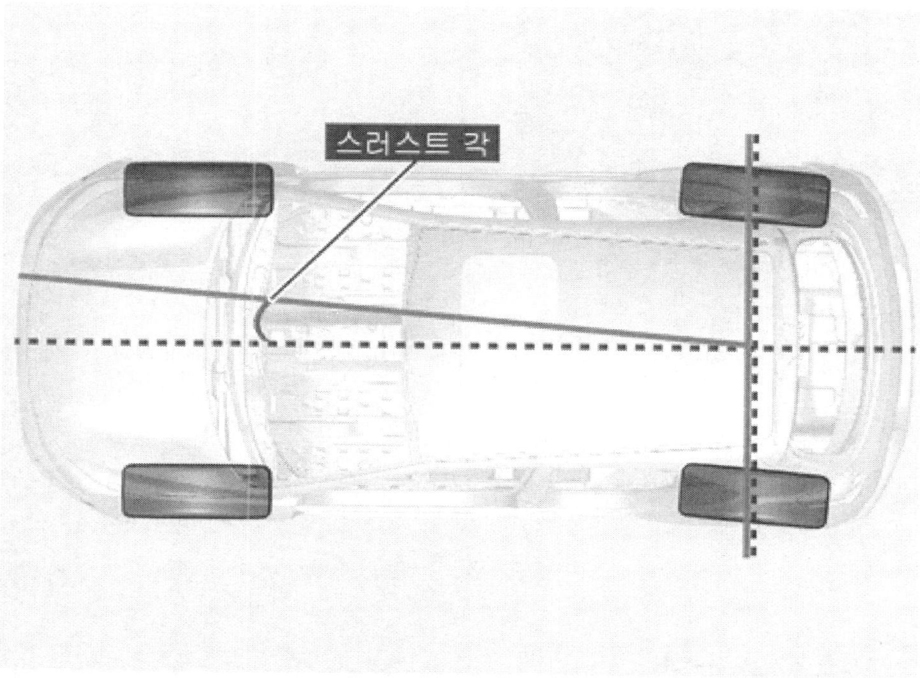

[프런트]

토우

토우는 타이로드 턴 버클의 회전에 의해서 조정된다. 프런트 휠의 토는 타이로드를 차의 뒤쪽으로 돌려 감소시킬 수 있다. 토우의 변화는 같은 값으로 좌우측 타이로드를 돌려 조정한다.

토탈 : 0.1° ± 0.2°
개별 : 0.05° ± 0.1°

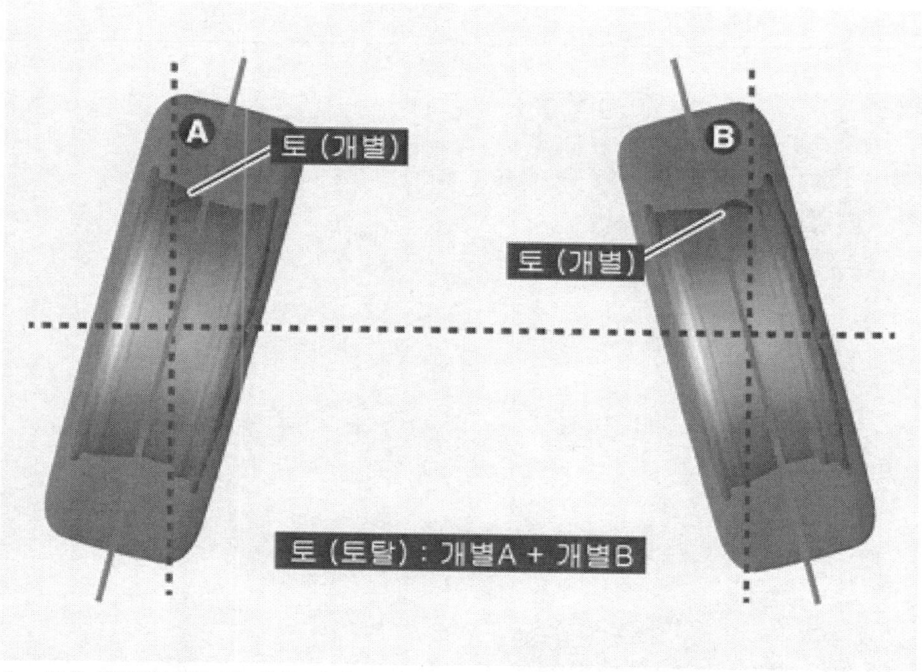

1. 토우 조정이 가능할 만큼 타이로드 엔드 너트(A)를 풀어 준다.

체결토크 : 5.0 ~ 5.5 kgf·m

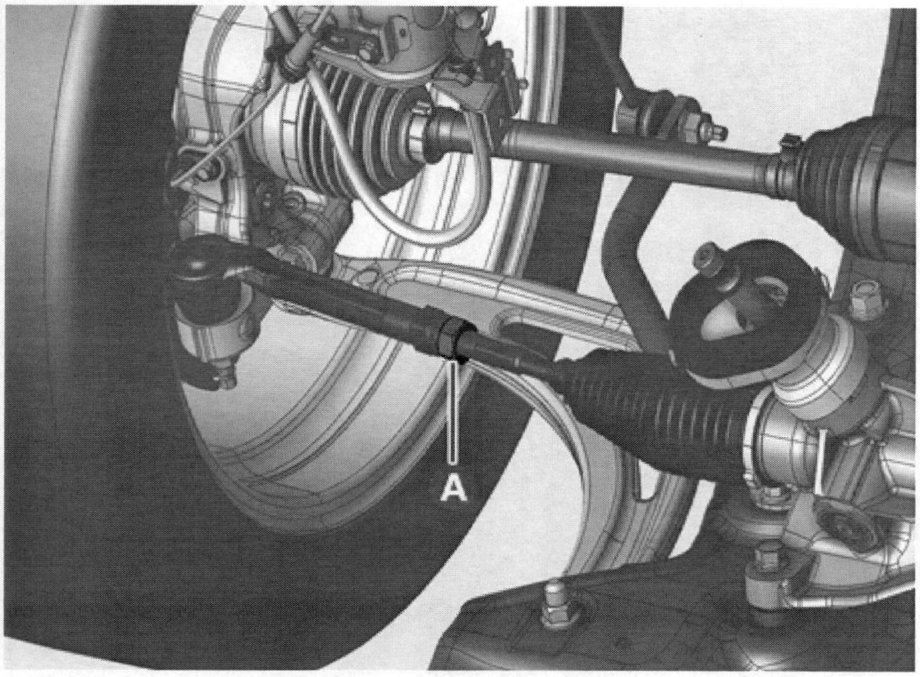

2. 조정 중 타이로드 엔드가 회전하지 않도록 스패너를 사용하여 타이로드 엔드(A)를 고정한다.

3. 타이로드 턴 버클(A)을 회전시켜 토우를 규정 값으로 조정한다.

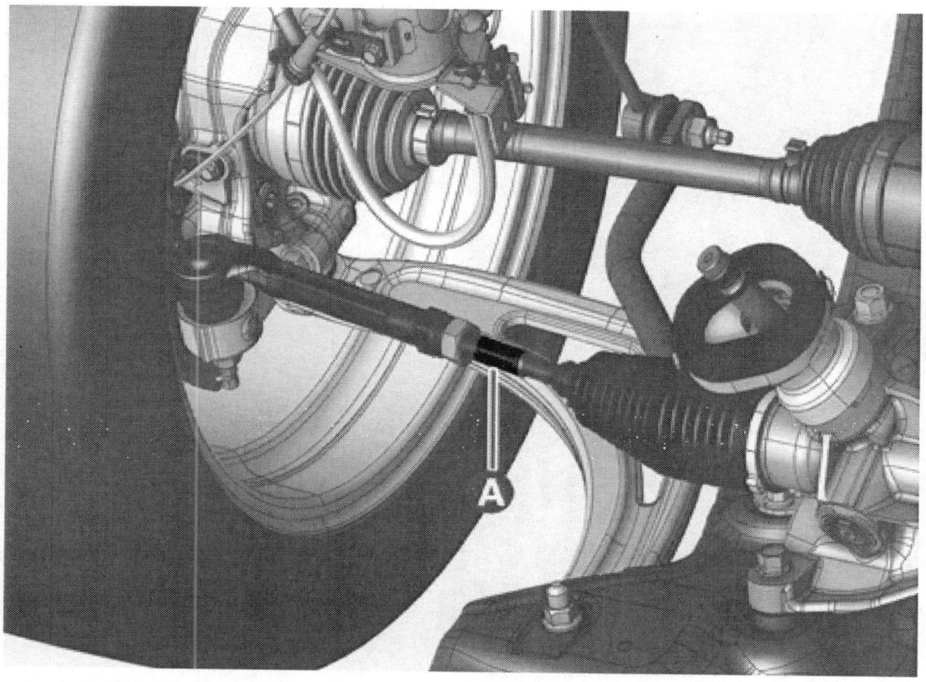

유 의

토우 조정 후 좌우 잔여 나사산 수를 동일하게 맞춘다.

4. 토우 조정 완료 후 타이로드 엔드 너트(A)를 규정토크로 체결한다.

체결토크 : 5.0 ~ 5.5 kgf·m

유 의

- 토우를 조정할 때 벨로우즈 부트가 꼬이지 않도록 유의한다.
- 토우 조정 후 타이로드 엔드 위치를 수평하게 조정하여 볼 조인트 부트(A)의 눌림이 없도록 한다.

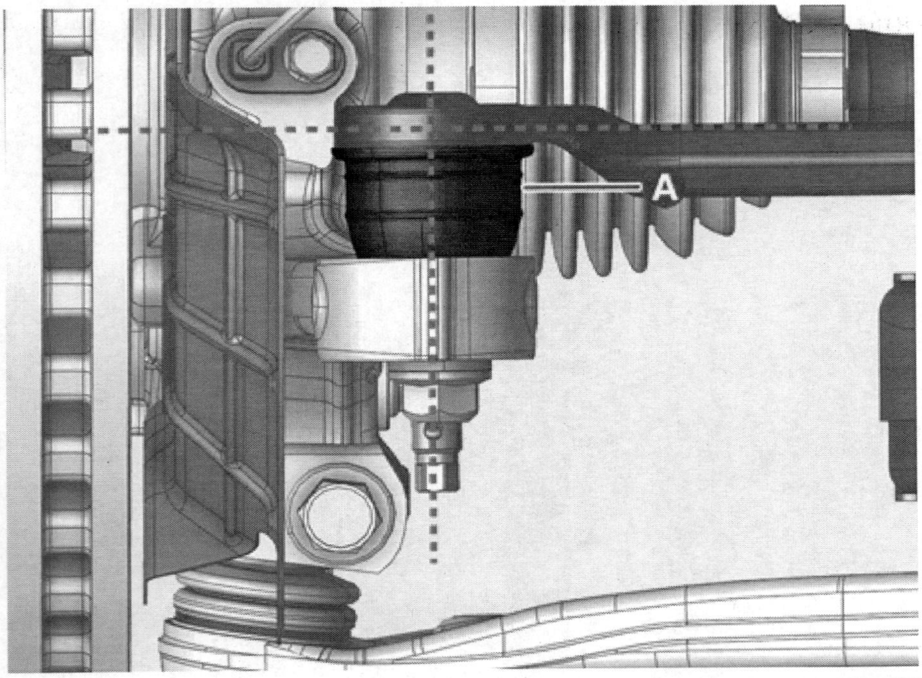

캠버

캠버 각은 생산 시 미리 조절되었기 때문에 조정이 필요 없다. 만일 캠버 각이 기준치 범위 안에서 벗어나면 부품을 교환한다.

캠버 각 :
일반 : -0.5˚ ± 0.5˚
e-GT : -0.6˚ ± 0.5˚

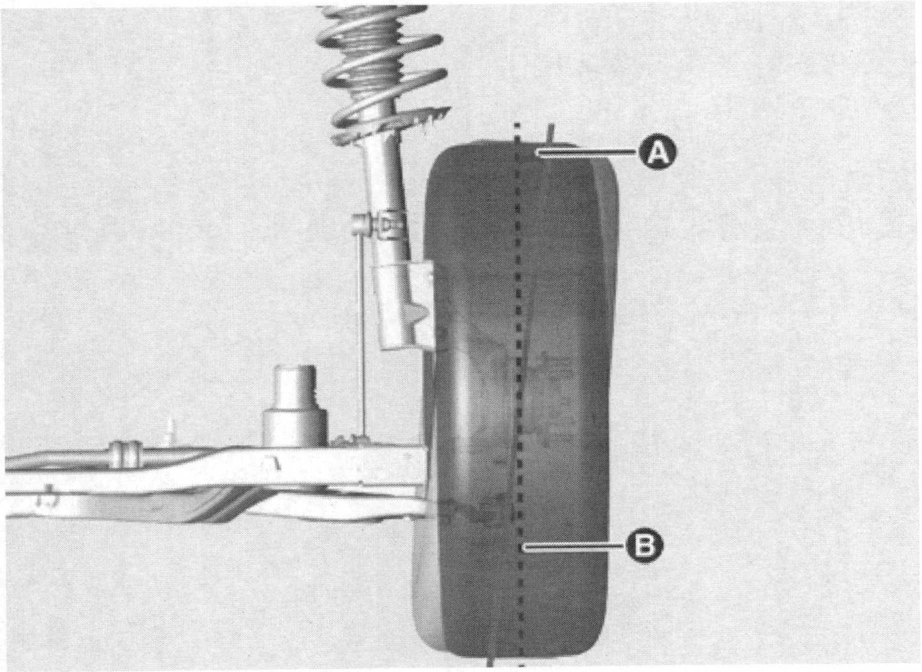

항목	개요
A	캠버 각
B	중심선

캐스터

캐스터 각은 생산 시 미리 조절되었기 때문에 조정이 필요 없다. 만일 캐스터 각이 기준치 범위 안에서 벗어나면 부품을 교환한다.

캐스터 각 :
일반 : 5.26˚ ± 0.5˚
e-GT : 5.20˚ ± 0.5˚

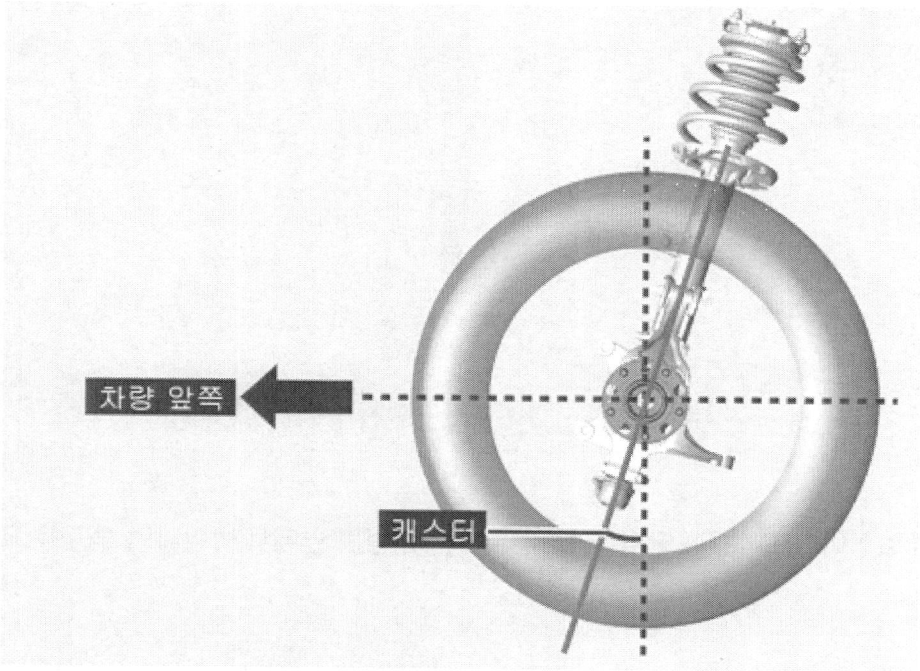

유 의

- 프런트 휠 얼라인먼트를 측정하기 전에 프런트 서스펜션 어셈블리의 마모, 느슨해짐, 손상된 부품은 교환해야 한다.
- 캠버 및 캐스터는 생산 시 규정치로 조립되었으므로 조정이 필요 없다.
- 만일 캠버 및 캐스터가 규정치 내에 없으면 굽은 부품 혹은 손상 부품을 교환한다.
- 캠버, 캐스터의 좌우 바퀴의 차이는 0° ± 0.5° 이내에 맞춘다.

킹핀 각

킹핀 각은 생산 시 미리 조절되었기 때문에 조정이 필요 없다. 만일 킹핀 각이 기준치 범위 안에서 벗어나면 부품을 교환한다.

킹핀 각 :
일반 : 13.59˚ ± 0.5˚
e-GT : 13.70˚ ± 0.5˚

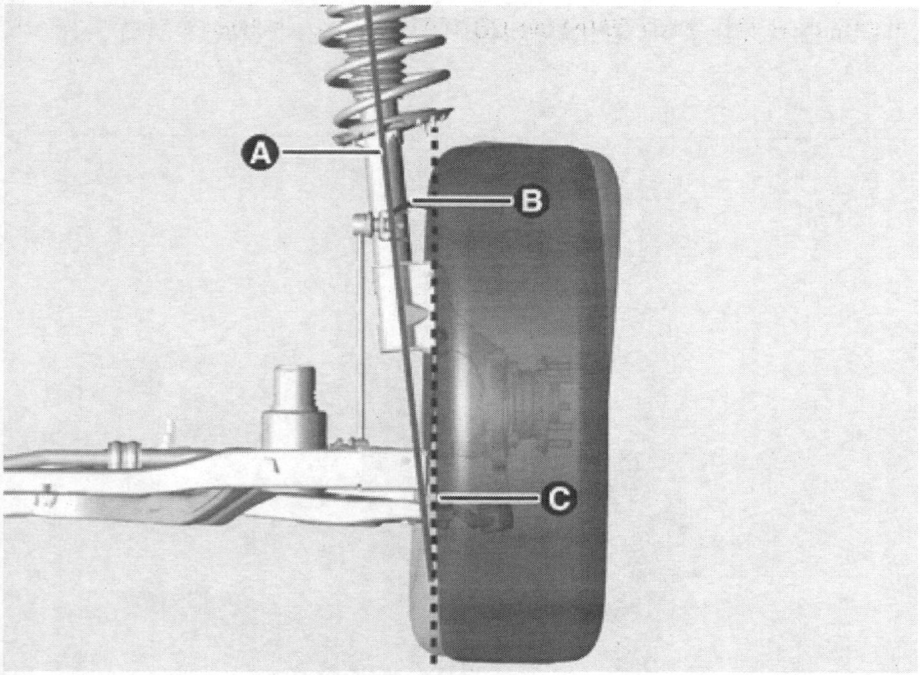

항목	개요
A	조향 중심선
B	킹핀 각
C	중심선

셋 백

셋 백은 조정할 수 없으나, 그 값은 쏠림 현상 등 중심 조향 문제를 진단하는데 유용한 자료가 된다. 프레임이 손상된 차량을 수리한 다음에는 반드시 셋 백을 점검해야 한다. 이상적인 셋 백값은 0이어야 한다.

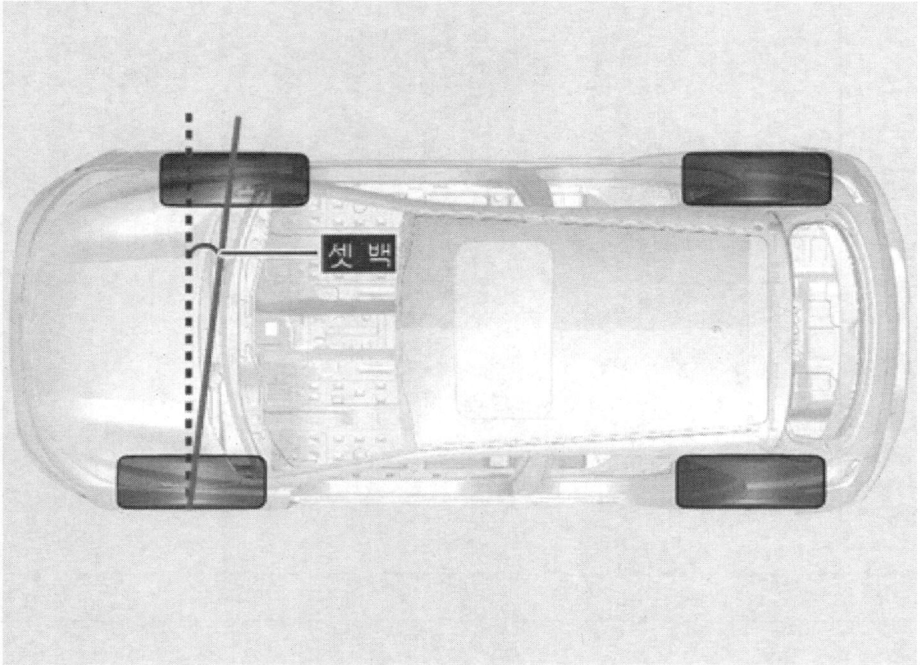

부품위치

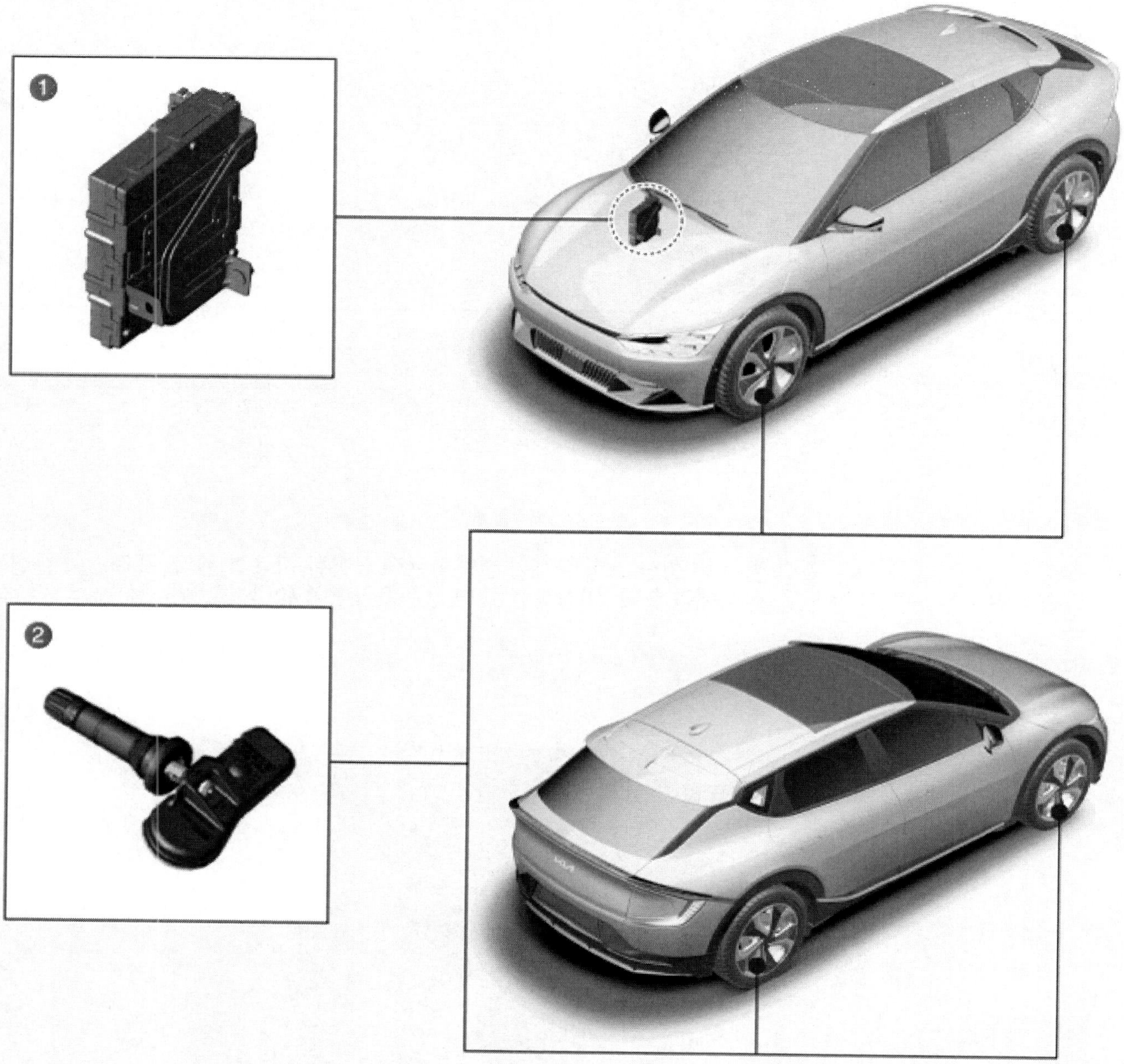

1. 통합 바디 제어 유닛 (IBU)	2. TPMS 센서

개요

타이어 공기압 경보 장치는 차량의 운행 조건에 영향을 줄 수 있는 타이어 내부 압력 변화를 경고하기 위해 타이어 내부의 압력 및 온도를 지속해서 감시한다. TPMS 컨트롤 모듈은 휠 안쪽에 각각 장착된 WE(Wheel Electronic) 센서로부터의 정보를 분석하여 타이어 상태를 판단한 후 경고등 제어에 필요한 신호를 출력한다.

타이어 저압 경고등(트레이드 경고등)

공기압 저하 시 또는 공기 누출 시 점등 및 소등 조건

1. 점등 조건
   - 타이어 압력이 규정치 이하로 점등한다.
2. 소등 조건
   - 낮은 공기압 : 공기압이 경고등을 소등시켜주는 기준 압력보다 올라가게 되면 소등한다.

휠 위치 경고등

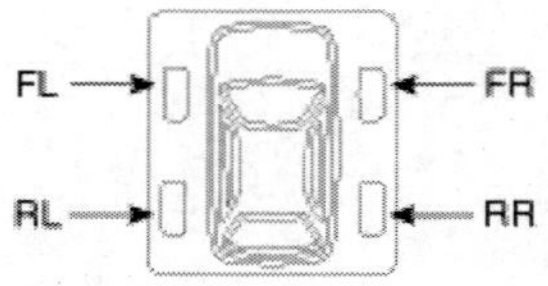

1. 점등 조건
   - 트레드 램프와 동시에 점등한다.
   - 공기압 저하 및 공기 누출이 있는 타이어의 위치를 표시한다.
2. 소등 조건
   - 트레드 램프와 동시에 소등됨.

> **⚠ 주 의**
>
> 주행 과정에서 휠 위치가 바뀌면, 시스템은 이전에 위치했던 상태를 추정하지만 일단 현재 주행에서의 위치를 파악하기만 하면 정확한 경고등이 점등된다.

> **유 의**
>
> - 외부 기온의 급격한 변화(특히 겨울철) 및 주행에 의한 영향으로 인해 트레드 경고등 및 휠 위치 경고등이 점등될 수 있음.
> - Shop 내에서 공기압 점검 후 공기압 보충이 필요하다.

TPMS 고장 경고등

1. 경고 조건 및 표시 방법
   - 시스템이 리시버, 센서의 외부에서 결함을 감지했을 때 약 1분 정도 점멸 후 점등된다.
   - 시스템이 리시버의 결함을 감지했을 때 약 1분 정도 점멸 후 점등된다.
   - 시스템이 센서의 결함을 감지했을 때 약 1분 정도 점멸 후 점등된다.
2. 소등 조건
   - DTC가 해결되었을 경우 경고등은 소등되며, DTC는 과거 고장으로 저장된다.

> **유 의**

- 운행 중에 위와 같은 현상이 발생하면, DTC가 해결되었을지라도 다시 점검해야 한다.
  (점화 스위치를 OFF에서 ON 후 재점검)

- DTC가 해결되면 경고등은 소등된다. DTC가 해결되는 점검이 끝날 때까지 경고등은 점등되어 있다.
- DTC가 해결되면 동일 점화 주기에서 경고등도 동시에 소등된다.

▲ 주 의

차량 정차 후 19분 이내 휠을 교체하고 출발할 경우, 계기판에 TPMS 경고등이 표출되므로 주의한다.

– 위 현상은 BCM과 새로 교체된 TPMS ID 간에 통신 불량이 발생하여 경고등이 표출되는 현상이다.
– 이 통신불량 경고등은 정차 후 19분이 지나면 BCM의 TPMS ID 자동 학습 기능을 통해 소등된다.
  (차량을 19분 이상 정차 후 운행 시 경고등 자동 소등)

시스템 결함

1. 일반적인 작동
   - 시스템은 결함이 있는지를 알아보기 위해 많은 입력 요소를 감지한다.
   - 문제 원인에 따라 DTC가 결정된다.
   - 특정 결함은 DTC로 진단이 되지 않는다.

   주된 경우는 다음과 같다.

   a. 이그니션 라인 고장 시 진단을 위해서는 점화 스위치가 ON인 상태에서 경고등의 상태를 확인해야 한다.
   b. 경고등 점등 후 소등되었는지 여부를 확인한다.

개요

1. 기능
   - TPMS 센서(송신기)는 모션을 감지하여 압력, 온도 데이터를 무선 RF신호로 ECU에 정보를 전달한다.
   - ABS 휠 펄스와 센서 RF 신호 송신 위치를 비교하여 휠 자동 위치 학습을 진행하여 해당 휠 바퀴 위치를 인식한다.
2. 구성 및 특징
   - TPMS 센서는 1 대의 차량의 각 휠 유닛의 1 개씩 장착되어 총 4 개로 구성되어 있다.
   - 주파수 변조 방식은 FSK(Frequency Shift Keying) 이며, 캐리어 주파수는 433.92MHz 이다.
3. 모드
   오프모드, 정차모드, 회전모드, 학습모드로 구성되어 있다.

형상	기능
밸브 타입	스냅인 타입[고무 밸브]
스크루	Screw T10 [콘티넨털 인증 부품]
ASIC	Gen6
배터리 타입	CR2032 HR type

TPMS 자동 위치 학습 기능

- 각 바퀴의 휠 속(각속도)이 아래 이유로 모두 상이할 때

1) 각 축마다 슬립이 다르게 발생한다.
2) 각 바퀴마다 회전 반경(커브 반지름)이 상이하다.
3) 각 타이어마다 마모 상태, 내부 압력, 타이어 사양 등이 상이하다.

- TPMS 센서는 학습 모드에서 특정 위상(타이어의 각도)에서만 RF 신호로 전송한다.
- TPMS 수신기는 센서로부터 RF 신호 수신 시마다, 휠 스피드 센서로부터 각 바퀴의 위상(타이어의 각도) 정보를 확인한다.
- 센서 ID 1, 2, 3, 4의 RF 신호가 수신될 때마다 수집된 각 바퀴의 위상 중, 가장 상관관계가 높은 위치에 해당 ID에 전달된다. (즉, RF 신호 수신 시점마다, 타이어의 위상이 가장 일정한 바퀴에 전달된다.)
- 학습 모드에서 TPMS 센서는 16초 간격으로 RF 신호를 송신한다.

자동 위치 학습 기능 수행

- 19분 이상 정차 혹은 주차 이후 주행 시마다 자동 위치 학습 기능을 수행한다.
- 15분 이상 정차 혹은 주차 시 센서는 주차 모드(Mode Parking)으로 전환되며, 주차 모드에서 4g(15~20km/h) 이상의 가속도 감지 시 학습 모드(Mode First Block)로 전환된다.

점검

타이어 압력 센서 장착 후 검사 방법

장착 후 다음과 같은 상태에 따라 TPMS 센서 장착 정상, 불량 상태를 확인한다.

[정상]

1. 밸브의 고무 벌브가 림에 안착 되어있다.
2. 송신기가 림에 닿지 않고 균일한 간격을 유지한다.
3. 밸브 리브 전체가 홀 속으로 당겨져 있다.
4. 밸브와 림 홀이 같은 축을 이루고 있다.

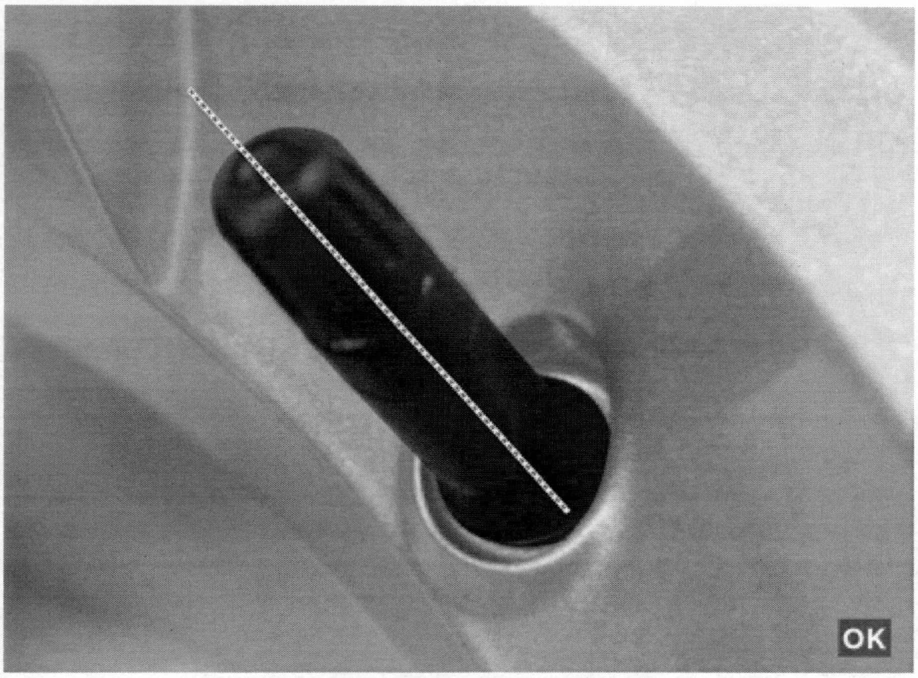

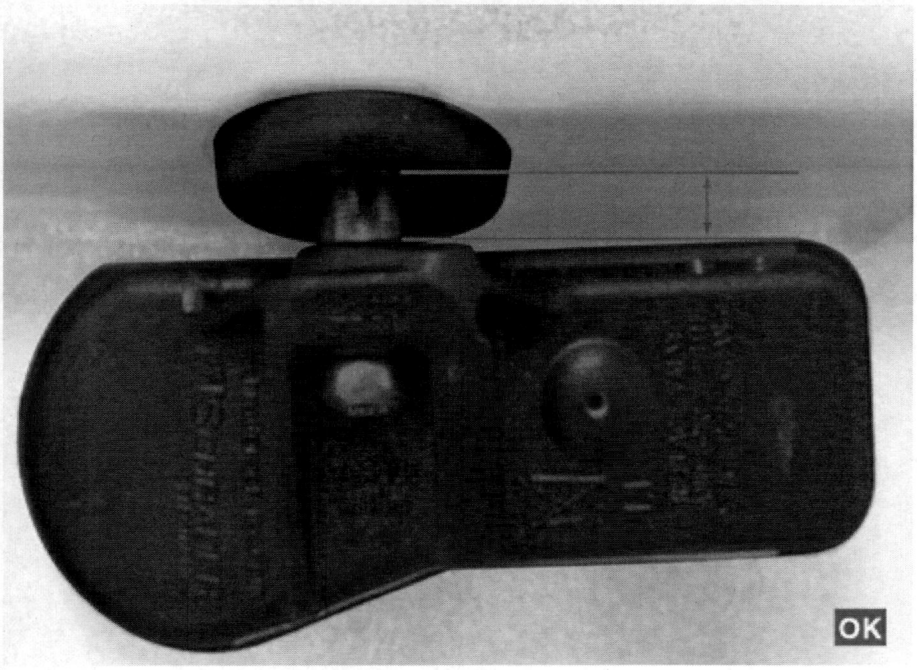

[불량]

1. 밸브가 림 홀 쪽으로 충분히 당겨져 있지 않다.
2. 고무러버의 벌브 부분이 림에 안착되어있지 않다.

3.

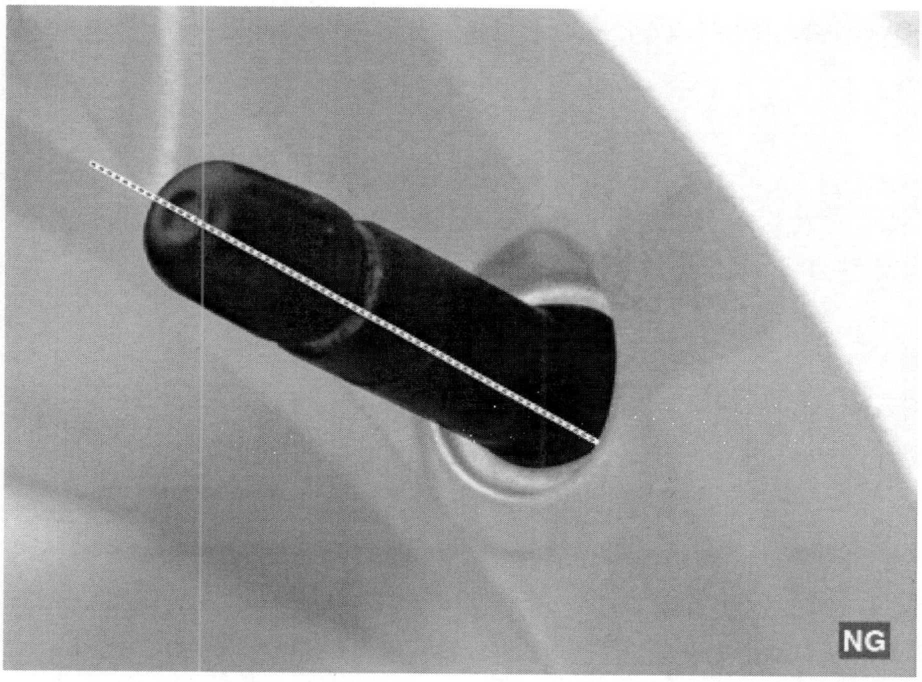

장착 상태가 불량할 경우 탈거 후 재장착하고 다시 장착 상태를 점검한다.

교환

1. 타이어를 탈거한다.
   (휠 및 타이어 - "타이어" 참조)
2. TPMS 센서 장착 스크루(A)를 탈거한다.

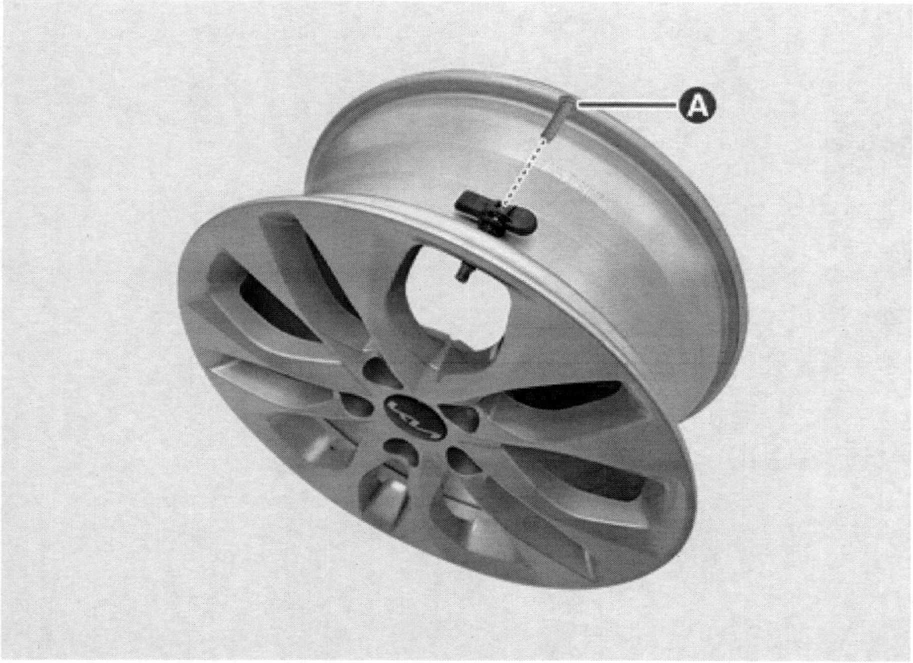

> **유 의**
> - 비드 브레이크 설치 시 TPMS 센서와 접촉되지 않도록 주의한다.
> - TPMS 센서 장착부에 비드 브레이크를 설치하여 작업할 경우 TPMS 센서 파손 및 손상이 될 수 있으므로 주의한다.

3. 센서 하우징(A)을 화살표 방향으로 탈거한다.

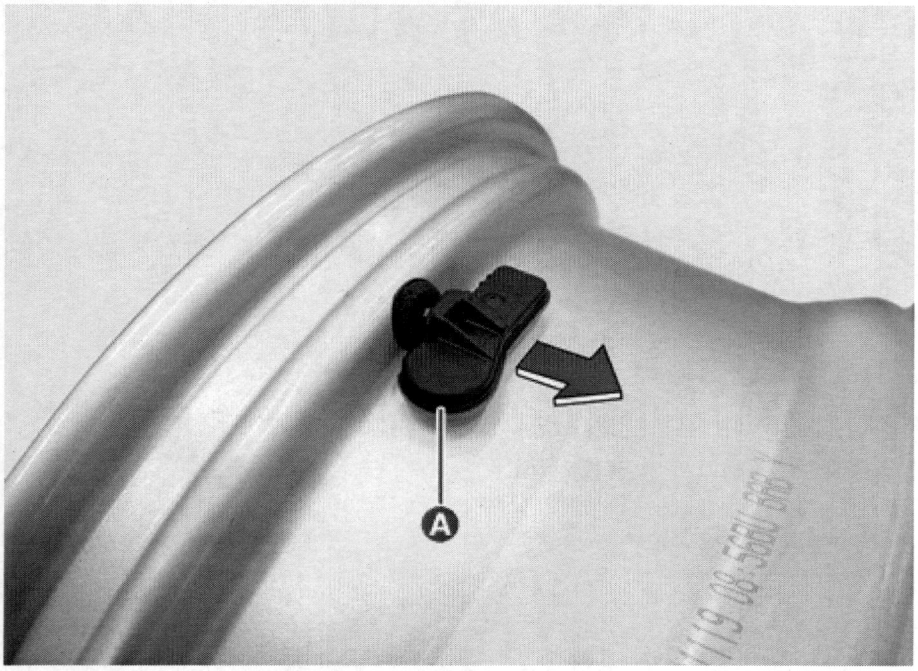

4. 밸브 장착 도구를 사용하여 하단부의 홀을 완전히 빠져나가도록 당겨 빼낸다.

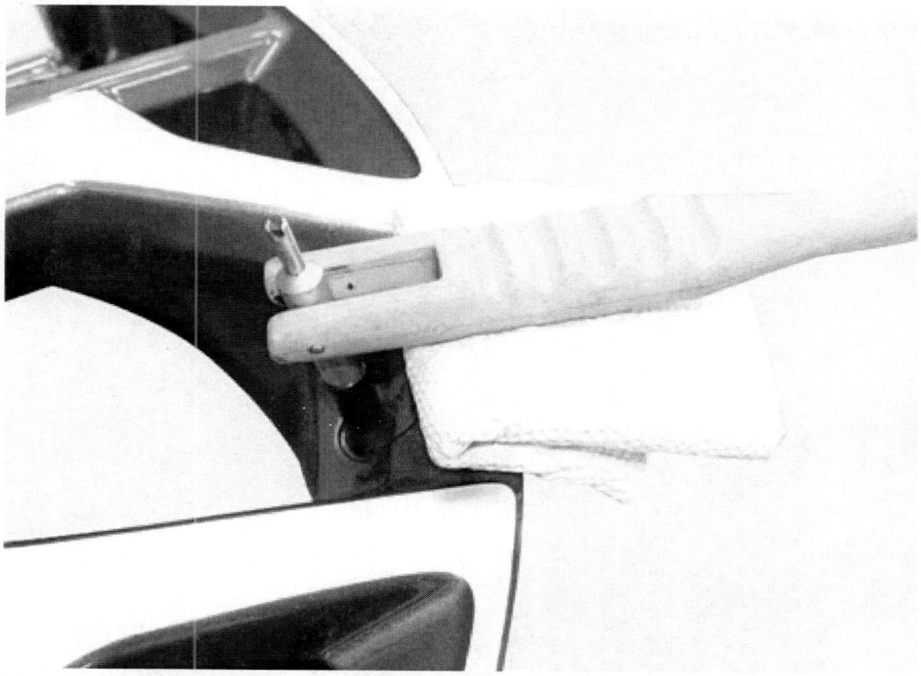

5. 신품 밸브 표면을 윤활제로 도포하고 휠의 밸브 홀에 장착한다.

규정 윤활제 : 비눗물 또는 YH100 (타이어 삽입용 윤활제)

유 의

- 아래와 같이 TPMS 센서 밸브 하단부가 휠에 제대로 장착되지 않았을 경우 밀봉이 제대로 되지 않는다.
- 반드시 밸브 몸통의 골 부분 모두가 홀을 통과하도록 당겨져 있어야만 한다.

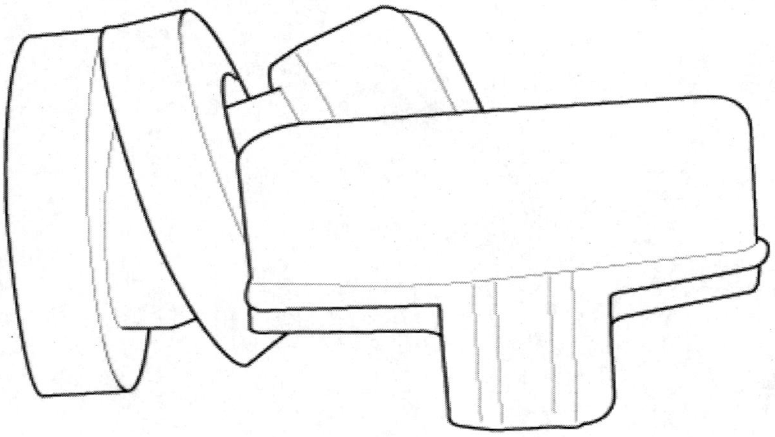

- 윤활제를 바른 후, 밸브 장착까지 5분 이상 경과 되어서는 안 된다.
  (5분 경과 시 윤활제 재도포)

6. 타이어의 상하 비드 부에 타이어 삽입용 윤활제를 도포한다.

7. 하단 비드를 장착하기 위해 타이어 교환 장비의 머리로부터 5시 방향에 TPMS 센서를 위치시킨다.

8. 림을 시계 방향으로 회전시키고 하단 비드를 장착하기 위해 3시 방향에서 타이어를 누른다.

유 의

타이어를 휠에 장착하여 비드가 센서 뒤쪽의 림 가장자리(6시 방향)에 닿도록 한다.

9. 상단 비드를 장착시키기 위해 3시 방향에서 타이어를 누르고 림을 시계 방향으로 회전시킨다.

10. 비드가 완전히 안착될 때까지 타이어에 공기를 주입한다.

11. 차량의 표준 공기압에 따라 타이어 공기압을 조정한다.

타이어	프런트	리어
235/55 R19	250 kPa (36 psi)	
255/45 R20		
255/40 R21	235 kPa (34 psi)	270 kPa (39 psi)

12. TPMS 센서 고장의 경우 TPMS 센서 학습이 필요하다. 고장난 센서를 새 유닛으로 교환하고 TPMS 센서 학습을 실시한다.
13. 타이어를 장착한다.
(휠 및 타이어 - "타이어" 참조)

진단 기기를 사용한 진단 절차

진단 기기를 사용한 진단 방법에 대한 사용 안내로써, 주요 내용은 다음과 같다.

1. 운전석 측 크래시 패드 하부에 있는 자기 진단 커넥터(16핀)에 진단 기기를 연결하고, 시동키 ON 후 진단 기기를 켠다.
2. KDS 차종 선택 화면에서 "차종"과 "TPMS" 시스템을 선택한 후 확인을 선택한다.

[센서 ID 등록 초기 화면]

부가기능

• 센서 ID 등록(무선)

검사목적	TPMS(Tire Pressure Monitoring System) ECU에 센서 ID를 입력하는 기능.
검사조건	1. 엔진 정지 2. 점화스위치 On 3. TPMS 익사이터 장비 필요
연계단품	Tire Pressure Monitoring System(TPMS) ECU, Initiator, Tire Pressure Monitoring System(TPMS) sensor
연계DTC	-
불량현상	-
기 타	차량에 장착된 센서ID를 익사이터 장비로 순차적으로 읽은 후 입력하는 기능

확인

! 기능 수행 중에는 다른 기능이 동작되지 않도록 주의하십시오.

부가기능

■ 센서 ID 등록(무선)

● [센서 ID 등록(무선)]

이 기능은 TPMS 진단 모듈을 통해 읽어들인 타이어의 TPMS 센서 ID를

TPMS ECU에 입력하는 기능입니다.

[읽은 ID]는 현재 TPMS 진단 모듈을 통해 읽은 센서 ID이고

[작성된 ID]는 현재 TPMS ECU에 저장된 새로운 센서 ID입니다.

이후 새로운 센서 ID를 모두 읽어들인 후 [쓰기] 버튼을 누르면 새로운

ID가 TPMS ECU에 입력됩니다.

계속 진행하시려면 [확인] 버튼을 누르십시오.

확인 | 취소

! 기능 수행 중에는 다른 기능이 동작되지 않도록 주의하십시오.

부가기능

■ 센서 ID 등록(무선)

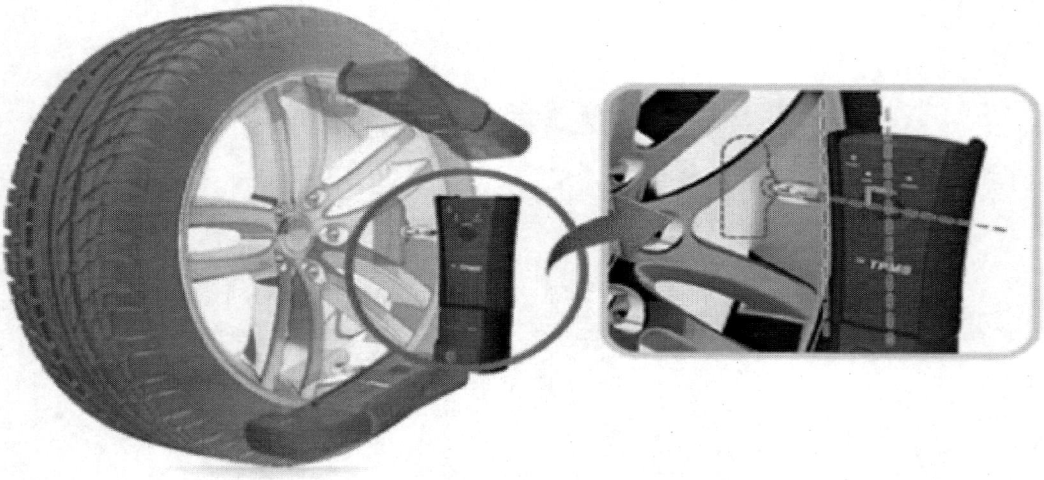

▲[Caution]
TPMS 센서정보를 정확히 읽기 위해 다음과 같이 수행하십시오.

[가]. 그림과 같이 TPMS 진단 모듈의 "ENTER" 버튼을 TPMS 센서(공기주입구)와 일직선상에 위치하십시오.

[나]. TPMS 진단 모듈의 옆면이 타이어 휠과 완전히 밀착되도록 위치하십시오.

[다]. 센서 특성에 따라 최대 30초~60초까지 소요될 수 있습니다.

확인 | 취소

! 기능 수행 중에는 다른 기능이 동작되지 않도록 주의하십시오.

부가기능

■ 센서 ID 등록(무선)

앞면 왼쪽
- 읽은 ID: 809ED8E3
- 작성된 ID:

앞면 오른쪽
- 읽은 ID: 809ED701
- 작성된 ID:

뒷면 왼쪽
- 읽은 ID: 809ED934
- 작성된 ID:

뒷면 오른쪽
- 읽은 ID: 809ED7C1
- 작성된 ID:

소거 | 쓰기 | 취소

! 기능 수행 중에는 다른 기능이 동작되지 않도록 주의하십시오.

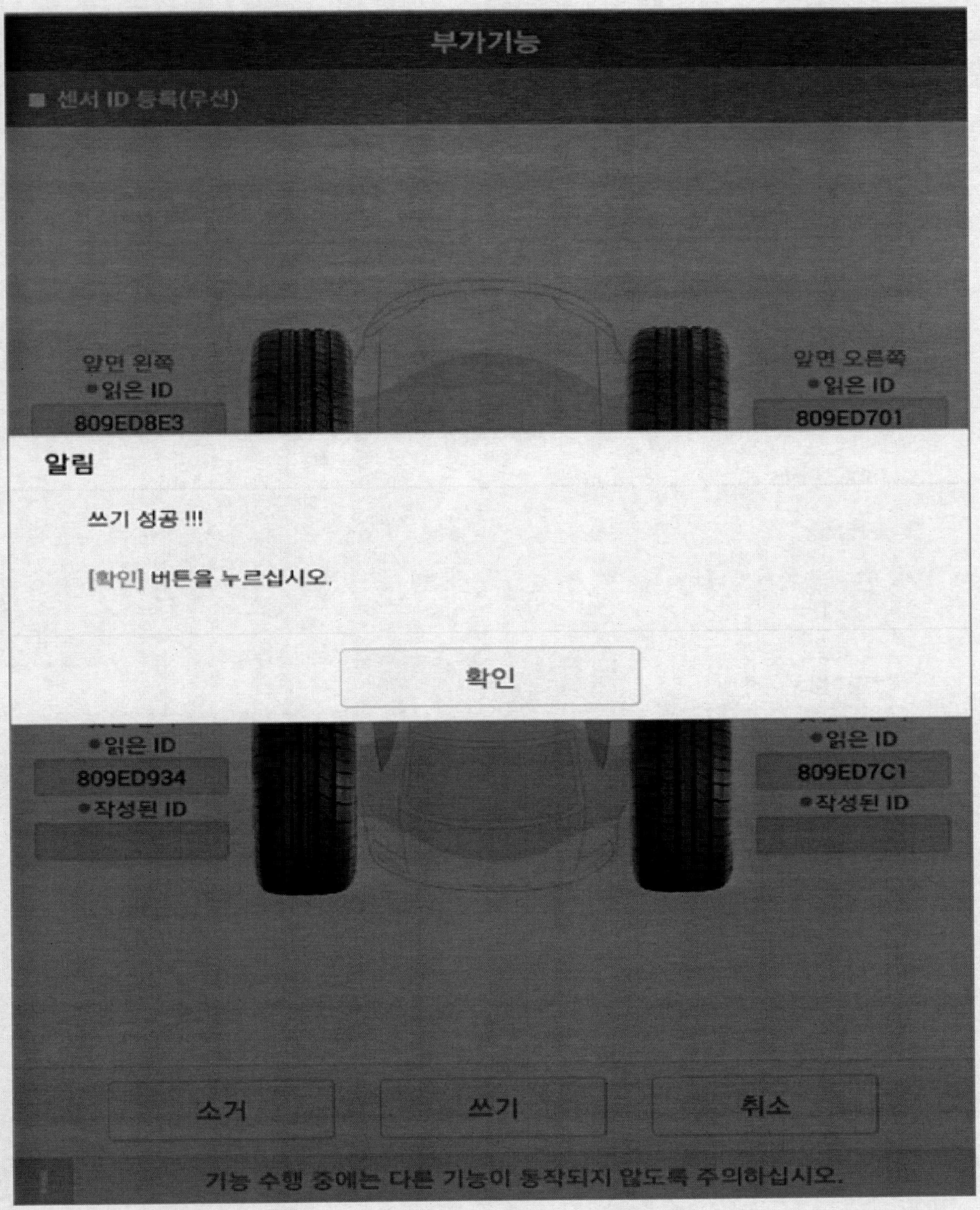

유 의

- 읽은 ID와 작성된 ID가 일치하는지 반드시 확인한다.
- 정상적으로 센서 등록 후 "센서 무선 정보"를 실행해서 센서가 정상 작동되는지 여부를 확인한다.

[센서 정보 초기 화면]

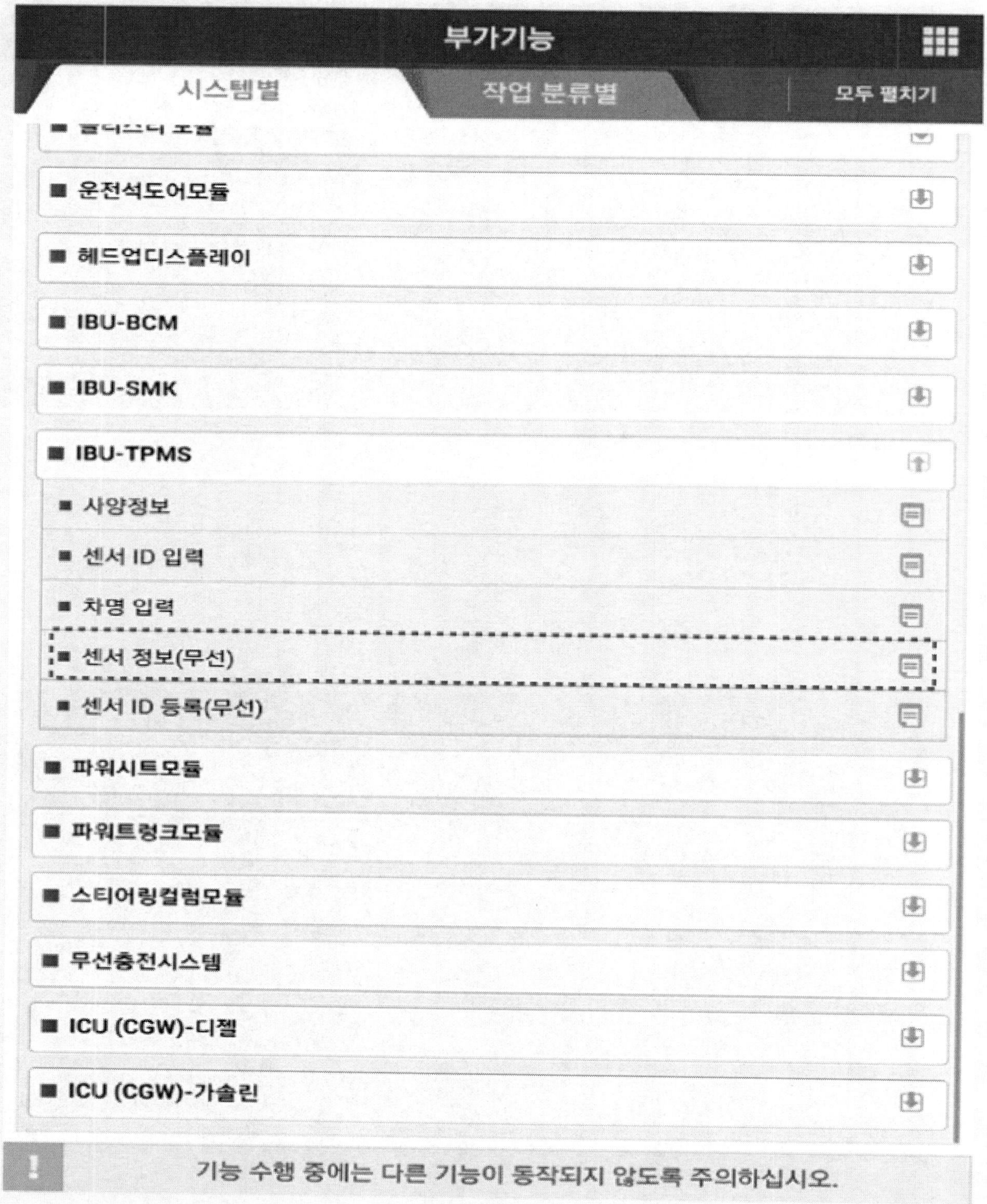
부가기능
시스템별
작업 분류별
모두 펼치기
■ 운전석도어모듈
■ 헤드업디스플레이
■ IBU-BCM
■ IBU-SMK
■ IBU-TPMS
■ 사양정보
■ 센서 ID 입력
■ 차명 입력
■ 센서 정보(무선)
■ 센서 ID 등록(무선)
■ 파워시트모듈
■ 파워트렁크모듈
■ 스티어링컬럼모듈
■ 무선충전시스템
■ ICU (CGW)-디젤
■ ICU (CGW)-가솔린
기능 수행 중에는 다른 기능이 동작되지 않도록 주의하십시오.

부가기능

• 센서 정보(무선)

검사목적	각 타이어에 장착된 TPMS(Tire Pressure Monitoring System) 센서의 현재 상태를 확인하는 기능.
검사조건	1. 엔진 정지 2. 점화스위치 On 3. TPMS 익사이터 장비 필요
연계단품	Tire Pressure Monitoring System(TPMS) ECU, Initiator, Tire Pressure Monitoring System(TPMS) Sensor
연계DTC	-
불량현상	TPMS 제어 불가
기 타	1. 센서 옵션을 바꾸기 전에 차량 상태를(LOW, HIGH 사양) 반드시 확인. 2. Low 사양의 경우 반드시 센서 상태를 LOW로 변경

확인

! 기능 수행 중에는 다른 기능이 동작되지 않도록 주의하십시오.

부가기능

■ 센서 정보(무선)

● [센서 정보(무선)]

이 기능은 타이어의 TPMS 센서로부터 센서의 정보를 읽는 기능입니다.

TPMS 진단 모듈의 옆면이 타이어 휠과 완전히 밀착되도록 위치하시고

[확인] 버튼을 누르십시오.

확인 | 취소

! 기능 수행 중에는 다른 기능이 동작되지 않도록 주의하십시오.

부가기능

■ 센서 정보(무선)

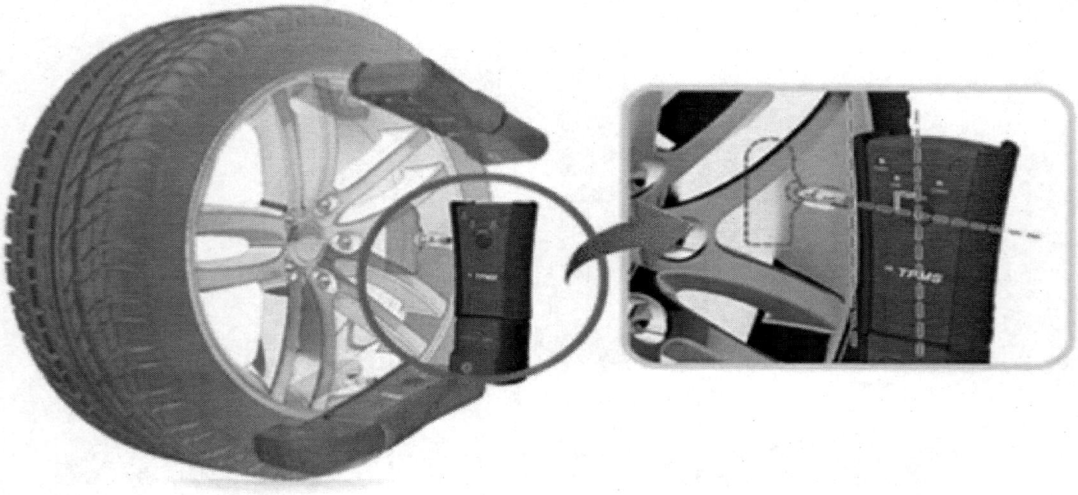

⚠[Caution]
TPMS 센서정보를 정확히 읽기 위해 다음과 같이 수행하십시오.

[가]. 그림과 같이 TPMS 진단 모듈의 "ENTER" 버튼을 TPMS 센서(공기주입구)와 일직선상에 위치하십시오.

[나]. TPMS 진단 모듈의 옆면이 타이어 휠과 완전히 밀착되도록 위치하십시오.

[다]. 센서 특성에 따라 최대 30초~60초까지 소요될 수 있습니다.

확인

! 기능 수행 중에는 다른 기능이 동작되지 않도록 주의하십시오.

부가기능

■ 센서 정보(무선)

①

항목	값	단위
ID :	809ED8E3	
압력 :	358.5	kPa
온도 :	24	'C
배터리 상태 :	OK	
센서 상태 :	OK	
응답 상태 :	LF Response	
센서 모드 :	Normal	

재시도

②

항목	값	단위
ID :	809ED701	
압력 :	365.4	kPa
온도 :	24	'C
배터리 상태 :	OK	
센서 상태 :	OK	
응답 상태 :	LF Response	
센서 모드 :	Normal	

재시도

③

항목	값	단위
ID :	809ED934	
압력 :	372.3	kPa
온도 :	24	'C
배터리 상태 :	OK	
센서 상태 :	OK	
응답 상태 :	LF Response	
센서 모드 :	Normal	

재시도

④

항목	값	단위
ID :	809ED7C1	
압력 :	257.1	kPa
온도 :	24	'C
배터리 상태 :	OK	
센서 상태 :	OK	
응답 상태 :	LF Response	
센서 모드 :	Normal	

재시도

취소

! 기능 수행 중에는 다른 기능이 동작되지 않도록 주의하십시오.

유 의

- 각각의 항목별로 센서 정상 유무를 확인한다.
- 타이어나 센서를 교환한 다음 신품으로 교환한 후 센서 등록 절차를 거친 후 센서가 정상 작동 상태를 확인한다.

개요

TPMS는 운전 조건들에 영향을 미칠 수도 있는 압력 변화를 경고하기 위해 자동차 타이어의 압력과 온도를 모니터한다.
처리된 데이터로부터 산출된 메시지들은 1개의 경고 램프를 통하여 클러스터에 보여진다.
병행으로, ECU는 입력과 출력 신호들에 대한 ERROR로 평가를 수행한다.
주차하는 동안에 모니터한 압력도 제공 받는다.
ECU는 휠 센서로부터 받은 데이터를 처리하고, 타이어들의 상태를 결정하며, 운전자에게 CAN 라인 또는 하드 와이어 컨트롤 라인을 통해 요구된 경고 메시지를 전달한다.

TPMS 리시버 : IBU(통합 바디 제어 유닛) 통합 운용

1. 초기 상태
    - 플랫폼 정보 및 센서 ID가 입력되어 있지 않다.
2. 정상 동작 상태
    - 타이어 공기압 및 DTC를 감지하기 위해서, 리시버는 정상 동작 상태에 있어야 한다.
    - 리시버는 센서의 위치 및 정보를 확인할 수 있다.

작동원리

1. 일반적인 작동
    - 자동 학습은 각 주행 시에 한 번만 발생한다.
    - 이러한 과정이 성공적으로 끝나고 나면 4개의 센서 ID 기억 장치에 입력된다.
    - 자동 학습이 끝날 때까지, 공기압 저하 및 공기 누출이 있을 경우 이전에 학습된 센서 및 각각의 휠 위치가 감지된다.
    - 예비 타이어 팽창 및 DTC 상태는 표시되지 않는다.
2. 새로운 센서를 학습하기 위한 일반적인 조건
    - 자동 학습은 속도가 25 km/h 이상일 때만 작동한다.
    - 새로운 센서를 학습하기 위해 걸리는 일반적인 시간은 25 km/h 이상 속도에서 최대 10분까지다.
3. 탈거된 센서에 대한 학습을 지우는 일반적인 조건
    - 20~30 km/h 속도에서 10분 미만으로 주행한다.
    - 차량의 속도 및 리시버에 입력된 센서의 수에 달려있다.

차상점검

1. 리시버에 차량 코드, VIN, 센서 ID 저장 및 정상적인 저장 여부를 확인한다.
2. TPMS 리시버(IBU, 통합 바디 제어 유닛) 상태가 정상 작동 상태 인지 확인한다.
3. TPMS 경고등 소등되었는지 여부 및 DTC 확인한다.

탈거

1. TPMS 리시버 교환이 필요할 경우 통합 바디 제어 유닛(IBU)을 교환한다.
   (바디 전장 - "통합 바디 제어 유닛 (IBU)" 참조)

장착

1. 장착은 탈거의 역순으로 한다.
2. 통합 바디 제어 유닛(IBU)를 교환한 후, KDS 진단기기를 사용하여 아래 절차를 수행한다.
   (1) SMK : 스마트 키 등록
   (바디 전장 - "스마트 키" 참조)
   (2) TPMS : 센서 ID 등록
   (TPMS 센서 - "조정" 참조)

진단 기기를 사용한 진단 절차

센서 ID 등록(무선)

진단 기기를 사용한 진단 방법에 대한 사용 안내로써, 주요 내용은 다음과 같다.

1. 운전석 측 크래시 패드 하부에 있는 자기 진단 커넥터(16핀)에 진단 기기를 연결하고, 시동키 ON 후 진단 기기를 켠다.
2. KDS 차동 선택 화면에서 "차종"과 "센서 ID 등록(무선)"을 선택한 후 확인을 선택한다.

부가기능

• 센서 ID 등록(무선)

검사목적	TPMS(Tire Pressure Monitoring System) ECU에 센서 ID를 입력하는 기능.
검사조건	1. 엔진 정지 2. 점화스위치 On 3. TPMS 익사이터 장비 필요
연계단품	Tire Pressure Monitoring System(TPMS) ECU, Initiator, Tire Pressure Monitoring System(TPMS) sensor
연계DTC	-
불량현상	-
기 타	차량에 장착된 센서ID를 익사이터 장비로 순차적으로 읽은 후 입력하는 기능

확인

! 기능 수행 중에는 다른 기능이 동작되지 않도록 주의하십시오.

부가기능

■ 센서 ID 등록(무선)

● [센서 ID 등록(무선)]

이 기능은 TPMS 진단 모듈을 통해 읽어들인 타이어의 TPMS 센서 ID를

TPMS ECU에 입력하는 기능입니다.

[읽은 ID]는 현재 TPMS 진단 모듈을 통해 읽은 센서 ID이고

[작성된 ID]는 현재 TPMS ECU에 저장된 새로운 센서 ID입니다.

이후 새로운 센서 ID를 모두 읽어들인 후 [쓰기] 버튼을 누르면 새로운

ID가 TPMS ECU에 입력됩니다.

계속 진행하시려면 [확인] 버튼을 누르십시오.

확인	취소

! 기능 수행 중에는 다른 기능이 동작되지 않도록 주의하십시오.

부가기능

■ 센서 ID 등록(무선)

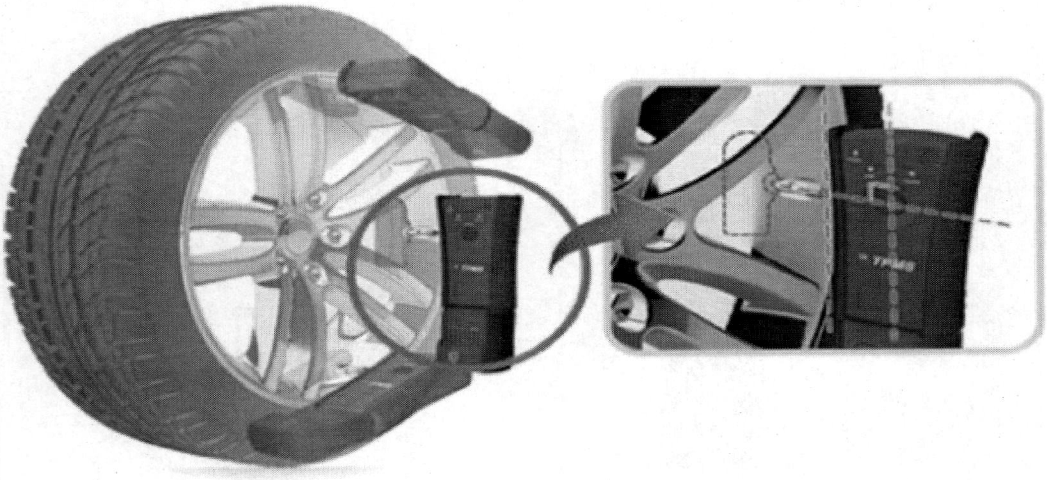

⚠[Caution]
TPMS 센서정보를 정확히 읽기 위해 다음과 같이 수행하십시오.

[가]. 그림과 같이 TPMS 진단 모듈의 "ENTER" 버튼을 TPMS 센서(공기주입구)와 일직선상에 위치하십시오.

[나]. TPMS 진단 모듈의 옆면이 타이어 휠과 완전히 밀착되도록 위치하십시오.

[다]. 센서 특성에 따라 최대 30초~60초까지 소요될 수 있습니다.

확인 | 취소

! 기능 수행 중에는 다른 기능이 동작되지 않도록 주의하십시오.

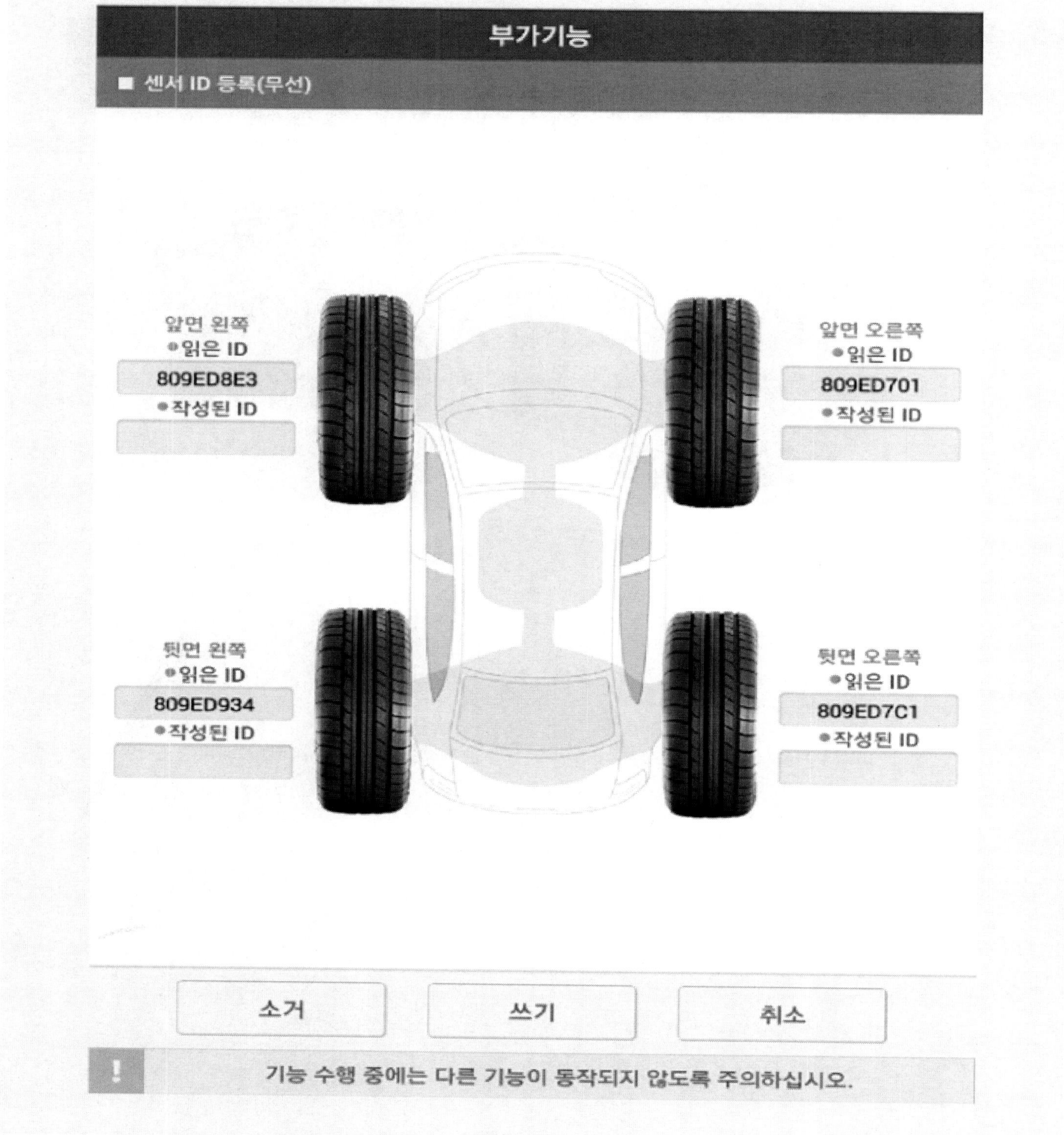
부가기능
■ 센서 ID 등록(무선)
앞면 왼쪽
●읽은 ID
809ED8E3
●작성된 ID
앞면 오른쪽
●읽은 ID
809ED701
●작성된 ID
뒷면 왼쪽
●읽은 ID
809ED934
●작성된 ID
뒷면 오른쪽
●읽은 ID
809ED7C1
●작성된 ID
소거
쓰기
취소
!
기능 수행 중에는 다른 기능이 동작되지 않도록 주의하십시오.

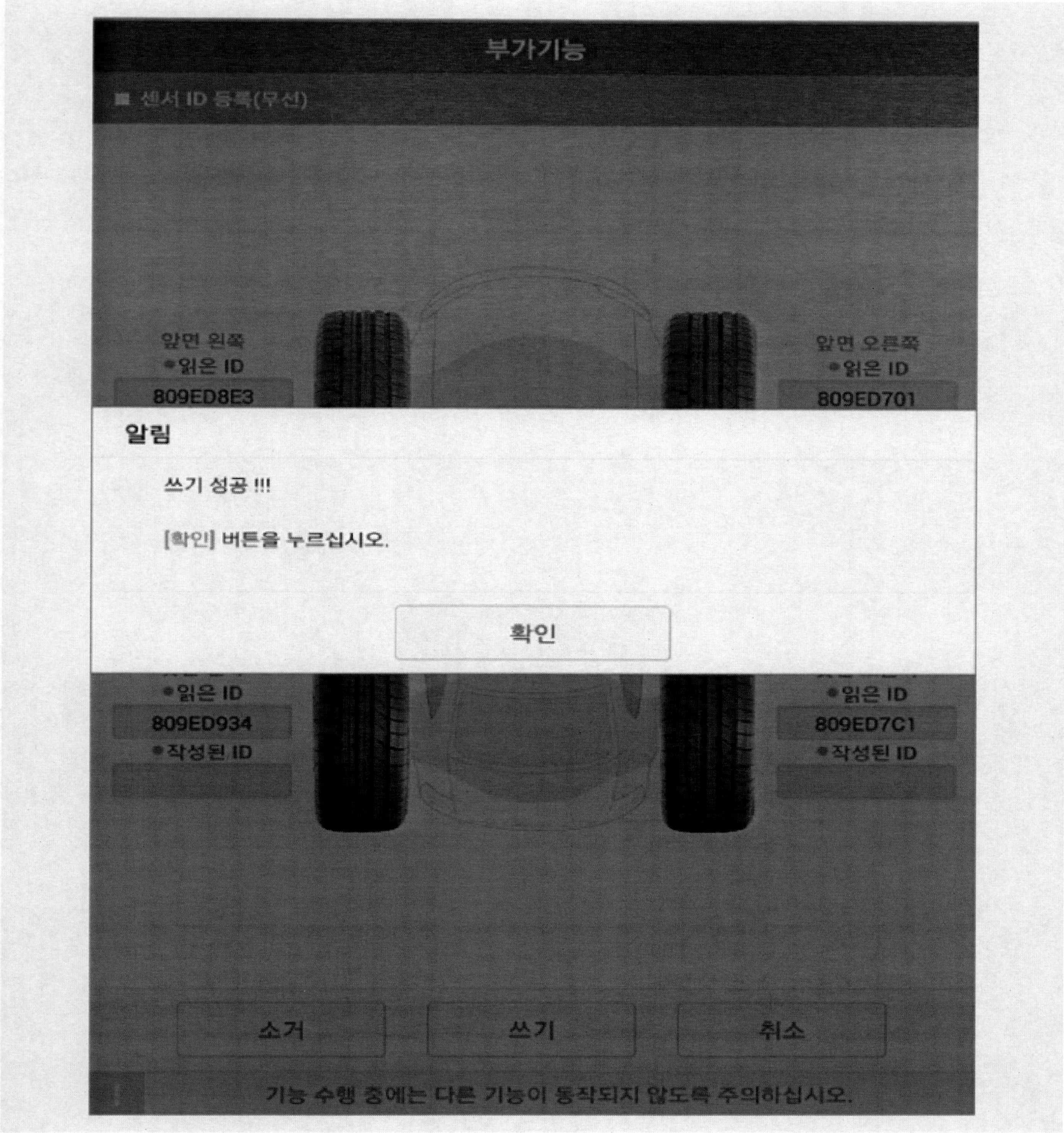

유 의

- 읽은 ID와 작성된 ID가 일치하는지 반드시 확인한다.
- 정상적으로 센서 등록 후 "센서 무선 정보"를 실행하여 센서가 정상작동 되는지 여부를 확인한다.

제　　목 : 2023 EV6 정비지침서(Ⅲ편)
(스티어링 시스템/브레이크 스템/
드라이브 샤프트 및 액슬 / 서스펜션 시스템)
발행일자 : 2024년 3월 4일 발 행
저　　자 : 기아자동차(주) 오너십기술정보팀
발 행 인 : 김 길 현
발 행 처 : (주) 골든벨
서울시 용산구 원효로 245(원효로1가 53-1)
등　　록 : 제 1987-000018호
대표전화 : 02) 713－4135 / FAX : 02) 718－5510
홈페이지 : http : //www.gbbook.co.kr
I S B N : 978-11-5806-699-4
정　　가 : 27,000원